普通高等教育“十一五”国家级规划教材

高文胜　编著

计算机图形图像制作
(Illustrator CS4、Photoshop CS4)

21世纪计算机科学与技术实践型教程

丛书主编　陈明

清华大学出版社
北京

内 容 简 介

本书以 Illustrator CS4 和 Photoshop CS4 软件为基础讲解计算机图形图像设计的方法和思路，重点突出、语言简洁，并配有宣传册设计、户外广告设计、灯箱广告设计、报纸广告设计和 POP 广告设计的综合应用实例。在讲解各种功能和使用方法的同时，将带领读者边学边练、学练结合，在实践中逐步学会图形设计和广告制作方法，从而提高读者的图像设计技巧和综合运用能力。

本书关键在于能够系统地将图形图像设计理论知识与大量的实践案例相结合，使读者学后再从事图像设计时，其作品的品位及美感都能大幅度地提高。

本书可作为高等学校计算机专业学生的学习教材，也可作为计算机技术培训教材。主要定位于学习与工作相互联系的复合型人才。

本书为教师教学提供案例实验、电子题库、教学大纲、教学计划、教学课件、实验指导、学生作品、彩色图片案例等资源服务。另外，在第 13 章的综合应用中，用多个实训案例来归纳提高前面所学的知识。

图书在版编目（CIP）数据

计算机图形图像制作（Illustrator CS4，Photoshop CS4）/ 高文胜编著．—北京：清华大学出版社，2010.7

（21 世纪计算机科学与技术实践型教程）

ISBN 978-7-302-22358-0

Ⅰ. ①计…　Ⅱ. ①高…　Ⅲ. ①图形软件，Illustrator CS4、Photoshop CS4－高等学校－教材　Ⅳ. ①TP391.41

中国版本图书馆 CIP 数据核字(2010)第 059544 号

责任编辑：谢　琛　王冰飞
责任校对：白　蕾
责任印制：何　芊

出版发行：清华大学出版社
http://www.tup.com.cn
社　总　机：010-62770175
投稿与读者服务：010-62795954，jsjjc@tup.tsinghua.edu.cn
质　量　反　馈：010-62772015，zhiliang@tup.tsinghua.edu.cn
地　址：北京清华大学学研大厦 A 座
邮　编：100084
邮　购：010-62786544

印 刷 者：北京市清华园胶印厂
装 订 者：三河市兴旺装订有限公司
经　销：全国新华书店
开　本：185×260　**印　张**：26.5　**字　数**：639 千字
版　次：2010 年 7 月第 1 版　**印　次**：2010 年 7 月第 1 次印刷
印　数：1～4000
定　价：39.00 元

产品编号：036854-01

21世纪计算机科学与技术实践型教程

编辑委员会

21世纪计算机科学与技术实践型教程

序

21世纪影响世界的三大关键技术：以计算机和网络为代表的信息技术；以基因工程为代表的生命科学和生物技术；以纳米技术为代表的新型材料技术。信息技术居三大关键技术之首。国民经济的发展采取信息化带动现代化的方针，要求在所有领域中迅速推广信息技术，导致需要大量的计算机科学与技术领域的优秀人才。

计算机科学与技术的广泛应用是计算机学科发展的原动力，计算机科学是一门应用科学。因此，计算机学科的优秀人才不仅应具有坚实的科学理论基础，而且更重要的是能将理论与实践相结合，并具有解决实际问题的能力。培养计算机科学与技术的优秀人才是社会的需要、国民经济发展的需要。

制定科学的教学计划对于培养计算机科学与技术人才十分重要，而教材的选择是实施教学计划的一个重要组成部分，《21世纪计算机科学与技术实践型教程》主要考虑了下述两方面。

一方面，高等学校的计算机科学与技术专业的学生，在学习了基本的必修课和部分选修课程之后，立刻进行计算机应用系统的软件和硬件开发与应用尚存在一些困难，而《21世纪计算机科学与技术实践型教程》就是为了填补这部分空白。将理论与实际联系起来，使学生不仅学会了计算机科学理论，而且也学会应用这些理论解决实际问题。

另一方面，计算机科学与技术专业的课程内容需要经过实践练习，才能深刻理解和掌握。因此，本套教材增强了实践性、应用性和可理解性，并在体例上做了改进——使用案例说明。

实践型教学占有重要的位置，不仅体现了理论和实践紧密结合的学科特征，而且对于提高学生的综合素质，培养学生的创新精神与实践能力有特殊的作用。因此，研究和撰写实践型教材是必需的，也是十分重要的任务。优秀的教材是保证高水平教学的重要因素，选择水平高、内容新、实践性强的教材可以促进课堂教学质量的快速提升。在教学中，应用实践型教材可以增强学生的认知能力、创新能力、实践能力以及团队协作和交流表达能力。

实践型教材应由教学经验丰富、实际应用经验丰富的教师撰写。此系列教材的作者不但从事多年的计算机教学，而且参加并完成了多项计算机类的科研项目，他们把积累的经验、知识、智慧、素质融合于教材中，奉献给计算机科学与技术的教学。

我们在组织本系列教材过程中，虽然经过了详细的思考和讨论，但毕竟是初步的尝试，不完善甚至缺陷不可避免，敬请读者指正。

本系列教材主编　陈明

2005年1月于北京

前　　言

随着世界经济全球化趋势的明显加快，经济的迅猛发展已刻不容缓。有专家预言，21世纪初是跨国公司大踏步迈入经济市场的时期。计算机数字艺术作为人类创意与科技相结合的内容，已经开始成为21世纪知识经济的核心产业。

根据实际教学的需要，我们组织编写了这本《计算机图形图像制作》教材。这本教材的特点是突出实践应用技术，面向实际应用。整个教程以实战演练为特色。将国外先进的设计理念和技术相结合，通过学习，学生能够深刻理解技术应用领域的整个工作流程和分工，具备参与设计和实际开发的能力。

全书共分13章，分别从图形设计、图像设计及其他领域中的应用等方面解读，基本涵盖了实际工作中常见问题的解决方法。另外，本书还精心组织了实际的典型案例，有较高的学习、参考和借鉴价值。各章内容概述如下：

第1章介绍图形创意设计分析、图形创意设计理念和一些专业术语。

第2章概括介绍 Illustrator CS4 工作环境、基础操作和 Illustrator 效果。

第3章介绍 Illustrator CS4 选择工具、魔棒工具、套索工具、钢笔工具组的使用、直线段工具组等的应用。

第4章介绍 Illustrator CS4 文字的创建与编辑及文字特效应用。

第5章介绍图层、渐变、透明度、变换等控制面板的应用。

第6章介绍符号工具组和图表工具组的使用。

第7章介绍 Photoshop CS4 图像处理的使用方法。

第8章介绍 Photoshop CS4 图像文件的基本操作及图像编辑应用。

第9章介绍 Photoshop CS4 绘图与图像编辑技巧。

第10章介绍 Photoshop CS4 图层、路径和通道的应用。

第11章介绍文字在图像中的应用。

第12章介绍数码图像处理方法。

第13章介绍图形与图像设计综合应用。

本书内容丰富，学习目标明确。以培养学生设计素质、创造性思维以及对原理的理解和基本表现技能训练为基本着眼点，入门快，设计实用性强，具有针对性。主要定位于学习与工作相互联系的复合型人才。

本书以图形图像设计理念为基础，运用 Illustrator CS4 和 Photoshop CS4 进行图形图像处理，具有很强的实用性和可操作性。读者在学完本书后，在 Illustrator CS4 和

Photoshop CS4 的理论、操作及设计技巧上会有很大的提高。

本书以图形图像设计任务为背景，通过大量的图形制作实例，系统介绍了图形图像设计的基本应用和设计方法等，适于各领域设计的基础练习。

为了增强学生的学习兴趣，加强教学效果，本书配合大量具体实例，使学生能在作图中学习软件，同时在学习软件中进一步了解图形图像的设计。另外，本书附加图例，便于学生理解书中的内容。

本书注重实效，练习题针对每章的学习目标和重点，举例让学生进行练习，促使学生更好地理解和掌握所学知识。

作者在图形图像领域中积累了十几年的工作实践经验，潜心钻研软件的使用技巧和使用方法并将这些经验与方法应用于教学中。书中不仅有配合教材的每章经典教学案例，还在每章安排了练习题和上机课(设计内容、规格尺寸、图像素材和设计要求)等文字说明。

本书由高文胜编著，参加编写的还有李金风、李湘逸、张树龙、冯晓静、李焱、武琨。在编写过程中参考了大量资料，其中部分列在附录中。丁桂芝、孟祥双、郝玲、王维、安捷、耿坤等人帮助阅读过全部或部分书稿，为本书做了大量工作，并对书稿提出了修改意见和建议。在此，表示衷心的感谢。

由于时间仓促及作者水平有限，书中难免有错误和不妥之处，敬请广大读者提出宝贵意见。同时欢迎广大读者通过指南针多媒体设计中心网站与作者交流，网站提供了解答问题的留言板和案例下载。网站网址为：www.gaowensheng.com。

作者

2010年3月

学习引导

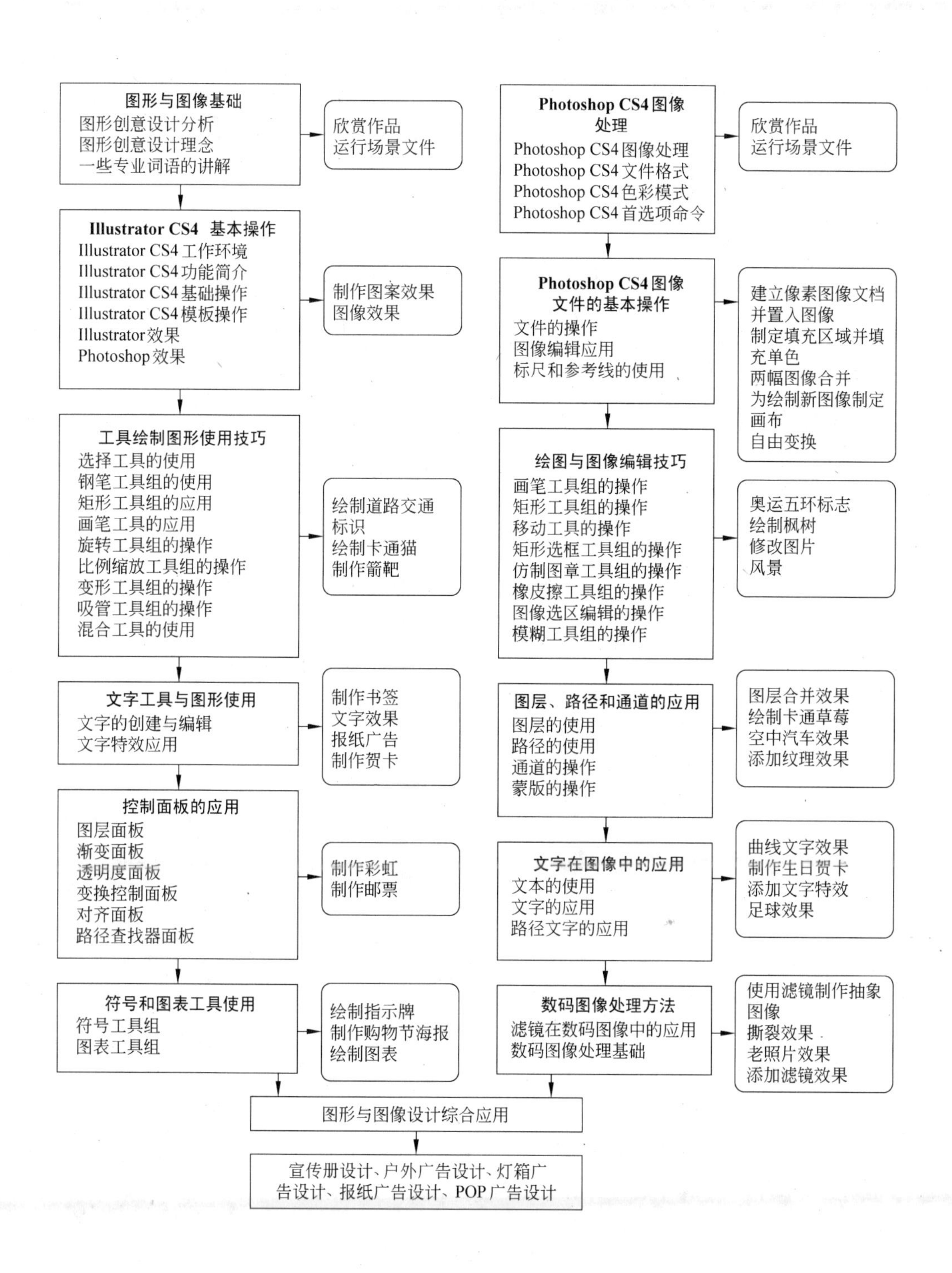
图形与图像基础
图形创意设计分析
图形创意设计理念
一些专业词语的讲解
欣赏作品
运行场景文件
Illustrator CS4 基本操作
Illustrator CS4 工作环境
Illustrator CS4 功能简介
Illustrator CS4 基础操作
Illustrator CS4 模板操作
Illustrator 效果
Photoshop 效果
制作图案效果
图像效果
工具绘制图形使用技巧
选择工具的使用
钢笔工具组的使用
矩形工具组的应用
画笔工具的应用
旋转工具组的操作
比例缩放工具组的操作
变形工具组的操作
吸管工具组的操作
混合工具的使用
绘制道路交通
标识
绘制卡通猫
制作箭靶
文字工具与图形使用
文字的创建与编辑
文字特效应用
制作书签
文字效果
报纸广告
制作贺卡
控制面板的应用
图层面板
渐变面板
透明度面板
变换控制面板
对齐面板
路径查找器面板
制作彩虹
制作邮票
符号和图表工具使用
符号工具组
图表工具组
绘制指示牌
制作购物节海报
绘制图表
Photoshop CS4 图像
处理
Photoshop CS4 图像处理
Photoshop CS4 文件格式
Photoshop CS4 色彩模式
Photoshop CS4 首选项命令
欣赏作品
运行场景文件
Photoshop CS4 图像
文件的基本操作
文件的操作
图像编辑应用
标尺和参考线的使用
建立像素图像文档
并置入图像
制定填充区域并填
充单色
两幅图像合并
为绘制新图像制定
画布
自由变换
绘图与图像编辑技巧
画笔工具组的操作
矩形工具组的操作
移动工具的操作
矩形选框工具组的操作
仿制图章工具组的操作
橡皮擦工具组的操作
图像选区编辑的操作
模糊工具组的操作
奥运五环标志
绘制枫树
修改图片
风景
图层、路径和通道的应用
图层的使用
路径的使用
通道的操作
蒙版的操作
图层合并效果
绘制卡通草莓
空中汽车效果
添加纹理效果
文字在图像中的应用
文本的使用
文字的应用
路径文字的应用
曲线文字效果
制作生日贺卡
添加文字特效
足球效果
数码图像处理方法
滤镜在数码图像中的应用
数码图像处理基础
使用滤镜制作抽象
图像
撕裂效果
老照片效果
添加滤镜效果
图形与图像设计综合应用
宣传册设计、户外广告设计、灯箱广
告设计、报纸广告设计、POP广告设计

教学指导

章名	操作技能要求	课程内容安排	课时安排
第1章	(1) 图形创意设计分析 (2) 图形创意设计理念 (3) 一些专业词语的讲解	(1) 图形的设计发展 (2) 图像创意的观念 (3) 运行图形图像作品	2课时
第2章	(1) 了解 Illustrator CS4 工作环境 (2) 掌握 Illustrator CS4 功能简介 (3) 了解 Illustrator CS4 基础操作 (4) 掌握 Illustrator CS4 模板操作 (5) 了解 Illustrator 效果 (6) 掌握 Photoshop 效果	(1) Illustrator CS4 工作环境及功能 (2) Illustrator CS4 各种特效效果 (3) 滤镜特效案例操作	2课时
第3章	(1) 了解选择工具的使用 (2) 掌握直接选择工具组的操作 (3) 了解钢笔工具组的使用 (4) 掌握直线段工具组的应用 (5) 掌握矩形工具组的应用 (6) 掌握画笔工具的应用 (7) 了解橡皮擦工具组的应用 (8) 了解旋转工具组的操作 (9) 掌握比例缩放工具组的操作 (10) 掌握变形工具组的操作 (11) 了解混合工具的使用	(1) 工具箱中基本工具的使用方法 (2) 旋转工具及缩放比例等工具的使用方法 (3) 工具箱绘制图形案例操作	2课时
第4章	(1) 了解文字的创建与编辑 (2) 掌握文字特效应用	(1) 文字的创建及路径文字的应用 (2) 文字复制、文字变形等特效的应用 (3) 文本工具案例操作	4课时
第5章	(1) 了解"图层"面板 (2) 掌握"渐变"面板 (3) 了解"透明度"面板 (4) 掌握"变换控制"面板 (5) 了解"对齐"面板 (6) 掌握"路径查找器"面板	(1) "图层"面板的应用 (2) "渐变"面板的应用 (3) 控制面板的使用方法 (4) 图形的对齐方法 (5) 图形案例应用	4课时
第6章	(1) 了解符号工具组 (2) 了解图表工具组	(1) 利用绘制符号组符号绘制相应的图形 (2) 运用图表工具制作特殊效果 (3) 画笔符号和图表工具案例应用	4课时

续表

章名	操作技能要求	课程内容安排	课时安排
第7章	（1）了解 Photoshop CS4 图像处理 （2）掌握 Photoshop CS4 文件格式 （3）了解 Photoshop CS4 色彩模式 （4）掌握 Photoshop CS4 首选项命令	（1）对图像的处理方式 （2）文件的格式及其他格式作用 （3）图像的色彩模式	4课时
第8章	（1）掌握文件的操作 （2）了解图像编辑应用 （3）了解标尺和参考线的使用	（1）掌握新建、打开、存储等文件的基本操作 （2）对图像编辑的应用 （3）图像处理实例应用	2课时
第9章	（1）了解画笔工具组的操作 （2）了解矩形工具组的操作 （3）了解移动工具的操作 （4）了解矩形选框工具组的操作 （5）了解套索工具组的操作 （6）了解魔棒与裁剪工具的操作 （7）了解仿制图章工具组的操作 （8）了解橡皮擦工具组的操作 （9）掌握图像选区编辑的操作 （10）掌握污点修复画笔工具组的操作 （11）掌握历史记录画笔工具组的操作	（1）各工具组的使用方法及绘制后的效果 （2）绘图与图像编辑实例	2课时
第10章	（1）了解图层的使用 （2）了解路径的使用 （3）掌握通道的操作 （4）掌握蒙版的操作	（1）图层的使用方法 （2）路径的使用方法 （3）通道的使用方法 （4）蒙版的使用方法 （5）图层应用案例	8课时
第11章	（1）了解文本的使用 （2）掌握文字的应用 （3）了解路径文字的应用	（1）文本的输入方法 （2）文字的应用 （3）路径文字的使用 （4）文字应用实例	8课时
第12章	（1）了解滤镜在数码图像中的应用 （2）掌握数码图像处理基础	（1）滤镜在数码图像中的效果 （2）数码图像处理基础方法 （3）数码图像处理案例	8课时
第13章	（1）了解设计的相关理论 （2）掌握软件综合使用技巧	10个实训案例	12课时

本书以完全实例的方式阐述了 Photoshop CS4 和 Illustrator CS4 的各项功能及在图形领域中的具体应用。以上课时安排供教师讲课参考，在教学中可以根据具体情况变动。

目　　录

第1章　图形与图像基础

1.1　图形基础

1.1.1　图形设计的发展

从社会发展历史与图形创意设计发展历史两个方面看，二者存在辩证关系。社会经济的发展造就了图形创意设计的繁荣，而图形创意设计促进了社会经济的发展。因此，图形创意设计要融于社会经济发展，要为社会经济服务。

从历史发展角度看，社会经济高度发展的时期，也是文化繁荣的时期。英国就是因为工业革命时期政治、经济、文化的发展而成为现代图形创意设计的发源地的。

从图形创意设计本身的发展来看，现代图形创意设计的起源有两个明显特征，其一是劳动的分工，其二是生产工艺的改进促使扩大生产规模和降低消耗。图形创意设计以物象原型为基础，以突出主题形象为根本，从而加强视觉效果。

随着社会经济的发展，社会的需求随之加大，此时人类的文明程度和审美情趣也在不断提高，这就为图形创意设计提供了雄厚的物质基础，同时也提出了更高的要求。另外，社会经济高度发达时期也是社会观念大变革、大解放时期，因此经济发展为图形创意设计的应用和发展提供了广阔的思维空间。

知识经济是继工业经济之后的又一次革命。知识经济与工业经济的不同之处在于：知识经济崇尚知识、脑力，重复劳动不再占据主导地位。知识经济为图形创意设计的发展提供了机遇与生根发芽的土壤。图形创意设计，可以提高产品的科技含量，提高产品的审美附加值，从而创造出更多的经济效益。

知识经济的发展方向是图形创意设计发展的必由之路。我们要自觉地把握知识经济社会的特点，使图形创意设计思想、图形创意设计观念、图形创意设计方法、图形创意设计手段、图形创意设计传播等诸方面打上信息时代的烙印。

图形创意产生的基本条件，需要图形设计人员具备一定的素质和多方面的修养，这样才能产生广告设计意识的素材，并进行创造性的组合。图形特有的表现技巧和艺术手段具有丰富的想象力和独创性，因此图形主题鲜明生动，有强烈的感染力，才是一个成功创意，如图1.1所示。

图1.1　商品图形创意

1.1.2 图形创意设计理念

图形创意设计无非两类，当与现存作品关联，成为改良性图形创意设计；当与幻想、未来关联，即成为创造性图形创意设计。无论前者还是后者，图形创意设计总是离不开生活一点一滴地积累，它是理性与感性的交融体。不能否认优秀的图形创意设计作品源于图形创意设计师具有“良好的心态＋优越的生活＋冷静的思考＋绝对的自信＋深厚的文化”。

图形创意设计要与先进的信息技术相结合。图形创意设计的发展不是孤立、片面的，它必须不断吸取其他科学的最新成果来发展自己，从而更好地为社会服务。尼克拉·歇菲尔说：“创造过多，换句话说，不得不使同样的形式漫无边际地重复着，因此，必须将手段和形式同时加以改变。”电子信息技术的飞速发展为图形创意设计手段的改变提供了技术上的保证，势必引发图形创意设计思想、图形创意设计观念的变革。当今，以计算机网络为代表的信息时代的来临，社会经济活动逐渐转向信息生产、信息加工、信息处理、信息传播等形式，这为图形创意设计的发展提供了更为广阔的空间，如图 1.2 所示。

图 1.2 图形创意设计

1. 图形创意设计师

促销员、推销员向客户销售产品，而图形创意设计师销售的则是他自己。

2. 图形创意设计

在单纯地利用图形创意设计元素方面，我们与世界一流图形创意设计大师是平等的。

同样的点、线、面、体，同样的色彩，同样的图形创意设计法则，为什么我们没有达到设计大师的高度呢？撇开“机遇”、“文化”不谈，“冷静、独立的思考”才是关键。

图形创意设计中的“模仿”还可以理解，因为崇拜、向往是正常心理。受某大师、某风格的影响很深，作品中留有其痕迹，这并不等同于抄袭。既然我们拥有与世界一流图形创意设计师同等的图形创意设计元素，为什么不利用它们来大胆地表达自己，推销自己？原创对于图形创意设计师而言何等重要，它能使图形创意设计作品具有生命力，不被同化，不重复雷同，不附庸风雅，具有独创性。另外，图形创意设计师一定要自信，相信自己的个人信仰、经验、眼光和品位，推崇个性化。

图形的创意就是将设计定位清晰地表达出来，是通过构思创造充分表现主题的、具有实际和情感作用的艺术表现，是看不见的构想过程，而这种过程潜在我们的意识层下，如图 1.3 所示。

(1) 图形创意设计师的思想不应是因循守旧、保守呆板的。

图形创意设计最大的优势在于第一时间内，与世界顶级图形创意设计师们享受同样的信息资源。例如，各种杂志、互联网、论坛、讲座、展览……每分每秒瞬息万变的信息。面对如此眼花缭乱的世界，图形创意设计师一定要分清优劣，辨别好坏。图形创意设计师尤其要有自己精辟、独到、敏锐的目光。不然的话，或是迷失自我，随时可能偏离正确轨

图 1.3　平面图形创意

道;或是被后起之秀替代,从此销声匿迹。那么这种精辟、独到、敏锐的目光是如何确立的呢? 它正是基于深厚的文化功底与修养。

通常我们将文化与图形创意设计比喻成“根与植物”,说明二者之间紧密的程度。优秀的图形创意设计作品具有简单的外在形式、深层的文化内涵。外行可能以一幅作品“好看、不好看”来评判其优劣,而内行就会褪去一切漂亮外衣,探究实质。外衣可以换,但组成元素是否可以替代? 元素与文化的关系是什么? 图形创意设计者为什么用这些元素,而不用那些? 换了我进行此课题图形创意设计,我会如何考虑? 如何选用元素? 这些看似简单的问题,图形创意设计师往往会十分重视。

(2) 图形创意设计说难不难,说易不易。

把信息、源文化统称为“现有素材”。图形创意设计师与这些“现有素材”的关系相当微妙——若即若离,泾渭分明。既要时刻注意其动态,关注它,学习它,又要在某种时刻彻底抛弃它,将它忘得一干二净,绝不能藕断丝连。图形创意设计师在从事某项课题图形创意设计时,当完成某套方案时,需要抛开一切“现有素材”,“保持一方自己的天空,独立思考。偶尔把自己封闭起来,做一做‘井底之蛙’。”因为平时的关注在大脑里早已进行了分解、整合、重组,成为一种潜意识,是奇珍异宝。一旦图形创意设计时,它们就会源源不断地被激发出来,厚积薄发,成为属于图形创意设计师自己的宝贵财富。

1.1.3　图形创意设计与原则

有的图形创意设计师声称要创建新的,这种创新是一种创造性的行为。自然,这样的图形创意设计师们必须使用图形创意设计通用的式样和色彩要素,使他们的图形创意设计作品既保留传统作品的某些美感,又有新的创意。

1. 图形创意设计的困惑

当我们发现自己停止了对思维的探索,也就是我们常说的失去了感觉的时候,我们必须突破这一困惑,使自己重新回到当初的突飞猛进的学习状态。感觉并不是图形创意设计的唯一价值,因为在连续的图形创意设计发展时期,计算机技术得到了发展,这就不可避免地使感觉这一基本要素被其他神秘性价值或逻辑性价值冲淡——现代文明世界似乎正是不同社会演变的种种不同情况说明了图形创意设计史上的发展变化。

如果对图形创意设计追求的感觉停止了,就不可避免地产生紧张和矛盾。那么可使紧张得到松弛的办法就是采取消弱感觉的形式,但如果图形创意设计要生存下去,又必须恢复紧张。在这样关键的时刻究竟发生了什么,尚在争论之中。但这里可提供的解决办法有以下两个。

(1) 图形创意设计师重新回顾他的图形创意设计发展史,尽量恢复与权威性的传统观念的接触;

(2) 图形创意设计师向前跃进到一个全新的、独创的感觉境界,以解决这一危机——反对现有的习俗,创造出新的、与当代图形创意设计更相适应的习俗。这样,我们认为他实际上只是在恢复原有图形创意设计的基本性质——十分纯粹的、富有生命力的审美感觉。但背景是新的,而且是由一种不受限制的感觉和一系列新的社会条件所构成的综合体,它在图形创意设计变化进步过程中,构成了一种独创性行为。

从这个观点来看,重新与传统图形创意设计观念接触可以取得在图形创意设计风格上的任何独创性行为,传统观念的有效性取决于它对感觉的保持力。在我们困惑时去鉴赏别人的优秀作品,拒绝模仿别人的风格,而是注重于研究别人的风格。这样能导致感觉的恢复——使自己重新在图形创意设计面前实现感觉的能力,更新自己对周围环境的感觉——这既是学习传统图形创意设计的方法,也是革命者的方法。不过,这里仍有独创性的程度之差,只是措辞上并不一定表达周全。

2. 图形创意促进了社会经济的发展

(1) 图形创意设计发展的原动力在于人们对美的不懈追求。

这种追求是自发的、与生俱来的。正是这种对美好事物的向往与追求,成为推动社会经济发展的强大动力。我们说科学技术是生产力,就在于它能推动社会经济的发展。而在人类图形创意设计史上,科学技术总是以结合的方式同人类生活发生联系的。

(2) 图形创意设计能够促进社会经济的发展。

主要表现在它不仅满足了人们不断增长的物质需求,也满足了人们的精神需求。其次,图形创意设计所带来的不仅是精神上的愉悦与享受,更重要的是,它可以改变人们的生活方式。图形创意设计是把预期目的和观念具体化、实体化的手段,是人们进行经济建设活动的先期过程。它的本质是人们对将要进行的经济建设活动所作出的设想和筹划。总体来看,这种设想和筹划是进步的、发展的,甚至是超前的。从这个意义上,也说明了图形创意设计是一种推动社会发展的动力。

图形创意设计促进社会经济发展的典型案例,就是图形创意设计史上常常提到的"包豪斯运动"。它源于德国,在美国发展,这极大地促进了美国经济的迅速发展。

1.1.4　矢量绘图概念

在计算机绘图领域中,根据成图原理和绘制方法的不同,所有的图形图像都无一例外地来源于两种不同的构图方法:用数学的方法绘制出的矢量图形和基于屏幕上的像素点来绘制的位图图形。矢量是一种面向对象的基于数学方式的绘图方式,用矢量方法绘制出来的图形叫做矢量图形,如图1.4所示。

图1.4　矢量图形

在Illustrator CS4中,所有用矢量方法绘制出来的图形或者创建的文本元素都被称为"对象"。每个对象具有各自的颜色、轮廓、大小以及形状等属性。利用它们的属性,可以对对象进行改变颜色、移动、填充、改变形状和大小及一些特殊的效果处理等操作。使用矢量绘图软件进行图形的绘制,不是从一个个的点开始的，而是直接将该软件中所提供的一些基本图形对象，如直线、圆、矩形、曲线等进行再组合。可以快速地改变它们的形状、大小、颜色、位置等属性而不会影响整体结构，如图 1.5 所示。

位图图形是由成千上万个像素点构成的，而矢量图形却跟它有所不同。矢量图形是由一条条的直线和曲线构成的，在填充颜色时，系统将按照指定的颜色沿曲线的轮廓线边缘进行着色。

矢量图形的颜色与分辨率无关，图形被缩放时，对象能够维持原有的清晰度以及弯曲度，颜色和外形也都不会发生偏差和变形。如图 1.6 所示，图形被放大后，依然能保持原有的光滑度。

图 1.5　更改颜色及位置

图 1.6　矢量图形放大前后的效果对比

每个对象都是自成一体的实体，可以在维持它原有清晰度和弯曲度的同时，多次移动和改变属性，而不会影响图形中的其他对象。这些特征使基于矢量的程序特别适用于绘图和三维建模，因为它们通常要求能创建和操作单个对象。

1.2　图像基础

1.2.1　图像的发展

图像处理又称为计算机图像处理，它是指将图像信号转换成数字信号并利用计算机对其进行处理的过程。图像处理最早出现于 20 世纪 50 年代，人们开始利用计算机来处理图形和图像信息。早期的图像处理的目的是改善图像的质量。

首次获得实际成功应用的是美国喷气推进实验室。他们对航天探测器在 1964 年发回的几千张月球照片使用了图像处理技术，为人类登月创举奠定了坚实的基础，也推动了图像处理这门学科的诞生。图像处理取得的另一个巨大成就是医学上获得的成果。

从 20 世纪 70 年代中期开始，随着计算机技术和人工智能、思维科学研究的迅速发展，数字图像处理向更高、更深层次发展。人们已开始研究图像理解或计算机视觉。很多发达国家投入更多的人力、物力来参与这项研究，取得了不少重要的研究成果。其中代表性的成果是 20 世纪 70 年代末 MIT 的 Marr 提出的视觉计算理论，这个理论成为计算机视觉领域其后十多年的主导思想。图像理解虽然在理论方法研究上已取得不菲的进展，但它本身是一个比较难的研究领域，因此计算机视觉是一个有待人们进一步探索的新领域。

图像是人类获取和交换信息的主要来源,因此,图像处理的应用领域必然涉及人类生活和工作的方方面面。随着人类活动范围的不断扩大,图像处理的应用领域也将随之不断扩大。

在数字图像处理中,很重要的环节就是进行分支的细化工作。细化就是在不改变图像像素的拓扑连接性关系的前提下,连续地剥落图像的外层像素,使之最终成为单像素宽的图像骨架。细化后,骨架的存储量要比原来的图像点阵少得多,从而降低了图像处理的工作量。细化处理是在图像目标形状分析、信息压缩、特征提取与描述的模式识别等应用中经常运用的基本技术。

1.2.2 图像内容组成

在许多情况下,构成的图像并不能表现个性,也缺乏感染力,这时就需要通过必要的手法予以渲染。从内容上讲,就是把单调的形象改换成能增强感染力的画面。图像的内容组成包括以下几个方面。

(1) 设想(Idea)——要有明确的主题,任何好的图像都应向观众提供一个能迅速掌握并且难以忘怀的概念。

(2) 冲击力(Impact)——好的图像应具备在刹那之间便能够抓住读者注意力,使读者乐于按照你的安排,接受你的宣传。

(3) 兴趣(Interest)——图像中所有的成分都以某种方式完成着特殊使命,而宣传力量存在于所有成分的总和之中,而且还要有持久的吸引力,使观众能始终有兴趣,完全吸收图像的全部内容。

(4) 信息(Information)——指有关图像中内容对观众将会产生何种影响的必要知识。

有广告研究人员认为,消费者对他们所要购买的产品的使用情况最感兴趣。

(5) 冲动(Impulsion)——优秀的图像应该有较强的视觉效果,使观众产生强烈的占有欲望。

1.2.3 图像表现

图像表现作为一种艺术,具有不同的表现手法。画面的不同表现手法和不同风格的形成,一方面是由于宣传的不同要求,另一方面是各种绘画艺术向广告领域的渗透。目前常见的表现手法有以下几种。

1. 写实表现

如实地表现商品的外观、局部或使用情况。这是一种常见的广告图画表现手法,其突出的优点是给人以真实的感觉,在描写产品的细节方面,也具有独到之处。写实手法的困难在于如何使不同水平的观众迅速理解作者的创作意图,并尽快引起共鸣。

2. 对比表现

与文字对比手法一样,通过两个事物的对比,可以突出产品的某些突出优点,迅速吸引观众得出合乎逻辑的结论，从而使消费者立刻产生购买欲望。这是对比表现手法的长处。对比手法的局限性在于针对性，当某些观众对作者通过对比手法表现出来的特点不感兴趣时，这幅广告图画就从根本上失败了。

3. 夸张表现

夸张是通过艺术手法，在情理允许的范围内，使产品的特点更加突出。其优点是通过变形的处理、风趣的特性、简明的意图使广告增添意想不到的效果。但是如果夸张超出了一定限度，使人感到不可信的话，这幅广告图画也就失败了。夸张手法多见于广告漫画，如图1.7所示。

4. 寓意表现

用借喻或象征的办法来介绍产品或宣传某一事物的特征。寓意广告的特点是构思巧妙、含意深刻、说服力强，如图1.8所示。但是如果寓意不准不深的话，寓意手法就失去了意义。

图1.7 夸张艺术手法

图1.8 寓意艺术手法

5. 比喻表现

比喻手法与寓意手法的区别在于，比喻是拿一个常见的具体的事物来形象地比拟另一个事物。其长处是，比寓意手法更为显浅明白地给人以生动深刻的印象。其难点在于较难找到确切的比喻对象。

6. 卡通表现

卡通是通过画一些幽默滑稽人物夸张而有趣的行为，吸引观众领会画意，借以说明商品的性能特点。卡通广告画的幽默感，常常能使广告宣传的内容经久难忘。这在国外是一种极为流行的艺术手段，经常在印刷广告画和电视图像中出现。

7. 悬念表现

用非常的绘画题材和构思，先造成观众的悬念或惊奇，然后吸引观众进一步了解情由，来表达产品的性能特点。常用于保险、卫生事业、游艺活动和影剧节目的广告宣传。

1.3 图像创意的观念

图像创意产生的基本条件,需要设计人员具备一定的素质和多方面的修养,这样才能产生设计意识的素材,并进行创造性的组合。特有的表现技巧和艺术手段具有丰富想象力和独创性。因此,广告主题鲜明生动,有强烈感染力,才是一个成功创意。设计的作品主要是由传达内容、表现创意、表现技巧三个要素构成的,如图 1.9 所示。

对于设计,有两点非常重要:一是创意;二是革新。创意是从无到有,根据人们的需要,创造出一种或几种真正的功能。还要思考它是否符合市场实际、是否符合大众需要、是否能在同类产品中打响等问题,在此基础上再深化加工,这种创意思路可称为"先放后收"。这个思路在几经"肯定到否定,否定到肯定"的孵化孕育中诞生了,并在反复推敲的过程中逐渐完善成熟。

1. 创意的构思

创意就是将设计定位清晰地表达出来,是通过构思创造充分表现创意主题的、具有实际和情感作用的艺术表现,如图 1.10 所示,是看不见的构想过程,而这种过程潜在我们的意识层下。创意,需要丰富的想象力、敏锐的灵感和创作的激情,更需要科学严谨的市场分析、准确求实的竞争谋略。

图 1.9 创意

图 1.10 艺术表现

2. 创意的思维过程

创造性思维是设计师的财富,发挥这种创造力对于创作人员来说是一个艰苦的过程。在充分掌握商品调研资料的基础上,必须反复构思、组合、修正、深化,并升华为一个新的广告创意。与此同时,对这个创意还需要作进一步的验证、修改和调整,最终完成一个成功的广告创意,如图 1.11 所示。

如今的平面设计所传达的信息常常是难以辨认的图形,令人眼花缭乱,这是现代社会生活节奏的缩影。

3. 创意设计的思维

成功的创意是建立在完整而周密的策划基础之上的,同时通过表现技巧,最终实现创意的目标。这一阶段,也就是用语言表现出创意的观念,予以视觉化的演变。

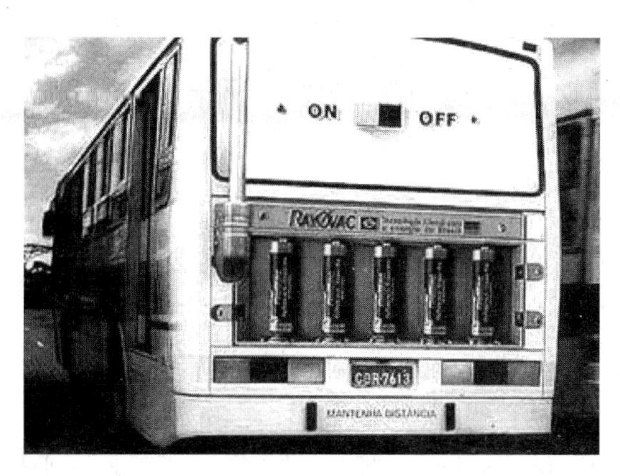

图 1.11　广告的创意

（1）读者接受创意的主题思想，并且说服和诱导读者，促使读者把这种企图尽快地转化为行为，改变原有的态度。

（2）创意是向读者诉求的主要动力，是表现的得力手段，是具体实施的灵魂。

（3）广告的主题力求新颖独特。任何概念化、公式化、雷同化、空泛化的广告意念，都不能被认为是成功的创意。

（4）对于环境事物的感觉经验，都是源于过去的接触积累。即使不经肌体接触，也能判断它的软硬、粗细、轻重、冷热……尽管每个人生活背景、学习经验各异，但经过不自觉的归纳和秩序化的本能，多数人内心深处沉淀的感官经验都完全相似。比如，线条或色彩本身是没有任何情绪的，但由于经验的积累，才使人感受到粗线的坚实，细线的纤柔，快速的线条有流畅感，断挫的线条有凝滞感。不同的颜色有了不同的情绪象征。

（5）利用形象思维来思索点、线、面的构成，设计推敲出有效的、能唤起美感经验的作品。视觉符号、文字或少量的插图，这些素材有时不具备描述清楚事件或呈现情绪的能力，即使能自由地使用线条和色彩辅助，仍然是受拘束的，所以要通过形象思维直接捕获。

（6）创意就应尽力“创”出主意来，创出意念，创出意趣，创出意境，来传达信息内容，让广告主题及要求更加清晰合理，有感染力和说服力。

4. 创意的方法

实际产生创意的方法。这一方法是根据美国著名广告家韦伯·扬教授在《产生创意的方法》一书中阐述的 5 个步骤并加以补充得到的。

1）搜集资料

许多人忽视了这一步骤，不去有序地完成搜集资料的任务，被动地等待灵感的来临，这是一些人常得不到好的创意的主要原因。作为第一步骤应搜集的资料有两种：特定的资料与一般的资料。所谓特定的资料就是与广告宣传有关的自然环境、国际环境、产业环境、企业环境、商品环境和广告环境的资料。要找到产品与这些环境资料之间的接点可能并不那么容易，但一旦找到它了就可能导致创意。

2）分析资料

这一步的内容就是将获得的资料加以分析的过程，这一步完全是在创意者的头脑内部进行的，很难用具体的术语准确地描述。一般来说，可先反复用不同的方式来看一件事，然后再把它与另一件事放在一起。

在这一步骤里，会得到某些不完整的或不够成熟的创意，应该以文字或图画形式记录下来。同时将这些事实无数次地拼凑后有可能还是找不到合适的组合方式，甚至使你落到某种绝望的境地。

3）考虑阶段

在这一步骤里应该顺其自然，大胆地放弃问题，并且尽量不要去想它，可以去听音乐，去看电影或游公园等，这样可以把问题置于意识之外，并刺激下意识的创作过程。

图 1.12 创意产生

4）创意产生

需要耐心地完善新发现的创意，必须把创意拿到现实世界中，使创意人所忽视且有价值的部分重新被审阅者融进全新的创意组合中，如图 1.12 所示。

5）使其能够实际应用

使创意最后形成、发展和完善，并能实际应用到创意的媒体中，如招贴设计、样本设计、报纸设计、户外设计和 POP 设计。

如何调动这些元素来为设计服务，使设计成为非常体系化的工作，这涉及设计师对市场的认识。市场有两种概念：一是指销售的市场；二是生产的产品不仅要卖，而且产品本身作为载体要交换，交换物体或交换思想，它具有一种交换功能。二者设计师都要认识。真正的市场不仅是销售的市场，还是一种具有内在功能的可进行交换和使用的市场。

1.4 欣赏图形图像作品

1.4.1 欣赏作品

(1) 打开素材文件"第 2 章　认识 Illustrator CS4"→"插画"文件夹。

(2) 双击其中的.jpg 文件，观看插画图片，其中主要插画如图 1.13 至图 1.16 所示。

图 1.13 插画欣赏 1

图 1.14 插画欣赏 2

图 1.15　插画欣赏 3

图 1.16　插画欣赏 4

1.4.2　运行场景文件

（1）启动 Adobe Illustrator CS4 软件。

（2）选择【文件】|【打开】命令，弹出【打开】对话框。选择“太阳. ai”文件，如图 1.17 所示。

（3）使用同样的方法分别打开“多云. ai”、“打雷. ai”和“下雨. ai”文件，完成后效果如图 1.18 至图 1.20 所示。

图 1.17　“太阳. ai”文件

图 1.18　“多云. ai”文件

图 1.19　“打雷. ai”文件

图 1.20　“下雨. ai”文件

思考与练习

1. 思考题

（1）调整画布的大小的方法是什么？

（2）自由变换工具的使用方法是什么？

2. 练习题

(1) 练习内容：熟悉工具箱中多边形路径工具，掌握控制栏上的对齐工具的使用方法和含义。

(2) 练习规格：尺寸 (210mm×297mm)。

(3) 练习要求：使用多边形路径工具绘制 4 个矩形，要求它们的横竖间隔均衡。

(4) 练习提示：只有路径选择工具才能选择路径，选择工具不能选择路径。只有同时选中至少两个路径时才能对路径进行对齐操作。

第 2 章　Illustrator CS4 基本操作

2.1　Illustrator CS4 工作环境

启动 Illustrator CS4 可以直接进入工作界面，如图 2.1 所示。

文件(F)　编辑(E)　对象(O)　文字(T)　选择(S)　效果(C)　视图(V)　窗口(W)　帮助(H)
未选择对象
文档设置
首选项
图层
外观
属性
渐变
透明度
颜色
颜色参考
色板
变换
对齐
字符
段落

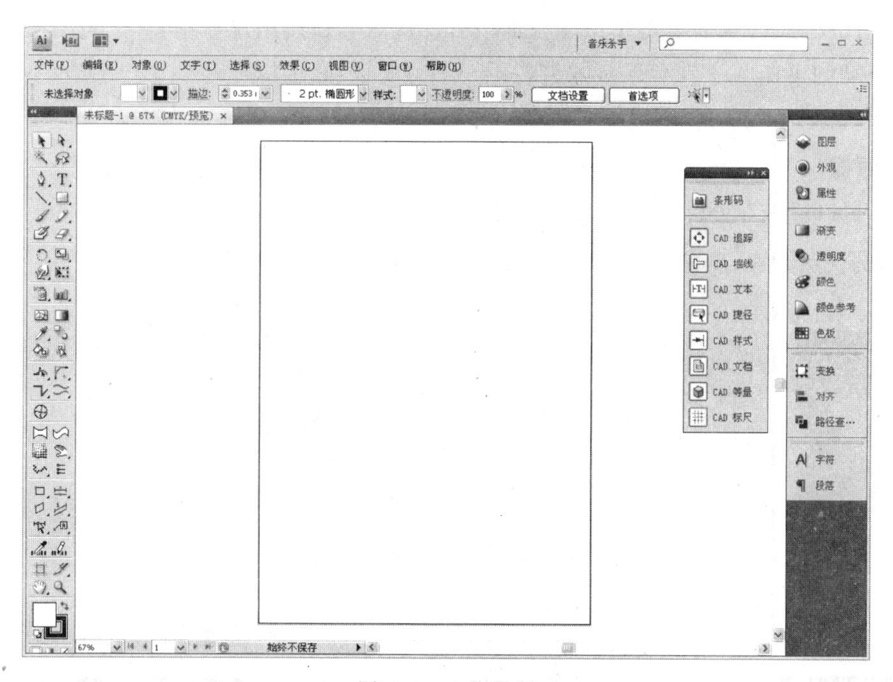

图 2.1　工作界面

1. 菜单栏

Illustrator CS4 的主要操作都可以通过执行菜单栏中的命令选项来完成，执行菜单命令是最基本的操作方式，Illustrator CS4 的菜单栏中包括【文件】、【编辑】、【对象】、【文字】、【选择】、【效果】、【视图】、【窗口】和【帮助】这 9 个功能各异的菜单，如图 2.2 所示。

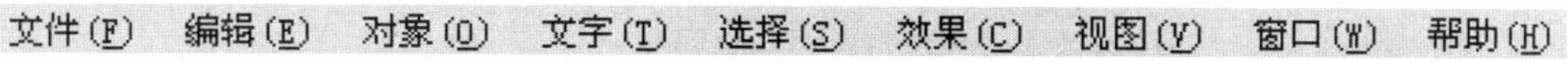

文件(F)　编辑(E)　对象(O)　文字(T)　选择(S)　效果(C)　视图(V)　窗口(W)　帮助(H)

图 2.2　菜单栏

2. 工具箱

系统默认状态下位于工作区的左边。在工具箱中放置了经常使用的编辑工具，并将功能近似的工具以展开的方式归类组合在一起，从而使操作更加灵活方便，如图 2.3 所示。

3. 状态栏

在状态栏中将显示当前工作状态的相关信息，如当前工具的简要属性、日期和时间提示、还原次数及文档颜色配置文件，如图 2.4 所示。

4. 工作区

工作区又称为“桌面”，是指绘图页面以外的区域。在绘图过程中，可以将绘图页面中的对象拖动到工作区存放。工作区类似于一个剪贴板，它可以存放不止一个图形，使用起来更方便。

5. 面板

系统默认状态下位于工作区的右边，利用面板可以快速地选择所需内容。由于面板很多，举例说明渐变、颜色、对齐和字符面板等，如图 2.5 至图 2.8 所示。

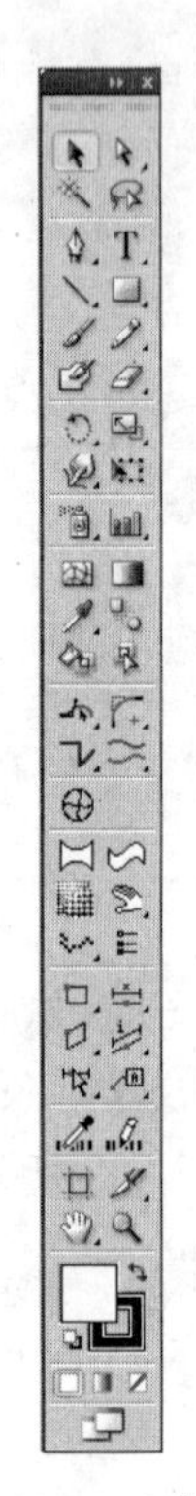

图 2.3 工具箱

图 2.4 状态栏

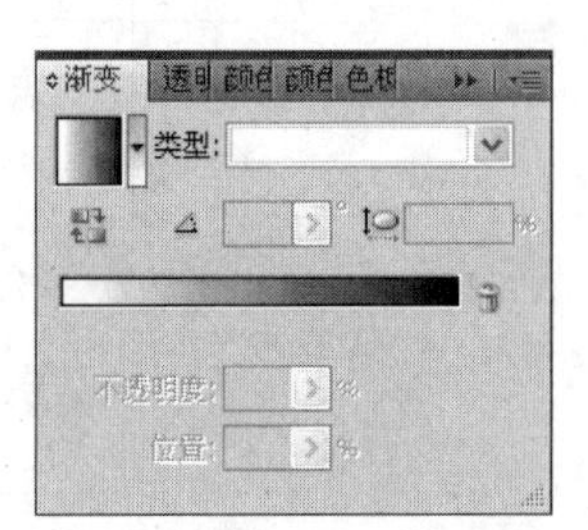

图 2.5 【渐变】面板

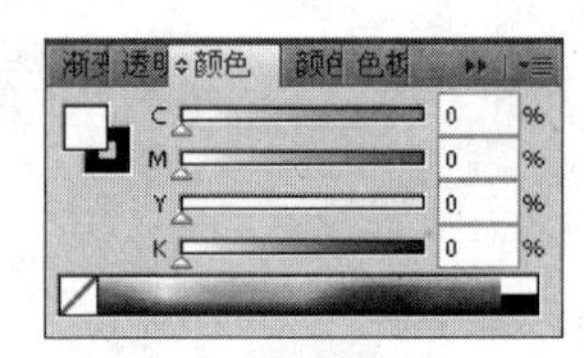

图 2.6 【颜色】面板

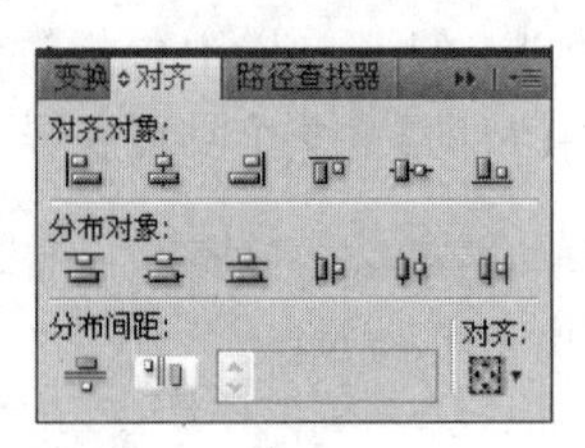

图 2.7 【对齐】面板

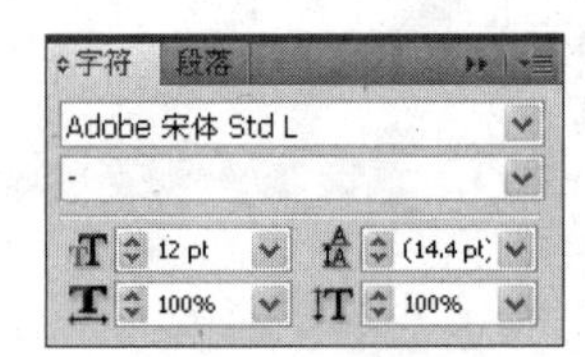

图 2.8 【字符】面板

2.2 Illustrator CS4 功能简介

2.2.1 Illustrator CS4 界面新特性

1. 创建新文档

【新建文档】对话框添加了【画板数量】和【出血】选项，可以对新建文件的【画板数量】和【出血】进行设置，如图 2.9 所示。

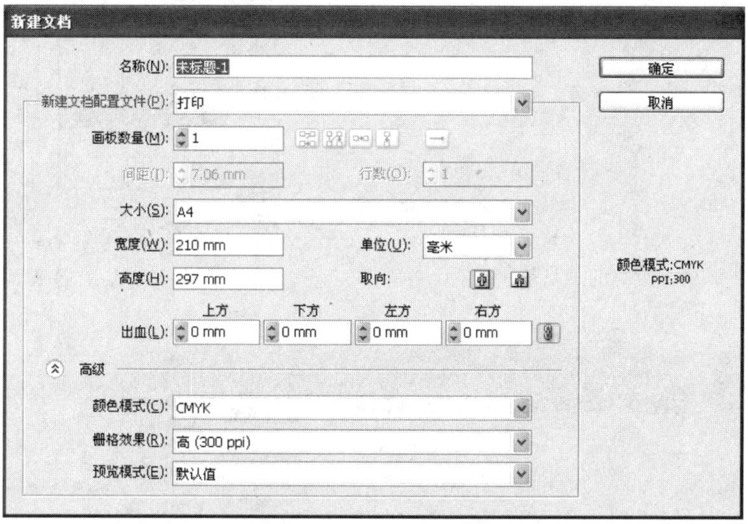

图 2.9 【新建文档】对话框

2. 收缩工具栏

单击工具栏上方的双三角按钮，将工具栏收缩为单排显示，如图 2.10 所示。界面右侧的选项面板也可以进行类似操作，从而打开或收缩面板，如图 2.11 所示。

3. Illustrator CS4 界面

这种抽屉式拉出显示完整工具栏的界面方式，大大节省了桌面空间，为设计者提供了更多的便利，如图 2.12 所示。

4. 屏幕显示模式

在工具箱中的【更改屏幕模式】按钮选项中，去掉了【最大屏幕模式】选项，如图 2.13 所示。

2.2.2 Illustrator CS4 的新增功能

1. 多个画板

创建包含最多 100 个大小各异的画板的文件并按任意方式显示它们，重叠、并排或堆叠。单独或一起存储、导出和打印画板，将选定范围或所有画板存储为一个多页 PDF 文件。

图 2.10 收缩的工具箱

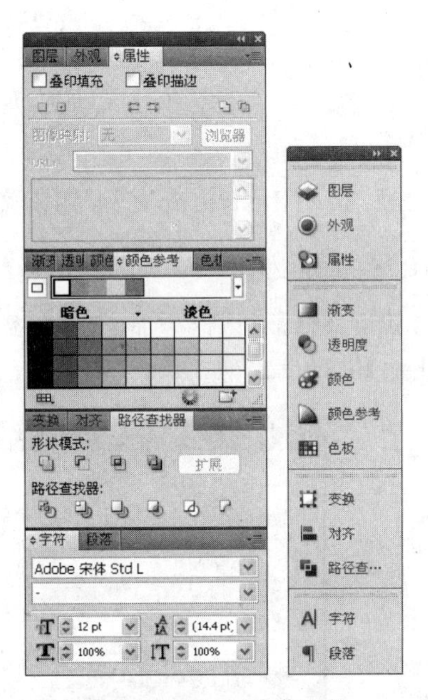

图 2.11 显示/隐藏面板

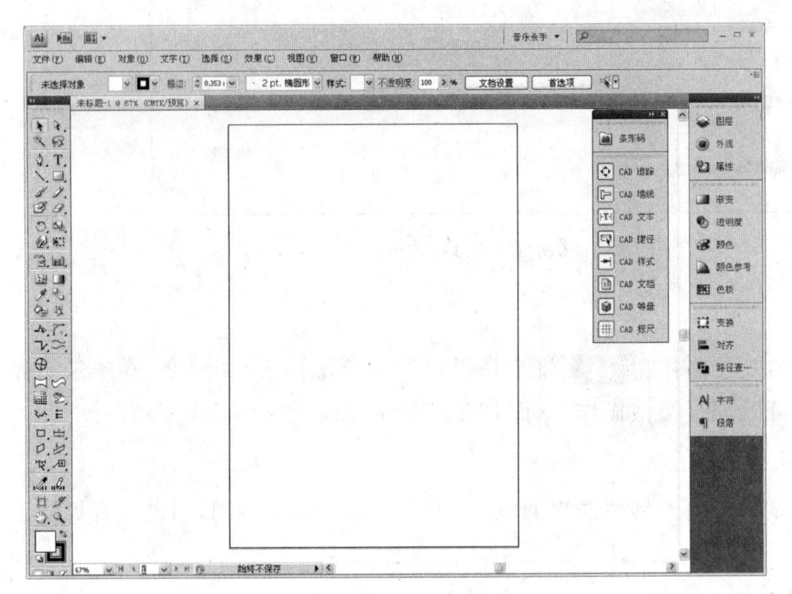

图 2.12 Illustrator CS4 界面

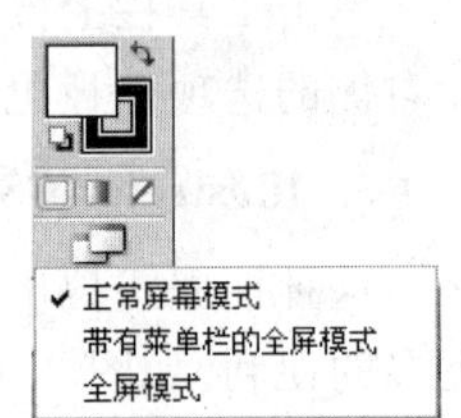

图 2.13 屏幕显示模式

2. 渐变透明效果

定义渐变中个别色标的不透明度。显示底层对象和图像,使用多图层、挖空和掩盖渐隐创建丰富的颜色和纹理混合,如图 2.14 所示。

3. 面板内外观编辑

在【外观】面板中直接编辑对象特征,无须打开填充、描边或效果面板。使用共享属性和控制显示加快渲染。【外观】面板显示如图 2.15 所示。

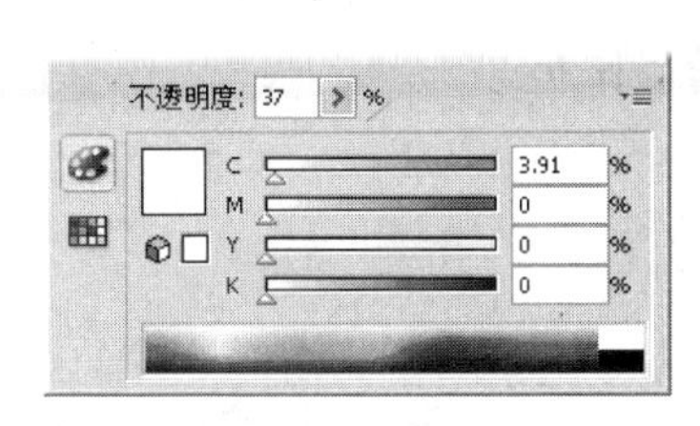

图 2.14 渐变透明效果

图 2.15 【外观】面板

4. 斑点画笔工具

产生一个清晰的矢量形状，即便描边重叠也无妨。将斑点画笔工具与橡皮擦及平滑工具结合使用,可以实现自然绘图。

5. 改进的图形样式

结合不同样式以实现独特效果并提高效率,在不影响对象现有外观的情况下应用样式。使用全新的缩览图预览。【图形样式】面板显示如图 2.16 所示。

6. 揭开裁剪蒙版的神秘面纱

通过在编辑中只查看对象的裁剪区域,更轻松地使用蒙版。充分利用隔离模式,并使用编辑裁剪路径进一步加强控制。

7. 显示渐变

在对象上与渐变交互。设置渐变角度、位置和椭圆尺寸。使用滑块添加和编辑颜色,随处获得即时反馈,如图 2.17 所示。

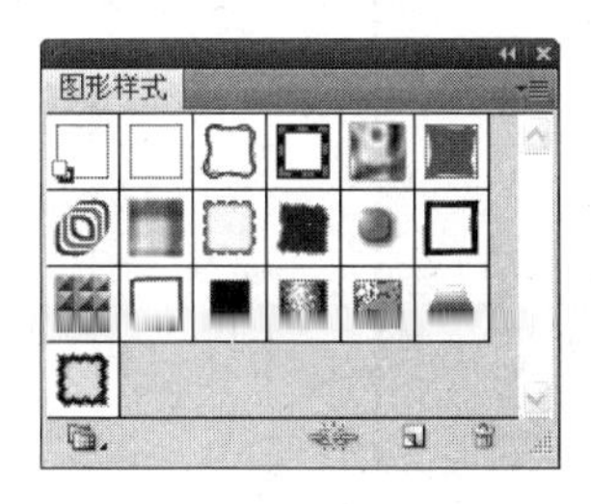

图 2.16 【图形样式】面板

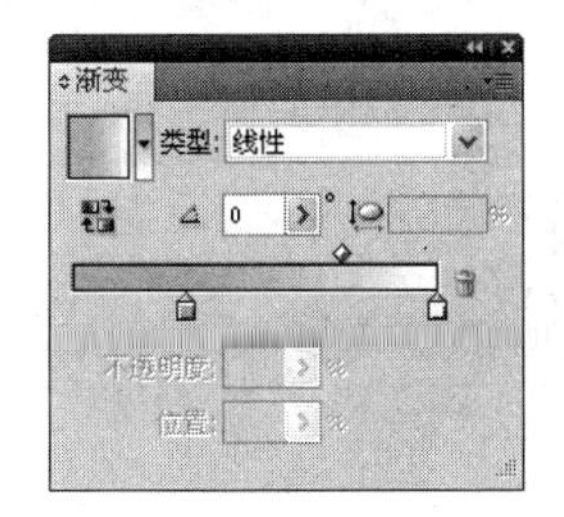

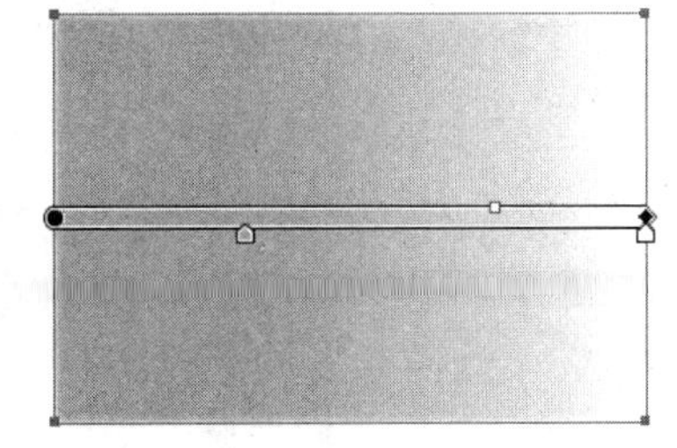

图 2.17 显示渐变

8. 分色预览

防止出现颜色输出意外,如文本和置入文件中的意外专色、多余叠印、未叠印的叠印、白色叠印以及 CMYK 黑色。【分色预览】面板显示如图 2.18 所示。

图 2.18 【分色预览】面板

9. 集成与交付

借助集成的工具和广泛的格式支持,您可以与小组协作、跨产品工作,并且不受交付场所的限制。为打印、交互体验、动画效果等自信地进行设计。

10. 增强的用户体验

由于包括对象控件在内的界面改进,您可以保持最佳创作状态。

2.3 Illustrator CS4 文件的置入与导出

Illustrator CS4 的工作界面提供了控制面板、菜单栏、工具箱、控制按钮等基于 Windows 风格的各种组件,为设计者应用提供了良好的操作环境。

1. 文件置入

由于 Illustrator CS4 是矢量图形绘制软件,使用的是 AI 格式的文件,所以在要进行制作或编辑时,使用其他素材就要通过置入命令来完成。完成后的图形文件适用于其他软件。

选择【文件】|【置入】命令,弹出【置入】对话框,如图 2.19 所示。选中相应文件,单击【置入】按钮,完成置入命令。

图 2.19 【置入】对话框

2. 文件导出

选择【文件】|【导出】命令,弹出【导出】对话框,如图 2.20 所示。输出时,选择【保存类型】选项,如"AutoCAD 绘图"和 JPEG 文件类型等,并设置【文件名】。设置完成后,单击【保存】按钮,即可在指定的文件夹内生成导出文件。

图 2.20 【导出】对话框

2.4 Illustrator CS4 模板操作

模板资源丰富,但是均为英文。如果想更方便地了解它们,快速寻找所需要的模板,Illustrator CS4 提供了缩略图文件,在 Illustrator CS4 所在的文件夹根目录下查看 Additional Content.pdf 文件。

Illustrator CS4 新增了很多功能,可以提高我们的工作效率,加大软件操作的能力范围。软件还附带了模板、新画笔等资源,Illustrator CS4 增加的这些功能的确可以给经常使用者带来快捷的工作方式。应用这些专业的设计模板,保持模板的式样,或者根据需要修改它的尺寸、色彩以及图片。模板文件中包括了印刷尺寸和裁剪符号,以及图层、样式、色盘、符号、文字占位符(文字排版的位置)等。Illustrator CS4 自带的模板均为比较通用的商业模式,或许能从这些模板中学习到制作技巧或一些设计知识。

除了使用 Illustrator CS4 自带的模板外,还可以把一些特殊或常用的格式保存为 Illustrator CS4 模板,方便以后使用。

1. 打开模板

打开模板的方式极为简单,选择【文件】|【从模板新建】命令,如图 2.21 所示。弹出【从模板新建】对话框,选择需要的模板,如图 2.22 所示,单击【新建】按钮即可。

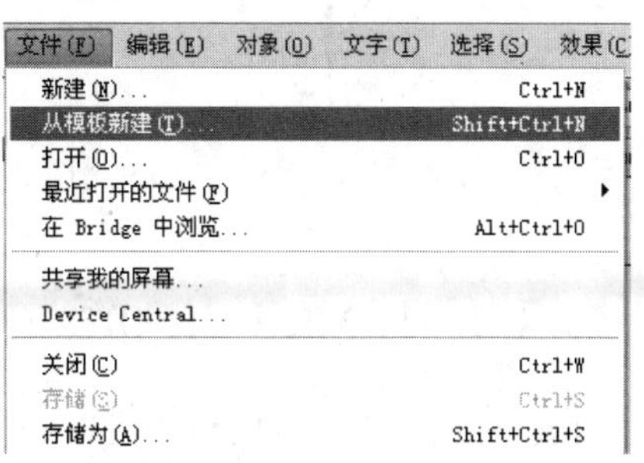

图 2.21 【从模板新建】命令

2. 生成模板

选择【文件】|【存储为模板】命令,弹出【存储

图 2.22 【从模板新建】对话框

为】对话框，如图 2.23 所示，单击【保存】按钮。当下次以模板形式新建文件时，就可以选择它了。

图 2.23 【存储为】对话框

2.4.1 与 Microsoft Office 更密切的整合

Illustrator CS4 可以将 Illustrator 图形以最佳格式输出，以便在 Microsoft Office 产品中进行打印与显示。

选择【文件】|【存储为 Microsoft Office 所用格式】命令，如图 2.24 所示；弹出【存储为 Microsoft Office 所用格式】对话框，如图 2.25 所示，保存类型仅有 PNG 格式。

图 2.24　【文件】菜单

图 2.25　【存储为 Microsoft Office 所用格式】对话框

2.4.2　首选项设置

首选项是关于 Illustrator 如何工作的选项，包括显示、工具、标尺单位和导出信息。选择【编辑】|【首选项】|【常规】命令，弹出【首选项】对话框，如图 2.26 所示。在该对话框中设置选项类型。还可以单击【下一项】来显示下一个选项。或者单击【上一项】来显示上一个选项。

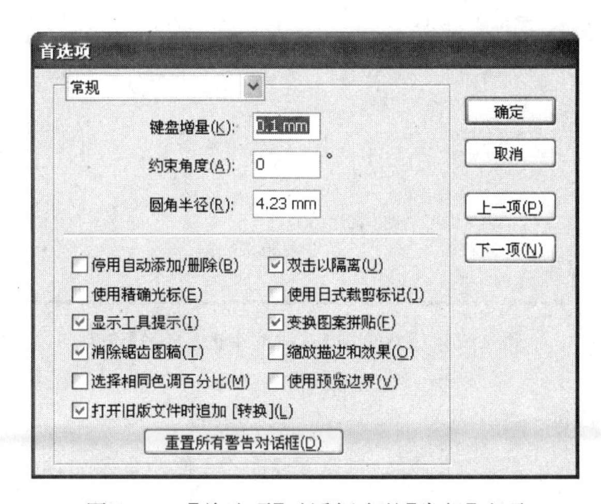

图 2.26　【首选项】对话框中的【常规】选项

1. 选择和锚点显示

选择【编辑】|【首选项】|【选择和锚点显示】命令，弹出【首选项】对话框，如图 2.27 所示。在该对话框中设置容差参数等选项。

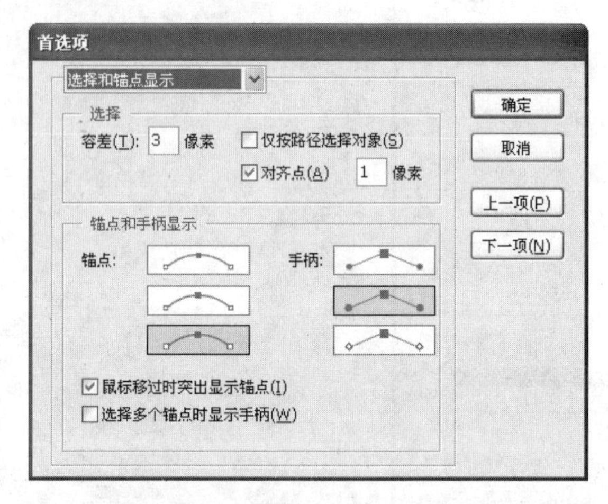

图 2.27 【首选项】对话框中的【选择和锚点显示】选项

2. 文字

选择【编辑】|【首选项】|【文字】命令，弹出【首选项】对话框，如图 2.28 所示。在文字设置中包括文字的【大小/行距】、【字距调整】、【基线偏移】和【最近使用的字体数目】等选项。

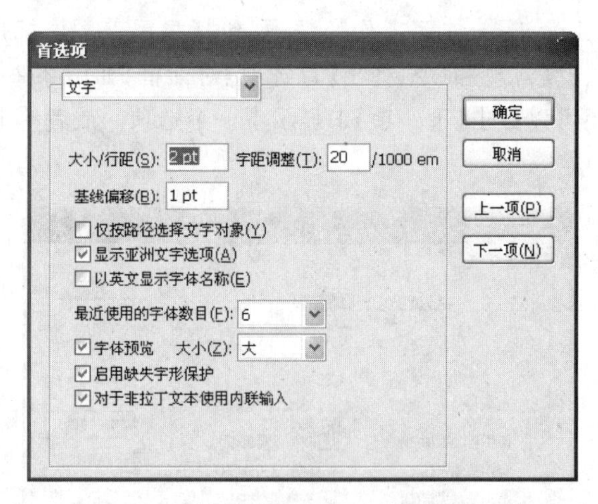

图 2.28 【首选项】对话框中的【文字】选项

3. 单位和显示性能

选择【编辑】|【首选项】|【单位和显示性能】命令，弹出【首选项】对话框，如图 2.29 所示。在单位设置中包括【常规】、【描边】、【文字】和【亚洲文字】等选项。

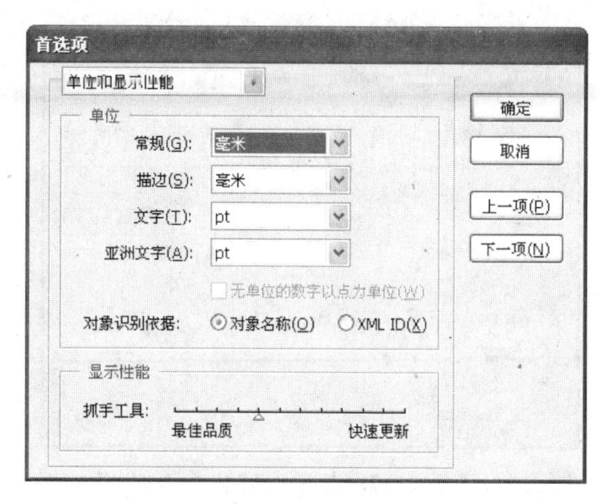

图 2.29 【首选项】对话框中的【单位和显示性能】选项

4. 参考线和网格

选择【编辑】|【首选项】|【参考线和网格】命令，弹出【首选项】对话框，如图 2.30 所示。可以对参考线和网格的颜色和样式进行设置，还可以设置【网格线间隔】、【次分隔线】、【网格置后】等选项。

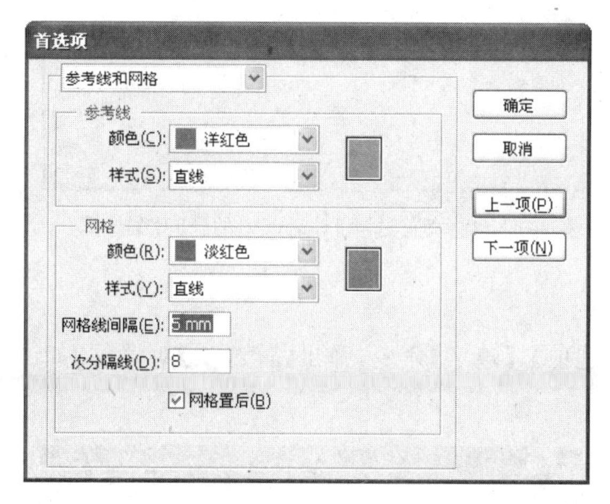

图 2.30 【首选项】对话框中的【参考线和网格】选项

5. 智能参考线

选择【编辑】|【首选项】|【智能参考线】命令，弹出【首选项】对话框，如图 2.31 所示。可以对参考线的颜色等选项进行设置，还可以设置【结构参考线】选项。

6. 切片

选择【编辑】|【首选项】|【切片】命令，弹出【首选项】对话框，如图 2.32 所示。可以设置是否显示切片编号及线条颜色。

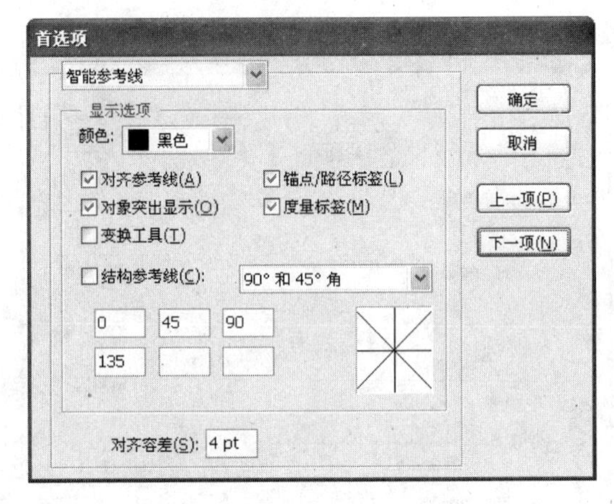

图 2.31 【首选项】对话框中的【智能参考线】选项

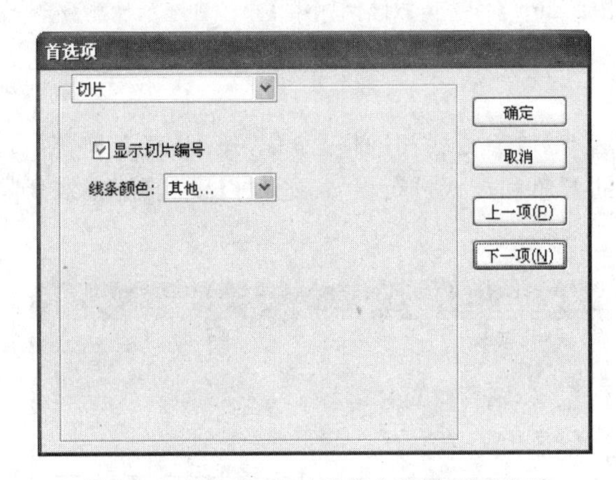

图 2.32 【首选项】对话框中的【切片】选项

7. 连字

选择【编辑】|【首选项】|【连字】命令，弹出【首选项】对话框，如图 2.33 所示。可以设置【默认语言】选项。

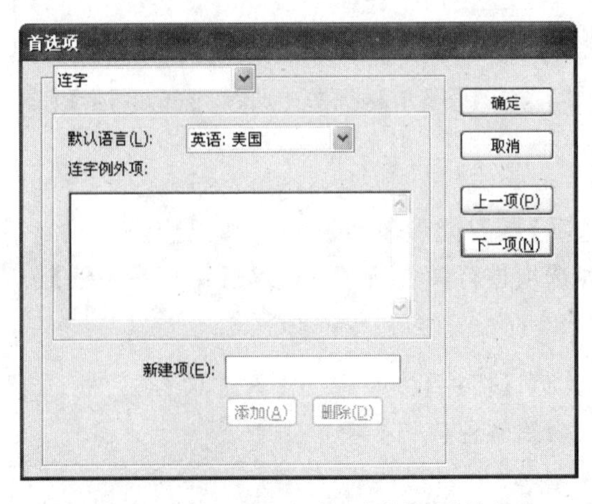

图 2.33 【首选项】对话框中的【连字】选项

8. 增效工具和暂存盘

选择【编辑】|【首选项】|【增效工具和暂存盘】命令，弹出【首选项】对话框，如图 2.34 所示。可以设置【增效工具】和【暂存盘】选项。

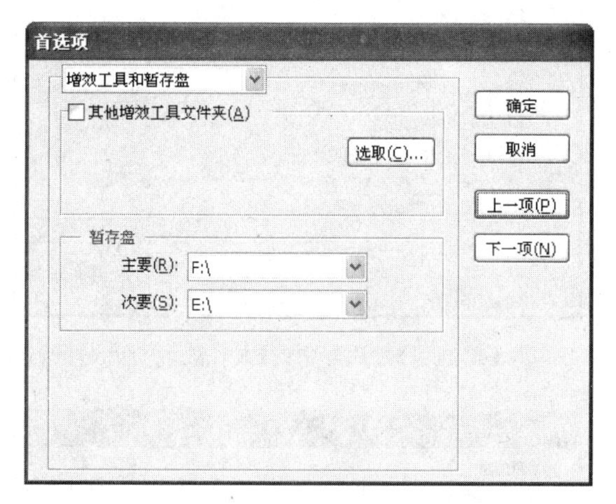

图 2.34 【首选项】对话框中的【增效工具和暂存盘】选项

9. 用户界面

选择【编辑】|【首选项】|【用户界面】命令，弹出【首选项】对话框，如图 2.35 所示。可以设置亮度深浅程度。

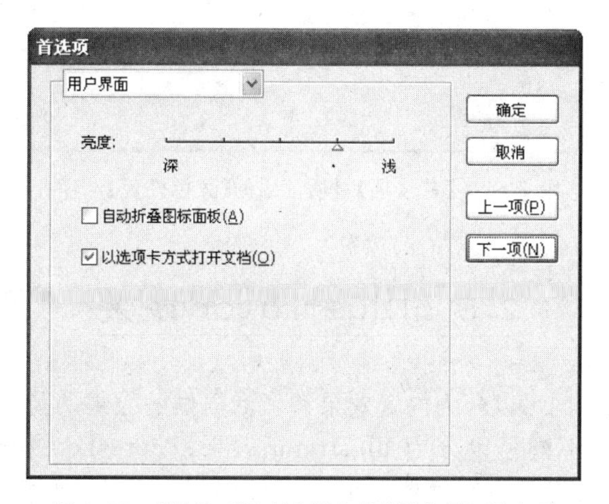

图 2.35 【首选项】对话框中的【用户界面】选项

10. 文件处理与剪贴板

选择【编辑】|【首选项】|【文件处理与剪贴板】命令，弹出【首选项】对话框，如图 2.36 所示。可以设置【文件】选项和【复制为】选项。

11. 黑色外观

选择【编辑】|【首选项】|【黑色外观】命令，弹出【首选项】对话框，如图 2.37 所示。可以设置【屏幕显示】和【打印/导出】选项。

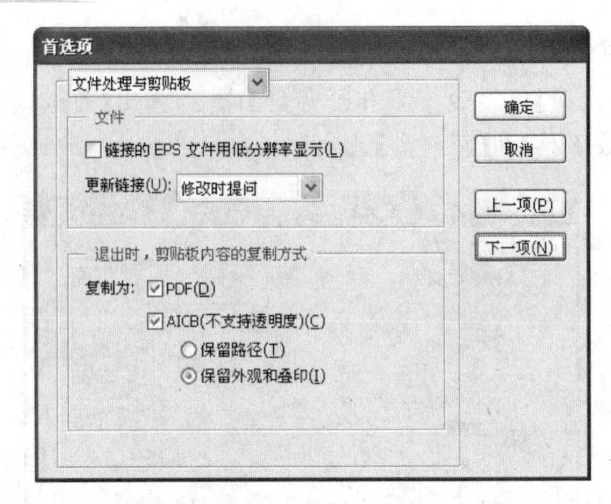

图 2.36 【首选项】对话框中的【文件处理与剪贴板】选项

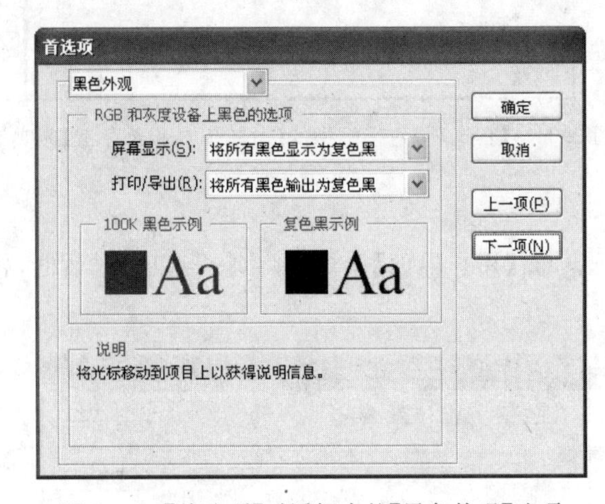

图 2.37 【首选项】对话框中的【黑色外观】选项

2.5 Illustrator 效果

效果根据来源的不同可以分为内置效果和厂商提供的效果两类。效果菜单如图 2.38 所示，根据使用对象的不同可以分为 Illustrator 效果、Photoshop 效果和其他效果三类。下面对【效果】菜单中的命令进行简要介绍。

1. 应用上一个效果

应用上次滤镜操作命令对选中对象实现最后一次所使用的效果。

2. 上一个效果

上次滤镜操作命令显示最后一次使用的效果。

2.5.1 3D

【3D】命令能够产生三维立体感：选择【效果】|【3D】命令，如图 2.39 所示。

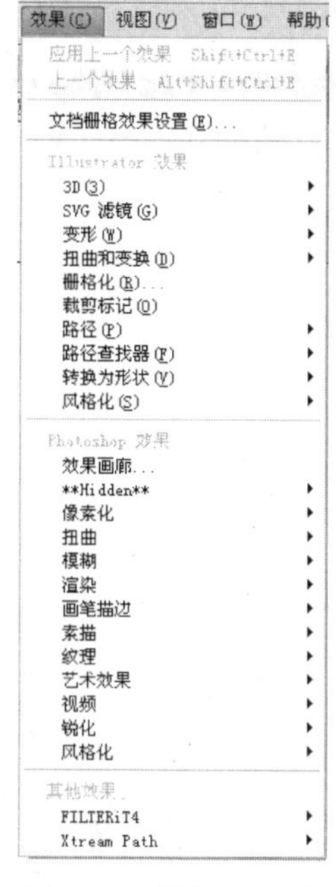

图 2.38　【效果】菜单

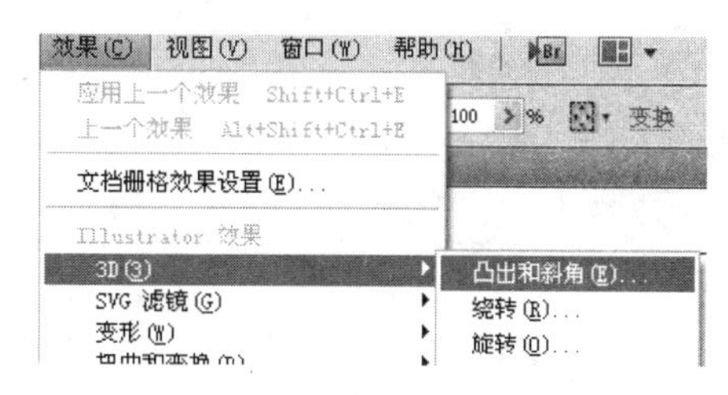

图 2.39　【3D】命令

1. 凸出和斜角

【凸出和斜角】效果可以设置位置和凸出与斜角参数等。可以按以下步骤进行操作。

(1) 在视图中绘制一个矩形,选择【效果】|【3D】|【凸出和斜角】命令,弹出【3D 凸出和斜角选项】对话框。

(2) 在对话框中设置位置选项及凸出与斜角参数,如图 2.40 所示。设置完成后,单击【确定】按钮,效果如图 2.41 所示。

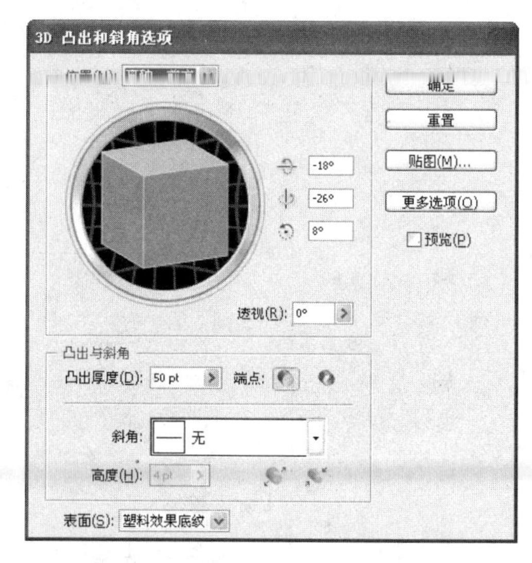

图 2.40　【3D 凸出和斜角选项】对话框

图 2.41　【凸出】效果

2. 绕转

【绕转】效果可以设置位置各轴向参数和绕转参数等。可以按以下步骤进行操作。

(1) 在视图中绘制一个矩形,选择【效果】|【3D】|【绕转】命令,弹出【3D 绕转选项】对话框。

(2) 在对话框中设置位置选项及绕转参数,如图 2.42 所示。设置完成后,单击【确定】按钮,效果如图 2.43 所示。

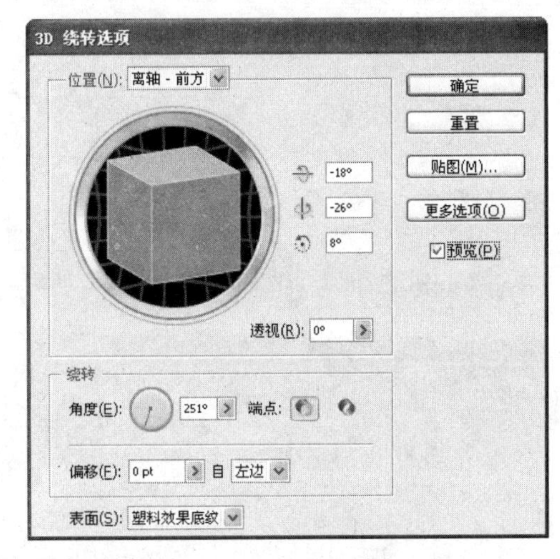

图 2.42 【3D 绕转选项】对话框

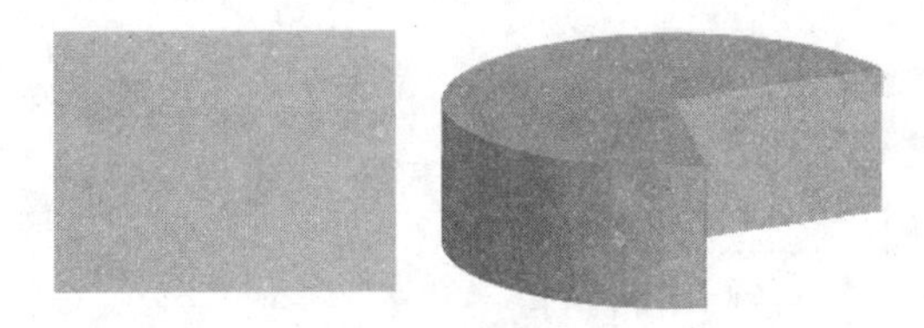

图 2.43 【绕转】效果

3. 旋转

【旋转】效果可以设置位置各轴向参数和透视参数。可以按以下步骤进行操作。

(1) 在视图中绘制一个矩形,选择【效果】|【3D】|【旋转】命令,弹出【3D 旋转选项】对话框。

(2) 在对话框中设置位置选项及透视参数,如图 2.44 所示。设置完成后,单击【确定】按钮,效果如图 2.45 所示。

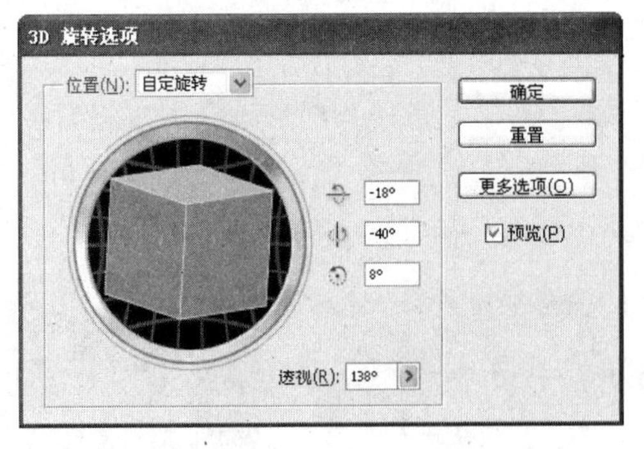

图 2.44 【3D 旋转选项】对话框

图 2.45 【旋转】效果

2.5.2 SVG 滤镜

SVG 滤镜中的效果可以直接对基本图像和文字使用，在 SVG 滤镜中使用滤镜效果就和在 Adobe Photoshop、Macromedia Fireworks 中使用滤镜一样，比如，阴影、高斯模糊、金属效果、颜色渐变等，选择【效果】|【SVG 滤镜】命令，SVG 中的滤镜效果组共有 18 种类型，如图 2.46 所示。可以单独使用这些滤镜效果，也可以组合起来使用。由于这些滤镜的组合很多，很难全部讲述，下面只举其中的几个图例来认识一下在 SVG 中使用滤镜的效果，如图 2.47 所示。

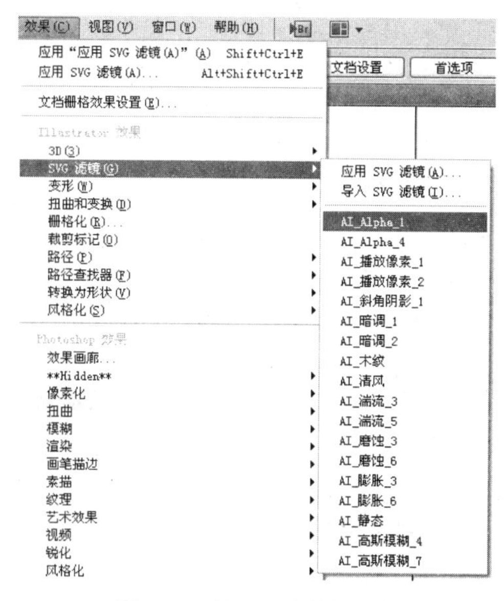

图 2.46 【SVG 滤镜】选项

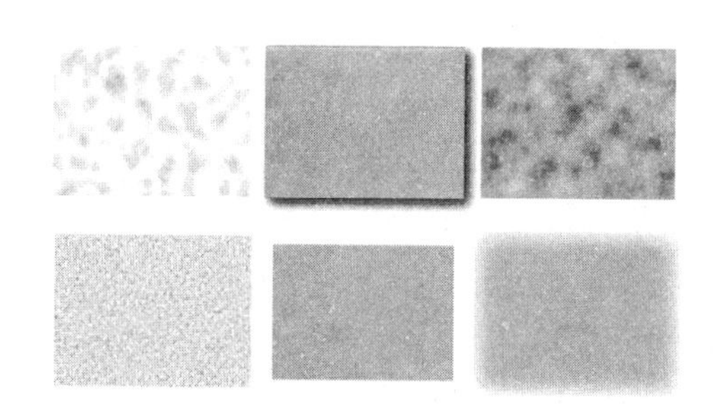

图 2.47 【SVG 滤镜】部分效果

2.5.3 变形

【变形】命令能够使文字产生各种不同形状的变形效果，选择【效果】|【变形】命令，如图 2.48 所示。

【变形】效果组可以用来创建变形效果，变形滤镜组中共有 15 个滤镜，分别是弧形、下弧形、上弧形、拱形、凸出、凹壳、凸壳、旗形、波形、鱼形、上升、鱼眼、膨胀、挤压和扭转，这 15 个滤镜的效果变形都可以在变形选项对话框中设置相应的参数，完成变形效果后的效果如图 2.49 所示。

2.5.4 扭曲和变换

【扭曲和变换】命令只对矢量图形有效，运用该滤镜组中的滤镜能够产生纹理样式的层次感，可以使路径具有和使用钢笔勾勒出的一样的效果。选择【效果】|【扭曲和变换】命令，如图 2.50 所示。

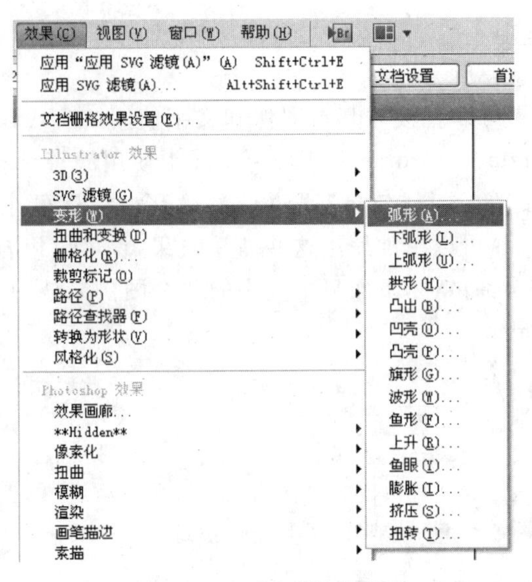

图 2.48 【变形】选项

图 2.49 【变形】效果

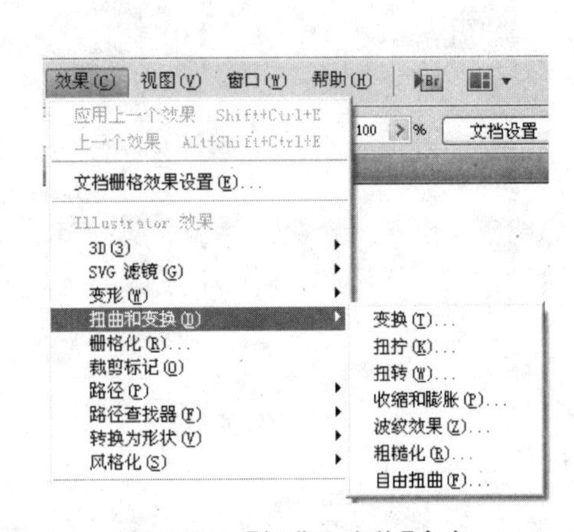

图 2.50 【扭曲和变换】命令

【扭曲和变换】效果组可以用来创建扭曲效果，扭曲滤镜组中共有 7 个滤镜，分别是变换、扭拧、扭转、收缩和膨胀、波纹效果、粗糙化和自由扭曲，这 7 个滤镜的效果都非常明显，所以在使用时一定要谨慎处理。

1. 变换

【变换】效果可以对选定对象进行缩放、移动和旋转等。

(1) 选中图形，选择【效果】|【扭曲和变换】|【变换】命令，弹出【变换效果】对话框，如图 2.51 所示。

(2) 在该对话框中，【缩放】选项区域用来控制对象在水平和垂直方向上的缩放值，【移动】选项区域用来控制对象在水平和垂直方向上的位移，【角度】文本框用来设置对象旋转的角度。

(3) 完成设置后，单击【确定】按钮，效果如图 2.52 所示。

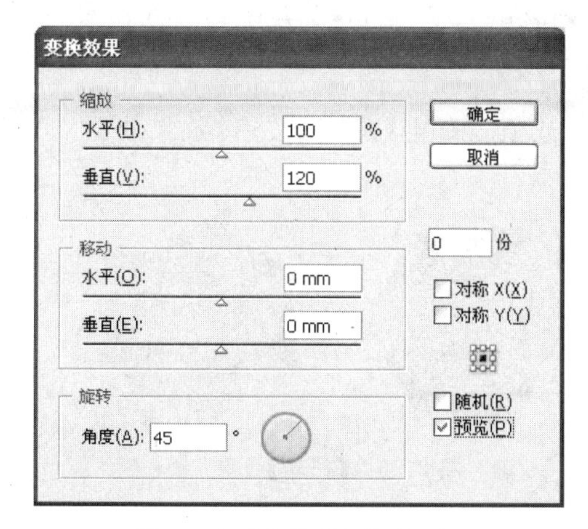

图 2.51　【变换效果】对话框

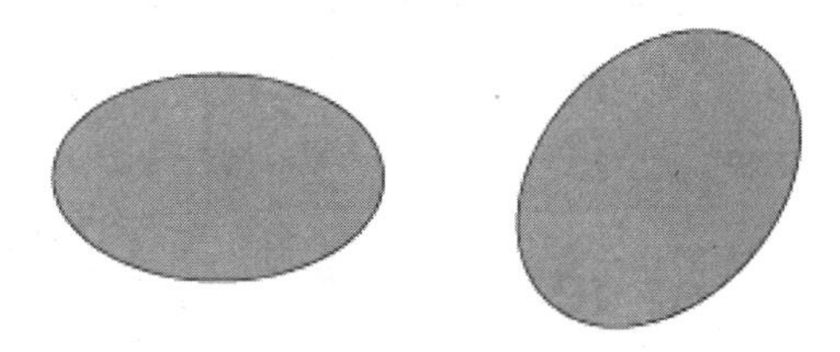

图 2.52　【变换】效果

2. 扭拧

【扭拧】效果可以使选定的对象产生粗糙的效果。在应用该滤镜时，系统会自动增加节点，因此不必首先做此操作。可以按以下步骤进行操作。

(1) 选中图形，选择【效果】|【扭曲和变换】|【扭拧】命令，弹出【扭拧】对话框，如图 2.53 所示。

(2) 在该对话框中，【水平】选项可以控制点移动后距原位置的距离，也就是控制产生粗糙效果的强弱程度，值越大，效果越明显。【垂直】选项用来设置将要移动的点的数目。如果输入 10，则表示在 1 英寸长的线段上移动 10 个节点，设置的范围是 0～100。可以在选项后面的数值框中输入一个数值，或者拖动下面的滑块来进行调整。选中【预览】复选框，调整数值的同时可以预览效果。

(3) 单击【确定】按钮，效果如图 2.54 所示。

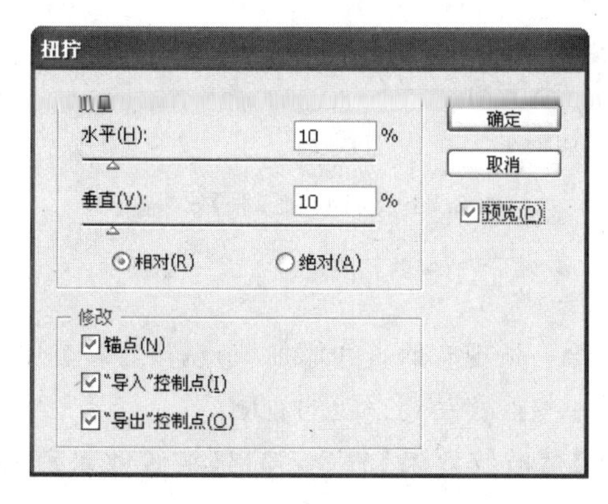

图 2.53　【扭拧】对话框

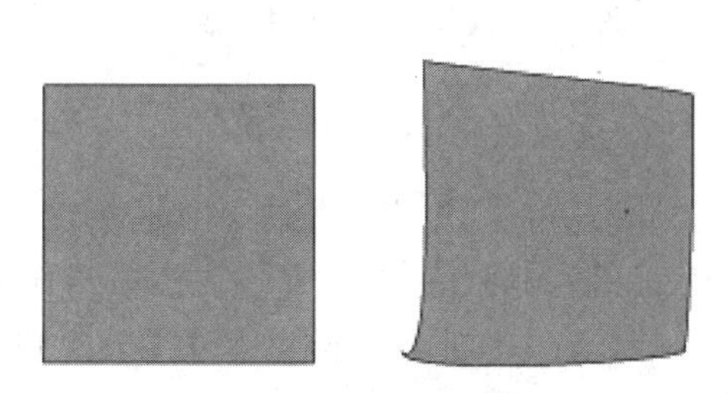

图 2.54　【扭拧】效果

3. 扭转

在应用【扭转】效果时，系统会自动增加节点，因此不必首先做此操作。可以按以下步骤进行操作。

(1) 选中图形,选择【效果】|【扭曲和变换】|【扭转】命令,弹出【扭转】对话框,如图 2.55 所示。

(2) 在对话框中【角度】后的文本框中输入数值。单击【确定】按钮,效果如图 2.56 所示。

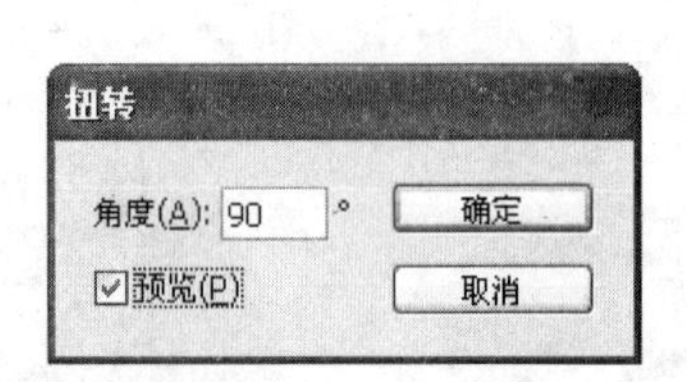

图 2.55 【扭转】对话框

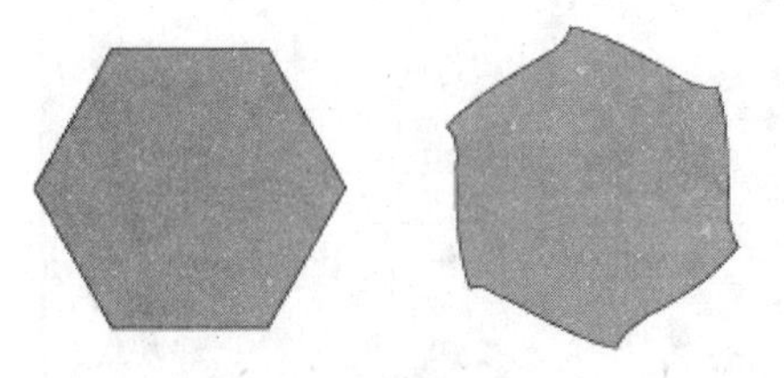

图 2.56 【扭转】效果

4. 收缩和膨胀

【收缩和膨胀】效果可以增加或减少选定对象的图形变化强度。可以按以下步骤进行操作。

(1) 选中图形,选择【效果】|【扭曲和变换】|【收缩和膨胀】命令,弹出【收缩和膨胀】对话框,如图 2.57 所示。

(2) 在对话框中设置收缩或膨胀的强度值。可以在文本框中输入－100～100 的数值,设置的值越大,膨胀就越强,反之则收缩就越强。

(3) 使用预览选项来反复调整,直至满意。设置数值为－50%～50%,单击【确定】按钮后,效果对比如图 2.58 所示。

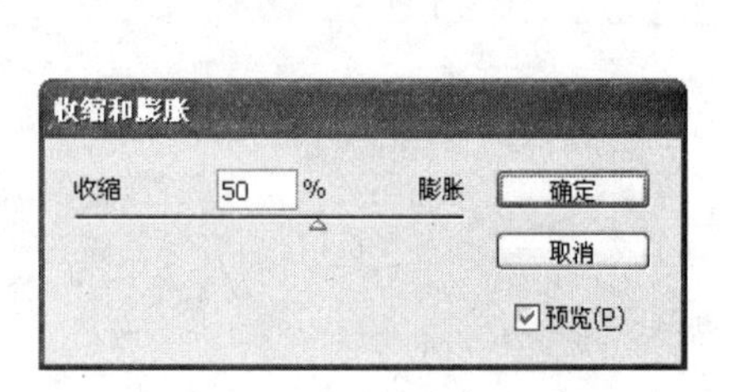

图 2.57 【收缩和膨胀】对话框

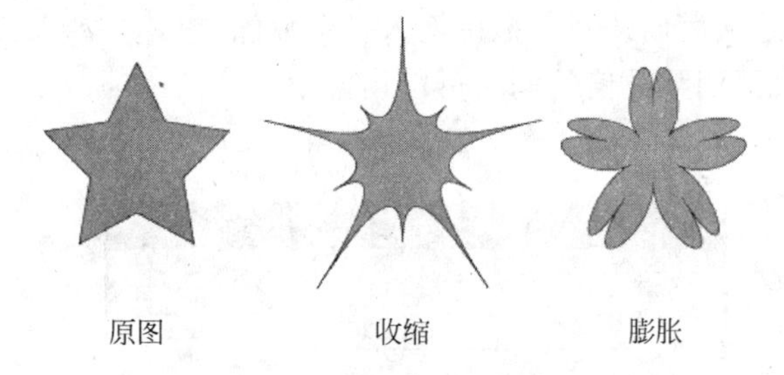

图 2.58 【收缩和膨胀】效果

5. 波纹效果

【波纹效果】可以创建水波形和锯齿效果,给一条现有的直线添加节点,然后将其中的一些点移动到直线的左侧(或者上方),而将另一些点移动到直线的右侧。

(1) 选中图形,选择【效果】|【扭曲和变换】|【波纹效果】命令,弹出【波纹效果】对话框,如图 2.59 所示。

(2) 在该对话框中,【大小】表示线上点移动的距离;【每段的隆起数】表示锯齿数量,可以直接在文本框中输入数值,也可以拖动滑块进行设置。【平滑】选项用于创建平滑的锯齿,产生波浪线;【尖锐】选项用于创建角点,产生锯齿线。

(3) 在其他设置相同的情况下,选择【平滑】和【尖锐】的效果对比如图 2.60 所示。

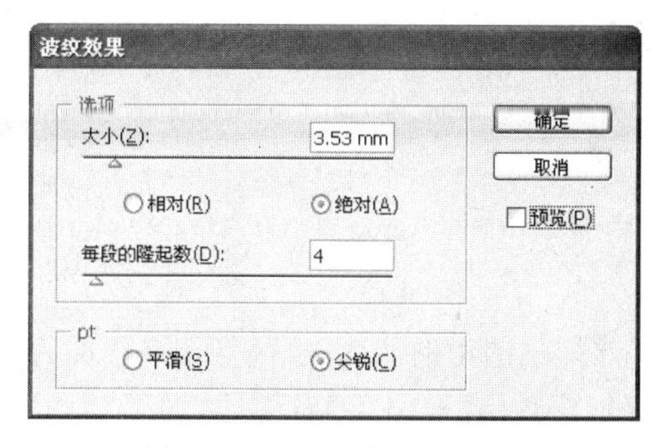

图 2.59 【波纹效果】对话框

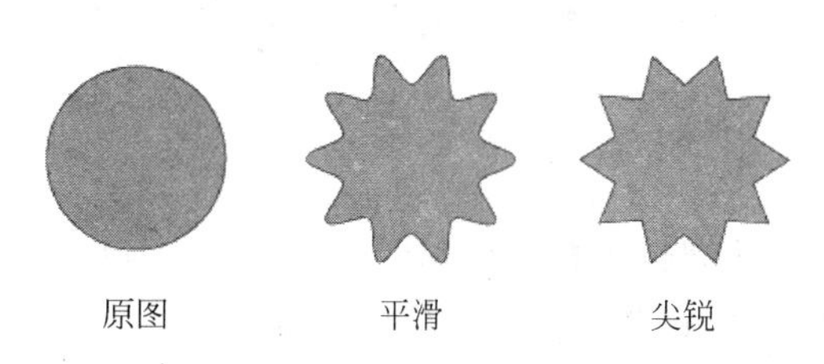

图 2.60 【波纹】效果

6. 粗糙化

应用【粗糙化】效果，可以按以下步骤进行操作。

(1) 选中图形，选择【效果】|【扭曲和变换】|【粗糙化】命令，弹出【粗糙化】对话框，如图 2.61 所示。

(2) 在该对话框中，选择【平滑】选项将产生模糊边，选择【尖锐】选项将产生明显边。

(3) 在其他设置相同的情况下，选择【平滑】和【尖锐】的效果对比如图 2.62 所示。

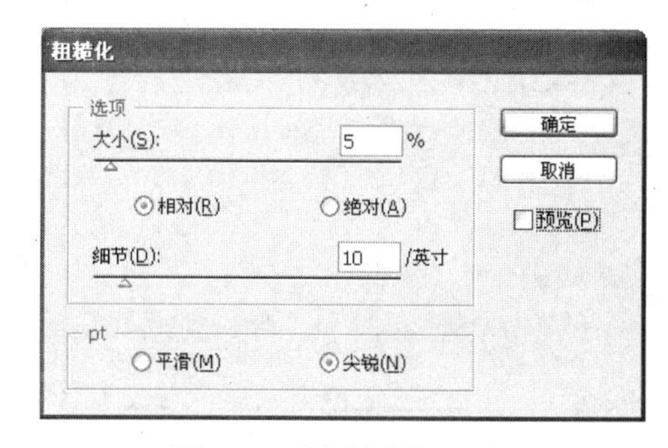

图 2.61 【粗糙化】对话框

图 2.62 【粗糙化】效果

7. 自由扭曲

应用【自由扭曲】效果，可以按以下步骤进行操作。

(1) 选中图形，选择【效果】|【扭曲和变换】|【自由扭曲】命令，弹出【自由扭曲】对话框，如图 2.63 所示。

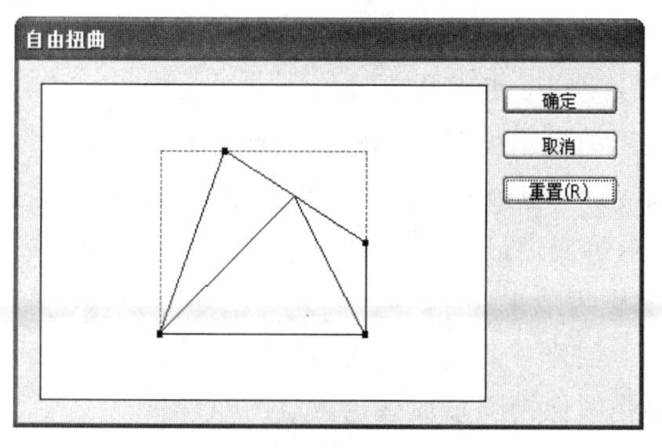

图 2.63 【自由扭曲】对话框

(2) 在该对话框中,可以自由拖动四个控制点来改变图形的形状。单击【重置】按钮可以恢复图形为原始形状。

(3) 单击【确定】按钮,完成后效果如图 2.64 所示。

2.5.5 栅格化

【栅格化】命令是把矢量图转换为位图图形,这样位图里的滤镜、蒙版等效果才能得以实现。选择【效果】|【栅格化】命令,如图 2.65 所示。弹出【栅格化】对话框,如图 2.66 所示。在该对话框中可对栅格化矢量对象进行设置。

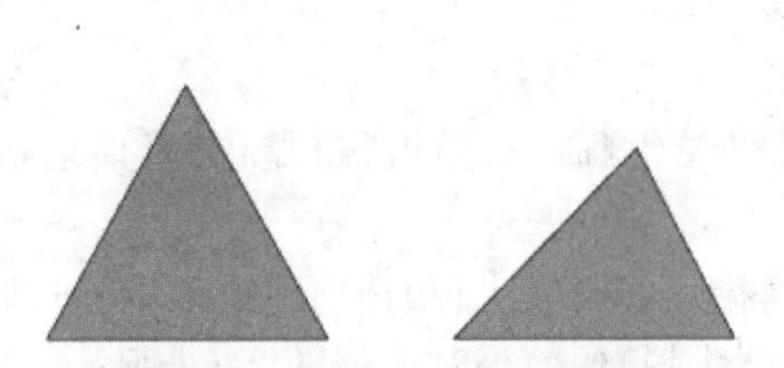

图 2.64 【自由扭曲】效果

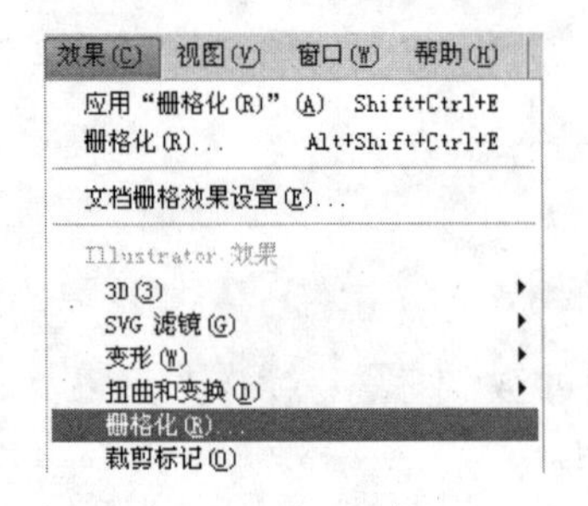

图 2.65 【栅格化】命令

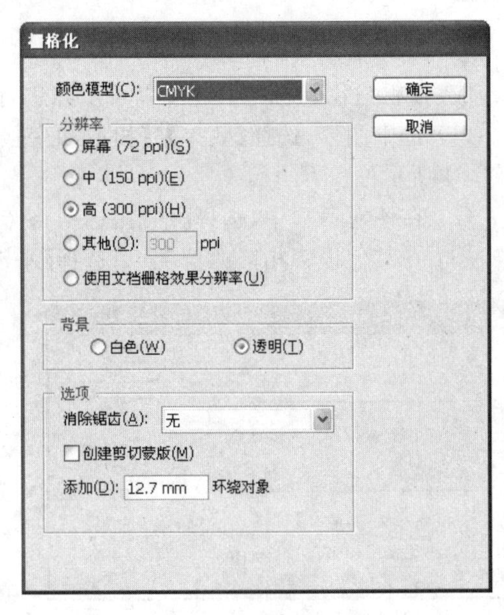

图 2.66 【栅格化】对话框

(1) 颜色模型:用于确定在栅格化过程中所用的颜色模型。可以生成 RGB 或 CMYK 颜色的图像,这取决于文档的颜色模式,灰度取决于所选的背景选项。

(2) 分辨率:用于确定栅格化图像中的像素数每英寸(ppi)。栅格化矢量对象时,请选择“使用文档栅格效果分辨率”来设置全局分辨率。

(3) 背景:用于确定矢量图形的透明区域如何转换为像素。选择【白色】可用白色像素填充透明区域,选择【透明】可使背景透明。

(4) 消除锯齿:应用消除锯齿效果,以改善栅格化图像的锯齿边缘外观。栅格化矢量对象时,若选择【无】,则不会应用消除锯齿效果,而线稿图在栅格化时也将保留其尖锐边缘。选择【优化图稿】,可应用最适合无文字图稿的消除锯齿效果。选择【优化文字】,可应用最适合文字的消除锯齿效果。

(5) 创建剪切蒙版:创建一个使栅格化图像的背景显示为透明的蒙版。

(6) 添加:在栅格化图像周围添加指定数量的像素。

2.5.6 裁剪标记

【裁剪标记】效果的作用是创建偏离图形的细小水平和垂直线，定义在线稿打印后被修剪的位置，可用来在线稿中创建多个标志。在页面上的对象上创建几组标志时，如当创建要打印的名片时裁剪标记不影响线稿上的打印定界框。

当创建分色时，Illustrator CS4 不把通过裁剪标记滤镜创建的裁剪标记识别为特殊对象。

选中图形，选择【效果】|【裁剪标记】命令，效果如图 2.67 所示。

图 2.67 【裁剪标记】效果

2.5.7 路径

选择【效果】|【路径】命令，其中包括【位移路径】、【轮廓化对象】和【轮廓化描边】选项，如图 2.68 所示。

图 2.68 【路径】命令

以【位移路径】命令为例说明路径效果，操作方法如下。

(1) 使用钢笔工具绘制一条路径，如图 2.69 所示。

(2) 选择【效果】|【路径】|【位移路径】命令，在弹出的【位移路径】对话框中设置位移参数，如图 2.70 所示。

(3) 完成设置后，单击【确定】按钮，效果如图 2.71 所示。

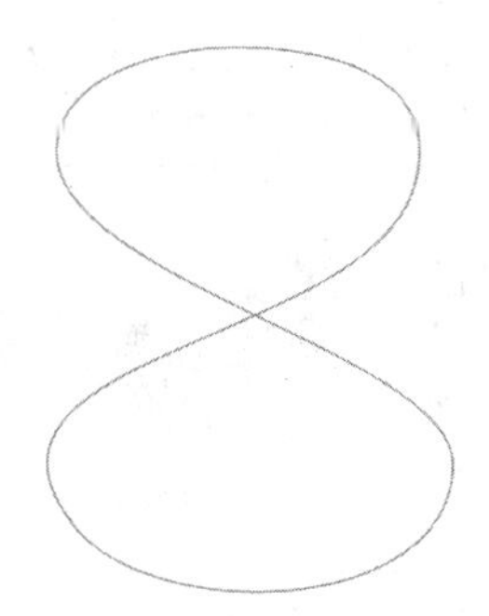

图 2.69 绘制路径

图 2.70 【位移路径】对话框

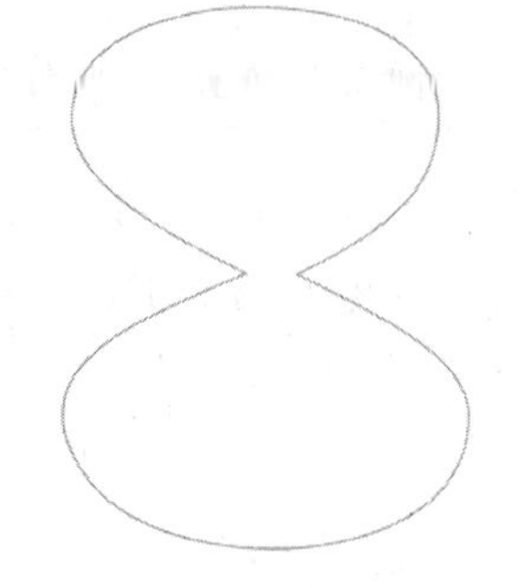

图 2.71 位移完成后效果

注： 其他两种效果是针对轮廓化进行设置的，在此不再赘述。

2.5.8 路径查找器

路径查找器能够从重叠对象中创建新的形状。选择【效果】|【路径查找器】命令来应

用路径查找器效果。路径查找器组包括相加、交集、差集、相减、减去后方对象、分割、修边、合并、裁剪、轮廓、实色混合、透明混合和陷印 13 种不同的效果,如图 2.72 所示。利用图 2.73 所示的图片,对比使用不同的效果,分析如表 2.1 所示。

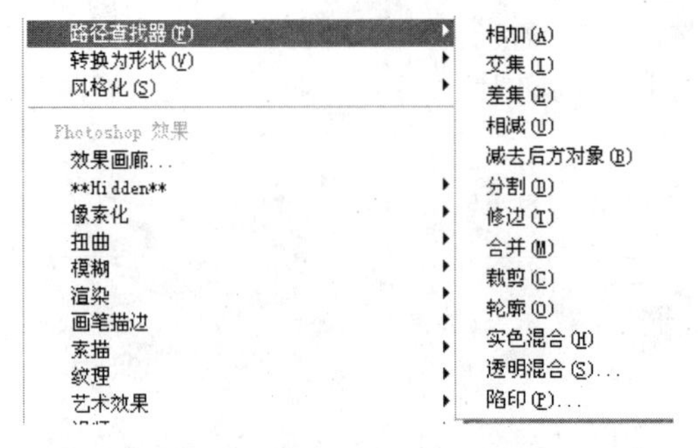

图 2.72 【路径查找器】命令

图 2.73 原图

表 2.1 路径查找器对比使用不同的效果

名称	使用方法	图例	名称	使用方法	图例
相加	选中两个对象,选择【效果】|【路径查找器】|【相加】命令,从而生成新的对象,效果如图 2.74 所示	图 2.74 【相加】效果	减去后方对象	选中两个对象,选择【效果】|【路径查找器】|【减去后方对象】命令,从而生成新的对象,效果如图 2.78 所示	图 2.78 【减去后方对象】效果
交集	选中两个对象,选择【效果】|【路径查找器】|【交集】命令,从而生成新的对象,效果如图 2.75 所示	图 2.75 【交集】效果	分割	选中两个对象,选择【效果】|【路径查找器】|【分割】命令,从而生成新的对象,效果如图 2.79 所示	图 2.79 【分割】效果
差集	选中两个对象,选择【效果】|【路径查找器】|【差集】命令,从而生成新的对象,效果如图 2.76 所示	图 2.76 【差集】效果	修边	选中两个对象,选择【效果】|【路径查找器】|【修边】命令,从而生成新的对象,效果如图 2.80 所示	图 2.80 【修边】效果
相减	选中两个对象,选择【效果】|【路径查找器】|【相减】命令,从而生成新的对象,效果如图 2.77 所示	图 2.77 【相减】效果	合并	选中两个对象,选择【效果】|【路径查找器】|【合并】命令,从而生成新的对象,效果如图 2.81 所示	图 2.81 【合并】效果

续表

名称	使用方法	图例	名称	使用方法	图例
裁剪	选中两个对象，选择【效果】|【路径查找器】|【裁剪】命令，从而生成新的对象，效果如图 2.82 所示	图 2.82 【裁剪】效果	透明混合	选中两个对象，选择【效果】|【路径查找器】|【透明混合】命令，在“混合比率”文本框中输入 1%～100% 的值，以确定重叠颜色中的可视性百分比，然后单击【确定】按钮。从而生成新的对象	
轮廓	选中两个对象，选择【效果】|【路径查找器】|【轮廓】命令，从而生成新的对象，效果如图 2.83 所示	图 2.83 【轮廓】效果			
实色混合	选中两个对象，选择【效果】|【路径查找器】|【实色混合】命令，从而生成新的对象		陷印	选中两个对象，选择【效果】|【路径查找器】|【陷印】命令，或者将其作为效果进行应用。使用陷印效果的好处是可以随时修改陷印设置	

2.5.9 转换为形状

选择【效果】|【转换为形状】命令。转换为形状组包括矩形、圆角矩形和椭圆 3 种效果，如图 2.84 所示。

1. 矩形

(1) 使用星形工具在视图中绘制一个星形，如图 2.85 所示。

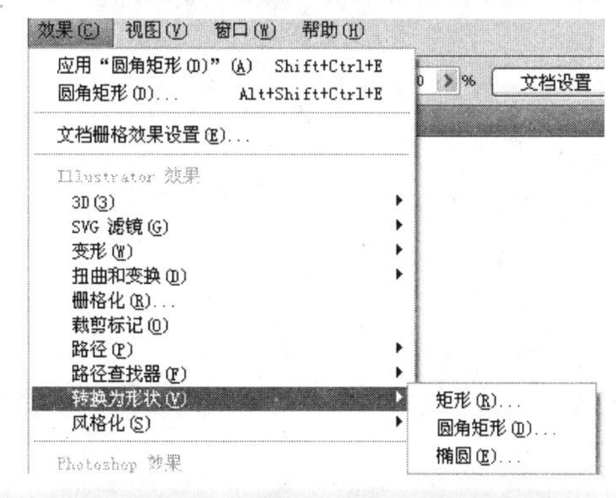

图 2.84 【转换为形状】命令

图 2.85 原图

(2) 选择【效果】|【转换为形状】|【矩形】命令，在弹出的【形状选项】对话框中设置形状的各项参数，如图 2.86 所示。

(3) 设置完成后,单击【确定】按钮,效果如图 2.87 所示。

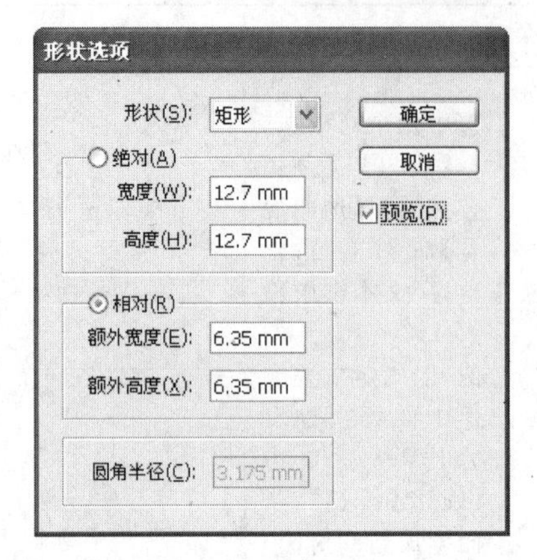

图 2.86 【形状选项】对话框

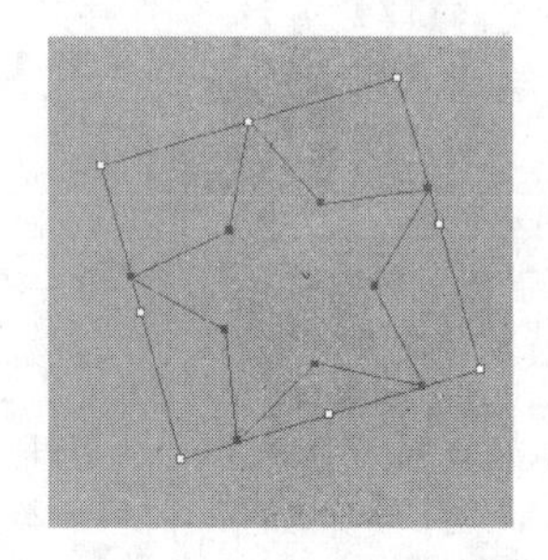

图 2.87　转换为矩形

2. 圆角矩形

(1) 选择【效果】|【转换为形状】|【圆角矩形】命令,在弹出的【形状选项】对话框中设置形状的各项参数。

(2) 设置完成后,单击【确定】按钮,效果如图 2.88 所示。

3. 椭圆

(1) 选择【效果】|【转换为形状】|【椭圆】命令,在弹出的【形状选项】对话框中设置形状的各项参数。

(2) 设置完成后,单击【确定】按钮,效果如图 2.89 所示。

图 2.88　转换为圆角矩形

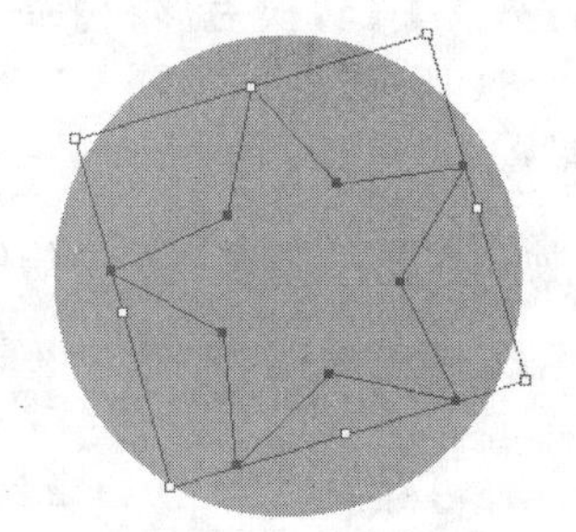

图 2.89　转换为椭圆

2.5.10　风格化

【风格化】效果组包括内发光、圆角、外发光、投影、涂抹、添加箭头和羽化 7 种效果,如图 2.90 所示。

风格化滤镜组的作用不是给对象施加各种变形,而是向选定的对象添加元素,如各式箭头、圆角,或者产生阴影效果。

以添加箭头为例说明路径效果,操作方法如下。

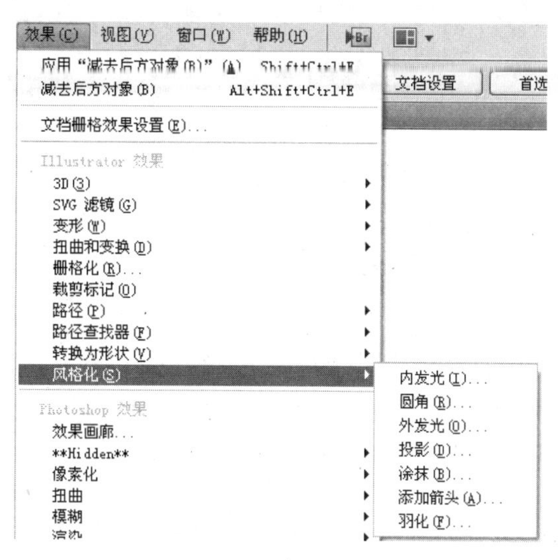

图 2.90　【风格化】命令

(1) 在页面上绘制需要添加箭头的路径，或使用选取工具选取已经绘制的需要添加箭头的路径。

(2) 选择【效果】|【风格化】|【添加箭头】命令，在弹出的【添加箭头】对话框中，设置起点箭头样式，也可以在路径的终点添加箭头，在【缩放】选项中可以设置箭头的大小，如图 2.91 所示。路径添加箭头前后的效果如图 2.92 所示。

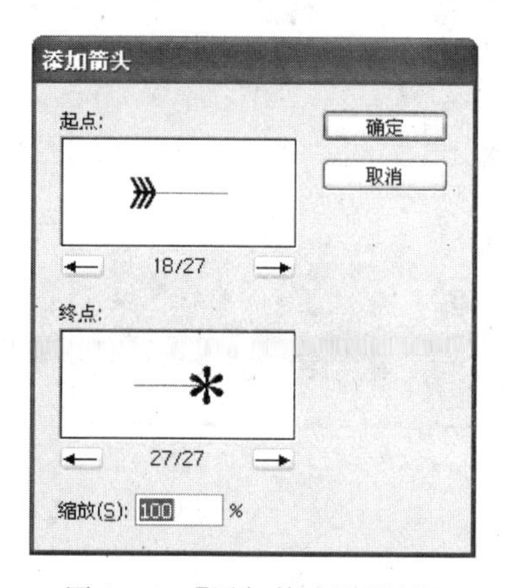

图 2.91　【添加箭头】对话框

图 2.92　【添加箭头】效果

2.6　Photoshop 效果

Photoshop 效果菜单下的 13 个滤镜用于位图图形，如图 2.93 所示。下面简单说明其画面视觉效果。

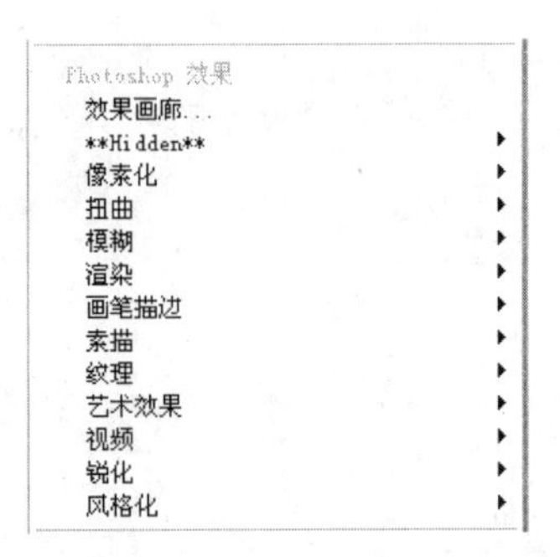

图 2.93　Photoshop 效果菜单

2.6.1　效果画廊

选择【效果】|【效果画廊】命令，在弹出的对话框中选择相应的效果，然后设置相应参数，如图 2.94 所示。设置完成后效果如图 2.95 所示。

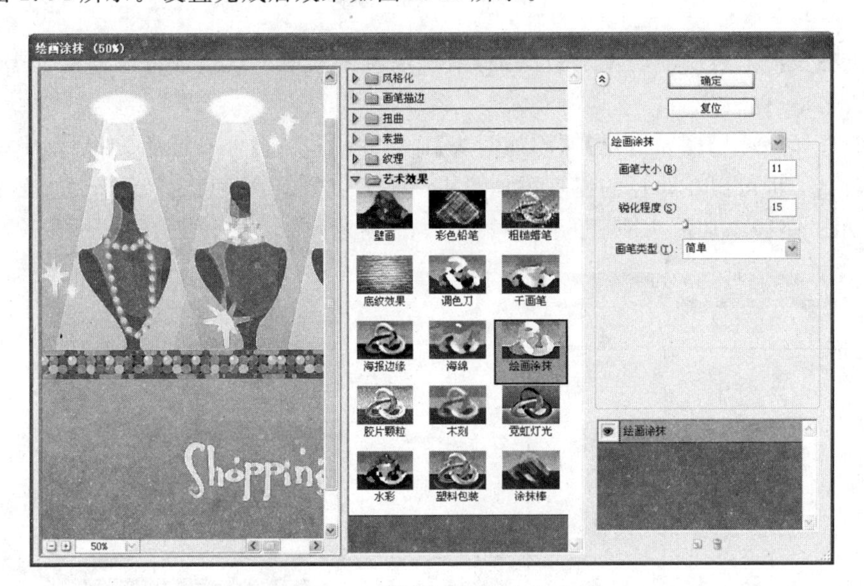

图 2.94　设置绘画涂抹参数

图 2.95　设置完成后效果

注意：效果画廊中包含了风格化、画笔描边、扭曲、素描、纹理和艺术效果文件夹，每个文件夹中又包含了很多相应的效果，选择效果后设置右侧参数，具体效果不作具体说明了。

2.6.2　**Hidden**

【**Hidden**】效果组包括 Matlab Operation、“裁剪并修齐照片”滤镜和图片包滤镜这 3 种效果，如图 2.96 所示。

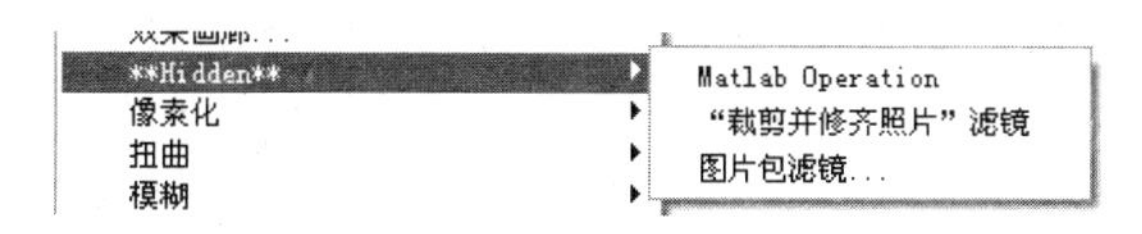

图 2.96　【**Hidden**】命令选项

2.6.3　像素化

【像素化】命令将图像分割成块状图形，选择【效果】|【像素化】命令，该效果组包括彩色半调、晶格化、点状化和铜版雕刻这 4 种效果，如图 2.97 所示。利用图 2.98 所示的图片，各种像素化效果分析如表 2.2 所示。

图 2.97　【像素化】命令选项

图 2.98　原图

表 2.2　各种像素化效果

名称	使用方法	图例	名称	使用方法	图例
彩色半调	选择需要处理的图像，选择【效果】|【像素化】|【彩色半调】命令，在弹出的对话框中设置相应的参数，设置完成后效果如图 2.99 所示	图 2.99　【彩色半调】效果	点状化	选择需要处理的图像，选择【效果】|【像素化】|【点状化】命令，在弹出的对话框中设置相应的参数，设置完成后效果如图 2.101 所示	图 2.101　【点状化】效果
晶格化	选择需要处理的图像，选择【效果】|【像素化】|【晶格化】命令，在弹出的对话框中设置相应的参数，设置完成后效果如图 2.100 所示	图 2.100　【晶格化】效果	铜版雕刻	选择需要处理的图像，选择【效果】|【像素化】|【铜版雕刻】命令，在弹出的对话框中设置相应的参数，设置完成后效果如图 2.102 所示	图 2.102　【铜版雕刻】效果

2.6.4 扭曲

【扭曲】命令滤镜组可以在位图图形上模拟镜头产生的特殊效果。该效果组包括切变、扩散亮光、挤压、旋转扭曲、极坐标、水波、波浪、波纹、海洋波纹、玻璃、球面化、置换和镜头校正这 13 种效果,如图 2.103 所示。针对图 2.104 所示的图片,各种扭曲效果分析如表 2.3 所示。

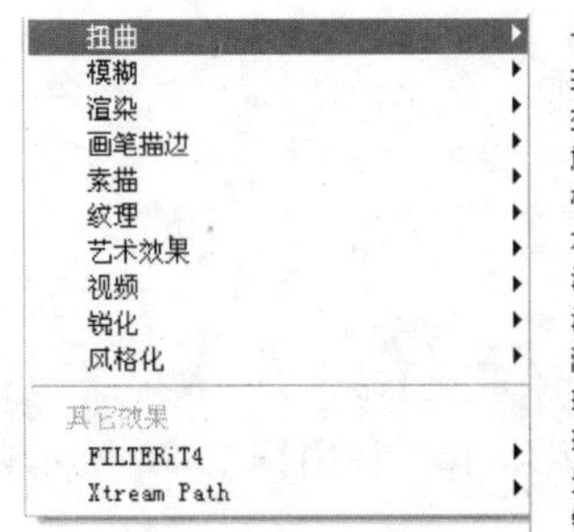

图 2.103 【扭曲】命令选项

图 2.104 原图

表 2.3 各种扭曲效果

名称	使用方法	图例	名称	使用方法	图例
切变	选择需要处理的图像,选择【效果】|【扭曲】|【切变】命令,在弹出的对话框中设置相应的参数,设置完成后效果如图 2.105 所示	图 2.105 【切变】效果	旋转扭曲	选择需要处理的图像,选择【效果】|【扭曲】|【旋转扭曲】命令,在弹出的对话框中设置相应的参数,设置完成后效果如图 2.108 所示	图 2.108 【旋转扭曲】效果
扩散亮光	选择需要处理的图像,选择【效果】|【扭曲】|【扩散亮光】命令,在弹出的对话框中设置相应的参数,设置完成后效果如图 2.106 所示	图 2.106 【扩散亮光】效果	极坐标	选择需要处理的图像,选择【效果】|【扭曲】|【极坐标】命令,在弹出的对话框中设置相应的参数,设置完成后效果如图 2.109 所示	图 2.109 【极坐标】效果
挤压	选择需要处理的图像,选择【效果】|【扭曲】|【挤压】命令,在弹出的对话框中设置相应的参数,设置完成后效果如图 2.107 所示	图 2.107 【挤压】效果	水波	选择需要处理的图像,选择【效果】|【扭曲】|【水波】命令,在弹出的对话框中设置相应的参数,设置完成后效果如图 2.110 所示	图 2.110 【水波】效果

续表

名称	使用方法	图　例	名称	使用方法	图　例
波浪	选择需要处理的图像,选择【效果】|【扭曲】|【波浪】命令,在弹出的对话框中设置相应的参数,设置完成后效果如图 2.111 所示	图 2.111　【波浪】效果	球面化	选择需要处理的图像,选择【效果】|【扭曲】|【球面化】命令,在弹出的对话框中设置相应的参数,设置完成后效果如图 2.115 所示	图 2.115　【球面化】效果
波纹	选择需要处理的图像,选择【效果】|【扭曲】|【波纹】命令,在弹出的对话框中设置相应的参数,设置完成后效果如图 2.112 所示	图 2.112　【波纹】效果	置换	选择需要处理的图像,选择【效果】|【扭曲】|【置换】命令,在弹出的对话框中设置相应的参数,设置完成后效果如图 2.116 所示	图 2.116　【置换】效果
海洋波纹	选择需要处理的图像,选择【效果】|【扭曲】|【海洋波纹】命令,在弹出的对话框中设置相应的参数,设置完成后效果如图 2.113 所示	图 2.113　【海洋波纹】效果	镜头校正	选择需要处理的图像,选择【效果】|【扭曲】|【镜头校正】命令,在弹出的对话框中设置相应的参数,设置完成后效果如图 2.117 所示	图 2.117　【镜头校正】效果
玻璃	选择需要处理的图像,选择【效果】|【扭曲】|【玻璃】命令,在弹出的对话框中设置相应的参数,设置完成后效果如图 2.114 所示	图 2.114　【玻璃】效果			

2.6.5　模糊

【模糊】命令通过模糊图像的一部分来强调图片中的主题。模糊图片中不平滑的边缘,使图像中的各种颜色看起来过渡得更为柔和。该效果组包括平均、径向模糊、特殊模糊、镜头模糊和高斯模糊这 5 种效果,如图 2.118 所示。针对图 2.119 所示的图片,各种模糊效果分析如表 2.4 所示。

2.6.6　渲染

【渲染】命令滤镜组中包括云彩、光照效果、分层云彩、纤维、镜头光晕选项,如图 2.125 所示。针对图 2.126 所示的图片,各种渲染效果分析如表 2.5 所示。

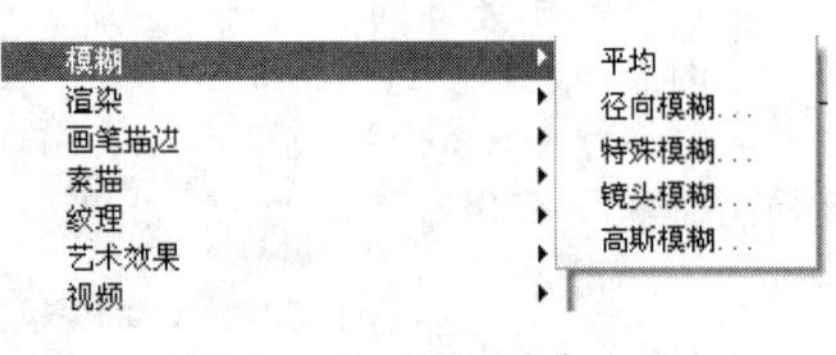

图 2.118 【模糊】命令

图 2.119 原图

表 2.4 各种模糊效果

名称	使用方法	图 例	名称	使用方法	图 例
平均	选择需要处理的图像,选择【效果】|【平均】命令,完成后效果如图 2.120 所示	图 2.120 【平均】效果	镜头模糊	选择需要处理的图像,选择【效果】|【镜头模糊】命令,在弹出的对话框中设置相应的参数,设置完成后效果如图 2.123 所示	图 2.123 【镜头模糊】效果
径向模糊	选择需要处理的图像,选择【效果】|【径向模糊】命令,在弹出的对话框中设置相应的参数,设置完成后效果如图 2.121 所示	图 2.121 【径向模糊】效果	高斯模糊	选择需要处理的图像,选择【效果】|【高斯模糊】命令,在弹出的对话框中设置相应的参数,设置完成后效果如图 2.124 所示	图 2.124 【高斯模糊】效果
特殊模糊	选择需要处理的图像,选择【效果】|【特殊模糊】命令,在弹出的对话框中设置相应的参数,设置完成后效果如图 2.122 所示	图 2.122 【特殊模糊】效果			

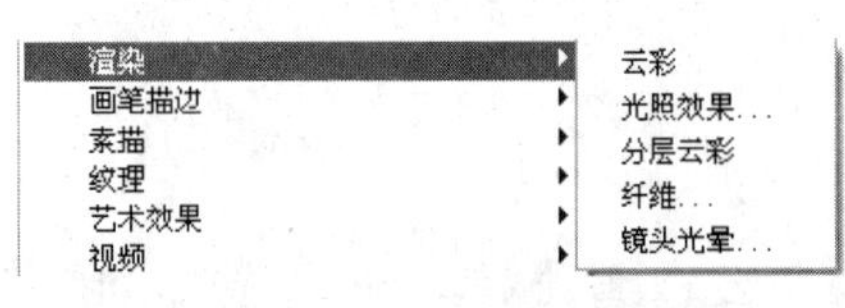

图 2.125 【渲染】命令选项

图 2.126 原图

表 2.5 各种渲染效果

名称	使用方法	图例	名称	使用方法	图例
云彩	选择需要处理的图像,选择【效果】|【渲染】|【云彩】命令,完成后效果如图 2.127 所示	图 2.127 【云彩】效果	纤维	选择需要处理的图像,选择【效果】|【渲染】|【纤维】命令,在弹出的对话框中设置相应的参数,设置完成后效果如图 2.130 所示	图 2.130 【纤维】效果
光照效果	选择需要处理的图像,选择【效果】|【渲染】|【光照效果】命令,在弹出的对话框中设置相应的参数,设置完成后效果如图 2.128 所示	图 2.128 【光照效果】效果	镜头光晕	选择需要处理的图像,选择【效果】|【渲染】|【镜头光晕】命令,在弹出的对话框中设置相应的参数,设置完成后效果如图 2.131 所示	图 2.131 【镜头光晕】效果
分层云彩	选择需要处理的图像,选择【效果】|【渲染】|【分层云彩】命令,完成后效果如图 2.129 所示	图 2.129 【分层云彩】效果			

2.6.7 画笔描边

【画笔描边】命令滤镜组中包括 8 种效果滤镜,如图 2.132 所示。这些效果滤镜能够对笔刷进行强化边缘、倾斜等。针对图 2.133 所示的图片,各种画笔描边效果分析如表 2.6 所示。

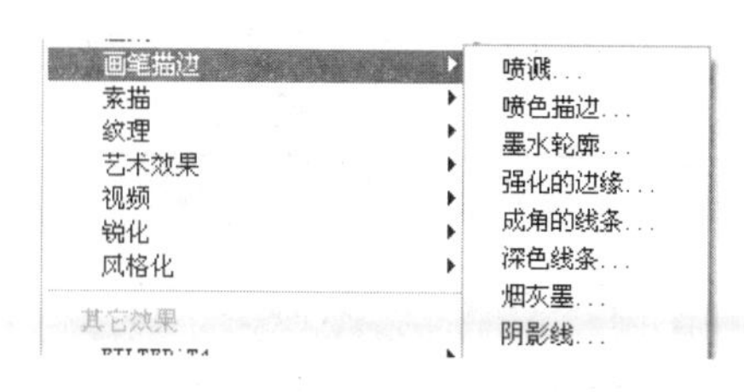

图 2.132 【画笔描边】命令选项

图 2.133 原图

表 2.6 各种画笔描边效果

名称	使用方法	图例	名称	使用方法	图例
喷溅	选择需要处理的图像，选择【效果】|【画笔描边】|【喷溅】命令，在弹出的对话框中设置相应的参数，设置完成后效果如图 2.134 所示	图 2.134 【喷溅】效果	成角的线条	选择需要处理的图像，选择【效果】|【画笔描边】|【成角的线条】命令，在弹出的对话框中设置相应的参数，设置完成后效果如图 2.138 所示	图 2.138 【成角的线条】效果
喷色描边	选择需要处理的图像，选择【效果】|【画笔描边】|【喷色描边】命令，在弹出的对话框中设置相应的参数，设置完成后效果如图 2.135 所示	图 2.135 【喷色描边】效果	深色的线条	选择需要处理的图像，选择【效果】|【画笔描边】|【深色的线条】命令，在弹出的对话框中设置相应的参数，设置完成后效果如图 2.139 所示	图 2.139 【深色的线条】效果
墨水轮廓	选择需要处理的图像，选择【效果】|【画笔描边】|【墨水轮廓】命令，在弹出的对话框中设置相应的参数，设置完成后效果如图 2.136 所示	图 2.136 【墨水轮廓】效果	烟灰墨	选择需要处理的图像，选择【效果】|【画笔描边】|【烟灰墨】命令，在弹出的对话框中设置相应的参数，设置完成后效果如图 2.140 所示	图 2.140 【烟灰墨】效果
强化的边缘	选择需要处理的图像，选择【效果】|【画笔描边】|【强化的边缘】命令，在弹出的对话框中设置相应的参数，设置完成后效果如图 2.137 所示	图 2.137 【强化的边缘】效果	阴影线	选择需要处理的图像，选择【效果】|【画笔描边】|【阴影线】命令，在弹出的对话框中设置相应的参数，设置完成后效果如图 2.141 所示	图 2.141 【阴影线】效果

2.6.8 素描

【素描】命令效果组能够使得位图图形看上去具有手工素描的视觉效果。该效果组包括 14 种效果，如图 2.142 所示。针对图 2.143 所示的图片，各种素描效果分析如表 2.7 所示。

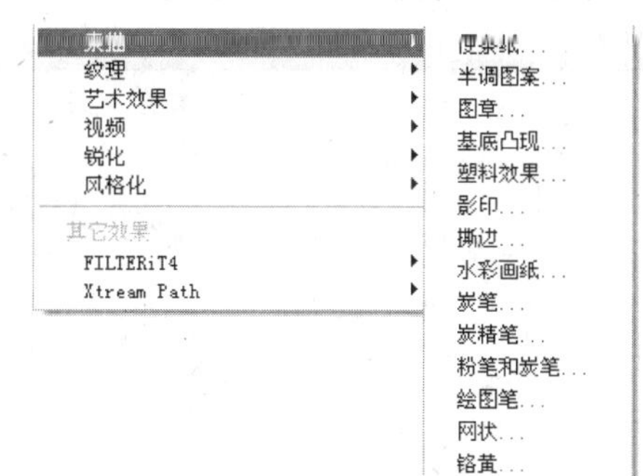

图 2.142　【素描】命令选项

图 2.143　原图

表 2.7　各种素描效果

名称	使用方法	图例	名称	使用方法	图例
便条纸	选择需要处理的图像，选择【效果】|【素描】|【便条纸】命令，在弹出的对话框中设置相应的参数，设置完成后效果如图 2.144 所示	图 2.144　【便条纸】效果	基底凸现	选择需要处理的图像，选择【效果】|【素描】|【基底凸现】命令，在弹出的对话框中设置相应的参数，设置完成后效果如图 2.147 所示	图 2.147　【基底凸现】效果
半调图案	选择需要处理的图像，选择【效果】|【素描】|【半调图案】命令，在弹出的对话框中设置相应的参数，设置完成后效果如图 2.145 所示	图 2.145　【半调图案】效果	塑料效果	选择需要处理的图像，选择【效果】|【素描】|【塑料效果】命令，在弹出的对话框中设置相应的参数，设置完成后效果如图 2.148 所示	图 2.148　【塑料】效果
图章	选择需要处理的图像，选择【效果】|【素描】|【图章】命令，在弹出的对话框中设置相应的参数，设置完成后效果如图 2.146 所示	图 2.146　【图章】效果	影印	选择需要处理的图像，选择【效果】|【素描】|【影印】命令，在弹出的对话框中设置相应的参数，设置完成后效果如图 2.149 所示	图 2.149　【影印】效果

续表

名称	使用方法	图例	名称	使用方法	图例
撕边	选择需要处理的图像,选择【效果】|【素描】|【撕边】命令,在弹出的对话框中设置相应的参数,设置完成后效果如图 2.150 所示	 图 2.150 【撕边】效果	粉笔和炭笔	选择需要处理的图像,选择【效果】|【素描】|【粉笔和炭笔】命令,在弹出的对话框中设置相应的参数,设置完成后效果如图 2.154 所示	 图 2.154 【粉笔和炭笔】效果
水彩画纸	选择需要处理的图像,选择【效果】|【素描】|【水彩画纸】命令,在弹出的对话框中设置相应的参数,设置完成后效果如图 2.151 所示	 图 2.151 【水彩画纸】效果	绘图笔	选择需要处理的图像,选择【效果】|【素描】|【绘图笔】命令,在弹出的对话框中设置相应的参数,设置完成后效果如图 2.155 所示	 图 2.155 【绘图笔】效果
炭笔	选择需要处理的图像,选择【效果】|【素描】|【炭笔】命令,在弹出的对话框中设置相应的参数,设置完成后效果如图 2.152 所示	 图 2.152 【炭笔】效果	网状	选择需要处理的图像,选择【效果】|【素描】|【网状】命令,在弹出的对话框中设置相应的参数,设置完成后效果如图 2.156 所示	 图 2.156 【网状】效果
炭精笔	选择需要处理的图像,选择【效果】|【素描】|【炭精笔】命令,在弹出的对话框中设置相应的参数,设置完成后效果如图 2.153 所示	 图 2.153 【炭精笔】效果	铬黄	选择需要处理的图像,选择【效果】|【素描】|【铬黄】命令,在弹出的对话框中设置相应的参数,设置完成后效果如图 2.157 所示	 图 2.157 【铬黄】效果

2.6.9 纹理

【纹理】命令滤镜组运用于一幅看起来较平滑的位图图形,可以使得位图图形具有仿佛是在粗糙的表面上画出来的效果。纹理效果组包含拼缀图、染色玻璃、纹理化、颗粒、马赛克拼贴、龟裂缝 6 种选项，如图 2.158 所示。针对图 2.159 所示的图片，各种纹理效果分析如表 2.8 所示。

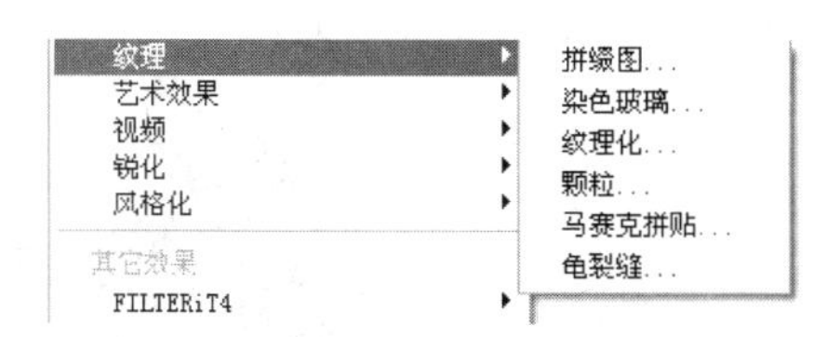

图 2.158 【纹理】命令选项

图 2.159 原图

表 2.8 各种纹理效果

名称	使用方法	图例	名称	使用方法	图例
拼缀图	选择需要处理的图像，选择【效果】|【纹理】|【拼缀图】命令，在弹出的对话框中设置相应的参数，设置完成后效果如图 2.160 所示	图 2.160 【拼缀图】效果	颗粒	选择需要处理的图像，选择【效果】|【纹理】|【颗粒】命令，在弹出的对话框中设置相应的参数，设置完成后效果如图 2.163 所示	图 2.163 【颗粒】效果
染色玻璃	选择需要处理的图像，选择【效果】|【纹理】|【染色玻璃】命令，在弹出的对话框中设置相应的参数，设置完成后效果如图 2.161 所示	图 2.161 【染色玻璃】效果	马赛克拼贴	选择需要处理的图像，选择【效果】|【纹理】|【马赛克拼贴】命令，在弹出的对话框中设置相应的参数，设置完成后效果如图 2.164 所示	图 2.164 【马赛克拼贴】效果
纹理化	选择需要处理的图像，选择【效果】|【纹理】|【纹理化】命令，在弹出的对话框中设置相应的参数，设置完成后效果如图 2.162 所示	图 2.162 【纹理化】效果	龟裂缝	选择需要处理的图像，选择【效果】|【纹理】|【龟裂缝】命令，在弹出的对话框中设置相应的参数，设置完成后效果如图 2.165 所示	图 2.165 【龟裂缝】效果

2.6.10 艺术效果

【艺术效果】命令滤镜组中的滤镜最多,运用这些滤镜可以给位图绘画式的效果,给人的艺术感很强。艺术效果组包含 15 种选项,如图 2.166 所示。针对图 2.167 所示的图片,各种艺术效果分析如表 2.9 所示。

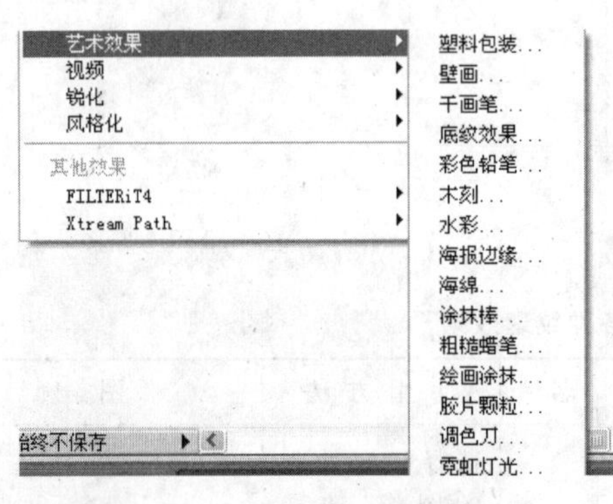

图 2.166 【艺术效果】命令选项

图 2.167 原图

表 2.9 各种艺术效果

名称	使用方法	图例	名称	使用方法	图例
塑料包装	选择需要处理的图像,选择【效果】|【艺术效果】|【塑料包装】命令,在弹出的对话框中设置相应的参数,设置完成后效果如图 2.168 所示	图 2.168 【塑料包装】效果	干画笔	选择需要处理的图像,选择【效果】|【艺术效果】|【干画笔】命令,在弹出的对话框中设置相应的参数,设置完成后效果如图 2.170 所示	图 2.170 【干画笔】效果
壁画	选择需要处理的图像,选择【效果】|【艺术效果】|【壁画】命令,在弹出的对话框中设置相应的参数,设置完成后效果如图 2.169 所示	图 2.169 【壁画】效果	底纹效果	选择需要处理的图像,选择【效果】|【艺术效果】|【底纹效果】命令,在弹出的对话框中设置相应的参数,设置完成后效果如图 2.171 所示	图 2.171 【底纹效果】效果

续表

名称	使用方法	图例	名称	使用方法	图例
彩色铅笔	选择需要处理的图像,选择【效果】|【艺术效果】|【彩色铅笔】命令,在弹出的对话框中设置相应的参数,设置完成后效果如图 2.172 所示	图 2.172 【彩色铅笔】效果	海绵	选择需要处理的图像,选择【效果】|【艺术效果】|【海绵】命令,在弹出的对话框中设置相应的参数,设置完成后效果如图 2.176 所示	图 2.176 【海绵】效果
木刻	选择需要处理的图像,选择【效果】|【艺术效果】|【木刻】命令,在弹出的对话框中设置相应的参数,设置完成后效果如图 2.173 所示	图 2.173 【木刻】效果	涂抹棒	选择需要处理的图像,选择【效果】|【艺术效果】|【涂抹棒】命令,在弹出的对话框中设置相应的参数,设置完成后效果如图 2.177 所示	图 2.177 【涂抹棒】效果
水彩	选择需要处理的图像,选择【效果】|【艺术效果】|【水彩】命令,在弹出的对话框中设置相应的参数,设置完成后效果如图 2.174 所示	图 2.174 【水彩】效果	粗糙蜡笔	选择需要处理的图像,选择【效果】|【艺术效果】|【粗糙蜡笔】命令,在弹出的对话框中设置相应的参数,设置完成后效果如图 2.178 所示	图 2.178 【粗糙蜡笔】效果
海报边缘	选择需要处理的图像,选择【效果】|【艺术效果】|【海报边缘】命令,在弹出的对话框中设置相应的参数,设置完成后效果如图 2.175 所示	图 2.175 【海报边缘】效果	绘图涂抹	选择需要处理的图像,选择【效果】|【艺术效果】|【绘图涂抹】命令,在弹出的对话框中设置相应的参数,设置完成后效果如图 2.179 所示	图 2.179 【绘图涂抹】效果

续表

名称	使用方法	图例	名称	使用方法	图例
胶片颗粒	选择需要处理的图像,选择【效果】|【艺术效果】|【胶片颗粒】命令,在弹出的对话框中设置相应的参数,设置完成后效果如图 2.180 所示	图 2.180 【胶片颗粒】效果	霓虹灯光	选择需要处理的图像,选择【效果】|【艺术效果】|【霓虹灯光】命令,在弹出的对话框中设置相应的参数,设置完成后效果如图 2.182 所示	图 2.182 【霓虹灯光】效果
调色刀	选择需要处理的图像,选择【效果】|【艺术效果】|【调色刀】命令,在弹出的对话框中设置相应的参数,设置完成后效果如图 2.181 所示	图 2.181 【调色刀】效果			

2.6.11 视频

【视频】命令用来处理视频图像并将其转换成普通图像,或者将普通图像转换成视频图像。视频效果组包括【NTSC 颜色】和【逐行】选项,如图 2.183 所示。

2.6.12 锐化

【锐化】命令是通过增加相邻像素的对比度使模糊的图像清晰。锐化效果组包括 USM 锐化选项,如图 2.184 所示。设置锐化效果后如图 2.185 所示。

视频 ▸ NTSC 颜色
锐化 ▸ 逐行...
风格化 ▸

图 2.183 【视频】命令选项

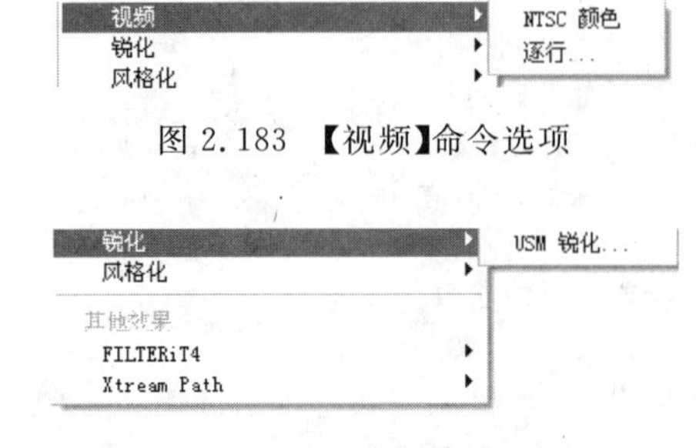

图 2.184 【锐化】命令选项

图 2.185 【锐化】效果前后对比

2.6.13　风格化

风格化效果组包含凸出、拼贴、曝光过度、照亮边缘和风 5 种选项，如图 2.186 所示。针对图 2.187 所示的图片，各种风格化效果分析如表 2.10 所示。

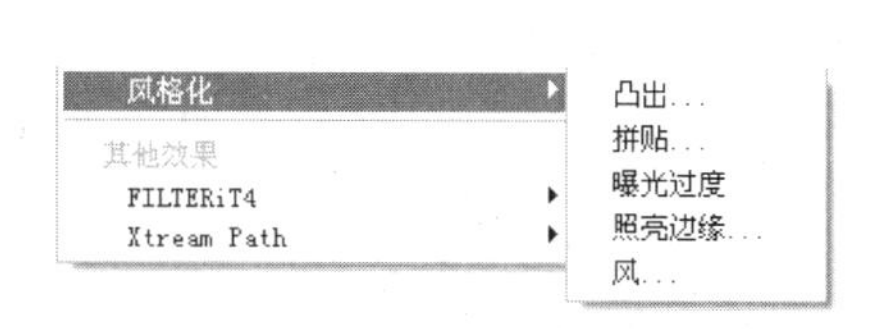

图 2.186　【风格化】命令选项

图 2.187　原图

表 2.10　各种风格化效果

名称	使用方法	图例	名称	使用方法	图例
凸出	选择需要处理的图像，选择【效果】|【风格化】|【凸出】命令，在弹出的对话框中设置相应的参数，设置完成后效果如图 2.188 所示	图 2.188　【凸出】效果	照亮边缘	选择需要处理的图像，选择【效果】|【风格化】|【照亮边缘】命令，在弹出的对话框中设置相应的参数，设置完成后效果如图 2.191 所示	图 2.191　【照亮边缘】效果
拼贴	选择需要处理的图像，选择【效果】|【风格化】|【拼贴】命令，在弹出的对话框中设置相应的参数，设置完成后效果如图 2.189 所示	图 2.189　【拼贴】效果	风	选择需要处理的图像，选择【效果】|【风格化】|【风】命令，在弹出的对话框中设置相应的参数，设置完成后效果如图 2.192 所示	图 2.192　【风】效果
曝光过度	选择需要处理的图像，选择【效果】|【风格化】|【曝光过度】命令，在弹出的对话框中设置相应的参数，设置完成后效果如图 2.190 所示	图 2.190　【曝光过度】效果			

2.7 滤镜特效应用案例

2.7.1 制作图案效果

(1) 选择工具箱中的【多边形】工具，在页面中单击并弹出【多边形】对话框，如图 2.193 所示。

(2) 在对话框中设置【半径】为 6mm，【边数】为 6，单击【确定】按钮，在页面中生成一个六边形，如图 2.194 所示。

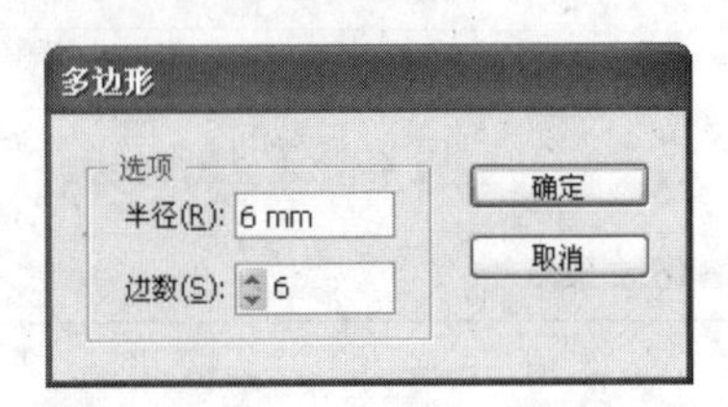

图 2.193 【多边形】对话框

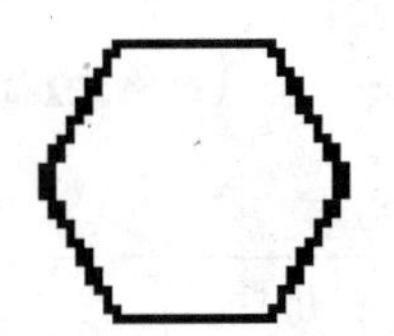

图 2.194 绘制的六边形

(3) 在【渐变】面板中设置六边形的填充色为径向渐变填充，颜色从白色到橘红色，如图 2.195 所示。

(4) 在【颜色】面板中设置六边形的描边色为无，如图 2.196 所示。

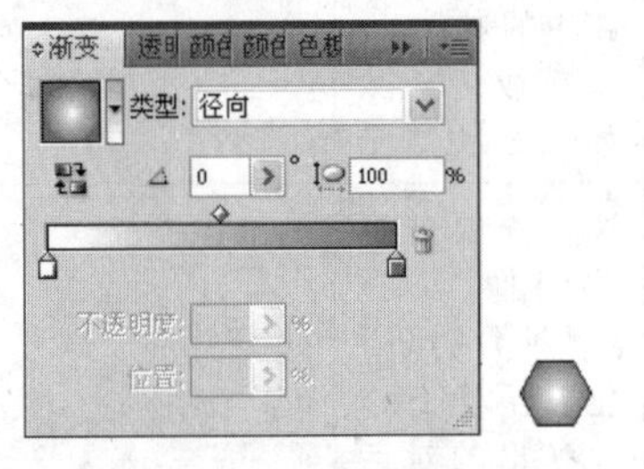

图 2.195 径向渐变填充

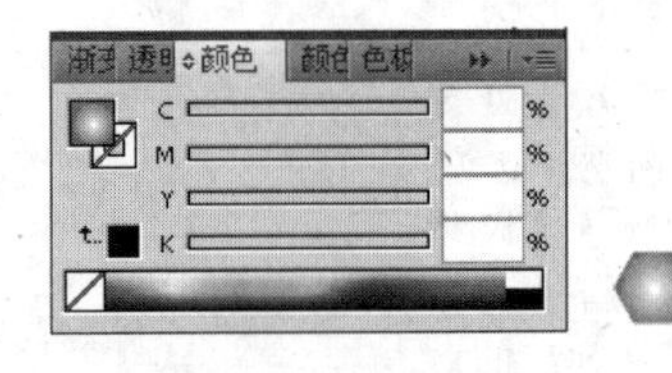

图 2.196 无描边效果

(5) 选中六边形，选择【效果】|【扭曲和变换】|【收缩和膨胀】命令，弹出【收缩和膨胀】对话框，如图 2.197 所示。

(6) 在该对话框中，勾选【预览】复选项，设置【膨胀】值为 90%，单击【确定】按钮，效果如图 2.198 所示。

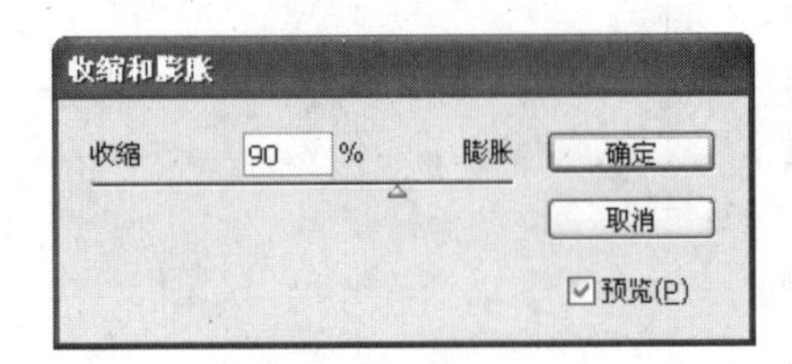

图 2.197 【收缩和膨胀】对话框

图 2.198 膨胀效果

(7) 选择【效果】|【扭曲和变换】|【变换】命令，弹出【变换效果】对话框，如图 2.199 所示。

(8) 在该对话框中，设置【水平】移动值为 14mm，复制数量为 5 份，旋转【角度】为 60°，单击【确定】按钮，效果如图 2.200 所示。

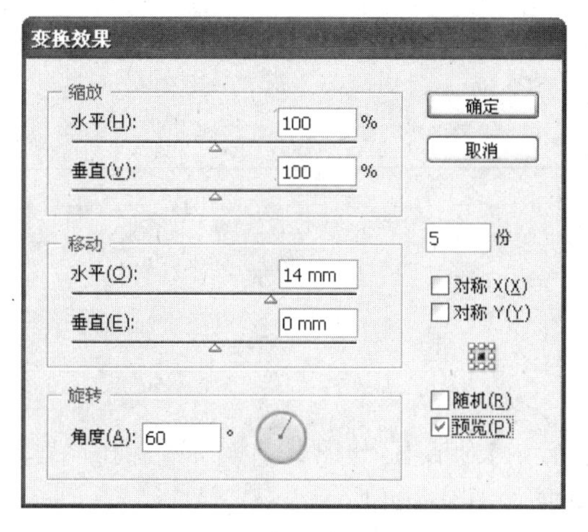

图 2.199　【变换效果】对话框

图 2.200　变换效果

(9) 选中变换出的图形，选择【效果】|【扭曲和变换】|【变换】命令，弹出【变换效果】对话框，设置【水平】移动值为 28mm，复制数量为 4 份，单击【确定】按钮后，效果如图 2.201 所示。

(10) 选中第二次变换出的图形，选择【效果】|【扭曲和变换】|【变换】命令，弹出【变换效果】对话框，设置【垂直】移动值为－24mm，复制数量为 2 份，单击【确定】按钮，效果如图 2.202 所示。

图 2.201　第二次变换效果

图 2.202　第三次变换效果

(11) 保持变换结果处于选中状态，双击工具箱中的【比例缩放工具】，弹出【比例缩放】对话框，如图 2.203 所示。

(12) 在该对话框中，选择【等比】选项，设置【比例缩放】为 50%，单击【确定】按钮，完成图案的制作，最终效果如图 2.204 所示。

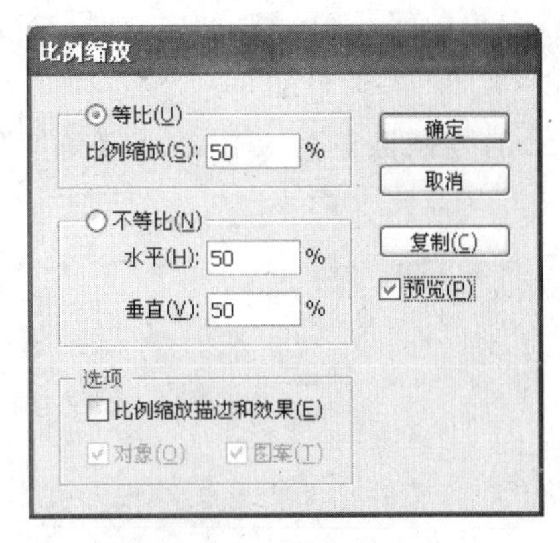

图 2.203 【比例缩放】对话框

图 2.204 最终效果

2.7.2 图像效果

(1) 选择【文件】|【置入】命令，弹出【置入】对话框，如图 2.205 所示。在该对话框中选择“翅膀.jpg”图片，单击【置入】按钮，效果如图 2.206 所示。

图 2.205 【置入】对话框

图 2.206 置入的图片

(2) 使用【选择工具】选中图片，选择【效果】|【艺术效果】|【涂抹棒】命令，弹出【涂抹棒】对话框，如图 2.207 所示。

(3) 在该对话框中，设置【描边长度】为 1,【高光区域】为 1,【强度】为 2，单击【确定】按钮，完成效果如图 2.208 所示。

(4) 选中图像，选择【效果】|【风格化】|【风】命令，弹出【风】对话框，在对话框中选择【风】，设置方向为【从右】，如图 2.209 所示。单击【确定】按钮，完成后效果如图 2.210 所示。

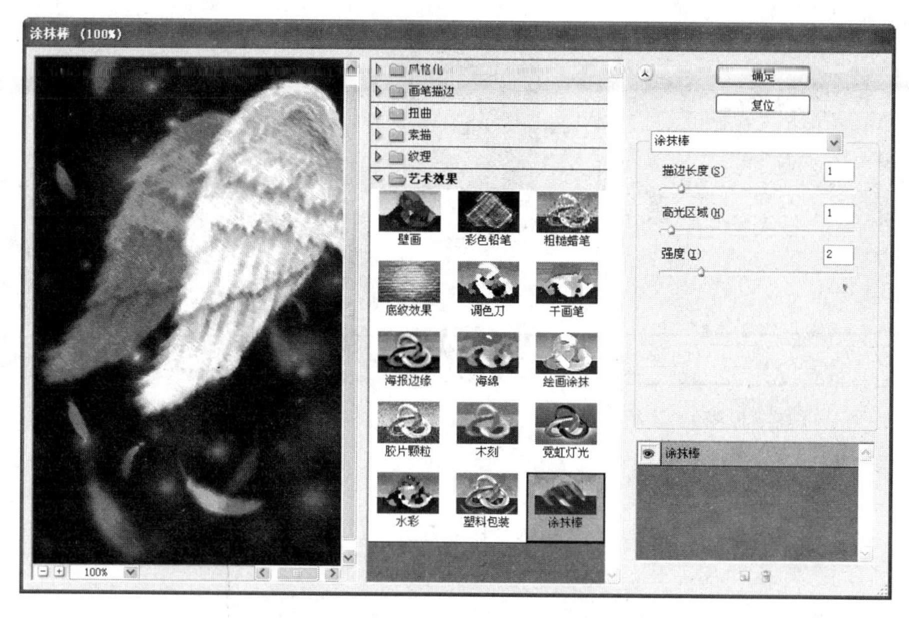

图 2.207　【涂抹棒】对话框

图 2.208　涂抹棒效果

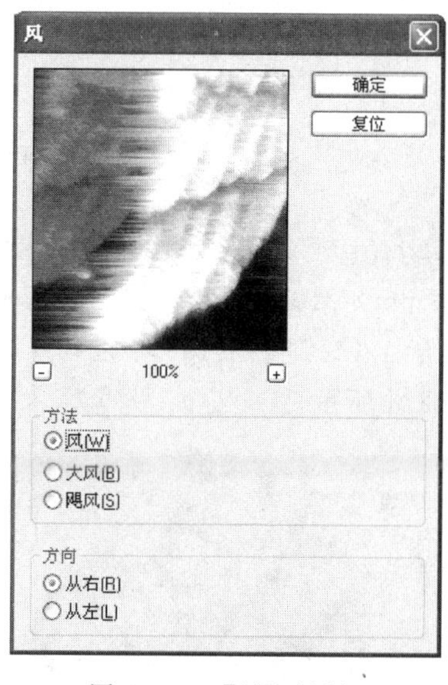

图 2.209　【风】对话框

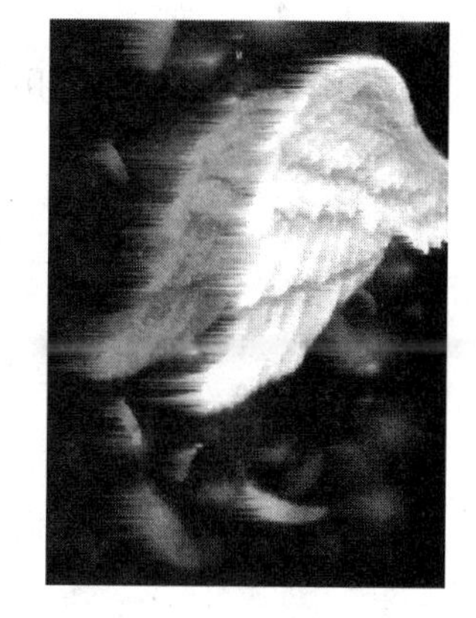

图 2.210　【风】效果

(5) 选择【效果】|【模糊】|【高斯模糊】命令，弹出【高斯模糊】对话框，如图 2.211 所示，在该对话框中，设置【半径】值为 1 像素，单击【确定】按钮，效果如图 2.212 所示。

(6) 选择工具箱中的【直排文字】工具 IT，在页面中单击输入文字，调整字体和大小后，完成后效果如图 2.213 所示。

图 2.211 【高斯模糊】对话框

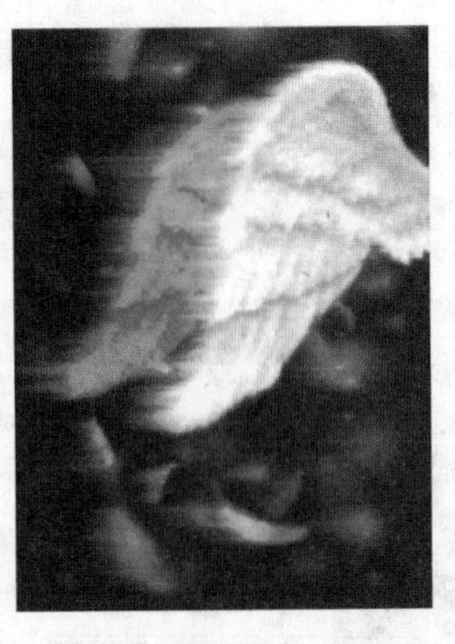

图 2.212 【高斯模糊】效果

图 2.213 最终效果

思考与练习

1. 思考题

(1) Illustrator 效果包括什么?

(2) Photoshop 效果菜单下面的 13 个效果包括什么?

(3) 置入文件如何操作?

(4) 生成模板如何操作?

2. 练习

(1) 练习内容:使用 Illustrator CS4 软件,绘制糖果图形。

(2) 练习规格:尺寸 (297mm×210mm)。

(3) 练习要求:使用椭圆形工具、钢笔工具、渐变工具等绘制出糖果图形,然后为其添加阴影,完成后效果如图 2.214 所示。

图 2.214 完成糖果阴影效果

第3章　工　　具

3.1　选择工具

【选择】工具可以选择整个对象、群组或者路径，也可以选择成组图形或文字块。可以按以下步骤进行操作。

(1) 单击工具箱中的【选择】工具，光标随对象选择状态不同而变化。

(2) 当鼠标移动到未被选择的对象或路径上时，光标变为。

(3) 在对象上单击鼠标左键，即可选中该对象；还可以拖动鼠标左键拉出矩形选框，只需对象的部分图形在选框内，即可选中该对象。

(4) 当鼠标移动到已被选择的对象或路径上时，光标变为。

3.2　直接选择工具组

直接选择工具组包括【直接选择】工具和【编组选择】工具，如图 3.1 所示。

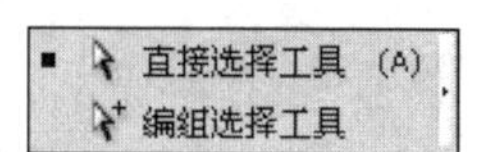

图 3.1 【直接选择】工具组

3.2.1　直接选择工具

【直接选择】工具用于选择路径段和锚点，能够选出一个或几个群组的单一路径或某个对象，并能显示路径的节点。在选择群组或嵌套组中的路径或对象时，用直接选择工具最为合适。

在使用【直接选择】工具时，光标也是随对象选择状态不同而变化的。可以按以下步骤进行操作。

(1) 单击路径上某一段或者拖出矩形框，即可选择此路径段，也可选择整个路径，如图 3.2 所示。

(2) 按住【Shift】键依次单击可选择多个路径段，如图 3.3 所示。

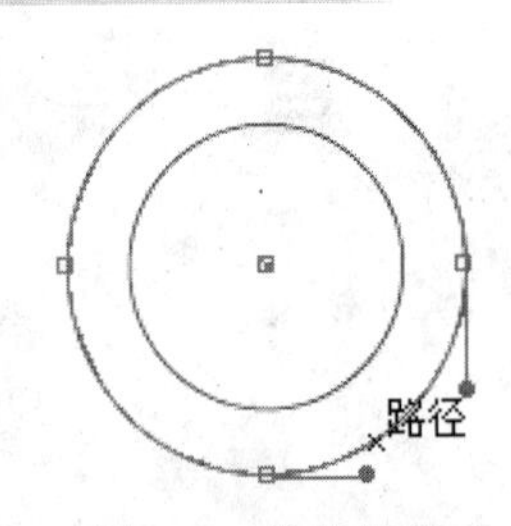

图 3.2 选择路径

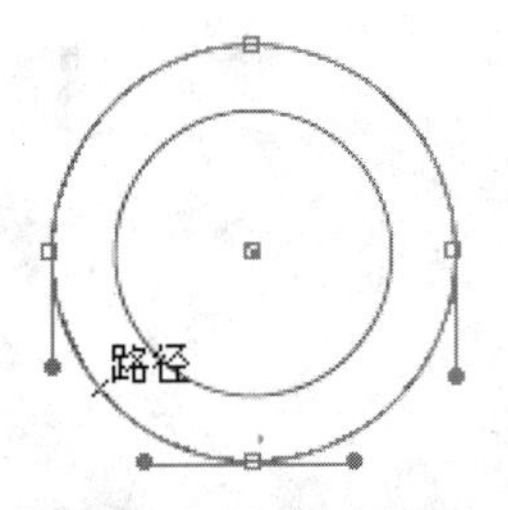

图 3.3 选择多条路径

(3) 单击路径段上的锚点即可选中此锚点。按住【Shift】键依次单击可选择多个锚点,如图 3.4 所示。

被选择的路径段或者路径将显示上面所有的锚点,如果是曲线,会显示所有的方向点和方向线。未被选中的锚点以空心的小方块表示,被选中的锚点以实心小方块表示,方向点以实心圆表示。用【直接选择】工具单击并拖动路径段或锚点,或者拖动锚点上的方向线,就能对路径方便地进行调整,如图 3.5 所示。

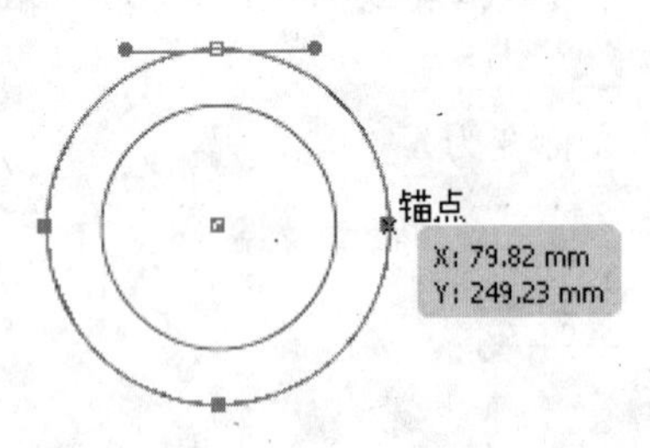

图 3.4 选择多个锚点

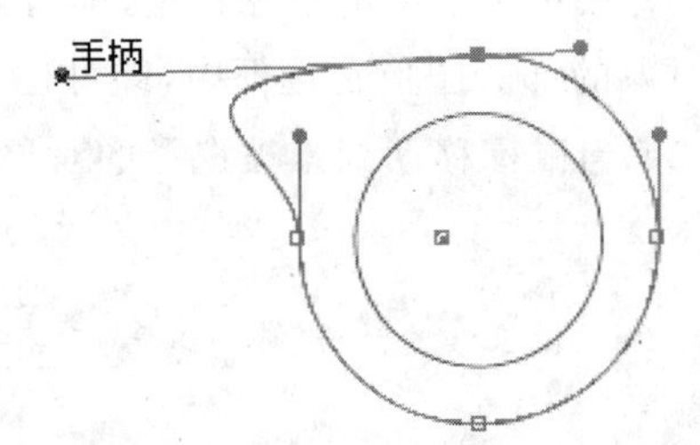

图 3.5 调整锚点

3.2.2 编组选择工具

【编组选择】工具用来选择一个群组中的任一对象或者嵌套群组中的组对象。在同一对象上每单击一次,就将组对象中的另一子集加入到当前选择集中。要选择某个节点,某一路径段,群组中的单一对象或者群组,用编组选择工具很方便。如图 3.6 所示为三个椭圆进行编组后的图形,可以按以下步骤进行操作。

(1) 单击工具箱中的【编组选择】工具。

(2) 在下方椭圆上单击一次,则选中该椭圆,如图 3.7 所示。

(3) 在下方椭圆上再次单击鼠标左键两次,选中编组对象的另外两个椭圆,如图 3.8 所示。

图 3.6 编组图形

图 3.7 单击鼠标一次

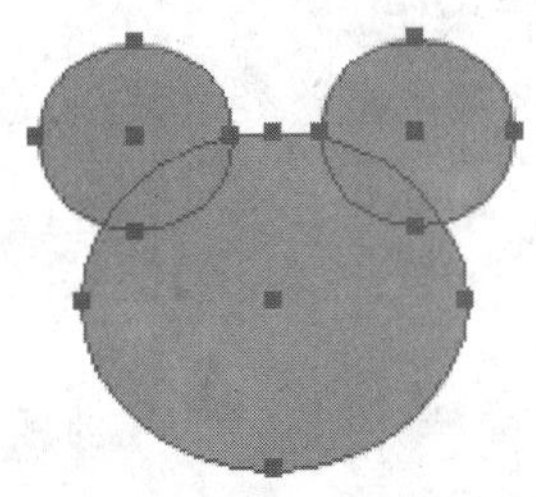

图 3.8 单击鼠标两次

为了实现对象的移动、删除、编辑、复制等操作,根据需要给对象编组与分解。可以按以下步骤进行操作。

(1) 单击工具箱中的【选择】工具、【直接选择】工具或【编组选择】工具,按下【Shift】键,选择多个对象。

(2) 选择【对象】|【编组】命令,或者按【Ctrl+G】组合键,就可以将这些对象进行编组。

(3) 使用【选择】工具选中编组对象组合,选择【对象】|【取消编组】命令,或者按【Shift+Ctrl+G】组合键,可以将对象取消编组。

注意:多个对象编组之后,可以用【选择】工具选定编组对象进行整体移动、删除、复制等操作,也可以用【直接选择】工具或【编组选择】工具选定一个对象进行单独移动、删除、复制等。

3.3　魔棒工具

【魔棒】工具用来选择填充色、透明度和 Stroke 等属性相同或相近的矢量图形对象。双击工具图标弹出【魔棒】面板,如图 3.9 所示,可进行具体参数设置。

- 【填充颜色】和【描边颜色】:选择这两个选项后,用魔棒工具在对象上单击,则所有与其有相同或者相近的填充色及线条色的对象将被选中,具体的相似程度由容差值决定。
- 【描边粗细】:用来选择笔画宽度相近的对象。
- 【不透明度】:选择透明度相似的对象。
- 【混合模式】:选择混合模式相同或者相似的对象。

注意:魔棒是用来选取图像中的某一点,并将与这一点颜色或渐变色全部选择,它与 Photoshop 中的魔棒是不相同的。它可以选择与当前单击对象相同或相近属性的对象,具体相似程度由每种属性的容差值决定,魔棒要作用的属性类别可以灵活定义。如图 3.10 所示为若干个颜色不同的星形编组而成的图形,可以按以下步骤进行操作。

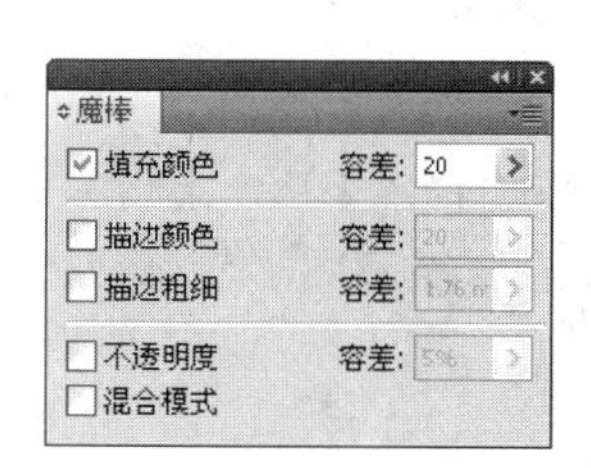

图 3.9 【魔棒】面板

图 3.10　编组图形

(1) 双击工具箱中的【魔棒】工具,弹出【魔棒】面板,在面板中勾选【填充颜色】复选框,设置容差值为 10,如图 3.11 所示。

(2) 在编组图像上某处单击,则选中与该处颜色相同的图形,如图 3.12 所示。

(3) 按【Shift】键在编组图形其他位置单击,也可以同时选中多种颜色的图形,如图 3.13 所示。

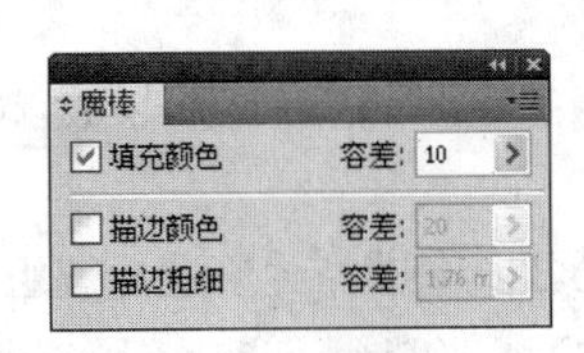

图 3.11 【魔棒】面板

图 3.12 选择图形

图 3.13 多选图形

3.4 套索工具

【套索】工具用来选择部分路径或锚点，以便进行单独修改。还可以选择编组图形内的锚点或路径进行单独修改，拖动鼠标经过要选择的路径或者圈选部分路径锚点即可，可以按以下步骤进行操作。

(1) 单击工具箱中的【套索】工具。

(2) 在编组图形上拖动鼠标绘制一个选区，如图 3.14 所示。

(3) 松开鼠标，经过选区部分的图形和选区内锚点被选中，如图 3.15 所示。

图 3.14 绘制选区

图 3.15 选中锚点

3.5 钢笔工具组

Illustrator CS4 的钢笔工具组包括【钢笔】工具、【添加锚点】工具、【删除锚点】工具和【转换锚点】工具。如图 3.16 所示，使用此工具组可以绘制复杂图形轮廓或者路径。

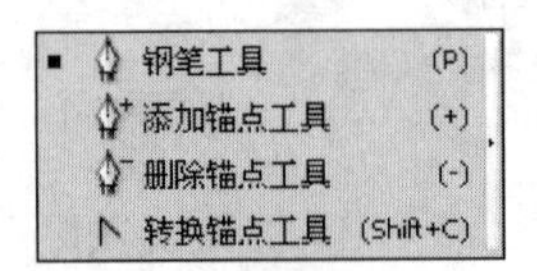

图 3.16 钢笔工具组

3.5.1 钢笔工具

【钢笔】工具可以绘制各种形状的直线和平滑曲线，是绘制各种路径的最常用工具。

1. 绘制直线

(1) 选择工具箱中的【钢笔】工具。

(2) 在页面需要绘制的位置单击鼠标左键，作为起点。

(3) 移动鼠标到其他位置，单击鼠标左键，依次类推。

(4) 需要结束直线的绘制时，按【Enter】键结束绘制，此时形成不封闭的路径，如图 3.17 所示。

(5) 若需要结束绘制时，将【钢笔】工具的光标移到起始点，在光标的旁边出现一个小圆圈，单击鼠标则形成封闭的路径，如图 3.18 所示。

2. 绘制曲线

(1) 选择工具箱中的【钢笔】工具。

(2) 在页面需要绘制的位置单击鼠标左键，并按住鼠标不放，向需要曲线延伸的方向拖动鼠标，生成控制柄后松开鼠标，作为起点。

(3) 移动鼠标到其他位置并拖动鼠标，依次类推。

(4) 按【Enter】键完成曲线的绘制，如图 3.19 所示。

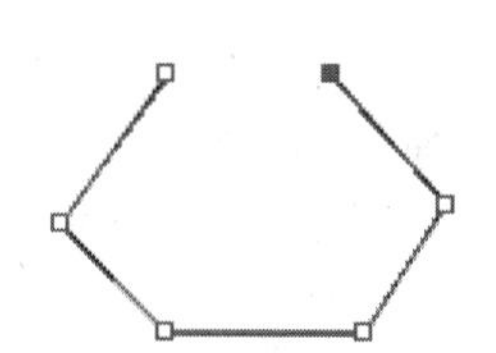

图 3.17　不封闭的直线路径

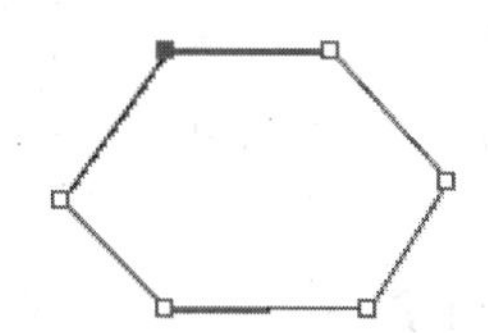

图 3.18　封闭的直线路径

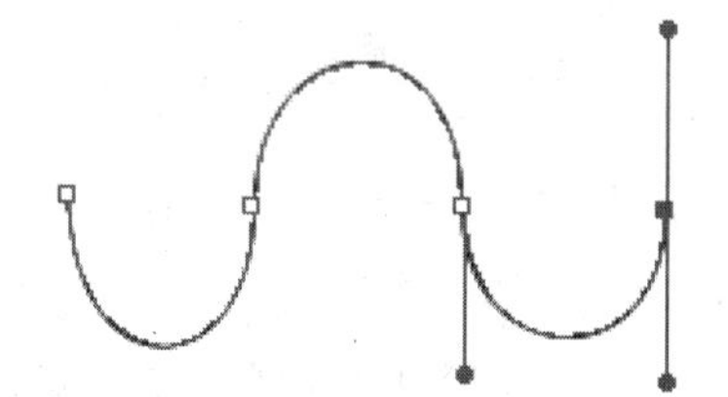

图 3.19　绘制的曲线

3.5.2　添加锚点工具

【添加锚点】工具用来在绘制的路径上任意增加节点，以方便修改路径。在图 3.20 所示的路径上添加锚点。可以按以下步骤进行操作。

(1) 选择工具箱中的【添加锚点】工具。

(2) 在路径上需要添加锚点处单击，则可以添加一个锚点，如图 3.21 所示。

(3) 单击工具箱中的【直接选择】工具，向上移动添加的锚点，使效果更为明显，如图 3.22 所示。

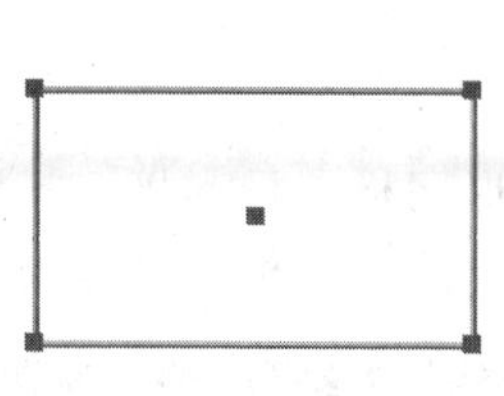

图 3.20　原始路径

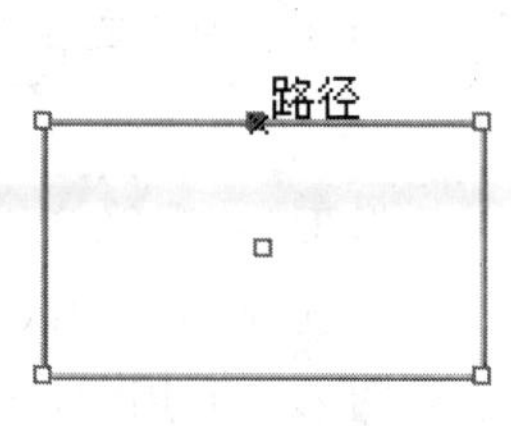

图 3.21　添加锚点

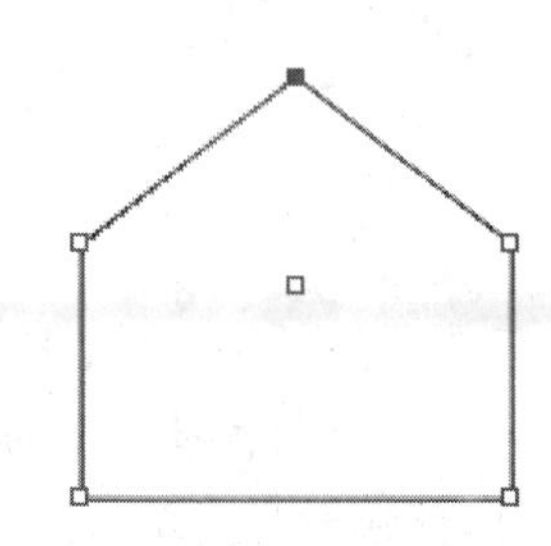

图 3.22　移动锚点

3.5.3 删除锚点工具

【删除锚点】工具 用来将现有路径上的节点删除。删除图 3.23 所示路径上的锚点，可以按以下步骤进行操作。

(1) 单击工具箱中的【删除锚点】工具。

(2) 在路径上需要删除的锚点上单击，如图 3.24 所示。删除锚点后效果如图 3.25 所示。

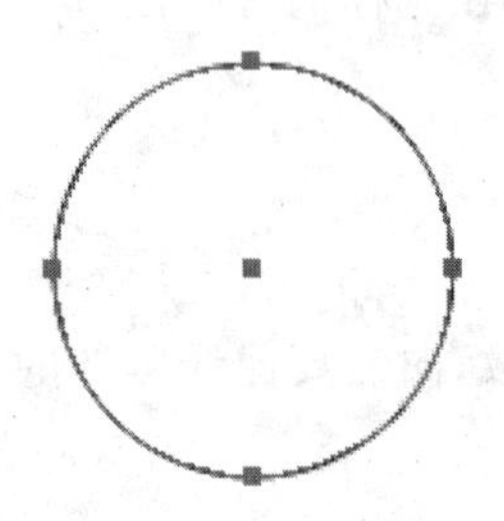

图 3.23 原始路径

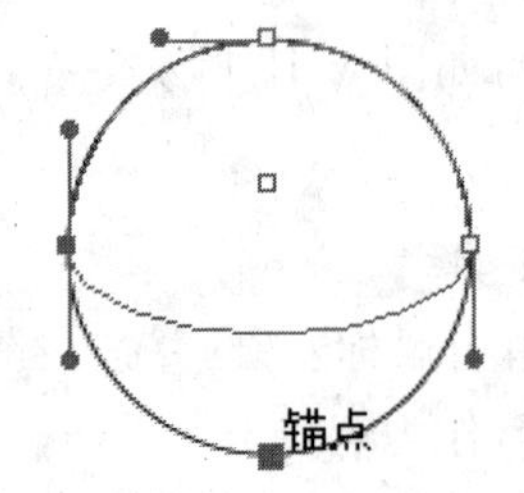

图 3.24 删除的锚点

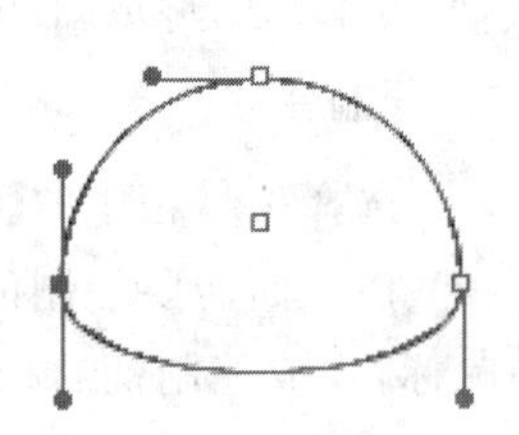

图 3.25 删除锚点效果

3.5.4 转换锚点工具

【转换锚点】工具 用来将直线节点和曲线节点相互转换。转换路径上的锚点，可以按以下步骤进行操作。

(1) 选择工具箱中的【转换锚点】工具。

(2) 在左侧需要转换的锚点上单击，如图 3.26 所示。

(3) 在另一个需要转换的锚点上单击，如图 3.27 所示。转换后的路径如图 3.28 所示。

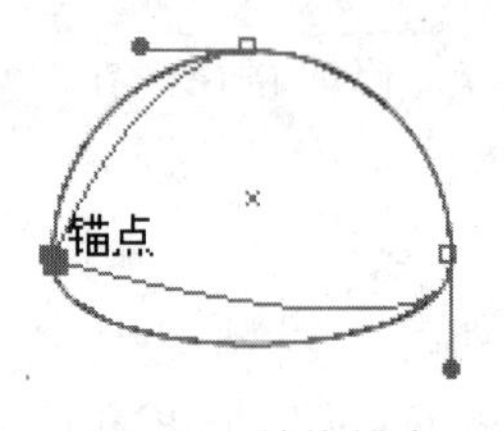

图 3.26 转换锚点

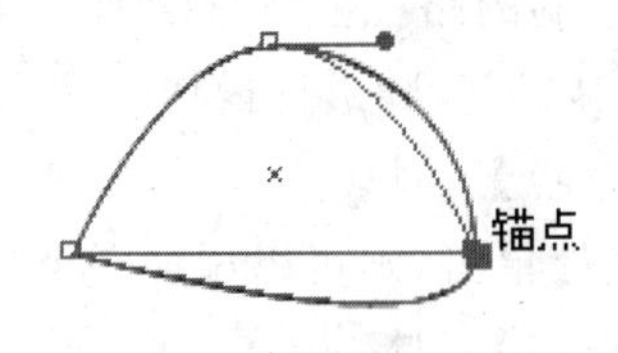

图 3.27 转换另一个锚点

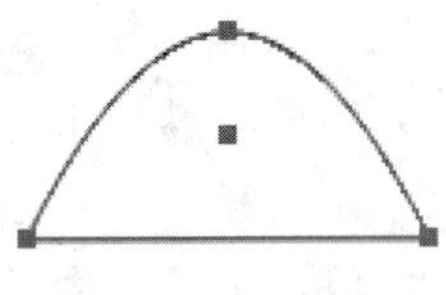

图 3.28 转换结果

3.6 直线段工具组

直线段工具组包括直线段工具、弧形工具、螺旋线工具、矩形网格工具和极坐标网格工具。用来绘制各种图形的外轮廓，可以选择不同的线段、曲线、网格和极坐标式网格进行绘制，使用时只需单击图标即可绘制图形。利用它们可以快速绘制线段、曲线或创建网格，直线段工具组如图 3.29 所示。

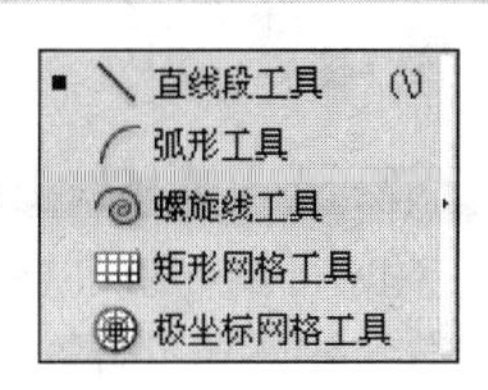

图 3.29　直线段工具组

3.6.1　直线段工具

【直线段】工具可以绘制任意角度和长度的直线段。可以按以下步骤进行操作。

1. 随意绘制线段

(1) 选择工具箱中的【直线段】工具。

(2) 将鼠标指针移动到页面中，按下鼠标左键不放，拖动鼠标到适当的位置时释放鼠标，得到随意角度和长度的线段，如图 3.30 所示。

(3) 在拖动鼠标时，按下【Back Space】键可以移动所绘制线段的位置；按下【Alt】键使线段由鼠标按下点处向两侧延伸；按下【Shift】键，可以按角度为 45°或 45°的倍数进行绘制，如图 3.31 所示。

(4) 若在拖动鼠标时按下键盘左上方的【、】键，可以绘制放射性线段，如图 3.32 所示。

图 3.30　随意直线段　　图 3.31　呈 90°的直线段　　图 3.32　放射性线段

2. 精确绘制线段

(1) 选择工具箱中的【直线段工具】。

(2) 在页面中单击鼠标左键，弹出【直线段工具选项】对话框，如图 3.33 所示。

(3) 在弹出的对话框中，【长度】文本框用来设置直线段的长度，【角度】文本框用来设置直线段的角度。设置完成后，单击【确定】按钮，自动生成直线段，如图 3.34 所示。

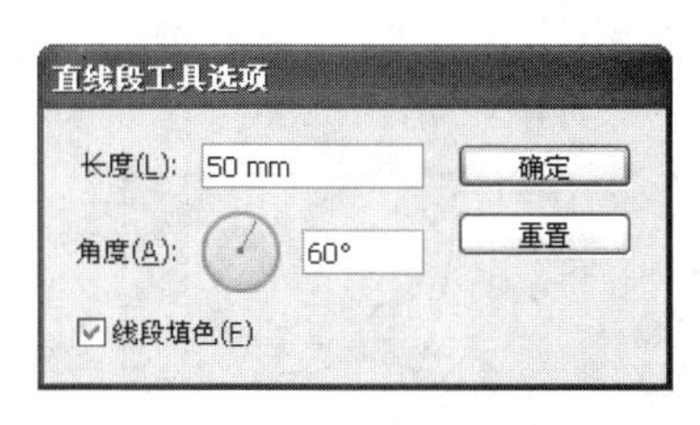

图 3.33　【直线段工具选项】对话框

图 3.34　指定直线段

3.6.2　弧形工具

【弧形】工具可以绘制任意角度和长度的弧形。可以按以下步骤进行操作。

1. 随意绘制弧形

(1) 选择工具箱中的【弧形工具】。

(2) 将鼠标指针移动到页面中,按下鼠标左键不放,拖动鼠标到适当的位置时释放鼠标,得到随意角度和长度的弧线,如图 3.35 所示。

(3) 在拖动鼠标时,按下【Alt】键使弧线段由鼠标按下点处向两侧延伸。按下【Shift】键可以绘制对称的弧线,如图 3.36 所示。按下键盘左上方的【、】键,可以绘制出放射性弧线,如图 3.37 所示。

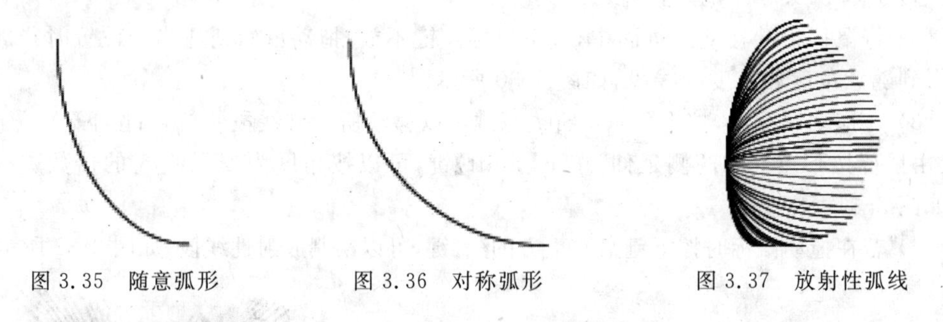

图 3.35 随意弧形　　图 3.36 对称弧形　　图 3.37 放射性弧线

(4) 拖动时按【C】键,可以在开放的弧线和封闭的弧线之间进行切换。按【↑】键,可以增加弧形的曲率,按【↓】键可以减小弧形的曲率。

2. 精确绘制弧线段

(1) 选择工具箱中的【弧形】工具。

(2) 在页面中单击鼠标左键,弹出【弧线段工具选项】对话框,如图 3.38 所示。

(3) 在弹出的对话框中,【X 轴长度】文本框用来设置弧形在 X 轴方向上的长度,【Y 轴长度】文本框用来设置弧形在 Y 轴方向上的长度。【类型】下拉列表框包括【开放】和【闭合】两个选项,【基线轴】下拉列表框包括【X 轴】和【Y 轴】两个选项。【凹　斜率　凸】选项可以设置弧线的凹陷程度。若勾选【弧线填色】复选框,在绘制弧线或闭合弧线图形时将以当前颜色进行填充。

(4) 设置完成后,单击【确定】按钮,自动生成直线段,如图 3.39 所示。

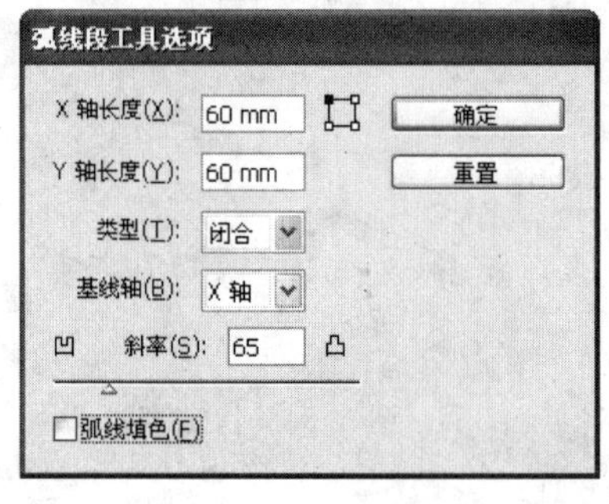

图 3.38 【弧线段工具选项】对话框

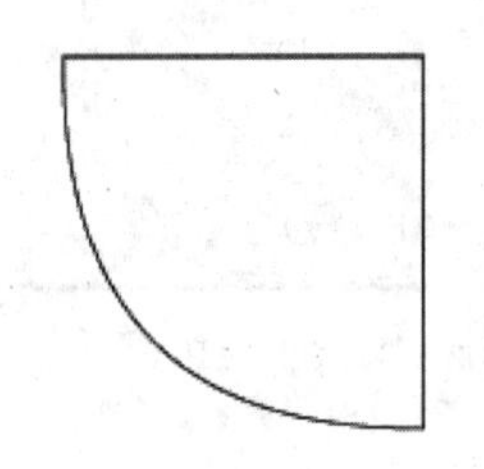

图 3.39 指定弧线图形

3.6.3 螺旋线工具

【螺旋线】工具用于绘制螺旋线。可以绘制随意螺旋线和精确螺旋线,其中任意螺旋线的绘制方法类似任意线段和任意弧形。精确绘制螺旋线,可以按以下步骤进行操作。

(1) 选择工具箱中的【螺旋线】工具。

(2) 在页面中单击鼠标左键,弹出【螺旋线】对话框,如图 3.40 所示。

(3) 在弹出的对话框中,【半径】文本框用于设置绘制出的螺旋线中心点到最外侧的点的距离;【衰减】文本框确定所绘制出的螺旋线中每个旋转圈相对于内侧相邻旋转圈的递减曲率;【段数】文本框中的值表示螺旋线中的段数;【样式】按单选按钮用于设置螺旋线的方向。

(4) 单击【确定】按钮,绘制出的螺旋线如图 3.41 所示。

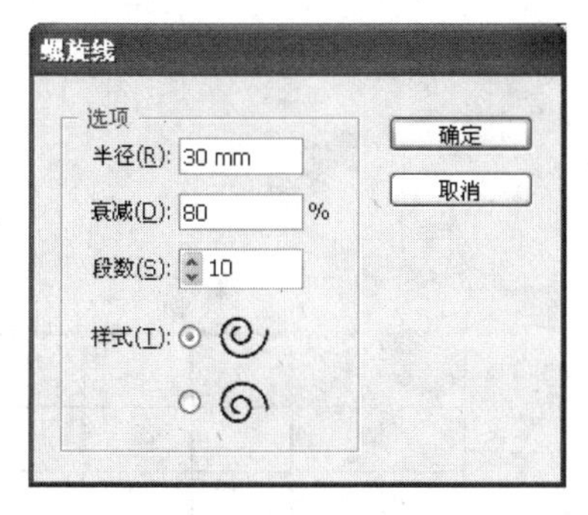

图 3.40 【螺旋线】对话框

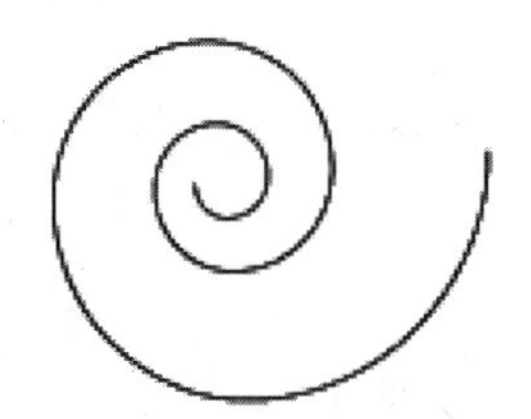

图 3.41 螺旋线

3.6.4 矩形网格工具

【矩形网格】工具可以快速地绘制网格。可以按以下步骤进行操作。

1. 随意绘制矩形网格

(1) 选择工具箱中的【矩形网格】工具。

(2) 将鼠标指针移动到页面中,按下鼠标左键不放,拖动鼠标到适当的位置时释放鼠标,就可以得到矩形网格,如图 3.42 所示。

(3) 在拖动鼠标绘制网格时,可通过组合键来调整分隔数目。按下【↑】键可以在垂直方向上增加矩形网格;按下【↓】键可以在垂直方向上减少矩形网格;按下【→】键可以在水平方向上增加矩形网格;按下【←】键可以在水平方向上减少矩形网格,如图 3.43 所示。

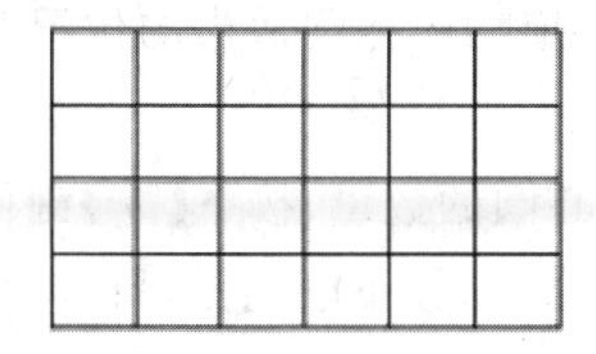

图 3.42 任意矩形网格

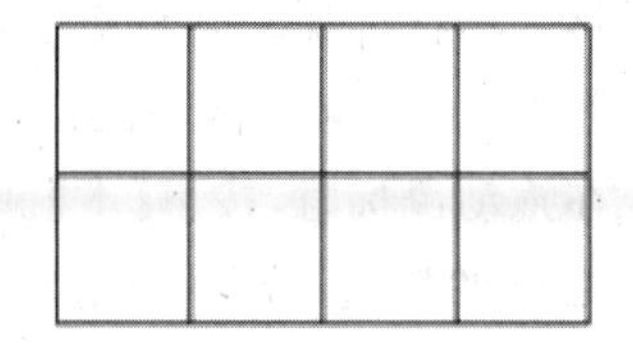

图 3.43 减少矩形网格

2. 精确绘制矩形网格

(1) 选择工具箱中的【矩形网格】工具。

(2) 在页面中单击鼠标左键,弹出【矩形网格工具选项】对话框,如图 3.44 所示。

(3) 在弹出的对话框中,【默认大小】选项区域用于设置网格的宽、高值;【水平分隔线】选项区域用来设置水平方向上的分隔线数量,以及垂直方向上的倾斜比例;【垂直分隔线】选项区域用来设置垂直方向上的分隔线数量,以及水平方向上的倾斜比例。勾选【使用外部矩形作为框架】复选框表示绘制出的矩形网格在取消编组后,将会有矩形网格的矩形框架;若不勾选此项,取消编组后将没有矩形框架。勾选【填色网格】复选框表示绘制出的矩形网格将用当前颜色来填充。

(4) 单击【确定】按钮,绘制出的矩形网格如图 3.45 所示。

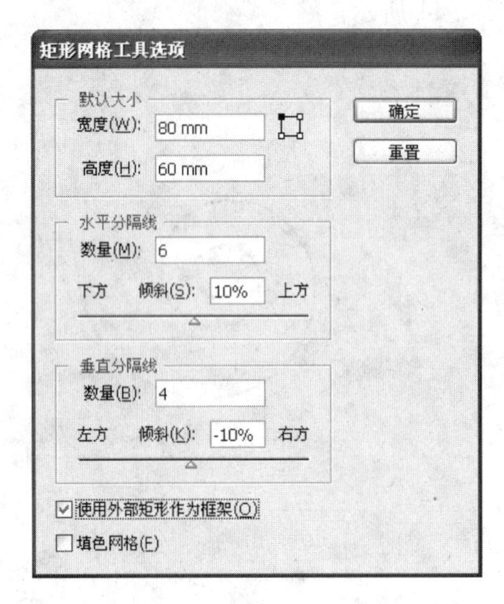

图 3.44 【矩形网格工具选项】对话框

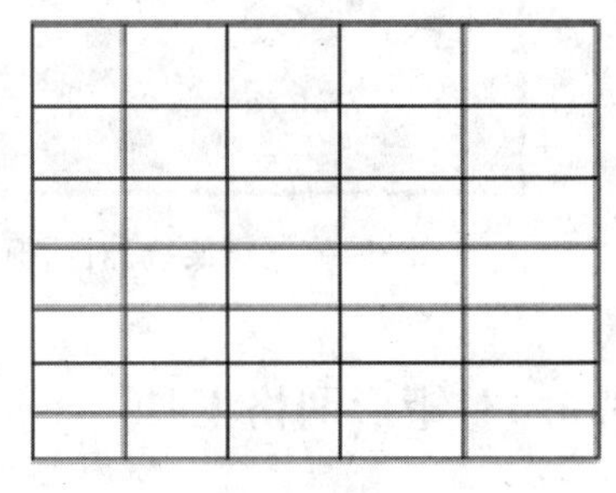

图 3.45 矩形网格

3.6.5 极坐标网格工具

【极坐标网格】工具可以绘制同心圆和按照指定的参数确定的放射线段。可以按以下步骤进行操作。

1. 随意绘制极坐标网格

(1) 选择工具箱中的【极坐标网格】工具。

(2) 将鼠标指针移动到页面中,按下鼠标左键不放,拖动鼠标到适当的位置时释放鼠标,就可以得到极坐标网格,如图 3.46 所示。

(3) 在拖动鼠标时,按下【↑】键可以增加网格中同心圆的数量;按下【↓】键可以减少网格中同心圆的数量;按下【→】键可以增加网格射线的数量;按下【←】键可以减少网格射线的数量。按下【Shift】键可以绘制圆形极坐标网格,如图 3.47 所示。

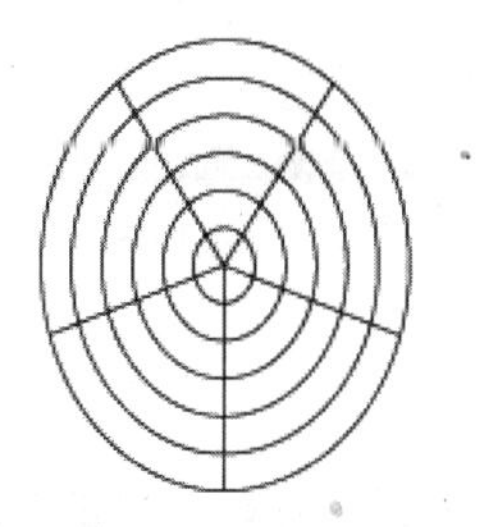

图 3.46　随意极坐标网格

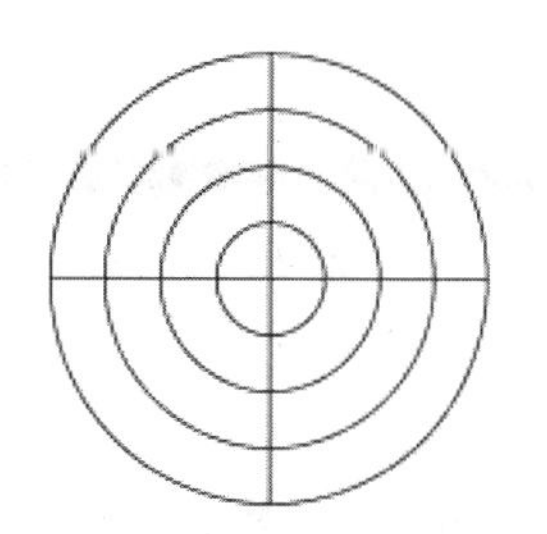

图 3.47　圆形极坐标网格

2. 精确绘制极坐标网格

(1) 选择工具箱中的【极坐标网格】工具。

(2) 在页面中单击鼠标左键，弹出【极坐标网格工具选项】对话框，如图 3.48 所示。

(3) 在弹出的对话框中，【默认大小】选项区域用于设置网格的宽、高值；【同心圆分隔线】选项区域用来设置网格中同心圆的数量，以及同心圆倾斜比例；【径向分隔线】选项区域用来设置网格射线的数量，以及网格射线的倾斜比例。勾选【从椭圆形创建复合路径】复选框，极坐标网格将以间隔的形式进行填充；勾选【填充颜色】复选框表示绘制出的极坐标网格将用当前颜色来填充。

(4) 单击【确定】按钮，绘制出的极坐标网格如图 3.49 所示。

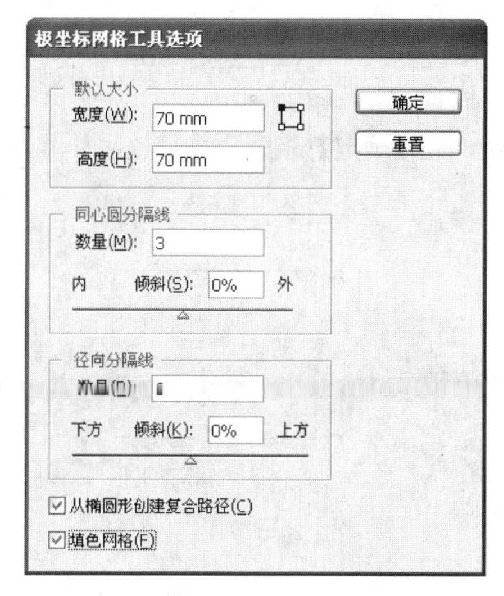

图 3.48　【极坐标网格工具选项】对话框

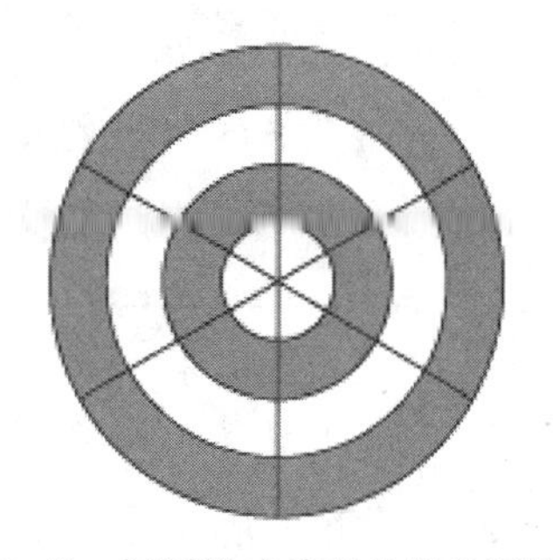

图 3.49　间隔形式填充的极坐标网格

3.7　矩形工具组

矩形工具组包括【矩形】工具、【圆角矩形】工具、【椭圆】工具、【多边形】工具、【星形】工具和【光晕】工具。矩形工具组如图 3.50 所示。

3.7.1 矩形工具

【矩形】工具用于绘制矩形和正方形。可以按以下步骤进行操作。

1. 随意绘制矩形

(1) 选择工具箱中的【矩形】工具。

(2) 将鼠标指针移动到页面中,按下鼠标左键不放,拖动鼠标到适当的位置时释放鼠标,得到一个矩形,如图 3.51 所示。

(3) 在拖动鼠标时,按下【Shift】键,绘制出的图形为正方形;按下【Shift+Alt】组合键,绘制出的图形为以鼠标按下点为中心的正方形,如图 3.52 所示。

图 3.50 矩形工具组

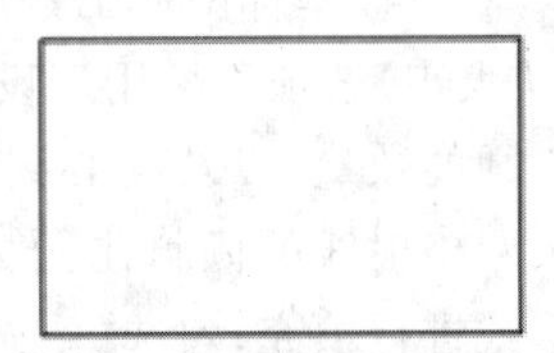

图 3.51 矩形

图 3.52 正方形

2. 精确绘制矩形

(1) 选择工具箱中的【矩形】工具。

(2) 在页面中单击鼠标左键,弹出【矩形】对话框,如图 3.53 所示。

(3) 在弹出的对话框中设置矩形的宽度和高度,单击【确定】按钮,完成后效果如图 3.54 所示。

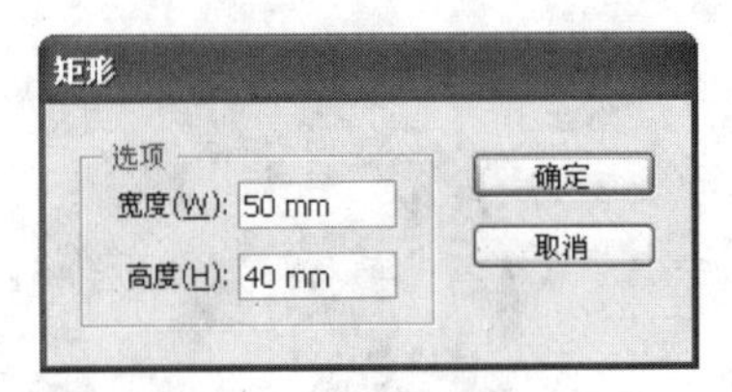

图 3.53 【矩形】对话框

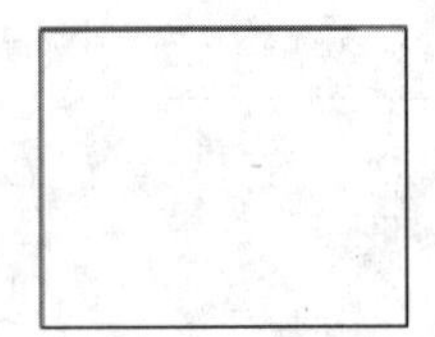

图 3.54 精确矩形

3.7.2 圆角矩形工具

【圆角矩形】工具用于绘制圆角矩形,可对圆角半径进行设置。可以按以下步骤进行操作。

1. 随意绘制圆角矩形

(1) 选择工具箱中的【圆角矩形】工具。

(2) 将鼠标指针移动到页面中,按下鼠标左键不放,拖动鼠标到适当的位置时释放鼠标,得到一个圆角矩形,如图 3.55 所示。

(3) 在拖动鼠标时,按下【Shift】键,绘制出的图形为正圆角矩形;按下【Shift+Alt】组合键，绘制出的图形为以鼠标按下点为中心的正圆角矩形，如图 3.56 所示。

图 3.55 圆角矩形

图 3.56 正圆角矩形

2. 精确绘制圆角矩形

(1) 选择工具箱中的【圆角矩形】工具。

(2) 在页面中单击鼠标左键，弹出【圆角矩形】对话框，如图 3.57 所示。

(3) 在弹出的对话框中设置圆角矩形的宽度、高度和圆角半径，单击【确定】按钮，效果如图 3.58 所示。

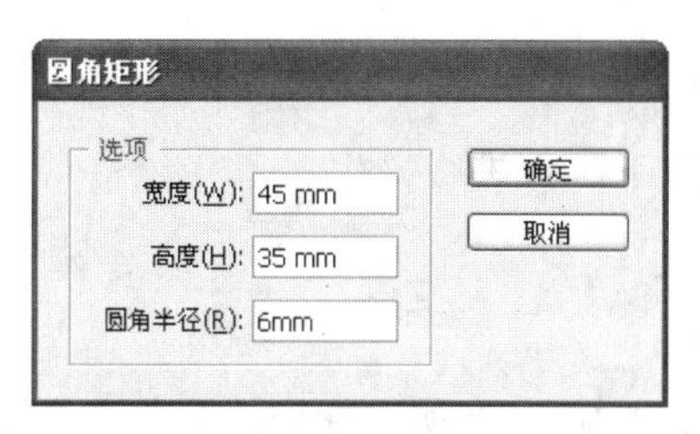

图 3.57 【圆角矩形】对话框

图 3.58 精确圆角矩形

3.7.3 椭圆工具

【椭圆】工具用于绘制椭圆，可以按以下步骤进行操作。

1. 随意绘制椭圆

(1) 单击工具箱中的【椭圆】工具。

(2) 将鼠标指针移动到页面中，按下鼠标左键不放，拖动鼠标到适当的位置时释放鼠标，得到一个椭圆形，如图 3.59 所示。

(3) 在拖动鼠标时，按下【Shift】键，绘制出的图形为圆形；按下【Shift+Alt】组合键，绘制出的图形为以鼠标按下点为中心的圆形，如图 3.60 所示；按下键盘左上方的【、】键，可以绘制出许多不同的椭圆，组成特殊形状，如图 3.61 所示。

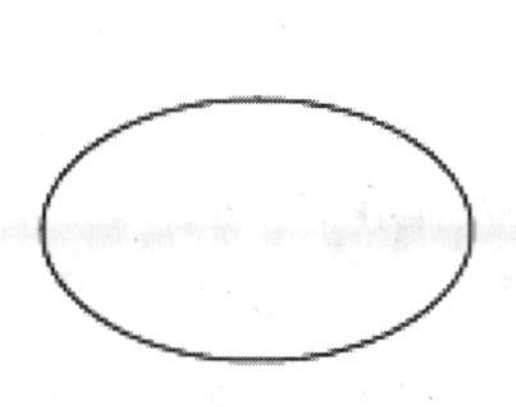

图 3.59 椭圆

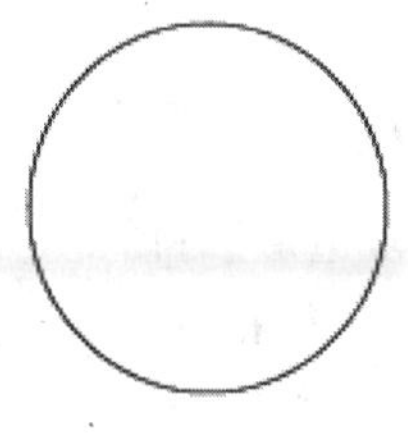

图 3.60 圆

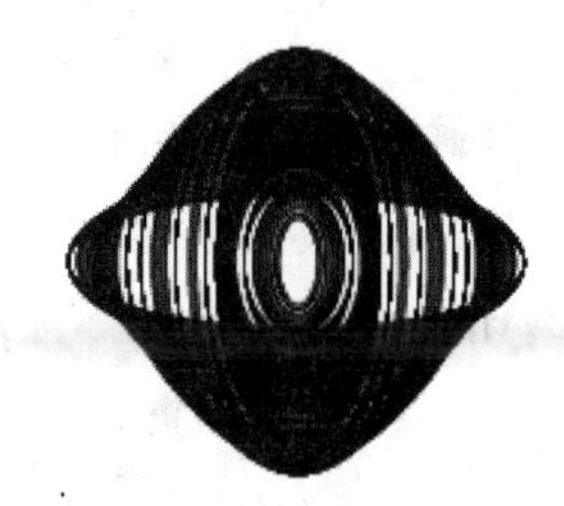

图 3.61 椭圆形组成的特殊形状

2. 精确绘制椭圆

(1) 选择工具箱中的【椭圆】工具。

(2) 在页面中单击鼠标左键,弹出【椭圆】对话框,如图 3.62 所示。

(3) 在弹出的对话框中设置椭圆的宽度和高度,单击【确定】按钮,如图 3.63 所示。

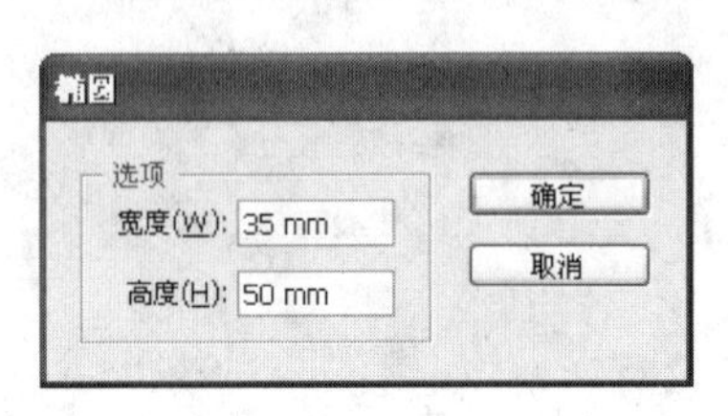

图 3.62 【椭圆】对话框

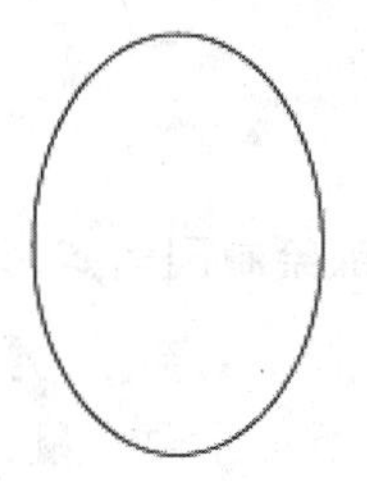

图 3.63 精确椭圆

3.7.4 多边形工具

【多边形】工具可以绘制多边形,可以按以下步骤进行操作。

1. 随意绘制多边形

(1) 选择工具箱中的【多边形】工具。

(2) 将鼠标指针移动到页面中,按下鼠标左键不放,拖动鼠标到适当的位置时释放鼠标,得到一个六边形,如图 3.64 所示。

(3) 在拖动鼠标时,按下【Shift】键,绘制出的图形为正多边形;按下【Shift+Alt】组合键,绘制出的图形为以鼠标按下点为中心的正六边形,如图 3.65 所示;按下【↑】键可以增加多边形的边数,按下【↓】键可以减少多边形的边数;按下键盘左上方的【、】键,可以绘制出许多不同的多边形,组成特殊形状,如图 3.66 所示。

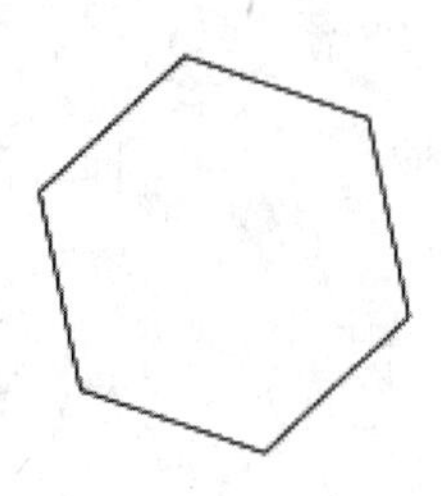

图 3.64 六边形

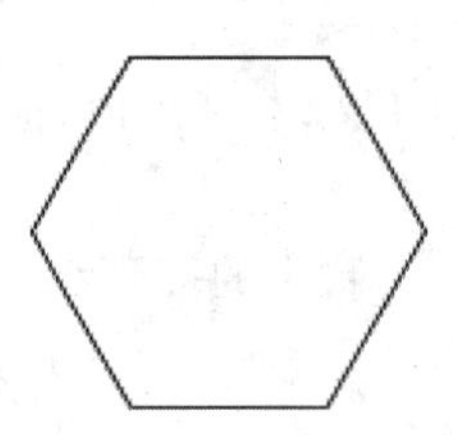

图 3.65 正六边形

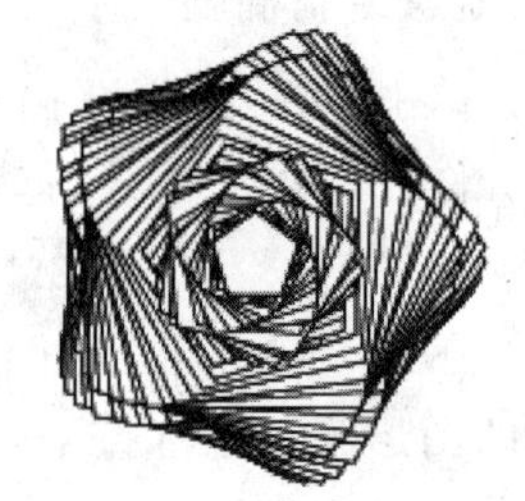

图 3.66 五边形组成的特殊形状

2. 精确绘制多边形

(1) 选择工具箱中的【多边形】工具。

(2) 在页面中单击鼠标左键,弹出【多边形】对话框,如图 3.67 所示。

(3) 在弹出的对话框中设置多边形的半径和边数,单击【确定】按钮,完成效果如图 3.68 所示。

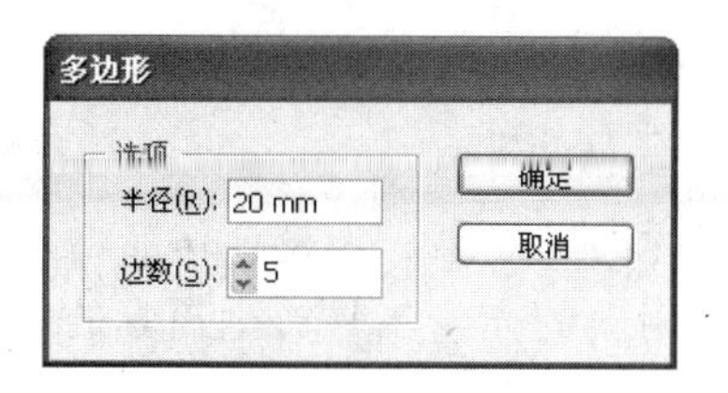

图 3.67　【多边形】对话框

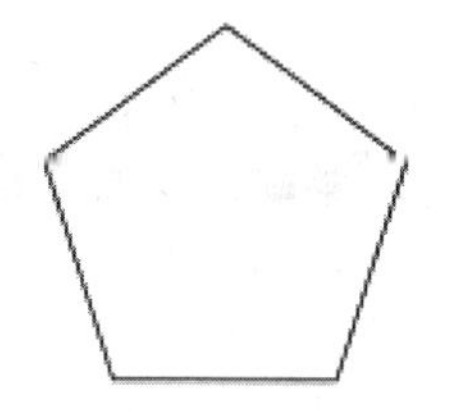

图 3.68　正五边形

3.7.5　星形工具

【星形】工具可以绘制星形，可以按以下步骤进行操作。

1. 随意绘制星形

(1) 单击工具箱中的【星形】工具。

(2) 将鼠标指针移动到页面中，按下鼠标左键不放，拖动鼠标到适当的位置时释放鼠标，得到一个星形，如图 3.69 所示。

(3) 在拖动鼠标时，按下【Shift】键，绘制出的图形为正星形；按下【Shift＋Alt】组合键，绘制出的图形为以鼠标按下点为中心的正星形，如图 3.70 所示；按下【↑】键可以增加星形的边数，按下【↓】键可以减少星形的边数；按下键盘左上方的【、】键，可以绘制出许多不同的星形，组成特殊形状，如图 3.71 所示。

图 3.69　星形

图 3.70　正星形

图 3.71　多边星形组成的特殊形状

2. 精确绘制星形

(1) 选择工具箱中的【星形】工具。

(2) 在页面中单击鼠标左键，弹出【星形】对话框，如图 3.72 所示。

(3) 在弹出的对话框中，【半径 1】文本框表示星形内侧角点到星形中心的距离，【半径 2】文本框表示星形外侧角点到星形中心的距离，【角点数】文本框表示星形的角数。

(4) 单击【确定】按钮，完成效果如图 3.73 所示。

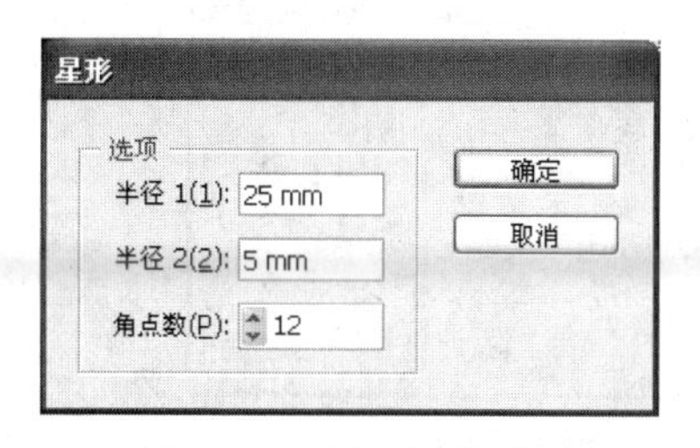

图 3.72　【星形】对话框

图 3.73　多边星形

3.7.6 光晕工具

【光晕】工具可以在美术作品上增加逼真的闪光效果。为设计作品增加一种梦幻般的效果,赋予作品一种优雅和洒脱的气质。使用新的光晕工具产生逼真的镜片闪光效果。可以按以下步骤进行操作。

1. 随意绘制光晕

(1) 选择工具箱中的【光晕】工具。

(2) 将鼠标指针移动到页面中,按下鼠标左键不放,拖动鼠标到适当的位置时释放鼠标,得到光晕的中心点,如图 3.74 所示。在拖动鼠标确定中心点时,可通过【↑】和【↓】键来增加或减少放射线的数量。

(3) 移动鼠标到其他位置,再次按下鼠标左键,拖动鼠标调整光晕的方向和长度,直至满意为止。拖动鼠标时,按下【↑】键可以增加放射光环的数量,按下【↓】键可以减少放射光环的数量,按下【Ctrl】键可改变末端光环的大小。

(4) 松开鼠标,得到的光晕效果如图 3.75 所示。

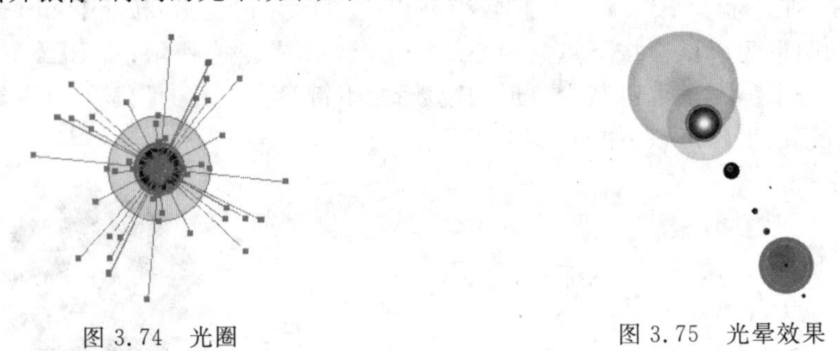

图 3.74 光圈　　图 3.75 光晕效果

2. 精确绘制光晕

(1) 选择工具箱中的【光晕】工具。

(2) 在页面中单击鼠标左键,弹出【光晕工具选项】对话框,如图 3.76 所示。

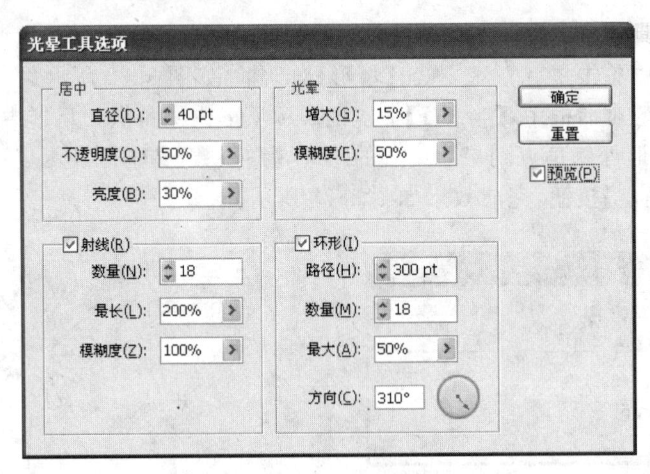

图 3.76 【光晕工具选项】对话框

(3) 在弹出的对话框中，在【居中】选项区域中，【直径】控制光晕整体大小，【不透明度】控制光晕透明度，【变亮】控制光晕亮度；在【射线】选项区域中，【数量】改变光晕放射线的数量，【最长】调节光晕放射线的长度，【模糊度】调节放射线的密集度；在【光晕】选项区域中，【增大】表示光晕的发光程度，【模糊度】表示光晕的柔和程度；在【环形】选项区域中，【路径】表示光晕中心与末端的距离，【数量】表示所包含的光环数量，【最大】表示光环的大小比例，【方向】表示光环中心到末端的角度。

(4) 单击【确定】按钮，效果如图 3.77 所示。

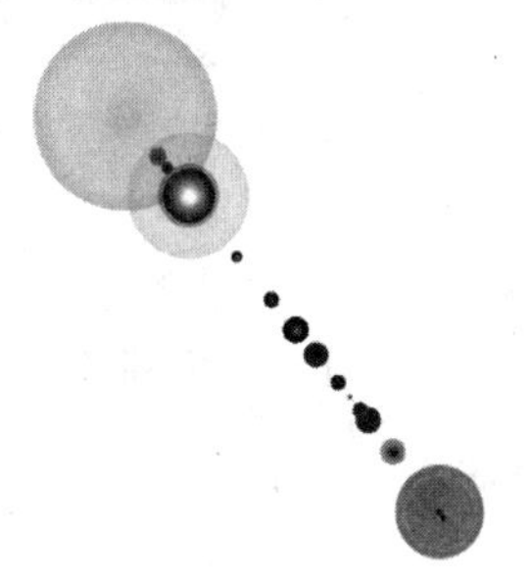
图 3.77　光晕效果

注意：闪光是矢量物体，具有可编辑性。可以双击【光晕工具】将其对话框打开，可以调节闪耀的中心、光圈、光晕、光线，可使用命令对闪耀中的单个元素进行编辑；也可以单击【光晕工具】，将鼠标移动到光晕上，当光标发生变化时进行拖动即可。

3.8　画笔工具组

3.8.1　画笔工具

使用【画笔】工具时，需要在【画笔】面板中选择合适的画笔样式。选择【窗口】|【画笔】命令，即可打开【画笔】面板，如图 3.78 所示。

在【画笔】面板中，系统的画笔库中包括：书法、散点、图案和艺术 4 种类型的画笔。单击【画笔】面板右上角的按钮，弹出下拉菜单，如图 3.79 所示，可取消一些画笔类型的勾选。图 3.80 所示图案应用 4 种类型画笔描边的效果分别如图 3.81 至图 3.84 所示。

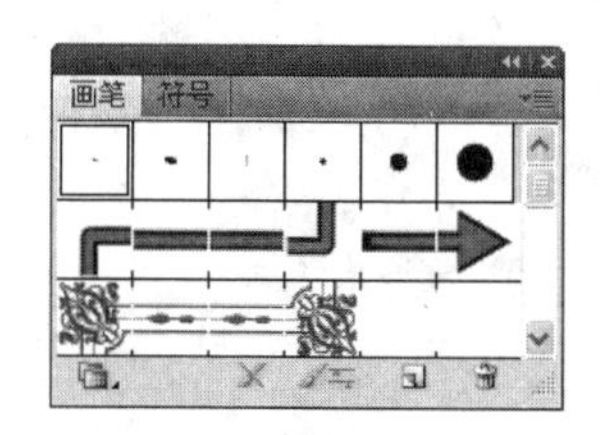

图 3.78　【画笔】面板

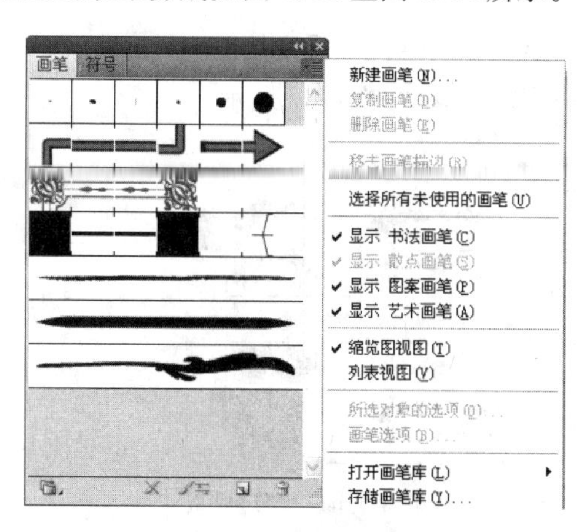

图 3.79　下拉菜单

【画笔】面板底部右侧的 4 个按钮的作用依次为移去画笔描边、所选对象的选项、新建画笔和删除画笔。单击左下角的【画笔库菜单】按钮，弹出画笔库菜单，如图 3.85 所示。

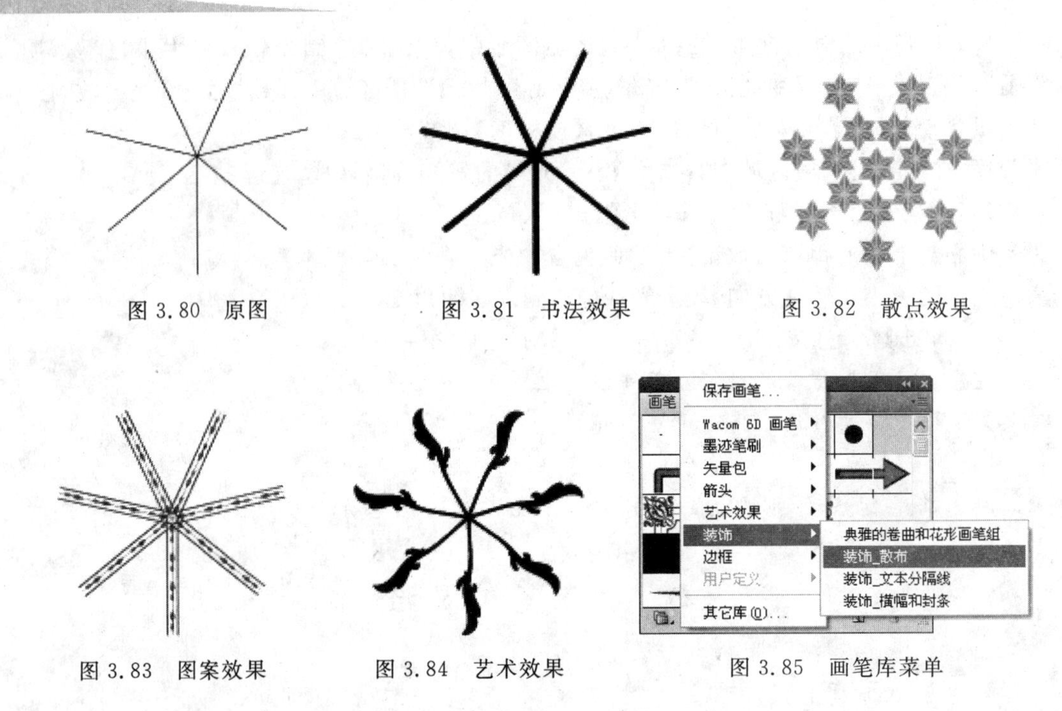

图 3.80　原图　　图 3.81　书法效果　　图 3.82　散点效果

图 3.83　图案效果　　图 3.84　艺术效果　　图 3.85　画笔库菜单

选择指定画笔类型进行绘制，可以按以下步骤进行操作。

(1) 单击左下角的【画笔库菜单】按钮，弹出画笔库菜单。

(2) 在画笔库菜单中选择一种画笔类型，如选择【装饰】|【装饰_散布】，弹出【装饰_散布】面板，如图 3.86 所示。

(3) 在【装饰_散布】面板中选择一种样式，在其图标上单击鼠标左键，这里选择【气泡】。

(4) 单击工具箱中的【画笔】工具，在页面中按下鼠标左键，随意拖动鼠标。松开鼠标，绘制完成效果如图 3.87 所示。

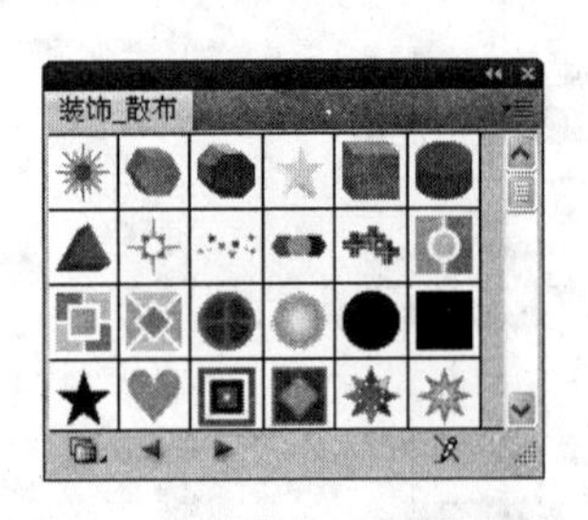

图 3.86　【装饰_散布】面板

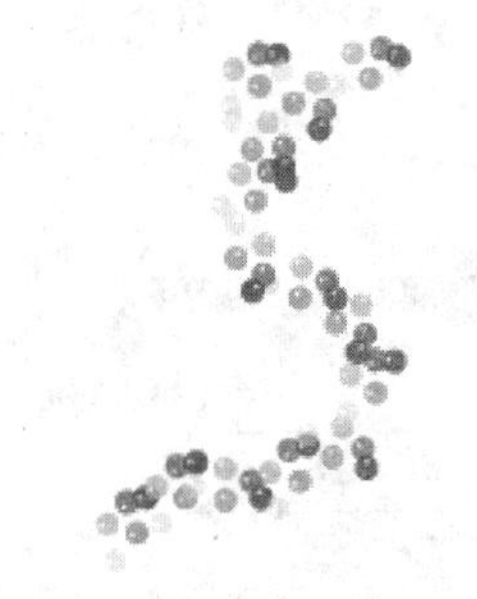

图 3.87　绘制的气泡

(5) 单击【画笔】工具后的属性栏，如图 3.88 所示。可以在【描边】下拉列表框中设置数值，改变画笔的描边宽度，设置为 1pt 后，再次按相似的路径拖动鼠标，绘制出的图形如图 3.89 所示。

(6) 单击【描边】下拉列表框后的列表框中，即可弹出画笔选择面板，改变画笔样式后，绘制如图 3.90 所示。其功能和【画笔】面板相同，这里不再介绍。

图 3.88　画笔工具属性栏

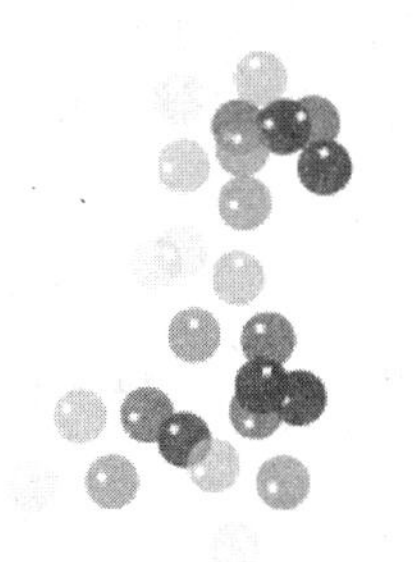

图 3.89　改变【描边】值的效果

图 3.90　改变画笔样式

3.8.2　斑点画笔工具

【斑点画笔】工具可绘制填充的形状，以便与具有相同颜色的其他形状进行交叉和合并，如图 3.91 所示。

双击【斑点画笔】工具，在弹出的【斑点画笔工具选项】对话框中设置相应的选项，如图 3.92 所示，其中各选项含义介绍如下。

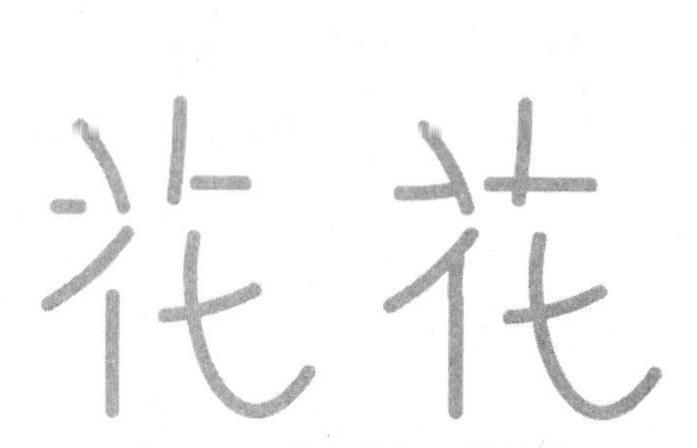

图 3.91　斑点画笔工具效果

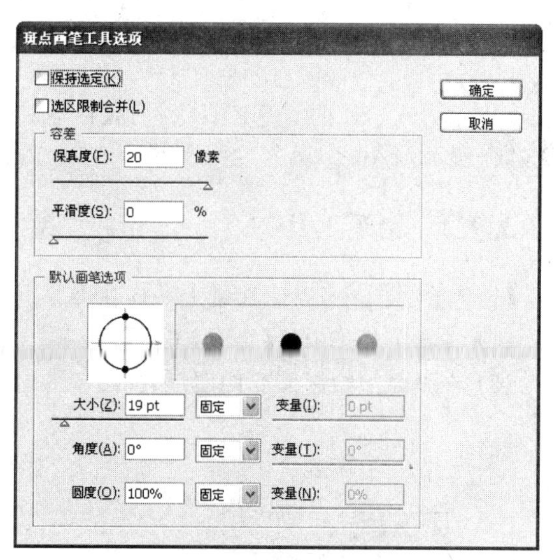

图 3.92　【斑点画笔工具选项】对话框

1. 保持选定

指定绘制合并路径时，所有路径都将被选中，并且在绘制过程中保持被选中状态。该选项在查看包含在合并路径中的全部路径时非常有用。选择该选项后，“选区限制合并”选项将被停用。

2. 选区限制合并

如果选择了图稿，则“斑点画笔”只可与选定的图稿合并。如果没有选择图稿，则“斑点画笔”可以与任何匹配的图稿合并。

3. 保真度

控制必须将鼠标或光笔移动多大距离，Illustrator 才会向路径添加新锚点。例如，保真度值为 2.5，表示小于 2.5 像素的工具移动将不生成锚点。保真度的范围可介于 0.5～20 像素之间；值越大，路径越平滑，复杂程度越小。

4. 平滑度

控制使用工具时 Illustrator 应用的平滑量。平滑度范围为 0%～100%；百分比越高，路径越平滑。

5. 大小

决定画笔的大小。

6. 角度

决定画笔旋转的角度。拖移预览区中的箭头，或在“角度”文本框中输入一个值。

7. 圆度

决定画笔的圆度。将预览中的黑点朝向或背离中心方向拖移，或者在“圆度”文本框中输入一个值。该值越大，圆度就越大。

3.9 铅笔工具组

Illustrator CS4 的铅笔工具组包括【铅笔】工具、【平滑】工具和【路径橡皮擦】工具，如图 3.93 所示。

3.9.1 铅笔工具

【铅笔】工具可以像在纸上一样在屏幕上绘画。可以按以下步骤进行操作。

(1) 选择工具箱中的【铅笔】工具。

(2) 在页面中绘制需要的图形，如图 3.94 所示。

图 3.93 铅笔工具组

图 3.94 使用铅笔工具绘制图形

3.9.2 平滑工具

【平滑】工具能够在尽可能保持路径原有形状的前提下，对一条路径的现有区段进行平滑处理。可以按以下步骤进行操作。

(1) 选择要作平滑处理的路径。

(2) 选择工具箱中的【平滑】工具。

(3) 使用平滑工具在需要进行平滑处理的路径外侧拖动鼠标，然后释放鼠标。平滑后路径或笔画的节点数量可能比原来的少，如图 3.95 所示。

(4) 如果对处理后的效果不满意，还可以重复第(3)步操作。

3.9.3 路径橡皮擦工具

【路径橡皮擦】工具只可以擦除图形的路径。该工具只可以擦除被选择的一个图形，并且必须沿路径拖动鼠标，才可以擦除路径。

(1) 选择需要擦除路径的图形。

(2) 选择工具箱中的【路径橡皮擦】工具。

(3) 使用【路径橡皮擦】工具，沿需要擦除的路径单击并拖动鼠标，松开鼠标后，完成擦除，效果如图 3.96 所示。

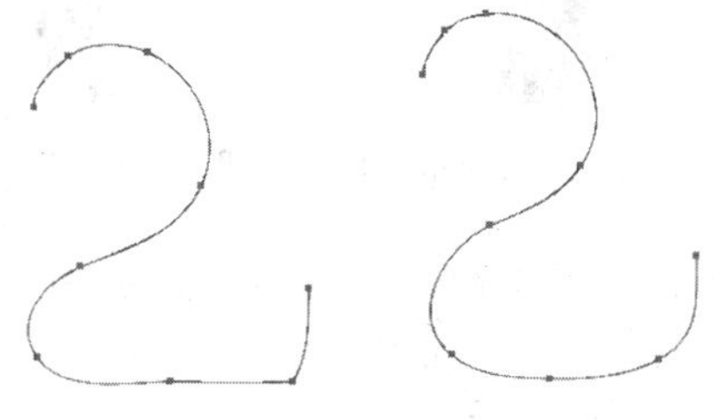

图 3.95 平滑工具效果

图 3.96 路径橡皮擦工具效果

3.10 橡皮擦工具组

橡皮擦工具组包括【橡皮擦】工具、【剪刀】工具和【美工刀】工具。在 Illustrator CS4 中，剪刀工具和美工刀工具是常用的工具，主要用于绘制各种各样的图形。这组工具，可以修改图形的路径，剪切图形的轮廓。橡皮擦工具组如图 3.97 所示。

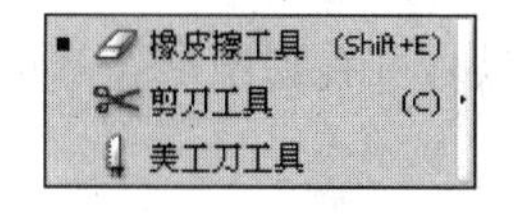

图 3.97 橡皮擦工具组

3.10.1 橡皮擦工具

【橡皮擦】工具能够轻松除去图稿区域，并实现对擦除宽度、形状和平滑度的全面控制。

3.10.2 剪刀工具

【剪刀】工具用来剪断路径，它可以从一个路径中选定的点的位置将一条路径分隔为两条或多条路径,也可以将封闭路径变为开放路径。可以按以下步骤进行操作。

(1) 选择工具箱中的【选择】工具,选中需要剪切的路径,查看它的当前锚点,如图 3.98 所示。

(2) 选择工具箱中的【剪刀】工具,在路径中拆分的地方单击鼠标左键,产生一个新的锚点,如图 3.99 所示。

(3) 在路径上的另一个位置上单击鼠标,产生另外一个新的锚点,如图 3.100 所示。

(4) 使用【选择】工具移动路径,可看到路径已被剪切为两部分,完成效果如图 3.101 所示。

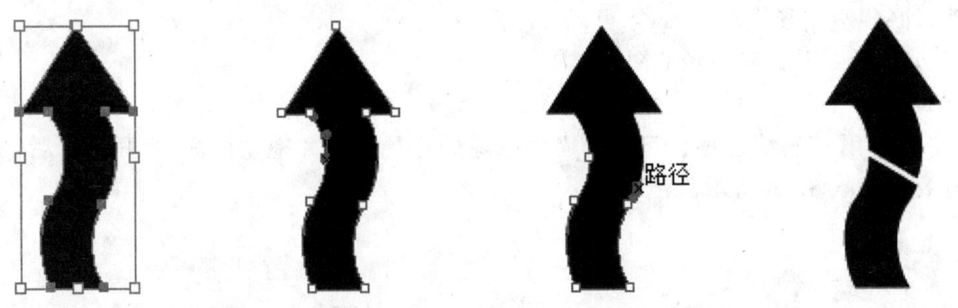

图 3.98 选中路径　图 3.99 在路径上单击　图 3.100 再次单击鼠标　图 3.101 剪切效果

注意:【剪刀】工具在一个路径段的中间拆分时,两个新的端点是重合的(一个在另一个的上面),并且其中一个端点是被选定的。

3.10.3 美工刀工具

【美工刀】工具可以将一个封闭的区域裁开成为两个独立的区域。可以按以下步骤进行操作。

(1) 选择工具箱中的【美工刀】工具。

(2) 将鼠标移动到绘图页面上,按下鼠标左键,沿着需要剪切的方向拖动鼠标,绘制出一条路径,如图 3.102 所示。

(3) 松开鼠标,完成图形的剪切。

(4) 使用【选择】工具移动图形,可看到图形已被剪切为两部分,完成效果如图 3.103 所示。

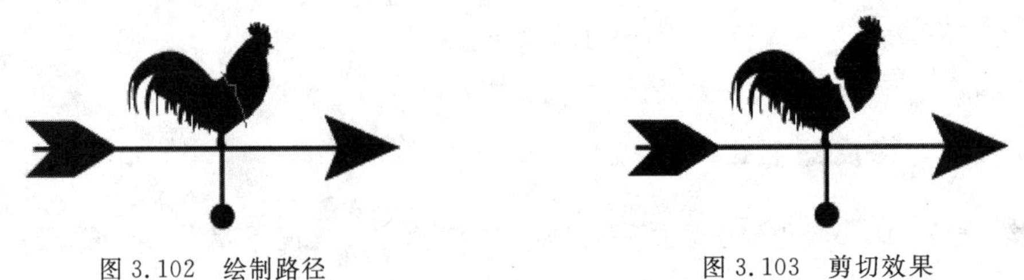

图 3.102 绘制路径　图 3.103 剪切效果

注意:在拖动美工刀的同时按下【Alt】键,即可沿直线路径剪切对象。

3.11 旋转工具组

旋转工具组包括【旋转】工具和【镜像】工具。【旋转】工具和【镜像】工具在操作中经常使用,主要是应用于各种各样的图形旋转和镜像,如图 3.104 所示。

3.11.1 旋转工具

【旋转】工具用来旋转一个选定的对象。可以按以下步骤进行操作。

(1) 选择工具箱中的【选择】工具,选中要旋转的对象,如图 3.105 所示。

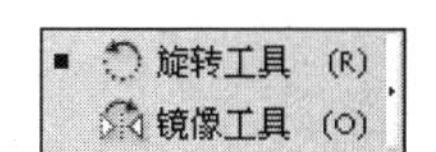

图 3.104 旋转工具组

图 3.105 选中对象

(2) 双击工具箱中的【旋转】工具,弹出【旋转】对话框,如图 3.106 所示。

(3) 在弹出的对话框中,在【角度】文本框中设置对象的旋转角度,勾选【预览】复选框可以在页面中预览对象的旋转效果。

(4) 单击【确定】按钮,完成对象的旋转,效果如图 3.107 所示。

图 3.106 【旋转】对话框

图 3.107 旋转效果

3.11.2 镜像工具

【镜像】工具用来按镜面反相的方式翻转选定的对象。可以按以下步骤进行操作。

(1) 选择工具箱中的【选择】工具,选中要镜像的对象,如图 3.108 所示。

(2) 双击工具箱中的【镜像】工具,弹出【镜像】对话框,如图 3.109 所示

(3) 在弹出的对话框中,【水平】单选项表示以水平线为轴进行镜像,【垂直】单选项表示以垂直线为轴进行镜像,【角度】单选项表示以某个角度的线为轴进行镜像;【复制】按钮表示复制原对象,并且对复制出的对象进行镜像操作。

(4) 单击【确定】按钮,将原对象进行镜像,如图 3.110 所示。

图 3.108 选中对象

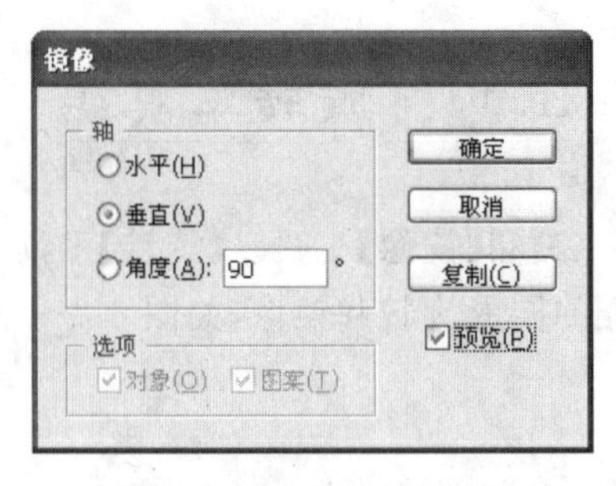

图 3.109 【镜像】对话框

图 3.110 镜像效果

3.12 比例缩放工具组

比例缩放工具组包括【比例缩放】工具、【倾斜】工具和【改变形状】工具。用来调整图形大小比例和角度，修改图形的路径和轮廓，如图 3.111 所示。

3.12.1 比例缩放工具

【比例缩放】工具用来放大或缩小选定的对象。可以按以下步骤进行操作。

(1) 选择工具箱中的【选择】工具，选中要缩放的对象。

(2) 双击工具箱中的【比例缩放】工具，弹出【比例缩放】对话框，如图 3.112 所示。

(3) 在弹出的对话框中，【等比】单选项表示将对象进行等比例缩放，在【比例缩放】文本框中输入缩放值；【不等比】单选项表示将对象进行不等比例缩放，在【水平】和【垂直】文本框中分别输入水平方向和垂直方向上的缩放值。

(4) 单击【复制】按钮，复制对象并对复制出的图形进行缩放，效果如图 3.113 所示。

比例缩放工具 (S)
倾斜工具
改变形状工具

图 3.111 比例缩放工具组

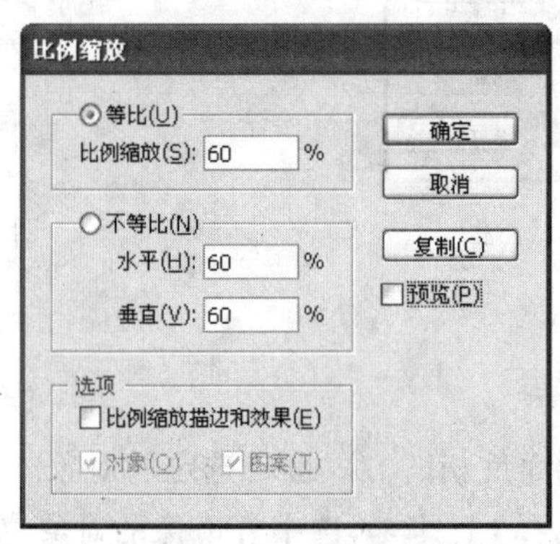

图 3.112 【比例缩放】对话框

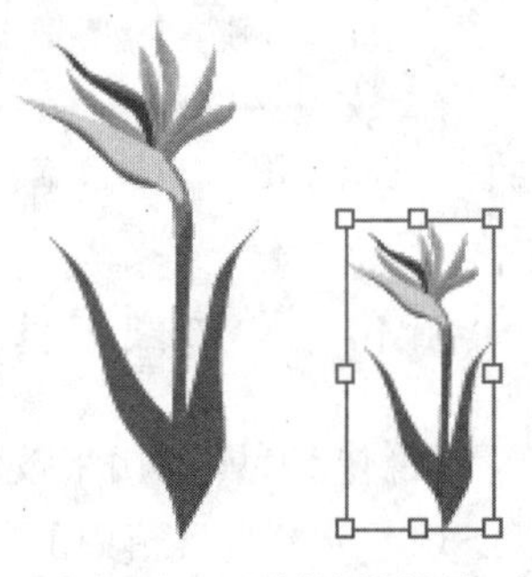

图 3.113 比例缩放效果

3.12.2 倾斜工具

【倾斜】工具用来扭曲或者倾斜选定的对象。可以按以下步骤进行操作。

(1) 选择工具箱中的【选择】工具，选中要倾斜的对象，如图 3.114 所示。

(2) 双击工具箱中的【倾斜】工具，弹出【倾斜】对话框，如图 3.115 所示。

(3) 在弹出的对话框中，【倾斜角度】表示对象倾斜的角度；在【轴】选项区域中，【水平】单选项表示以水平线为轴进行镜像；【垂直】单选项表示以垂直线为轴进行镜像；【角度】单选项表示以某个角度的线为轴进行镜像。

(4) 单击【确定】按钮，倾斜效果如图 3.116 所示。

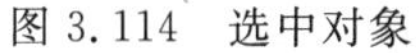

图 3.114 选中对象

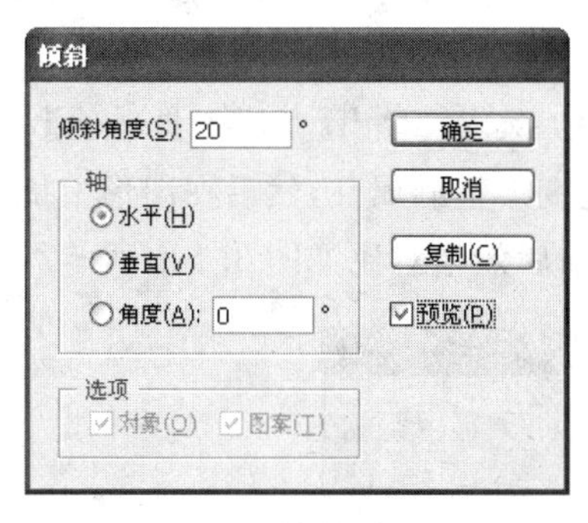

图 3.115 【倾斜】对话框

图 3.116 倾斜效果

3.12.3 改变形状工具

【改变形状】工具用来在不改变整个路径的情况下，改变路径上的节点位置。可以按以下步骤进行操作。

(1) 选择工具箱中的【选择】工具，选中对象，如图 3.117 所示。

(2) 选择工具箱中的【改变形状】工具。

(3) 在路径上选择一个节点，并且移动被选定的节点，然后移动其他节点。

(4) 移动多个节点后的效果如图 3.118 所示。

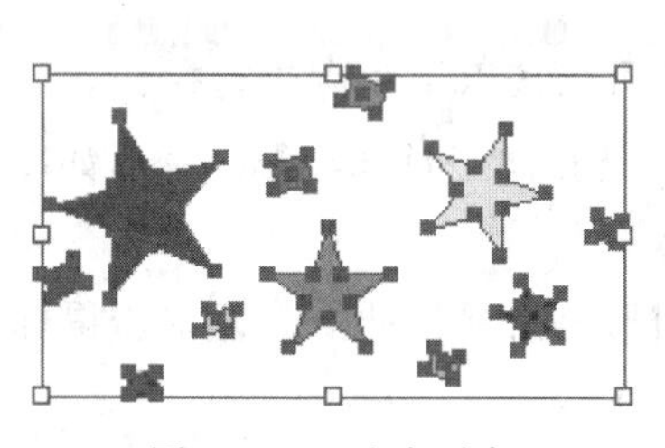

图 3.117 选中对象

图 3.118 改变形状效果

3.13 变形工具组

变形工具组包括【变形】工具、【旋转扭曲】工具、【缩拢】工具、【膨胀】工具、【扇贝】工具、【晶格化】工具和【皱褶】工具。这些工具的使用和 Photoshop 中的【手指涂抹】工具有些相像，不同的是，【手指涂抹】工具得到的结果是颜色的延伸，而【变形】工具可以得到从扭曲到极其夸张的变形，如图 3.119 所示。

变形工具 (Shift+R)
旋转扭曲工具
缩拢工具
膨胀工具
扇贝工具
晶格化工具
皱褶工具

图 3.119　变形工具组

3.13.1　变形工具

【变形】工具用来对图像进行扭曲变形。可以按以下步骤进行操作。

(1) 双击工具箱中的【变形】工具，弹出【变形工具选项】对话框，如图 3.120 所示。

(2) 在弹出的对话框中设置变形笔刷属性，然后在图形上拖动鼠标进行变形。

(3) 完成变形后松开鼠标，前后效果对比如图 3.121 所示。

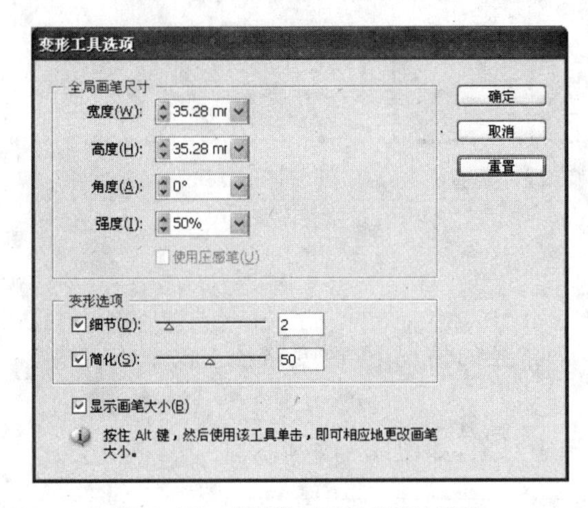

图 3.120　【变形工具选项】对话框

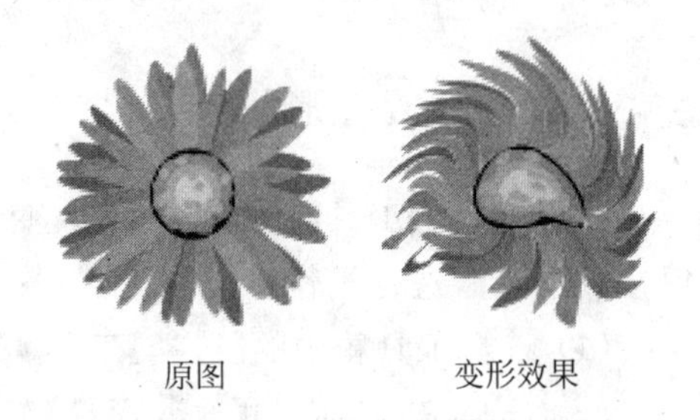

图 3.121　变形效果对比

3.13.2　旋转扭曲工具

【旋转扭曲】工具用来对图像进行扭曲旋转。可以按以下步骤进行操作。

(1) 双击工具箱中的【旋转扭曲】工具，弹出【旋转扭曲工具选项】对话框，如图 3.122 所示。

(2) 在弹出的对话框中设置笔刷属性，然后在图形上需要扭曲的位置单击鼠标。

(3) 完成旋转扭曲后，前后效果对比如图 3.123 所示。

3.13.3　缩拢工具

【缩拢】工具用来对图像进行收缩变化。可以按以下步骤进行操作。

(1) 双击工具箱中的【缩拢】工具，弹出【收缩工具选项】对话框，如图 3.124 所示。

(2) 在弹出的对话框中设置笔刷属性，然后在图形上需要缩拢的位置单击鼠标。

(3) 完成缩拢后，前后效果对比如图 3.125 所示。

旋转扭曲工具选项
全局画笔尺寸
宽度(W): 35.28 mr
高度(H): 35.28 mr
角度(A): 0°
强度(I): 50%
使用压感笔(U)
旋转扭曲选项
旋转扭曲速率(T): 40°
细节(D): 2
简化(S): 50
显示画笔大小(B)
按住 Alt 键，然后使用该工具单击，即可相应地更改画笔大小。
确定
取消
重置

图 3.122 【旋转扭曲工具选项】对话框

图 3.123 旋转扭曲效果对比

收缩工具选项
全局画笔尺寸
宽度(W): 5.28 mm
高度(H): 35.28 mr
角度(A): 0°
强度(I): 50%
使用压感笔(U)
收缩选项
细节(D): 2
简化(S): 50
显示画笔大小(B)
按住 Alt 键，然后使用该工具单击，即可相应地更改画笔大小。
确定
取消
重置

图 3.124 【收缩工具选项】对话框

图 3.125 缩拢效果对比

3.13.4 膨胀工具

【膨胀】工具用来对图像进行膨胀变化。可以按以下步骤进行操作。

(1) 双击工具箱中的【膨胀】工具，弹出【膨胀工具选项】对话框，如图 3.126 所示。

(2) 在弹出的对话框中设置笔刷属性，然后在图形上需要膨胀的位置单击鼠标。

(3) 完成膨胀后，前后效果对比如图 3.127 所示。

3.13.5 扇贝工具

【扇贝】工具用来对图像进行扇贝变化。可以按以下步骤进行操作。

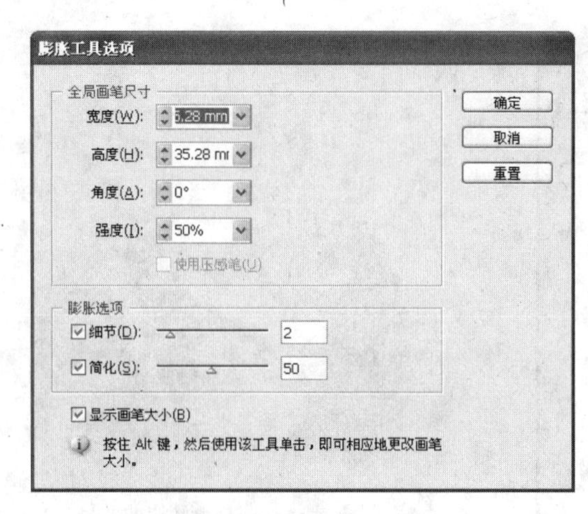

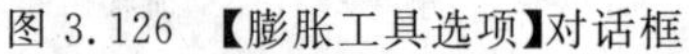

图 3.126 【膨胀工具选项】对话框

图 3.127 膨胀效果对比

(1) 双击工具箱中的【扇贝】工具，弹出【扇贝工具选项】对话框，如图 3.128 所示。

(2) 在弹出的对话框中设置笔刷属性，然后在图形上需要进行扇贝操作的位置单击鼠标。

(3) 完成扇贝操作后，前后效果对比如图 3.129 所示。

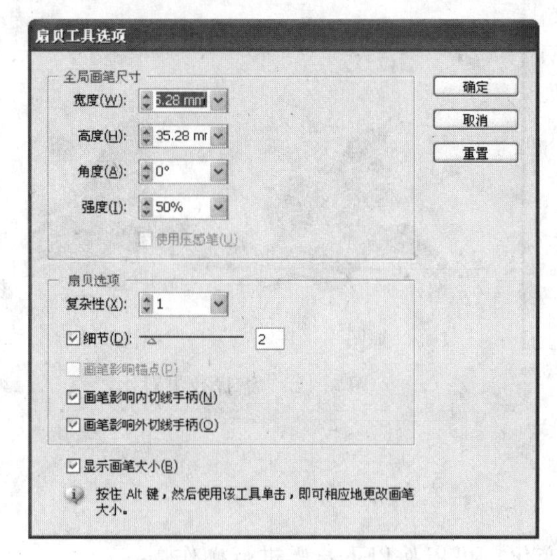

图 3.128 【扇贝工具选项】对话框

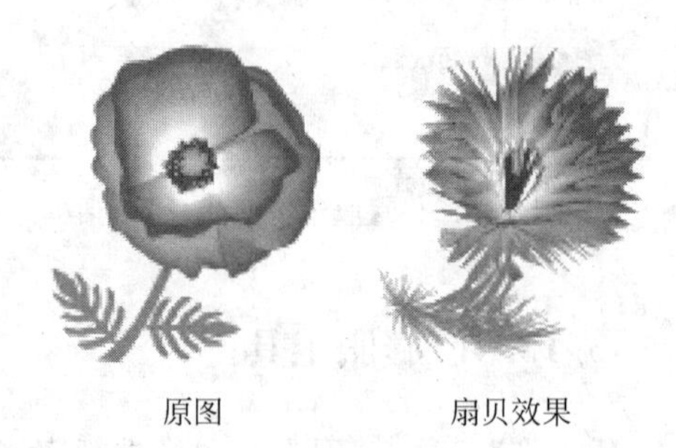

图 3.129 扇贝效果对比

3.13.6 晶格化工具

【晶格化】工具用来对图像进行晶格化变化。可以按以下步骤进行操作。

(1) 双击工具箱中的【晶格化】工具，弹出【晶格化工具选项】对话框，如图 3.130 所示。

(2) 在弹出的对话框中设置笔刷属性，然后在图形上需要晶格化的位置单击鼠标，或者进行拖动。

(3) 完成晶格化后，前后效果对比如图 3.131 所示。

晶格化工具选项

全局画笔尺寸
宽度(W): 5.28 mm
高度(H): 35.28 mm
角度(A): 0°
强度(I): 50%
使用压感笔(U)

晶格化选项
复杂性(X): 1
☑细节(D): 2
☑画笔影响锚点(P)
☐画笔影响内切线手柄(N)
☐画笔影响外切线手柄(O)

☑显示画笔大小(B)
按住 Alt 键，然后使用该工具单击，即可相应地更改画笔大小。

确定
取消
重置

图 3.130 【晶格化工具选项】对话框

图 3.131 晶格化效果对比

3.13.7 皱褶工具

【皱褶】工具用来对图像进行皱褶变化。可以按以下步骤进行操作。

(1) 双击工具箱中的【皱褶】工具，弹出【皱褶工具选项】对话框，如图 3.132 所示。

(2) 在弹出的对话框中设置笔刷属性，然后在图形上需要皱褶的位置单击鼠标或者进行拖动。

(3) 完成皱褶后，前后效果对比如图 3.133 所示。

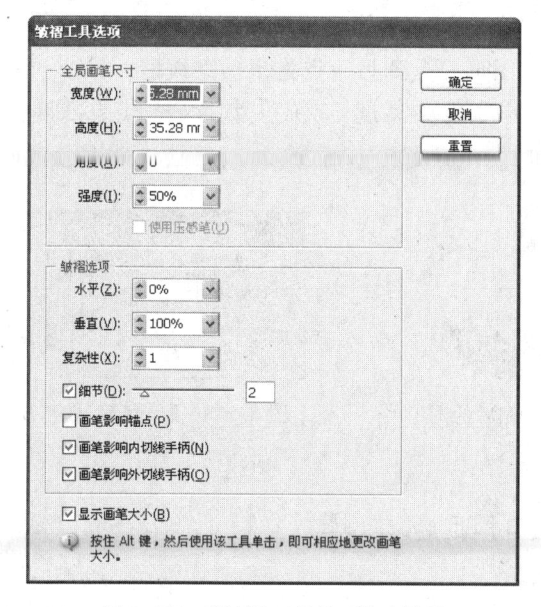

图 3.132 【皱褶工具选项】对话框

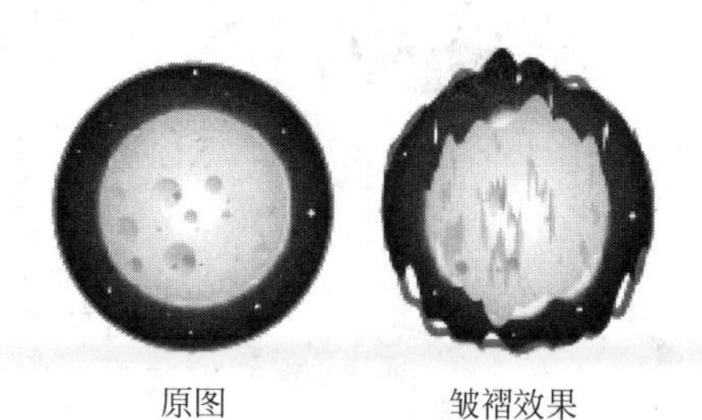

图 3.133 褶皱效果对比

3.14 吸管工具组

吸管工具组包括【吸管】工具和【度量】工具，如图 3.134 所示。

3.14.1 吸管工具

【吸管】工具用来从其他已经存在的图形中取色，能够从比较复杂的图形中精确地选取颜色。在使用精妙的颜色和复杂的渐变时，吸管工具的功能就非常突出。可以按以下步骤进行操作。

(1) 单击工具箱中的【吸管】工具，在图形任意位置单击鼠标左键选取图 3.135 所示的红色，选取后的颜色将会显示在工具箱中的【填色】图标中。

图 3.134 吸管工具组

图 3.135 彩色图形

(2) 按【Alt】键，切换为实时上色工具，在图 3.136 所示图形的黑色区域单击鼠标左键，将图形填充为吸管所选的颜色，如图 3.137 所示。

3.14.2 度量工具

【度量】工具用来测量两个点之间的距离和角度，能够测量图形的外观尺寸。

(1) 单击工具箱中的【度量】工具，从图形一点到另一点拖出一条线段。

(2) 选取后的尺寸在信息面板显示图形宽度和高度，W 代表宽度、H 代表高度，如图 3.138 所示。

图 3.136 黑色图形

图 3.137 填充后的图形

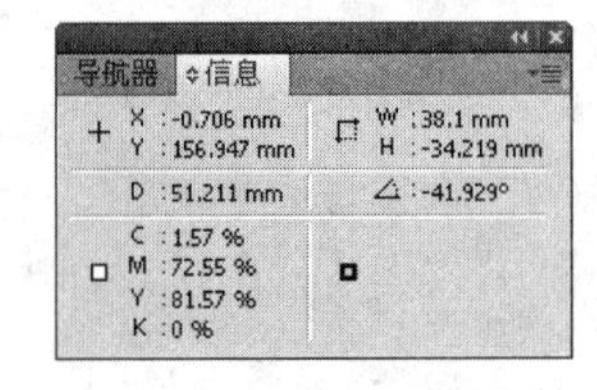

图 3.138 【信息】面板

3.15 实时上色工具

【实时上色】工具可以为图形封闭或部分封闭区域轻松上色，它会自动检测并校正间隙，允许从【颜色】面板中交互选择颜色以实现快速填充。可以按以下步骤进行操作。

(1) 单击工具箱中的【选择】工具,选中如图 3.139 所示的对象。

(2) 单击工具箱中的【实时上色】工具,在对象上需要上色的位置单击,以建立"实时上色"组,如图 3.140 所示。

图 3.139 原图

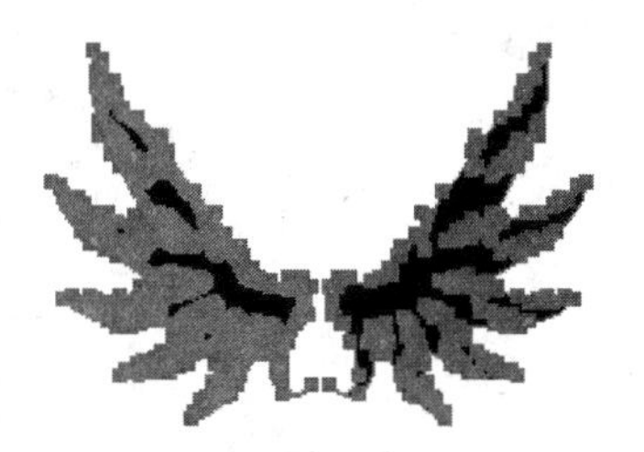
图 3.140 "实时上色"组

(3) 单击界面右侧的【颜色】选项,弹出【颜色】面板,如图 3.141 所示,在其中设置颜色。

(4) 在刚才建立的"实时上色"组上单击,进行填充,也可填充路径,效果如图 3.142 所示。

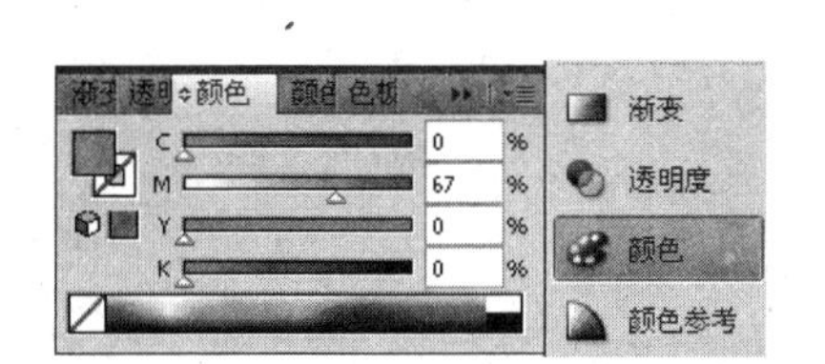

图 3.141 【颜色】面板

图 3.142 上色效果

注意:使用工具箱中的填色和画笔框,也可以选择对象的填色和描边,以及在填色和描边的颜色之间切换和返回到填色和描边的默认颜色。按键盘上的【X】键,可以在填色和描边之间切换。要切换所选对象填色和描边的颜色,可以按【Shift+X】键。

3.16 实时上色选择工具

【实时上色选择】工具用于选择建立"实时上色"组的图形中的区域并为其填充颜色。用【实时上色选择】工具对图形进行上色,可以按以下步骤进行操作。

(1) 单击工具箱中的【选择】工具,选中如图 3.143 所示的对象。

(2) 单击工具箱中的【实时上色】工具,在图形上单击建立"实时上色"组,如图 3.144 所示。

(3) 单击工具箱中的【实时上色选择】工具,在图形中需要改变颜色的地方单击,然后在【颜色】面板中改变颜色。

(4) 选取多处颜色进行上色后,效果如图 3.145 所示。

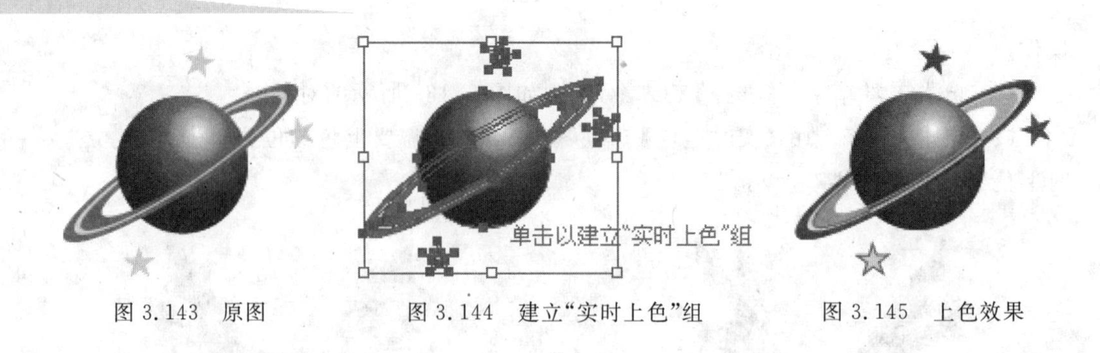

图 3.143 原图　　图 3.144 建立"实时上色"组　　图 3.145 上色效果

3.17 混 合 工 具

在 Illustrator CS4 中,混合工具是常在图形操作中使用的,各种各样的复杂外形大部分都使用此工具。【混合】工具是一个非常有用的描图工具,它可以在两个图形对象之间从形状到颜色生成混合效果。选择【对象】|【混合】命令,可以对混合图形进行编辑,并制作出一些特殊效果的混合,如图 3.146 所示。

【混合】子菜单中的命令解释如下所述。

- 【建立】命令:创建混合图形。
- 【释放】命令:撤销已经混合的图形的混合。
- 【混合选项】命令:打开【混合选项】对话框,进行混合设置。
- 【扩展】命令:将混合图形展开。
- 【替换混合轴】:使图形按照绘制的路径进行混合。
- 【反向混合轴】命令:将混合的图形位置互换。
- 【反向堆叠】命令:将混合的图形的前后位置互换。

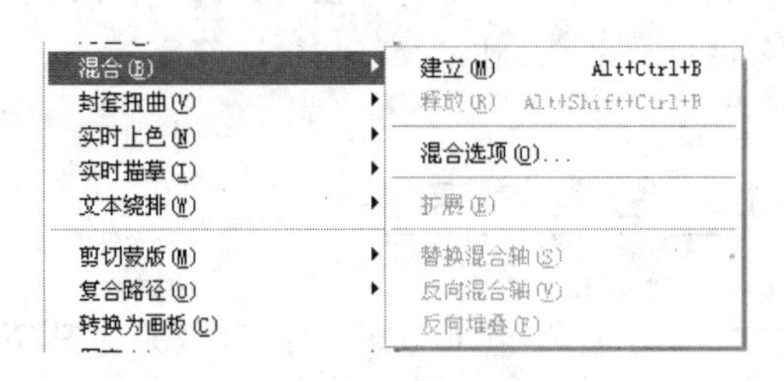

图 3.146 【混合】命令

图 3.147 绘制的两个星形

3.17.1 创建与释放混合效果

1. 创建混合图形

(1) 单击工具箱中的【星形】工具,绘制两个星形,分别填充为浅红色和红色,如图 3.147 所示。

(2) 双击工具箱中的【混合】工具,或者选择【对象】|【混合】|【混合选项】命令,弹

出【混合选项】对话框，如图 3.148 所示。

(3) 在弹出的对话框中，【间距】下拉列表中包括【平滑颜色】、【指定的步数】和【指定的距离】三个选项。这里选择【指定的步数】选项，并设置步数值为 20。单击【确定】按钮，完成混合选项的设置。

(4) 在其中一个星形上单击，再在另外一个星形上单击，完成图形的混合，如图 3.149 所示。

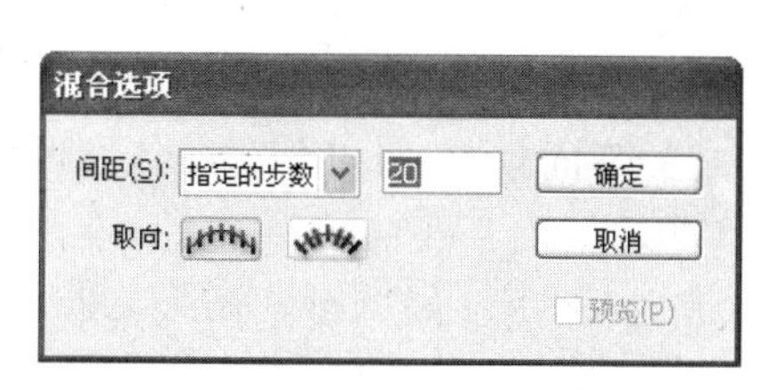

图 3.148 【混合选项】对话框

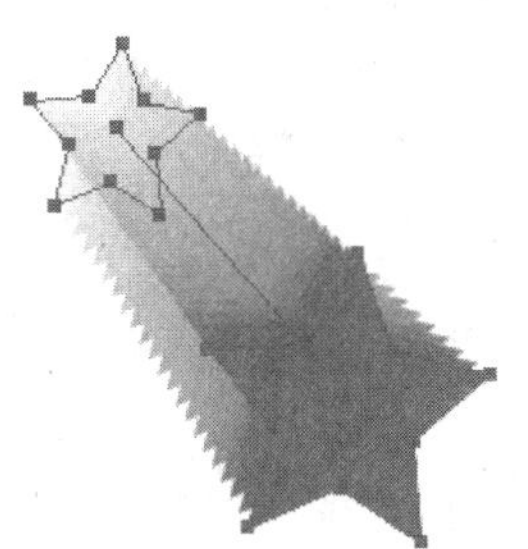

图 3.149 混合结果

2. 创建与编辑混合路径

(1) 单击工具箱中的【钢笔】工具，在页面中绘制一条路径，绘制两条开放路径，如图 3.150 所示。

(2) 单击工具箱中的【混合】工具，再依次在两条路径上单击，形成混合路径，如图 3.151 所示。

(3) 单击工具箱中的【直接选择】工具，选择直线路径上的一个端点。

(4) 单击工具箱中的【转换锚点】工具，移动鼠标在直线节点上单击转换成曲线节点，拖动鼠标改变路径形状。整个混合路径随路径变化而变化，如图 3.152 所示。

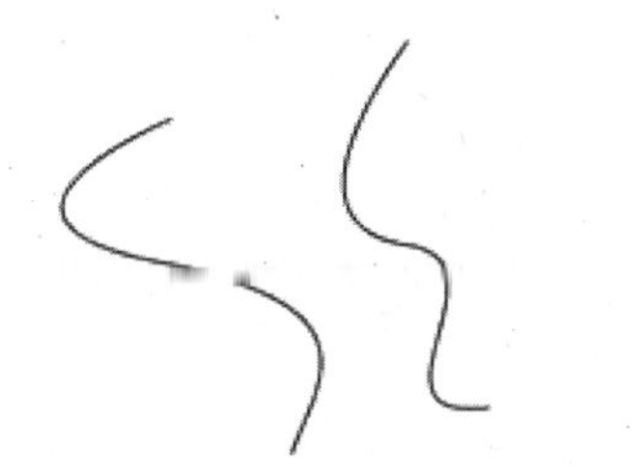

图 3.150 绘制的路径

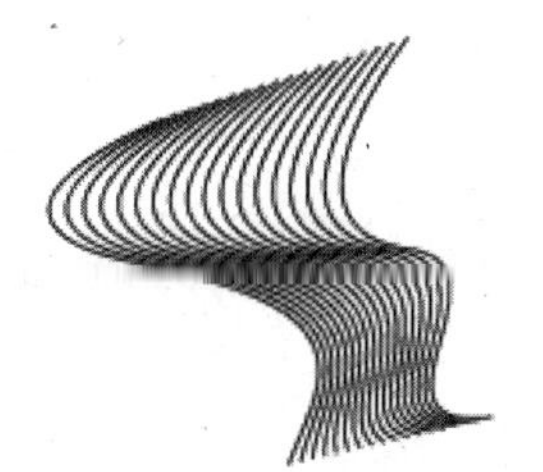

图 3.151 混合路径效果

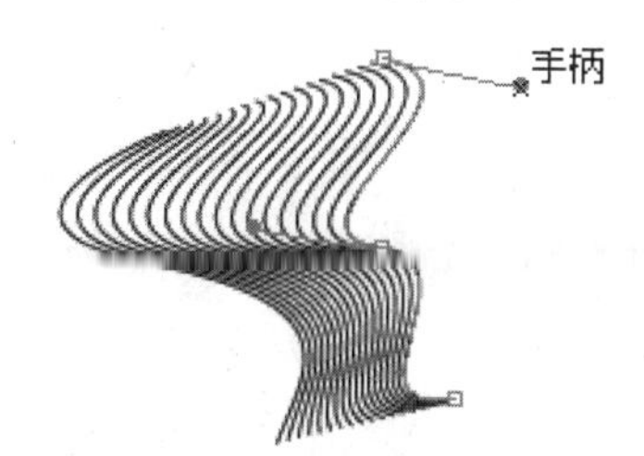

图 3.152 改变路径形状

注意：多个图形之间、点与开放路径之间、闭合轮廓线之间均可以进行混合。

3. 混合工具分析

混合分为两种：平滑混合与扭曲混合。选择两条路径上相应的点生成的混合是平滑混合，选择一条路径上的起点，再选择另一条路径上的终点生成的混合是扭曲混合。

双击工具箱中的【混合】工具，或者选择【对象】|【混合】|【混合选项】命令，弹出【混合选项】对话框，如图 3.153 所示。

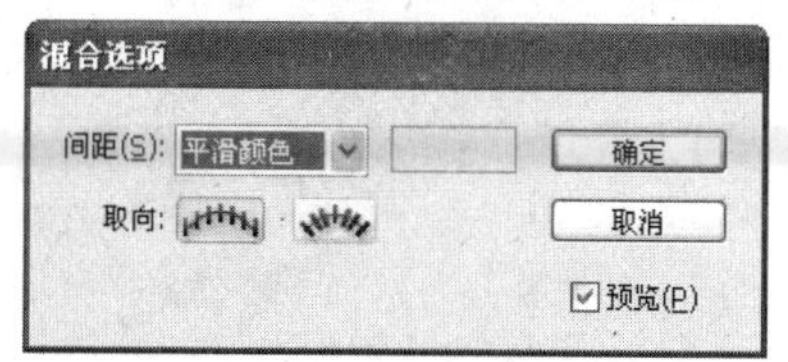

图 3.153 【混合选项】对话框

在【混合选项】对话框中,第一栏是间距的设置,在第二栏的【取向】选项中可以设定混合的方向。其中第一个按钮【对齐页面】表示以对齐页的方式进行混合,第二个按钮【对齐路径】表示以对齐路径的方式进行混合。如果以【对齐页面】的方式混合,相同的颜色都在同一条竖线上,与线性渐变的效果相似。如果以【对齐路径】的方式进行混合,则相同的颜色都在随路径变化而变化的路径上。

混合的效果与渐变的效果很相似,但其实它们之间是有区别的:

(1) 混合用来把一种形状转换成另一种形状,而渐变仅仅提供填充的线性或放射状效果,经过渐变填充的对象的外形不会发生任何变化。

(2) 渐变只能使得颜色以同样的角度进行变化,而混合可以用来生成三维效果。

(3) 混合可以产生曲线式的填充。利用路径的不同角度,可以创建曲线性的混合,得到波纹般的效果。

(4) 混合的颜色是无限的。图形的混合形成之后,由原始图形和图形之间的连接路径组成。在连接路径上,包含了一系列逐渐变化的颜色与性质都不相同的图形。这些图形是一个整体,不能单独选中。如果将混合图形展开,就可以单独选中路径上的图形了。

4. 释放混合效果

使用【选择】工具选中混合图形后,单击【对象】|【混合】|【释放】命令,可将释放混合图形,使图形回到混合前的效果。

3.17.2 扩展混合图形

(1) 创建一个混合图形,如图 3.154 所示。

(2) 单击工具箱中的【选择】工具,选中混合图形,如图 3.155 所示。

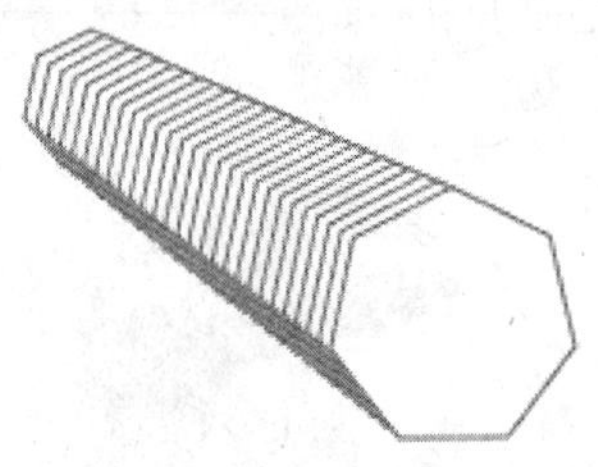

图 3.154 混合图形

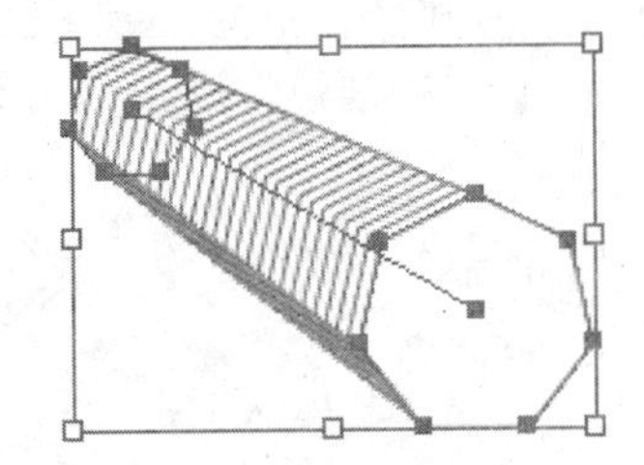

图 3.155 选中图形

(3) 选择【对象】|【混合】|【扩展】命令,可将混合图形展开,如图 3.156 所示。

(4) 在图形上右击,在弹出的菜单中选择【取消编组】命令,将图形打散。可以用【选择】工具移动任意图形,结果如图 3.157 所示。

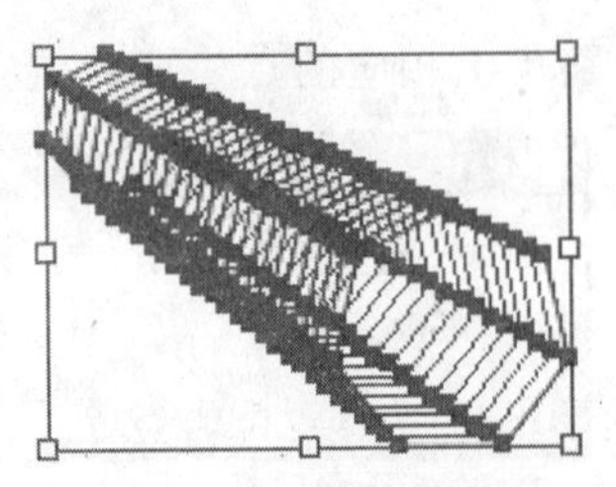

图 3.156 扩展结果

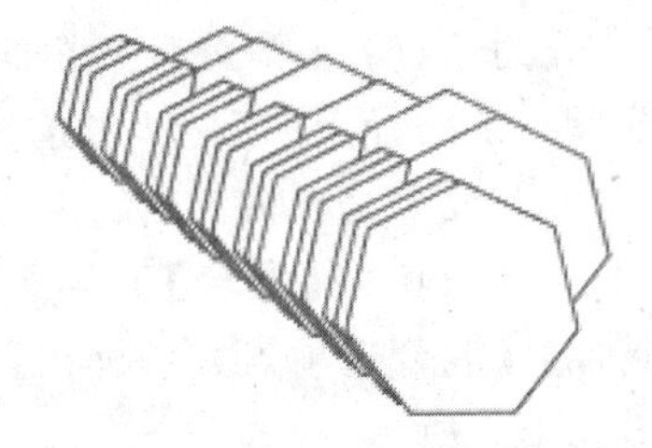

图 3.157 取消编组

注意：混合图形展开后，它们还是一组对象。这时可以使用【编组选择】工具选取其中的任何图形进行复制、移动、删除等操作。

3.17.3　替换混合轴

【替换混合轴】命令使图形按照绘制的路径进行混合。可以按以下步骤进行操作。

(1) 制作一个混合图形，然后使用【钢笔】工具绘制一条路径，如图 3.158 所示。

(2) 单击工具箱中的【选择】工具，选中混合图形和路径。

(3) 选择【对象】|【混合】|【替换混合轴】命令，将路径作为混合图形的替换轴，使混合图形沿路径进行混合，如图 3.159 所示。

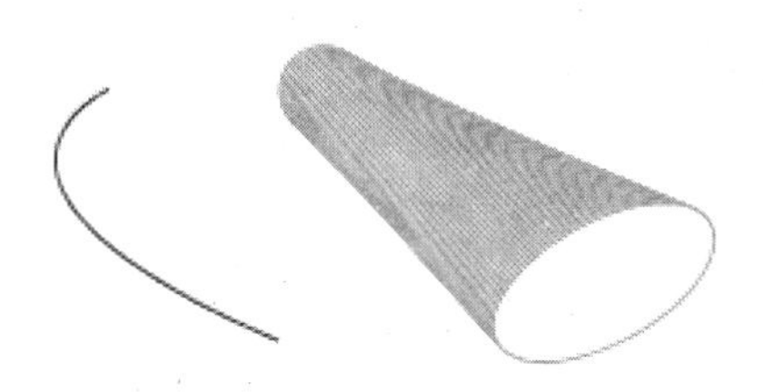

图 3.158　路径和混合图形

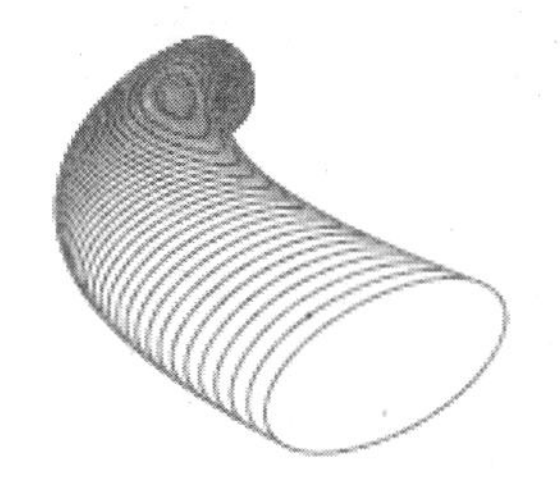

图 3.159　替换混合轴效果

3.17.4　反向混合轴

【反向混合轴】命令将混合图形中用于混合的两个图形的坐标位置互换。可以按以下步骤进行操作。

(1) 使用一个星形和一个旋转扭曲后的矩形制作一个混合图形，如图 3.160 所示。

(2) 单击工具箱中的【选择】工具，选中混合图形。

(3) 选择【对象】|【混合】|【反向混合轴】命令，扭曲矩形和星形的位置发生了变化，即混合前图形进行了翻转，如图 3.161 所示。

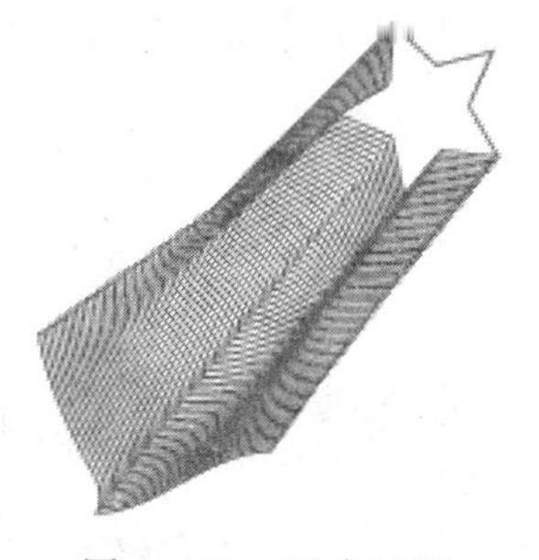

图 3.160　混合图形

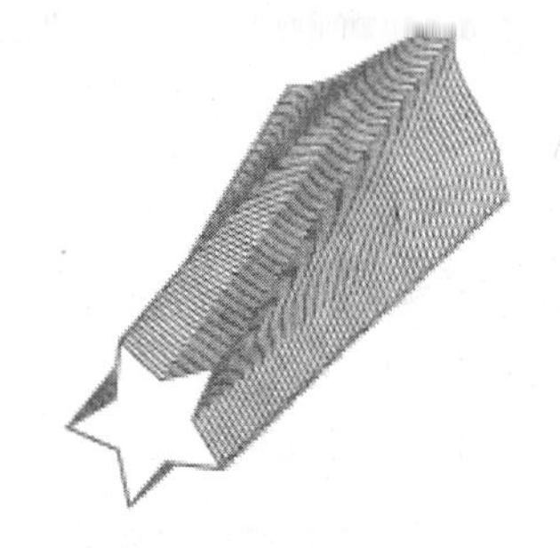

图 3.161　反向混合轴效果

3.17.5　反向堆叠

【反向堆叠】命令将混合图形中用于混合的两个图形的图层前后位置互换。可以按以下步骤进行操作。

(1) 绘制一个扭曲的矩形，再绘制一个圆形，制作一个混合图形，如图 3.162 所示。

(2) 选择工具箱中的【选择】工具，选中混合图形。

(3) 选择【对象】|【混合】|【反向堆叠】命令，扭曲矩形和圆形的前后顺序发生了变化。结果与先绘制一个圆形，再绘制扭曲矩形后进行混合得到的效果相同，如图 3.163 所示。

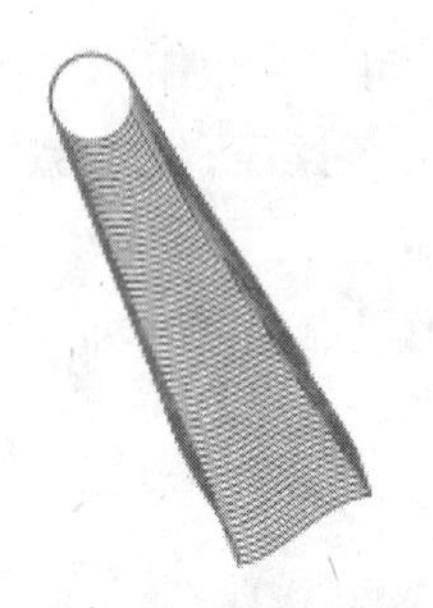

图 3.162 混合图形

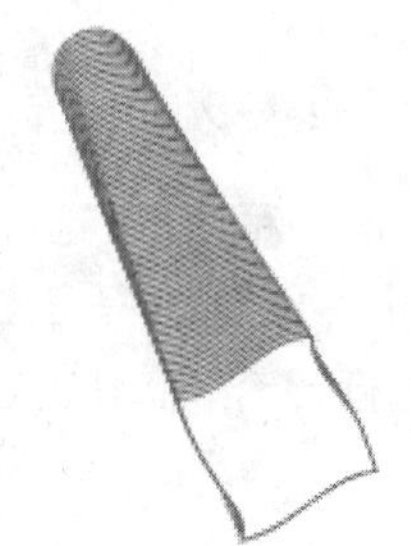

图 3.163 反向堆叠效果

3.18 画板工具

【画板】工具用于对画板的属性进行设置。可以按以下步骤进行操作。

(1) 选择【文件】|【打开】命令，在弹出的对话框中选择需要打开的图形，如图 3.164 所示。

(2) 双击工具箱中的【画板】工具，在弹出的【画板选项】对话框中设置相应的参数，如图 3.165 所示。

(3) 设置完成后，单击【确定】按钮，完成后效果如图 3.166 所示。

图 3.164 打开文件

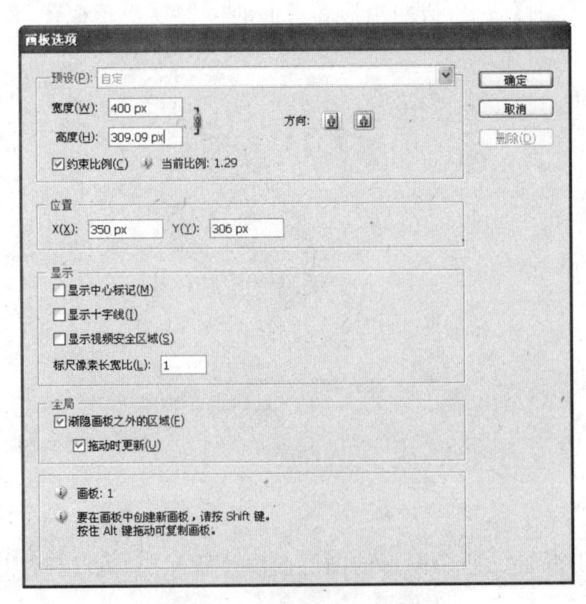

图 3.165 【画板选项】对话框

图 3.166 画板工具完成效果

3.19 切片工具组

3.19.1 切片工具

Illustrator CS4 中的切片工具的作用和 Adobe Photoshop CS4 中的是一样的，主要用于网络图片输出。比如，一张图比较大，就可以分成多个切片输出为 GIF 格式。可以按以下步骤进行操作。

(1) 在画板上选择对象，选择【对象】|【切片】|【建立】命令，完成切片效果如图 3.167 所示。

(2) 单击工具箱中的【切片】工具，拖到要创建切片的区域上。按住【Shift】键并拖移，可将切片限制为正方形，如图 3.168 所示。按住【Alt】键拖移，可从中心进行绘制，如图 3.169 所示。

图 3.167 建立切片效果

图 3.168 按【Shift】键的切片效果

3.19.2 切片选择工具

(1) 选择【文件】|【打开】命令，在弹出的对话框中选择需要打开的图形。

(2) 选择工具箱中的【画板】工具，在图形中绘制一个切片。

(3) 单击工具箱中的【切片选择】工具，在切片中依据图片需要进行再次切割，切片完成后效果如图 3.170 所示。

图 3.169 按【Alt】键的切片效果

图 3.170 切片选择工具效果

3.20　抓手工具组

抓手工具组包括【抓手】工具和【打印拼贴】工具。

3.20.1　抓手工具

【抓手】工具用来移动画板，以观看图形的不同部分。在使用工具箱中的其他工具时，按下空格键不放就可以使用抓手工具。可以按以下步骤进行操作。

(1) 单击工具箱中的【抓手】工具。

(2) 按下鼠标左键不放，拖动鼠标即可移动画板位置。

3.20.2　打印拼贴工具

【打印拼贴】工具，可以显示画板区域以及页面拼贴区域。可以按以下步骤进行操作。

(1) 选择【文件】|【打开】命令，在弹出的对话框中选择需要打开的图形，如图 3.171 所示。

(2) 选择工具箱中的【打印拼贴】工具，在画板中显示打印拼贴效果，如图 3.172 所示。

图 3.171　打开文件

图 3.172　打印拼贴效果

3.21　缩放工具

使用【缩放】工具可以仔细观察各种图形的不同效果，选择不同的角度预览不同的效果，使用时还可以配合导航器面板综合使用。

使用【缩放】工具选择需要放大的图像位置，查看图像效果，可以按以下步骤进行操作。

(1) 单击工具箱中的【缩放】工具，或者按下【Z】键选择【缩放】工具。

(2) 单击鼠标左键，图像放大；右击，在弹出的菜单中选择【缩小】；拖动鼠标拉出虚线矩形框，然后松开鼠标，按照选区放大图形。

3.22 其他工具

在使用 Illustrator CS4 中的各种工具进行基本操作时，首先要做的就是选定要进行某种操作或应用某种效果的图形对象。可以使用选取工具、直接选取工具或编组选取工具来选定对象，也可以使用菜单命令选定对象。

一般仅使用鼠标就能完成选取，但有的时候需要选取多个对象，或者选取隐藏对象、多图层分布的对象等较难选取的对象，就必须使用键盘上的相关控制键进行选取。

3.22.1 锁定和隐藏对象命令使用

锁定对象可以使该对象避免被修改或移动，尤其是进行比较复杂的绘图工作时，可以免去许多误操作而产生的麻烦。在另外一些情况下，则需要将绘图窗口中的某些对象隐藏起来，使绘图页面显得简洁且系统的刷新速度加快。

【锁定】和【隐藏】对象的命令都位于【对象】菜单中，如图 3.173 所示。当处理复杂图形时，使用对象的锁定和全部解锁功能，可以保证所有的操作对锁定的对象不发生作用，这样将大大降低工作中的误操作，以提高工作效率。当对象被锁定后，就不能使用选取工具进行选定操作了，也不能移动和修改锁定的对象。但锁定的对象是可见的，在打印的时候也能得到最终的输出效果。

1. 锁定对象

可以选择对象进行锁定，比如，多个对象、单个对象、编组对象或对象中的一部分。对编组图形中的部分对象进行锁定，可以按以下步骤进行操作。

(1) 单击工具箱中的【直接选择工具】，选中部分对象，如图 3.174 所示。

(2) 选择【对象】|【锁定】|【所选对象】命令，或按【Ctrl＋2】组合键将选中对象进行锁定。

(3) 选择【直接选择】工具框选整个对象，被锁定的部分不会被选中，如图 3.175 所示。

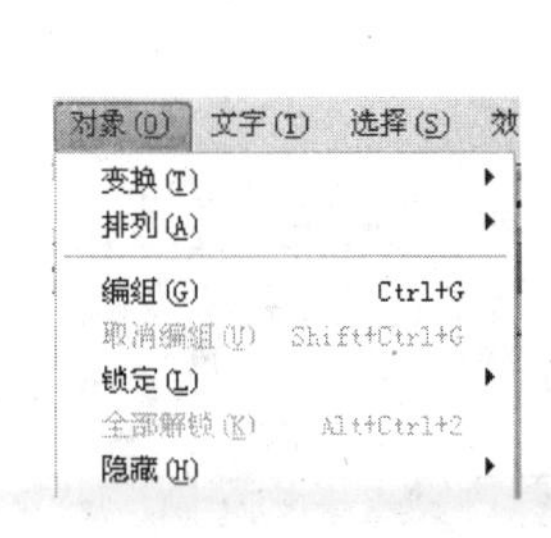

图 3.173 对象菜单

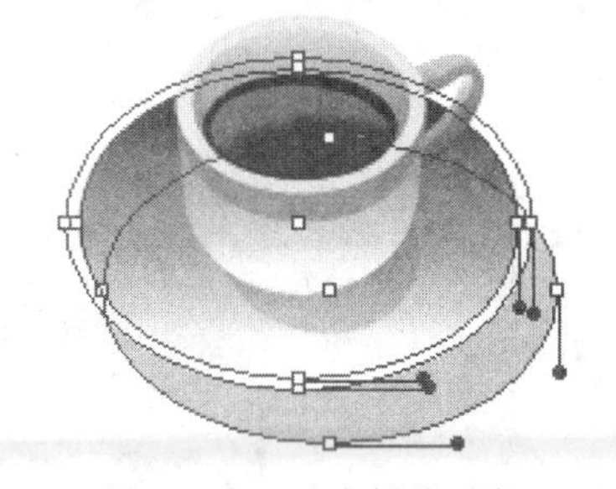

图 3.174 选中部分对象

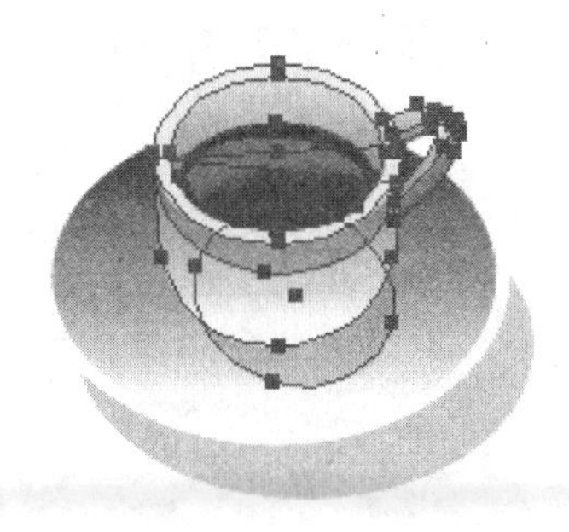

图 3.175 框选全部图形

2. 隐藏对象

隐藏对象,比如,多个对象、单个对象、编组对象或对象中的一部分,使得它在屏幕上暂时消失。这在处理复杂绘图时,可以隐藏不需要进行修改的对象,使画面简洁。可以按以下步骤进行操作。

(1) 选择工具箱中的【选择】工具,选择部分图形,如图 3.176 所示。

(2) 选择【对象】|【隐藏】|【所选对象】命令,或是使用键盘命令【Ctrl+3】组合键,隐藏选中对象,结果如图 3.177 所示。

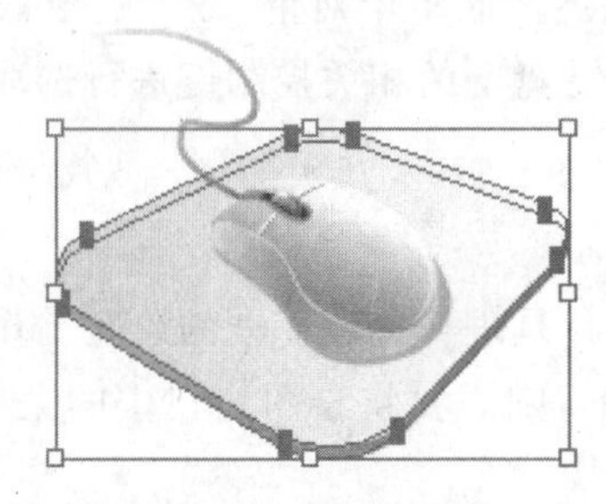

图 3.176 选中图形

图 3.177 隐藏图形效果

(3) 对象隐藏之后,选择【对象】|【全部显示】命令,或使用键盘命令【Ctrl+Alt+3】组合键,隐藏的对象就可以显示出来。

注意:隐藏对象只是使得对象在屏幕上暂时消失,并不是删除。即使不重新显示对象,在打印或保存时,它仍然存在。

3.22.2 创建蒙版命令

蒙版命令可以为某一图形对象创建蒙版效果、删除蒙版效果、锁定蒙版或者解除锁定蒙版。可以按以下步骤进行操作。

1. 创建文字蒙版

(1) 准备一幅用来作为蒙版底版的图形对象,可以是在 Illustrator CS4 工作页面上绘制出来的图形对象,也可以是从其他应用程序中导入的图像文件,如图 3.178 所示。

(2) 选择工具箱中的【文字】工具,输入文字“金属”,创建作为蒙版的形状,如图 3.179 所示。

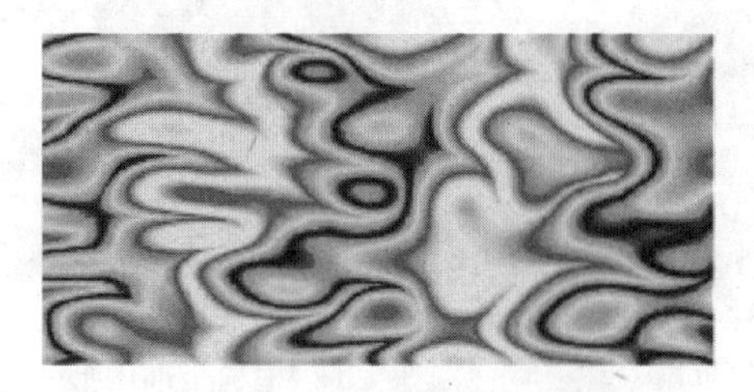

图 3.178 蒙版底版的图形

图 3.179 选定蒙版的路径

(3) 选择工具箱中的【选择】工具，同时选中作为蒙版底版的图形和用作蒙版的路径。

(4) 选择【对象】|【剪切蒙版】|【建立】命令，或者在对象上右击，在弹出的菜单中选择【建立剪切蒙版】命令，如图 3.180 所示。

(5) 完成文字蒙版的制作，在预览模式下，蒙版以外的蒙版底版图形的任何区域都将消失，效果如图 3.181 所示。

图 3.180　右键菜单

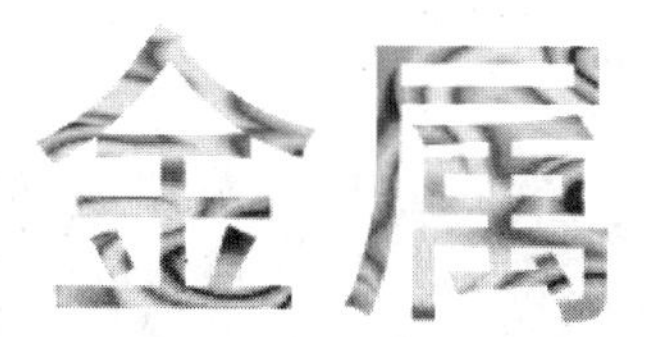

图 3.181　文字蒙版效果

注意：虽然底版图形中的蒙版以外部分已经不再显示，但蒙版内部的底版图形将会保持原来的形状和颜色，并没有消失。它仍然存在于 Illustrator CS4 的绘图页面上。

2. 创建图形蒙版

(1) 绘制一个不规则图形作为蒙版，使用【选择】工具将其移动到蒙版底版的图形上，如图 3.182 所示。

(2) 选中两个图形，选择【对象】|【剪切蒙版】|【建立】命令，建立图形蒙版，如图 3.183 所示。

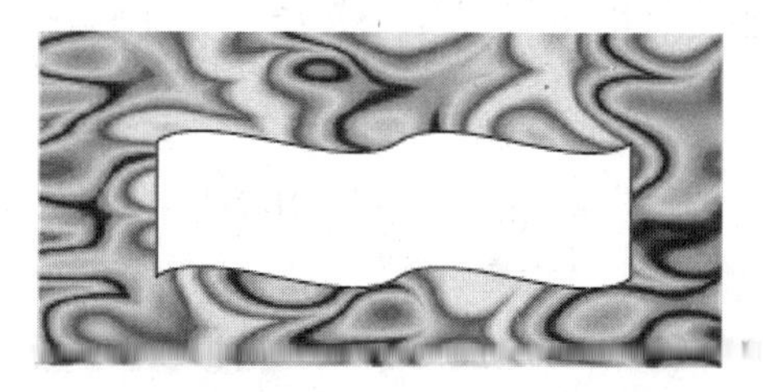

图 3.182　蒙版图形

图 3.183　图形蒙版

(3) 单击工具箱中的【直接选择】工具，在蒙版上单击鼠标，将底版图形对象选中。随意移动底版图形对象，而使蒙版保持不动，却得到一组不同的图形，如图 3.184 所示。

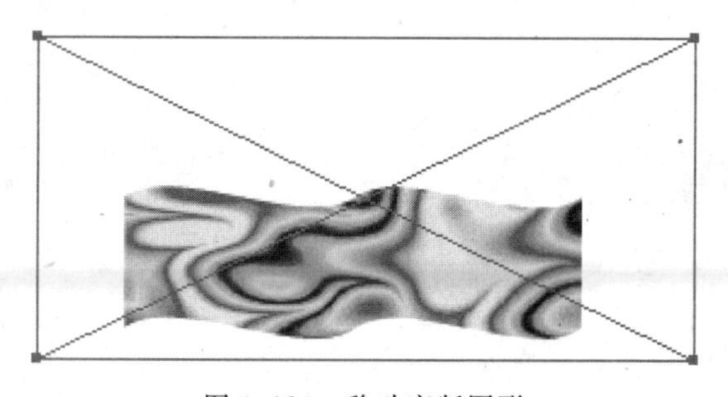

图 3.184　移动底版图形

注意：蒙版就像一个窗口，在窗口下面可以放置各种图形，也可以在窗口中移动、编辑和定位这些图形。

3. 建立轮廓

(1) 单击工具箱中的【文字】工具，输入文字，如图3.185所示。

(2) 选择【选择】工具选中文字，在文字上右击，在弹出的快捷菜单中选择【创建轮廓】命令。再次右击，在弹出的菜单中选择【取消编组】命令。

(3) 选中单个文字，在【色板】面板中选择不同的填充效果，为每个文字填充，最终效果如图3.186所示。

图3.185 输入的文字

图3.186 修改颜色效果

注意：文字做一些特别的效果，首先必须对文字进行建立轮廓线命令将文字图形化。取消编组后的文字也可以用来创建文字蒙版。

3.23 工具箱绘制图形应用案例

3.23.1 绘制道路交通标识

(1) 选择工具箱中的【椭圆】工具，然后在页面中单击，弹出【椭圆】对话框，如图3.187所示。

(2) 在弹出的对话框中设置【宽度】和【高度】均为60mm，单击【确定】按钮，在页面中出现一个圆，如图3.188所示。

(3) 双击工具箱中的【比例缩放】工具，弹出【比例缩放】对话框，如图3.189所示。

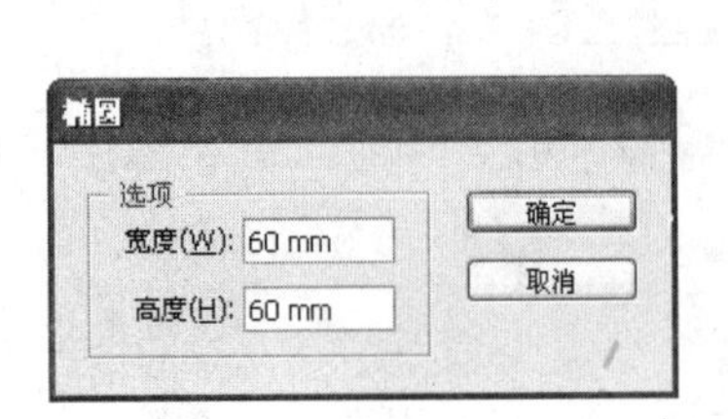

图3.187 【椭圆】对话框

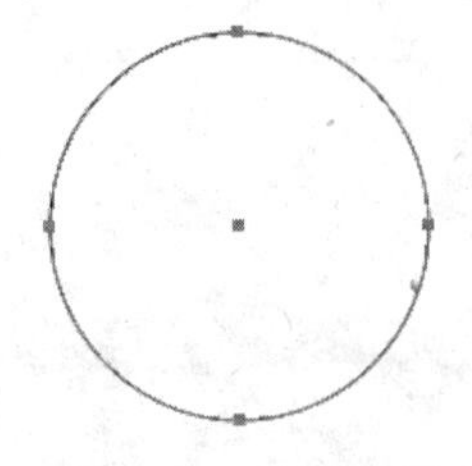
图3.188 绘制的圆

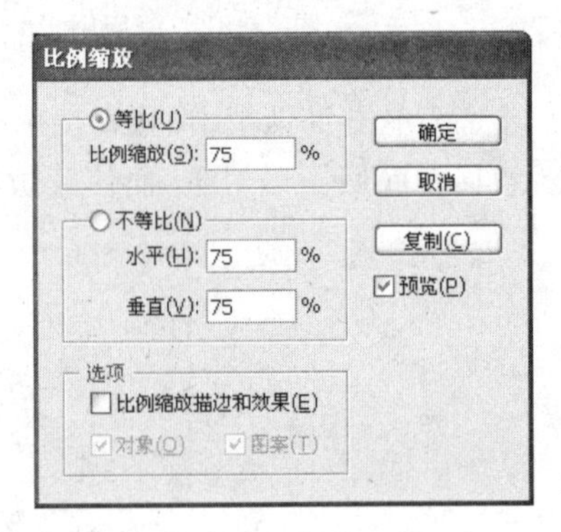

图3.189 【比例缩放】对话框

(4) 在弹出的对话框中，选中【等比】单选项，设置【比例缩放】数值为75%，然后单击【复制】按钮，生成一个缩小的同心圆，如图3.190所示。

(5) 选择工具箱中的【选择】工具，选中外侧较大的圆形，选择【窗口】|【颜色】命令，在弹出的【颜色】面板中设置填充色为黑色，如图3.191所示，填充后的图形如图3.192所示。

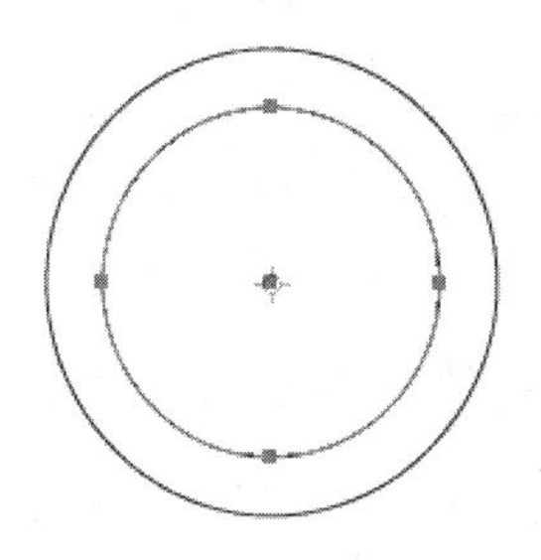

图3.190　复制的同心圆

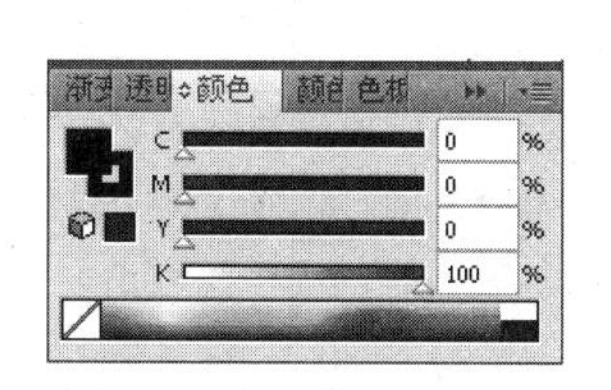

图3.191　【颜色】面板

图3.192　填充效果

(6) 单击【窗口】|【符号】命令，弹出【符号】面板，如图3.193所示。单击面板左下角的【符号库菜单】图标，在弹出的菜单中选择【箭头】，弹出【箭头】面板，如图3.194所示。

(7) 在【箭头】面板中，拖动【箭头26】到页面中，使用【选择】工具在符号上右击，在弹出的菜单中选择【断开符号链接】选项，如图3.195所示。

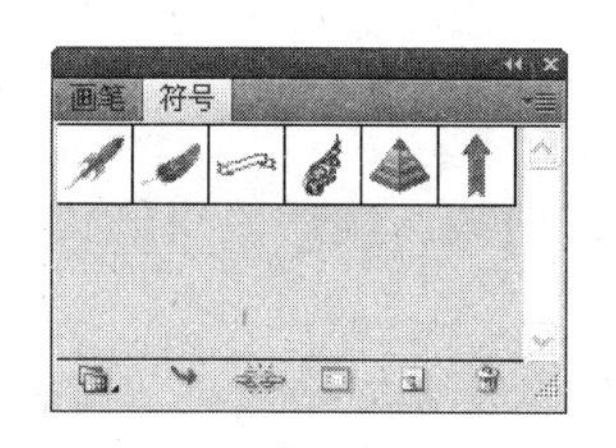

图3.193　【符号】面板

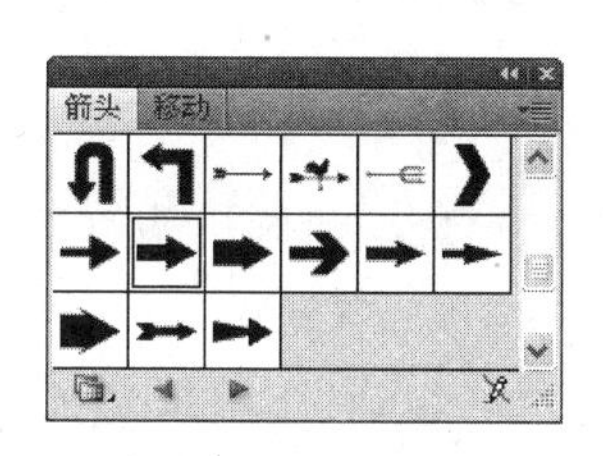

图3.194　【箭头】面板

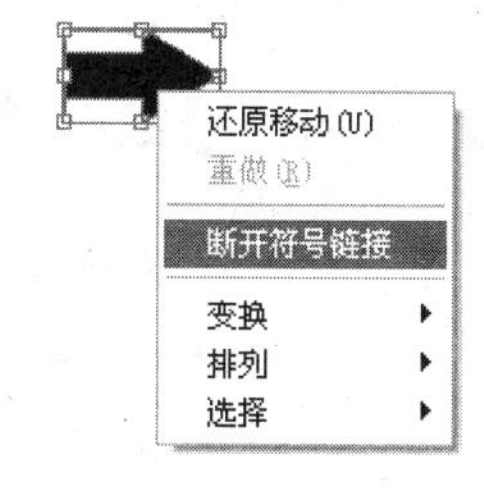

图3.195　右键菜单

(8) 选中箭头图形，双击工具箱中的【旋转】工具，弹出【旋转】对话框，如图3.196所示。

(9) 在弹出的对话框中设置【角度】为－90°，单击【确定】按钮，如图3.197所示。

(10) 选择工具箱中的【直接选择】工具，选中顶端的两个锚点，按下【Shift】键垂直向上拖动锚点，如图3.198所示。

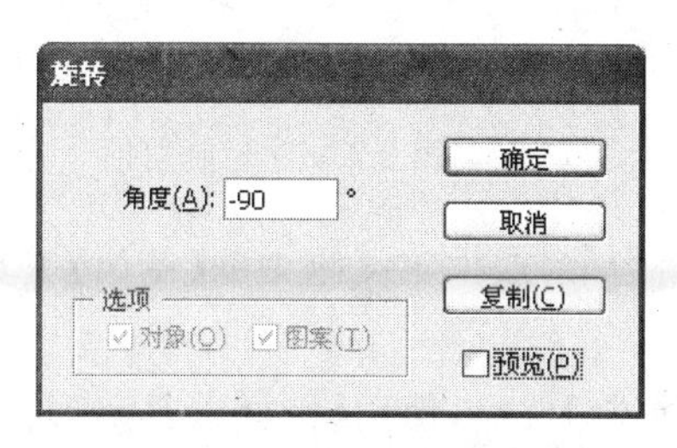

图3.196　【旋转】对话框

图3.197　旋转箭头图形

图3.198　移动锚点

(11) 选中箭头图形,选择工具箱中的【镜像】工具,然后按【Enter】键,弹出【镜像】对话框,如图 3.199 所示。

图 3.199 【镜像】对话框

(12) 在弹出的对话框中,选择【水平】单选项,然后单击【复制】按钮,复制出一个箭头,使用【选择】工具水平移动一定距离,如图 3.200 所示。

(13) 选中两个箭头,按【Ctrl+G】组合键进行编组,然后移动到同心圆图形上,如图 3.201 所示。

(14) 选择【窗口】|【对齐】命令,打开【对齐】面板,选中所有图形后,单击【水平居中对齐】按钮和【垂直居中对齐】按钮,完成交通标识的制作,如图 3.202 所示。

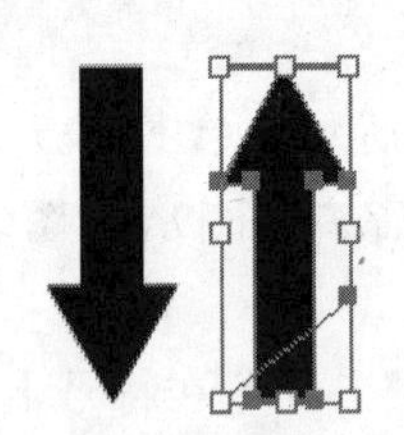
图 3.200 镜像复制箭头

图 3.201 移动图形

图 3.202 交通标识效果

3.23.2 绘制卡通猫

(1) 选择工具箱中的【钢笔】工具,勾画出头部轮廓封闭曲线。然后使用【直接选择】工具对锚点进行调节,结果如图 3.203 所示。

(2) 选择工具箱中的【椭圆】工具,按下【Shift】键拖动鼠标,绘制三个大小不同的圆放置在头部轮廓中,如图 3.204 所示。

(3) 使用【钢笔】工具绘制三个不规则封闭图形,作为卡通猫的胡须放置在脸部一侧,如图 3.205 所示。

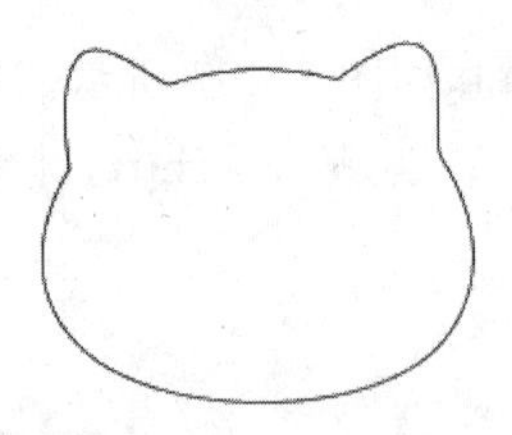
图 3.203 头部轮廓

图 3.204 绘制圆

图 3.205 绘制胡须

(4) 选择工具箱中的【选择】工具,选中三个胡须图形,双击工具箱中的【镜像】工具,弹出【镜像】对话框,如图 3.206 所示。

(5) 在弹出的对话框中选择【垂直】单选项,单击【复制】按钮,使用【选择工具】将复制出的图形移动到脸部,如图 3.207 所示。

图 3.206 【镜像】对话框

图 3.207 镜像复制结果

(6) 选择工具箱中的【椭圆】工具,绘制三个椭圆,如图 3.208 所示。

(7) 选择工具箱中的【直接选择】工具对锚点进行调节,调整出蝴蝶结样式,然后使用【选择】工具移动到耳朵附近,如图 3.209 所示。

(8) 单击界面右侧的【颜色】选项 颜色 ,在弹出的【颜色】面板中设置图形各个部分的颜色,效果如图 3.210 所示。

图 3.208 绘制椭圆

图 3.209 调整蝴蝶结

图 3.210 填充颜色效果

3.23.3 制作箭靶

(1) 选择工具箱中的【极坐标网格】工具,然后在页面中单击,弹出【极坐标网格工具选项】对话框,如图 3.211 所示。

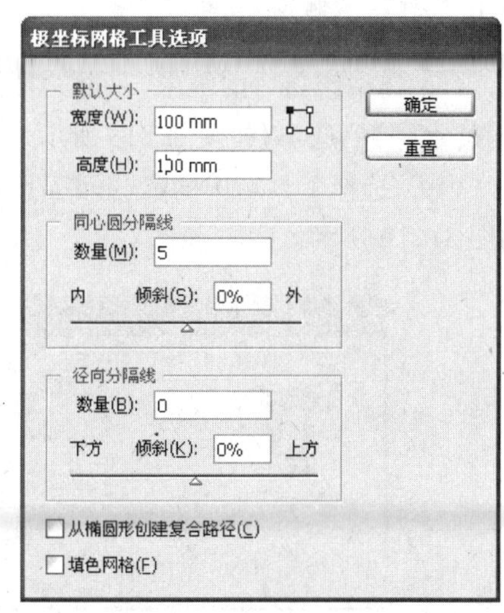

图 3.211 【极坐标网格工具选项】对话框

(2) 在弹出的对话框中设置【宽度】和【高度】均为 100mm,同心圆分隔线的【数量】为 5,径向分隔线的【数量】为 0,单击【确定】按钮,绘制出的极坐标网格为一组同心圆,如图 3.212 所示。

(3) 在同心圆上右击,在弹出的菜单中选择【取消编组】,重复此操作一次,打散网格的编组,使其成为分散的圆。

(4) 使用工具箱中的【选择】工具,依次选中各个圆形,在【颜色】面板中选中各个圆形,设置其颜色分别为(C: 60,M: 0,Y: 100,K: 0)、白色和黑色,均无描边色,如图 3.213 所示。

(5) 单击工具箱中的【矩形】工具,然后在页面中单击,弹出【矩形】对话框,如图 3.214 所示。

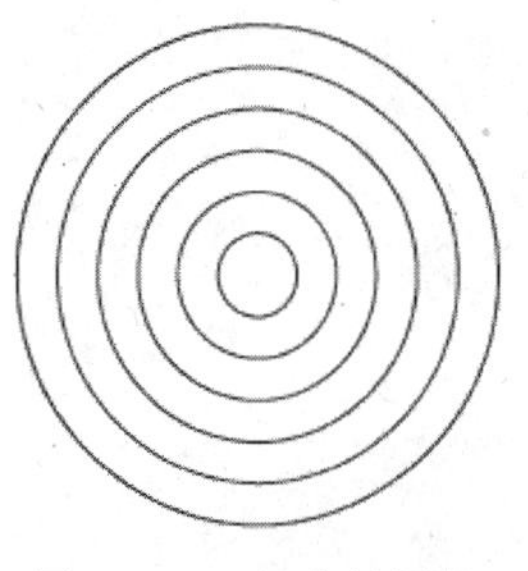

图 3.212 极坐标网格

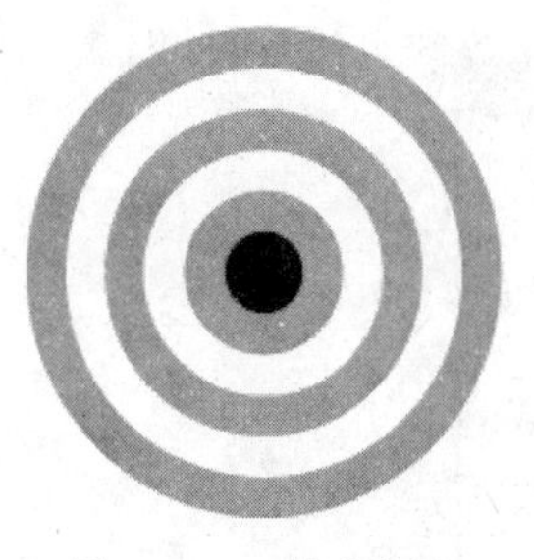

图 3.213 填充颜色

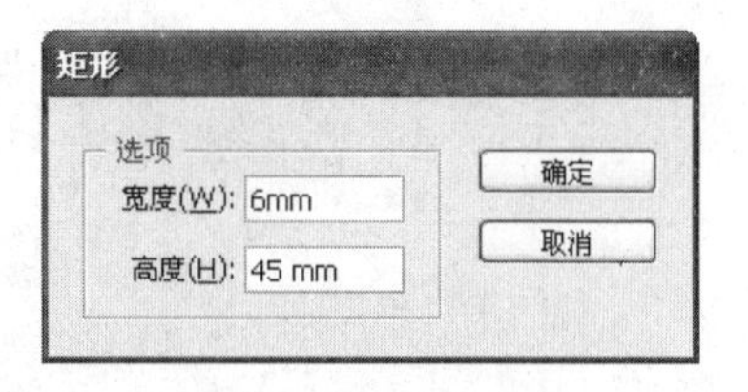

图 3.214 【矩形】对话框

(6) 在弹出的对话框中设置【宽度】为 6mm,【高度】为 45mm,单击【确定】按钮,完成矩形的绘制。然后保持矩形被选中,单击工具箱中的【吸管】工具,在同心圆中填充为(C：60,M：0,Y：100,K：0)的圆形上单击,则矩形被填充为同样的颜色,如图 3.215 所示。

(7) 选中矩形,双击工具箱中的【倾斜】工具,弹出【倾斜】对话框,如图 3.216 所示。

(8) 在弹出的对话框中设置【倾斜角度】为 160°,选择【水平】单选项,单击【确定】按钮,效果如图 3.217 所示。

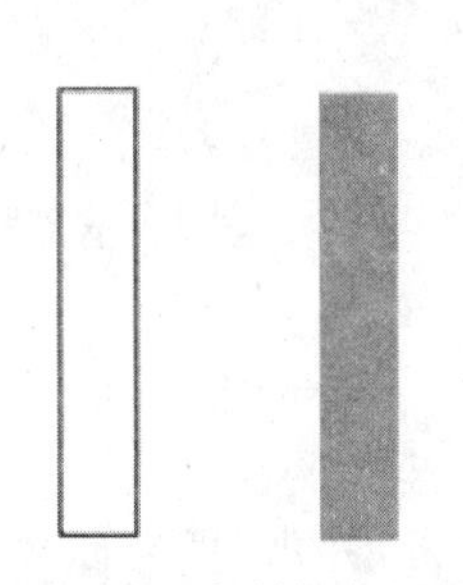

图 3.215 复制颜色属性

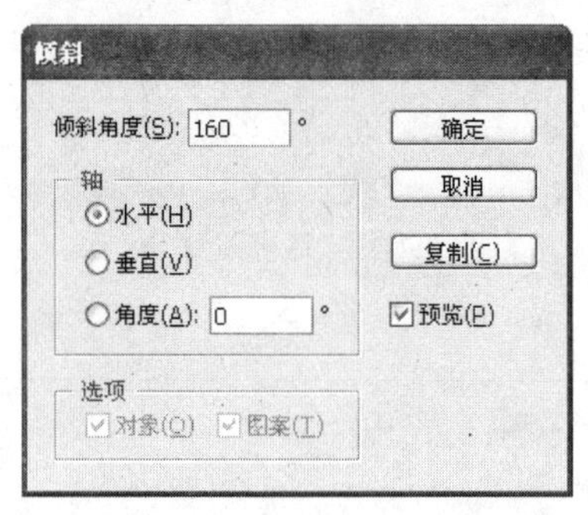

图 3.216 【倾斜】对话框

图 3.217 倾斜效果

(9) 选中倾斜后的矩形,双击工具箱中的【镜像】工具,在弹出的【镜像】对话框中,选择【水平】单选项,如图 3.218 所示。单击【复制】按钮,进行镜像复制。

(10) 选择工具箱中的【选择】工具,将两个倾斜的矩形移动到同心圆的下方,效果如图 3.219 所示。

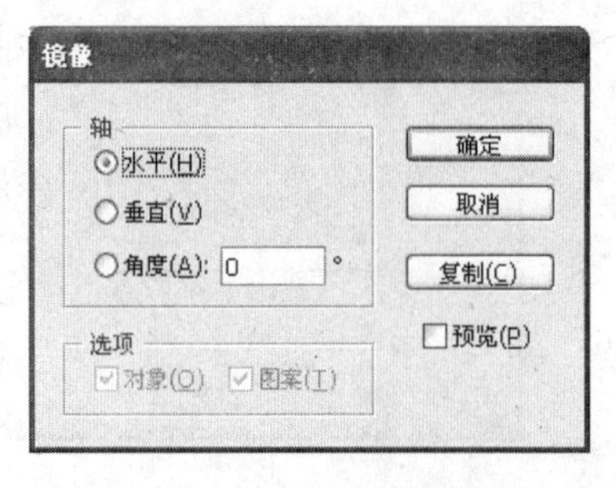

图 3.218 【镜像】对话框

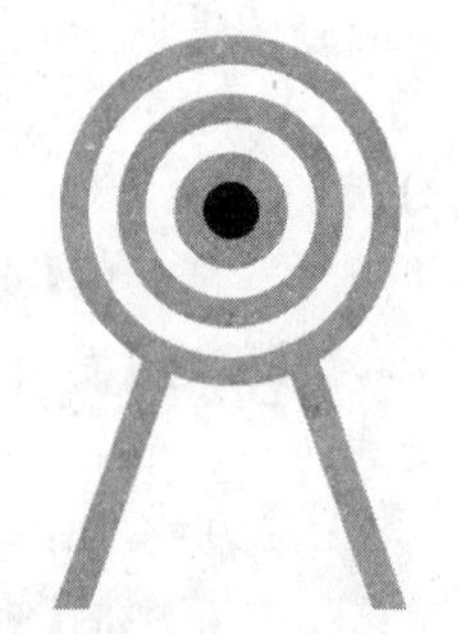

图 3.219 移动矩形效果

（11）选中所有图形，按【Ctrl＋ G】组合键进行编组，选择【效果】|【3D】|【凸出和斜角】命令，弹出【3D 凸出和斜角选项】对话框，如图 3.220 所示。

（12）在弹出的对话框中设置【指定绕 X 轴旋转】为－10°，【指定绕 Y 轴旋转】为－20°，【指定绕 Z 轴旋转】为 5°。设置【凸出厚度】为 20pt，然后单击【确定】按钮，完成立体效果，如图 3.221 所示。

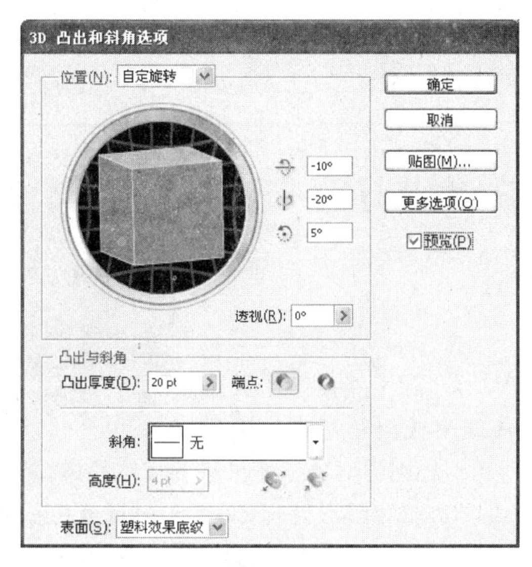

图 3.220　【3D 凸出和斜角选项】对话框

图 3.221　立体效果

思考与练习

1. 思考题

（1）简述直接选择工具的操作方法？

（2）如何绘制圆角矩形？

（3）比例缩放工具组包括哪些工具？

（4）简述隐藏对象的作用。

2. 练习

（1）练习内容：使用 Illustrator CS4 软件，绘制小丑图形。

（2）练习规格：尺寸（200mm×200mm）。

（3）练习要求：使用椭圆工具、矩形工具、钢笔工具、渐变工具、镜像工具等绘制出小丑图形，然后将其旋转并镜像复制，完成后效果如图 3.222 所示。

图 3.222　完成小丑效果

第4章　文字工具

4.1　文字的创建与编辑

Illustrator CS4 中共有 6 种文本工具，它们分别是：【文字】工具、【区域文字】工具、【路径文字】工具、【直排文字】工具、【直排区域文字】工具和【直排路径文字】工具，如图 4.1 所示。

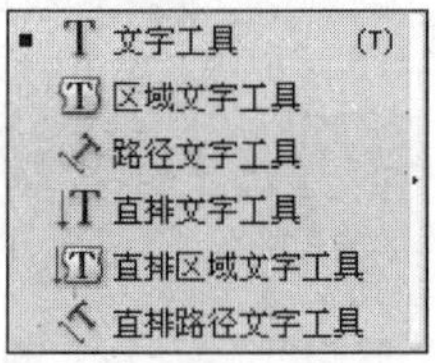

T 文字工具 (T)
区域文字工具
路径文字工具
直排文字工具
直排区域文字工具
直排路径文字工具

图 4.1　文字工具

4.1.1　文字的创建

Illustrator CS4 具有强大的文本处理功能，除了能在工作页面任何位置生成直排或竖排的区域文本，还能生成沿任意路径排列的路径文本，还可以将文本排进各种规则和不规则的对象。还可将各文本块链接，以实现分栏和复杂的版面的编排。结合强大的绘图功能和图形处理，文本与矢量或位图的混排更显优势。

Illustrator CS4 的文字编辑功能非常强大，如更改字体、字号、水平/垂直比例、字距和行距、段落对齐和缩进、查找和替换、更改大小写、拼写检查，等等，处处显其精细和专业。又如文字的属性复制、变形、菜单命令、文本块链接和文本的分栏、图文混排以及生成简单的 PDF 文档的方法，等等。

1. 直排和直排行文字

利用【文字】工具或【直排文字】工具，可在页面上任意位置输入直排或者直排行的文字。直接在页面上单击输入文字，输入的文字不能自动换行，如果需要换行，按【Enter】键。可以按以下步骤进行操作。

(1) 选择工具箱中的【文字】工具(或【直排文字】工具)，鼠标光标变为“”。

(2) 在页面中任意位置单击，输入文字，若需要换行按【Enter】键。

(3) 完成输入后选择工具箱中的【选择】工具即可结束输入。输入的直排或直排行文字分别如图 4.2 和图 4.3 所示。

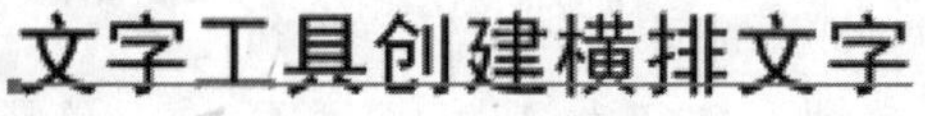

文字工具创建横排文字

图 4.2　直排行文字

(4) 当对行文字控制框进行旋转时，文字本身也随之旋转，如图 4.4 所示。

(5) 改变行文字控制框大小时，文字大小将随控制框大小的变化而变化，如图 4.5 所示。

图 4.3　直排行文字

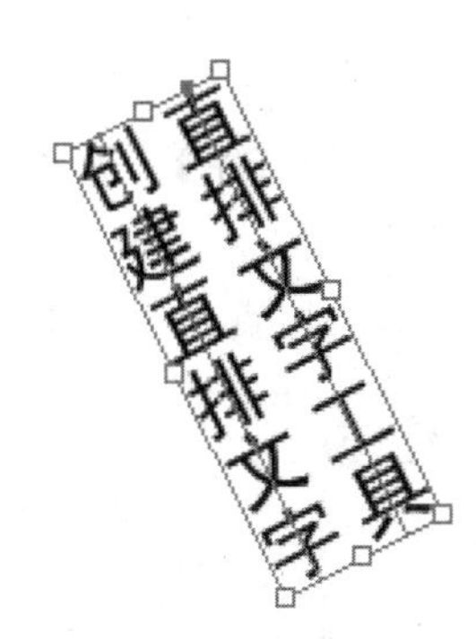

图 4.4　旋转文字

图 4.5　放大控制框

2. 直排和直排区域文字

使用【区域文字】工具和【直排区域文字】工具，均可以将常见对象作为一个输入文本的区域，可以是开放的或闭合的路径等，将文本放进绘制的路径内，形成多种多样的文字效果。生成区域文本时，原来的路径将变为无填充、无轮廓的路径，但是可用相关工具编辑节点并修改形状。可以按以下步骤进行操作。

(1) 选择工具箱中的【钢笔】工具，绘制一个开放路径。

(2) 选择工具箱中的【椭圆】工具，绘制一个圆形，如图 4.6 所示。

(3) 选择工具箱中的【区域文字】工具，依次在开放路径和闭合路径上单击输入文字，可自动换行。

(4) 生成区域文本后，用直接选择工具选中节点和路径段以调整路径形状。当然，路径内的文本也随之重新排列和改变，如图 4.7 和图 4.8 所示。

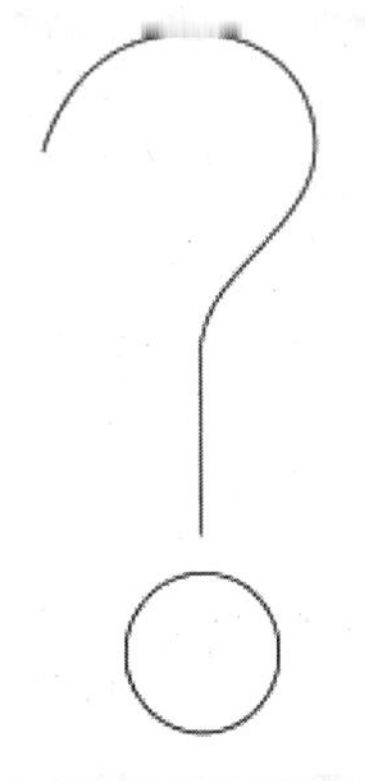

图 4.6　绘制的路径

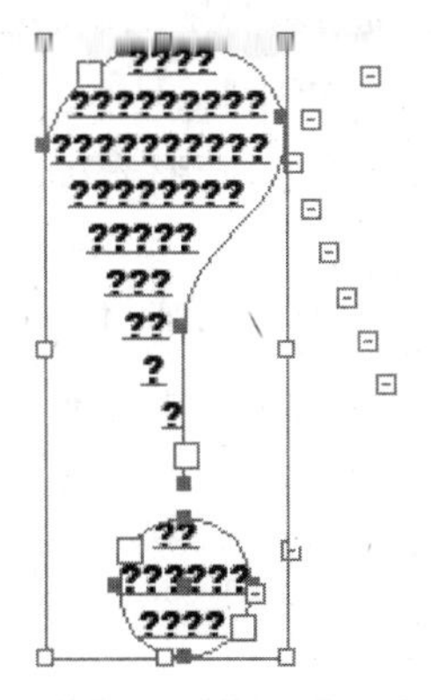

图 4.7　区域文字效果

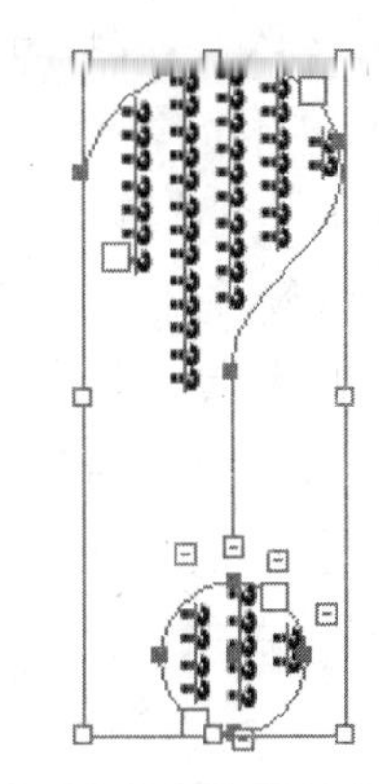

图 4.8　直排区域文字效果

(5) 拖动文字控制框进行缩放和旋转时，文字本身并不改变大小和随之旋转。

(6) 路径可以是封闭的也可以是开放的，但不能是复合路径或有蒙版的路径。如果路径选择错误，将弹出警告对话框，如图 4.9 所示。

注意：如果路径容纳不下文本，将有溢文标志出现，拖动路径的控制手柄以显示全部文本。

3. 路径文字

使用【路径文字】工具和【直排路径文字】工具，均可以让文字沿着路径进行排列，可以是开放的或闭合的路径。路径文字，可以按以下步骤进行操作。

(1) 选择工具箱中的【钢笔】工具，在页面中绘制一个开放路径，如图 4.10 所示。

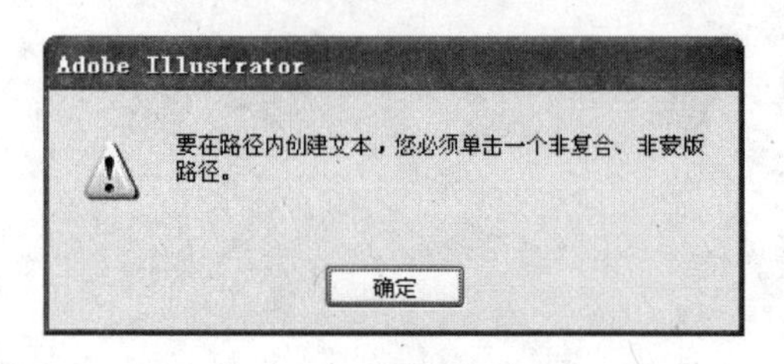

图 4.9 警告对话框

图 4.10 绘制的开放路径

(2) 选择工具箱中的【路径文字】工具或【直排路径文字】工具，在路径上单击鼠标，输入文字将沿路径排列，如图 4.11 和图 4.12 所示为输入文字效果。

图 4.11 路径文字

图 4.12 直排路径文字

(3) 生成的路径文字和行文字比较类似，拖动控制框改变路径文字整体大小时，文字本身也随之改变，旋转路径文字时，文字本身随之旋转。

(4) 沿着路径拖动文字。用【直接选择】工具在路径文字上单击，路径文字将被选中，同时在文本首端出现“I”形光标。单击“I”形光标，并沿着路径拖动，即可在路径上移动文字，如图 4.13 所示。

(5) 选取选择工具，单击路径上文本前端的“I”形光标，先向下拖动文本到路径另一侧，然后再沿路径左右拖动，如图 4.14 所示文本方向改变。

图 4.13 移动路径上的文字

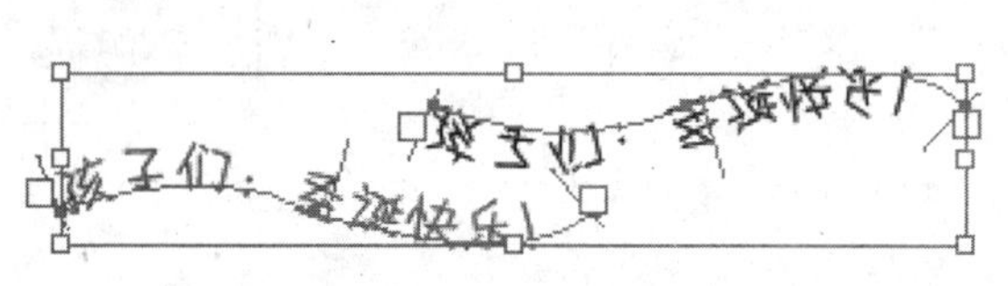

图 4.14 路径文本

注意：如果仅使文本到路径另一侧而不改变文本方向，可选中路径文字，按【Ctrl＋T】组合键打开字符面板，改变其基线偏移"此时基线偏移值为负值"，直至文本偏移到路径另一侧。

4.1.2 文字的编辑

1. 复制文字

少量的文字可以直接在Illustrator CS4中直接输入，但Illustrator CS4毕竟不是专业的字处理软件，对于大量文字甚至长篇文章，还是用粘贴或者置入的方法为佳。

一般的字处理软件或应用程序中可以输入大量文字，比如Word或者写字板。将Word中的一段文字复制并粘贴到Illustrator CS4中，可以按以下步骤进行操作。

(1) 在Word中选择文字并复制。

(2) 打开Illustrator CS4，选择【文字】工具T，在要粘贴文字的位置单击，或者拖出一个文本框。

(3) 选择【编辑】|【粘贴】命令，将文字粘贴到Illustrator CS4中。

(4) 如果选择【文字】工具T后，在页面单击再复制文字，复制出的文字是行文本，不会自动换行；如果拖出文本框后再复制文字，复制出的文字将按文本框的宽度自动换行。这两种方法均失去原来的行和段落格式。

(5) 如果在不选择【文字】工具T，而是直接执行复制，也可直接粘贴文本。这样可保留原来的行和段落格式。

注意：粘贴到Illustrator CS4后，原先在Word中的一些特有的文字格式未必能完美再现。

2. 利用字符面板设置文字格式

单击窗口界面右侧的【字符】选项A| 字符，打开【字符】面板，如图4.15所示。

【字符】面板提供了对字符属性的精确控制，这些属性包括字体系列、字体样式、字体大小、行距、水平和垂直缩放、字间距和基线偏移等。可以在输入新文本之前设置字符属性，也可以在输入文字后重新设置这些属性，以更改所选中的已有字符的外观。设置面板的显示选项，可以按以下步骤进行操作。

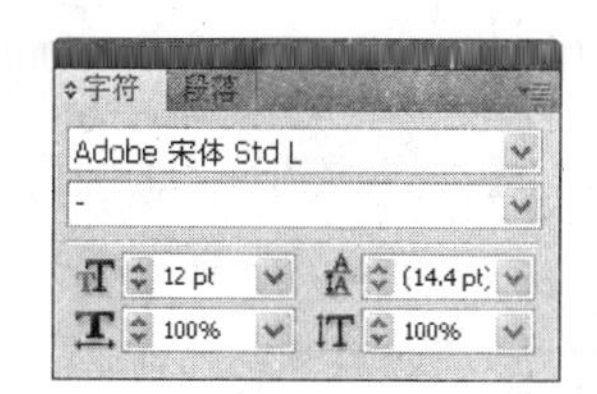

图4.15 【字符】面板

(1) 单击【字符】面板右上角的▾≡按钮，弹出下拉菜单，如图4.16所示。

(2) 在下拉菜单中选择【显示选项】命令，即可在【字符】面板中显示隐藏的字符选项，如图4.17所示。

(3) 单击【字符】面板右上角的▾≡按钮，在弹出的菜单中选择【隐藏选项】命令，即可以隐藏刚才显示的字符选项。

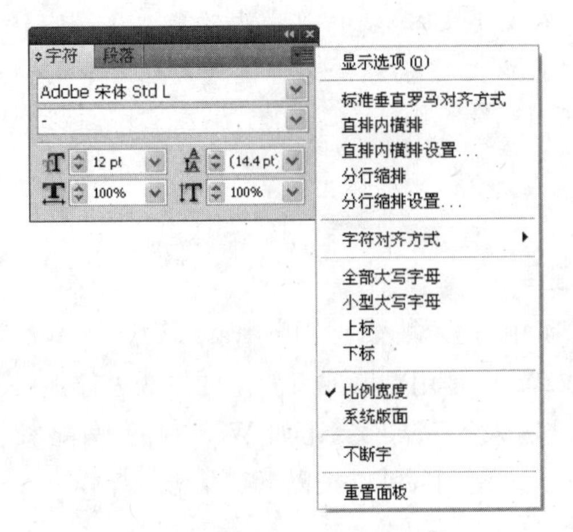

图 4.16 【字符】面板下拉菜单

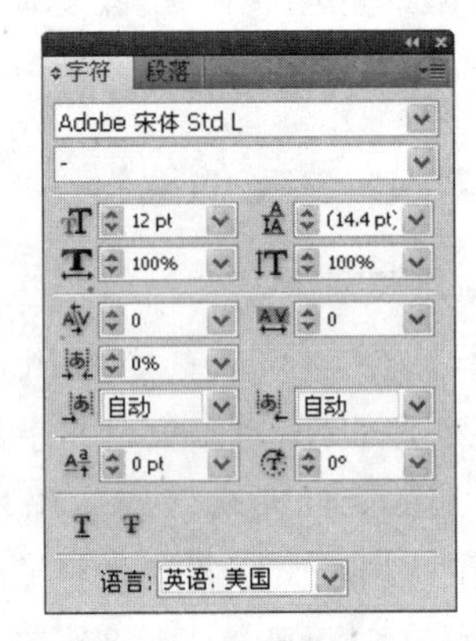

图 4.17 显示选项

(1) 字体大小

首先选择文本,在【字符】面板中的列表中将显示其字体大小,可以输入数值或在列表中选择字号大小进行设置。也可用按【Shift+Ctrl+＞】组合键增大字体大小,按【Shift+Ctrl+＜】组合键减小字体大小。

(2) 指定行距

行距指的是文字基线之间的纵向间距。行距可用字符面板或键盘上的按键调节。

具体操作方法是:选择文本,在字符面板中选择行距,从 6pt 到 72pt 不等,也可输入数值后按【Enter】键。

要精确调节,最好用组合键来执行:选择文本,按【Alt+↑】组合键减小行距,按【Alt+↓】组合键增大行距。

(3) 设置两字符间的字距和设置选择字体的字距

首先来分清这两个容易混淆的概念:

【设置两字符之间的字距微调】:指的是一对字母或两字之间的距离。

【设置所选字符的字距调整】:指的是字母或文字之间的距离。

如果改变某两个字的字距,就用文本工具将光标定位于两字间;如果改变一段文字的字距,就选择要改变的文本,然后再在字符面板中的 0 0 框内选择或输入数值,也可单击上下箭头按钮进行微调。

改变 0 0 两个选项的组合键是:【Alt+←】组合键减小两字符间的字距,【Alt+→】组合键增大两字符间的字距;【Alt+Ctrl+←】组合键减小字体的字距,【Alt+Ctrl+→】组合键增大字体的字距。

(4) 基线偏移

文本偏移基线的距离就是基线偏移。此功能可以使文本相对于基线上升或下降(用此可创建上标和下标),或是文本在基线之上或之下,这样,就使文本在不改变文本排列方向的前提下,移动到路径上方或下方(可制作图章等)。

(5) 文本水平和垂直比例

文本的水平和垂直比例，是相对于文本基线的宽和高的比例。可以单独调节，也可同时调节。具体方法是：选择文本，在字符面板上的水平比例/垂直比例框中选择百分比数值（默认为100%），也可直接输入数值后按回车键，如图4.22所示分别是不同的垂直比例（默认为100%、75%和50%）。对文字格式进行设置，可以按以下步骤进行操作。

(1) 选择工具箱中的【选择】工具，选中文字，如图4.18所示。

(2) 单击【字符】面板中的【设置字体系列】下拉列表框，在列表中选择所需的字体，如图4.19所示。

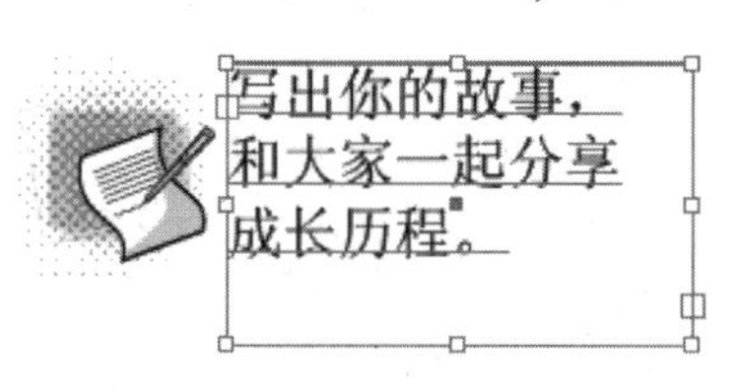

图4.18　选中整体文字

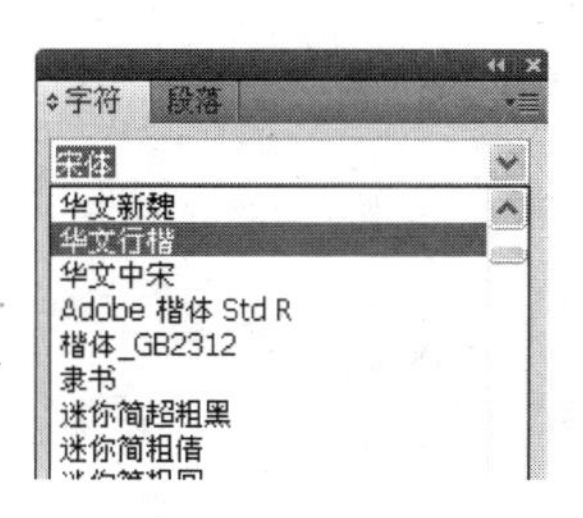

图4.19　设置字体

(3) 选择工具箱中的【文字】工具，选中文字“写”，如图4.20所示。在【字符】面板的【设置字体大小】下拉列表框中设置字体大小，完成后效果如图4.21所示。

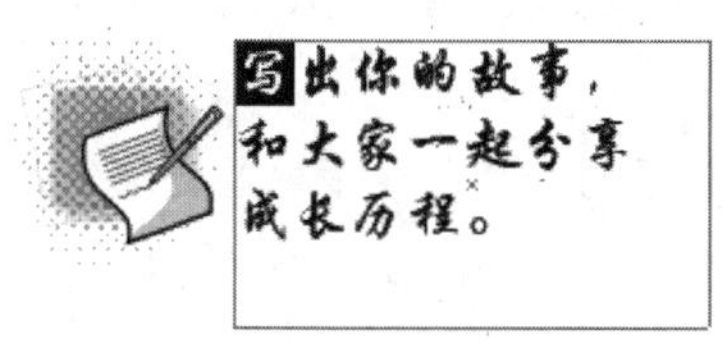

图4.20　选中个别文字

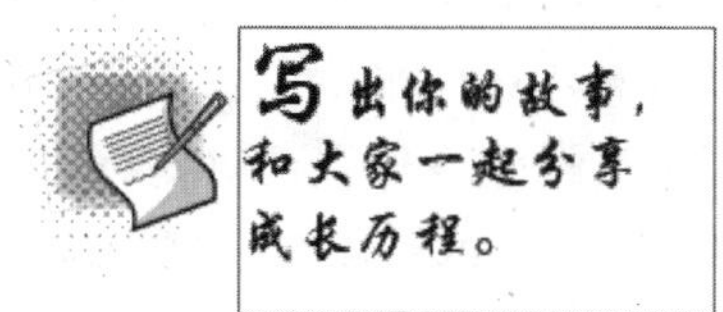

图4.21　改变字体大小结果

(4) 选中文字，在【字符】面板中设置【垂直缩放】为125%，完成后效果如图4.22所示。设置【基线偏移】为－6，完成后效果如图4.23所示。

图4.22　垂直缩放效果

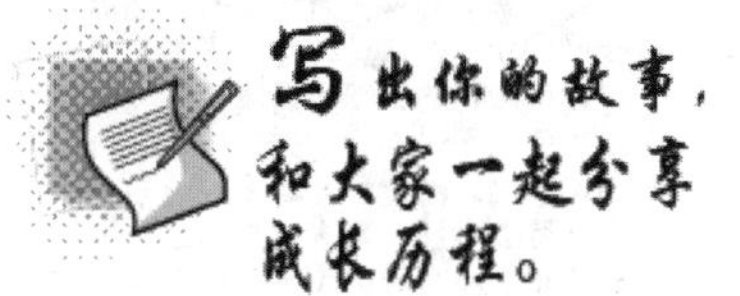

图4.23　基线偏移效果

3. 利用段落面板设置段落格式

利用【段落】面板，可以指定和改变文本段落的对齐方式、段落间距、首行缩进和段落间距等属性。

单击窗口界面右侧的【段落】选项，打开【段落】面板，单击面板右上角的按

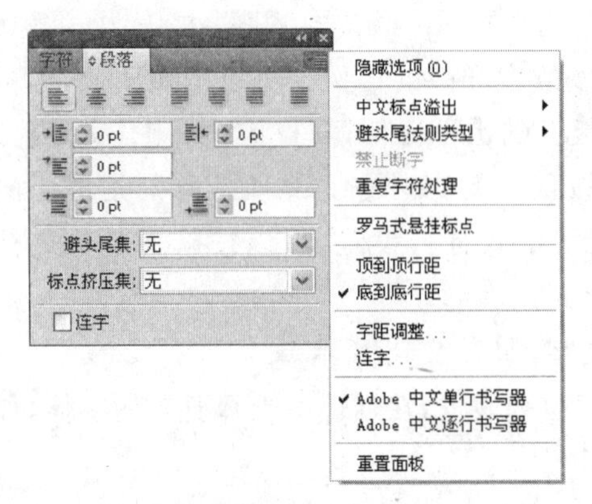

图 4.24 【段落】面板

钮,可弹出菜单,如图 4.24 所示。

通过【段落】面板,可以为选中段落进行对齐方式、缩进段和间距等的设置,具体介绍如下所述。

(1) 对齐方式:包括【左对齐】、【居中对齐】、【右对齐】、【两端对齐,末行左对齐】、【两端对齐,末行居中对齐】、【两端对齐,末行右对齐】和【全部两端对齐】。

各种对齐方式对所选的段落有效,无论将光标置于此段中还是选择此段的部分文本。选择文本,在【段落】面板中单击不同的对齐方式按钮,即可完成相应的对齐方式。不同对齐方式的效果对比如图 4.25～图 4.27 所示。

Illustrator CS4
文字对齐方式

图 4.25 左对齐

Illustrator CS4
文字对齐方式

图 4.26 居中对齐

Illustrator CS4
文 字 对 齐 方 式

图 4.27 全部两端对齐

(2) 缩进:指段落文字相对于文本框两端的距离。对于多个段落文本,由于只对所选段落进行操作,所以不同的段落可以设置不同的缩进方式。可在不同缩进方式的文本框中输入缩进值,也可单击上下箭头按钮进行微调。

【左缩进】:输入正值,表示文字左边界与文本框的距离增大;输入负值,表示文字左边界与文本框的距离缩小,负值达到一定数值时,文字会溢出文本框。设置【左缩进】为 10pt 的效果如图 4.28 所示。

【右缩进】:输入正值,表示文字右边界与文本框的距离增大;输入负值,表示文字右边界与文本框的距离缩小,负值达到一定数值时,文字会溢出文本框。设置【右缩进】为 10pt 的效果如图 4.29 所示。

设计是科技与艺术的结合,是商业社会的产物,在商业社会中需要艺术设计与创作理想的平衡,需要客观与克制,需要借作者之口替委托人说话。设计与美术不同,因为设计即要符合审美性又要具有实用性、替人设想、以人为本,设计是一种需要而不仅仅是装饰、装潢。

设计没有完成的概念,设计需要精益求精,不断的完善,需要挑战自我,向自己宣战。设计的关键之处在于发现,只有不断通过深入的感受和体验才能做到,打动别人对与设计师来说是一种

图 4.28 左缩进 10pt 效果

设计是科技与艺术的结合,是商业社会的产物,在商业社会中需要艺术设计与创作理想的平衡,需要客观与克制,需要借作者之口替委托人说话。设计与美术不同,因为设计即要符合审美性又要具有实用性、替人设想、以人为本,设计是一种需要而不仅仅是装饰、装潢。

设计没有完成的概念,设计需要精益求精,不断的完善,需要挑战自我,向自己宣战。设计的关键之处在于发现,只有不断通过深入的感受和体验才能做到,打动别人对与设计师来说是一种

图 4.29 右缩进 10pt 效果

【首行左缩进】：用于控制文字段落中首行文字的缩进量，其数值一般设置为正值。设置【首行左缩进】为 10pt 的效果如图 4.30 所示。

(3) 段间距：用于控制段落与段落间的距离。包括【段前间距】和【段后点距】。设置【段前间距】为 10pt 的效果如图 4.31 所示。

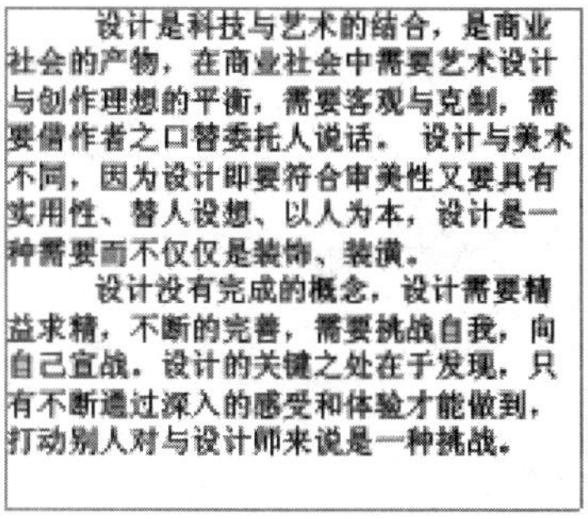

设计是科技与艺术的结合，是商业社会的产物，在商业社会中需要艺术设计与创作理想的平衡，需要客观与克制，需要借作者之口替委托人说话。 设计与美术不同，因为设计即要符合审美性又要具有实用性、替人设想、以人为本，设计是一种需要而不仅仅是装饰、装潢。

设计没有完成的概念，设计需要精益求精，不断的完善，需要挑战自我，向自己宣战。设计的关键之处在于发现，只有不断通过深入的感受和体验才能做到，打动别人对与设计师来说是一种挑战。

图 4.30 首行左缩进 10pt 效果

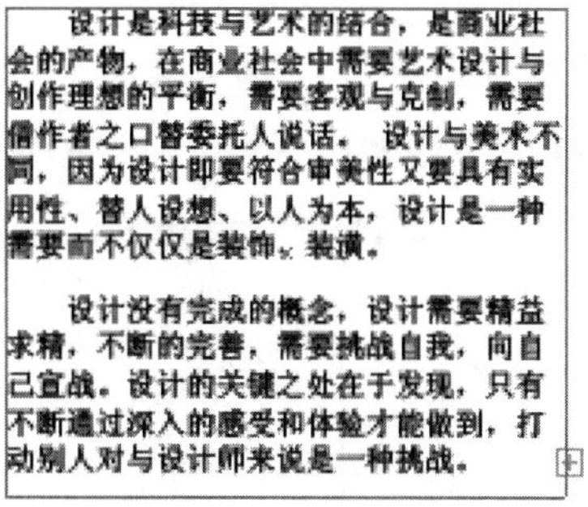

设计是科技与艺术的结合，是商业社会的产物，在商业社会中需要艺术设计与创作理想的平衡，需要客观与克制，需要借作者之口替委托人说话。 设计与美术不同，因为设计即要符合审美性又要具有实用性、替人设想、以人为本，设计是一种需要而不仅仅是装饰、装潢。

设计没有完成的概念，设计需要精益求精，不断的完善，需要挑战自我，向自己宣战。设计的关键之处在于发现，只有不断通过深入的感受和体验才能做到，打动别人对与设计师来说是一种挑战。

图 4.31 段前间距 10pt 效果

(4)【连字】：此选项是针对西文设置的。如果此项未被选中，当一个英文单词在一行不能放下时，这个单词自动移到下一行。如果选中此项，单词隔开部分会出现连字符，表示单词未完成，下一行还有内容。

4.2 文字特效应用

Illustrator CS4 具有强大的文本处理功能，除了能在工作页面任何位置生成直排或竖排的区域文本，还能生成沿任意路径排列的路径文本。另外，还可以将文本排进各种规则和不规则的对象。还可将各文本块链接，以实现分栏和复杂的版面的编排。结合强大的绘图功能和图形处理功能，文本与矢量或位图的混排更显优势。

在 Illustrator CS4 中，我们可以用吸管工具在对象之间或不同文件的对象间复制对象属性，对于包含文字在内的路径文本或区域文本，还可以对其进行整体和局部变形。另外，对于文字直排/竖排的转换也相当灵活自由。

4.2.1 复制文字属性

在 Illustrator CS4 中，我们可以用吸管工具复制字符、段落、填充、笔画等属性。使用吸管工具改变文本属性，可以按以下步骤进行操作。

(1) 选择工具箱中的【选择】工具或者【文字】工具，选择要改变属性的文本容器，如图 4.32 所示。

平面设计教程
Photoshop CS4

图 4.32 选择文字

(2) 选择工具箱中的【吸管】工具，单击要复制属性的文本，如图 4.33 所示，复制其相关属性。这部分文本的属性立即应用到前面所选的文本上，且该文本仍保持选中状态，如图 4.34 所示。

计算机图形与图像基础
Illustrator CS4

图 4.33 复制此文字的属性

图 4.34 复制文字属性效果

注意：在复制文字属性前可对属性进行设置，双击工具箱中的【吸管】工具，弹出【吸管选项】对话框，如图 4.35 所示，在该对话框中可对吸管工具的应用范围进行详细设置。

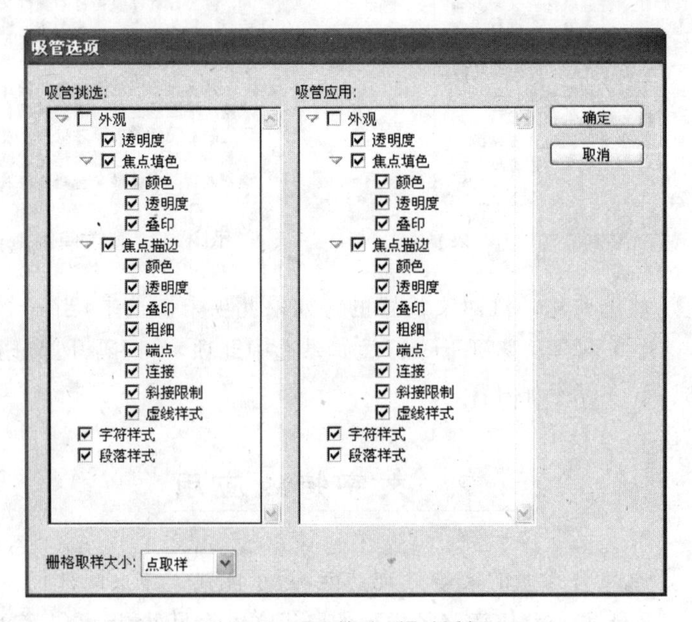

图 4.35 【吸管选项】对话框

4.2.2 文字的变形

Illustrator CS4 可以选中包含文字在内的路径文字或区域文字，对其进行整体变形。也可只对路径和文本框进行变形。

1. 文字整体变形

(1) 选择工具箱中的【选择】工具，选择路径文字或区域文字，如图 4.36 所示。

(2) 使用【旋转】工具、【镜像】工具、【比例缩放】工具和【倾斜】工具等可以进行变形操作，如图 4.37 所示。

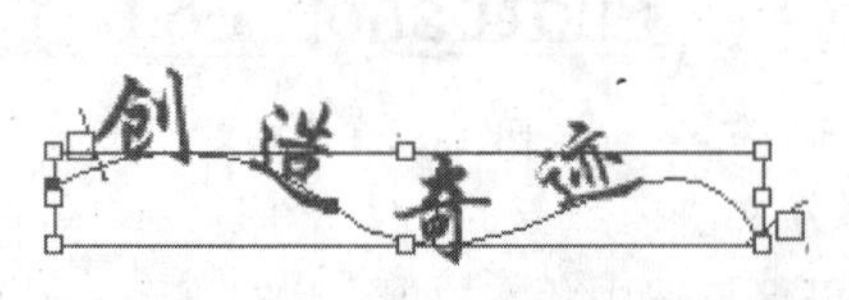

图 4.36 选择文字

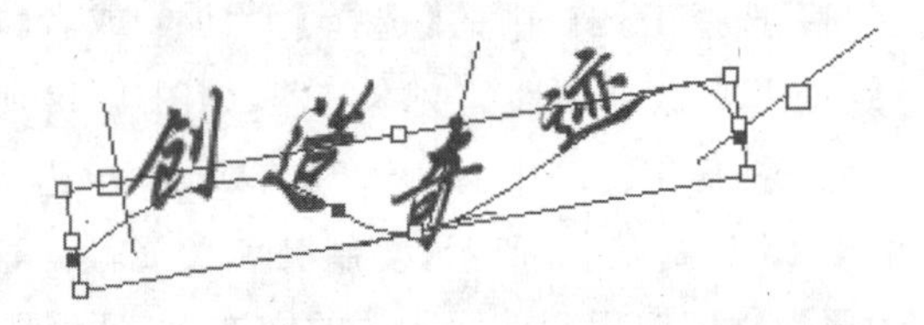

图 4.37 文字变形

2. 路径或文本框变形

(1) 选择工具箱中的【直接选择】工具，选择路径或文本框，如图 4.38 所示。

(2) 对路径或文本框的锚点进行编辑，完成变形，如图 4.39 所示。

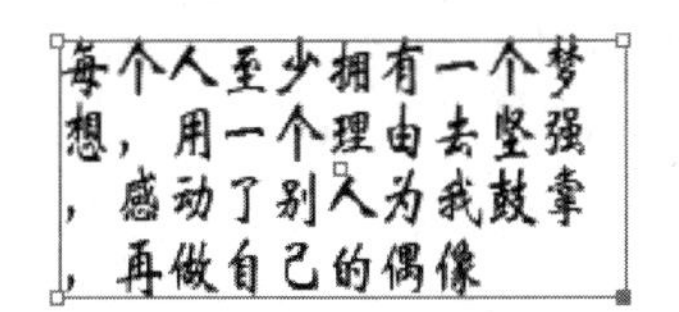

图 4.38 选择文本框

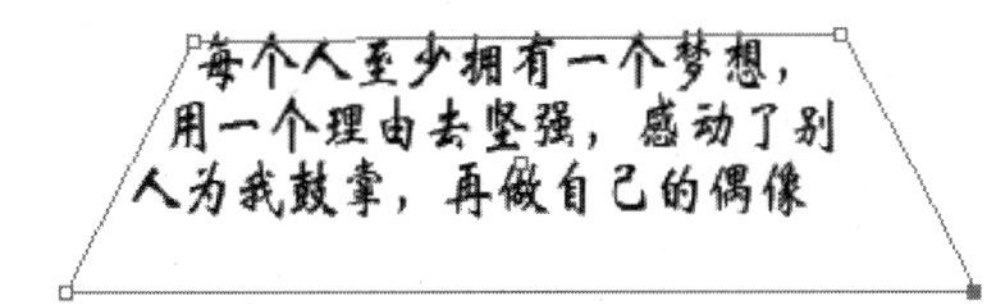

图 4.39 编辑锚点结果

注意：常见的文本有直排和竖排两种，可根据需要进行两种排列的转换。在进行直排/竖排转换时，可选择整个文本块，也可选部分文本，甚至是个别的文字字符等。

4.2.3 文本块链接

多种形状的图形或文本框可以作为文本容器，按顺序链接后，可进行灌文以排入文本，这样，不同的容器之间有了一定的链接关系，从而使文本有规律地在容器间“流动”。

在 Illustrator CS4 中，我们可用文本工具和绘图工具创建不同的文本框和路径对象，并将其链接，这样，文本可以“灌入”到不规则形状的图形和文本框中，以实现多种多样的排版效果。

文字在此文本框内容纳不下时，可以按以下步骤进行操作。

(1) 使用水平区域文本创建一个文本框，然后粘贴入文字，文字在此文本框内容纳不下时，右下角会有一个溢文标志。

(2) 使用【椭圆】工具绘制一个椭圆，再用【文字】工具拖出一个空白的文本框，如图 4.40 所示。

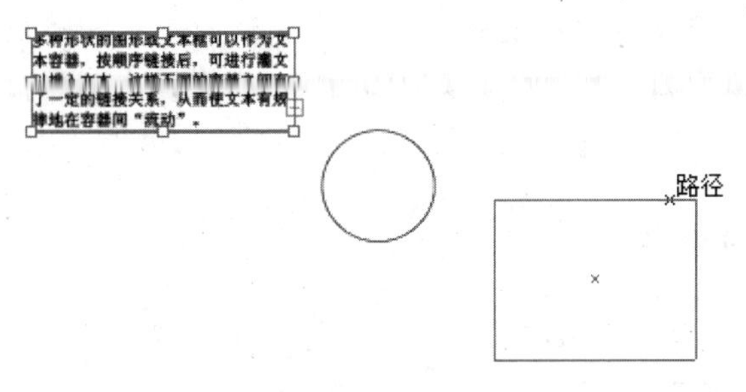

图 4.40 绘制椭圆和文本框

(3) 选择工具箱中的【选择】工具选择上述三个图形，选择【文字】|【串接文本】|【创建】命令，可以看到第一个文本框中容纳不下的文本按照链接关系流入到后面的文本容器中，如图 4.41 所示。

- 如果将一个路径链接(开放或闭合路径均可)作为文本容器灌入文本后，路径将失去原有的笔画和填充属性。

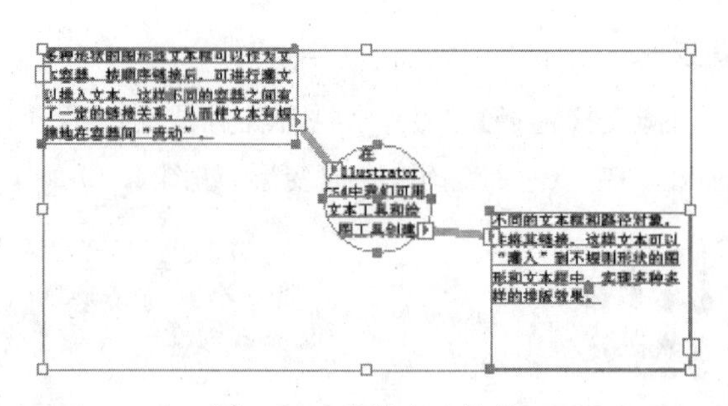

图 4.41 串接文本效果

- 链接的多个文本容器可以用直接选择工具组和套索工具组选择其中某一个，要移动各个容器，用直接选择工具选择后可改变其位置。作为文本容器的路径，虽然失去填充和笔画属性，但仍可以改变其节点和路径段，以调节其形状。当然，其中的文本也随之调整。
- 如果和竖排的文本框链接，流入其中的文字仍然是竖排。这样可通过不同的文字容器链接以实现文字的混合排列。
- 可以使用旋转倾斜自由变形等工具对选择的文本容器进行各种变形。
- 可选择某一个或全部文本容器，选择【文字】|【文字方向】|【水平】/【垂直】命令，改变其中文本的排列方向。各个文本容器的顺序和 Illustrator CS4 中对象的顺序排列是一样的，可以用相应的菜单命令调整。

执行文字链接文本可以将已经链接的文本容器解除链接关系。表面上看来没有什么变化，但各个容器之间已经是独立的文本框了。文本仍在各容器中，但已经不是按顺序流动的整合文本了。

注意：如果已有的文本容器仍不能容纳现有文本，可以再创建和绘制文本框和路径以实现灌文。而比较快捷的方式是复制文本容器。使用直接选择工具组在某一个容器的边框上单击，要选择容器本身而不能选择其上带基线的文本，否则将会连同文本一同复制，而不是仅复制文本容器。和其他对象的复制一样，按【Alt】键将所选容器移动到新位置就完成复制了，同时未容纳的文本也自动流入其中。

4.2.4 文本的分栏

文本的分栏实际上可以看做将路径分割成若干非常规则的文本容器，排入文本以实现分栏效果。可以按以下步骤进行操作。

(1) 可绘制一个闭合路径如矩形、圆等，使用【选择】工具选中文字。

(2) 选择【文字】|【区域文字选项】命令，弹出【区域文字选项】对话框，如图 4.42 所示。

(3) 在弹出的对话框中设置文本容器的行数和列数，文本容器的大小和间隔，并指定文字的排列方向：【按行，从左到右】或【按列，从左到右】。

(4) 在工作页面中设置出大小不一或大小相同的文字容器后，用相关的文本工具排入文本，就可以实现文本的分栏了，如图 4.43 所示。

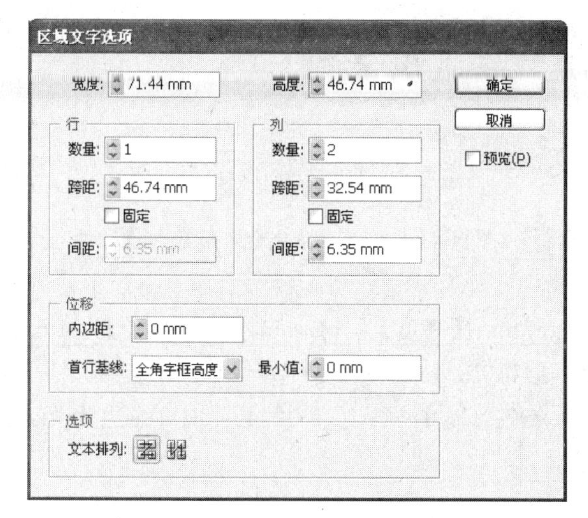

图 4.42 【区域文字选项】对话框

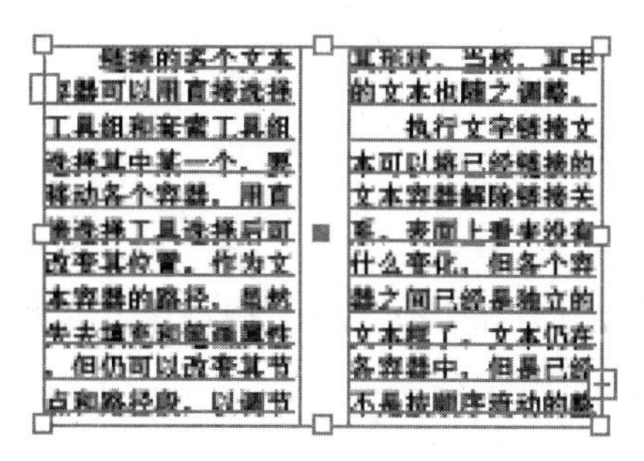

图 4.43 分栏文本

分栏之后的文本,可以利用文本工具和面板设置字体、大小、行距、对齐等属性,十分方便。

4.2.5 利用绘制的矢量图形混排

Illustrator CS4 具有较好的图文混排功能,可以实现常见的图文混排效果。文本可绕排的图像包括:位图图像、一般路径和复合路径等。输入要绕图的文本,绘制要混排的图形,一定要将绘制的图形放于文本上方。

制作内容文本绕排效果,可以按以下步骤进行操作。

(1) 首先输入文本,再置入图像,如图 4.44 所示。

(2) 选择工具箱中的【选择】工具选择二者,选择【对象】|【文本绕排】|【建立】命令,效果如图 4.45 所示。

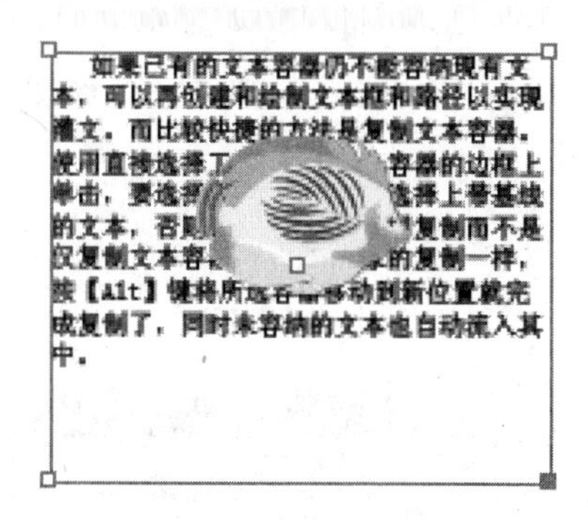

图 4.44 绘制边界框

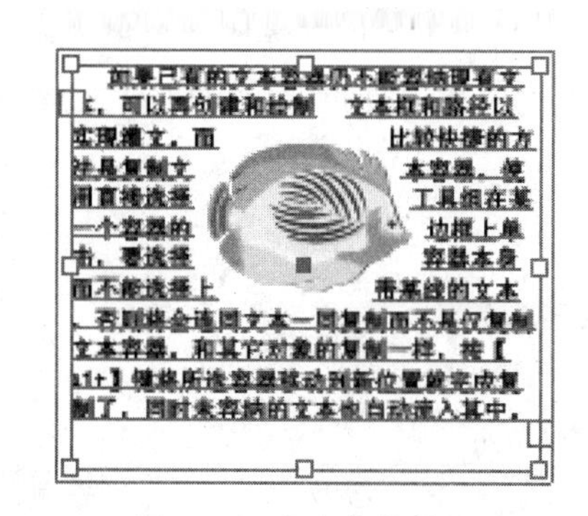

图 4.45 文本绕排效果

(3) 选择【对象】|【文本绕排】|【释放】命令,可将文本绕图效果取消。

注意:用来绕图的文本应该是区域文本而不是行文本或路径文本,否则,将无法实现矢量图和文本混排的结果。

4.3 文字工具应用案例

4.3.1 制作书签

(1) 选择工具箱中的【圆角矩形】工具，在页面中单击，弹出【圆角矩形】对话框，如图 4.46 所示。

(2) 在弹出的对话框中设置【宽度】为 65mm，【高度】为 145mm，【圆角半径】为 4mm，单击【确定】按钮。页面上出现一个圆角矩形，如图 4.47 所示。

(3) 在【颜色】面板中设置圆角矩形为灰色(C：0，M：0，Y：0，K：30)，描边为无，如图 4.48 所示。

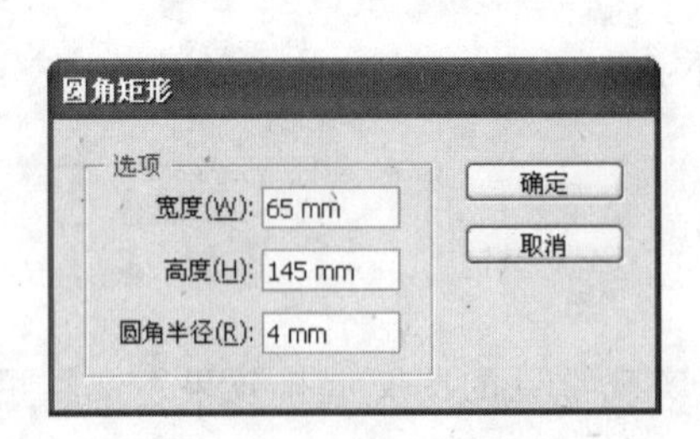

图 4.46 【圆角矩形】对话框

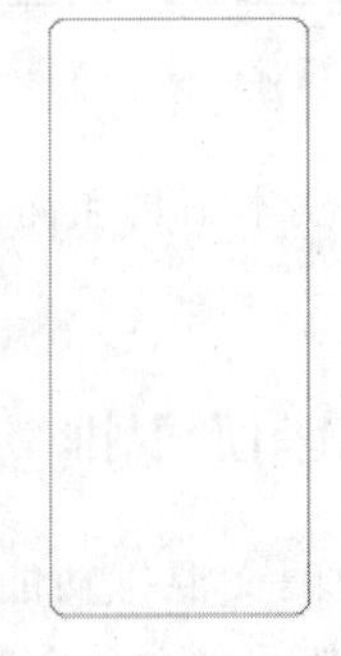

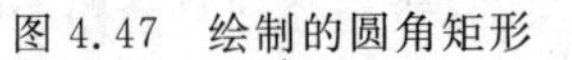

图 4.47 绘制的圆角矩形

图 4.48 灰色圆角矩形

(4) 使用【选择】工具选中圆角矩形，按【Ctrl＋C】组合键复制，再按【Ctrl＋V】组合键粘贴。在【渐变】面板中设置复制出的圆角矩形为【线性】渐变填充，【角度】为 90°，颜色从(C：60，M：0，Y：90，K：0)到(C：10，M：0，Y：25，K：0)，如图 4.49 所示。

(5) 使用【选择】工具选中复制出的圆角矩形，往灰色圆角矩形的左上角移动一定位置，制作出书签的立体阴影效果，如图 4.50 所示。

(6) 选择工具箱中的【椭圆】工具，在页面中单击，弹出【椭圆】对话框，如图 4.51 所示。

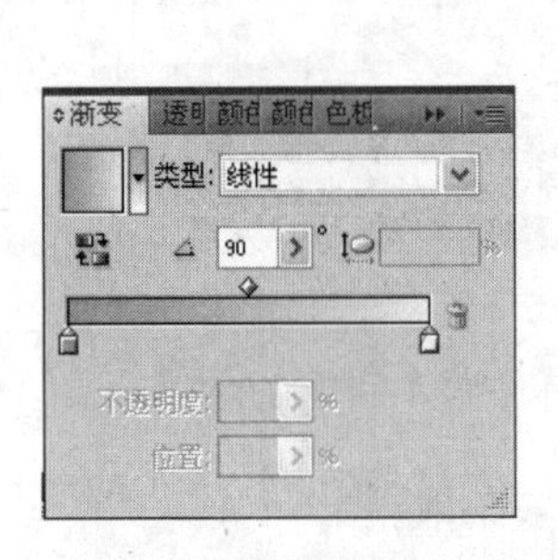

图 4.49 【渐变】面板

图 4.50 立体阴影效果

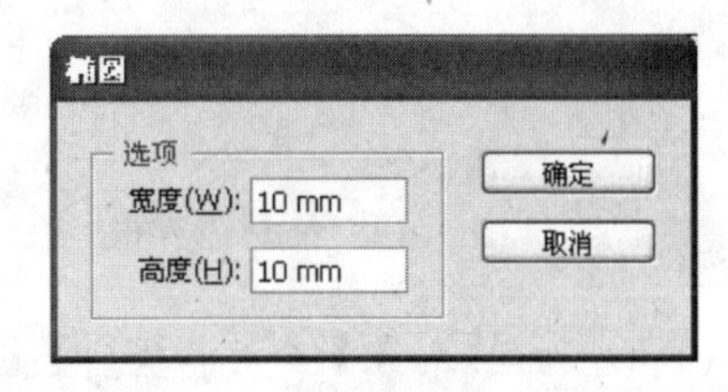

图 4.51 【椭圆】对话框

(7) 在弹出的对话框中设置【宽度】和【高度】均为 10mm，单击【确定】按钮，在页面中出现一个圆形，设置其描边色为无，并移动到书签上，如图 4.52 所示。

(8) 选中圆形，选择【效果】|【风格化】|【羽化】命令，弹出【羽化】对话框，如图 4.53 所示。

(9) 在弹出的对话框中设置【羽化半径】为 2mm，单击【确定】按钮，效果如图 4.54 所示。

图 4.52　圆形效果

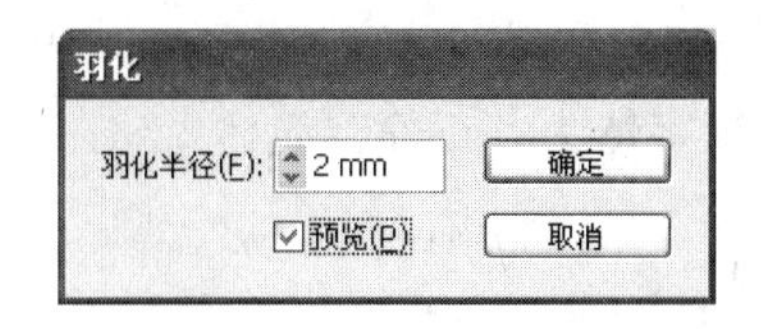

图 4.53　【羽化】对话框

图 4.54　羽化效果

(10) 使用【选择】工具 选中羽化后的圆形，按【Ctrl＋C】组合键复制，再按【Ctrl＋V】组合键粘贴若干个，然后缩小为不同大小并随意放置到不同位置，如图 4.55 所示。

(11) 选择【文件】|【置入】命令，在弹出的【置入】对话框中选择“杯子.PSD”文件，将其置入到页面中，如图 4.56 所示。缩放杯子大小后移动到书签右下角，如图 4.57 所示。

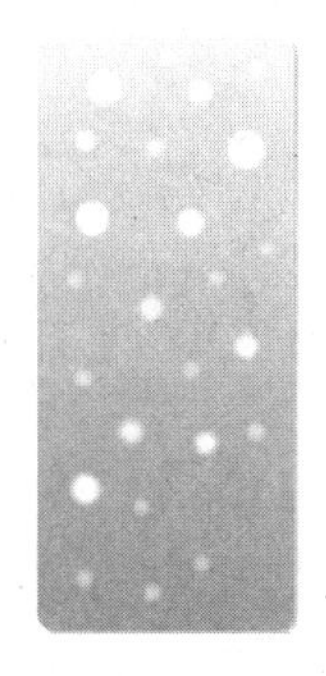

图 4.55　复制圆形效果

图 4.56　置入的杯子

图 4.57　放置位置

(12) 选中杯子，选择【效果】|【风格化】|【投影】命令，弹出【投影】对话框，如图 4.58 所示。

(13) 在弹出的对话框中，在【模式】下拉列表中选择【正常】选项，设置【X 位移】和【Y 位移】均为 1mm，【颜色】为白色，单击【确定】按钮后，杯子的投影效果如图 4.59 所示。

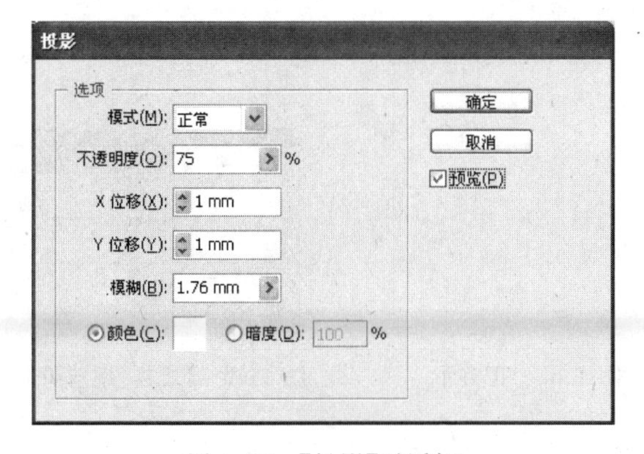

图 4.58　【投影】对话框

图 4.59　投影效果

(14) 选择工具箱中的【文字】工具，在页面中输入文字“放飞心情”。在【颜色】面板中设置文字颜色为(C：10,M：40,Y：80,K：0)，在属性栏设置【字体】为华文行楷，【字体大小】为24pt，效果如图4.60所示。

(15) 选择工具箱中的【文字】工具，在页面中拖动出一个文本框，然后输入一段文字。选择【窗口】|【文字】|【字符】命令，打开【字符】面板，如图4.61所示。

(16) 在【字符】面板中设置字体为方正静蕾简体，字体大小为10pt，行距为14pt，文字效果如图4.62所示。

(17) 选择工具箱中的【选择】工具，将文字移动到书签上，完成书签效果如图4.63所示。

图4.60 输入的文字

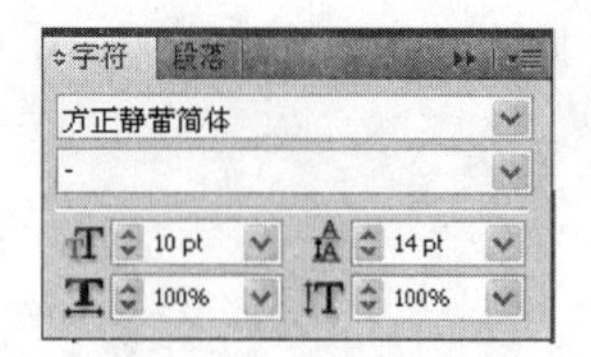

图4.61 【字符】面板

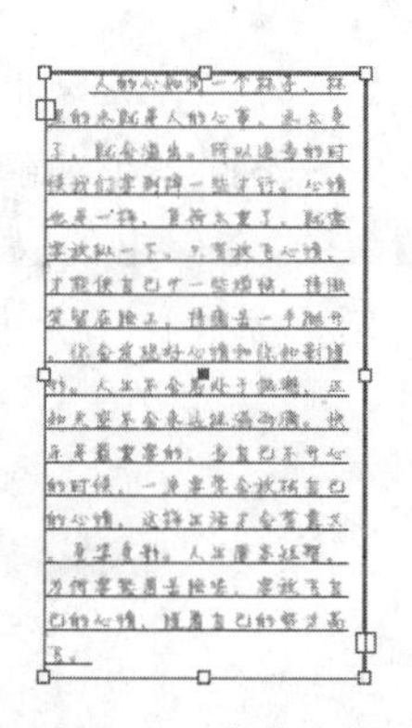
图4.62 段落文字

图4.63 完成书签效果

4.3.2 文字效果

(1) 选择工具箱中的【矩形】工具，在页面中单击，弹出【矩形】对话框，如图4.64所示。

(2) 在弹出的对话框中设置【宽度】和【高度】均为80mm，单击【确定】按钮，页面出现一个正方形，如图4.65所示。

(3) 选择【窗口】|【画笔库】|【边框】|【边框_虚线】命令，打开【边框_虚线】面板，如图4.66所示。

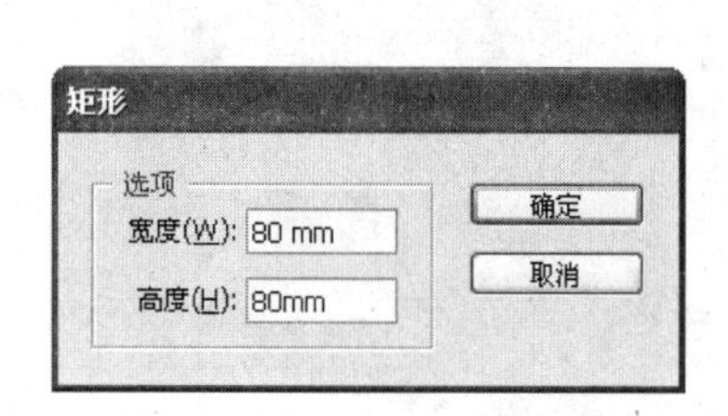

图4.64 【矩形】对话框

图4.65 正方形

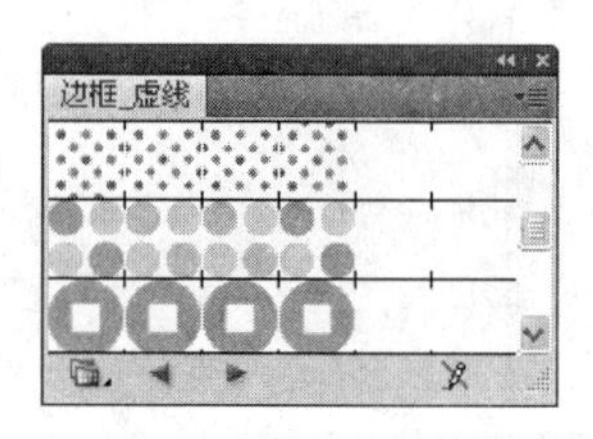

图4.66 【边框_虚线】面板

(4) 选中矩形,单击【边框_虚线】面板的【虚线圆形 1.3】,使矩形转变为边框形式,如图 4.67 所示。

(5) 选择【窗口】|【符号】命令,弹出【符号】面板。单击面板底部的【符号库菜单】图标,在弹出的菜单中选择【自然】,弹出【自然】面板,如图 4.68 所示。

(6) 拖动【自然】面板中的【植物 2】到页面中,如图 4.69 所示。

图 4.67 边框图形

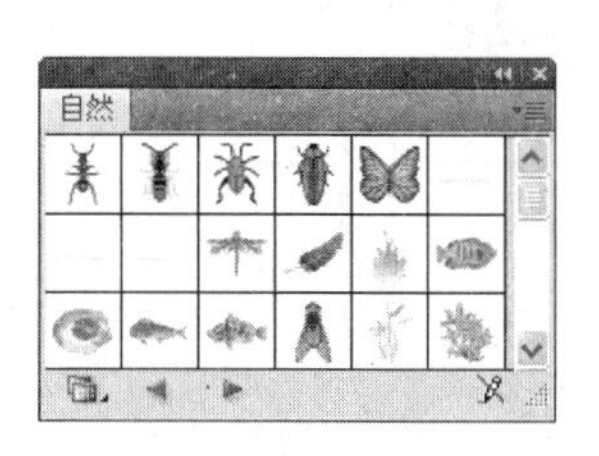

图 4.68 【自然】面板

图 4.69 植物

(7) 将植物符号移动到边框中,按【Shift】键拖动控制框调整大小到合适位置,如图 4.70 所示。

(8) 选择工具箱中的【文字】工具,在页面中合适位置单击,输入文字“清新自然”,在属性栏中设置字体为迷你霹雳体,字体大小为 30pt,如图 4.71 所示。

图 4.70 放置符号图形

图 4.71 输入文字

(9) 选择【窗口】|【图形样式库】|【文字效果】命令,弹出【文字效果】面板,如图 4.72 所示。

(10) 选择工具箱中的【选择】工具,选中文字,单击【文字效果】面板中的【波形】,调整文字到合适位置,效果如图 4.73 所示。

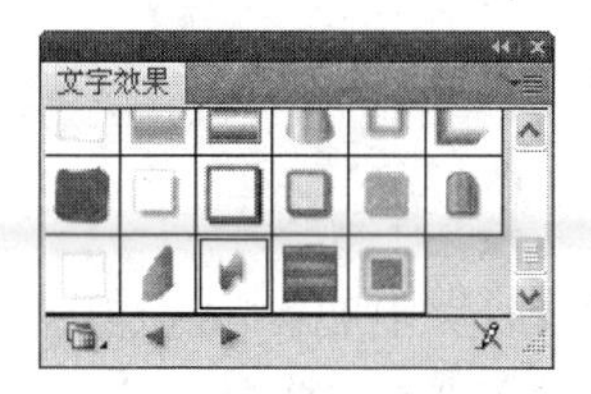

图 4.72 【文字效果】面板

图 4.73 文字效果

4.3.3 报纸广告

(1) 选择工具箱中的【矩形】工具，在页面中单击，弹出【矩形】对话框，如图 4.74 所示。

(2) 在弹出的对话框中设置【宽度】为 180mm，【高度】为 120mm，效果如图 4.75 所示。

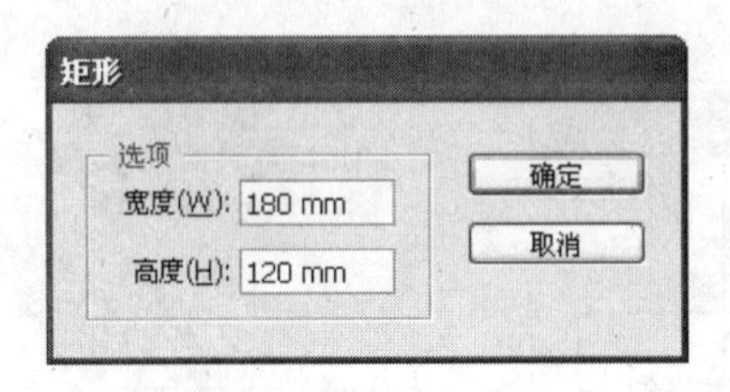

图 4.74 【矩形】对话框

图 4.75 绘制的矩形

(3) 单击界面右侧的【渐变】选项，弹出【渐变】面板，设置矩形为【线性】渐变，在颜色滑块上添加色块，设置各个色块的颜色，【位置】分别为 0、25、50、75、100，如图 4.76 所示。

(4) 单击界面右侧的【颜色】选项，在弹出的【颜色】面板中设置矩形的描边色为无，效果如图 4.77 所示。

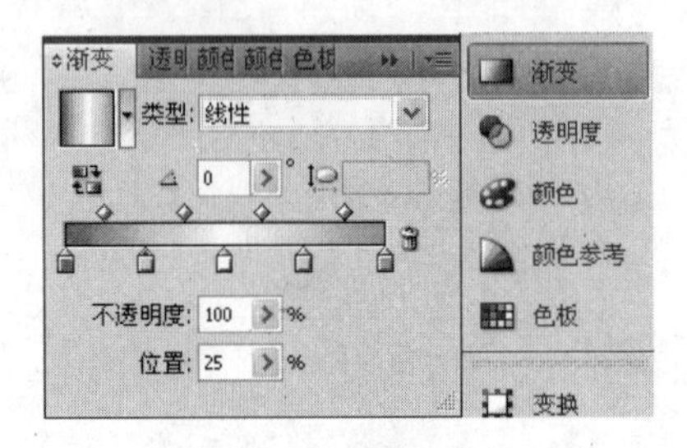

图 4.76 【渐变】面板

图 4.77 渐变效果

(5) 选择工具箱中的【文字】工具，在页面中单击。输入文字“五金机电资讯”，在属性栏中设置字体为华文行楷，大小为 36pt，颜色为黑色，如图 4.78 所示。

(6) 选择工具箱中的【选择】工具，选中文字，按【Ctrl+C】组合键复制，再按【Ctrl+V】组合键粘贴。选中文字，在【颜色】面板中设置填充和描边色均为白色，然后在属性栏中设置【描边】为 3mm，如图 4.79 所示。

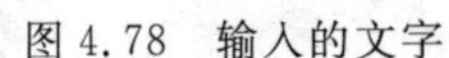

图 4.78 输入的文字

图 4.79 描边文字

(7) 选中原始文字和描边后的文字，然后单击【对齐】面板中的【水平居中对齐】和【垂直居中对齐】按钮，使两组文字中心对齐，如图 4.80 所示。

(8) 选择工具箱中的【文字】工具，在页面中拖动出一个文本框，然后输入一段文字，如图 4.81 所示。

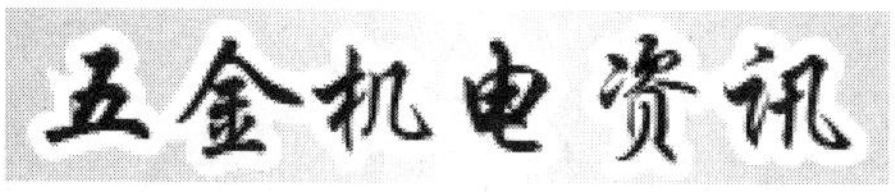

五金机电资讯

图 4.80　对齐文字

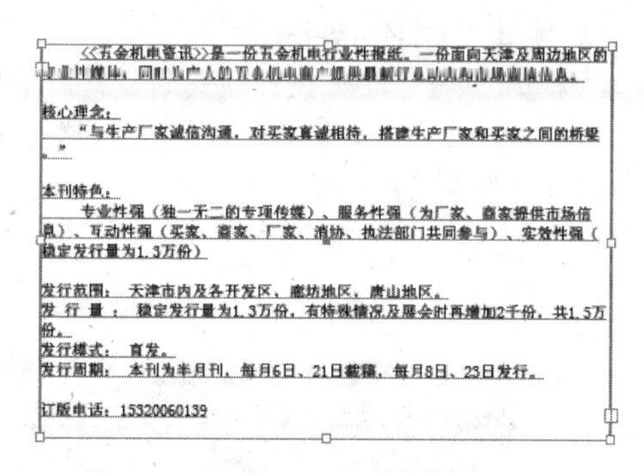

《五金机电资讯》是一份五金机电行业性报纸，一份面向天津及周边地区的专业性媒体，同时为广大的五金机电商户提供最新行业动态和市场需情信息。

核心理念：

"与生产厂家诚信沟通，对买家真诚相待，搭建生产厂家和买家之间的桥梁。"

本刊特色：

专业性强（独一无二的专项传媒）、服务性强（为厂家、商家提供市场信息）、互动性强（买家、商家、厂家、消协、执法部门共同参与）、实效性强（稳定发行量为1.3万份）

发行范围：　天津市内及各开发区，廊坊地区，唐山地区。
发 行 量 ：　稳定发行量为1.3万份，有特殊情况及展会时再增加2千份，共1.5万份。
发行模式：　直发。
发行周期：　本刊为半月刊，每月6日、21日截稿，每月8日、23日发行。

订版电话：15320060139

图 4.81　段落文字

(9) 将段落文字移动到渐变背景上，如图 4.82 所示。

(10) 选择工具箱中的【直排文字】工具，输入文字如图 4.83 所示。设置字体为华文行楷，大小为 30pt，颜色为白色。复制一组设置颜色为红紫色，重叠放置如图 4.84 所示。

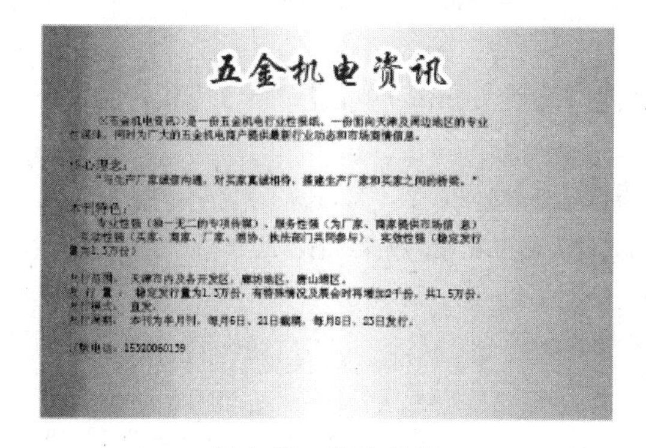

图 4.82　移动文字

广告保证业绩
宣传带来客户

图 4.83　直排文字

广告保证业绩
宣传带来客户

图 4.84　重叠放置

(11) 选择工具箱中的【画笔】工具，在属性栏中设置画笔样式为【气泡】气泡，然后在页面中拖动鼠标，形成一串气泡，如图 4.85 所示。

(12) 选择工具箱中的【选择】工具，将气泡移动到渐变背景上，完成后效果如图 4.86 所示。

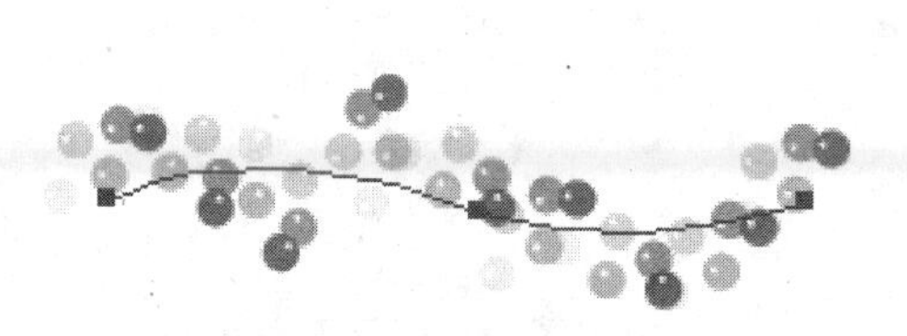

图 4.85　绘制的气泡

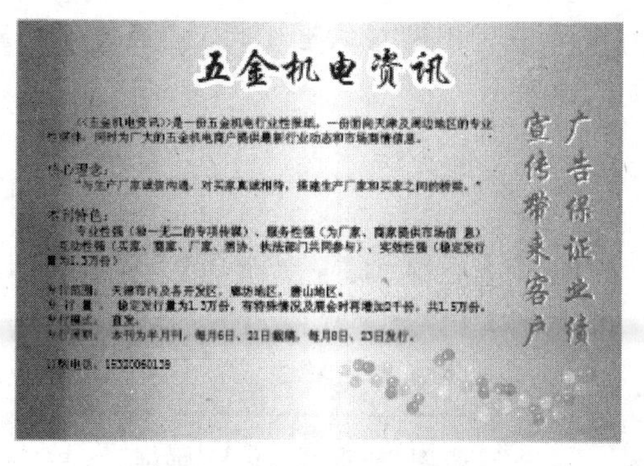

图 4.86　完成后效果

4.3.4 制作贺卡

(1) 选择【文件】|【置入】命令,在弹出的对话框中选择"背景.jpg"文件,将其置入到页面中,如图 4.87 所示。

(2) 选择工具箱中的【矩形】工具,绘制一个矩形。然后选择【旋转扭曲】工具,在矩形上不同位置单击鼠标,使矩形产生扭曲形成花纹效果,如图 4.88 所示。

图 4.87 置入的背景

图 4.88 花纹效果

(3) 选择工具箱中的【椭圆】工具,在页面中单击,弹出【椭圆】对话框,如图 4.89 所示。

(4) 在弹出的对话框中设置【宽度】和【高度】均为 50mm,单击【确定】按钮,生成圆形如图 4.90 所示。

(5) 在【颜色】面板中,设置圆的填充色为(C: 7,M: 0,Y: 70,K: 0),描边色为(C: 6,M: 16,Y: 88,K: 0),在属性栏中设置描边宽度为 3.5mm,效果如图 4.91 所示。

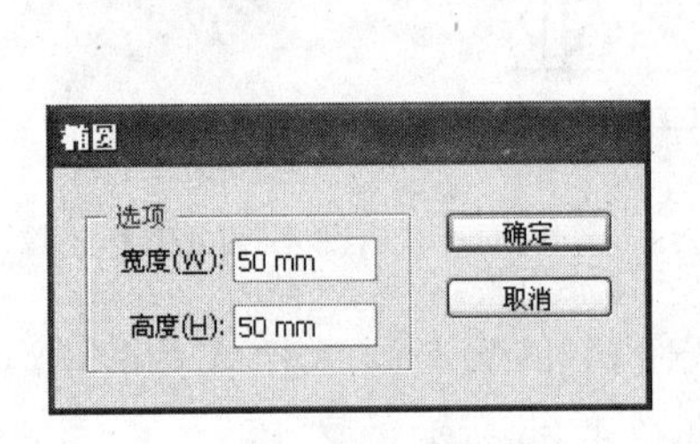

图 4.89 【椭圆】对话框

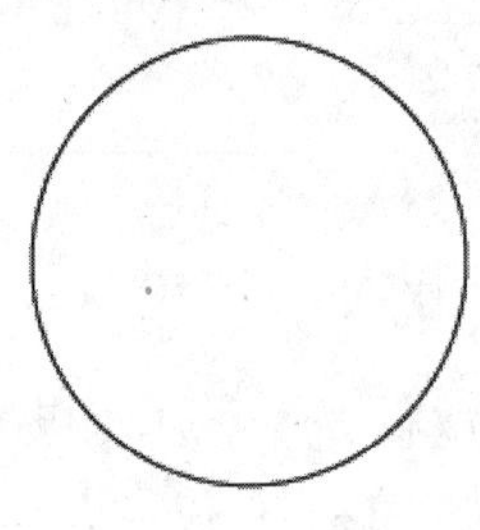

图 4.90 圆形

图 4.91 描边效果

(6) 选中圆,选择【效果】|【风格化】|【羽化】命令,弹出【羽化】对话框,如图 4.92 所示。

(7) 在弹出的对话框中设置【羽化半径】为 12mm,单击【确定】按钮,完成后效果如图 4.93 所示。

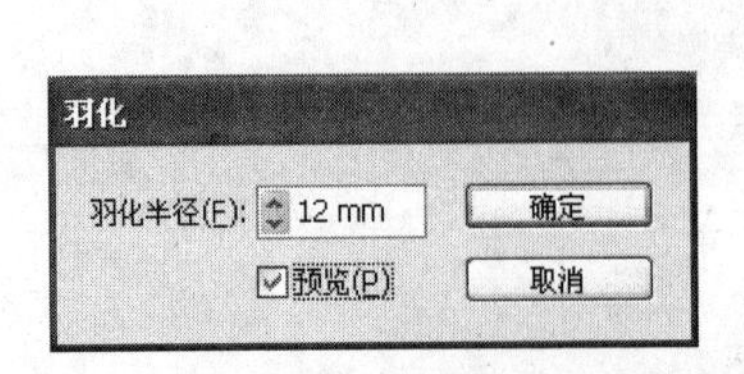

图 4.92 【羽化】对话框

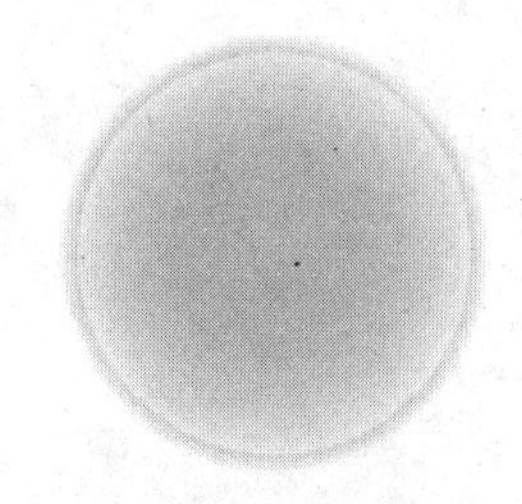

图 4.93 羽化效果

(8) 选择工具箱中的【选择】工具，移动添加花纹和羽化效果后的圆到背景图片上，重叠放置，如图 4.94 所示。

(9) 选择工具箱中的【文字】工具T，输入文字“恭贺新春”，设置其颜色为(C：0，M：93，Y：100，K：53)，描边色为白色，字体为方正舒体。将文字移动到背景上，如图 4.95 所示。

图 4.94　重叠放置

图 4.95　输入文字

(10) 选择工具箱中的【钢笔】工具，绘制两条开放曲线路径，如图 4.96 所示。

(11) 选择工具箱中的【直排路径文字】工具，分别在两条曲线路径上单击输入文字，如图 4.97 所示。

(12) 使用【选择】工具将两组路径文字移动到背景两侧，完成贺卡的制作，如图 4.98 所示。

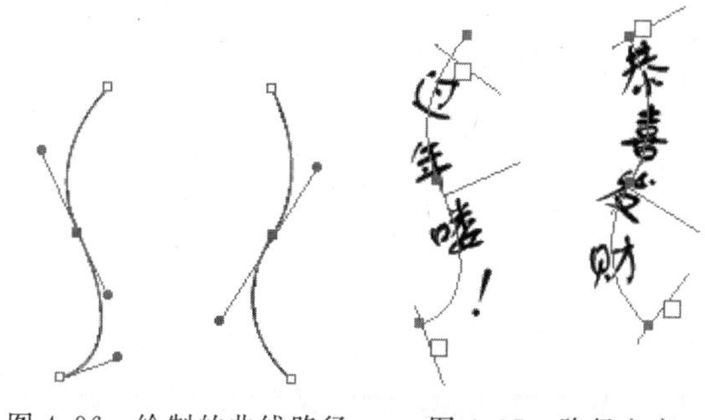

图 4.96　绘制的曲线路径　　图 4.97　路径文字

图 4.98　贺卡效果

思考与练习

1. 思考题

(1) 直排/直排区域文字使用方法？

(2) 文本分栏的使用方法？

(3) 文字的变形如何操作？

2. 练习题

(1) 练习内容：使用 Illustrator CS4 软件，制作中秋贺卡文字效果。

(2) 练习规格：尺寸 (200mm×82mm)。

(3) 练习要求：使用椭圆工具、矩形工具、钢笔工具、文字工具等制作中秋贺卡，完成后效果如图 4.99 所示。

图 4.99 完成中秋贺卡效果

第5章　控制面板的应用

5.1　图层面板

如果绘制的图形过于复杂，就需要运用图层面板来对图形进行调整和分层。选择【窗口】|【图层】命令，或者单击界面右侧的【图层】按钮，即可打开【图层】面板，如图5.1所示。打开【图层】面板时，会发现在面板中有一个图层。在默认情况下，每个新建的文档中都会建立一个图层，并且还会采用蓝色作为选择线的颜色。

图5.1　【图层】面板

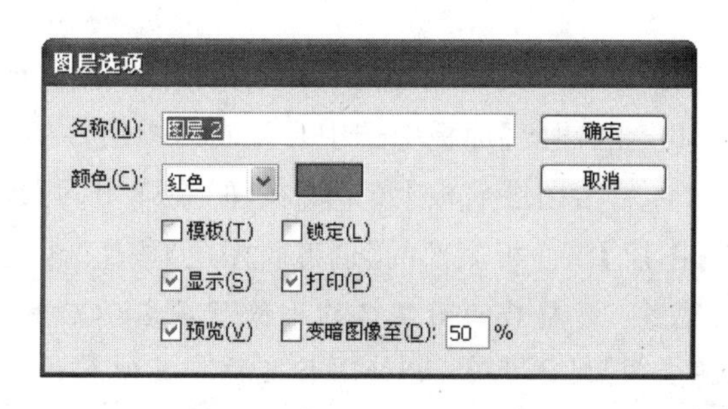

图5.2　【图层选项】对话框

5.1.1　新建图层

选择【图层】面板底部的【创建新图层】按钮，即可创建新图层。也可以通过菜单来建立新图层，可以按以下步骤进行操作。

(1) 选择面板右上方的按钮，在弹出的菜单中选择【新建图层】命令，弹出【图层选项】对话框，如图5.2所示。

(2) 在该对话框中，【名称】文本框用于设置图层的名字；【颜色】下拉列表框用于设置颜色，还可以通过双击色块，在弹出的【颜色】对话框中进行颜色的自定义设置，如图5.3所示。

(3) 选择对话框中的复选项，可以对图层的属性进行详细设置。完成设置后，单击【确定】按钮，新建图层如图5.4所示。

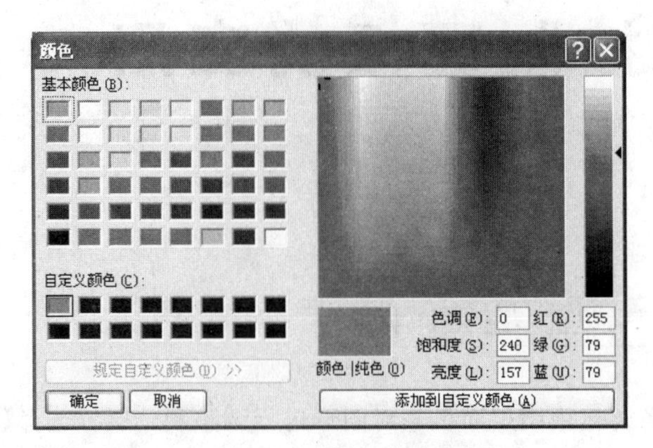

图 5.3 【颜色】对话框

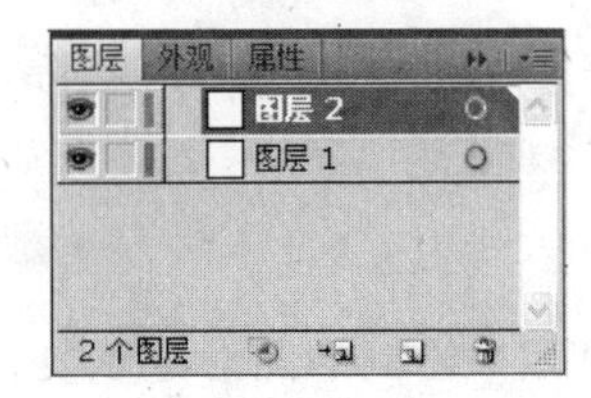

图 5.4 新建的图层

5.1.2 复制图层

在图层面板内复制图层，可以按以下步骤进行操作。

(1) 在【图层】面板中选中要复制的图层。

(2) 单击图层面板上的按钮，在弹出的菜单中选择【复制图层】命令；也可以直接拖动【图层】到面板底部的【创建新图层】按钮上，即可完成对图层的复制。

注意：复制后的图层名称为原图层名称后加上"_复制"，可以双击该图层，在弹出的【图层选项】对话框中，进行图层名称或其他属性的修改。

5.1.3 删除图层

在图层面板内删除图层，可以按以下步骤进行操作。

(1) 在【图层】面板中选中要删除的图层。

(2) 单击图层面板上的按钮，在弹出的菜单中选择【删除图层】命令；或者单击【图层】面板底部的【删除所选图层】按钮，即可删除图层。

5.2 渐变面板

渐变填充是指在同一对象中从一种颜色变换到另外一种颜色的特殊的填充效果。应用渐变填充，既可以使用工具箱中的【渐变】工具，也可以使用【色板】面板中的渐变选项。这两种方法都可以实现比较简单的渐变填充，但如果需要对渐变填充的类型、颜色以及渐变的角度等属性进行精确的调整控制，就必须使用【渐变】面板中的相关选项来进行设置。

5.2.1 渐变面板简介

选择【窗口】|【渐变】命令，或者单击界面右侧的【渐变】选项 渐变，即可打开【渐变】

面板，如图5.5所示。

单击面板右上角的按钮，弹出下拉菜单，在这个菜单中只有【隐藏选项】命令，单击此命令后，在渐变面板内显示渐变滑块，如图5.6所示。

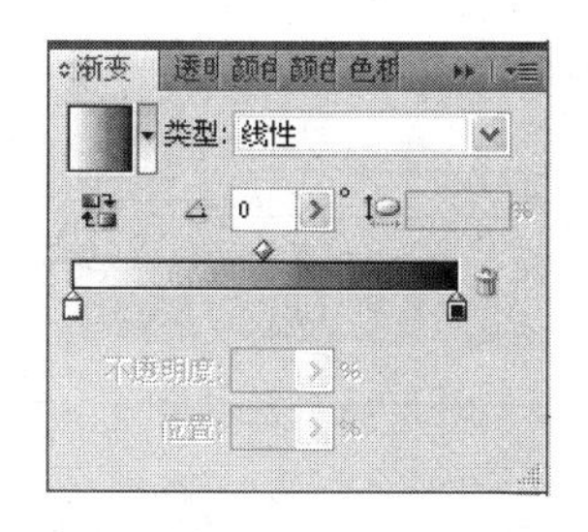

图5.5　【渐变】面板

图5.6　隐藏选项结果

【渐变】面板的选项介绍如下所述。

(1)【类型】下拉列表：其中包括【线性】与【径向】两个选项，选择不同选项时，分别如图5.7和图5.8所示。

(2)【角度】列表框：用来调节渐变的角度，可以通过输入数值来实现角度的变化。

(3)【长宽比】文本框：径向渐变的长宽比。

(4)【渐变滑块】：通过拖动渐变滑块改变滑块的位置，也可以在【位置】文本框中输入数值来改变。如果要改变渐变颜色，可以双击渐变滑块，在弹出的【颜色选项】面板中设置颜色，如图5.9所示。

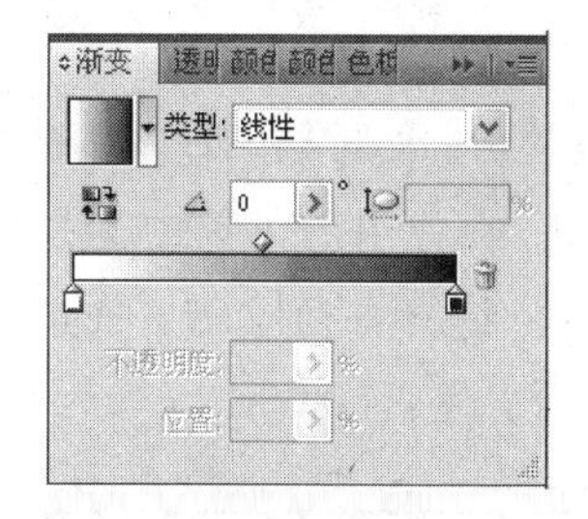

图5.7　【渐变】面板(线性)

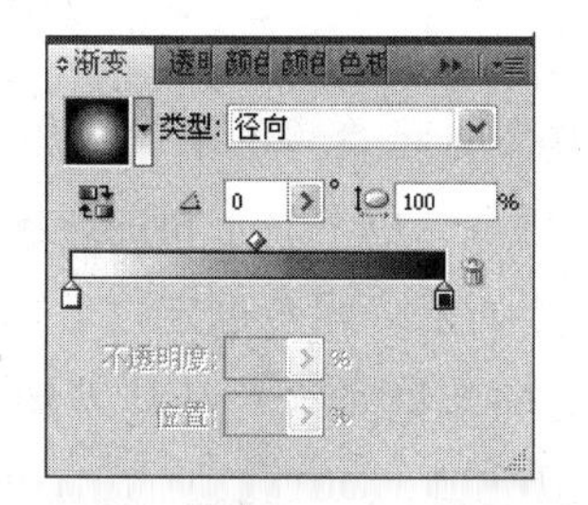

图5.8　【渐变】面板(径向)

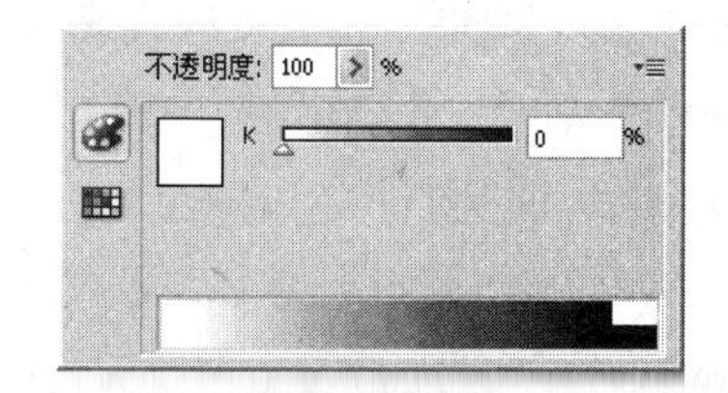

图5.9　【颜色选项】面板

(5)【不透明度】列表框：选中某个颜色滑块时可用，用于设置当前滑块的不透明度。

(6)【位置】：选中某个滑块时可用，用来调节各种颜色在渐变色中的位置，可以拖动滑块来调整，也可以通过输入数值来进行具体设置。

5.2.2　线性渐变填充

线性渐变填充是一种最常用的渐变填充方式，这是一种沿一条直线方向使两种颜色逐渐过渡的效果。对图形应用线性渐变填充，可以按以下步骤进行操作。

(1) 单击工具箱中的【选择】工具，选中要进行填充的对象。

(2) 双击工具箱中的【渐变】工具，或者选择【窗口】|【渐变】命令，打开【渐变】面板。

(3) 在【类型】下拉列表框中，选择渐变类型为【线性】，选中对象被填充为线性渐变，且中间出现控制条，如图 5.10 所示。

(4) 当鼠标指向控制条时，上面会出现渐变滑块，与【渐变】面板中滑块的功能相同，如图 5.11 所示。

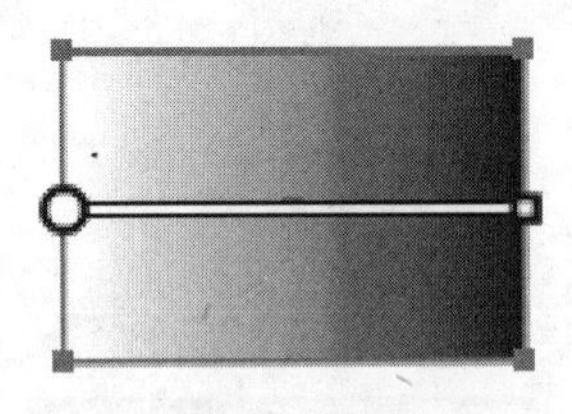
图 5.10 填充对象

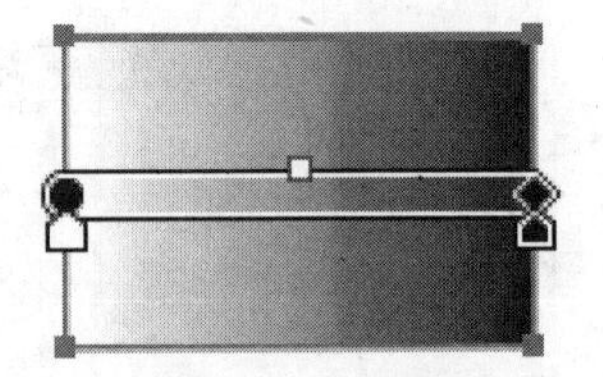
图 5.11 渐变滑块

(5) 将鼠标移动到控制条右侧，光标变为旋转图标时，进行拖动即可以旋转渐变角度，如图 5.12 所示。也可以在渐变填充的对象上确定一个定位起始点，然后向任意方向拖动鼠标即可。如果需要精确地控制线性渐变的方向，可以在渐变选项板的【角度】列表框中输入相应的角度值。系统的默认值是 0 度，数值范围为－180°～180°之间。旋转角度为 45°时的效果如图 5.13 所示。

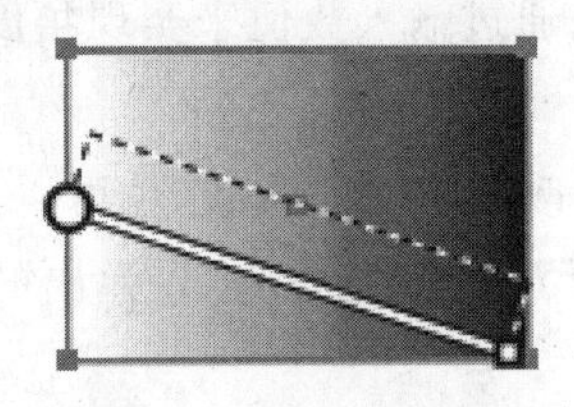
图 5.12 任意旋转角度

图 5.13 旋转 45°效果

(6) 如果需要改变线性渐变填充的起始颜色和终止颜色，双击【渐变】面板中的颜色滑块，弹出颜色选项板，如图 5.14 所示。单击右上角的 按钮，在弹出的菜单中选择颜色模式，再进行颜色调整，如图 5.15 所示。颜色选定之后，该颜色将会自动应用于选定的对象上。使用不同渐变颜色的线性渐变填充效果如图 5.16 所示。

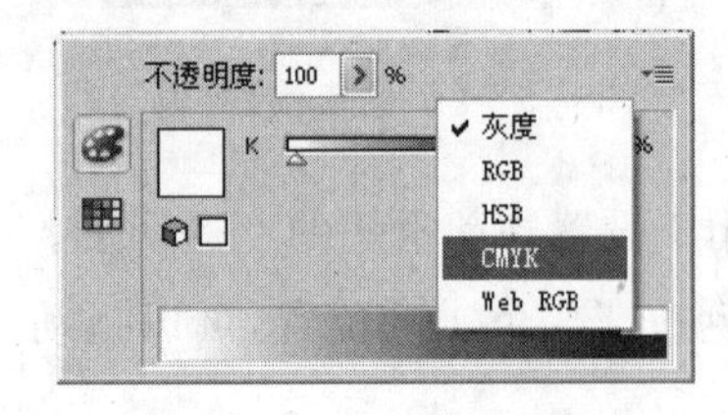

图 5.14 颜色选项板

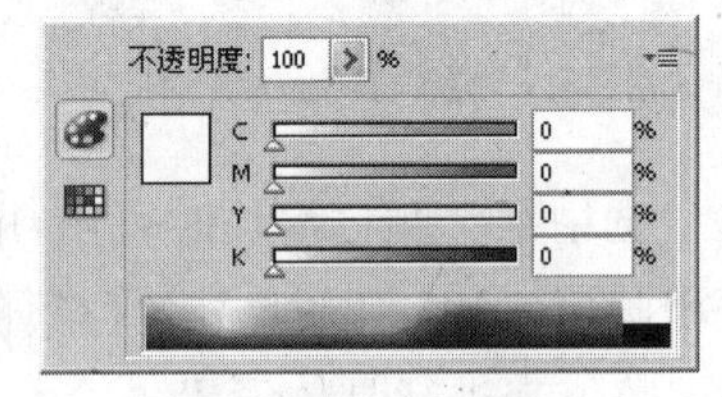

图 5.15 颜色调整

图 5.16 设置渐变颜色

5.2.3 径向渐变填充

径向填充还可以调整径向渐变的中心位置。在选项板色彩条的上面有一个中心位置点标志，用鼠标拖动中心位置来回移动，就可以调整渐变的中心位置。对图形进行线性渐变填充，可以按以下步骤进行操作。

(1) 单击工具箱中的【选择】工具 ，选中要进行填充的对象。

(2) 双击工具箱中的【渐变】工具，或者选择【窗口】|【渐变】命令，打开【渐变】面板。

(3) 在【类型】下拉列表框中，选择渐变类型为【径向】，选中对象被填充为径向渐变，且中间出现控制条，如图 5.17 所示。

(4) 将光标移动到颜色滑块附近，当光标右下角出现"＋"形状时，进行拖动，则复制出一个滑块，在【位置】列表框中设置该滑块的具体位置，如图 5.18 所示。设置颜色后的效果如图 5.19 所示。

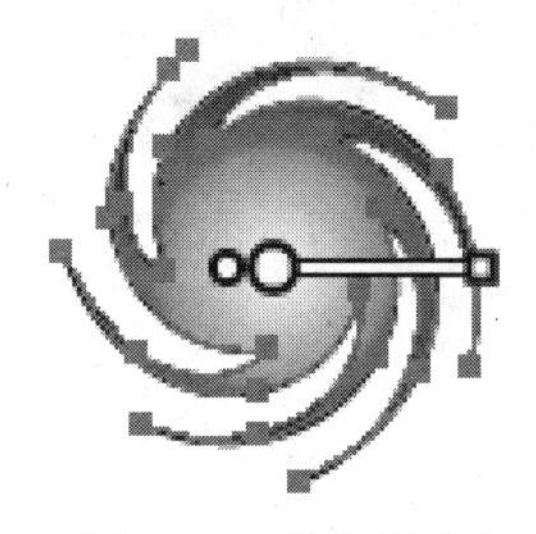

图 5.17　径向渐变

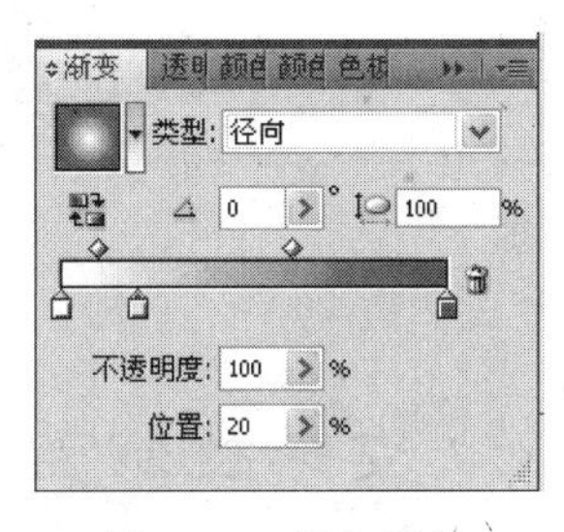

图 5.18　添加滑块

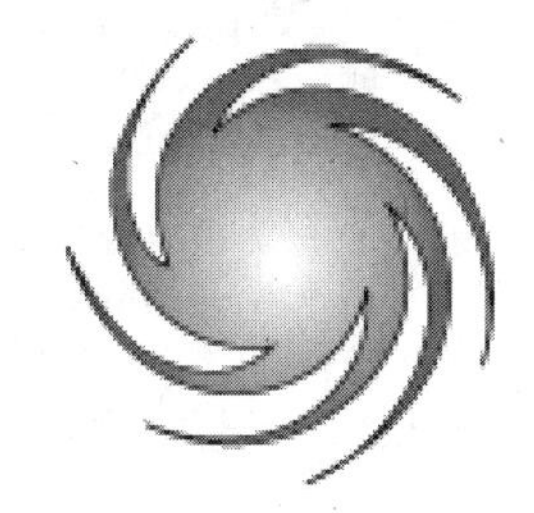

图 5.19　调整颜色效果

(5) 在选项板色彩条的上面有一个中心位置点标志，用鼠标拖动中心位置标志来回移动可以调整渐变的中心位置。当拖动中心位置标志的同时，渐变选项板的文本框的数值会随之变化，也可以选中中心位置标志后，在数值框中输入一个数值来确定渐变中心的位置。

还可以使用颜色标志和终止颜色标志的方法来确定开始渐变和终止位置。这样，在起始位置和终止位置范围之外，以单色的方式进行填充，而在起始位置和终止位置之内，以渐变的方式进行填充。

5.3　透明度面板

单击界面右侧的【透明度】选项透明度，或者选择【窗口】|【透明度】命令，打开【透明度】面板，如图 5.20 所示。通过移动三角形按钮来调整不透明度。范围为 0～100。

设置图形的透明度，可以按以下步骤进行操作。

(1) 打开已经制作好的图形，如图 5.21 所示。

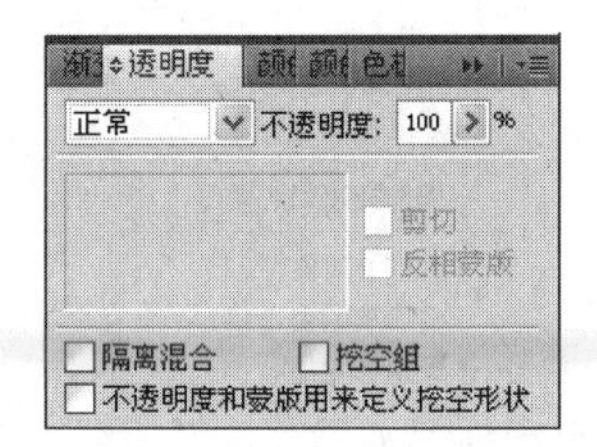

图 5.20　【透明度】面板

图 5.21　制作的图形

(2) 选择工具箱中的【选择】工具 ，选中图形中的花朵图案，在【透明度】面板中设置【不透明度】为 60%，如图 5.22 所示。设置透明度后的效果如图 5.23 所示。

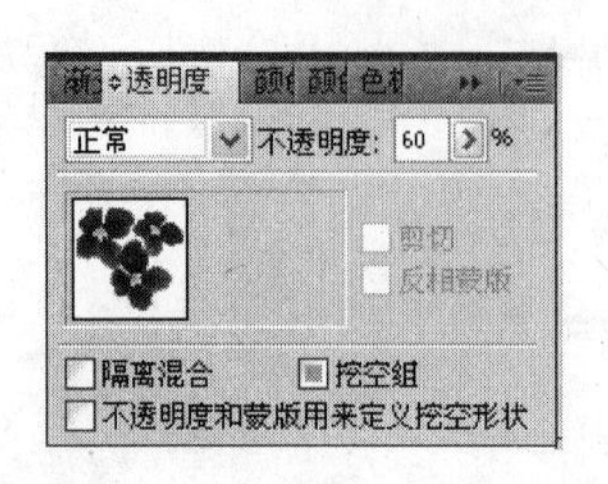

图 5.22 不透明彩虹变形图案

图 5.23 透明度效果

5.4 变换控制面板

单击界面右侧的【变换】选项 变换，或者选择【窗口】|【变换】命令，打开【变换】面板，如图 5.24 所示。

【变换】面板中显示了一个或多个被选对象的位置、尺寸和方向等有关信息。通过输入新的数值对被选对象进行修改和调整。可以按以下步骤进行操作。

(1) 单击工具箱中的【选择】工具 ，选中需要进行变换的一个或多个对象。

(2) 要选择对被选对象进行修改的参考点，单击代表定界框的方框上的手柄。在变换选项面板中输入数值。

【X】文本框：设置被选对象水平方向上的位置。

【Y】文本框：设置被选对象垂直方向上的位置。

【宽】文本框：设置被选对象边界框的宽度。

【高】文本框：设置被选对象边界框的高度。

(3)【角度】列表框：设置被选对象的旋转角度，范围为－180°～180°之间的角度值，从下拉列表框中选取一个数值，也可以直接输入。

(4)【倾斜】文本框：设置被选对象的旋转角度，范围为－60°～60°之间的角度值，从下拉列表中选取一个数值，也可以直接输入。

(5) 调整完毕后，系统将立即应用这些设置。

单击【变换】面板右上角的 按钮，将弹出下拉菜单，如图 5.25 所示。

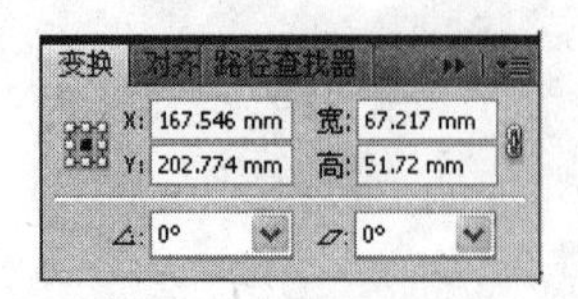

图 5.24 【变换】面板

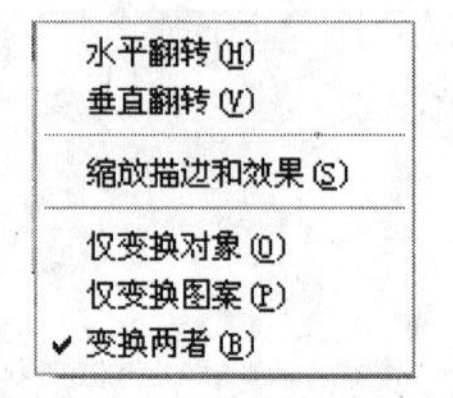

图 5.25 变换选项菜单

【水平翻转】命令：可以沿水平方向对所选对象应用镜像变换。

【垂直翻转】命令：可以选项板弹出菜单沿垂直方向对所选对象应用镜像变换。

【缩放描边和效果】命令：可以使笔画连同对象一起发生变换。

【仅变换对象】命令：只有对象发生变换。

【仅变换图案】命令：只有图案发生变换。

【变换两者】命令：可以使对象和图案都发生变换。

5.5 对齐面板

单击界面右侧的【对齐】选项，或者选择【窗口】|【对齐】命令，打开【对齐】面板，如图 5.26 所示。

【对齐】面板包括【对齐对象】、【分布对象】和【分布间距】三个命令组。单击【对齐】面板右上角的按钮，弹出下拉菜单，如图 5.27 所示。

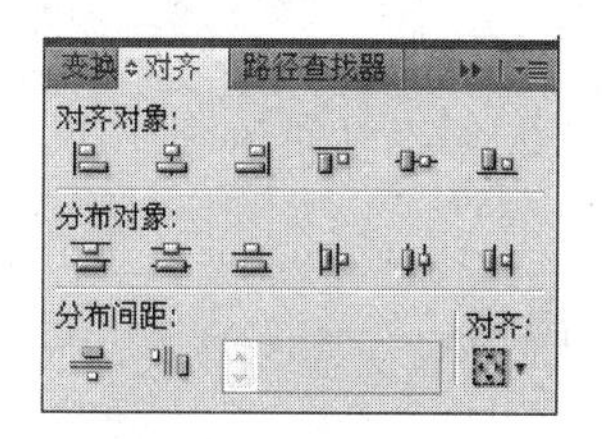

图 5.26 【对齐】面板

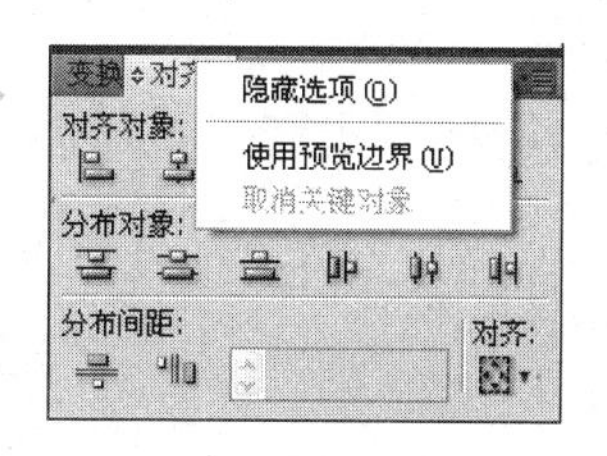

图 5.27 下拉菜单

5.5.1 对齐对象命令组

【对齐】面板可以使选定的对象沿指定的轴向对齐。沿着垂直轴方向，可以使所选对象中的最右边、中间、最左边的节点，对齐所选的其他对象。或沿着水平轴方向，使所选对象的最上边、中间、最下边的节点对齐所选的其他对象。

对齐对象共有 6 个命令，分别是：水平左对齐、水平居中对齐、水平右对齐、垂直顶对齐、垂直居中对齐和垂直底对齐。这 6 个命令的共同特点是能够将选定的多个对象按照一定的方式对齐。

(1)【水平左对齐】：以对象左边的边线为基准线，将选中的各个对象都向基准线靠拢，最左边的对象的位置不变。在水平左对齐的过程中，对象的垂直方向上的位置不变。

(2)【水平居中对齐】：不以对象的边线作为对齐的依据，而是使用选定对象的中点作为对齐的基准点，中间对象的位置不变。如果对齐的对象不是规则图形，将按它们的重心对齐。

(3)【水平右对齐】：以选定对象的右边的边线作为对齐的基准线，选中的对象都向右边靠拢，最右边的对象位置不变。对齐的对象垂直方向上的位置不变。

注意：对象的对齐，需要以一条线或者一个点作为对齐的依据。在 Illustrator CS4

中,水平左对齐、水平右对齐、垂直顶对齐和垂直底对齐这四种对齐方式,是依据选定的各个对象的水平边线或者垂直边线作为对齐的基准线;而水平居中对齐和垂直居中对齐是依据选定的各个对象的中心点作为对齐的基准点。

5.5.2 分布对象命令组

分布对象也有6个命令,分别是:垂直顶分布、垂直居中分布、垂直底分布、水平左分布、水平居中分布和水平右分布。这6个命令的共同特点是能够将选定的多个对象按照一定的方式进行分布排列。

5.5.3 分布间距命令组

分布间距包括【垂直分布间距】和【水平分布间距】两个命令,这两个命令可以指定在分布选定的多个对象时,按照何种方式决定分布的间距。

注意:对象的分布,需要几个形状或者文字作为对齐的依据。在Illustrator CS4中,垂直顶分布、垂直居中分布、垂直底分布、水平左分布、水平居中分布和水平右分布这6种对齐方式是依据选定的各个对象的水平边线或者垂直边线作为对齐的基准线。

5.6 路径查找器面板

单击界面右侧的【路径查找器】选项 路径查…,打开【路径查找器】面板,如图5.28所示。

变换 对齐 路径查找器
形状模式:
扩展
路径查找器:

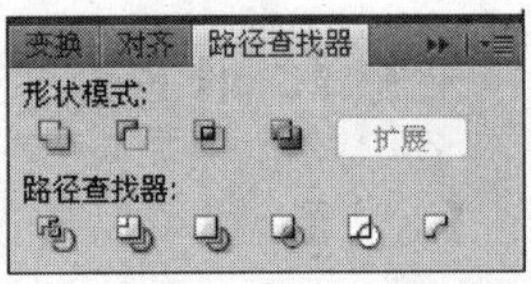

图5.28 【路径查找器】面板

【路径查找器】面板中包括【形状模式】和【路径查找器】两个命令组。

【形状模式】命令组中各命令功能如下所述。

(1)【联集】:将两个重叠对象进行外轮廓位置的调整,同时选取后,单击此按钮,可以将这两个对象合二为一。

(2)【减去顶层】:将两个重叠的对象同时选取后,单击此按钮,对象会根据前置对象的形状而挖去图形,从而露出背景。

(3)【交集】:将两个重叠的对象同时选取后,单击此按钮,将只剩下两个对象相交的区域。

(4)【差集】:将两个重叠的对象同时选取后,单击此按钮,会挖除交集处的区域,图形填入前景色。

【路径查找器】命令组中各命令功能如下所述。

(1)【分割】:将两个重叠的对象同时选取后,单击此按钮,会将这两个对象交集处与对象本身分割成独立对象。

(2)【修边】:删除已填充颜色图形重叠的部分,并且删除所有描边,但不会合并相同颜色的图形。

(3)【合并】：将两个颜色相同并重叠的对象同时选取后，单击此按钮，执行后各对象会合并为一个对象。

(4)【裁剪】：选取两个重叠对象后，单击此按钮，对象只留下交集区域。

(5)【轮廓】：先利用选取工具选取对象，接着单击此按钮，会将填色对象转换成框线。

(6)【减去后方对象】：将两个重叠的对象同时选取后，单击此按钮，后置对象会根据被覆盖物形状而被挖除。

单击【路径查找器】面板右上角的按钮，弹出下拉菜单，如图5.29所示。

选定对象后，在弹出的菜单中选择【建立复合形状】命令，或者按【Ctrl+4】组合键重复执行【联集】命令。单击【路径查找器选项】命令，弹出【路径查找器选项】对话框，如图5.30所示。

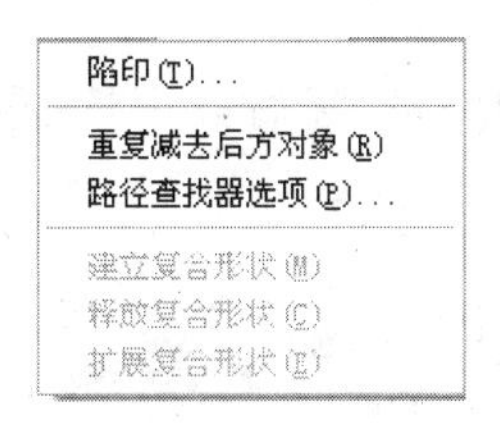

图5.29　下拉菜单

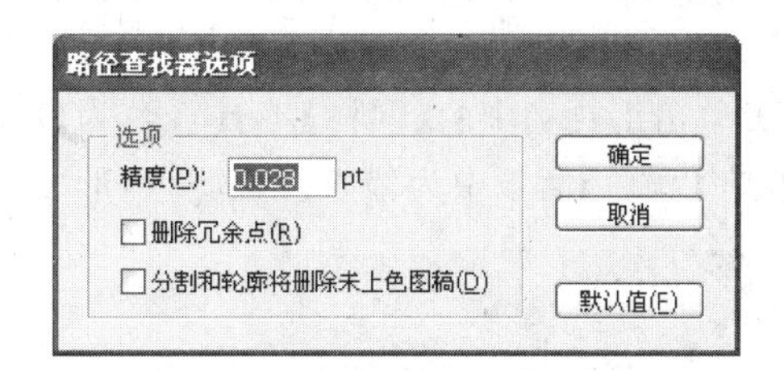

图5.30　【路径查找器选项】对话框

在该对话框中，【精度】文本框用于输入数值，指定选项中各种工具进行操作时的精度，数值越小，精度越高，但操作的时间也较长；数值越大，精度越低，操作时间较短。系统的默认数值是0.028pt，这个数值对于大多数工作来说已经足够了，并且软件运行的速度也不慢。

选中【删除冗余点】复选框，可以将同一路径中不必要的控制点，也就是距离比较近的节点删除。选中分割和轮廓将删除未上色图稿，可以删除未上色的图形或路径。

5.7　图形应用案例

5.7.1　制作彩虹

(1) 单击工具箱中的【矩形】工具，在页面中单击，弹出【矩形】对话框，如图5.31所示。

(2) 在弹出的对话框中设置【宽度】为140mm，【高度】为100mm，如图5.32所示。

(3) 选中矩形，单击界面右侧的【渐变】选项，弹出【渐变】面板，如图5.33所示。在【类型】下拉列表中选择【线性】渐变，设置渐变【角度】为90°，

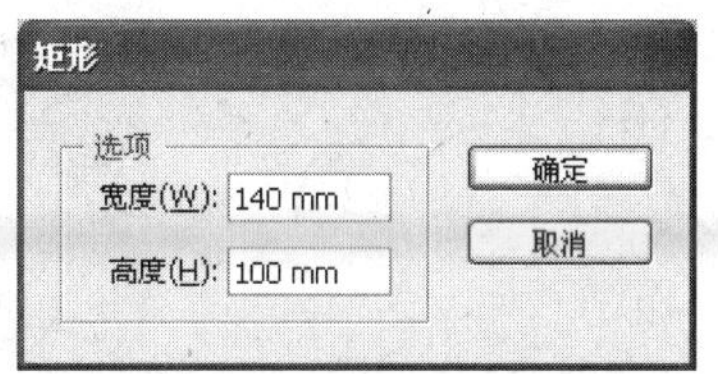

图5.31　【矩形】对话框

渐变颜色从(C：30，M：0，Y：0，K：0)到(C：65，M：30，Y：0，K：0)。矩形的渐变效果如图 5.34 所示。

图 5.32　绘制的矩形

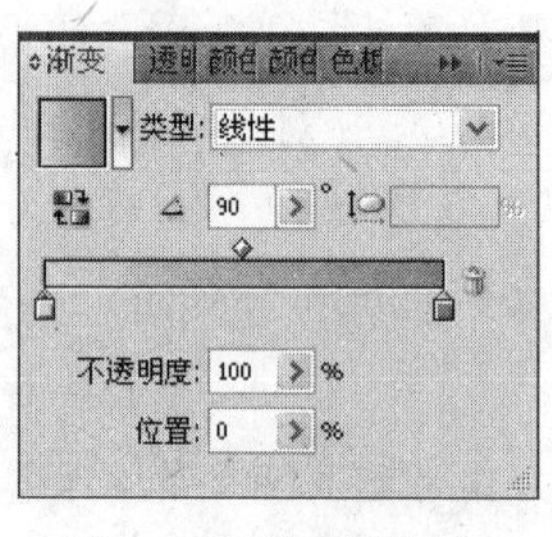

图 5.33 【渐变】面板

图 5.34　渐变效果

(4) 使用【矩形】工具创建一个宽 140mm、高 35mm 的矩形，然后使用【选择】工具选中两个矩形，在【对齐】面板中单击【水平左对齐】和【垂直底对齐】，效果如图 5.35 所示。

(5) 单击工具箱中的【网格】工具，为较小的矩形添加网格，然后分别选中各个锚点，依次在【颜色】面板中为锚点设置颜色，形成渐变的草地效果，如图 5.36 所示。

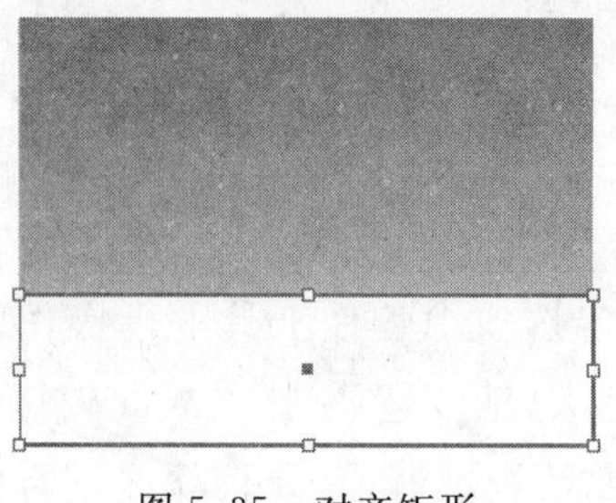

图 5.35　对齐矩形

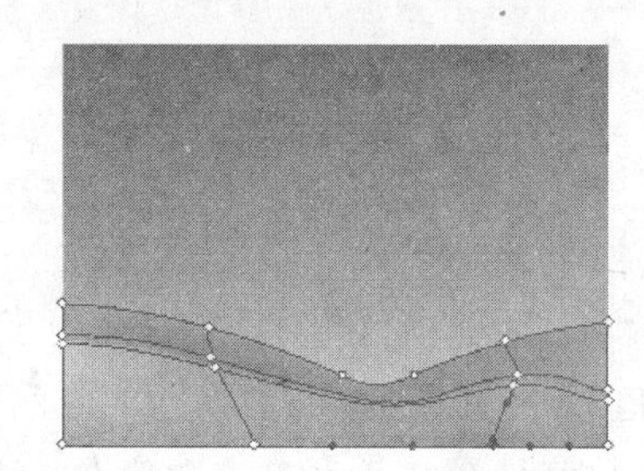

图 5.36　渐变网格

(6) 单击工具箱中的【钢笔】工具，绘制封闭路径，再使用【直接选择】工具对锚点进行调整，制作出云彩效果，如图 5.37 所示。

(7) 设置云彩图形的描边色为无，按【Ctrl＋C】组合键复制，再按【Ctrl＋V】组合键三次复制出三组，随意放置在渐变矩形上。

(8) 在【透明度】面板中，分别设置四个云彩图形的透明度为 90％、80％、70％和 60％，如图 5.38 所示。

(9) 单击工具箱中的【椭圆】工具，在页面中单击，弹出【椭圆】对话框，如图 5.39 所示。

图 5.37　云彩图形

图 5.38　云彩效果

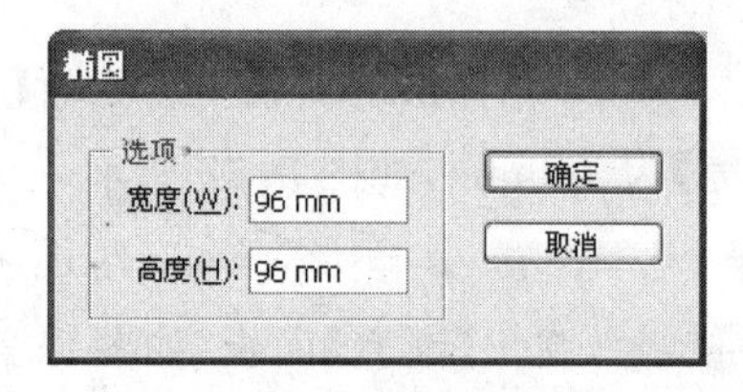

图 5.39 【椭圆】对话框

(10) 在弹出的对话框中设置【宽度】和【高度】均为 96mm，单击【确定】按钮，生成一个圆形，如图 5.40 所示。

(11) 选中圆形，双击工具箱中的【比例缩放】工具，弹出【比例缩放】对话框，如图 5.41 所示。

(12) 在弹出的对话框中选择【等比】单选项，设置【比例缩放】值为 70%，然后单击【复制】按钮，复制出一个圆，如图 5.42 所示。

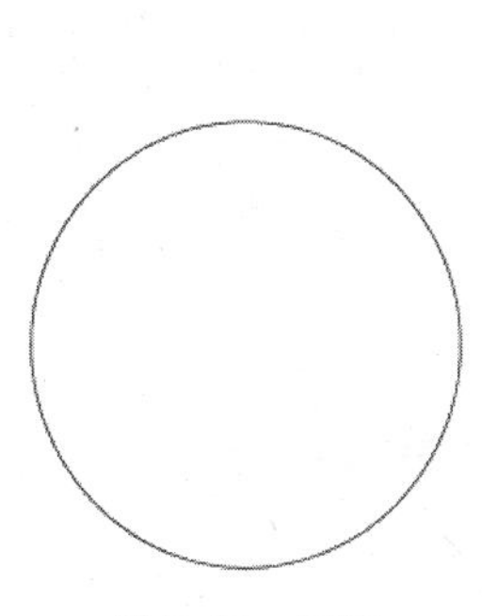

图 5.40　圆形

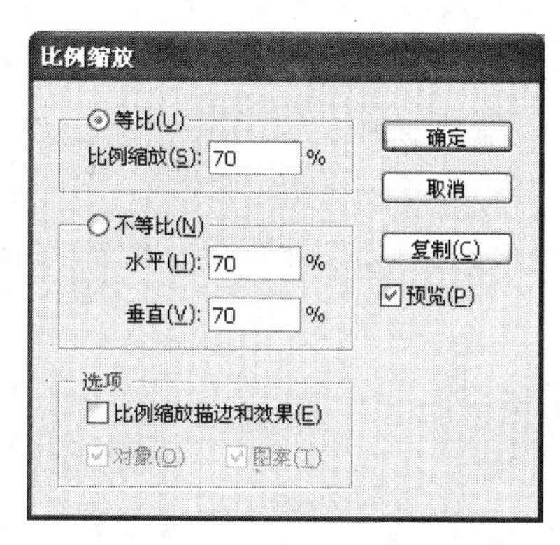

图 5.41　【比例缩放】对话框

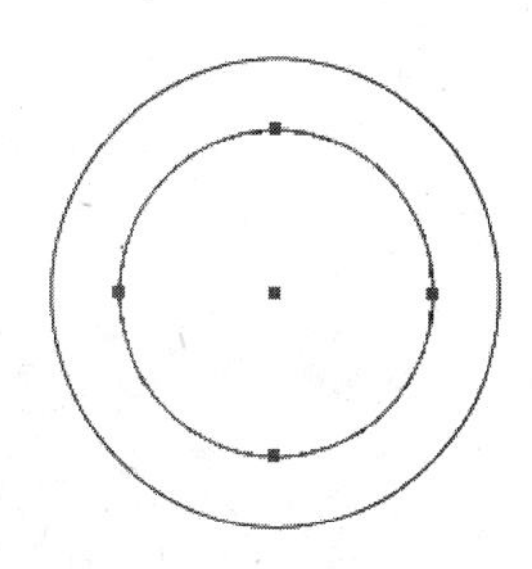

图 5.42　复制出的圆

(13) 单击工具箱中的【选择】工具，选中这两个圆，打开【路径查找器】面板，单击其中的【减去顶层】按钮，生成一个圆环，如图 5.43 所示。

(14) 选中圆环，打开【渐变】面板，选择【类型】为【径向】渐变，在颜色滑块中添加色块，从右到左色块颜色依次为：红、橙、黄、蓝、靛、紫，如图 5.44 所示。圆环的渐变效果如图 5.45 所示。

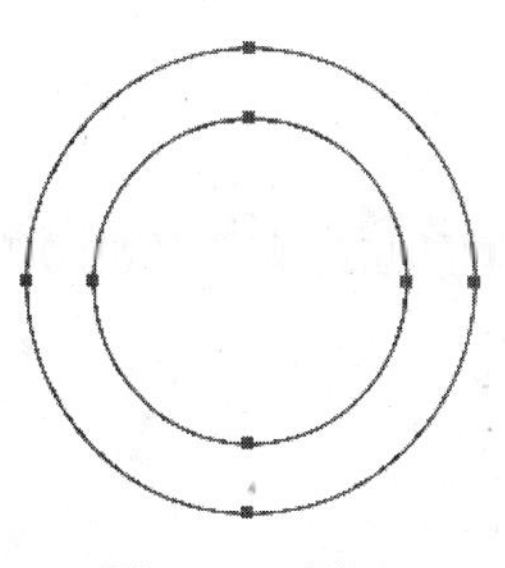

图 5.43　圆环

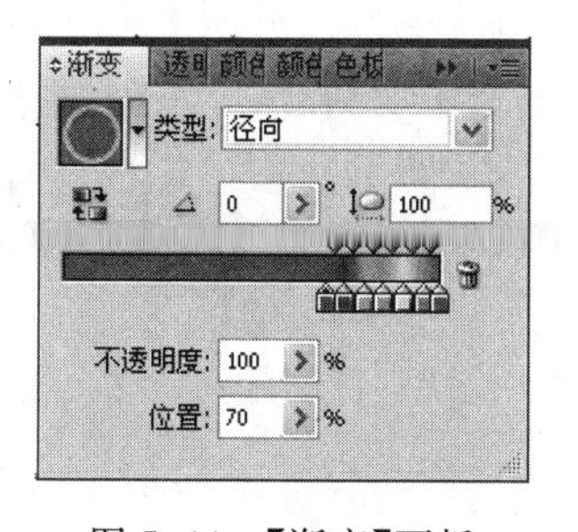

图 5.44　【渐变】面板

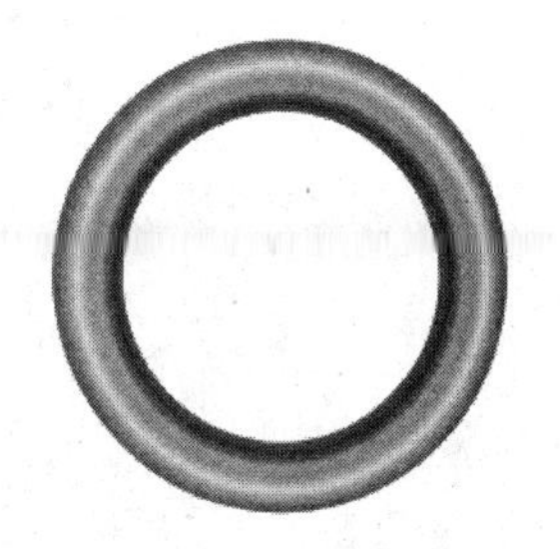

图 5.45　径向渐变

(15) 单击工具箱中的【矩形】工具，在页面中单击并拖动鼠标绘制一个矩形，如图 5.46 所示。

(16) 使用【选择】工具选中圆环和刚绘制的矩形，打开【路径查找器】面板，单击其中的【裁剪】按钮，完成彩虹的制作，效果如图 5.47 所示。

(17) 将彩虹移动到渐变背景上，如图 5.48 所示。

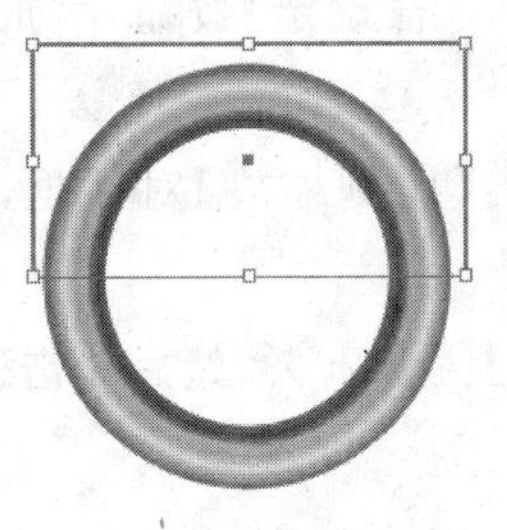

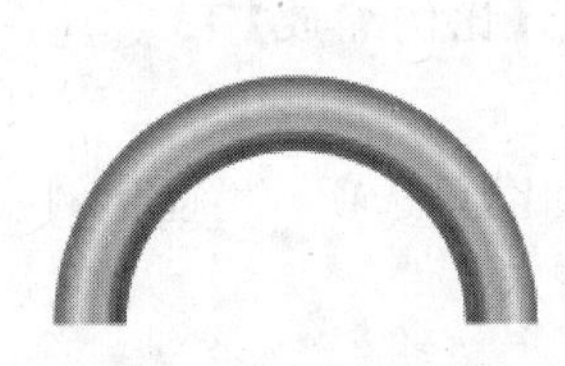

图 5.46 绘制的矩形　　图 5.47 彩虹效果　　图 5.48 移动彩虹图形

(18) 在网格渐变制作的草地图形上右击，在弹出的菜单中选择【排列】|【置于顶层】命令，调整顺序后效果如图 5.49 所示。

(19) 单击工具箱中的【星形】工具，在页面中单击，弹出【星形】对话框，如图 5.50 所示。

图 5.49 移动顺序

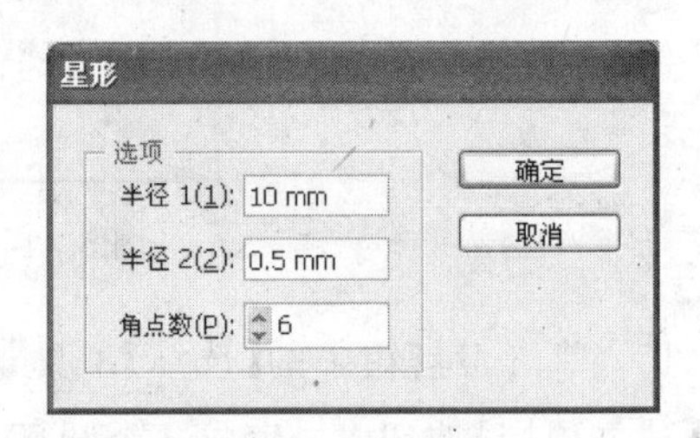

图 5.50 【星形】对话框

(20) 在弹出的对话框中设置【半径 1】为 10mm，【半径 2】为 0.5mm，【角点数】为 6，单击【确定】按钮，生成一个六角星形，如图 5.51 所示。

(21) 单击工具箱中的【光晕】工具，在页面中拖动鼠标绘制光晕，如图 5.52 所示。

(22) 使用【选择】工具将光晕移动到合适位置，完成后效果如图 5.53 所示。

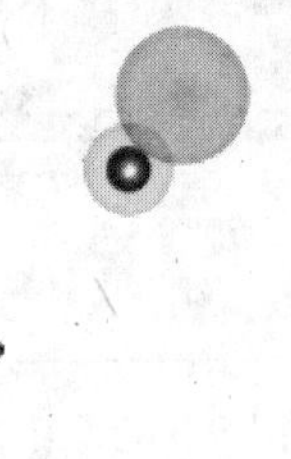

图 5.51 星形　　图 5.52 光晕效果　　图 5.53 完成后效果

5.7.2 制作邮票

(1) 单击工具箱中的【矩形】工具，在页面中单击鼠标并拖动形成一个矩形，然后单击工具箱中的【默认填色和填边】按钮，效果如图 5.54 所示。

(2) 单击工具箱中的【椭圆】工具，按下【Shift】键的同时，在页面中拖动鼠标绘制一个较小圆，如图5.55所示。

(3) 单击工具箱中的【选择】工具，选圆形，按下【Alt】键的同时向右水平拖动，复制圆，如图5.56所示。

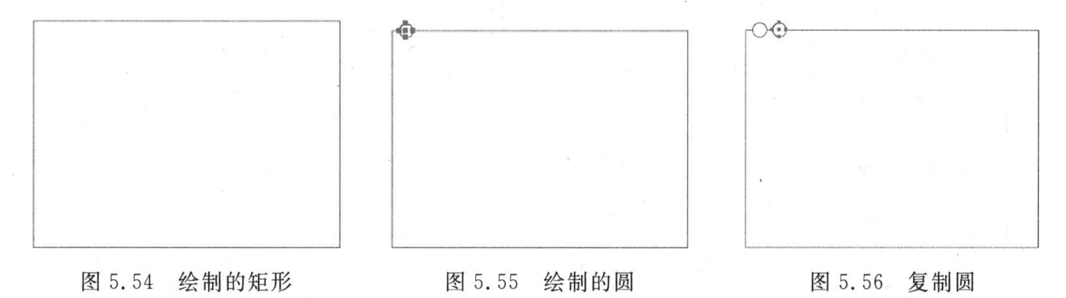

图5.54　绘制的矩形　　图5.55　绘制的圆　　图5.56　复制圆

(4) 保持刚才复制的圆被选中状态，按【Ctrl+D】组合键多次，复制出一组圆形，间距与第一次复制的距离相同，如图5.57所示。

(5) 使用【选择】工具拖动出一个矩形框，选中所有圆形，按下【Alt】键向下垂直拖动，复制出一排圆，如图5.58所示。

(6) 使用同样的方法，制作出矩形左右两侧竖排圆形，如图5.59所示。

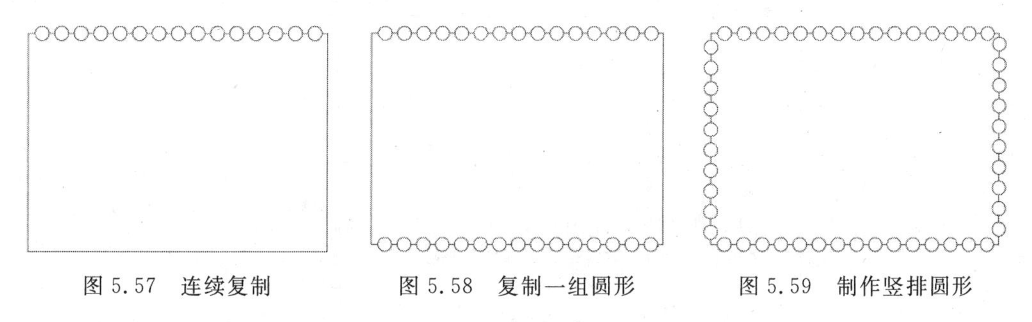

图5.57　连续复制　　图5.58　复制一组圆形　　图5.59　制作竖排圆形

(7) 使用【选择】工具选中矩形和所有圆形，如图5.60所示。选择【窗口】|【路径查找器】命令，在弹出的【路径查找器】面板中单击【减去顶层】按钮，效果如图5.61所示。

(8) 选中修剪后的图形，在属性栏中设置【描边】为0.25pt，效果如图5.62所示。

图5.60　选中所有圆形　　图5.61　【减去顶层】效果　　图5.62　设置描边效果

(9) 选择【效果】|【风格化】|【投影】命令，弹出【投影】对话框，如图5.63所示。

(10) 在弹出的对话框中设置【X位移】为0.3mm，【Y位移】为0.6mm，【模糊】值为1mm，在设置过程中，选中【预览】复选框预览效果，单击【确定】按钮，效果如图5.64

所示。

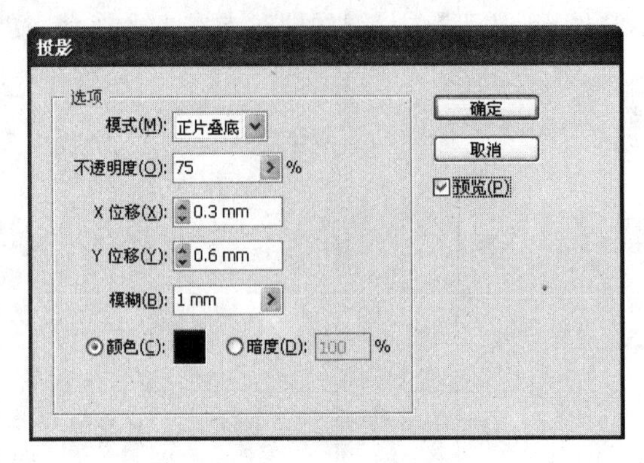

图 5.63 【投影】对话框

图 5.64 投影效果

(11) 单击【文件】|【置入】命令，弹出【置入】对话框，如图 5.65 所示。

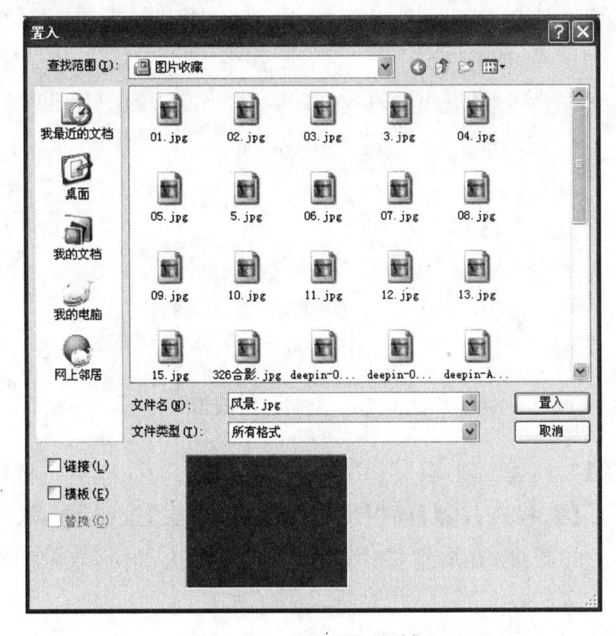

图 5.65 【置入】对话框

(12) 在该对话框中，选择“风景.jpg”图片，取消选中【链接】复选框，单击【置入】按钮，如图 5.66 所示。

(13) 向内拖动图片四周的控制点，适当缩小图片，然后同时选中图片和图形，如图 5.67 所示。

(14) 选择【窗口】|【对齐】命令，在弹出的【对齐】面板中，单击【水平居中对齐】和【垂直居中对齐】，效果如图 5.68 所示。

(15) 单击工具箱中的【直排文字】工具，在页面中单击输入文字“中国邮政”，设置字体为黑体。然后单击【文字】工具，输入文字“60 分”，最终效果如图 5.69 所示。

图 5.66 置入的图片

图 5.67 缩小图片

图 5.68 对齐效果

图 5.69 最终效果

思考与练习

1. 思考题

(1) 渐变填充的类型?

(2) 图层面板的使用?

(3) 路径查找器面板中包括哪几个命令组?

2. 练习题

(1) 练习内容:使用 Illustrator CS4 软件,制作卡通表情效果。

(2) 练习规格:尺寸(297mm×210mm)。

(3) 练习要求:使用椭圆工具、钢笔工具、渐变工具等绘制卡通表情,然后设置相应的透明度参数,完成后效果如图 5.70 所示。

图 5.70 完成卡通表情效果

第6章 符号和图表工具使用

6.1 符号喷枪工具组

符号最初的目的是为了让文件变小，但在 Illustrator CS4 中，符号变成了极具诱惑力的设计工具。

Illustrator CS4 的符号化工具选项可以创建自然、疏密有致的集合体，只需先定义符号即可。

任何 Illustrator CS4 元素都可以作为符号存储起来，从诸如直线等简单的符号到结合了文字和图像的复杂图形等。符号调板提供了操作方便、用于管理符号的界面，也能产生符号库，并且与工作小组中的其他成员共享符号库。就如同画笔和样式库一样。部分符号库面板如图 6.1 所示。

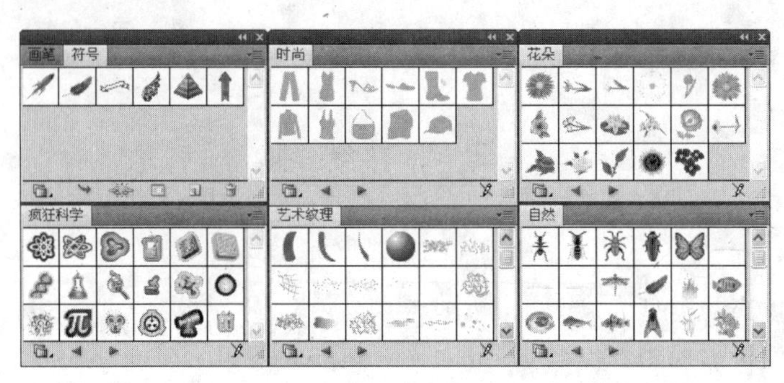

图 6.1 符号库

如果创建了符号并将其作为基本元素用于设计，则可使用新的符号化工具插入和处理在设计中所使用的符号。可以从符号调板中直接拖拉符号，也可以通过使用 Symbol Sprayer 单击鼠标增加一个符号，按住鼠标左键不放，进行拖拉，根据设计意向决定符号的分布。符号工具中的选项可以控制符号分布的密度，以及它们排列的是否疏密有致。

对于符号，最具创新意义之一的是在矢量图像上可以使用光栅化绘图工具。这些工具所产生的令人炫目的效果远非其他复制工具可以完成的，如图 6.2 所示。

图 6.2 符号绘图

其他工具可以用于改变集合体中符号的排列

方式。在集合体中，可以使用工具移动符号单元，或者使用工具调整符号单元间的疏密程度。工具可以提供波浪状的界面来有选择性地选择符号，这样就可以改变它们的方向。选择不同的符号工具可以制作许多效果，如图 6.3 所示。

在工具箱中，按住【符号喷枪】工具不放，工具栏便会弹出一个包含 8 个工具的下拉工具组，其中包括【符号喷枪】工具、【符号位移器】工具、【符号紧缩器】工具、【符号缩放器】工具、【符号旋转器】工具、【符号着色器】工具、【符号滤色器】工具和【符号样式器】工具，如图 6.4 所示。符号体系工具仅仅影响正在编辑的符号或在符号面板里选择的符号。每个符号工具都有一些相同的选项，如直径、强度、符号组密度等，这些选项详细地说明了最近选择的或者将被建立和编辑的符号设置。

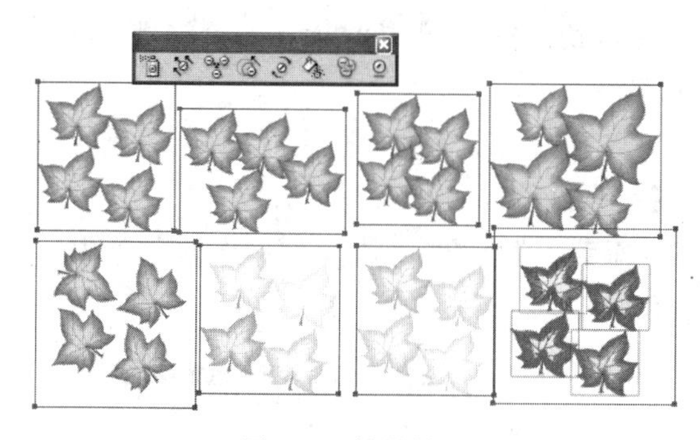

图 6.3　符号效果

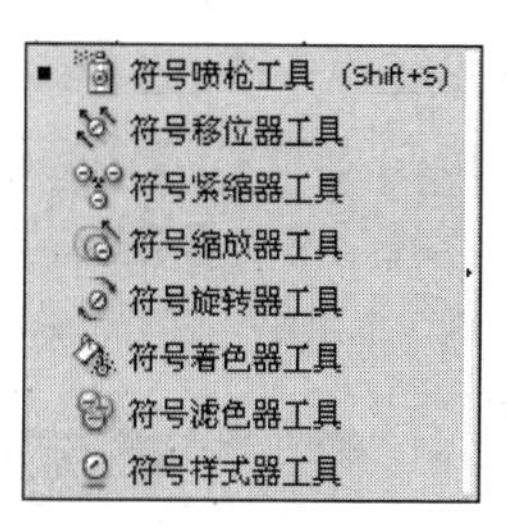

图 6.4　符号工具组

下面具体介绍这 8 个工具的选项配置和使用方法。

6.1.1　符号喷枪工具

【符号喷枪】工具可以产生自然的、复杂的相似物体的集合体。

双击工具箱中的【符号喷枪】工具，弹出【符号工具选项】对话框，如图 6.5 所示。在对话框中设置各项选项，可以创建自然的、疏密有致的集合体。

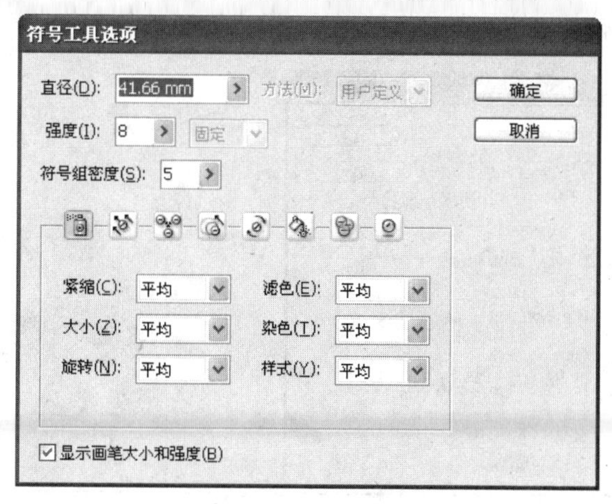

图 6.5　【符号工具选项】对话框

对话框中的各选项介绍如下。

(1)【直径】：符号工具的笔刷直径大小，大的笔刷可以在使用符号修改工具时，选择更多的符号。

(2)【强度】：符号变化的比率，也就是符号绘制时的强度，较高的数值将产生较快的改变。

(3)【符号组密度】：符号集合的密度，即符号集的引力值，较高的数值导致符号图形密实地堆积在一起。它的作用针对整个符号集，并不仅仅针对新加入的符号图形。

(4) 符号喷枪工具选项区域：共有紧缩、大小、旋转、滤色、染色和样式 6 个属性，在这些属性的下拉列表框均包含【平均】和【用户定义】两个选项。其中，当【旋转】属性设置为【用户定义】时，只有在鼠标移动时，才可绘制符号，也就是说在喷绘符号的同时，必须移动鼠标，这时的符号也随鼠标的移动而旋转。

使用【符号喷枪】工具绘制符号，可以按以下步骤进行操作。

(1) 选择【窗口】|【符号】命令，打开【符号】面板，如图 6.6 所示。

(2) 单击【符号】面板左下角的【符号库菜单】小图标，在弹出的菜单中选择【花朵】选项，弹出【花朵】面板，如图 6.7 所示。

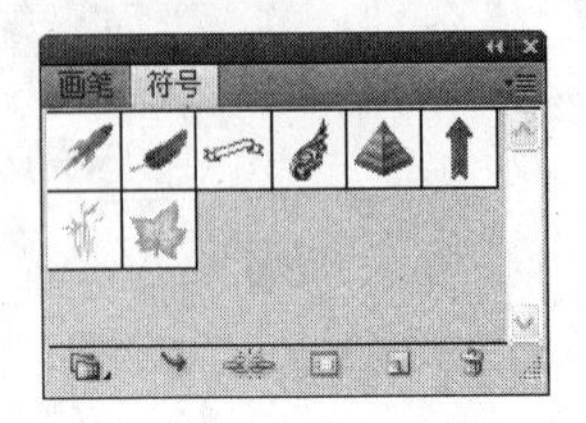

图 6.6 【符号】面板

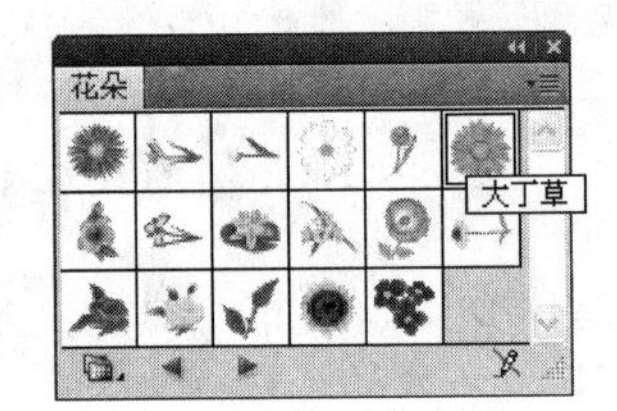

图 6.7 【花朵】面板

(3) 单击选择【花朵】面板中的【大丁草】，双击工具箱中的【符号喷枪】工具，弹出【符号工具选项】对话框，设置【直径】为 25mm，【强度】为 6，【符号组密度】为 6，如图 6.8 所示。

(4) 单击【确定】按钮，在页面中拖动鼠标，形成散布的符号图形，如图 6.9 所示。

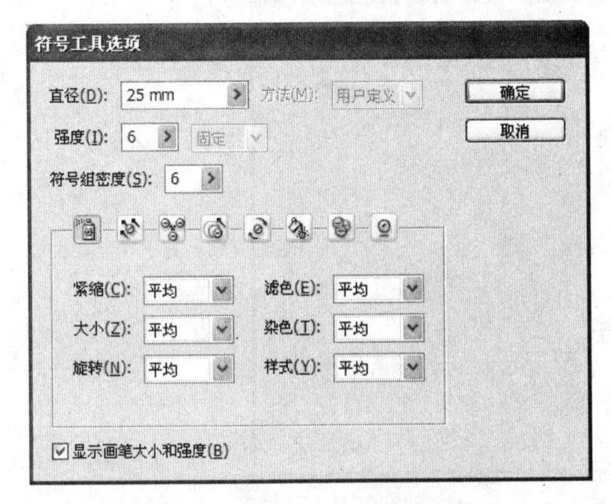

图 6.8 【符号工具选项】对话框

图 6.9 绘制的符号图形

注意：当需要在一个已经存在的符号集合里添加额外的符号时，首先使用【选择工具】选中这个集合；如果想减少绘制的符号，在使用【符号喷枪】工具的同时按下【Alt】键，这时的喷枪就像吸管一样，把经过地方的符号都吸回喷枪里，当然也必须先选中一个存在的符号集。

6.1.2 符号移位器工具

【符号移位器】工具用来对符号的位置和先后顺序进行移动。在使用之前，必须先使用选择工具选中要操作的符号集合。可以按以下步骤进行操作。

(1) 单击工具箱中的【选择】工具，选中已经绘制的符号图形，如图 6.10 所示。

(2) 单击工具箱中的【符号移位器】工具，按下【Shift+Alt】组合键在中间的符号上单击，可以将其移动到后面一层，如图 6.11 所示。

(3) 在符号上拖动鼠标，可以移动符号的位置，完成后效果如图 6.12 所示。

图 6.10 选中符号

图 6.11 符号顺序

图 6.12 移动位置

注意：在使用【符号移位器】工具时，按住【Shift】键可以将符号实例前移一层，按住【Shift+Alt】组合键可以将符号实例后移一层。

6.1.3 符号紧缩器工具

【符号紧缩器】工具用来将画笔范围内的符号图形聚集在一起，甚至相互堆叠。可以按以下步骤进行操作。

(1) 单击工具箱中的【选择】工具，选中已经绘制的符号图形，如图 6.13 所示。

(2) 单击工具箱中的【符号紧缩器】工具，在符号集合上单击或拖动鼠标，就可以使符号紧缩在一起，如图 6.14 所示。

(3) 按下【Alt】键的同时拖动鼠标，可以将符号实例推离光标，向四周扩散分布，如图 6.15 所示。

图 6.13 选中符号

图 6.14 紧缩符号

图 6.15 扩散符号

6.1.4 符号缩放器工具

【符号缩放器】工具用来缩放符号的大小。

双击工具箱中的【符号缩放器】工具，弹出【符号工具选项】对话框，如图 6.16 所示。在对话框下方的选项区域中包含【等比缩放】和【调整大小影响密度】两个选项，一般情况下，保持选中状态。

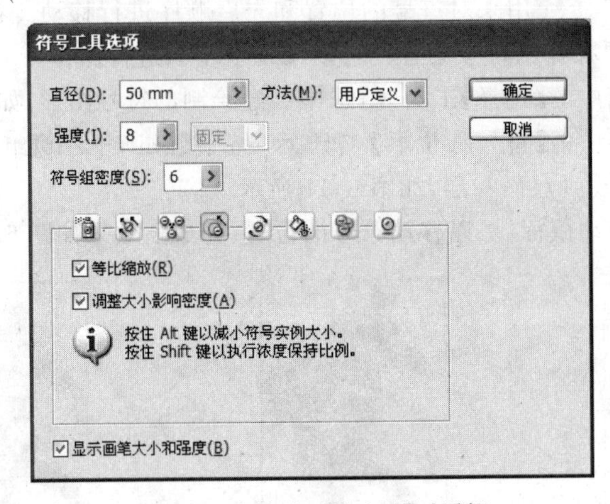

图 6.16 【符号工具选项】对话框

可以按以下步骤进行操作。

(1) 单击工具箱中的【选择】工具，选中已经绘制的符号图形，如图 6.17 所示。

(2) 单击工具箱中的【符号缩放器】工具，在选中的符号上单击，或者拖动鼠标，放大符号图形，效果如图 6.18 所示。

图 6.17 选中符号

图 6.18 放大符号效果

注意：在使用【符号缩放器】工具时，按下【Alt】键可以减小符号实例的大小。

6.1.5 符号旋转器工具

【符号旋转器】工具用来对符号进行旋转。可以按以下步骤进行操作。

(1) 单击工具箱中的【选择】工具，选中符号图形，如图 6.19 所示。

(2) 单击工具箱中的【符号旋转器】工具，在符号图形上拖动鼠标，使图形旋转，如图 6.20 所示。

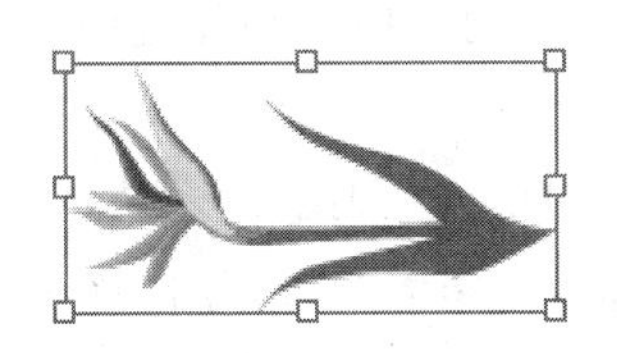

图 6.19 选中符号

图 6.20 旋转效果

6.1.6 符号着色器工具

【符号着色器】工具用来改变图形的色相，而保持原始图形的明暗度。不论使用很高或者很低的色彩，它的明暗度也只是受到很小的影响。但它对黑白的符号图形并不起作用。可以按以下步骤进行操作。

(1) 单击工具箱中的【选择】工具，选中符号图形，如图 6.21 所示。

(2) 单击工具箱中的【符号着色器】工具，在图形上单击着色，改变图形的色相，如图 6.22 所示。

图 6.21 选中符号

图 6.22 着色效果

6.1.7 符号滤色器工具

【符号滤色器】工具用来改变符号集合的透明度。可以按以下步骤进行操作。

(1) 单击工具箱中的【选择】工具，选中符号图形，如图 6.23 所示。

(2) 单击工具箱中的【符号滤色器】工具，在选中的符号上单击，或拖动鼠标，降低符号的不透明度，如图 6.24 所示。

图 6.23 选中符号

图 6.24 降低不透明度

6.1.8 符号样式器工具

【符号样式器】工具用来为符号添加样式。但在使用之前必须先选中符号,再选择一个图形样式。可以按以下步骤进行操作。

(1) 选择【窗口】|【图形样式】命令,打开【图形样式】面板,如图 6.25 所示。

(2) 单击【图层样式】面板中的【实时对称 X】图标,作为即将应用到符号的样式。

(3) 单击工具箱中的【选择】工具,选中符号集,如图 6.26 所示。

(4) 单击工具箱中的【符号样式器】工具,在符号集中的单个符号上单击,应用图形样式,如图 6.27 所示。

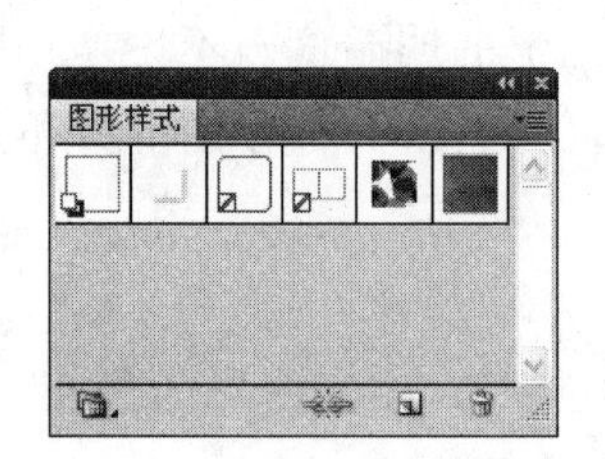

图 6.25 【图形样式】面板

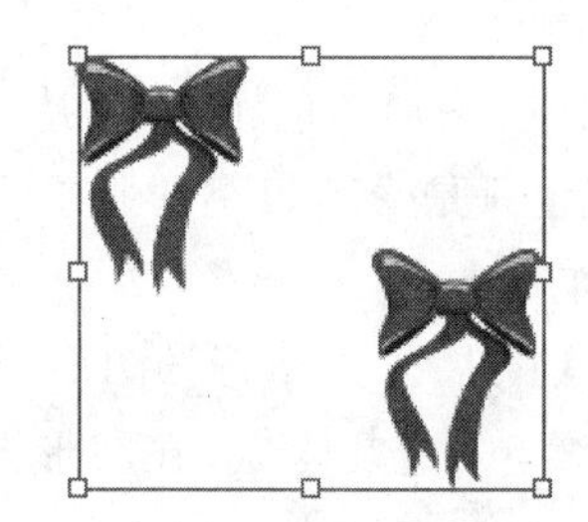
图 6.26 选中符号

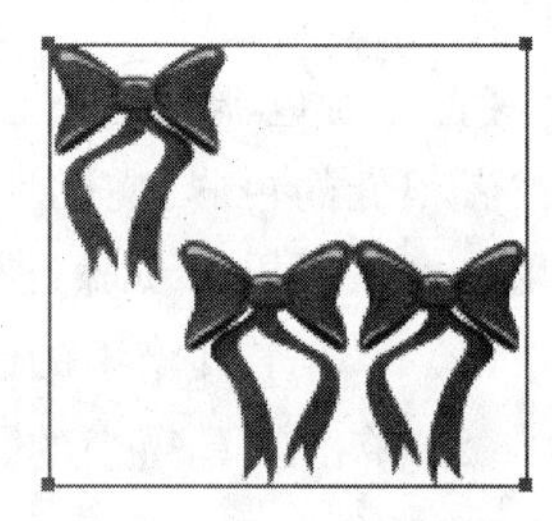
图 6.27 应用图形样式

注意:如果在使用【选择】工具选中符号的同时,选择了一种样式,而没有使用【符号样式器】工具,那么,这个样式会立即作用于整个符号集,如图 6.28 所示。

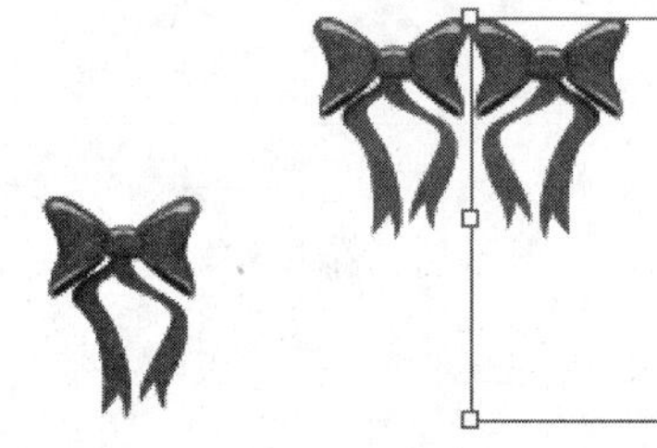
图 6.28 应用图形样式到整个符号集

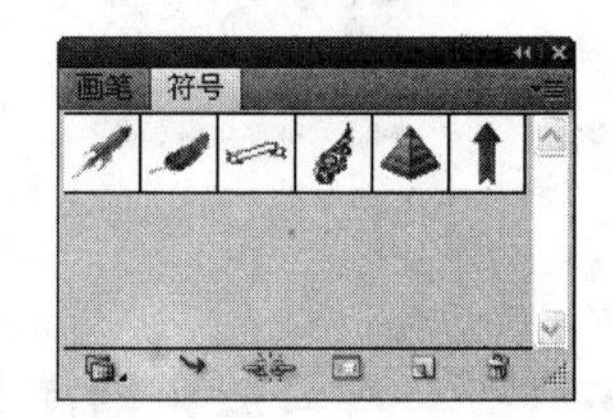

图 6.29 符号面板菜单

6.1.9 符号面板

选择【窗口】|【符号】命令,或者按【Shift+Ctrl+F11】组合键,可以打开【符号】面板,这个符号工具面板中包含了很多符号的置入、新建、符号选项、断开链接、删除等控制功能,如图 6.29 所示。

符号面板底端有一排按钮,各按钮功能介绍如下所述。

【符号库菜单】:在弹出的下拉菜单中的各种符号库中找到所需要的类型符号。

【置入符号实例】:在符号面板选择一个符号后,单击这个按钮,就会在屏幕的工作区中央(并不是所设定的页面区域)绘制一个符号图形。对于单个符号图形的生成,也可以用鼠标从符号面板拖到工作区。

【断开符号链接】：中断建立在工作区的单个符号图形或符号集合同符号面板的联系。另外，符号面板的菜单有一个重定义符号命令，对中断后的符号图形重新编辑后，就可以用这个命令重新定义符号了。

【符号选项】：在弹出的对话框中输入所选的类型符号，系统自动选择。

另外两个按钮，一个是新建，一个是删除，它们的功能一目了然。单击符号面板右上角的小三角按钮，弹出符号面板的相关菜单，如图 6.30 所示。

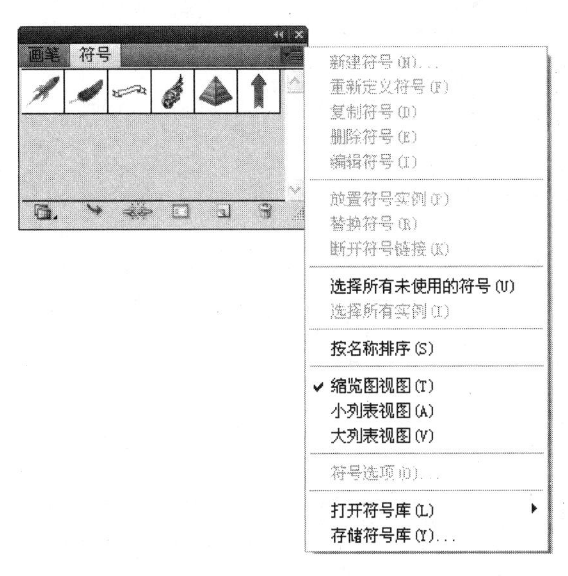

图 6.30　符号面板菜单

放置符号实例、替换符号、断开符号链接、新建符号、删除符号等和面板底端的按钮功能一样，注意，值得一提的是【复制符号】命令，它可以在符号面板上复制生成与所选择的符号相同的符号，这样就可以在复制生成符号的基础上重新修改和定义新的符号，非常方便。

Illustrator CS4 提供了新颖的符号库，里面有丰富的符号图案供大家选用，只要选择菜单上的窗口菜单的符号库，在下拉菜单中就可以看见这几个符号库。

如果在一个文档内多次使用一个相同的物体对象，符号工具的确能帮助节省时间和文件空间，并且可以使用旋转、排列面板或者对象菜单项里的移动、缩放、旋转、倾斜、对称等命令来对单个的符号图形和符号集合进行操作，就像其他对象一样。也可以从透明、外观、风格面板来对符号图形执行操作，包括施加特殊的效果。另外，它也能很好地支持 SWF 和 SVG 格式的导出。

任何 Illustrator CS4 元素，都可以作为符号存储起来，从诸如直线等简单的符号到结合了文字和图像的复杂的图形等。符号调板提供了方便的用于管理符号的界面，也能产生符号库，就像画笔和样式库一样，如图 6.31 所示。

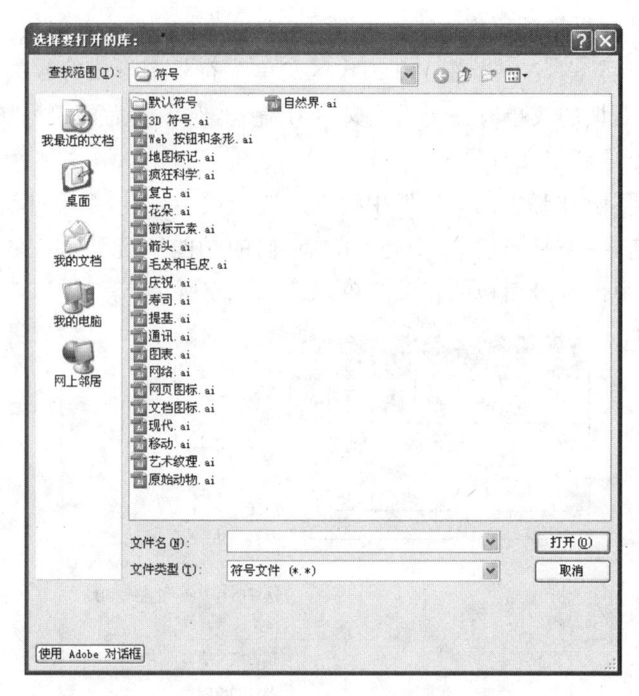

图 6.31 【选择要打开的库】对话框

6.2 图表工具组使用

在 Illustrator CS4 中,图表工具在操作中经常使用。图表不仅可以用于艺术创作,很多时候也用来制作一些公司的数据统计,等等,因为图表比单纯的数字罗列更有说服力,表达更直观、更清晰。

【柱形图】工具及其他弹出式工具栏中的各种工具按钮都能够创建出不同样式的图表。

在创建图表之前一般要设置图表的类型,当然也可在创建后根据需要更改。按住工具箱中的【柱形图】工具不放,可以展开图表工具组按钮,图表工具组包括【柱形图】工具、【堆积柱形图】工具、【条形图】工具、【堆积条形图】工具、【折线图】工具、【面积图】工具、【散点图】工具、【饼图】工具和【雷达图】工具,如图 6.32 所示。工具箱选项对话框如图 6.33 所示。

图 6.32 图表工具组

Illustrator CS4 的图表工具功能很多,并且十分强大,在此只是简略讲述了制作简单图表的基本方法。可以按以下步骤进行操作。

(1) 双击工具箱中的【柱形图】工具,弹出【图表类型】对话框,如图 6.34 所示。设置好图表类型和其他选项后,单击【确定】按钮。

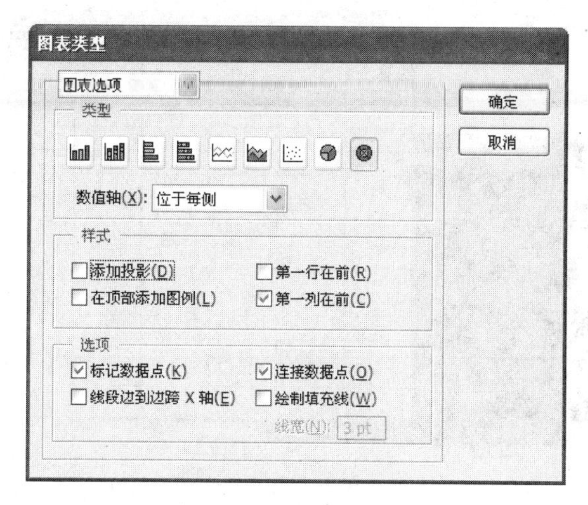

图 6.33 【柱形图】工具

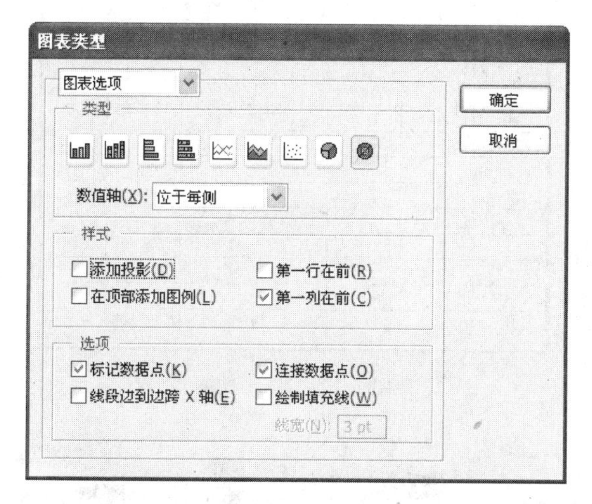

图 6.34 【图表类型】对话框

(2) 在工作页面上单击，弹出【图表】对话框，在弹出的对话框中设置【宽度】为 150mm，【高度】为 100mm，如图 6.35 所示。

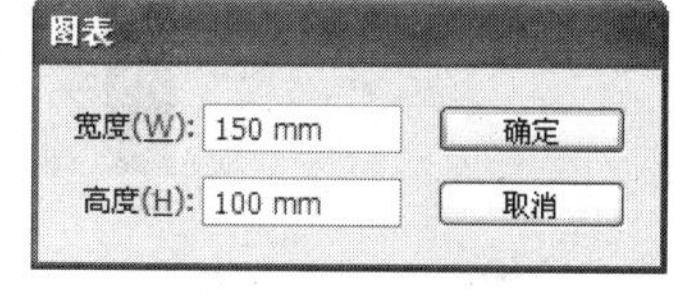

图 6.35 【图表】对话框

(3) 单击【确定】按钮，在页面中出现一个图表和一个数据输入对话框，如图 6.36 所示。

(4) 在数据输入对话框，根据需要输入一些数据，如图 6.37 所示。其中标签用来区分不同的数据类型，首先要输入标签，如“2002 年　2003 年　2004 年”等。

(5) 数据输入完毕，关闭对话框即可得到与数据对应的图表，如图 6.38 所示。

(6) 输入图表数据的方法简单，除了最直接的输入方法还可以使用【文字】工具直接在图表中输入数据。

(7) 图表的组成及其选择，创建的图表是一个由各种基本元素组成的群组对象。图中分别是刻度轴，Y 轴表示成绩，X 轴表示年份，主体部分是代表各组数据的数据列。

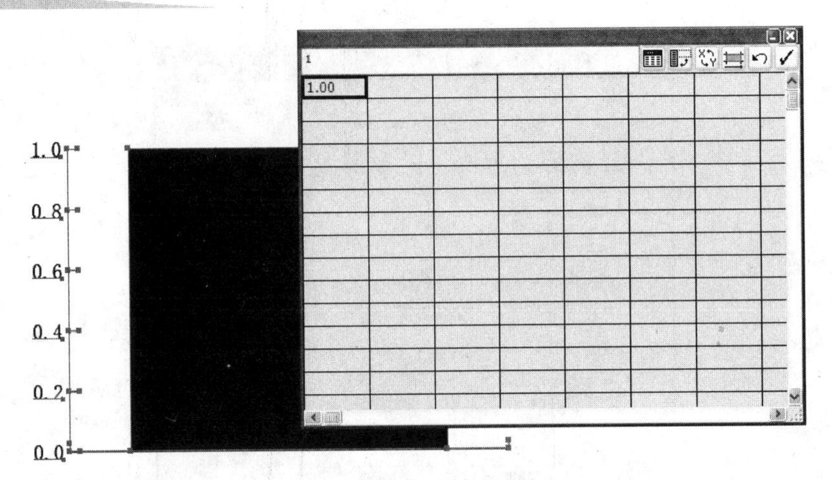

图 6.36 图表及数据输入对话框

	第一学期	第二学期
2002年	80.00	100.00
2003年	90.00	80.00
2004年	70.00	100.00
2005年	95.00	85.00

图 6.37 输入数据

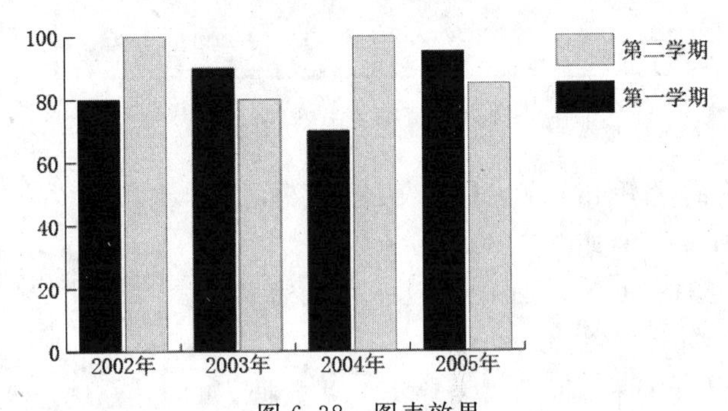

图 6.38 图表效果

生成的图表可以改变不同数据列的颜色，首先进行选择，而【选择】工具一般只能选中整个图表，用【直接选择】工具一般可选择最基本的图表元素，例如 2002 年的成绩，Y 轴上的刻度和数值，甚至表示刻度轴本身的直线。按住【Shift】键可以进行多选。

一次或多次单击刻度轴上的数值，选中整个刻度轴。可以改变图表各部分的颜色，改变颜色后效果如图 6.39 所示。同样也可以更改图表中字体和字体样式，进行移动、旋转、倾斜和缩放等变形操作。有时候为了更加形象生动，可以用已存储的或者自定义的图案来代替。

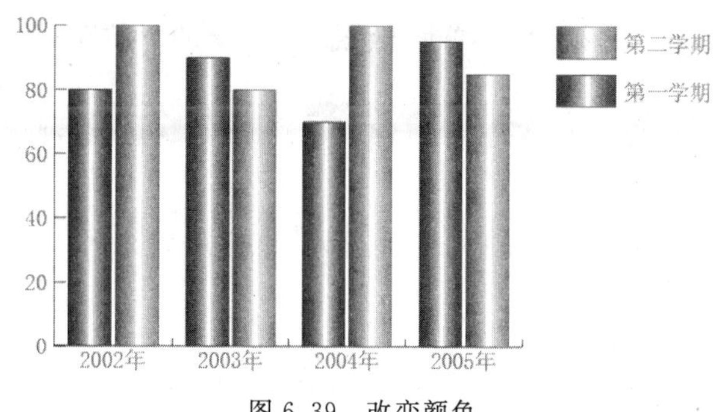

图 6.39　改变颜色

6.3　画笔符号和图表工具应用案例

6.3.1　绘制指示牌

(1) 选择【文件】|【打开】命令，在弹出的【打开】对话框中选择指示牌，如图 6.40 所示。

(2) 单击工具箱中的【镜像】工具，在弹出的【镜像】对话框中选中【垂直】单选项，如图 6.41 所示。

图 6.40　打开指示牌文件

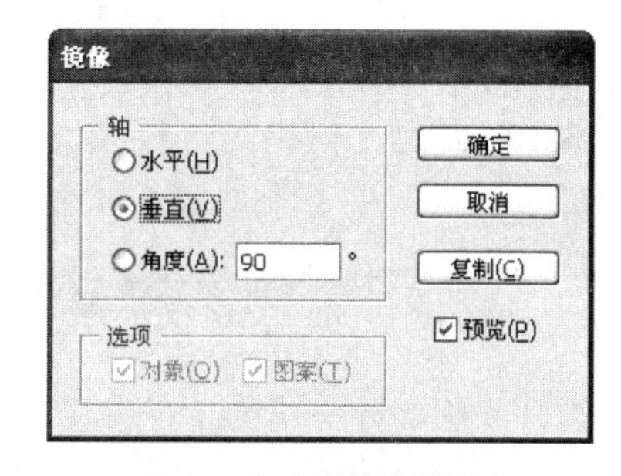

图 6.41　【镜像】对话框

(3) 单击【确定】按钮，完成镜像后缩放大小到合适的位置，如图 6.42 所示。

(4) 将复制后的指示牌依次更改颜色为黄色系列，完成后效果如图 6.43 所示。

图 6.42　镜像完成后效果

图 6.43　更改指示牌颜色

(5) 单击符号面板中的【符号菜单库】，在弹出的下拉菜单中选择【箭头】，弹出【箭头】面板，如图 6.44 所示。

(6) 单击工具箱中的【符号喷枪】工具，选择箭头样式图案，然后调整大小到合适的位置，如图 6.45 所示。

(7) 用同样的方法喷绘箭头样式，然后旋转并调整大小到合适的位置，完成后效果如图 6.46 所示。

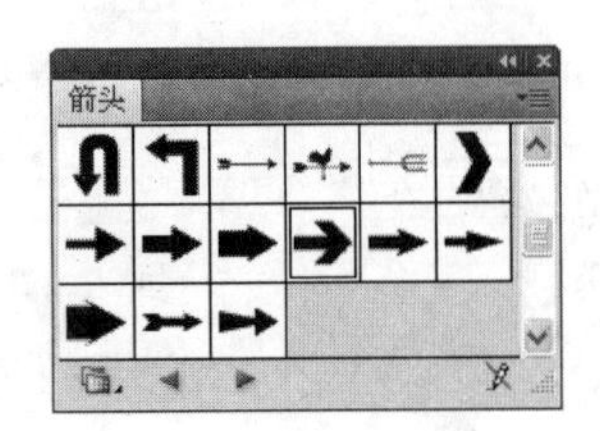

图 6.44　选择箭头样式

图 6.45　喷绘箭头效果

图 6.46　完成指示牌效果

6.3.2　制作购物节海报

本案例中介绍了【多边形】工具、【钢笔】工具、【符号】工具的使用方法。可以按以下步骤进行操作。

(1) 选择【文件】|【新建文档】命令，在弹出的【新建文档】对话框中设置各项参数，如图 6.47 所示。

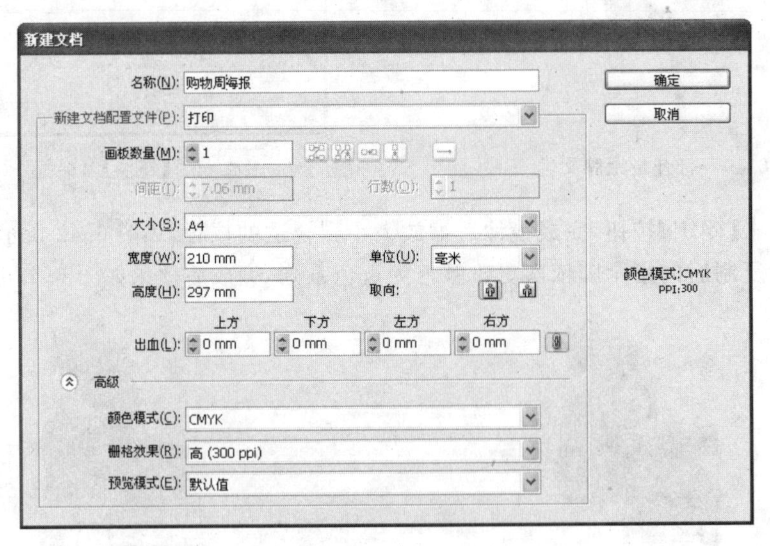

图 6.47　【新建文档】对话框

(2) 使用【椭圆】工具和【钢笔】工具，绘制如图 6.48 所示的图形并填充颜色为黄色。

(3) 单击工具箱中的【椭圆】工具，绘制一个椭圆形并旋转复制一周，完成花朵图形如图 6.49 所示。

图 6.48　绘制图形

图 6.49　绘制花朵图形

(4) 选中图形，将其复制几个并缩放大小到合适位置，完成后效果如图 6.50 所示。

(5) 单击工具箱中的【椭圆】工具，按住【Shift】键不放，绘制 3 个大小不同的圆形，如图 6.51 所示。

图 6.50　复制花朵并缩放大小

图 6.51　绘制圆形

(6) 单击工具箱中的【钢笔】工具，绘制花纹图形并填充颜色为绿色，如图 6.52 所示。

(7) 单击工具箱中的【钢笔】工具，绘制花纹图形并填充颜色为绿色，如图 6.53 所示。

图 6.52　绘制花纹图形

图 6.53　输入文字并调整变形效果

(8) 使用【文字】工具，在图形中输入文字并创建轮廓，然后单击【钢笔工具】，如图 6.54 所示将图形填充为黄色。

(9) 单击符号面板中的【符号菜单库】，在弹出的下拉菜单中选择【庆祝】，弹出【庆祝】面板，如图 6.55 所示。

图 6.54　输入文字

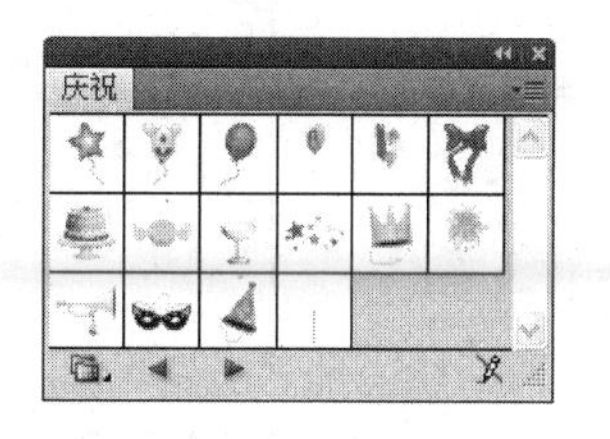

图 6.55　【庆祝】面板

(10) 单击工具箱中的【符号喷枪】工具,选择庆祝样式图案,然后调整大小及角度到合适的位置,如图 6.56 所示。

(11) 单击工具箱中的【符号喷枪】工具,选择庆祝样式图案,然后调整大小到合适的位置,如图 6.57 所示。

图 6.56 绘制图形

图 6.57 喷绘图形

(12) 选择图案将其复制并缩放大小到合适的位置,如图 6.58 所示。

(13) 选择左侧的烟花符号,单击工具箱中的【符号移位器】工具,在符号上单击并调整符号位置,完成后效果如图 6.59 所示。

图 6.58 复制并缩放到合适的大小

图 6.59 完成效果

6.3.3 绘制图表

Illustrator CS4 的图表工具功能很多,并且十分强大,本文只是简略讲述了制作简单图表的基本方法。图表工具可以按以下步骤进行操作。

(1) 双击工具箱中的【堆积柱形图】工具,弹出【图表类型】对话框,设置好图表类型及选项后,单击【确定】按钮,如图 6.60 所示。

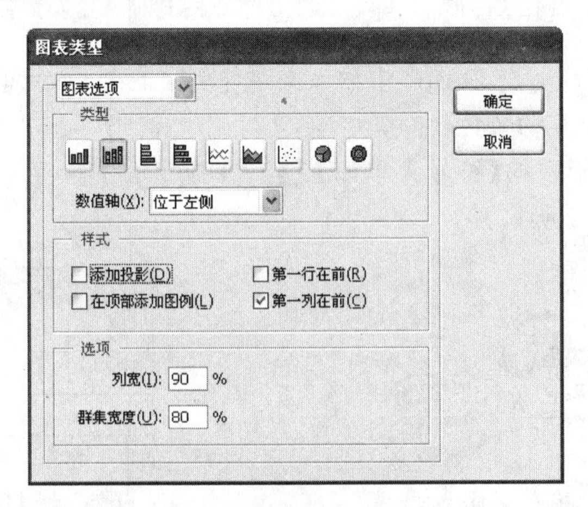

图 6.60 【图表类型】对话框

(2) 在页面上单击并拖动出一个矩形区域，绘制相应大小的图表。

(3) 释放鼠标后弹出数据输入对话框，根据需要输入一些数据，如图 6.61 所示。

1.00	第一年	第二年	第三年
2.00	120.00	600.00	300.00
3.00	500.00	300.00	150.00
4.00	45.00	120.00	220.00
5.00	800.00	50.00	80.00

图 6.61 输入数据

(4) 输入数据后关闭对话框，完成后效果如图 6.62 所示。

(5) 选择第三年的数据颜色，在渐变面板中设置渐变颜色，如图 6.63 所示。

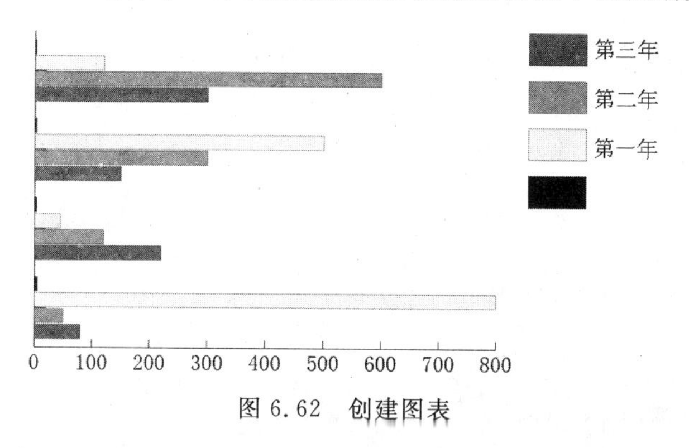

图 6.62 创建图表

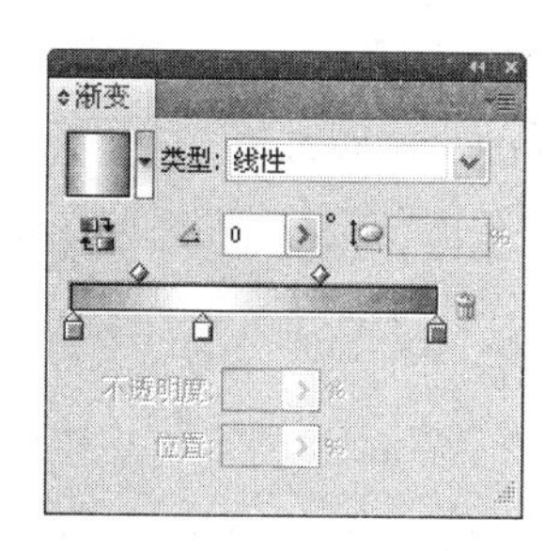

图 6.63 设置渐变参数

(6) 设置渐变颜色完成后效果如图 6.64 所示。

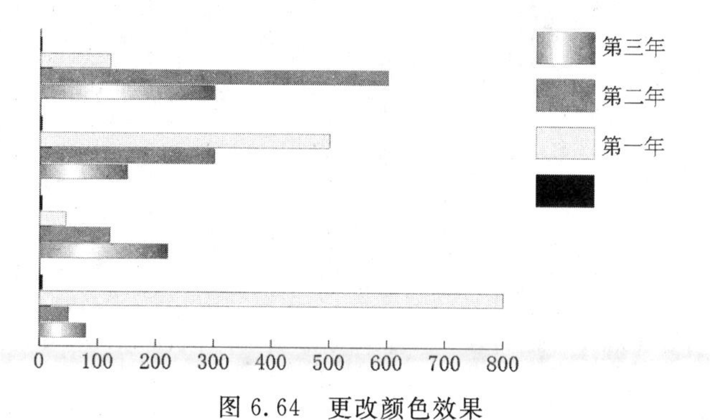

图 6.64 更改颜色效果

(7) 用同样的方法更改其他数据颜色，完成后效果如图 6.65 所示。

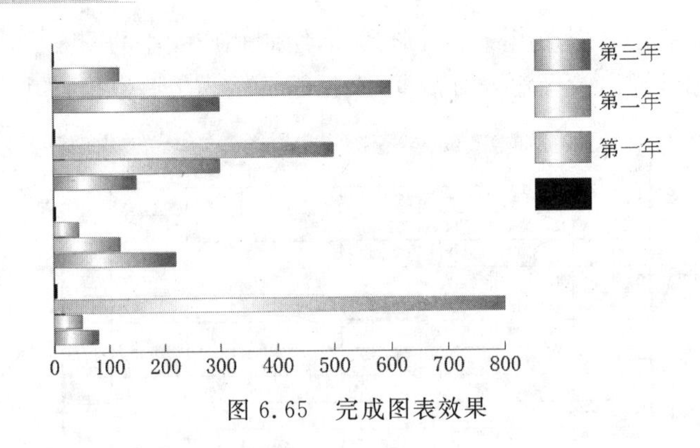

图 6.65 完成图表效果

思考与练习

1. 思考题

(1) 简述喷枪工具的使用方法?

(2) 图表工具包括哪几种类型?

2. 练习题

(1) 练习内容:使用 Illustrator CS4 软件,制作新年卡片效果。

(2) 练习规格:尺寸(297mm×210mm)。

(3) 练习要求:使用矩形工具、文字工具、渐变工具、符号喷枪工具、置入命令等绘制新年卡片,完成后效果如图 6.66 所示。

图 6.66 完成新年卡片效果

第 7 章　Photoshop CS4 图像处理

7.1　图像处理简介

计算机科学技术的广泛应用，对整个社会产生了巨大而深远的影响，改变着人们的观念和生活方式，而计算机图像处理技术以其独特的魅力征服了许多人。

7.1.1　计算机图像处理

(1) 计算机图像处理的使用，使摄影家首次可以用数字技术通过多种格式来实现他们的创作目的，这给摄影家带来了无限的创作空间，以前在传统摄影中很难实现的创意，通过数字技术的应用就能轻松地完成，同时还可以将作品印在纸张或纺织品上，或是投影显示，或是通过 E-mail 发往世界各地，或是在网上发布。

(2) 计算机图像处理，在使用上并不复杂，实际上就像人们掌握电视和照相机一样，只需熟练的技能技巧即可，应当说数字时代人人都有可能成为艺术家和设计师。

(3) 数字图像处理技术，并不要求有经验的摄影家一切从头开始学习。事实上，由于对传统摄影的透彻理解，摄影家们已在某种程度上跑到了其他使用者的前面了。然而初学者需要全面的掌握，这主要是指在艺术创作方面的能力，应当说在任何时代，艺术的创造力都是最重要的。

7.1.2　Photoshop CS4 图像处理简介

1. 图像的处理

(1) 对于图像处理，主要来自对图像处理软件的认识与掌握。图像处理软件有很多，但最著名的 Adobe Photoshop 已成为数码摄影师圈子内的标准应用程序，也被制图、网页和多媒体专业人员所广泛使用。Adobe Photoshop 软件已升级到 Photoshop CS4，它以革命性的工具，提供了崭新的方法来发挥创意。利用 Photoshop，能够更轻松地制作出色的作品，在印刷、网络、无线设备与其他媒体上发表。

(2) Photoshop CS4 不仅为图像创作提供富有创意的工具箱，而且也为打印、网页和多媒体产品的输出准备了具有高度针对性的功能。新的媒体革命正在拉近摄影家、平面造型设计师、编码程序设计师和录像剪辑师在传统技艺方面的距离。

(3) Photoshop CS4 允许做所有的暗室惯常操作。例如，剪裁、放大、反差调节、油画、素描和混合效果。只要对反差进行区域曝光系统式的控制,并借助内置式密度来监视图像的亮度范围,更高级的调整也是可能的。Photoshop CS4 还能模拟各种相机效果,轻而易举地营造浅景深、动态模糊和透视变形效果。Photoshop CS4 允许与传统摄影和文件复制过程不可比拟的方式来修改数字图像。

Photoshop CS4 中的图像数据大多能从一个图像转移到另一个图像,而图层、选区和精心描画的图形可以在众多不同的图像之间来回交换。许多设置可以存储起来,以便将来应用于其他图像,如对比度曲线、色调和色彩调整。

2. 图像处理的两种方式

(1) 点阵图(位图)的构成:像素(分辨率),可逼真再现大自然(类似 CCD 以像素为单位),放得越大越不清楚。

(2) 矢量图的构成:数学计算法(以线条和色阶为主,无法制作和照片一样的精确景象,用于美工插图和工程绘图),无论放大多少都是清楚的。

Photoshop 是基于点阵图或称位图的图像处理软件。

7.2 Photoshop CS4 文件格式

7.2.1 Photoshop CS4 的常用文件格式

使用 Photoshop CS4 制作或处理好一幅图像后,要选择一种合适的文件格式进行存储。

1. PSD 格式和 PDD 格式

PSD 格式和 PDD 格式是 Photoshop CS4 软件自身的专用文件格式,能够支持从线图到 CMYK 的所有图像类型,但由于在一些图像程序中没有得到很好的支持,所以其通用性不强。PSD 格式和 PDD 格式能够保存图像数据的细小部分,如图层、通道等对图像进行特殊处理的信息。在最终决定图像的存储格式前,最好先以这两种格式存储。另外,Photoshop CS4 打开和存储这两种格式的文件较其他格式更快。但是这两种格式也有缺点,就是它们所存储的图像文件特别大,占用的磁盘空间较多。

2. BMP 格式

BMP 是 Windows Bitmap 的缩写。它可以用于绝大多数 Windows 下的应用程序。BMP 格式的选项对话框如图 7.1 所示。

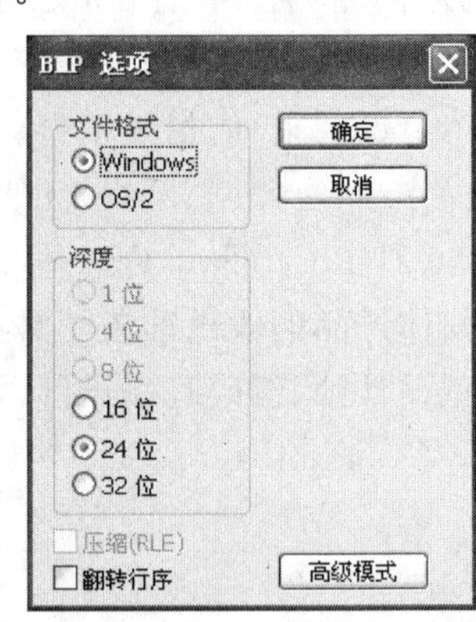

图 7.1 【BMP 选项】对话框

BMP 格式使用索引色彩,它的图像具有极其丰富的色彩,并可以使用 16MB 色彩渲染图像。BMP 格式能够存储黑白图像、灰度图像和 16MB 色彩的 RGB 图像等。此格式一般在多媒体演示、视频输出等情况下使用,但不能在 Macintosh 程序中使用。BMP 格式的图像文件在存储时,还可以进行无损压缩,能节省磁盘空间。

3. GIF 格式

GIF 是 Graphics Interchange Format 的首字母缩写词。GIF 文件比较小,它形成压缩的 8 位图像文件。正因为这样,一般用这种格式的文件来缩短图像的加载时间。如果在网络中传送图像文件,GIF 格式的图像文件要比其他格式的图像文件传输速度快得多。

4. JPEG 格式

JPEG 是 Joint Photographic Experts Group 的首字母缩写词,译为联合图片专家组。JPEG 格式既是 Photoshop 支持的一种文件格式,也是一种压缩方案。它是 Macintosh 程序中常用的一种存储类型。JPEG 格式使用的是有损压缩,会丢失部分数据。可以在存储前选择图像的最后质量,这样能控制数据的损失程度。JPEG 格式的存储选项对话框如图 7.2 所示。单击【图像选项】选项区域的下拉列表按钮,可以选择从低、中、高到最佳 4 种图像压缩质量。以高质量保存图像比其他质量的保存形式占用更大的磁盘空间。而选择低质量保存图像则损失的数据较多,但占用的磁盘空间较少。

5. TIF 格式(TIFF)

TIF 是标签图像格式(Tag Image File Format)。TIF 格式对于色彩通道图像来说是最有用的格式,具有很强的兼容性,它可以用于 PC、Macintosh 以及 UNIX 工作站三大平台,是这三大平台上使用最广泛的绘图格式。存储时可在如图 7.3 所示的对话框中进行选择。

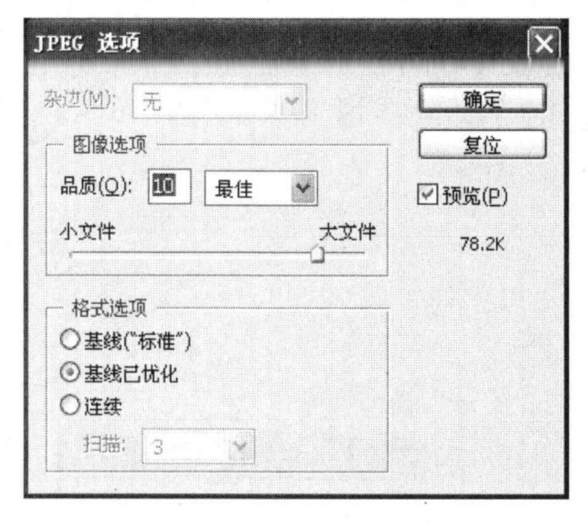

图 7.2 【JPEG 选项】对话框

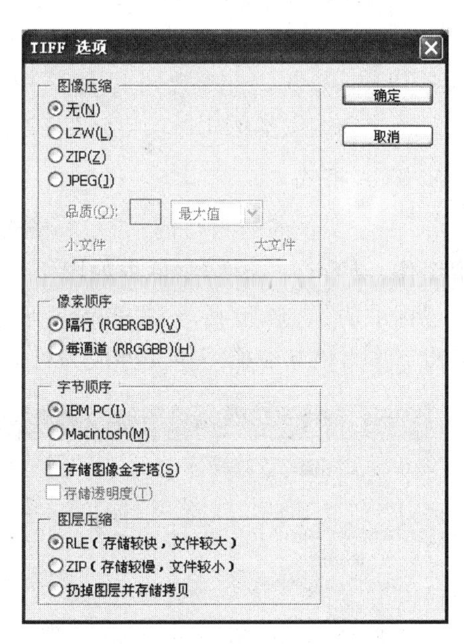

图 7.3 【TIFF 选项】对话框

用 TIF 格式存储时应考虑到文件的大小,因为 TIF 格式的结构要比其他格式更大更复杂。但 TIF 格式支持 24 个通道,能存储多于 4 个通道的文件格式。TIF 格式还允许使用 Photoshop 中的复杂工具和滤镜特效。TIF 格式非常适合于印刷和输出。

7.2.2 Photoshop CS4 的其他文件格式

Photoshop CS4 中有 20 多种文件格式可供选择。在这些文件格式中，既有 Photoshop 的专用格式，也有用于应用程序交换的文件格式，还有一些比较特殊的格式。

1. PCX 格式

PCX 文件格式比较简单，因此特别适合于索引和线图图像。在 Photoshop 中，PCX 格式可以支持多达 16MB 色彩的图像。在其他绘图软件中，可以放心地将一幅索引、灰度和线图图像以 PCX 文件格式存储。然后，在 Photoshop CS4 中将其转换成 RGB 格式。要注意的是，当在 Photoshop CS4 中调用 PCX 文件时，必须解决好调色板问题。这有助于解决把 PCX 格式的图像文件转换成其他格式的图像文件时所出现的问题。

2. PXR 格式

PXR 格式是应用于 PIXAR 工作站上的一种文件格式。大多 PC 用户对 PXR 格式比较陌生。在 Photoshop CS4 中把图像文件以 PXR 格式存储，就可以把图像文件传输到 PIXAR 工作站上。而在 Photoshop CS4 中也可以打开一幅由该工作站制作的图像。

3. EPS 格式

EPS 是 Encapsulated Post Script 的首字母缩写词。EPS 格式是 Illustrator CS 和 Photoshop CS4 之间可交换的文件格式。Illustrator CS 软件制作出来的流动曲线、简单图形和专业图像一般都存储为 EPS 文件格式。Photoshop CS 可以获取这种格式的文件。

在 Photoshop CS 中，也可以把其他图形文件存储为 EPS 格式，供给如排版类的 PageMaker 和绘图类的 Illustrator CS 等软件使用。【EPS 选项】对话框如图 7.4 所示。

4. TGA 格式

TGA 是 Targa 的缩写词。TGA 格式与 TIF 格式相同，都可用来处理高质量的色彩通道图像。【Targa 选项】对话框如图 7.5 所示。TGA 格式支持 32 位图像，它吸收了广播电视标准的优点，包括 8 位 Alpha 通道。另外，这种格式使 Photoshop CS4 软件和 UNIX 工作站相互交换图像文件成为可能。

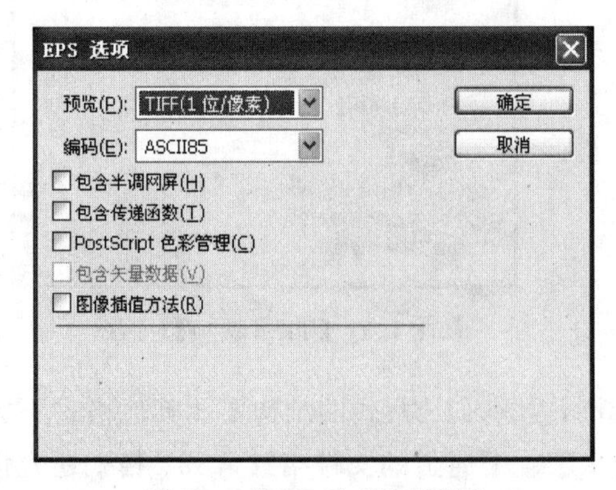

图 7.4 【EPS 选项】对话框

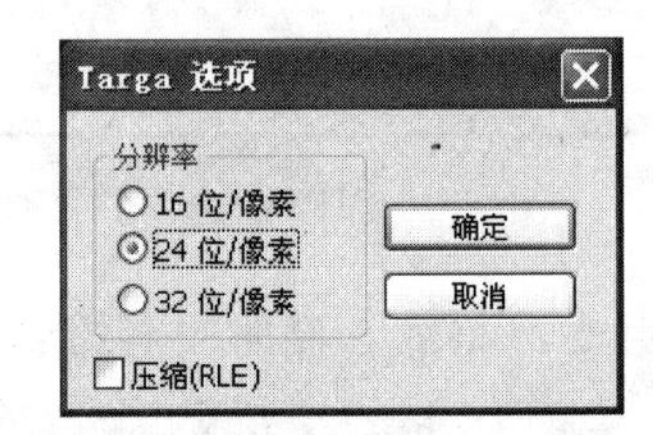

图 7.5 【Targa 选项】对话框

注意：TGA、TIF、PSD和PDD格式是存储包括通道信息的RGB图像最常用的文件格式。

7.3　Photoshop CS4 色彩模式

本节主要讲解RGB、CMYK、Lab、HSB等色彩模式，这些是图形设计最基本的知识，每一种模式都有自己的优缺点，都有自己的适用范围，下面详细介绍这些色彩模式。

Photoshop CS4提供了多种色彩模式，这些色彩模式正是作品能够在屏幕和印刷品上成功表现的重要保障。在这些色彩模式中，我们经常使用到的有RGB模式、CMYK模式和Lab模式。这些模式都可以在模式菜单下选取，每种色彩模式都有不同的颜色区域，并且各种模式之间可以互相转换，如图7.6所示。下面将主要的色彩模式介绍给初学者。

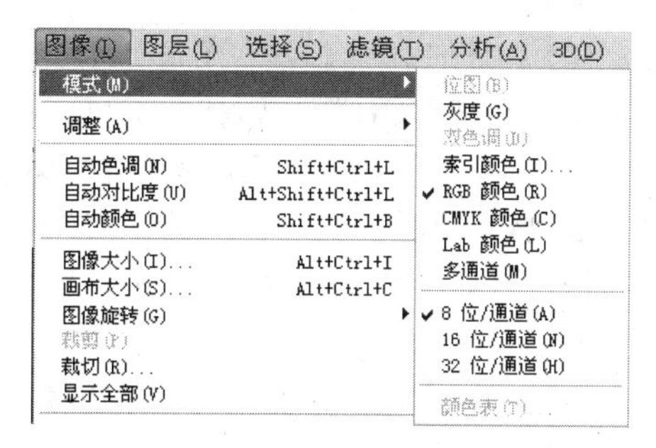

图7.6　色彩模式

1. RGB模式

RGB是色光的色彩模式。R代表红色，G代表绿色，B代表蓝色，三种色彩叠加可以形成其他的色彩。因为三种颜色都有256个亮度水平级，所以三种色彩叠加就能形成约1670万种颜色，也就是真彩色，通过它们足以再现绚丽的世界。

在RGB模式中，由红、绿、蓝相叠加可以产生其他颜色，因此该模式也叫加色模式。显示器、投影设备以及电视机等设备的呈色都是依赖于这种加色模式来实现的。

就编辑图像而言，RGB色彩模式也是最佳的色彩模式，因为它可以提供全屏幕的24bit的色彩范围，即真彩色显示。但是，如果将RGB模式用于打印就不是最佳的了，因为RGB模式所提供的色彩有些已经超出了打印的范围，因此在打印一幅真彩色的图像时，可能会损失一部分亮度，并且比较鲜艳的色彩肯定会失真。这主要因为打印所用的是CMYK模式，而CMYK模式所定义的色彩要比RGB模式定义的色彩少很多，打印时，系统自动将RGB模式转换为CMYK模式，这样就难免损失一部分颜色，因此出现打印后失真的现象。

2. CMYK模式

当阳光照射到一个物体上时，这个物体将吸收一部分光线，并将剩下的光线进行反射，反射的光线就是所看到的物体颜色。这是一种减色色彩模式，同时也是与RGB模式的根本不同之处。不但不发光物体的显色用到了这种减色模式，而且在纸上印刷时应用的也是这种减色模式。

按照这种减色理论，衍变出了适合印刷的CMYK色彩模式。

CMYK代表印刷上用的四种颜色，C代表青色，M代表洋红色，Y代表黄色，K代表黑色。因为在实际应用中，青色、洋红色和黄色很难叠加形成真正的黑色，最多不过是褐色而已，因此才引入了 K——黑色。黑色的作用是加深色彩。

CMYK 模式是最佳的打印模式，RGB 模式尽管色彩多，但不能完全打印出来。用 CMYK 模式编辑虽然能够避免色彩的损失，但运算速度很慢。主要因为：

(1) 即使在 CMYK 模式下工作，Photoshop 也必须将 CMYK 模式转变为显示器所使用的 RGB 模式。

(2) 对于同样的图像，RGB 模式只需要处理三个通道即可，而 CMYK 模式则需要处理四个通道。

(3) 由于使用的扫描仪和显示器都是 RGB 设备，所以无论什么时候使用 CMYK 模式工作都有把 RGB 模式转换为 CMYK 模式这样一个过程。

因此，是否应用 CMYK 模式进行编辑根据实际情况来决定。

这里给个建议，也算是我的一点经验吧。先用 RGB 模式进行编辑工作，再用 CMYK 模式进行打印工作，在打印前才进行转换，然后加入必要的色彩校正、锐化和修整。这样虽然使 Photoshop 在 CMYK 模式下速度慢一些，但可节省大部分编辑时间。

为了快速预览 CMYK 模式下图像的显示效果，而不转换模式可以使用 CMYK 预览命令。

这种打印前的模式转换，并不是避免图像损失最佳的途径，最佳方法是将 Lab 模式和 CMYK 模式相结合使用，这样可以最大程度地减少图像失真。

3. Lab 模式

Lab 模式是国际照明委员会(CIE)于 1976 年公布的一种色彩模式。

Lab 模式既不依赖于光线，也不依赖于颜料，它是 CIE 组织确定的一个理论上包括了人眼可以看见的所有色彩的色彩模式。Lab 模式弥补了 RGB 和 CMYK 两种色彩模式的不足。

Lab 模式由三个通道组成，但不是 R、G、B 通道。它的一个通道是亮度，即 L；另外两个是色彩通道，用 a 和 b 来表示。a 通道包括的颜色是从深绿色(低亮度值)到灰色(中亮度值)再到亮粉红色(高亮度值)；b 通道则是从亮蓝色(低亮度值)到灰色(中亮度值)再到黄色(高亮度值)。因此，这种色彩混合后可产生明亮的色彩。

Lab 模式所定义的色彩最多，且与光线及设备无关，处理速度与 RGB 模式同样快，比 CMYK 模式快很多。因此，可以放心大胆地在图像编辑中使用 Lab 模式。而且，Lab 模式在转换成 CMYK 模式时色彩没有丢失或被替换。因此，最佳避免色彩损失的方法是：应用 Lab 模式编辑图像，再转换为 CMYK 模式打印输出。

将 RGB 模式转换成 CMYK 模式时，Photoshop 将自动将 RGB 模式转换为 Lab 模式，再转换为 CMYK 模式。

在表达色彩范围上，处于第一位的是 Lab 模式，第二位的是 RGB 模式，第三位的是 CMYK 模式。

7.4 图像的色彩

色彩图像，是多光谱图像的一种特殊形式，它对应着人类视觉的三基色，也就是红、绿、蓝三个波段。

色彩，是人们观察各种事物时，首先引起反应的因素，并且人们对于它的反应速度最快，最敏感。因此，色彩在设计中的作用是非常重要的。

7.4.1 色彩属性

1. 色彩的三要素

所谓色彩的三要素，是指色相、纯度和明度。其中，色相是指色彩的相貌特征。具体来说，就是指红、橙、黄、绿、青、蓝、紫。每一种色相都会对人的视觉产生冲击力，当然，因为波长的不同，所以产生的冲击力有强弱之分；纯度，说的是色彩的饱和程度。当然，每一种色彩的纯度也并非都是相同的。而纯度的不同，就使得事物的量感也各不相同；明度，是指色彩的深浅所显示的程度。通常情况下，明度呈现出深浅的变化。因此，它的存在就使得色彩具有了层次感，出现立体感的效果。

2. 原色、间色、复色和补色

原色、间色、复色通常又称之为第一次色（原色），第二次色（间色）和第三次色（复色），复色也可以叫做再间色。原色：指不能分解，但是能调配其他色彩的颜色，红、黄、蓝就属于原色；间色：指两种原色调配而成的色，如橙色（红配黄），绿色（黄配蓝），紫色（红配蓝）等色彩；复色：指由两种间色调配而成的色；补色：指与复色相配而成的色，或者是原色中的一种再间色。

3. 色彩的轻与重

色彩的轻重是由色相饱和度的高低作用于视觉上的一种效果。色相饱和度高，颜色就会有重的感觉，反之，色相饱和度低，颜色感觉就会轻。

4. 色彩的感觉

色彩之所以能够让人产生不同的感觉，是因为光波的不同而造成的。

（1）色彩的冷与暖

冷与暖是色彩的常见感觉，它其实是作用于人们的心理所产生的一种结果。通常，红色、橙色、黄色都属于暖色，而蓝色、青色则属于冷色。

（2）色彩的远与近

远和近的感觉是色彩的冷暖关系作用于人们的视觉感受而产生的，一般冷色给人以远的感觉，暖色则给人以近感。

（3）色彩的胀与缩

色彩的明度是产生膨胀与收缩感觉的原因。通常情况下，色淡容易产生膨胀的感觉，色深则容易产生紧缩的感觉。

7.4.2 色彩的设计

1. 色调设计

色相、明度和纯度，是体现色彩形象的三个主要的因素。这三者之间的组合，可以产生千变万化的色调，虽说是千变万化，但是这些组合反应于人的视觉，主要分为三种，也就是单色组合、类似组合和对比组合。

(1) 单色组合

单色组合指的是对单一色所作的明度与纯度的变化。这种组合的特点是能够使画面统一程度高,使色调协调。因此,通常用于专色或者单色广告中。但是,单色组合也存在着局限性,因此,就需要设计人员在设计过程中把握好明度与纯度的关系。

(2) 类似组合

相对于单色组合而言,这种组合就显得丰富而且活泼,同时,它还能兼顾统一性和完整性。

(3) 对比组合

对比组合的特点是色相、明度和纯度之间的反差都很大,因此,这种组合所形成的色调之间的对比关系就很强烈。这种组合,可以大大增加视觉冲击力,使得表达非常有力度。当然,无论是哪种组合方式,都需要有整体性和视觉上的舒适性。

2. 色彩的具体应用

(1) 背景色应用

背景色,在广告画面中属于衬托色,作用在于决定画面色调与情调,同时烘托主题和主体。

(2) 主体色应用

主体色,是画面的中心,是展示商品形象的主力军。其余的色彩运用,都是围绕着它来进行。真实、鲜明、突出是它的特点。

(3) 辅助色应用

所谓的辅助色,是指文字和装饰纹样所使用的颜色。

其中,文字的色彩要求必须明确而突出。同时还要单纯、简洁,切忌色彩杂乱,影响视觉。此外,为了有利于主题的表达,使之产生节奏与韵律的美感,还要在明度、色度处理上做到主次分明,层次清楚。

7.4.3 色彩的运用

1. 专用形象色

专用形象色,包括产品包装和企业形象两方面的专用色。它的作用是让企业形象更加明确。同时,在广告的颜色使用上,专用形象色可以突出它所塑造的形象。这样,就可以使这个形象在消费者的心中留下固定的形象。

2. 色彩应用分析

有些颜色并非属于广告应用上的"标准色",但是因为人们长期以来的欣赏经验和设计者的习惯,有些颜色已经在广告设计中被约定俗成了。比如:食品——为烘托其食欲感和营养性能,暖色用得较多。化妆品——多用柔和、素雅色调,给人以护肤美容的感觉。玩具——活泼欢快的颜色更能展示童心和稚气。服装——典雅、和谐的色调能显示其品位和格调。药品——中药多用古朴色调,补药暖色偏多,西药一般用冷色或银色。

(1) 联想色的运用

人们往往能够通过色彩从自然界或者社会中得到一些启示和回忆,也就是说色彩可以产生联想。设计人员可以利用这一功能，通过色相、明度、纯度、面积、位置、配置等手段诱发人们的情感联想，这种联想可以是喜怒哀乐、酸甜苦辣、大小多少，也可以是春夏秋冬、男女老幼。下面，就来介绍一下几种基本色的特点。

红色：最具刺激性、能够表达热情快乐气氛的一种色彩。有时还能产生危险、恐怖之感。它常被用来渲染节日的欢快气氛或恐怖的情境。在广告图画中能引起读者注目，起到强调和突出某一部分的作用。

蓝色：蓝色可以营造一种深远、沉思和宁静的气氛，适当使用能使人产生悲伤感。在夏季，还会使人有清凉舒爽的感觉。在宣传夏令商品的广告图画中，常以蓝天白云或翻滚的海浪为背景。蓝、白两色的协调对比，会使人产生清新之感。

黄色：黄色是明亮效果最强的色彩，常用来表现阳光。黄色能使人感到光明、兴奋、温暖，有时也会使人产生颓废的感觉。

橙色：纯橙色和纯红色一样，色彩强度大，不易和其他色彩调合，因此使用要适当。它给人的情感是明亮、华丽、庄严与贵重，但也能产生卑俗和焦燥之感。橙色在广告画中常用于衬托或点缀。

绿色：绿色是大自然中普通存在的色彩，被认为是春天的代表，给人的情感是青春、幼稚、和平与成长，也能给人以衰老之感。同时，它还是广告画中常见的色彩。

紫色：紫色被认为是一种高雅的色彩，给人的情感是高贵、娇艳与幽雅，也能使人产生忧郁之感。在广告画中通常做托金、托银及暗调子使用。

(2) 色彩与广告受众

对于广告的色彩，人们往往是非常敏感的。特别是人们对于色彩的喜好厌恶往往会受到民族、地域、年龄以及文化素养的不同而不同。而这种对色彩的喜爱情况又不尽相同这一现象，亦称色彩的喜爱倾向。

7.5　Photoshop CS4 首选项命令

预置一个图像，选择【编辑】|【首选项】命令，预置菜单包括【常规】、【界面】、【文件处理】、【性能】、【光标】、【透明度与色域】、【单位与标尺】、【参考线、网格和切片】、【增效工具】、【文字】选项。

首选项命令用于改变 Photoshop CS 程序的默认设置。

(1) 【常规】选项

【常规】选项包括一般选项设置命令，如图 7.7 所示。

【拾色器】下拉列表框：用于设定颜色拾取器。颜色拾取器用来选取前景色、背景色。

【图像插值】下拉列表框：用于设定插值方法。设定重复操作的组合键。

【选项】选项组：用于设置 Photoshop CS 工作中的一些细微操作，如显示工具的简要说明、执行完命令后发声提示等。

【历史记录】文本框：用于设定记录历史状态的步数。

【复位所有警告对话框】按钮：用于重新显示所有设置为隐藏的警告提示。设置为系统默认的属性。

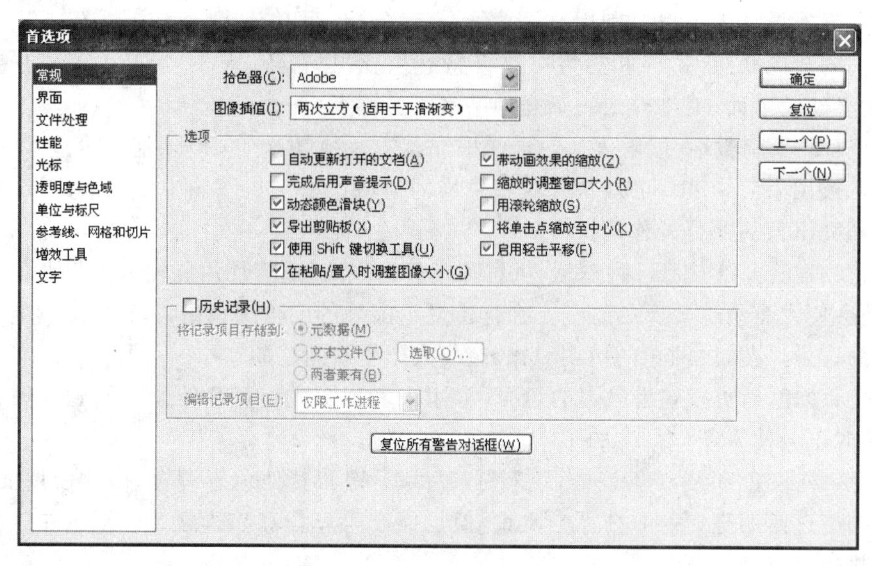

图 7.7 【首选项】对话框【常规】选项

(2)【界面】选项

【界面】选项用于设定常规、面板和界面文本选项设置，如图 7.8 所示。

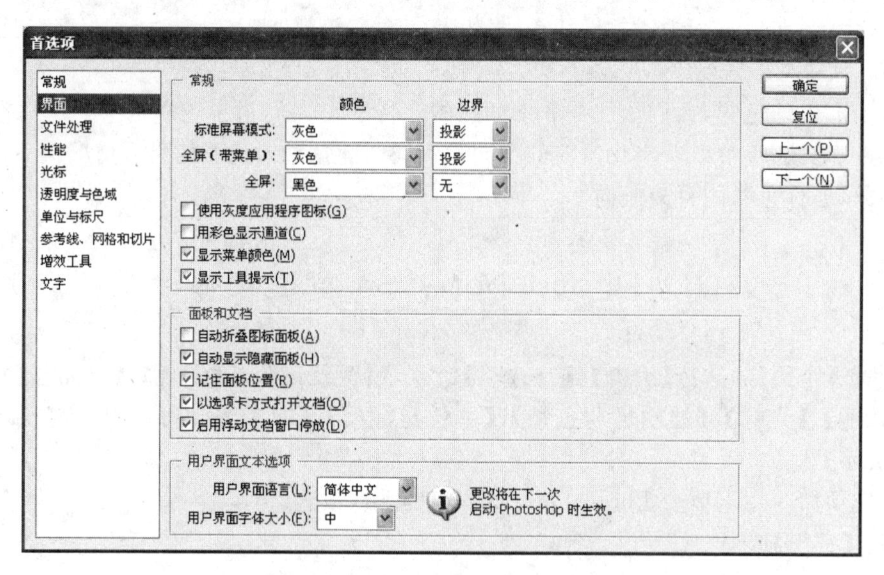

图 7.8 【首选项】对话框【界面】选项

(3)【文件处理】选项

【文件处理】选项用于设定文件存盘时的一些附加信息，如图 7.9 所示。

【图像预览】下拉列表框：用于设定保存文件时是否有图像预览。

【文件扩展名】下拉列表框：用于设定文件的扩展名是大写还是小写。

【文件兼容性】选项组：用于设定软件版本不同时文件的兼容性。

【近期文件列表包含】文本框：用于设定在菜单中显示的最近使用过的文件的数量。

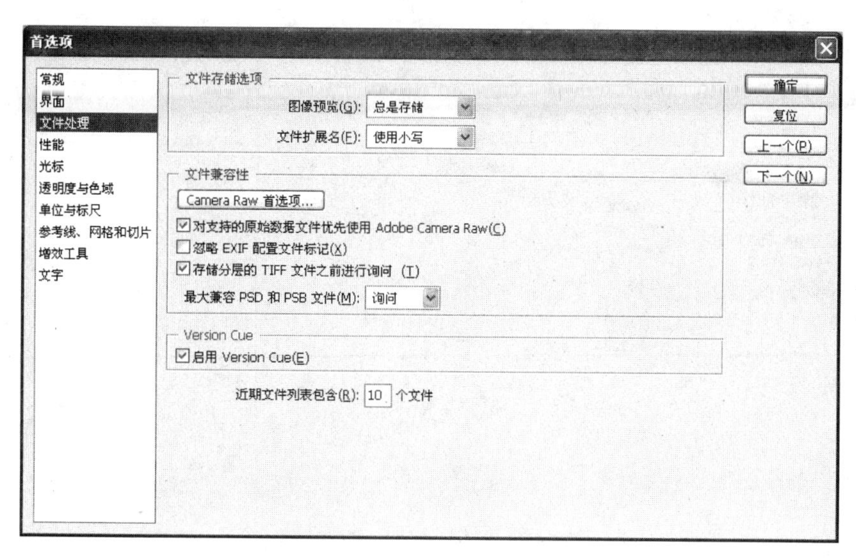

图 7.9 【首选项】对话框【文件处理】选项

(4)【性能】选项

【性能】选项用于设定高速缓存和 Photoshop 实际使用的内存数量，如图 7.10 所示。

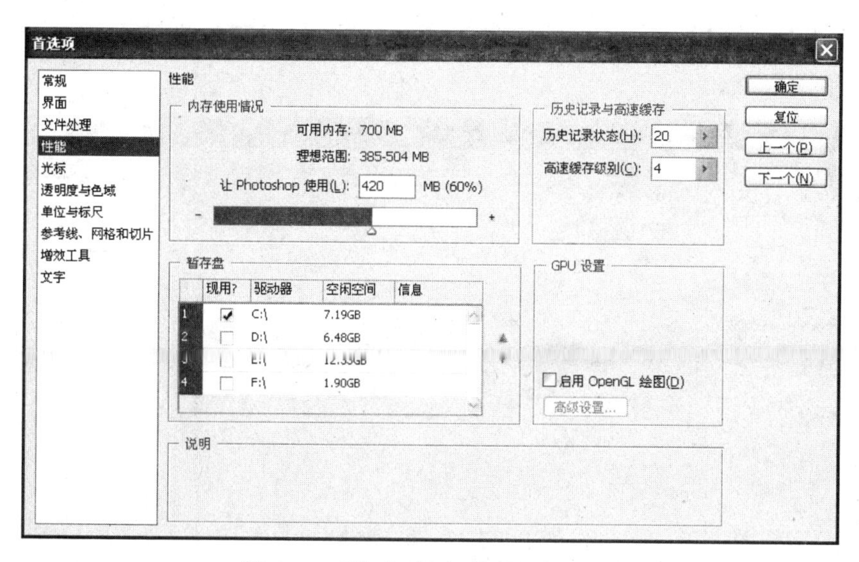

图 7.10 【首选项】对话框【性能】选项

【内存使用情况】选项区域：用于设置软件使用的内存。可以得到 Adobe 公司更好的网络服务。

【历史记录与高速缓存】选项区域：用于设置高速缓存来快速更新屏幕。用于多台计算机间的连接设置。

(5)【光标】选项

【光标】选项用于设定工具箱中工具的显示状态，如图 7.11 所示。

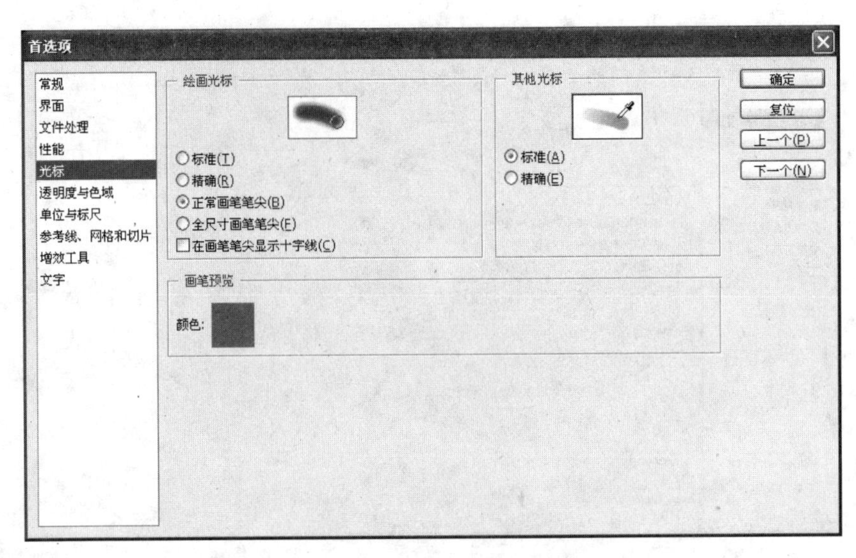

图 7.11 【首选项】对话框【光标】选项

【绘图光标】选项组：用于设置屏幕绘画光标显示。

【其他光标】选项组：用于设置屏幕其他光标工具的显示形状。

(6)【透明度与色域】选项

【透明度与色域】选项用于设定图像显示中透明区域的颜色和网格的大小及色彩警告，如图 7.12 所示。

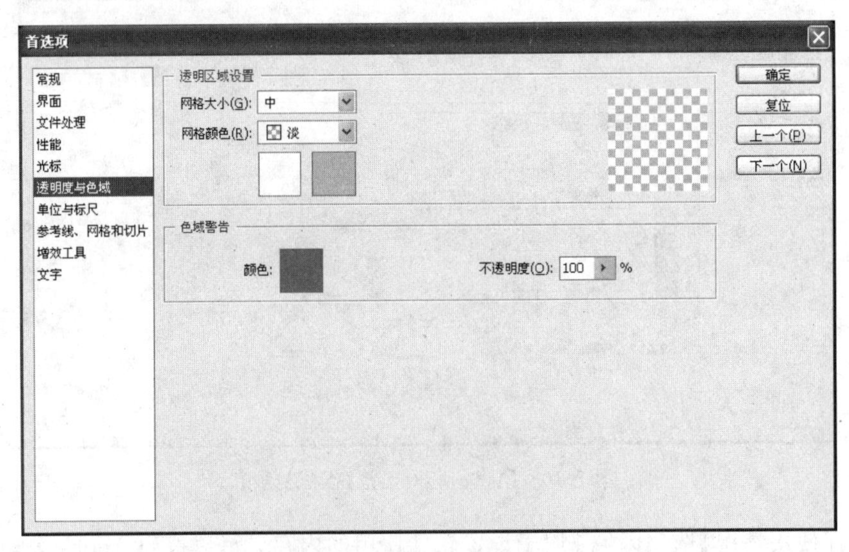

图 7.12 【首选项】对话框【透明度与色域】选项

【透明区域设置】选项组：用于设置透明区域的显示方式。

【色彩警告】选项组：用于设置色彩警告。

(7)【单位与标尺】选项

【单位与标尺】选项用于更改单位、列尺寸等设置，如图 7.13 所示。

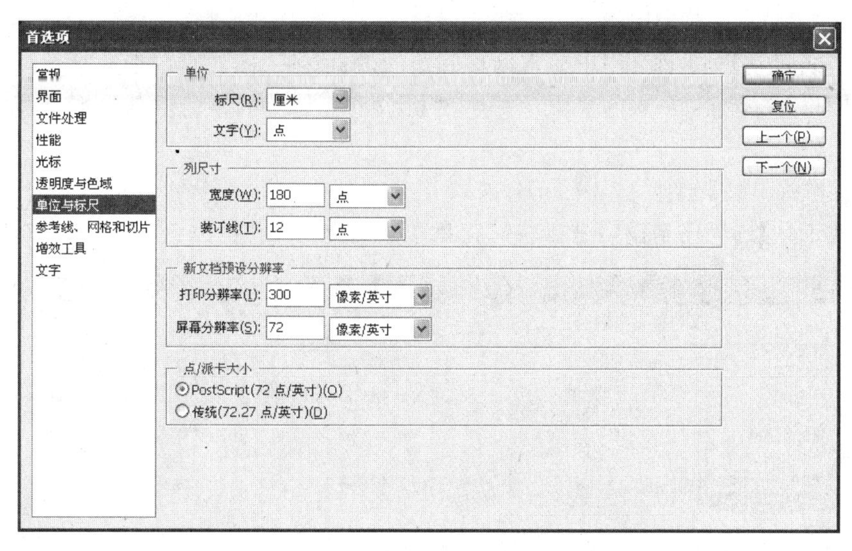

图 7.13 【首选项】对话框【单位与标尺】选项

【标尺】下拉列表框：用于选择一个新单位，或者右击标尺，从弹出的快捷菜单中选取一个新单位。

【文字】下拉列表框：用于设置文字单位。

【列尺寸】选项区域：用于精确确定图像的尺寸。

【新文档预设分辨率】选项区域：用于设置打印分辨率和显示分辨率。

(8)【参考线、网格和切片】选项

【参考线、网格和切片】选项用于设定参考线的颜色和风格，设定栅格的颜色、风格以及网格的间距等。其对话框如图 7.14 所示。

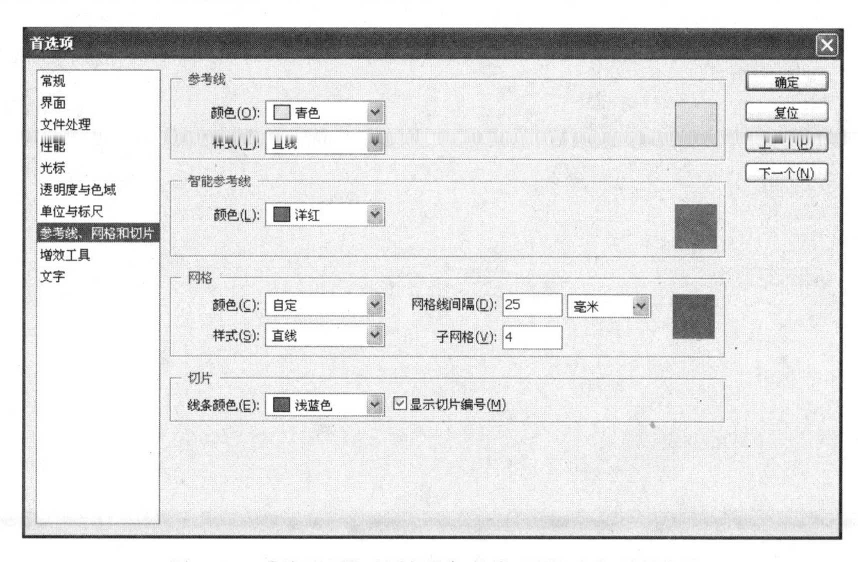

图 7.14 【首选项】对话框【参考线、网格和切片】选项

【颜色】下拉列表框：用于为参考线或网格设置一种颜色。

【样式】下拉列表框：用于为参考线或网格选择一种样式(直线、虚线或网点)。

【网格线间隔】文本框：用于输入网格间距的值,值越大图像窗口中网格数越少。

【子网格】文本框：输入的值表示一个网格内重新划分网格的数值,“4”表示为4×4个子网格。

(9)【增效工具】选项

【增效工具】选项用于设定进行临时存盘和数据交换操作的磁盘,如图7.15所示。

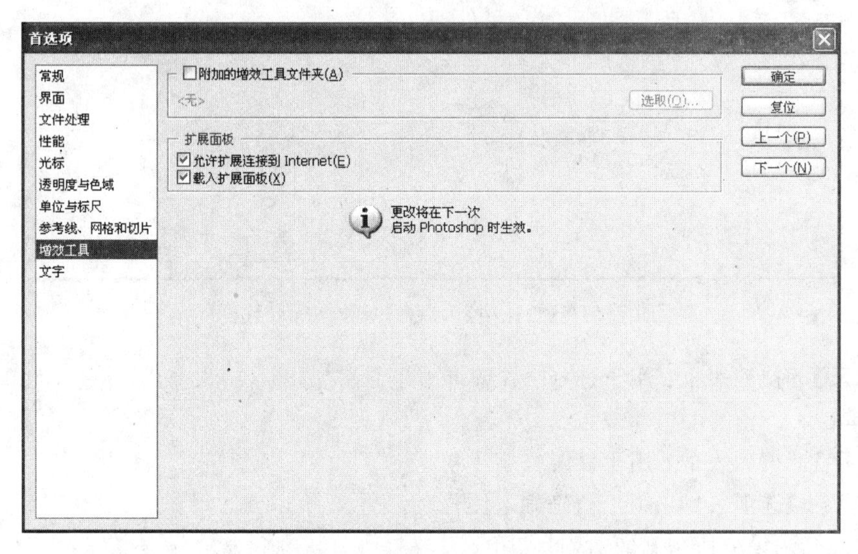

图7.15 【首选项】对话框【增效工具】选项

(10)【文字】选项

【文字】选项用于设定文字选项及对字体预览大小的设置,如图7.16所示。

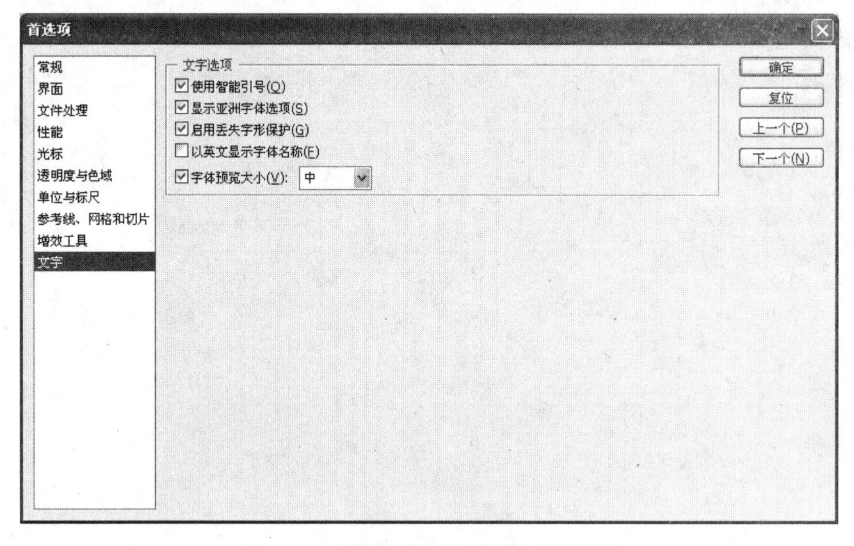

图7.16 【首选项】对话框【文字】选项

思考与练习

1. 思考题

（1）Photoshop CS4 常用文件格式有哪些？

（2）Photoshop CS4 常用色彩模式有哪些？

（3）Photoshop CS4 首选项命令预置菜单包括哪些？

2. 练习题

（1）Photoshop CS4 色彩模式设置。

（2）Photoshop CS4 选项命令设置。

第 8 章　Photoshop CS4 图像文件的基本操作

8.1　文件操作

8.1.1　新建图像文件

新建一个图像文件，可以按以下步骤进行操作。

(1) 选择【文件】|【新建】命令，弹出【新建】对话框，如图 8.1 所示。

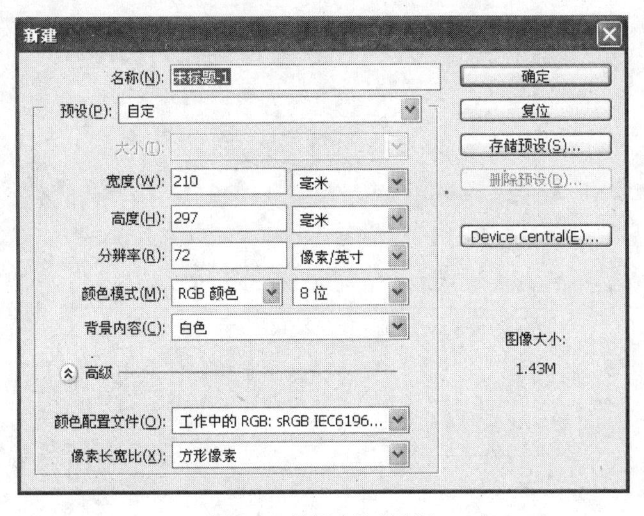

图 8.1　【新建】对话框

(2) 在弹出的对话框中输入文件名称，设定文件的宽度和高度、分辨率、颜色模式和背景内容，背景内容包括白色、背景色和透明。

(3) 单击【确定】按钮，完成新建文件的任务。

新建对话框的各项设置如下所述。

【名称】文本框：用来输入新建文件的名称。

【预设】下拉列表框：系统预先设置的多种图像文件尺寸和分辨率的组合。

【宽度】、【高度】和【分辨率】文本框：用来自定义新建图像文件的宽度、高度和分辨率，影响着新建文件的尺寸大小。

【颜色模式】下拉列表框：用来为新建的图像文件选择一种颜色模式，颜色模式决定在显示和打印图像时使用的方法及模式。

【背景内容】下拉列表框：用来为新建的图像文件选择一种背景颜色。其中，【白色】表示用白色(默认的背景色)填充背景图层，【背景色】表示用当前的背景色填充背景图层，【透明】表示将新建的文件背景图层设为透明，没有颜色值。

【颜色配置文件】下拉列表框：为新建的文件选择一个颜色配置文件，或选择“不要对此文档进行色彩管理”选项。

【像素长宽比】下拉列表框：一般选择为【方形像素】选项，如果创建视频图像，就要使用非方形像素。

8.1.2　图像文件的打开和复制命令

1. 准备要处理的图像

Photoshop CS4 设计了新的界面样式，去掉了 Windows 本身的蓝条，直接以菜单栏代替，在菜单栏的右侧，有一批应用程序按钮，常规的操作功能都在这里，比如移动、缩放、显示网格标尺、旋转视图工具，等等，如图 8.2 所示。在 CS4 中打开多个页面后，会以选项卡式文档来显示，因此还多出了一个排列文档下拉面板，它可以控制多个文件在窗口中的显示方式。

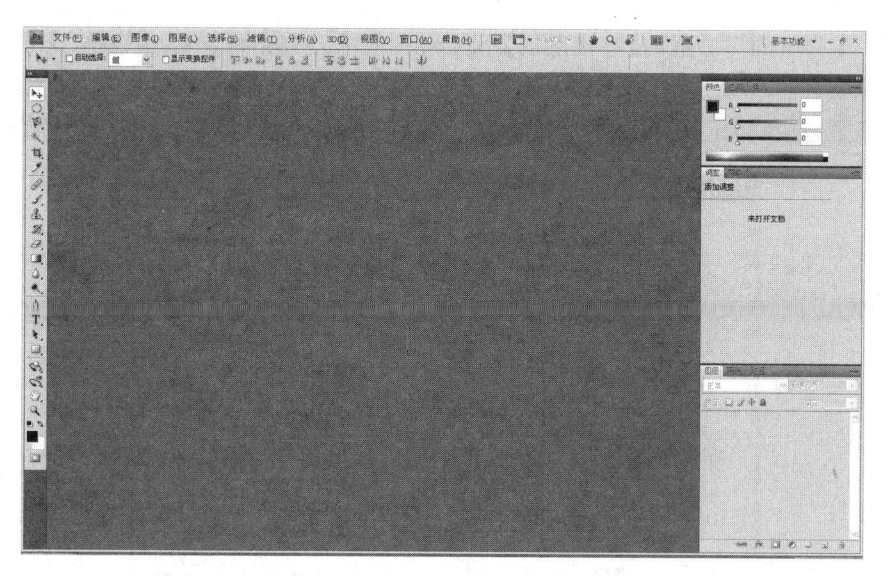

图 8.2　进入 Photoshop CS4 操作窗口

注意：在设计制作过程中，选定工具后只需通过选项栏改变其各种属性，便可得到相应结果，操作十分方便。

2. 打开图像命令

在 Photoshop 中打开图像文档，可以按以下步骤进行操作。

(1) 选择【文件】|【打开】命令,或者按下【Ctrl +O】组合键,弹出【打开】对话框,如图 8.3 所示。

图 8.3 【打开】对话框

(2) 在弹出的对话框的【查找范围】下拉列表框中设置图像文档的路径,选中需要打开的图像文档,在对话框下方能预览到所选定图像,如图 8.4 所示。可以通过【文件类型】下拉列表框,选择指定仅列出某一种类型的图像文档,从而快速找到所要打开的图像。

图 8.4 选择图像文件

(3) 单击【打开】按钮，在【图像窗口】中显示打开的图像，如图 8.5 所示。

图 8.5 在【图像窗口】中打开图像文档

在 Photoshop CS4 中，可以打开多幅已经存在的图像文档，而且能打开多种格式的图像文档，如常用的 JPG、GIF、BMP、TIFF 等格式。

注意：【图像窗口】是 Photoshop CS4 操作窗口中的子窗口，也是一个观察和处理图像的特殊区域，因此可以说是编辑与处理图像文档的工作区域。这个子窗口拥有 Windows 应用程序操作窗口的一切属性，可以对它进行移动、放大或者缩小、最大化、最小化等操作。

3. 复制图像命令

有了上面建立的图像窗口，就可以开始编辑处理图像。还应当为此复制一个图像窗口，以便保留原有的图像数据，这就需要应用 Photoshop CS4 的复制图像命令，可以按以下步骤进行操作。

(1) 选择【图像】|【复制】命令，如图 8.6 所示，弹出【复制图像】对话框，可以在文本框中修改复制图像的名称，如图 8.7 所示，单击【确定】按钮完成复制。

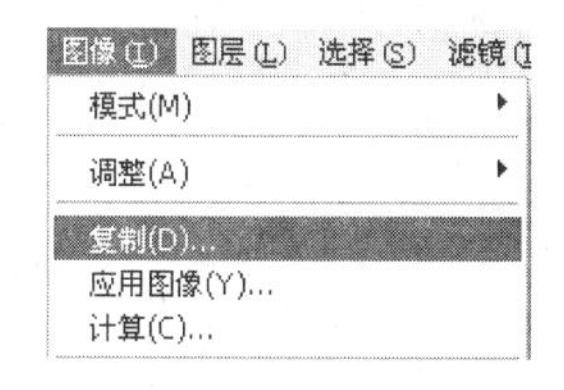

图 8.6 复制图像命令

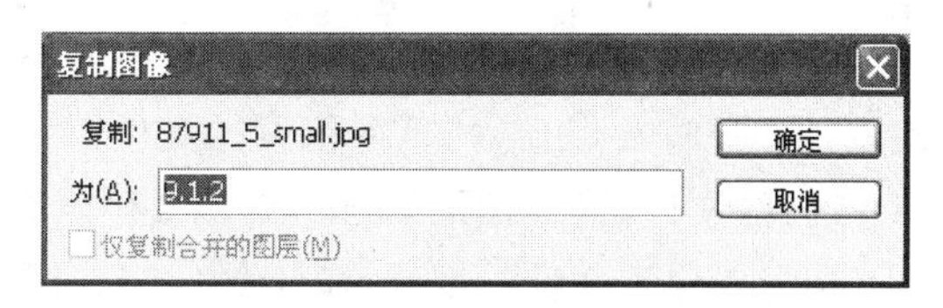

图 8.7 【复制图像】对话框

(2) 步骤(1)所打开的图像被复制在另一个【图像窗口】中，如图 8.8 所示。此后，可以在复制的图像中进行编辑操作，从而保证原始图像不会被修改。

当前屏幕上有了两个以上的【图像窗口】，那么只有当前活动窗口中的图像才能接受

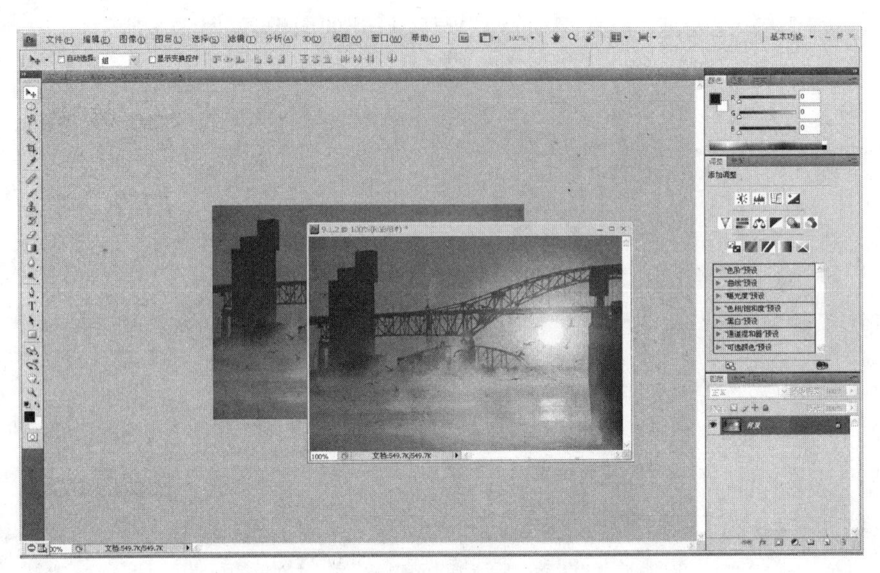

图 8.8 复制图像

当前的操作,因此可以单击其中的一个,让它的【标题栏】变成银灰色,这样它就成了当前活动窗口。

Photoshop CS4 可以同时对多幅图像进行处理,而且每一幅图像都将使用一个单独的图像窗口,即一幅图像对应于一个图像窗口。可以在各图像窗口的顶部看到一个灰色的区域,这是图像窗口的标题栏,用于标识该窗口。该标识上的文字是图像文档名称,紧跟在它后面的百分比值表示显示的比例值与其他信息。拖动标题栏即可在屏幕上移动图像窗口。

注意:这里的图像窗口命令操作很简单,但初学者可要注意不可过多地使用它。如果复制了 3 个以上相同图像的窗口,操作时就可能需要记住各自的用途,无形之中增加了不必要的麻烦。

8.1.3 存储文件

1. 存储文件

当对图像文件进行了各种编辑操作后,选择【文件】|【存储】命令,计算机将保留最终确认的结果并覆盖掉原始文件。因此,在未确定要放弃原始文件之前,应慎用此命令。对完成编辑的图像进行保存,并且保留原始文件,可以按以下步骤进行操作。

(1) 选择【文件】|【存储为】命令,弹出【存储为】对话框,如图 8.9 所示。

(2) 选择要保存文件的路径,单击【保存】按钮。

在该对话框中可以设置存储文件的位置、文件名、存储格式。其中【注释】、【Alpha 通道】和【专色】复选框表示将文件的注释部分、Alpha 通道和专色通道也一起保存。【图层】表示将图像文件合并后,再将图像保存。【颜色】选项区域表示为保存的文件配置颜色信息。

图 8.9　【存储为】对话框

2. 存储为 Web 文件

选择【文件】|【存储为 Web 和设备所用格式】命令，弹出【存储为 Web 和设备所用格式(100%)】对话框，如图 8.10 所示。在这个对话框中有【抓手】工具、【切片选择】工具、【缩放】工具、【吸管】工具、【吸管颜色】工具和【切换切片可见性】工具。视图方式包括【原稿】、【优化】、【双联】、【四联】这四种方式。

图 8.10　【存储为 Web 和设备所用格式(100%)】对话框

8.1.4 置入图像

在当前图像文档窗口中，除了可以粘贴来自 Windows 剪贴板中的内容，还可以从磁盘上选择一幅图像文件，作为素材应用于创意中。将它们置入当前图像文档窗口中，可以按以下步骤进行操作。

(1) 选择【文件】|【置入】命令，弹出【置入】对话框，如图 8.11 所示。

图 8.11 【置入】对话框

(2) 选择【查找范围】下拉按钮，在【查找范围】下拉列表框中指定存放图像文件的目录，如图 8.12 所示。

(3) 在所选目录的图像文件列表中选择图片，如图 8.13 所示，单击【置入】按钮，所选定的图案将置入当前图像文档窗口的中央处，如图 8.14 所示。

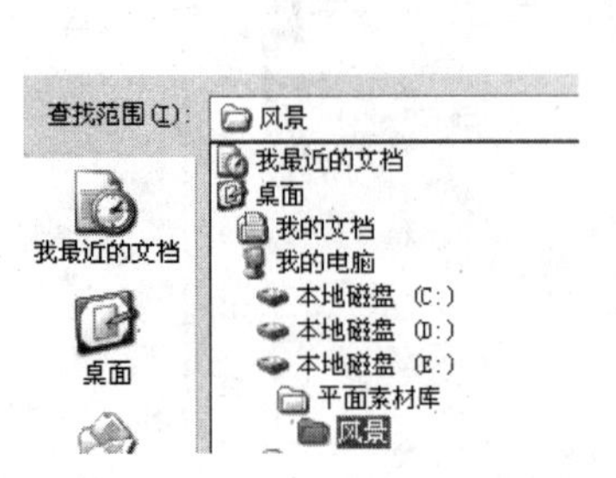

图 8.12 选择目录

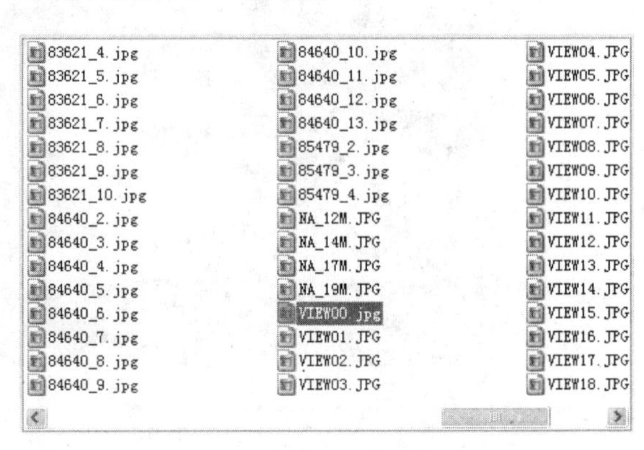

图 8.13 选择图片

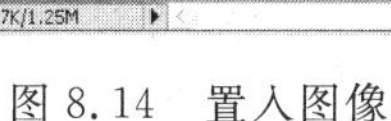
图 8.14　置入图像

图 8.15　向上方拖动效果

(4) 置入的图像尺寸不一定合适,大多数情况下都需要做些调整。Photoshop CS4 提供一个矩形控制框,以及相应的控制手柄。按下【Shift＋Alt】组合键拖动顶点的控制点,保持图片的中心位置不变,将图片等比放大后,向上方移动,如图 8.15 所示。

(5) 单击工具箱中的任意一个按钮,屏幕上都将弹出【Adobe Photoshop CS4 Extended】对话框,如图 8.16 所示。若单击此对话框中的【置入】按钮,图像就将放置在当前图像文档窗口中;若单击【取消】按钮,放置并操作,继续进行调整;若单击【不置入】按钮,则不置入图像,并且结束操作。

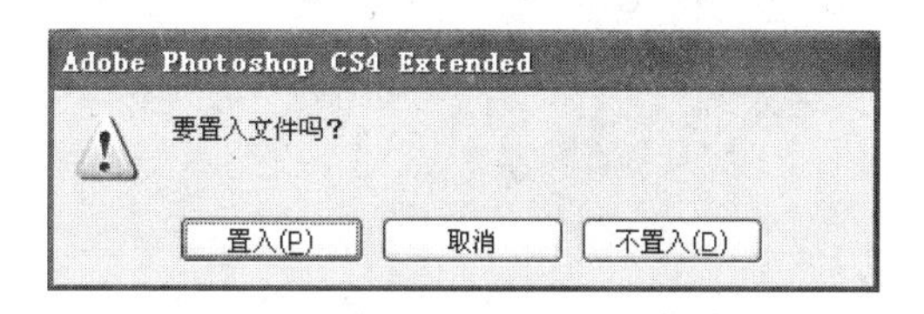

图 8.16　【Adobe Photoshop CS4 Extended】对话框

注意:操作中按住【Alt】键不放,将保持图片的中心位置不变,迫使控制框的反向移动来缩放图像。这是一个很有用的操作技巧,在许多地方会用到。

8.1.5　调整图像显示的大小

通常图像的实际尺寸会大于图像文档窗口的尺寸,就是说只能在图像文档窗口显示部分图像,除非缩小来显示才可以看到图像的全部。Photoshop CS4 通常也不会按 100% 的比例来显示图像,而是小于这个比例值,即缩小显示。通过图像文档窗口的标题栏,可以了解到相关的信息。

若要控制显示比例,最简单的控制操作方法就是按【Ctrl＋＋】组合键将图像进行放大,如图 8.17 所示,按【Ctr＋－】组合键将图像进行缩小,如图 8.18 所示。这两个组合键使用得较为频繁,而且可以反复使用,每次都将基于前一次的放大或者缩小结果进行处理,其处理的结果也将以百分比比值显示在图像文档窗口的标题栏中。

在【导航器】面板中也可以显示图像的缩放比例,选择【窗口】|【导航器】命令,调出【导

图 8.17 放大显示图像

图 8.18 缩小显示图像

航器】面板，如图 8.19 所示。在【导航器】面板的预览窗中可以显示当前图像，按【Page Up】键显示上边缘的内容，按【Page Down】键显示下边缘的内容；若同时按【Shift】键，则每次滚动 10 个绘图单位。另外，在使用【Home】与【End】键时，【Home】键将显示左上角的内容，【End】键则显示右下角的内容。在【导航器】面板中可进行下列操作。

图 8.19 【导航器】面板预览

1. 输入缩放数值

在位于左下角的文本编辑框中输入一个值，如 20、50、100 等，可以指定一个确切的缩放比例。

2. 拖动【缩放滑块】

可以快速进行放大或者缩小操作。当选择一个图像文档窗口进行操作时，该窗口中的图像也将显示在预览窗中，拖动时当前放缩值也将随之显示在位于它左边的[100%]文本编辑框中。

3. 单击【放大】和【缩小】按钮

如果单击【导航器】面板中的【放大】按钮，将完成【Ctrl＋＋】组合键的操作；单击【缩小】按钮则完成【Ctrl＋－】组合键的操作。【缩小】按钮位于【滑块】的左边，【放大】按钮位于右边，如图 8.20 所示。

4. 单击预览窗

单击预览窗也能定义显示区域。若按住【Ctrl】键后，单击预览窗中的某一点，并且拖动定义一个矩形区域，图像文档窗口中就将仅显示该区域中的图像，其结果是放大显示图像，如图 8.21 所示。

图 8.20 【导航器】面板

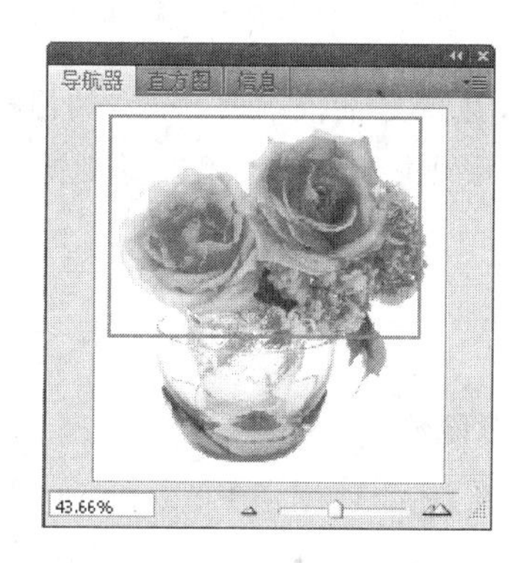

图 8.21 【导航器】面板定义区域

5. 滚动显示区域

在预览窗中拖动鼠标，即可滚动显示图像。光标在预览窗内将变成手形[手形图标]。

8.2 图像编辑

8.2.1 图像大小和画布大小

1.【图像大小】命令

【图像大小】命令可以重新设定图像和分辨率的大小。选择【图像】|【图像大小】命令，弹出【图像大小】对话框，如图 8.22 所示。

在弹出的对话框中，【像素大小】选项区域用于确定是否锁定图像的分辨率；【文档大小】选项区域用于确定是否锁定图像的长宽比例。

2.【画布大小】命令

【画布大小】命令可以重新设定图像画面尺寸的大小及调整图像的位置。选择【图像】|【画布大小】命令，弹出【画布大小】对话框，如图 8.23 所示。

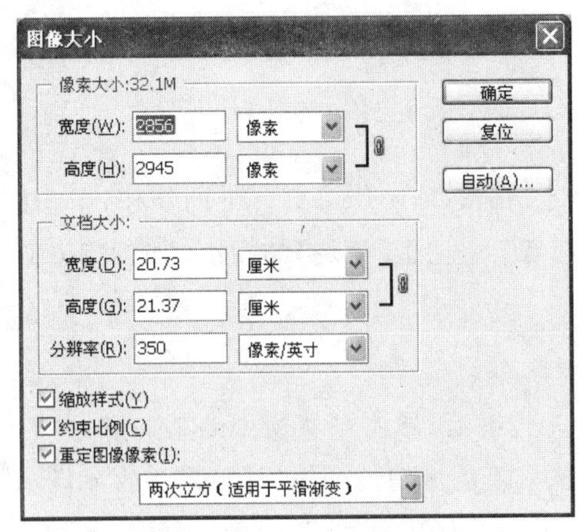

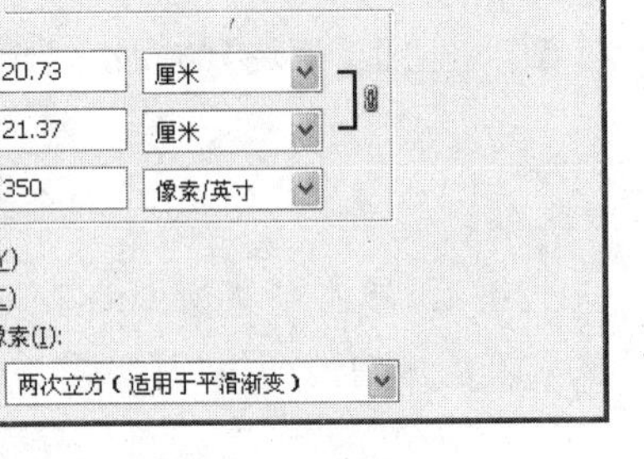

图 8.22 【图像大小】对话框

图 8.23 【画布大小】对话框

在弹出的对话框中,【当前大小】选项区域显示的是当前文件的大小和尺寸;【新建大小】选项区域用于重新设定图像画面的大小;可调整图像在新画面的位置,位置可偏左、居中等。

8.2.2 渐隐和剪切图像

1. 渐隐命令

【渐隐】命令适用于 Photoshop 中的绘图工具。选择【编辑】|【渐隐画笔工具】命令,弹出【渐隐】对话框,如图 8.24 所示,包括【不透明度】和【模式】选项。【渐隐】命令只对最近的一次操作起作用。

2. 剪切图像

【剪切】命令的功能是将所选中的区域从图像中剪切掉,并存入剪贴板,然后用背景色填充区域。选择【编辑】|【剪切】命令,对图像选中的区域进行剪切,前后对比如图 8.25 所示。

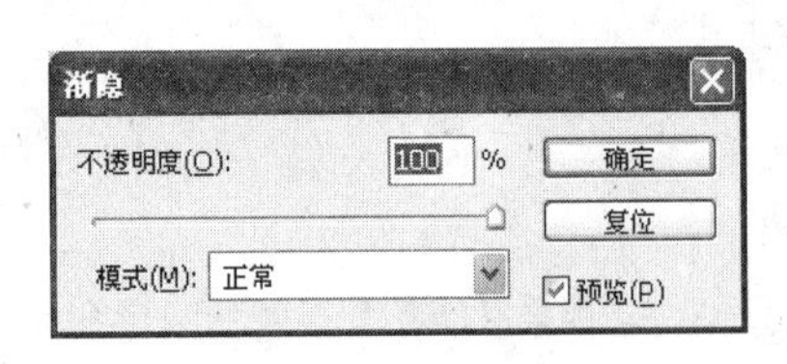

图 8.24 【渐隐】对话框

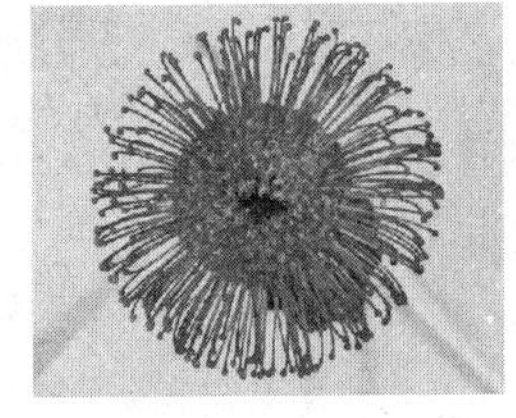

(a) 原图

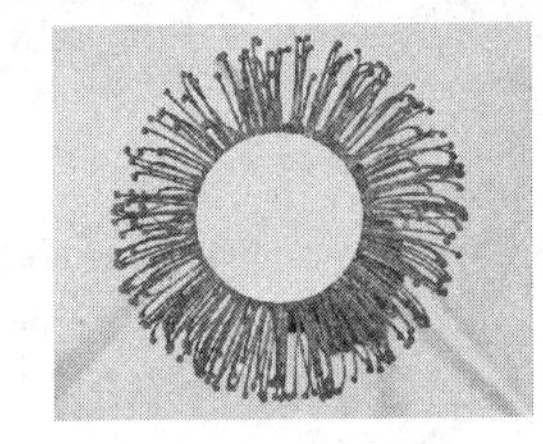

(b) 剪切后的图

图 8.25 【剪切】前后对比

8.2.3 合并拷贝和填充

1. 合并拷贝

【合并拷贝】命令应用于分层图形文件中,它可以将所选区域中各层图像的内容同时复制并存入剪贴板,复制后图像的各层内容自动合并为一体。可以按以下步骤进行操作。

(1) 打开分层图像文件,单击工具箱中的【矩形选框】工具⬚,在图像中绘制一个矩形选区,如图 8.26 所示。

(2) 选择【编辑】|【合并拷贝】命令,如图 8.27 所示。

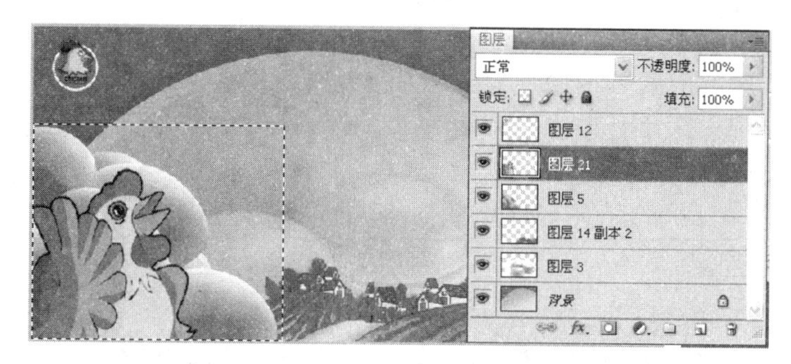

图 8.26　选择区域

图 8.27　【合并拷贝】命令

(3) 新建一个文件,选择【编辑】|【粘贴】命令,效果如图 8.28 所示。

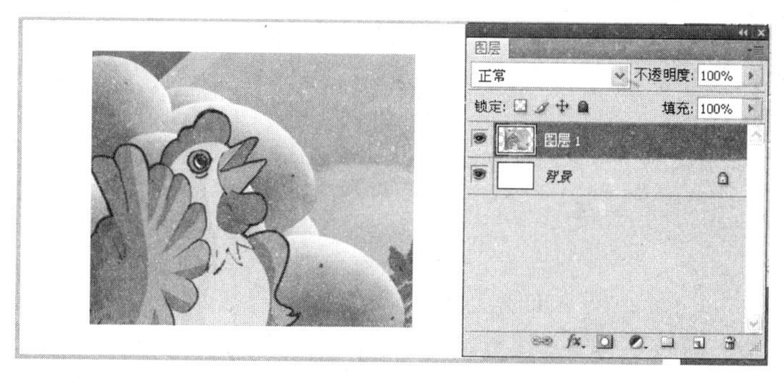

图 8.28　粘贴效果图

2. 图像填充

【填充】命令可以对选定的区域进行填色,选择【编辑】|【填充】命令,弹出【填充】对话框,如图 8.29 所示。

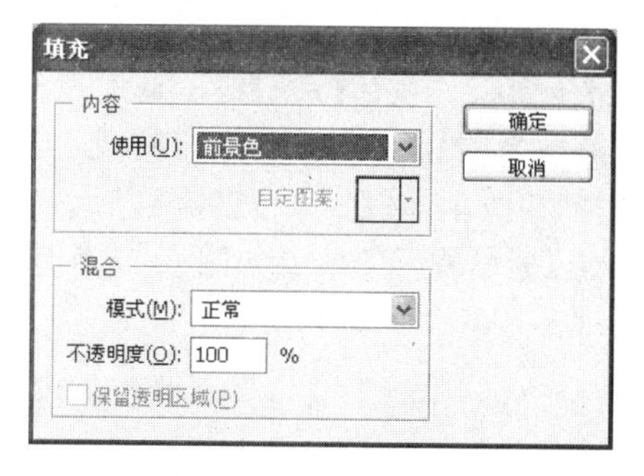

图 8.29　【填充】对话框

在弹出的对话框中,【内容】选项区域中的【使用】下拉列表框用于选择填充方式,包括使用【前景色】、【背景色】、【颜色】、【图案】、【历史记录】、【黑色】、【50%灰色】和【白色】进行填充;【混合】选项区域中的【模式】下拉列表框用于设置填充模式,【不透明度】文本框用于设置不透明度数值。

8.2.4 自由变换和变换

1. 自由变换

【自由变换】命令可以对所选定的区域或图层进行自由变换。选择【编辑】|【自由变换】命令，图像选区的周围会出现由8个控制点构成的矩形控制框，如图8.30所示。这时，可以用鼠标拖动任意一个控制点来改变选区的尺寸，如图8.31所示；也可以用鼠标在边框外任意旋转选区图像，如图8.32所示；还可以用鼠标将选区拖动到指定位置。完成操作后，在边框内双击鼠标进行确定。

图8.30 矩形控制框

图8.31 放大图像

图8.32 旋转图像

2. 变换

变换包括缩放、旋转、斜切、扭曲、透视、变形、旋转180度、旋转90度(顺时针)、旋转90度(逆时针)、水平翻转和垂直翻转。变换命令介绍如下所述。

(1)【缩放】命令

【缩放】命令用于将所选定的区域或图层进行挤压变换。选择【编辑】|【变换】|【缩放】命令后，在图像的四周将出现变换控制句柄。调整控制句柄，可以实现对图像的被选择区域或某个图层的缩放操作。

图8.33 原图

最简单的缩放方法是按住左键拖动控制句柄，如果在按住【Shift】键的同时使用鼠标拖动控制句柄，可以使图像选区按照长、宽的比例进行挤压变换。按住【Alt】键的同时使用鼠标拖动控制句柄，可依据当前操作中心对称地缩放图像。打开图像文件，如图8.33所示，按【Shift】键缩放后的效果如图8.34所示，按【Alt】键缩放后的效果如图8.35所示。

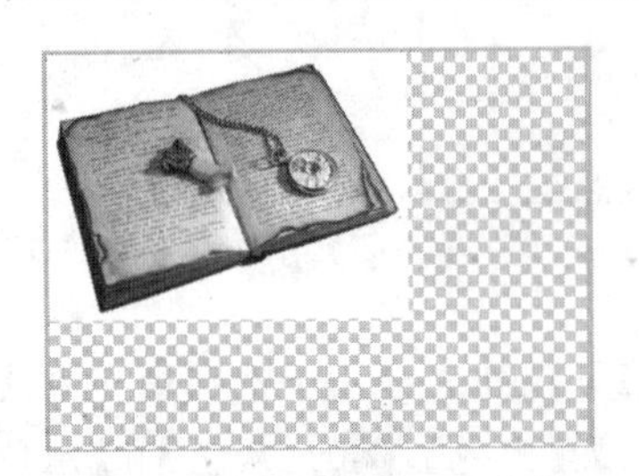

图8.34 按【Shift】键缩放效果

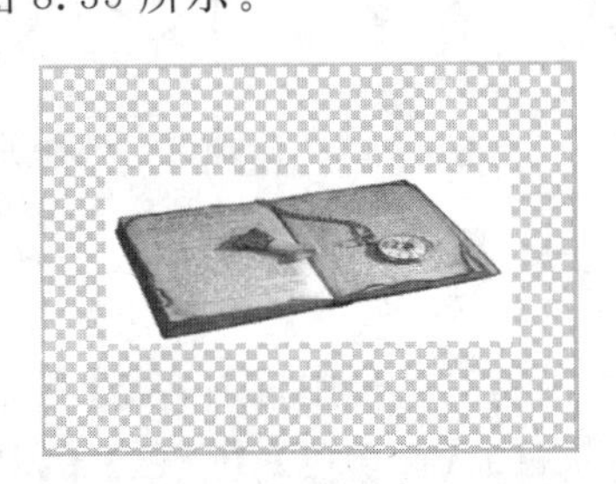

图8.35 按【Alt】键缩放效果

(2)【旋转】命令

【旋转】命令用于将所选定的区域或图层进行旋转变换。选择【编辑】|【变换】|【旋转】命令后，在图像的四周将出现变换控制句柄，通过调整控制句柄，可以对图像的被选择区域或某个图层进行旋转操作。最简单的旋转方法是按住左键拖动控制点，如果按住【Shift】键的同时再使用鼠标拖动，可以使图像选区按照每格15°进行旋转变换。

(3)【扭曲】命令

【扭曲】命令用于将所选定的区域或图层进行透视变换。选择【编辑】|【变换】|【扭曲】命令，当图像的四周出现控制句柄时，就可对图像进行扭曲变换，按住左键拖动控制点即可完成扭曲操作。如图8.36所示为原图，将原图进行复制并扭曲后的效果如图8.37所示。

图8.36 原图

图8.37 扭曲操作后的效果

8.2.5 旋转与翻转

1. 图像的旋转与翻转

除了前面讲过的变换功能，还可以通过旋转画布来进行图像的旋转。不同之处是对于分层图像，变换功能只针对当前操作层，而旋转画布命令将对所有层进行旋转或翻转操作。选择【图像】|【图像旋转】命令，如图8.38所示，可以对整个图像进行旋转和翻转。打开一幅图像，如图8.39所示。

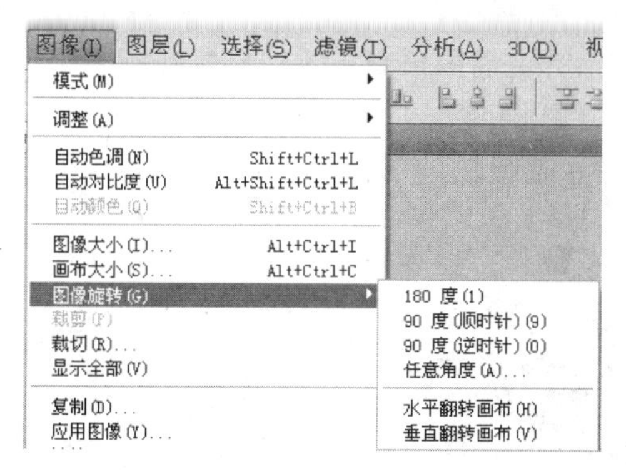

图8.38 【图像旋转】命令

图8.39 打开图像

若选择【图像】|【图像旋转】|【90度(逆时针)】命令，完成效果如图8.40所示。

若选择【图像】|【图像旋转】|【任意角度】命令，弹出【旋转画布】对话框，如图8.41所示，

可以旋转角度为任意值。设置旋转角度为－45 度，单击【确定】按钮后，图像如图 8.42 所示。

图 8.40　逆时针旋转 90 度

图 8.41　【旋转画布】对话框

也可以对图像进行水平与垂直翻转，效果分别如图 8.43 和图 8.44 所示。

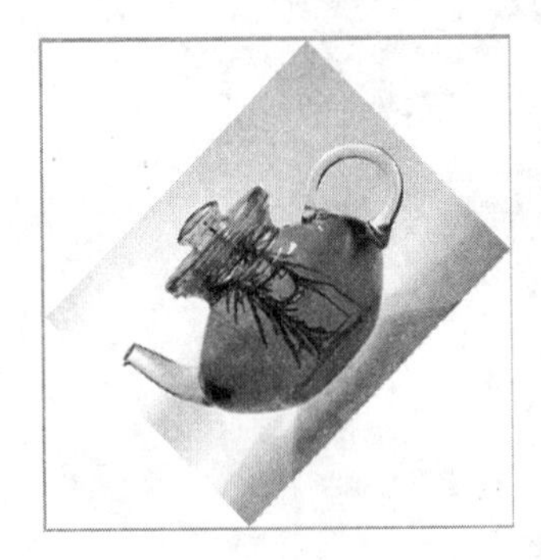

图 8.42　旋转－45 度

图 8.43　水平翻转

图 8.44　垂直翻转

2. 选区的旋转与翻转

以选区的水平翻转作为示例来进行说明：

(1) 单击工具箱中的【椭圆选框】工具，在图像中绘制一个椭圆形选区，如图 8.45 所示。

(2) 选择【编辑】|【自由变换】命令，椭圆形选区周围出现一个矩形控制框，如图 8.46 所示。

(3) 在矩形控制框中右击，在弹出的菜单中选择【水平翻转】，如图 8.47 所示。

图 8.45　椭圆选区

图 8.46　矩形控制框

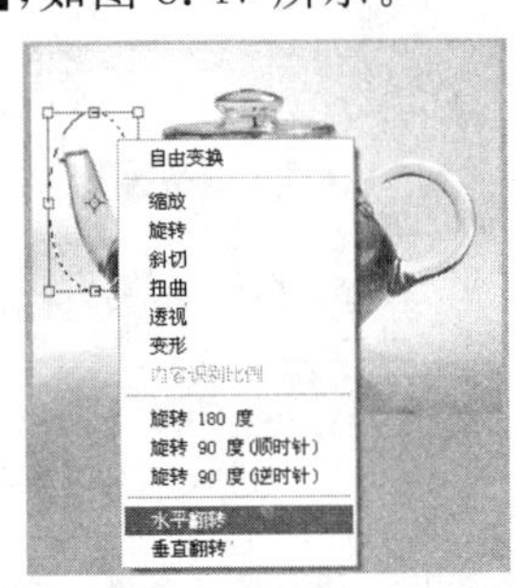

图 8.47　右键菜单

(4) 按【Enter】键取消矩形控制框,完成变换操作如图 8.48 所示。按【Ctrl+D】组合键取消选区,完成选区的水平翻转效果如图 8.49 所示。

图 8.48 完成变换

图 8.49 选区水平翻转效果

8.3 标尺和参考线

8.3.1 显示与隐藏标尺和参考线

1. 显示标尺

选择【视图】|【标尺】命令,菜单中"标尺"命令前出现"√",表示在图像文档窗口中显示标尺,如图 8.50 所示。标尺是显示在图像文档窗口顶部和左边缘处的两条刻度线,前者称为水平标尺,后者称为垂直标尺。水平标尺的正方向指向屏幕的右方,垂直标尺的正方向指向屏幕的下方,其原点位于左上角,由此组成了一个二维坐标系统。

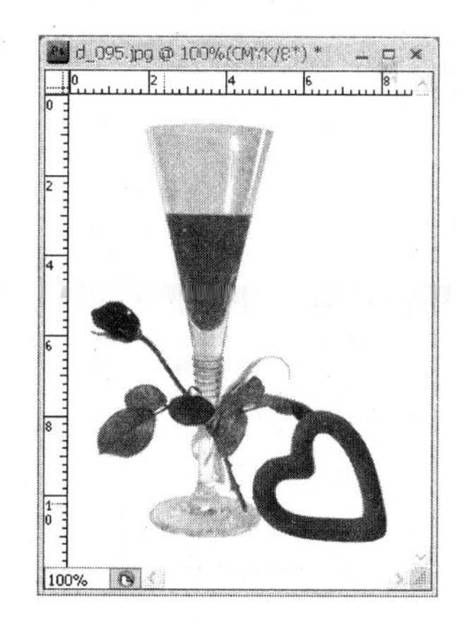

图 8.50 显示标尺

2. 显示参考线

参考线是浮动在图像上的一些直线,利用它可以将坐标点定位在指定处,当选取图像后,被选取的图像四周会有一条边框线,移动时可将它定位在捕捉的辅助线上,从而提高操作效率。

将光标移入某一条标尺中,单击此处并向图像文档窗口中央拖动标尺,参考线将出现在图像文档窗口中。若从水平标尺中开始拖动，则将建立一条水平参考线，如图 8.51 所示；如果从垂直标尺中开始拖动，将建立一条垂直参考线，如图 8.52 所示。

图 8.51　建立水平参考线

图 8.52　建立垂直参考线

注意：若多次拖动则将建立多条参考线。另外，拖动时若按住【Alt】键，则将建立一条旋转 90 度的参考线。若按住【Shift】键，则可以对齐标尺中的刻度一步一步地移动。这些都是很有用的操作技巧。

3. 隐藏标尺和参考线

如果图像文档窗口中已经显示标尺，选择【视图】|【标尺】命令，或者按【Ctrl+ R】组合键隐藏标尺。

选择【视图】|【显示】|【参考线】命令，可以隐藏图像文档中的参考线。

8.3.2　设置标尺和参考线

1. 设置标尺

标尺上的刻度单位即图像的测量单位，若要对标尺进行设置，可以按以下步骤进行操作。

(1) 选择【编辑】|【首选项】|【单位与标尺】命令，如图 8.53 所示，弹出【首选项】对话框，如图 8.54 所示。

(2) 在【单位】选项区域里单击【标尺】下拉按钮，打开【标尺】下拉列表，可以进行单位设置，如图 8.55 所示。

(3) 标尺的原点默认在图像窗口的左上角，需要进行改变移动时，将光标对准标尺的原点标记，然后向图像文档窗口中拖动，拖动时，一条表示水平标尺的虚线与一条表示垂直标尺的虚线将随光标移动，其交叉点即坐标原点。结束拖动后，标尺的原点就会移到新的位置，如图 8.56 所示。

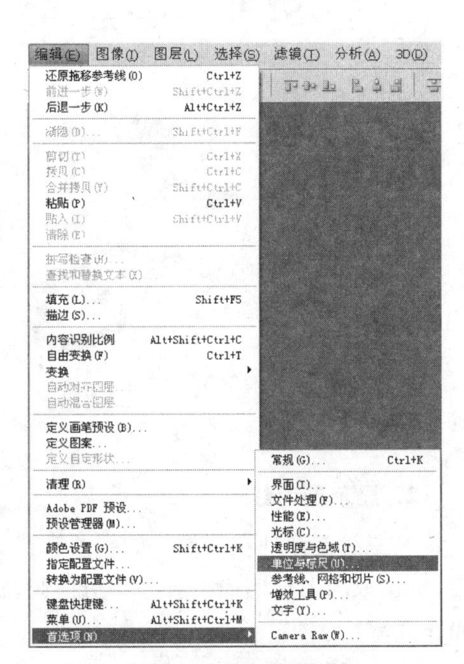

图 8.53　【编辑】菜单

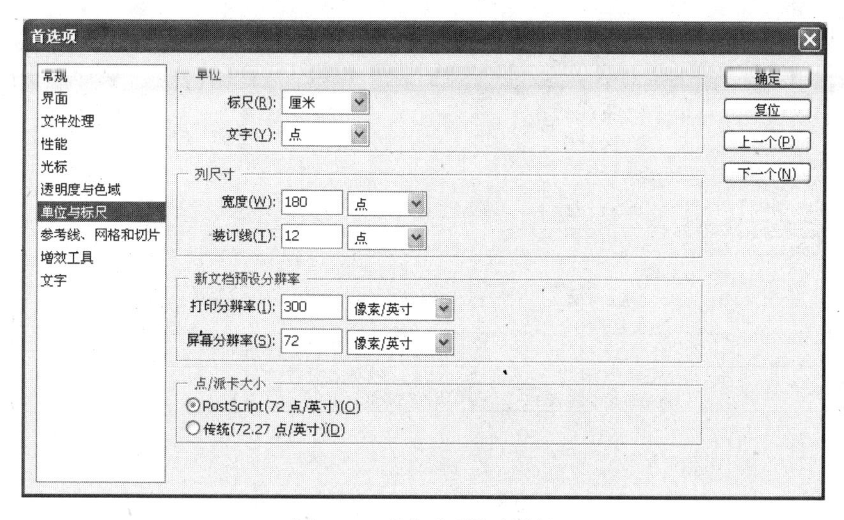

图 8.54　【首选项】对话框

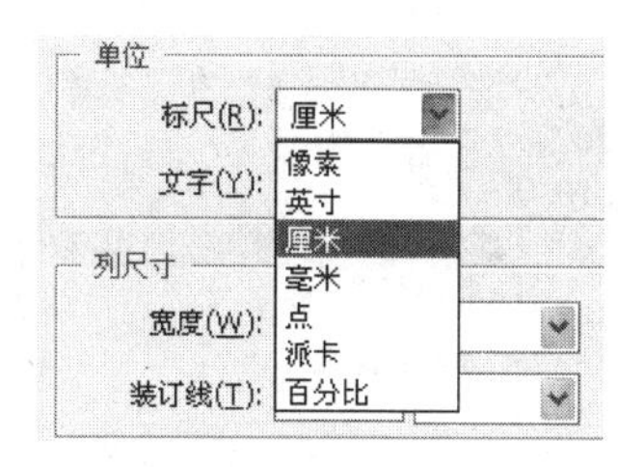

图 8.55　选择【单位】

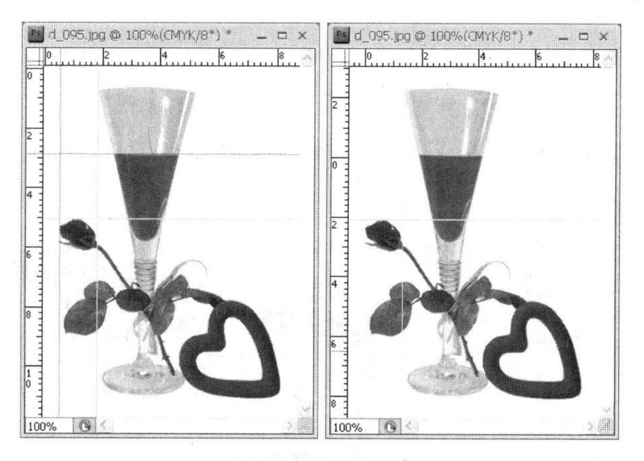

图 8.56　将标尺的原点移至新的位置

2. 设置参考线

选择【编辑】|【首选项】|【参考线、网格和切片】命令，或者在【首选项】对话框的【单位与标尺】选项卡中单击【下一个】按钮，进入首选项的【参考线、网格和切片】选项卡中，设置参考线的颜色以及其他属性，如图 8.57 所示。最后单击【确定】按钮。

注意：还可以使用网格来辅助进行操作，选择【视图】|【显示】|【网格】命令，将在图像文档窗口中显示网格。

8.3.3　锁定和对齐到参考线

使用工具箱中的【移动】工具即可移动参考线，选择【视图】|【锁定参考线】命令，即不能对页面中的参考线进行移动或删除，再次选择此命令解锁之后才能对其进行操作。

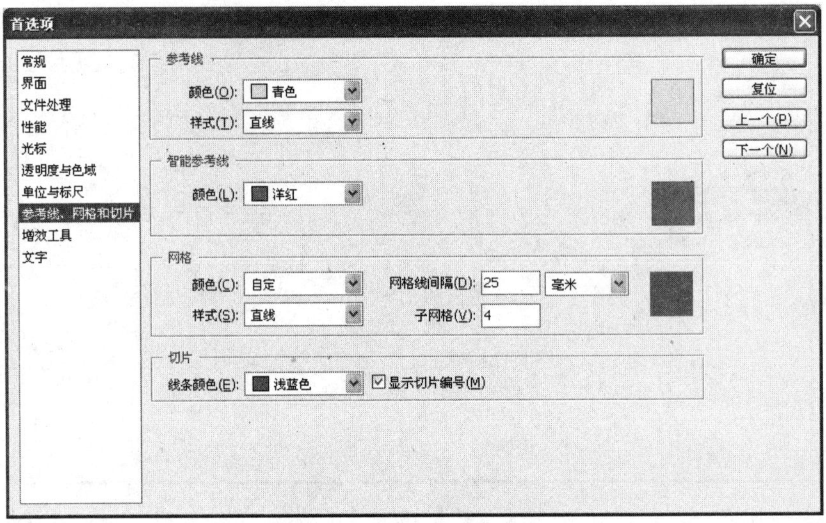

图 8.57 【首选项】对话框

选择【视图】|【对齐到】|【参考线】命令，如图 8.58 所示，鼠标在操作时会自动靠近参考线，使操作更为精确。如果选择【视图】|【显示】|【网格】命令，如图 8.59 所示，并选择【视图】|【对齐到】|【网格】命令，如图 8.60 所示，鼠标在操作时会自动靠近网格位置。

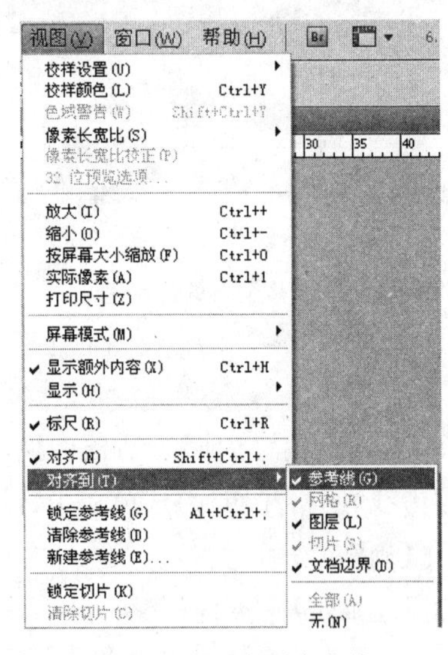

图 8.58 对齐到参考线

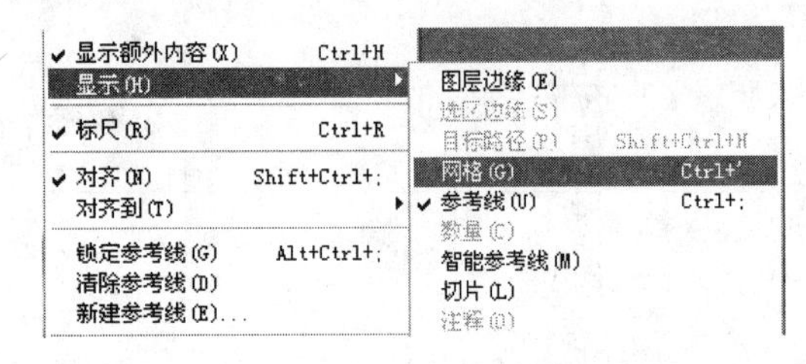

图 8.59 显示网格

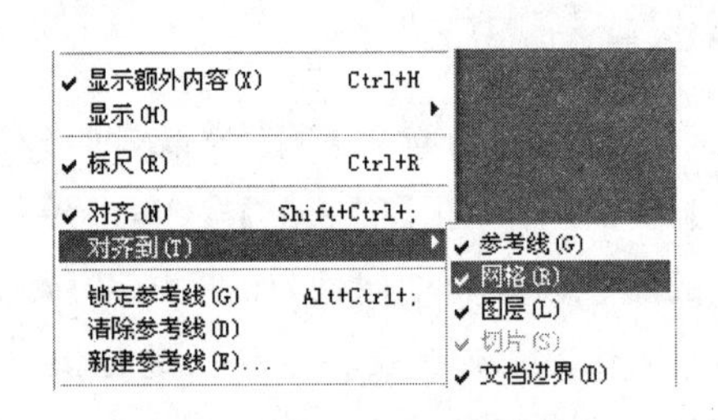

图 8.60 对齐到网格

8.3.4 清除参考线

选择【视图】|【清除参考线】命令，如图 8.61 所示，可以将所有参考线都清除。清除辅助线对比效果如图 8.62 所示。

视图(V)　窗口(W)　帮助(H)
校样设置(U)
校样颜色(L)　Ctrl+Y
色域警告(W)　Shift+Ctrl+Y
像素长宽比(S)
像素长宽比校正(P)
32 位预览选项...
放大(I)　Ctrl++
缩小(O)　Ctrl+-
按屏幕大小缩放(F)　Ctrl+0
实际像素(A)　Ctrl+1
打印尺寸(Z)
屏幕模式(M)
显示额外内容(X)　Ctrl+H
显示(H)
✔标尺(R)　Ctrl+R
✔对齐(N)　Shift+Ctrl+;
对齐到(T)
锁定参考线(G)　Alt+Ctrl+;
清除参考线(D)
新建参考线(E)...

图 8.61　清除参考线命令

图 8.62　清除参考线完成效果

8.4　图像处理应用案例

8.4.1　建立像素图像文档并置入图像

像素图像通常来源于数码相机或者扫描仪，也可以在 Photoshop CS4 中绘制。下面将通过绘制图像来说明 Photoshop CS4 在定量操作方面的功能，这种定量操作可以将图像的起始点与结束点定位在一个看得见的二维坐标点上，放大与缩小时也能使用一个具体参照系统，按以下步骤进行操作。

(1) 选择【文件】|【新建】命令，如图 8.63 所示。

(2) 弹出【新建】对话框，在【名称】文本框中输入新文档的名称“8.4.1”，在【宽度】文本编辑框中指定新图像的宽度值，在【高度】文本编辑框中指定新图像的高度值。单击位于文本框右边的下拉按钮，下拉列表中选择一种长度单位。在【分辨率】文本框中输入 72，用文本框中的值指定单位面积中的像素数，如图 8.64 所示。

文件(F)　编辑(E)　图像(I)　图层(L)　选择(S)　滤镜
新建(N)...　Ctrl+N
打开(O)...　Ctrl+O
在 Bridge 中浏览(B)...　Alt+Ctrl+O
打开为...　Alt+Shift+Ctrl+O
打开为智能对象...
最近打开文件(T)
共享我的屏幕...
Device Central...
关闭(C)　Ctrl+W
关闭全部　Alt+Ctrl+W
关闭并转到 Bridge...　Shift+Ctrl+W
存储(S)　Ctrl+S
存储为(A)...　Shift+Ctrl+S
签入...
存储为 Web 和设备所用格式(D)...　Alt+Shift+Ctrl+S
恢复(V)　F12
置入(L)...

图 8.63　选择【新建】命令

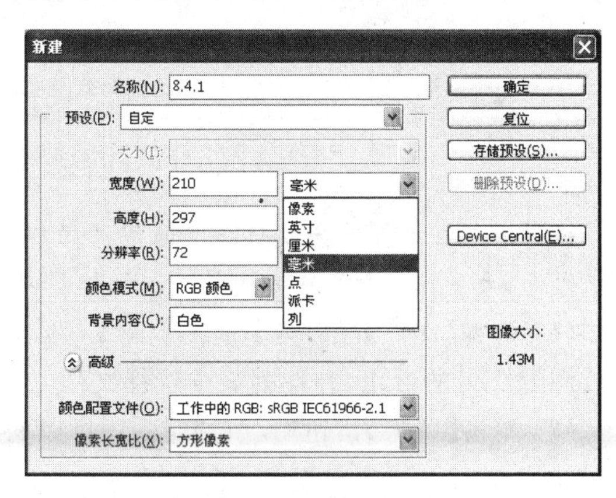

图 8.64　【新建】对话框

(3) 单击【颜色模式】下拉按钮，在下拉列表框中选择“RGB 颜色”模式，如图 8.65 所示。

注意：在 Photoshop CS4 中可以使用多种颜色模式，其中 RGB 颜色模式是常用的、经典彩色模式，也是初学者最容易接受和理解的。如果要建立一幅灰度图，则可以选择灰度模式，若要打印输出，则应当选择 CMYK 颜色模式。

(4) 在【背景内容】中还可以设置图像的背景颜色，如图 8.66 所示。

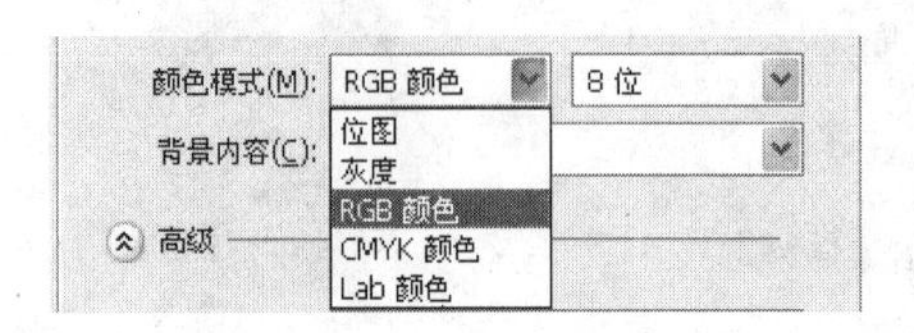

图 8.65 RGB 颜色模式

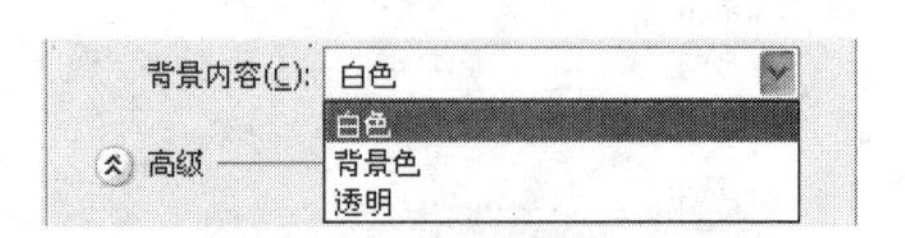

图 8.66 设置【背景内容】

(5) 单击【确定】按钮，新的图像文档就建立了，它将使用“8.4.1”作为文件名，默认背景颜色为白色，同时屏幕上也将显示相应的图像文档窗口，如图 8.67 所示。

图 8.67 图像文档窗口

注意：这里设置的宽度与高度通常被记作 21cm×28.7cm，该图像尺寸正是常用的 A4 图纸幅面，大多数的打印机都支持。如果使用像素尺寸，不必选择单位制，直接输入就可以。

(6) 选择【文件】|【置入】命令，打开【置入】对话框，在【查找范围】下拉列表框中指定存放图像文件的目录，并在列表中选择文件，如图 8.68 所示。

(7) 单击【置入】按钮后，所选定的图像就将置入当前图像文档窗口的中央，如图 8.69 所示。

(8) 按住【Shift+Alt】组合键不放，保持图像的中心位置不变等比例缩小图像，先释放鼠标后再释放此键，如图 8.70 所示。

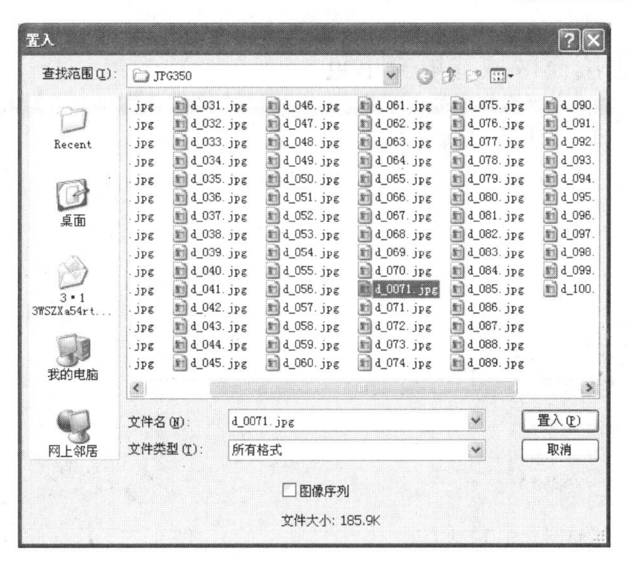

图 8.68　【置入】对话框

图 8.69　置入图像

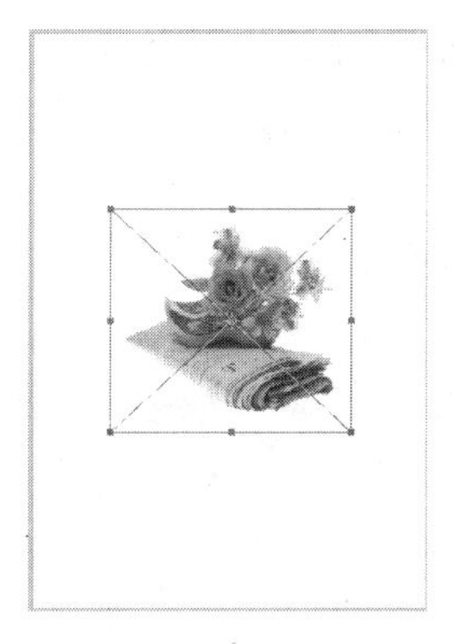

图 8.70　等比例缩小图像

(9) 向右下角拖动矩形控制框,将图像放置到页面右下角,如图 8.71 所示。在控制框中右击,在弹出的菜单中选择【置入】,如图 8.72 所示,置入图像完成后效果如图 8.73 所示。

图 8.71　移动图像

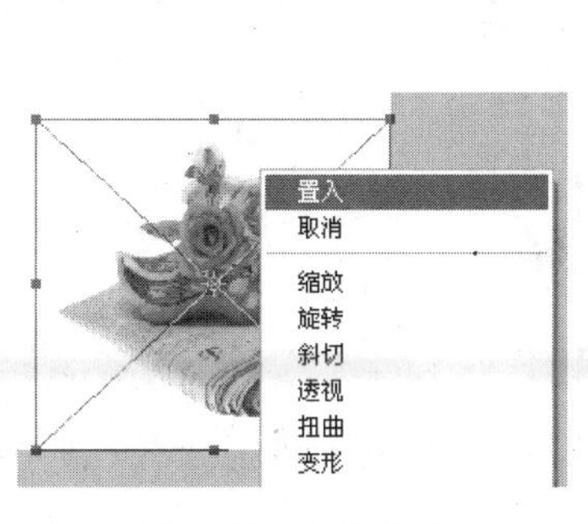

图 8.72　右键菜单

图 8.73　置入效果

8.4.2 制定填充区域并填充单色

(1) 单击工具箱中的【椭圆选框】工具,如图 8.74 所示。

(2) 将光标移至图像文档窗口中,按住【Alt】键拖动鼠标,将使选区以拖动处为中心,建立一个椭圆选区,如图 8.75 所示。

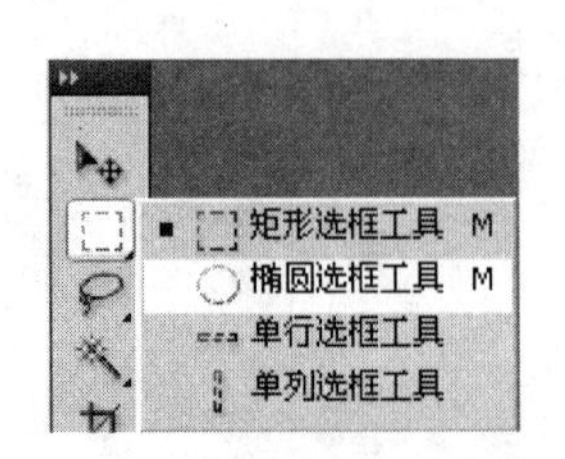

图 8.74 选择【椭圆选框】工具

图 8.75 建立椭圆选区

注意:按住【Shift】键,则迫使选取框为一个圆形,上述【Alt】键与【Shift】键的使用方法很重要,能用于其他的选区建立工具。

(3) 按住【Shift】键后将光标移至图像文档窗口中,此时光标的右下方出现一个十号,在合适的位置单击并拖动,到一定位置时结束拖动,如图 8.76 所示。松开鼠标,完成选区的添加,如图 8.77 所示。

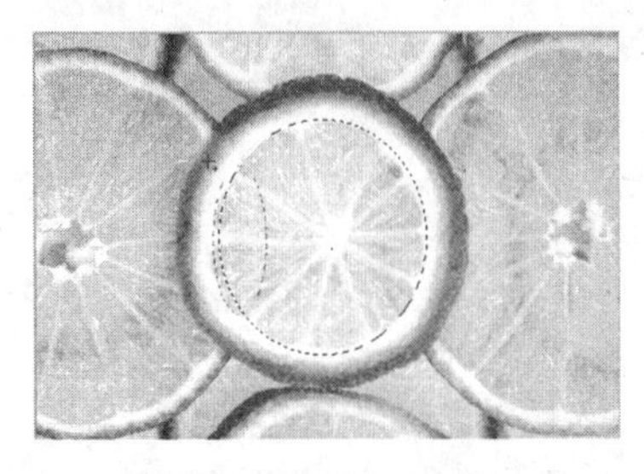

图 8.76 拖动鼠标

图 8.77 添加选区

(4) 在【颜色】面板中设置颜色参数,如图 8.78 所示,此颜色作为当前的前景色,显示在工具箱中的【前景色】按钮上,如图 8.79 所示。

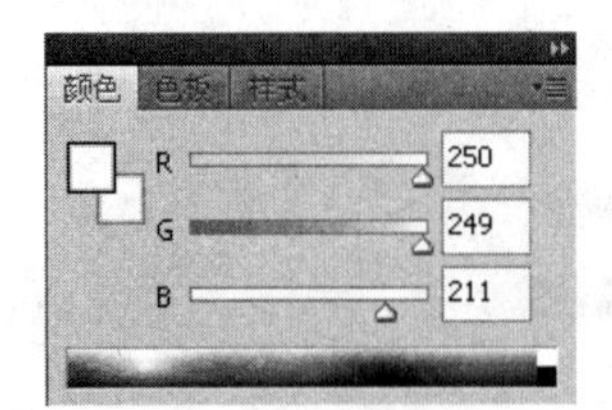

图 8.78 【颜色】面板

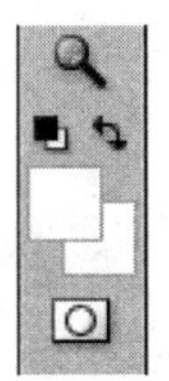

图 8.79 显示当前前景色

(5) 单击工具箱中的【油漆桶】工具,如图 8.80 所示,单击【图层】面板中的【创建新图层】图标,如图 8.81 所示。

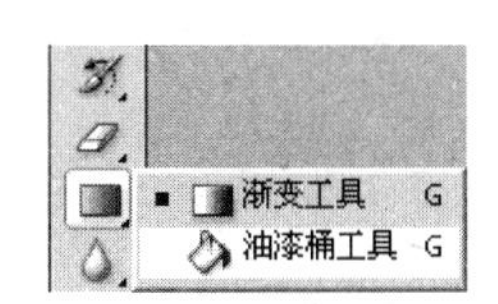

图 8.80　选择【油漆桶】工具

图 8.81　【创建新图层】按钮

注意：由于当前选区被当前图层中的图像分隔成了许多小区域，为了操作方便，需要使用【图层】面板中的【创建新图层】图标来建立一个新图层。新建的图层将自动成为当前图层，而且没有任何图像存在，所以上述操作所建立的选区将是一个连续区域。

(6) 按【Alt+Delete】组合键，将选区中填充当前前景色，如图 8.82 所示。按【Ctrl+D】组合键取消选区后，效果如图 8.83 所示。

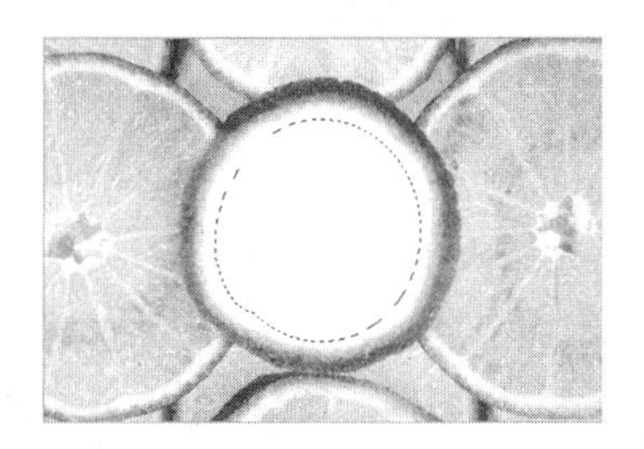

图 8.82　填充选区

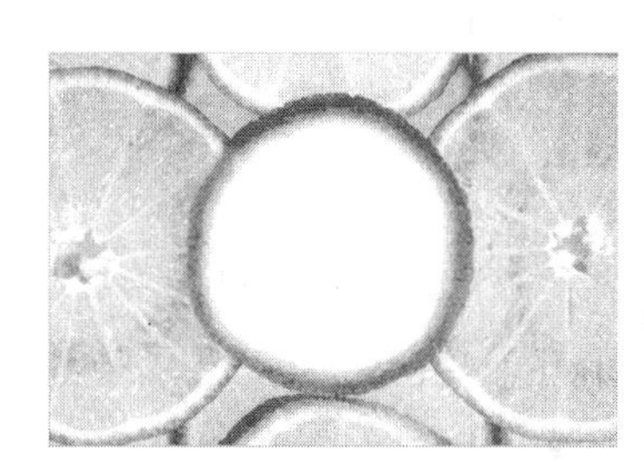

图 8.83　最终效果

(7) 如果不建立新的图层，直接使用【油漆桶】工具单击选区，那么单击一次只能填充选区中的一个空白区域，因而需要单击选区中的每一个空白区域，才能产生如图 8.84 所示的结果。

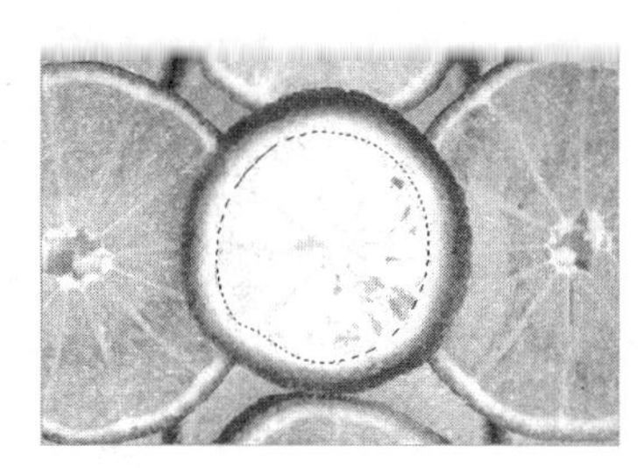
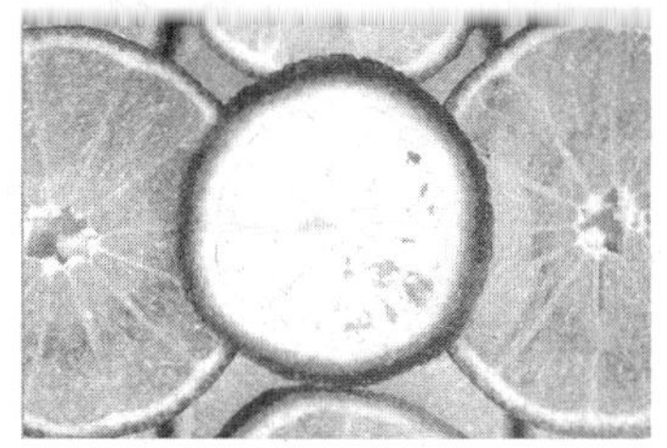

图 8.84　不建立新图层填充选区

注意：用【油漆桶】工具操作时，需要将正倒出的油漆前端对准要单击的目标。

8.4.3　两幅图像合并

(1) 打开 PSD 格式图像文档，选择【视图】|【按屏幕大小缩放】命令，如图 8.85 所示，显示完成后效果如图 8.86 所示。

视图(V) 窗口(W) 帮助(H)
校样设置(U)
校样颜色(L) Ctrl+Y
色域警告(W) Shift+Ctrl+Y
像素长宽比(S)
像素长宽比校正(P)
32 位预览选项...
放大(I) Ctrl++
缩小(O) Ctrl+-
按屏幕大小缩放(F) Ctrl+0
实际像素(A) Ctrl+1
打印尺寸(Z)
屏幕模式(M)

图 8.85 【按屏幕大小缩放】命令

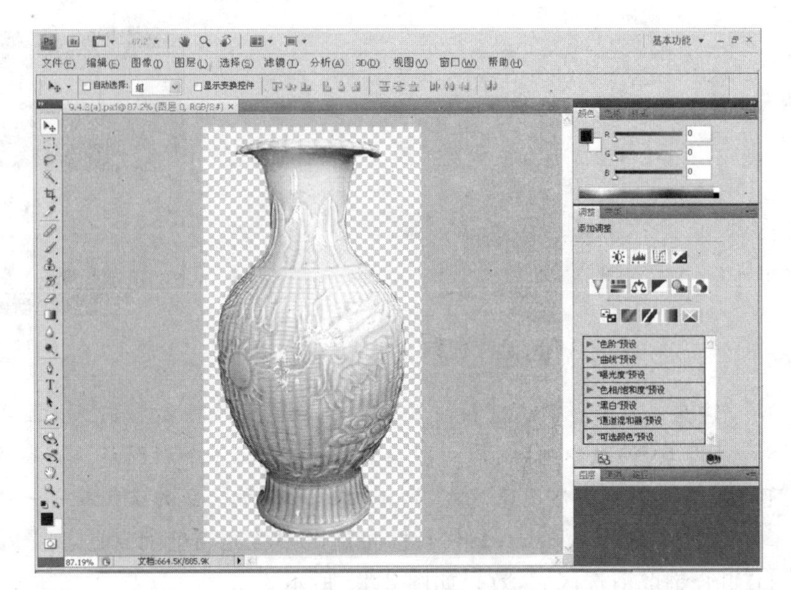

图 8.86 【按屏幕大小缩放】图像

注意：使用【按屏幕大小缩放】命令，能让当前图像按当前显示比例，最大限度地利用屏幕上的可显示区域来制定图像窗口尺寸，从而得到与屏幕相适配的显示结果。

(2) 选择【选择】|【全部】命令，如图 8.87 所示，选定当前图像中当前图层中的所有图像。对于选定的图像像素范围，Photoshop CS4 将使用一个动态虚线框表示，如图 8.88 所示。

(3) 选择【编辑】|【拷贝】命令，或者按下【Ctrl＋C】组合键，将选定的图像复制进 Windows 剪贴板中。

(4) 选择【编辑】|【粘贴】命令，或者按下【Ctrl＋V】组合键，将 Windows 剪贴板中的内容粘贴在当前图像中，结果如图 8.89 所示。

选择(S) 滤镜(T) 分析(A) 3D
全部(A) Ctrl+A
取消选择(D) Ctrl+D
重新选择(E) Shift+Ctrl+D
反向(I) Shift+Ctrl+I
所有图层(L) Alt+Ctrl+A
取消选择图层(S)
相似图层(Y)

图 8.87 【全部】命令

图 8.88 全选图像

图 8.89 粘贴来自 Windows 剪贴板中的图像

注意：执行后可在【图层】面板中看到一个新的图层【图层 1】，这是 Photoshop CS4 自动建立的，粘贴的图像就将位于此图层上。利用上述操作，也可以将 Windows 剪贴板中的其他内容,如文本、来自其他图形图像软件的图像粘贴在当前图像中。

(5) 选择【编辑】|【自由变换】命令,【图层 1】中的图像周围出现矩形控制框。按下【Shift+Alt】键,向控制框内部拖动顶角的控制点,保持图像中心位置不变等比缩小图像,如图 8.90 所示。

(6) 在控制框内双击完成变换。合并后效果如图 8.91 所示。

图 8.90 等比缩小图像

图 8.91 图像合并效果

8.4.4 为绘制新图像制定画布

为了绘制一幅新的图像,可以首先制定好画布,也就是确定图像的大小尺寸与背景颜色,这就需要使用前面使用过的新建命令。如果要绘制一个 800×600 像素尺寸的图像并准备打印输出,可以按以下步骤进行操作。

(1) 选择【文件】|【新建】命令,弹出【新建】对话框,如图 8.92 所示,在【新建】文本编辑框中输入新图像文档的名称,在文本编辑框中指定新图像的像素宽度值为 800,高度像素值为 600;从【颜色模式】下拉列表框中选择【CMYK 颜色】,单击【确定】按钮。

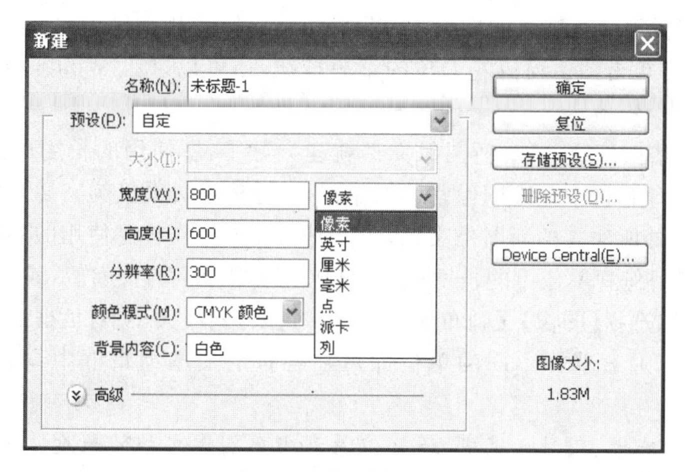

图 8.92 【新建】对话框

注意:如果当前单位不设定像素,应该在【新建】对话框中的【单位】下拉列表框中指定它。

(2) 使用了 CMYK 颜色模式，这是为了让打印机准确地将新的图像输出至图纸上。对于平面设计来说，可以在图像窗口中看到打印在图纸上的图像效果，从而有利于应用色彩。在【新建】对话框中设置图像尺寸时，可以根据如下原则进行操作：

① 如果设计很细致的绘画，那么图像的尺寸也要大一些好，以便于观察效果。

② 如果要打印输出，图像的尺寸应与打印纸相匹配。

③ 有时可能需要按比例绘图，如绘制标牌，那么还应当为打印输出计算一下图像与纸张的比例，然后来设计一个适当的尺寸。

(3) 将新图像窗口中的显示比例定为 100%，并拖动图像窗口的边框线，适当调整一下显示尺寸，如图 8.93 所示。

图 8.93 拖动图像窗口的边框线

(4) 拖动图像窗口边框线的操作，与调整 Windows 应用程序窗口的显示尺寸操作方法相同。另外，若单击图像窗口左上角的菜单按钮，还可以进入 Windows 窗口控制菜单进行操作，如图 8.94 所示。

(5) 完成上述操作后，一个新图像文档就建立好了，所使用的长度单位是像素，而不是厘米。像素是计算机中处理图像常用的单位，与分辨率关系极为密切，这一点初学者有所了解即可。此处所建立的新图像文档，也就是下面的操作将要使用的画布。

(6) 若要了解像素单位下的长度值，换算成厘米单位下的长度值，或者其他单位制式下的长度值，可以选择【图像】|【画布大小】命令，进入【画布大小】对话框后，保持现在的宽度与高度值不变，通过选择不同的单位即可在各自的文本编辑框中看到它，如图 8.95 所示。

注意：在【画布大小】对话框中，还可以看到当前图像文档的长度字节数。如上述操作所建立的图像文档长度为 1.83M。此对话框中的【定位】区域提供几个按钮，它们用于修改画布尺寸后，指定保留的部分图像。如打开中间的按钮，将保留正中间的部分图像。打开右下角处的按钮，又将保留右下角部分图像。

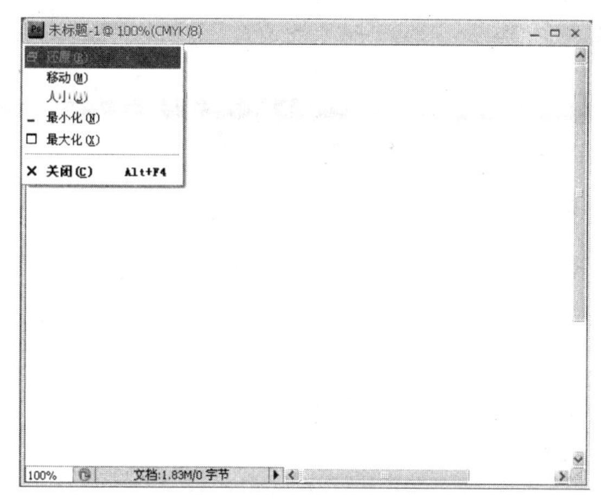

图 8.94 进入窗口控制菜单

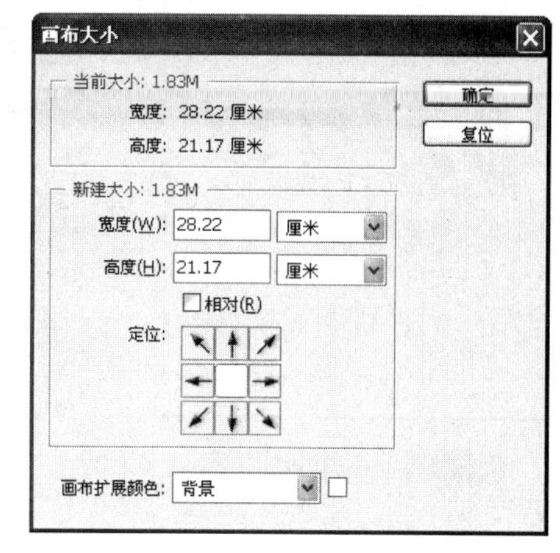

图 8.95 【画布大小】对话框

8.4.5 定义渐变背景颜色

在上一部分的操作中，只是在一个范围有限的选区中填充了颜色，下面介绍渐变填充颜色：

(1) 单击工具箱中的【渐变】工具，进入【渐变】工具选项栏，如图 8.96 所示。

图 8.96 进入【渐变】工具选项栏

(2) 展开【渐变工具】选项栏，然后从中选择渐变工具按钮，如图 8.97 所示。

图 8.97 【渐变】工具形式

(3) 此时，渐变预览窗中显示的是当前渐变效果，即从前景色到背景色渐变，如图 8.98 所示，这是 Photoshop CS4 预定的一种渐变样式，仅在渐变中运用了前景色与背景色渐变，因此是一种非常简单的渐变样式，通过修改前景色与背景色即可改变渐变结果。若要定义一种新的渐变样式，就要单击渐变预览窗，弹出【渐变编辑器】对话框，如图 8.99 所示。

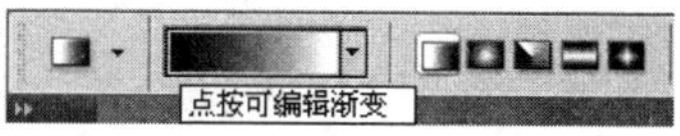

点按可编辑渐变

图 8.98 进入【渐变】选项

(4) 从【渐变编辑器】对话框的【预设】选项区域中选择一种已经存在的渐变，如图 8.100 所示。

(5) 在名称文本编辑框中，可以编辑新建的渐变样式的名称，以便于在列表中显示，从而能够选择应用，如图 8.101 所示。

(6) 通过颜色滑块，可以预览渐变颜色的变化，如图 8.102 所示。位于上方的是【不透明度色标】，它用于定义和预览渐变颜色透明度。位于下方的是【色标】，用于指定渐变的颜色。单击上下方区域和可分别加入【不透明度色标】和【色标】。

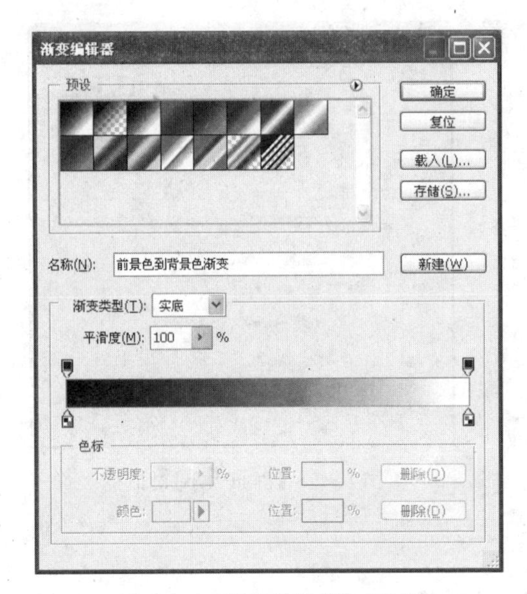

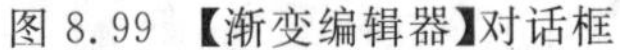

图 8.99 【渐变编辑器】对话框

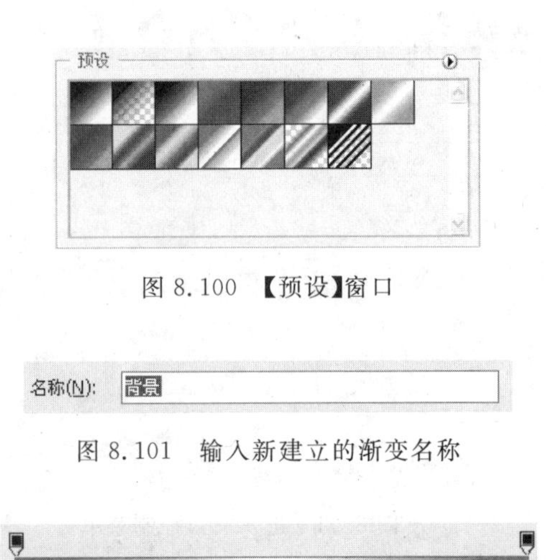

图 8.100 【预设】窗口

图 8.101 输入新建立的渐变名称

图 8.102 颜色滑块

(7) 双击颜色滑块下方的【色标】，弹出【选择色标颜色：】对话框，如图 8.103 所示，单击圆形光标所指处的颜色，单击【确定】按钮。从左到右将三个色标的颜色分别设置为(R：110，G：200，B：255)、(R：255，G：255，B：255)和(R：205，G：170，B：0)。

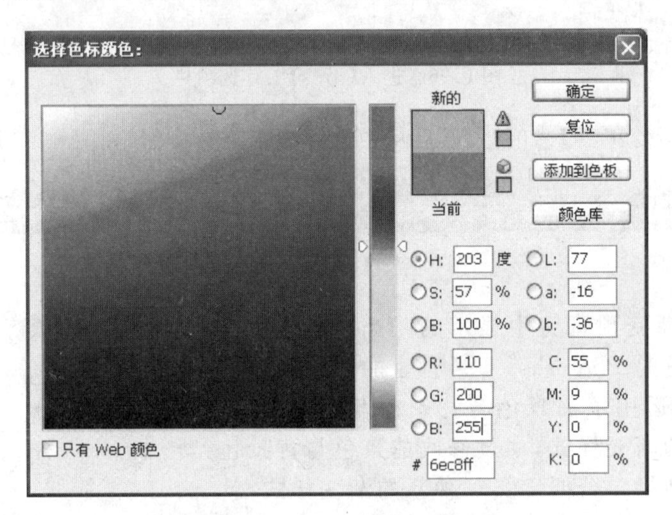

图 8.103 【选择色标颜色】对话框

注意：将光标移入调色盘后，光标的形状将是一个小圆圈。单击颜色条(垂直显示在调色盘右旁)中的一种颜色，可以控制调色盘中的颜色。【选择色标颜色】对话框是一个常用的对话框，用于设置当前颜色，在工具箱中单击【前景色】按钮或者【背景色】按钮也能弹出此对话框。

(8) 将渐变的中点色标向右侧颜色点移近一些，拖动中点时，它距离左边颜色点的当前距离值将按百分比值显示在位置文本编辑框。也可以在这个文本编辑框中输入一个百分比值来指定中点的位置，如图 8.104 所示。

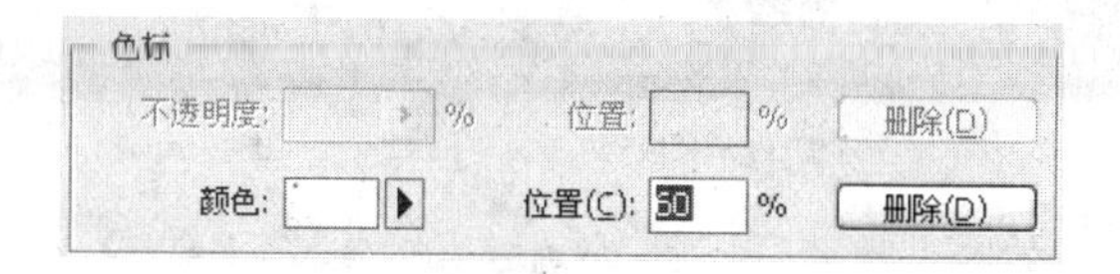

图 8.104 输入中点位置的百分比值

(9) 当前颜色点的颜色将显示在颜色预览框中，如图 8.105 所示，单击颜色预览框可以打开【选择色标颜色】对话框，通过它的下拉按钮也能设置颜色。

(10) 单击【确定】按钮，一种渐变样式就定义好了，它将作为当前渐变格式显示在当前渐变预览窗中。在图像窗口中从上向下拖动鼠标，完成渐变背景颜色绘制，如图 8.106 所示。

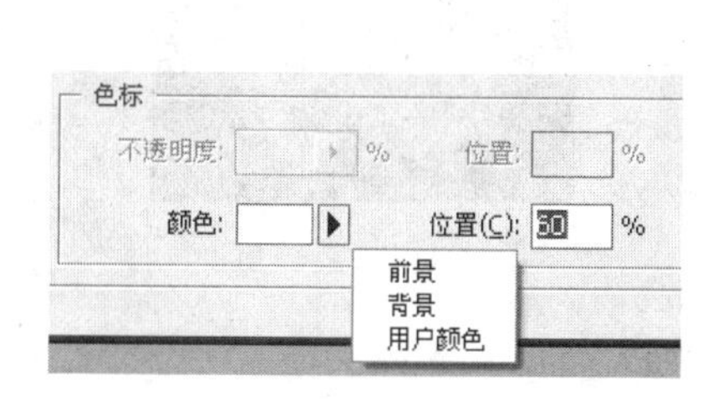

图 8.105 单击【颜色】下拉按钮

图 8.106 渐变背景

8.4.6 自由变换

(1) 选择【文件】|【打开】命令，单击【打开】按钮，打开“1.jpg” 和“2.jpg” 图片，如图 8.107 所示。

(2) 单击工具箱中的【魔术橡皮擦】工具，去除边缘背景，如图 8.108 所示。

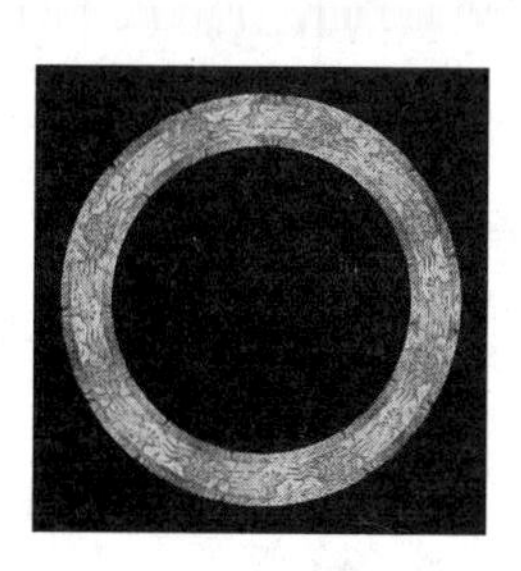

图 8.107 打开“1 .jpg” 和“2.jpg”文件

图 8.108 使用魔术橡皮擦效果

(3) 单击工具箱中的【移动工具】，移动到“1.jpg”图片中，系统将自动生成一个“图层 1”，如图 8.109 所示。

(4) 选择【编辑】|【自由变换】命令，调整图像的大小，如图 8.110 所示。调整图像的旋转角度到合适的位置，如图 8.111 所示。

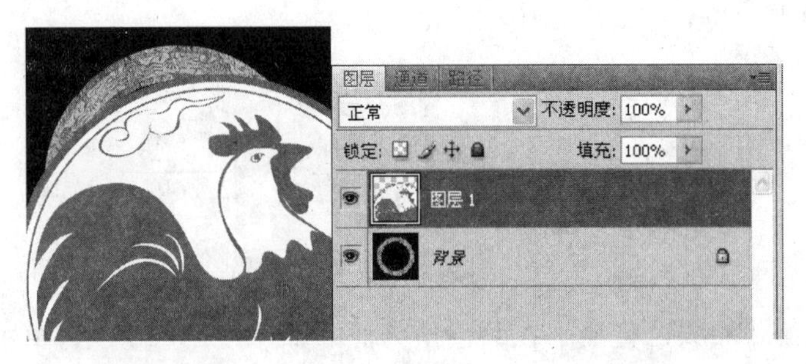

图 8.109 移动图片

图 8.110 调整大小

图 8.111 旋转角度

(5) 选择【文件】|【存储为】命令，弹出【存储为】对话框，在文件名中输入文字“自由变换”，如图 8.112 所示。单击【保存】按钮，进行保存。

图 8.112 【存储为】对话框

思考与练习

1. 思考题

(1) 如何置入图像?

(2) 调整画布大小的方法是什么?

(3) 如何显示与隐藏参考线?

(4) 自由变换工具的使用方法是什么?

2. 练习题

(1) 打开 Photoshop CS4 软件,熟悉 Photoshop CS4 软件的工作界面,熟悉新建图像文件、图像文件的打开、置入文件、存储文件等命令。

(2) 练习图像的应用,包括 Photoshop CS4 的"自由变换"、"合并拷贝"和"填充"等命令。

第9章 绘图与图像编辑技巧

9.1 画笔工具组

画笔工具组包括【画笔】工具、【铅笔】工具和【颜色替换】工具，如图 9.1 所示。

1.【画笔】工具

图 9.1 【画笔】工具

使用【画笔】工具可以创建柔和的彩色线条。使用此工具之前必须先选取前景色和背景色，并选好画笔。【画笔】工具可以模拟毛笔的效果在图像或选区中进行绘制。单击工具栏中的【画笔】工具，选项栏如图 9.2 所示。在【画笔】工具选项栏中包括选择笔刷、混合模式、设定不透明度和水彩画的效果。

图 9.2 【画笔】工具选项栏

在选定【画笔】工具的情况下，选中选项栏中的按钮，可将画笔的工作状态转变为喷枪工作状态。在这个状态下创建的线条柔和程度更强，而且在按住左键不放的情况下，前景色将在单击处淤积。在【画笔】工具选项栏中有参数【流量】，其数值越大喷雾的速度越快。单击的效果如图 9.3 所示，按住左键不放单击的效果如图 9.4 所示。

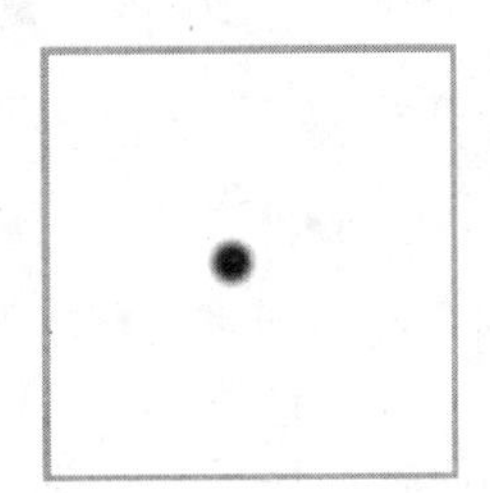

图 9.3 用喷枪单击的效果

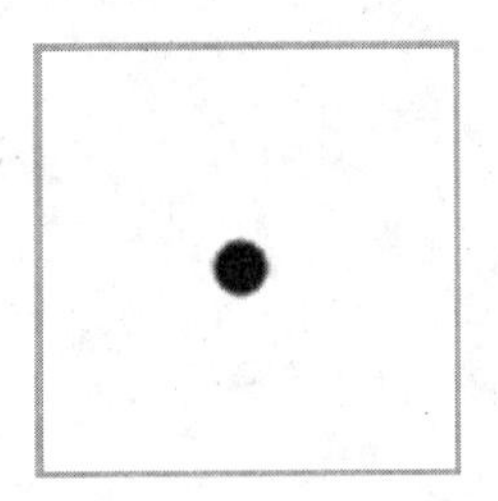

图 9.4 用喷枪按住左键不放的效果

2.【铅笔】工具

【铅笔】工具可以模拟铅笔的效果进行绘画。使用【铅笔】工具可以创建具有硬边手画效果的线条，单击工具栏中的【铅笔】工具，选项栏如图 9.5 所示。在【铅笔】工具选项栏中包括选择笔刷、混合模式、不透明度和自动抹除，铅笔工具将以前景色绘制。

图 9.5　【铅笔】工具选项栏

【铅笔】工具选项栏与【画笔】工具选项栏中选项相似，但【铅笔】面板中的所有笔刷都是硬边。另外，在【铅笔】工具选项栏中有【自动抹除】复选框，若此项被选中，铅笔工具可以作为橡皮擦来使用。

3.【颜色替换】工具

【颜色替换】工具可以把图像中的一种颜色用另一种颜色替换掉。单击工具箱中的【颜色替换】工具，选项栏如图 9.6 所示。

图 9.6　【颜色替换】工具选项栏

【颜色替换】工具选项栏的各选项介绍如下所述。

【取样】选项：

(1)【连续】：在拖动时对颜色连续取样。

(2)【一次】：只替换第一次选择的颜色所在区域中的目标颜色。

(3)【背景色板】：只擦除包含当前背景色的区域。

【限制】选项：

(1)【不连续】：替换出现在指针下任何位置的样本颜色。

(2)【连续】：替换与紧挨在指针下的颜色邻近的颜色。

(3)【查找边缘】：替换包含样本颜色的相连区域，同时更好地保留形状边缘的锐化程度。

【容差】选项：

输入一个百分比值(范围为 1～100)或者拖动滑块。选取较低的百分比可以替换与所选择像素非常相似的颜色，而增加该百分比可替换范围更广的颜色。

【消除锯齿】选项：

要替换不需要的颜色，请选择所使用的前景色，在图像中单击选择替换的颜色，在图像中拖动可替换目标颜色。

9.2　矩形工具组

矩形工具组包括【矩形】工具、【圆角矩形】工具、【椭圆】工具、【多边形】工具、【直线】工具和【自定形状】工具，如图 9.7 所示。

矩形工具　U
圆角矩形工具　U
椭圆工具　U
多边形工具　U
直线工具　U
自定形状工具　U

图 9.7　【矩形】工具组

1.【矩形】工具

【矩形】工具可以用来绘制矩形或正方形。单击工具箱中的【矩形】工具，选项栏如图 9.8 所示。在【矩形】工具选项栏中，包括形状图层、路径和填充像素；用于选择多边形路径工具的种类；形状选项为图案样式选项；颜色选项用于设定色彩混合模式；样式选项用于设定图形纹理。

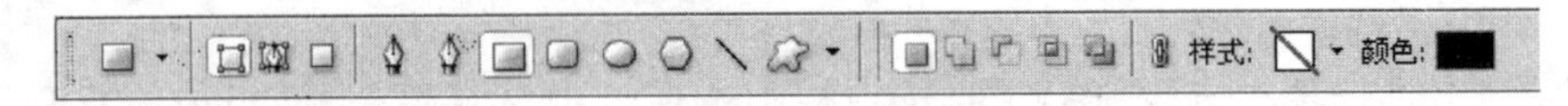

图 9.8 【矩形】工具选项栏

单击选项栏中的下三角按钮，弹出【矩形选项】对话框，如图 9.9 所示。在对话框中可以通过各种设置来控制矩形工具所绘制的图像区域，包括不受约束、方形、固定大小、比例和从中心选项。此外，对齐像素选项，用于使矩形边缘自动与像素边缘重合。

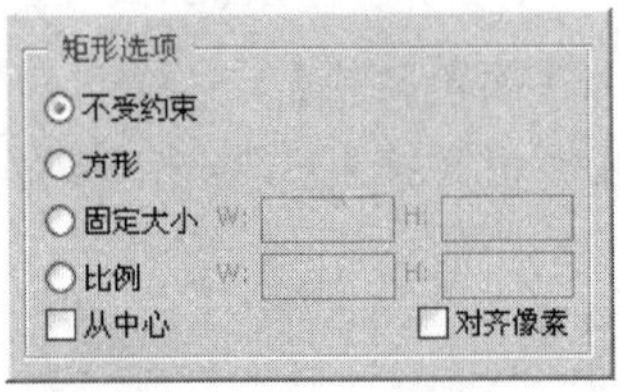

图 9.9 【矩形选项】对话框

(1)【不受约束】：选中后，长和宽可以不受限制地绘制。

(2)【方形】：选中后，则绘制的图形长和宽是相等的，即正方形。不选中它，按住【Shift】键也可以创建正方形。

(3)【固定大小】：选中后，绘制矩形的宽高为指定数值。

(4)【比例】：选中后，可以通过输入数值来定义长和宽比例。

(5)【从中心】：选中后，绘制矩形时将从中心向外扩展。

(6)【对齐像素】：选中后，绘制矩形边缘与像素对齐，这样当放大绘制的矩形时不会出现边缘模糊。

2.【圆角矩形】工具

【圆角矩形】工具可以用来绘制具有平滑效果的矩形。单击工具箱中的【圆角矩形】工具，选项栏如图 9.10 所示。其选项栏中的内容与矩形工具选项栏的选项内容类似，只多了一项半径选项，用于设定圆角矩形的平滑程度，数值越大越平滑。

图 9.10 【圆角矩形】工具选项栏

它的设置和矩形工具的设置基本上一样，不同之处是圆角矩形工具选项栏多了一个【半径】，通过改变其数值的大小来创建不同的圆角矩形工具。如图 9.11 所示为不同的半径值(分别为 10、50、100)的效果。

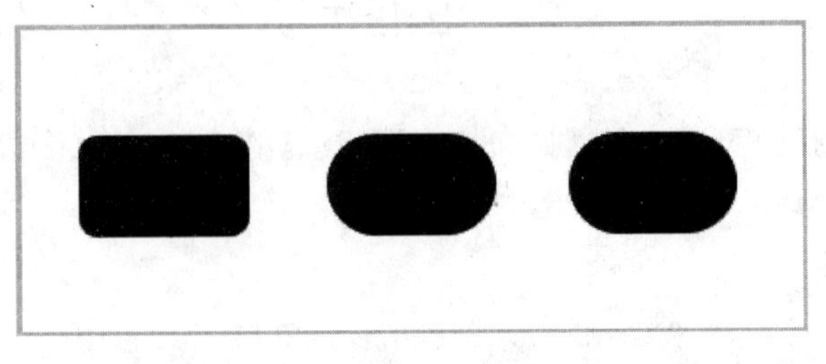

图 9.11 圆角效果

3.【椭圆】工具

【椭圆】工具可以用来绘制椭圆或圆。单击工具箱中的【椭圆】工具，选项栏如图9.12所示。其选项栏中的内容与矩形工具选项栏的选项内容类似。

图9.12　【椭圆】工具选项栏

它的设置和矩形工具的设置基本上一样，不同的是在三角形按钮的下拉菜单中，将【方形】选项换成了【圆形】选项。选中它，将以单击点为中心绘制一个圆形。

4.【多边形】工具

【多边形】工具可以用来绘制正多边形。单击工具箱中的【多边形】工具，选项栏如图9.13所示。其选项栏中的内容与矩形工具选项栏的选项内容类似，只多了一项设置边数的选项，用于设定多边形的边数。

图9.13　【多边形】工具选项栏

在三角形按钮的下拉菜单中，参数设置如下所述。

(1)【半径】：通过输入的数值，可以控制星形和多边形的半径。

(2)【平滑拐角】：选中它，就可绘制具有平滑拐角的多边形和星形。

(3)【星形】：选中它，可绘制星形。而且可以通过在【缩进边依据】里输入的数值来控制星形的缩进量，通过选中平滑缩进复选框就可以使星形平滑缩进。

如图9.14所示是3个设置了不同缩进量的图形(分别为1%、50%、99%)。如图9.15所示是3个选中平滑缩进而得到的图形(分别为10%、30%、50%)。

图9.14　设置不同缩进量的图形

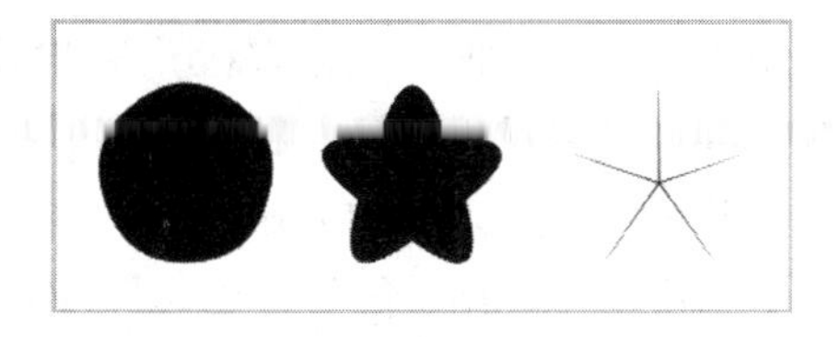

图9.15　选中平滑缩进的效果

5.【直线】工具

【直线】工具可以用来绘制直线或带有箭头的线段。单击工具箱中的【直线】工具，选项栏如图9.16所示。其选项栏中的内容与矩形工具选项栏的选项内容类似，只多了一项粗细选项，用于设定直线的宽度。

图9.16　【直线】工具选项栏

单击选项栏中的下三角按钮，弹出【箭头】对话框，如图 9.17 所示。在对话框中，【起点】项用于选择箭头位于线段的始端；【终点】项用于选择箭头位于线段的末端；【宽度】项用于设定箭头宽度和线段宽度的比值；【长度】项用于设定箭头长度和线段宽度的比值；【凹度】项用于设定箭头凹凸的形状。

使用【直线】工具的方法是首先选取该直线工具，然后根据需要设置线条的粗细、颜色，还可以选择一种图层样式。需要绘制箭头时，打开【箭头】对话框，选中【起点】或【终点】复选框或者同时选取二者，就可指定箭头的起始位置。还可编辑箭头的宽度、长度和凹度等，如图 9.18 所示是各种不同的效果。

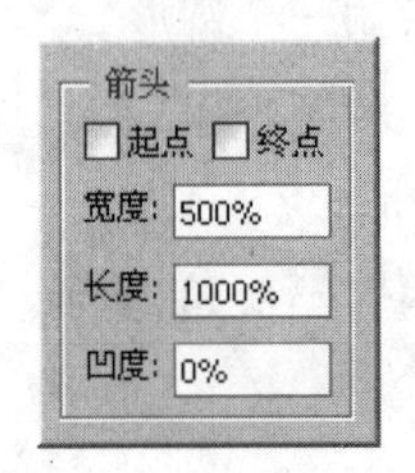

图 9.17　【箭头】对话框

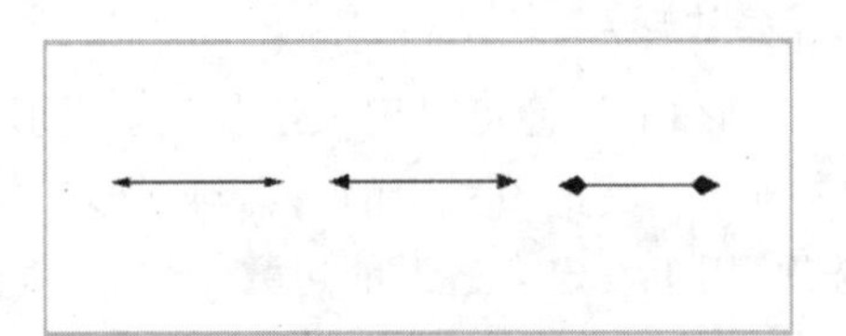

图 9.18　箭头的不同效果

6.【自定形状】工具

【自定形状】工具可以用来绘制一些自定义的图形。单击工具箱中的【自定形状】工具，选项栏如图 9.19 所示。其选项栏中的内容与矩形工具选项栏的选项内容类似，只多了一项形状选项，用于选择所需的形状。使用自定义形状工具，可以很方便地创建各种形状和路径。

图 9.19　【自定形状】工具选项栏

单击选项栏中的下三角按钮，弹出【自定形状选项】对话框，如图 9.20 所示。形状选项中存储了可供选择的各种不规则形状，如图 9.21 所示。

创建一个新的形状的方法，可以按以下步骤进行操作。

(1) 新建一个背景色为白色的图像，单击工具箱中的【钢笔】工具，绘制如图 9.22 所示的图形。

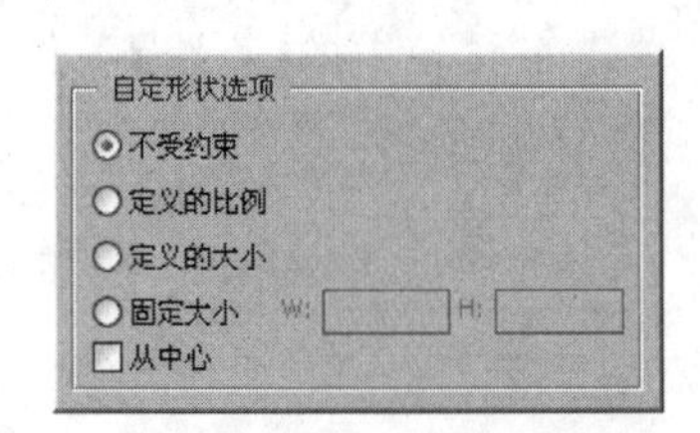

图 9.20　【自定形状选项】对话框

图 9.21　形状对话框

图 9.22　【钢笔】工具绘制形状

(2) 选择【编辑】|【定义自定形状】命令，弹出【形状名称】对话框，如图 9.23 所示，将其命名为“树”。

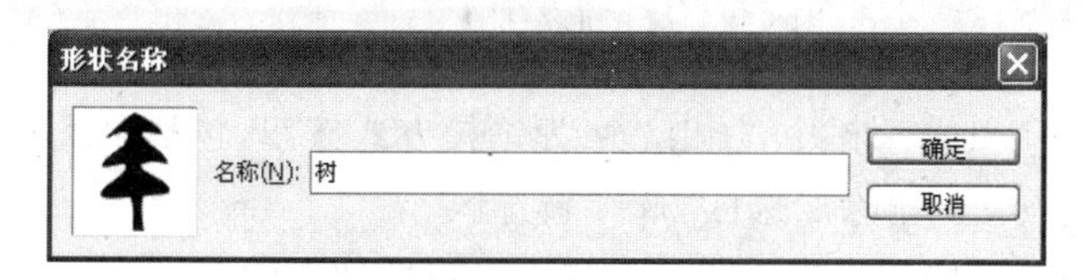

图 9.23 【形状名称】对话框

(3) 单击【确定】按钮，即可创建新的形状。

9.3 移动工具

【移动】工具可以将图层中的整幅图像或选定区域中的图像移动到指定位置。【移动】工具选项栏如图 9.24 所示。

图 9.24 【移动】工具选项栏

在【移动】工具选项栏中，【自动选择】复选框用于自动选择光标所在的图层；【显示变换控件】复选框用于对选取的图层进行各种变换。此外，选项栏中还提供了几种排列图层的方式。

9.4 矩形选框工具组

矩形选框工具组包括【矩形选框】工具、【椭圆选框】工具、【单行选框】工具、【单列选框】工具，如图 9.25 所示。

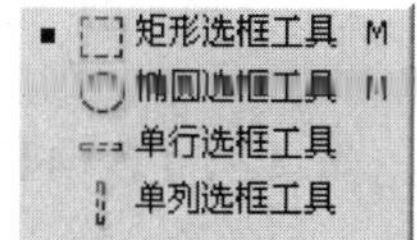

图 9.25 选框工具

要撤销一个已经存在的选区，只要使用任何选框工具在选区之外单击即可，选择【选择】|【取消选择】命令。有时会出现多选了不需要的选区的情况，要减少已存在的选区，按住【Alt】键选中不需要的区域即可。

如果需要移动选区以便进行剪裁等操作，只需使用任何一种选取工具来对选区进行拖动即可。

有时一次选取操作所得到的选区并没有包含所有想选取的内容。如果分数次进行选取，有时会造成相对位置误差、操作结果不一致等情况，操作也相对复杂。扩展选区的操作也很简单，当要扩展已存在的选区时，只需在已存在的选区外进行新的选取操作时按住【Shift】键即可将新选区加入到已存在的选区中。

1. 【矩形选框】工具

【矩形选框】工具可以在图像或图层中选取矩形选区。【矩形选框】工具选项栏如图 9.26 所示。

图 9.26 【矩形选框】工具选项栏

在【矩形选框】工具选项栏中，为选择方式按钮，包括以下几种。

(1)【新选区】按钮：删除旧选区，选择新选区。

(2)【添加到选区】按钮：在原有选区的上面再增加新的选区。

(3)【从选区减去】按钮：在原有选区上减去新选区的部分。

(4)【与选区交叉】按钮：选择新旧选区重叠的部分。

【羽化】文本框用于设定选区边界的羽化程度；【消除锯齿】复选框用于清除选区边缘的锯齿；【样式】下拉列表框用于选择样式；固定比例选项用于设置长宽比例；固定大小选项则可以通过设置固定尺寸来创建选区。

使用【矩形选框】工具在图像上拖动，即可看到一个由虚线围成的矩形。当虚线框符合需要的大小和形状时，放开鼠标按键，如图 9.27 所示。当要制作正方形选区时，只要在使用【矩形选框】工具的同时按住【Shift】键即可。

2. 【椭圆选框】工具

【椭圆选框】工具可以在图像或图层中选取出圆形或椭圆形选区，使用【椭圆选框】工具在图像上拖动，即可看到一个由虚线围成的椭圆。当虚线框符合需要的大小和形状时，放开鼠标按键，如图 9.28 所示。当要制作圆形选区时，只要在使用【椭圆选框】工具的同时按住【Shift】键即可。

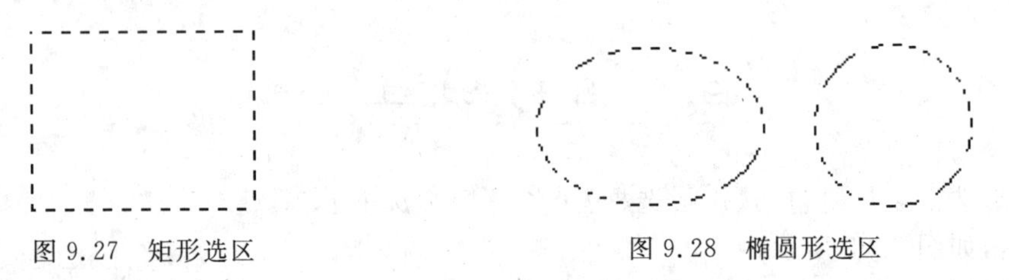

图 9.27 矩形选区

图 9.28 椭圆形选区

3. 【单行选框】工具

【单行选框】工具可以在图像或图层中选取出 1 个像素宽的横线区域。

4. 【单列选框】工具

【单列选框】工具可以在图像或图层中选取出 1 个像素宽的竖线区域。

9.5 套索工具组

套索工具组可以创建任意形状的选区，从套索工具组中可以选择三种不同的工具来创建选区，单击工具箱中的【套索】工具，可以弹出套索工具组下拉菜单，如图 9.29 所示。套索工具组包括【套索】工具、【多边形套索】工具和【磁性套索】工具。

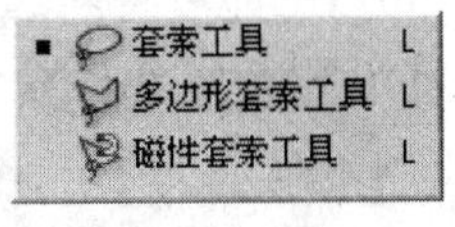

图 9.29 套索工具组

1.【套索】工具

【套索】工具可以用来选取无规则形状的图形，利用【套索】工具创建选区，可以按以下步骤进行操作。

(1) 单击工具箱中的【套索】工具。

(2) 根据需要调整其选项栏参数。

(3) 在图像窗口中单击并拖动鼠标以创建手绘的选区边框，像使用画笔画出一条虚线来绘制所需的选区。释放鼠标后，虚线的起点和终点之间自动用直线连接起来，形成一个封闭的区域。

(4) 如果按下【Alt】键，可以在图像窗口绘制具有直线边框的选区，此时的【套索】工具就具有【多边形套索】工具的功能了，只需单击鼠标以确定直线段的起点和终点。在绘制选区的过程中，按下【Delete】键，可以擦除刚刚绘制的部分。

(5) 在【套索】工具选项栏中，调整边缘...用于清除选区边缘的锯齿和设定选区边缘的羽化程度。

2.【多边形套索】工具

【多边形套索】工具可以用来选取无规则的多边形图形。【多边形套索】工具选项栏中的有关内容与【套索】工具选项栏的内容相同。利用【多边形套索】工具可以在图像中或某一个单独的图层中，以自由手动的方式进行多边形不规则选择。它可以选择出不规则的多边形形状，一般用于选取一些复杂的图形。使用多边形套索工具在图像的当前图层上按要求的形状进行单击，所单击的点将连成直线。双击将自动封闭多边形并形成选区。

利用【多边形套索】工具创建多边形选区，可以按以下步骤进行操作。

(1) 单击工具箱中的【多边形套索】工具。

(2) 根据需要调整其选项栏参数。

(3) 在图像窗口中单击鼠标以确定选区的起点，在适当的位置单击以结束第一条直线段的绘制，继续在其他位置单击鼠标以设置后续线段的端点位置。

(4) 在绘制的过程中，按下【Alt】键并拖动鼠标，就可绘制任意曲线，完成后释放【Alt】键可以接着绘制直线段。按下【Delete】键，可以删除前一步绘制的部分。

(5) 将鼠标移动到起点上单击鼠标，或者直接双击鼠标均可结束绘制工作。

3.【磁性套索】工具

【磁性套索】工具可以用来选取无规则的图形，但背景反差越大选取的范围就越准确。在【磁性套索】工具选项栏中，选择方式包括如下选项，如图 9.30 所示。

图 9.30 【磁性套索】工具选项栏

【磁性套索】工具选项栏的选项说明如下所述。

(1)【羽化】:用于设定选区边缘的羽化程度。

(2)【消除锯齿】:用于清除选区边缘的锯齿。

(3)【宽度】:用于设定检测范围,利用【磁性套索】工具定义边界时,系统能够检测的边缘宽度,其取值范围为1～256之间的整数值,【磁性套索】工具将在这个范围内选取反差最大的边缘。

(4)【对比度】:用来设置套索对图像边缘的灵敏度,其取值范围为1%～100%之间的值,数值越大,则要求边缘与背景的反差越大。较大的数值只检测与它们的环境对比鲜明的边缘,较小的数值则检测低对比度边缘。

(5)【频率】:用来设定套索锚点出现的频率,其取值范围为0～100之间的数值。数值越大,标记速率越快,选区边框上标记点数目越多。

(6)【钢笔宽度】:用来设置绘图板的光笔刷压力。若选中该按钮,增大光笔压力将会导致边缘宽度减小。

在边缘轮廓很明显的图像上创建选区时,可以试着设置较大的【宽度】和更高的【对比度】,然后大致地跟踪边缘。但在边缘较柔和的图像上,可以尝试设置较小的【宽度】和较低的【对比度】,然后更精确地跟踪边缘。

在设定好所需要参数后,可以用【磁性套索】工具进行选取操作了。使用【磁性套索】工具在图像上要选择的区域的边缘上单击,这样就确定了选区曲线的起点。接着在图像上单击来确定曲线的中间点。也可以只是将鼠标的指针靠近所要选择区域的边缘,并沿着区域的边缘移动,这样曲线将自动吸附在不同色彩的分界线上。双击鼠标左键,曲线将自动封闭,形成所需选区。当使用磁性套索工具时,如同时按住【Alt】键,【磁性套索】工具将暂时变为【多边形套索】工具。

【磁性套索】工具是用于精细创建选区的工具。当沿图像边界拖移鼠标时,可以自动根据设定的像素宽度值来分析图像,从而精确定义选区边框。可以按以下步骤进行操作。

(1) 单击工具箱中的【磁性套索】工具。

(2) 在图像中适当位置单击鼠标,确定第一个锚点。

(3) 沿着要跟踪的图像边缘移动鼠标,绘制出来的选区边框自动与图像中对比度最强烈的边缘对齐。并且自动添加锚点到选区边框上,以固定前面的线段。如果选区边框没有与所需的边缘对齐,则可以单击一次以手动添加一个锚点,继续跟踪图像边缘,并根据需要添加锚点。

(4) 在创建选区边框的过程中,按下【Alt】键,单击鼠标,启动【多边形套索】工具的功能,配合按下【Delete】键,可以删除前一步绘制的部分。

(5) 将鼠标拖动回起点直接双击鼠标或按【Enter】键,绘制选区完成后效果如图9.31所示。

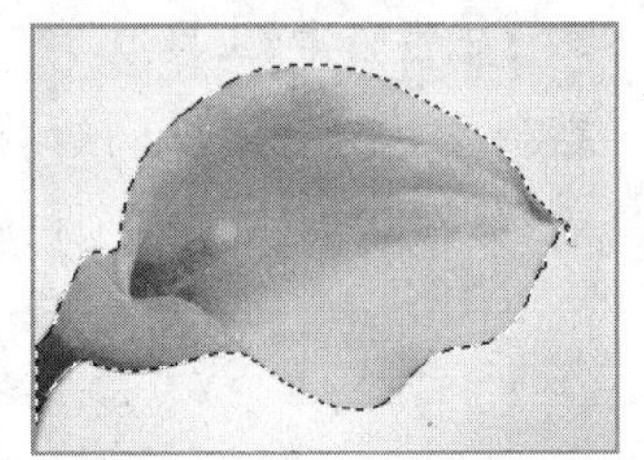

图9.31 【磁性套索】工具绘制的选区

9.6　魔棒与裁剪工具

1.【魔棒】工具

【魔棒】工具用于选取图像中某些颜色相同或相近的区域，而不必跟踪其轮廓，可以节省创建选区的时间。【魔棒】工具是 Photoshop CS4 中应用最广泛的一个选择工具，而且使用方便。

【魔棒】工具可以用来选取图像中的某一点，并将与这一点颜色相同或相近的点自动溶入选区中。【魔棒】工具选项栏如图 9.32 所示。

图 9.32　【魔棒】工具选项栏

【魔棒】工具选项栏的选项说明如下所述。

(1)【容差】：用来控制选定的颜色范围，取值范围为 0～255 之间的像素值。其值越小，所选择的与单击处的像素颜色非常相似的颜色区域就越窄，选择精度越高；值越大，可选择的色彩范围越宽，但选择的精度会变小。

(2)【消除锯齿】：用于清除选区边缘的锯齿。

(3)【连续】：选中此复选框表示只选择与单击处相同的相邻的颜色区域，否则，表示同一种颜色的所有像素都将被选中。

(4)【对所有图层取样】：选中此复选框表示选取操作对所有可见图层有效，否则，魔棒工具的操作将只对当前图层起作用。

在设定好所需参数后，只要在欲选择的位置上单击要选择的颜色，这时在被单击的像素的周围拥有相同或相近颜色的像素都将被选中。使用魔术棒工具时一定要注意调节其参数，否则可能无法全部选中所需的像素，这些参数将影响魔术棒工具在选择选区时对颜色差异的敏感程度。例如，设置不同容差数值的情况下，在图像上单击，效果分别如图 9.33 和图 9.34 所示。

图 9.33　设定容差数值为 32

图 9.34　设定容差数值为 80

2.【裁剪】工具

【裁剪】工具可以在图像或图层中剪裁所选定的区域。【裁剪】工具选项栏如图 9.35 所示。

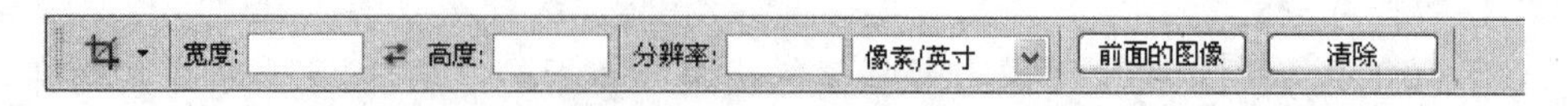

图 9.35 【裁剪】工具选项栏

选定图像区域后,在选区边缘将出现 8 个控制点,用于改变选区的大小,同时还可以旋转选区。选区确定之后,双击选区。当选好裁剪区域后,裁剪过程中的【裁剪】工具选项栏如图 9.36 所示。

图 9.36 裁剪过程中的【裁剪】工具选项栏

其中,【屏蔽】选项用于设定是否区别显示剪切与非剪切的区域,【颜色】选项用于设定非剪切区的显示颜色,【不透明度】选项用于设定非剪切区颜色的透明度,【透视】选项用于设定裁剪区域能否为不规则形状。选中裁剪区域后,设置不透明度为 75%,如图 9.37 所示。设置不透明度为 95%并选中【透视】选项复选框,调整选区边缘控制点,效果如图 9.38 所示。

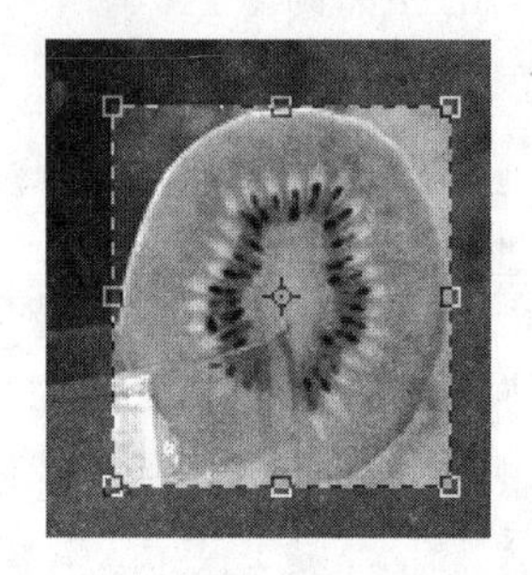

图 9.37 变换不透明度选项

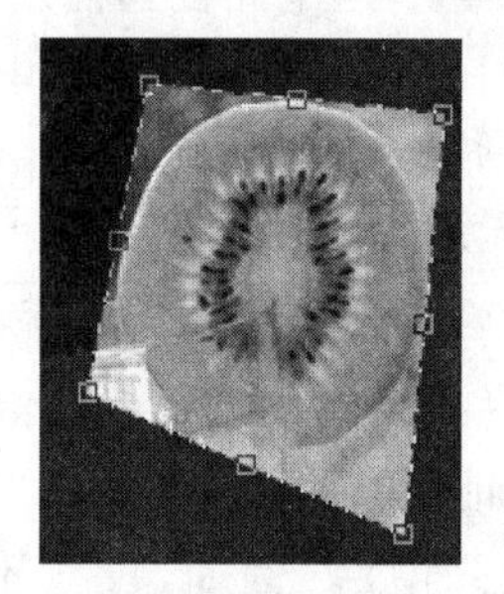

图 9.38 变换不透明度和透视选项

9.7 仿制图章工具组

仿制图章工具组包括【仿制图章】工具和【图案图章】工具,如图 9.39 所示。

1.【仿制图章】工具

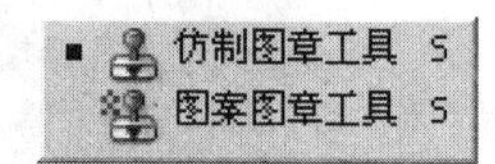

图 9.39 仿制图章工具组

【仿制图章】工具从图像上取样后,可以复制到同一图像或另一图像上,通常用于复制原图中的部分细节以弥补图像在局部显示出的不足。还可以以指定的像素点为复制基准点,将其周围的图像复制到其他地方。单击工具箱中的【仿制图章】工具,选项栏显示如图 9.40 所示。在仿制图章工具选项栏包括选择笔刷、混合模式、流量、设定不透明度、对齐功能和操作层中设置。

图 9.40　【仿制图章】工具选项栏

使用【仿制图章】工具，可以按以下步骤进行操作。

(1) 单击工具箱中的【仿制图章】工具。

(2) 在属性栏中选定画笔的笔刷大小和形状，并且设定模式、不透明度等参数。

(3) 按住【Alt】键的同时使用仿制图章工具在原图上单击，即取样。

(4) 按住鼠标左键并拖动即可复制图像，原图上的十字光标标示着此时原图上被取样的像素的精确位置，并且该十字光标会跟随目标图像上的光标同时移动。

如图 9.41 所示打开的图像，如图 9.42 所示为应用仿制图章工具后的效果。

图 9.41　原图

图 9.42　应用【仿制图章】工具的效果图

在选项栏中，若【对齐】复选框被选中，则使用此工具时，整个被取样的图像只能复制一次。若复制过程被中断，下次继续使用该工具时，图像会接着上一次所复制的部分继续，而不会从头开始复制，如图 9.43 所示；如果没有选中此复选框，在复制的过程中中断而继续复制时，会从当前位置开始重复复制图像，如图 9.44 所示。

图 9.43　选中【对齐】

图 9.44　未选中【对齐】

2.【图案图章】工具

【图案图章】工具可以以预先定义的图案为复制对象进行复制。其选项栏中的内容基本与【橡皮图章】工具选项栏的选项内容相同，但多了一个用于选择复制图案的选项如图 9.45 所示。

【图案图章】工具与【仿制图章】工具的使用方法相似。不过图案图章工具的特点是可

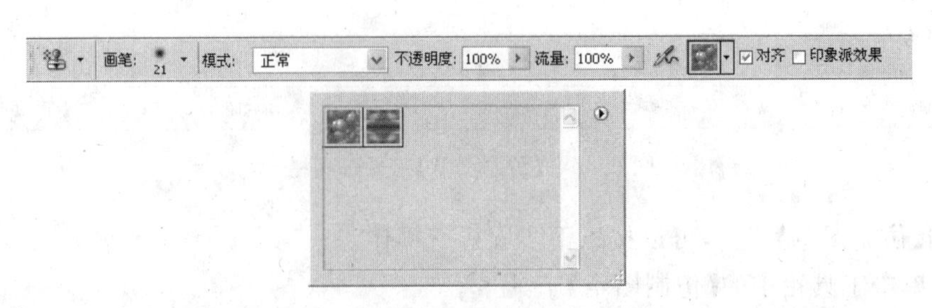

图 9.45 【图案图章】工具选项栏

以选择一种图案进行绘制，即对所选择的区域进行绘制或以平铺的方式来填充。使用【图案图章】工具可以按以下步骤进行操作。

(1) 单击工具箱中的【磁性套索】工具，设置羽化值为 0，绘制出要作为图案部分的图像，如图 9.46 所示。

(2) 单击工具箱中的【图案图章】工具，选择合适的画笔大小，在属性栏中单击【图案】下拉列表，弹出图案选择面板。

图 9.46 选择选区

(3) 单击图案选择面板中的按钮，在弹出的菜单中选择【图案】，如图 9.47 所示，弹出【Adobe Photoshop】对话框，如图 9.48 所示。

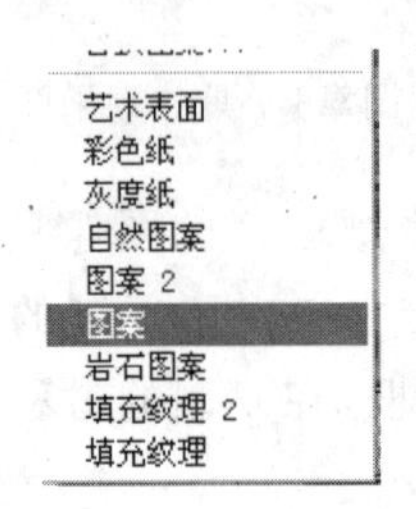

图 9.47 选择列表

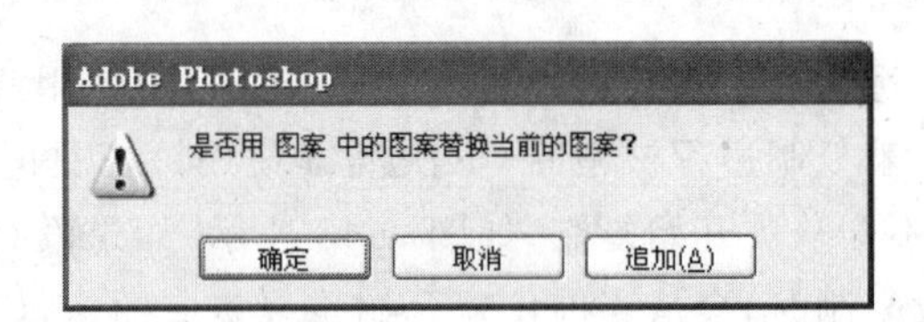

图 9.48 【Adobe Photoshop】对话框

(4) 在弹出的对话框中单击【确定】按钮，图案选择面板如图 9.49 所示，在面板中单击【鱼眼棋盘】图案。

(5) 选择合适的不透明度和模式，并选中【对齐】复选框。

(6) 在图像中涂抹，就可将图案应用于图像，如图 9.50 所示。

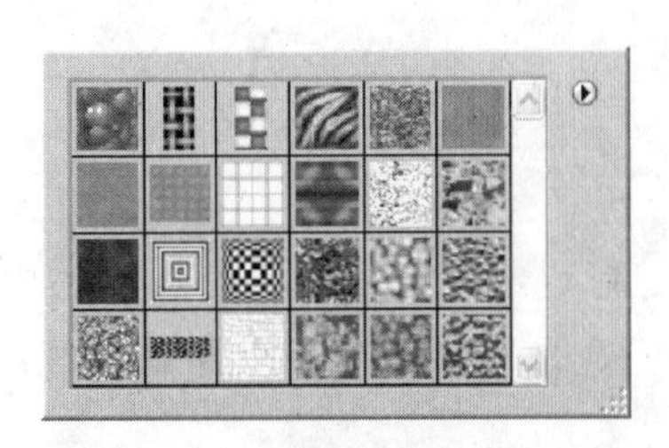

图 9.49 图案选择面板

图 9.50 【图案图章】工具的效果图

9.8　橡皮擦工具组

橡皮擦工具组包括【橡皮擦】工具、【背景橡皮擦】工具和【魔术橡皮擦】工具，如图 9.51 所示。

橡皮擦工具　E
背景橡皮擦工具　E
魔术橡皮擦工具　E

图 9.51　橡皮擦工具组

1.【橡皮擦】工具

【橡皮擦】工具可以用背景色擦除背景图像或用透明色擦除图层中的图像。单击工具箱中的【橡皮擦】工具，选项栏如图 9.52 所示。在【橡皮擦】工具选项栏中，包括橡皮的形状和大小、擦除的笔触模式、设定不透明度、水彩效果方式擦除图像和抹到历史记录面板选项。

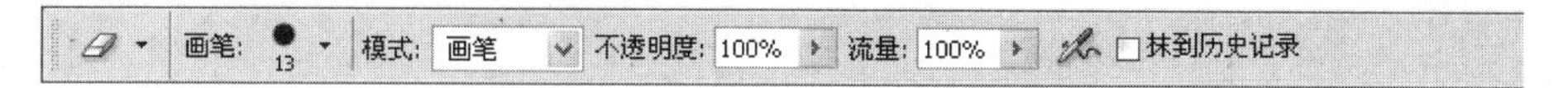

图 9.52　【橡皮擦】工具选项栏

【橡皮擦】工具是用来擦除图像颜色的工具，如果在背景层上使用它，则背景色将填充被擦除的区域，如图 9.53 所示。如果在非背景层上使用它，被擦除的区域将变为透明的，如图 9.54 所示。

图 9.53　在背景层上擦除的效果

图 9.54　在非背景层上擦除的效果

【橡皮擦】工具选项栏的选项说明如下所述。

(1)【画笔】：在使用橡皮擦工具以前，要定义笔刷的大小，以便确定擦除区域的大小。

(2)【模式】：分别选择“模式”下拉菜单的三个选项，可以得到不同的擦除效果。

(3)【不透明度】：通过输入数值或拖动三角滑块，可以调整擦除区域的不透明度。

(4)【抹到历史记录】：选中此项，当用橡皮擦工具在图像上擦除后，图像将恢复到某一历史状态。

2.【背景橡皮擦】工具

【背景橡皮擦】工具可以用来擦除指定的颜色，指定的颜色显示为背景色。单击工具箱中的【背景橡皮擦】工具，选项栏如图 9.55 所示。在【背景橡皮擦】工具选项栏中，包括橡皮的形状和大小、取样、擦除限制、设定容差值、保护前景色不被擦除。

使用【背景橡皮擦】工具可以将背景层上的所有像素擦除掉，得到透明像素，同时背景

图 9.55 【背景橡皮擦】工具选项栏

层转换为“图层 0”。打开一幅图像如图 9.56 所示，使用【背景橡皮擦】工具擦除后，完成后效果如图 9.57 所示。

图 9.56 原图

图 9.57 【背景橡皮擦】工具擦除效果

【背景橡皮擦】工具选项栏的选项说明如下所述。

(1)【限制】：在其下拉列表中有三项可供选择，选择不同的选项将擦除的颜色范围有所区别。

(2)【容差】：用来控制擦除颜色的范围。

(3)【保护前景色】：选中此复选框，则保护图像中与前景色相同的颜色区域。

(4)【取样】：在其下拉菜单中，有三项擦除的方式可供选择。其中，【连续】表示凡是鼠标通过的区域，不管何种颜色一并被擦除；【一次】表示只擦除第一次单击处的颜色；【背景色板】表示只擦除与背景色一样的颜色。

3.【魔术橡皮擦】工具

【魔术橡皮擦】工具可以自动擦除颜色相近的区域。单击工具箱中的【魔术橡皮擦】工具，选项栏如图 9.58 所示。【魔术橡皮擦】工具选项栏，包括容差值、消除锯齿、连续、对所有图层取样和不透明度。

图 9.58 【魔术橡皮擦】工具选项栏

利用【魔术橡皮擦】工具可以将以鼠标单击处颜色相近的所有像素擦除掉，当然要根据所设置的容差值的大小来定。

(1)【容差】：用来控制擦除颜色的范围的大小。

(2)【消除锯齿】：如果选中此复选框，就可以擦除不同颜色交叉处的杂色。

(3)【连续】：如果选中此复选框，就仅可以擦除在容差范围内的相邻像素；如果未选择此复选框，则可以擦除鼠标单击处颜色相近的、在容差范围内的所有像素。

(4)【对所有图层取样】：如果选中此复选框，则被擦除的颜色应用于所有图层；如果未选择此复选框，则就只能在当前层上起作用。

(5)【不透明度】：通过输入数值或拖动三角滑块，可以调整擦除区域的不透明度。如图 9.59 为不同透明度下的效果。

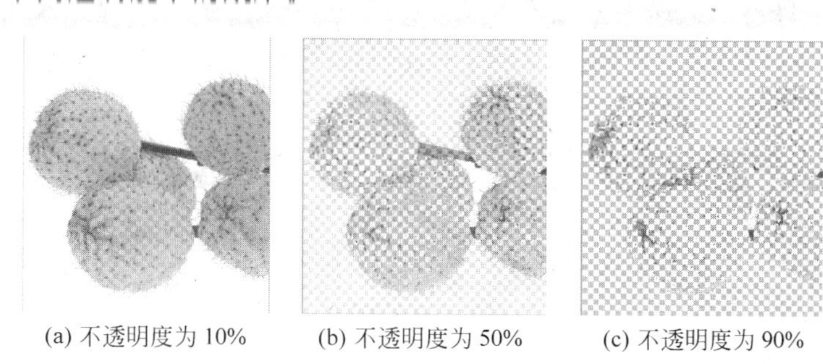

(a) 不透明度为 10%　(b) 不透明度为 50%　(c) 不透明度为 90%

图 9.59　不同透明度的效果图

9.9　图像选区编辑

创建选区时，需要对创建的选区有一个细化调整的过程。可以使用创建选区的工具和“选择”菜单中的各种命令来调整和修正像素选区。

9.9.1　移动选区

在图像窗口中沿图像周围移动选区，可以按以下步骤进行操作。

(1) 单击工具箱中的【椭圆选框】工具，在选项栏中选中【新选区】按钮，将鼠标放在选区边框内，鼠标的形状变为表示可以移动选区，如图 9.60 所示。

(2) 单击并拖动选区到图像的不同区域释放即可。还可以将选区边框拖动到另一个图像窗口中去，如图 9.61 所示。也可以将部分选区边框移动到另一幅画面中。

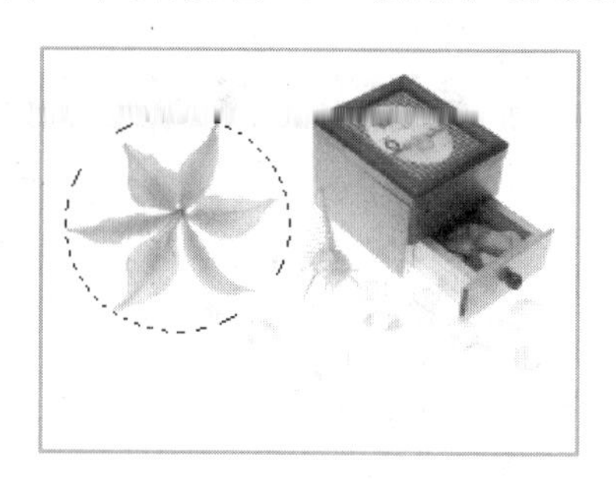

图 9.60　选中要移动的选区

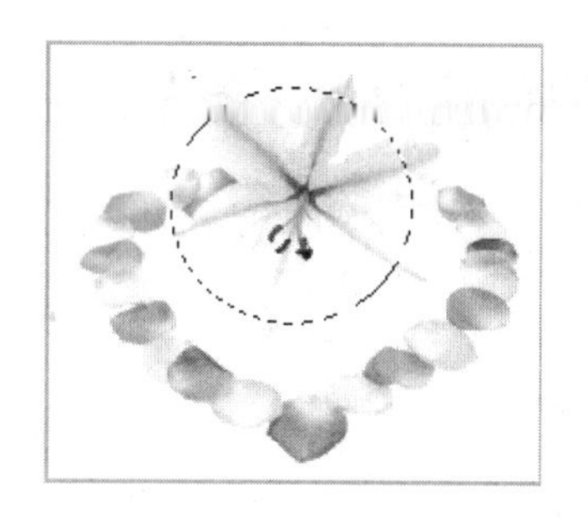

图 9.61　将选区移到另一幅图像中

9.9.2　修改选区

可以使用【选择】菜单下的命令来修改选区以增加或减少现有选区中的像素，并清除基于颜色的选区内外留下的像素。

1. 扩展或收缩选区

扩展或收缩选区可以按以下步骤进行操作。

(1) 选择【选择】|【修改】|【扩展】命令，弹出【扩展选区】对话框，如图9.62所示。选择【选择】|【修改】|【收缩】命令，弹出【收缩选区】对话框，如图9.63所示。

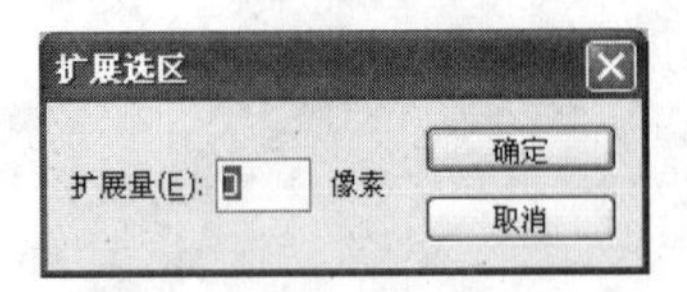

图9.62 【扩展选区】对话框

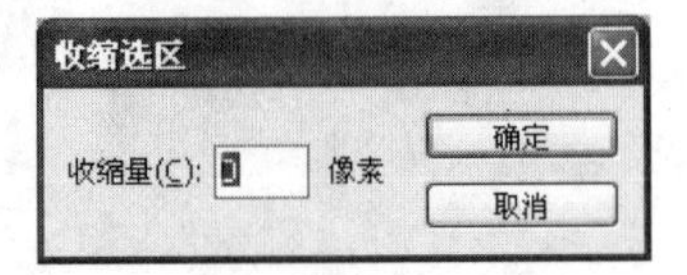

图9.63 【收缩选区】对话框

(2) 在弹出的对话框中，设置【扩展量】或【收缩量】文本框参数为1～100之间的像素值，单击【确定】按钮。选区边框就按照设定数量的像素扩大或缩小，但是选区边框中沿画布边缘分布的部分不受此影响。

2. 边界选区扩充

边界选区扩充可以按以下步骤进行操作。

(1) 打开一个带选区的图像窗口，选择【选择】|【修改】|【边界】命令，弹出【边界选区】对话框，如图9.64所示。

(2) 在【边界选区】对话框中，设置新选区边框宽度参数为1～200之间的像素值，单击【确定】按钮。如图9.65所示是扩充4像素值的效果。选区的范围是两个虚线框之间围住的区域。

3. 平滑选区

平滑选区可以按以下步骤进行操作。

(1) 选择【选择】|【修改】|【平滑】命令，打开如图9.66所示的对话框。

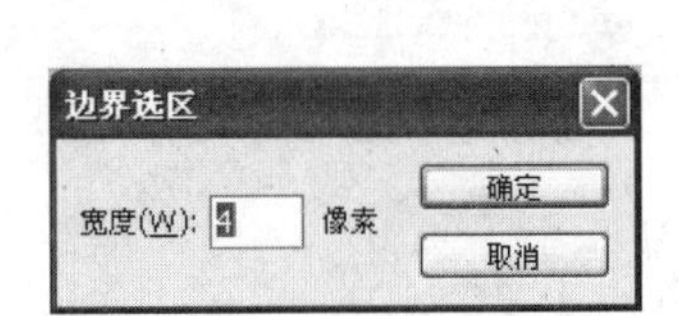

图9.64 【边界选区】对话框

图9.65 新选区

图9.66 【平滑选区】对话框

(2) 在【平滑选区】对话框中，在【取样半径】文本框设置参数为1～100之间的像素值，单击【确定】按钮。【平滑选区】对图像中每个选中的像素都进行平滑，如果范围内的大多数像素已被选中，则将未被选中的像素添加到选区中来。

4. 羽化选区

选择【选择】|【修改】|【羽化】命令，可以羽化图像选区的边缘，使图像的边缘具有柔和渐变的效果。可以按以下步骤进行操作。

(1) 在图像中创建一个选区，如图9.67所示。

(2) 选择【选择】|【修改】|【羽化】命令，弹出【羽化选区】对话框，如图9.68所示。输

入【羽化半径】的数值，其取值范围为 0.2～250.0 之间的数值，单击【确定】按钮即可。

(3) 选择【选择】|【反选】命令，按【Delete】键删除背景后的效果如图 9.69 所示。

图 9.67 创建选区

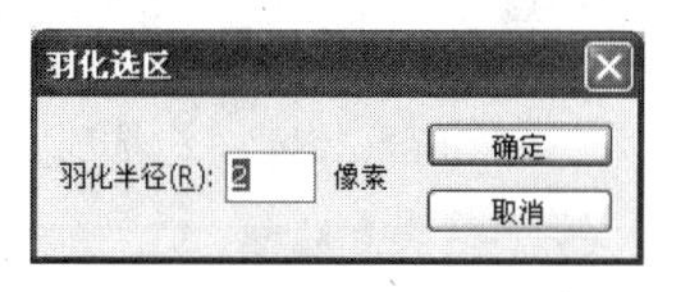

图 9.68 【羽化选区】对话框

图 9.69 羽化完成后效果

9.9.3 增删选区

利用选区工具从当前的像素选区添加选区或减去选区，在从选区中添加或减去选区之前，需要先将选项栏中的羽化或消除锯齿值设置为原来选区所用的值。

1. 添加选区

(1) 单击工具箱中的【椭圆选框】工具，在图像中建立一个选区，如图 9.70 所示。

(2) 在选项栏中选中【添加到选区】按钮，将鼠标放在图像窗口中，鼠标旁边出现一个“＋”号，创建另一个选区。如图 9.71 所示为添加后的效果图。

2. 从选区中减去

(1) 单击工具箱中的【椭圆选框】工具，在图像中建立一个选区，如图 9.72 所示。

图 9.70 创建选区

图 9.71 添加选区

图 9.72 创建一个选区

(2) 在选项栏中选中【从选区减去】按钮，然后将鼠标放在图像窗口中(此时鼠标旁边出现一个【－】号)创建另一个与其他选区相交的选区。如图 9.73 所示为减去后的效果。

3. 选区交叉

(1) 在图像中建立一个选区，如图 9.74 所示。

(2) 选择【椭圆选框】工具，在选项栏中选中【与选区交叉】按钮，将鼠标放在图像窗口中(此时鼠标旁边出现一个“×”号)创建另一个与其他选区交叉的选区。如图 9.75 所示为交叉后的效果。

图 9.73 减去选区

图 9.74 创建一个选区

图 9.75 完成后效果

9.9.4 变换选区

选择【选择】|【变换选区】命令，出现带 8 个调节点的边框，如图 9.76 所示，出现在选区的四周，选项栏中也相应地出现了各种调节参数选项，如图 9.77 所示。

图 9.76 外切边框

其中，X 表示参考点的水平位置，Y 表示参考点的垂直位置；W 表示水平缩放比例，H 表示垂直缩放比例；【旋转】△后面的文本框用来设置旋转角度；H 表示水平斜切角度，V 表示垂直斜切角度；【取消变换】按钮⊘用来取消对选区所作的变换；【进行变换】按钮✔用来执行对选区所作的变换。

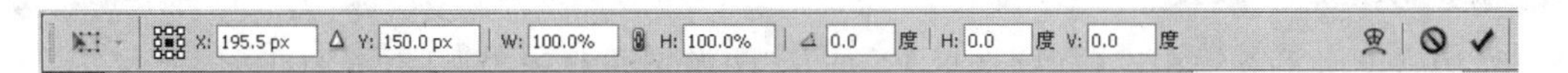

图 9.77 选项栏参数项

通过调节外切边框上的调节点，配合设置选项栏中的调节参数，可以任意改变选区的形状和大小，如图 9.78 所示，为水平和垂直斜切角度分别为 15°和 5°的效果图。

图 9.78 调节边框得到的效果

9.9.5 存储和载入选区

1. 存储选区

保存选区是为了以后再次使用该选区，可以按以下步骤进行操作。

(1) 选择【选择】|【存储选区】命令，弹出【存储选区】对话框，如图 9.79 所示。

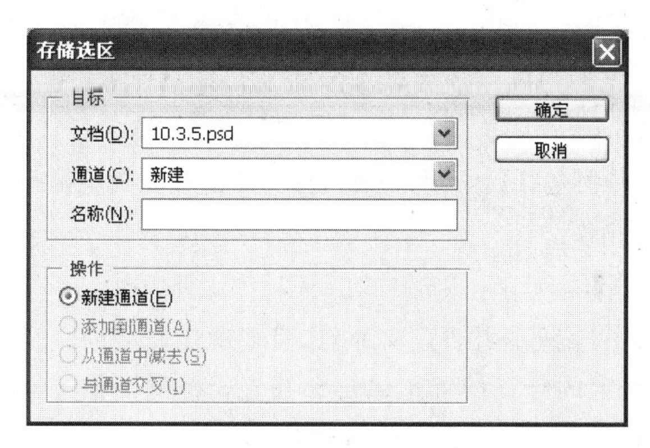

图 9.79 【存储选区】对话框

(2) 在【目标】选项区域中,【文档】下拉列表框是用来选择存储选区的文件,默认为当前图像文件,也可选择【新建】以新建一个图像窗口来保存;【通道】下拉列表框用来选择作为载入选区的通道,默认为存储在一个新通道中;【名称】文本框用来输入新通道的名称。

(3) 在【操作】选项区域有四个单选按钮,设置要保存的选区和其他原有选区之间的关系。

(4) 单击【确定】按钮即可保存选区。

2. 载入选区

要重复使用保存的选区时,使用【载入选区】命令,可以按以下步骤进行操作。

(1) 选择【选择】|【载入选区】命令,弹出【载入选区】对话框,如图 9.80 所示。

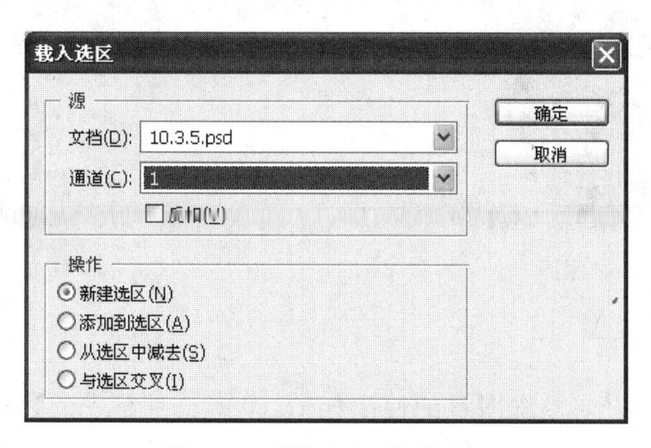

图 9.80 【载入选区】对话框

(2) 在【源】选项区域,【文档】下拉列表框是用来选择载入选区的图像文件,默认情况下为当前打开的图像文件名称;【通道】下拉列表框是用来选择载入有选区的通道;【反相】复选框表示是否将原选区变化为“反选”选区载入。

(3) 在【操作】选项区域也有四个单选项,用来设置新选区载入时,与原选区之间的关系。

(4) 单击【确定】按钮即可载入选区。

9.10 污点修复画笔工具组

污点修复画笔工具组包括【污点修复画笔】工具、【修复画笔】工具、【修补】工具和【红眼】工具，如图 9.81 所示。

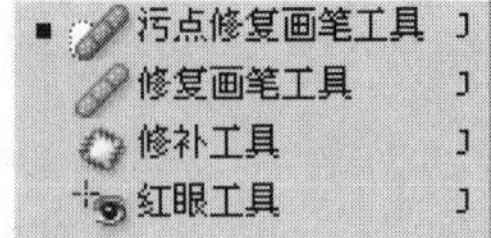

图 9.81 污点修复画笔工具组

1.【污点修复画笔】工具

【污点修复画笔】工具不需要定义原点，只要确定修复的图像的位置，就会在确定的修复位置边缘自动找寻相似的图像进行自动匹配。单击工具箱中的【修复画笔】工具，选项栏如图 9.82 所示。

图 9.82 【污点修复画笔】工具选项栏

使用【污点修复画笔】工具可以按以下步骤进行操作。

(1) 打开原图，如图 9.83 所示。

(2) 单击工具箱中的【污点修复画笔】工具，在【污点修复画笔】工具选项栏中设置画笔的大小、硬度、模式等参数。

(3) 确定好修复的图像的位置，在要修复位置边缘单击鼠标左键，修复完成后效果如图 9.84 所示。

图 9.83 原图

图 9.84 修复完成后效果

2.【修复画笔】工具

【修复画笔】工具与橡皮图章的使用相似，单击工具箱中的【修复画笔】工具，选项栏如图 9.85 所示。

图 9.85 【修复画笔】工具选项栏

先按住【Alt】键选择一个区域图像来涂抹的范围，然后松开，在要涂抹的地方拖曳鼠标。涂抹完毕后，涂抹的区域与周围的区域变融合了。

使用【修复画笔】工具可以按以下步骤进行操作。

(1) 打开原图,如图 9.86 所示。

(2) 单击工具箱中的【修复画笔】工具,在【修复画笔】工具选项栏中设置画笔的大小、硬度、模式等参数。

(3) 按住【Alt】键,在没有斑点的地方取样,在有斑点的地方涂抹,结果如图 9.87 所示。

图 9.86　原图

图 9.87　擦除斑点

3.【修补】工具

【修补】工具是用图像的一部分替换图像的另一部分。单击工具箱中的【修补】工具,选项栏如图 9.88 所示。

选中【修补】工具后,画一个区域,这个区域是更改的区域,然后将鼠标移动到区域中间,可以拖动这个选中的区域,拖到哪里松开鼠标,哪里的图像就变成被选中的区域的图像,而且边缘也是和背景融合的。

图 9.88　【修补】工具选项栏

使用【修补】工具可以按以下步骤进行操作。

(1) 打开原图,单击工具箱中的【修补】工具,在图中的番茄上建立选区,如图 9.89 所示。

(2) 在【修补】工具选项栏中选中【源】单选按钮,在【使用图案】按钮的下拉列表中选取【气泡】图案,如图 9.90 所示。

(3) 在【修补】工具选项栏中单击【使用图案】按钮,则被选择区域就被选择的图案所替代,如图 9.91 所示。

图 9.89　建立选区

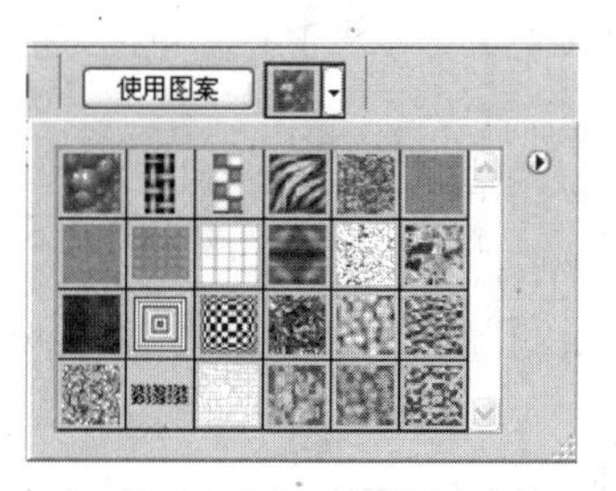

图 9.90　选取气泡图案

图 9.91　最终效果

如果在工具选项栏中选中【目标】单选按钮,则当拖动鼠标并释放后,释放的区域将被选区的图像所替换。可以按以下步骤进行操作。

(1) 单击工具箱中的【修补】工具,在选项栏中选中【目标】单选按钮。

(2) 在图中需要修补的污点处建立选区,可以按【Shift】键添加选区,如图 9.92 所示。

(3) 将鼠标移动到区域中间,按住左键不放拖动鼠标,如图 9.93 所示。释放鼠标,则污点选区处被释放区域的图像替换,如图 9.94 所示。

图 9.92 建立选区

图 9.93 拖动选区

图 9.94 修补效果

4.【红眼】工具

【红眼】工具是去除图像中人的眼中的红点,在红点上单击即可。单击工具箱中的【红眼】工具,选项栏如图 9.95 所示。

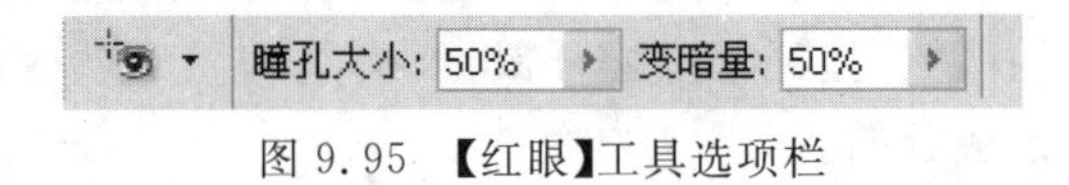

图 9.95 【红眼】工具选项栏

9.11 历史记录画笔工具组

历史记录画笔工具组包括【历史记录画笔】工具和【历史记录艺术画笔】工具,如图 9.96 所示。

历史记录画笔工具 Y
历史记录艺术画笔工具 Y

图 9.96 历史记录画笔工具组

1.【历史记录画笔】工具

【历史记录画笔】工具必须配合历史控制面板一起使用。它可以通过在历史控制面板中定位某一步操作,而把图像在处理过程中的某一状态复制到当前图层中。单击工具箱中的【历史记录画笔】工具,选项栏如图 9.97 所示。在【历史记录画笔】工具选项栏中包括选择笔刷、混合模式、不透明度和流量等选项。

图 9.97 【历史记录画笔】工具选项栏

2.【历史记录艺术画笔】工具

【历史记录艺术画笔】工具的使用方法基本与【历史记录画笔】工具相同。单击工具箱中的【历史记录艺术画笔】工具,选项栏如图 9.98 所示。在历史记录艺术画笔选项栏中,包括选择画笔、混合模式、设定不透明度、样式、图像的区域、笔触的容差值。

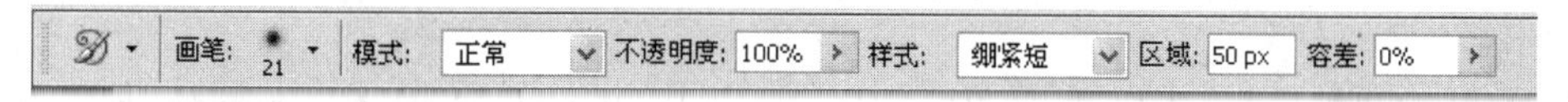

图 9.98　【历史记录艺术画笔】工具选项栏

9.12　模糊工具组

模糊工具组包括【模糊】工具、【锐化】工具和【涂抹】工具。用来修饰图像局部的像素，如图 9.99 所示。

1.【模糊】工具

【模糊】工具可以使图像的色彩变模糊，使用【模糊】工具将软化图像中的硬质边界，减少细节。单击工具箱中的【模糊】工具，选项栏如图 9.100 所示。在【模糊】工具选项栏中，包括选择画笔的形状、设定模式、强度、是否对所有图层取样。

图 9.99　模糊工具组　　　　图 9.100　【模糊】工具选项栏

2.【锐化】工具

【锐化】工具可以使图像的色彩变强烈，它可使图像的边缘显得尖锐，增加图像中像素之间的反差，从而增加图像的清晰度。单击工具箱中的【锐化】工具，选项栏如图 9.101 所示。其选项栏中的内容与【模糊】工具选项栏的选项内容类似。

图 9.101　【锐化】工具选项栏

3.【涂抹】工具

【涂抹】工具可以制作出一种类似于水彩画的效果。选中涂抹工具选项栏，如图 9.102 所示的状态。【涂抹】工具的使用效果是以起始点的颜色逐渐与鼠标推动方向的颜色相混合扩散而形成的，其选项栏中的内容与模糊工具选项栏的选项内容类似，只是多了一个手指绘画选项，用于设定是否按前景色进行涂抹。

图 9.102　【涂抹】工具选项栏

选择【手指绘画】复选框，则可绘制出以前景色作为涂抹开始处的颜色、逐渐与图像的颜色相混合而形成的涂抹效果，创建手指涂抹的效果。如图 9.103 所示为原图，如图 9.104 所示为涂抹后的效果。

图 9.103 原图

图 9.104 涂抹效果图

使用涂抹工具时，如果同时按下【Alt】键，就可在手指绘画的选项的开关状态之间切换。

9.13 减淡工具组

减淡工具组包括【减淡】工具、【加深】工具和【海绵】工具，用来对图像的色调进行修饰，如图 9.105 所示。

1.【减淡】工具

【减淡】工具可以使图像的亮度提高。单击工具箱中的【减淡】工具，选项栏如图 9.106 所示。在【减淡】工具选项栏中，包括选择画笔的形状、减淡范围、设定曝光强度、保护色调等选项。

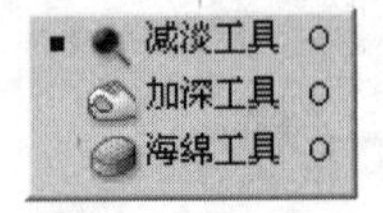

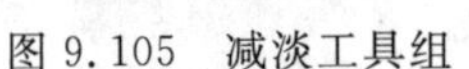

图 9.105 减淡工具组

图 9.106 【减淡】工具选项栏

【减淡】工具可以使图像变亮，进行减淡操作时，若选中【保护色调】复选框，效果如图 9.107 所示。若不选中【保护色调】复选框，效果如图 9.108 所示。

图 9.107 选中【保护色调】效果

图 9.108 不选中【保护色调】效果

2.【加深】工具

【加深】工具可以使图像的区域变暗。单击工具箱中的【加深】工具，选项栏如图9.109所示。其选项栏中的内容与【减淡】工具选项栏选项内容的作用正好相反。

图9.109 【加深】工具选项栏

【加深】工具选项栏中的选项说明如下所述。

(1)【画笔】：在其下拉列表中，可以定义在使用减淡工具或加深工具进行操作时所需要的笔刷的大小。

(2)【范围】：在其下拉列表中有三个选项，即阴影、中间调和高调，用来定义它们的应用范围。

(3)【曝光度】：通过输入数值或拖动三角滑块，可以定义工具的减淡或加深程度，数值越大，淡化或加深的效果越好。

进行减淡操作时，若选中【保护色调】复选框，效果如图9.110所示。若不选中【保护色调】复选框，效果如图9.111所示。

图9.110 选中【保护色调】效果

图9.111 不选中【保护色调】效果

3.【海绵】工具

【海绵】工具可以增加或降低图像的色彩饱和度。单击工具箱中的【海绵】工具，选项栏如图9.112所示。在海绵工具选项栏中，包括画笔的形状、设定饱和度处理方式、色彩饱和度、设定压力的大小。

图9.112 【海绵】工具选项栏

(1)【画笔】：在其下拉列表中选择，可以定义在使用【海绵】工具进行操作时所需要的画笔的大小。

(2)【模式】：在其下拉列表中若选择【降低饱和度】选项，则可以降低操作区域的色彩饱和度。若选择【饱和度】选项，则可以增加操作区域的色彩饱和度。

9.14 渐变工具组

渐变工具组包括【渐变】工具和【油漆桶】工具，如图 9.113 所示。

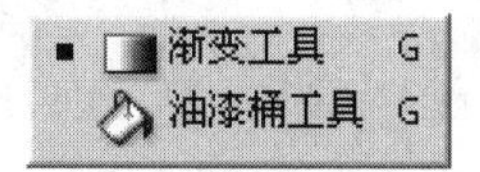

图 9.113 渐变工具组

9.14.1 渐变工具

【渐变】工具包括线性渐变、径向渐变、角度渐变、对称渐变和菱形渐变。这些渐变工具用于在图像或图层中形成一种色彩渐变的图像效果。单击工具箱中的【渐变】工具，选项栏如图 9.114 所示。在【渐变】工具选项栏中，包括选择和编辑渐变的色彩、选择各类型的渐变工具、着色模式、不透明度、反向色彩渐变、渐变更平滑、产生不透明度。

图 9.114 【渐变】工具选项栏

如果要编辑渐变形式和色彩，单击颜色选项的色彩框，在弹出的【渐变编辑器】对话框中进行设置，如图 9.115 所示。

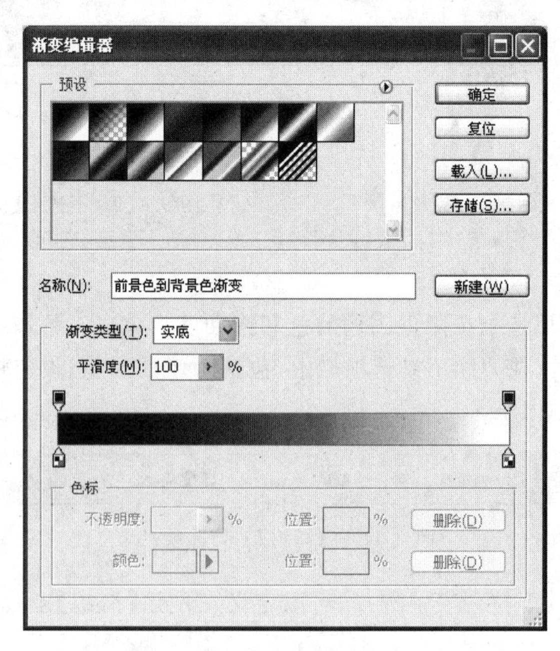

图 9.115 【渐变编辑器】对话框

1.【渐变】工具种类

【渐变】工具是一种经常使用的绘图编辑工具，可以创建从前景色到背景色，或者是从前景色到透明的渐变等多种效果。其工具选项栏如图 9.116 所示。

图 9.116　【渐变】工具选项栏

渐变工具在 Photoshop CS4 中可以创建以下五类渐变。

(1)【线性渐变】：创建沿直线的渐变效果。

(2)【径向渐变】：创建从圆心向四周扩散的渐变效果。

(3)【角度渐变】：创建围绕一个起点的渐变效果。

(4)【对称渐变】：创建从起点两侧向两相反方向的渐变效果。

(5)【菱形渐变】：创建菱形形状的渐变效果。

各种渐变效果如图 9.117 所示。

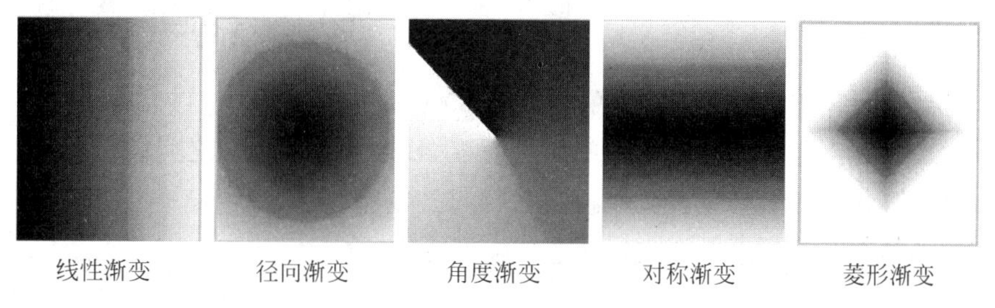

图 9.117　各种渐变方式

(1)【模式】：在其下拉列表中，可以设置渐变颜色与底图的混合模式。

(2)【不透明度】：通过输入数值或拖动三角滑块，就可以设置渐变色的不透明度。

(3)【反向】：使当前被选中的渐变反向填充。

(4)【仿色】：使所选的渐变颜色过渡比较平滑。

(5)【透明区域】：使当前所选择的渐变设置呈透明效果，从而使要应用渐变效果的下层图像显示出来。

2. 编辑渐变样式

在【渐变编辑器】中，如果要创建一个自定义的渐变内容，首先选择【渐变类型】，其中有【实底】和【杂色】两种选项。如图 9.118 所示为【实色】渐变类型，如图 9.119 所示为【杂色】渐变类型。

1) 创建实色渐变的方法

(1) 在【预设】选项板中任意选择一种渐变色，在此基础上创建自己的渐变类型。

(2) 在【渐变类型】的下拉列表中选择【实底】选项。

(3) 单击渐变条下需要改变的颜色色标使其上方的三角形变黑。

(4) 单击【颜色】下拉列表选择【前景】、【背景】或【用户颜色】。

(5) 在渐变条上单击即可创建多个色标，从而创建多色渐变。

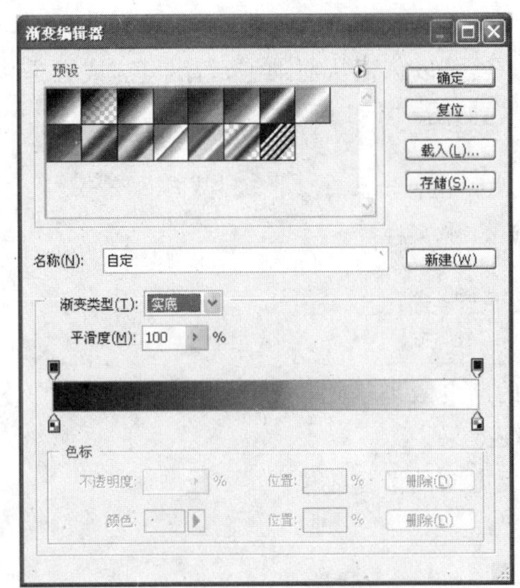

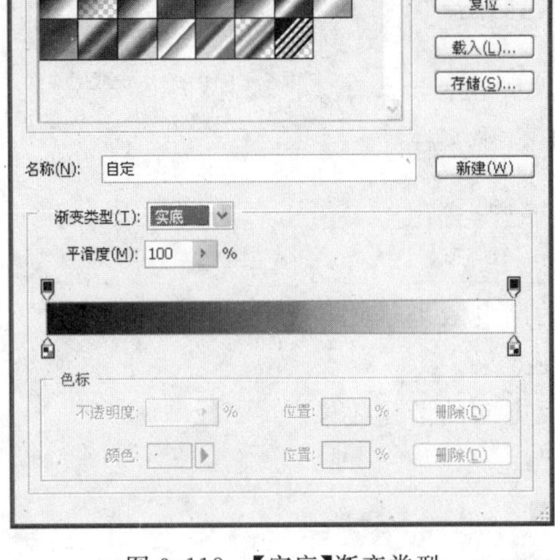

图 9.118 【实底】渐变类型

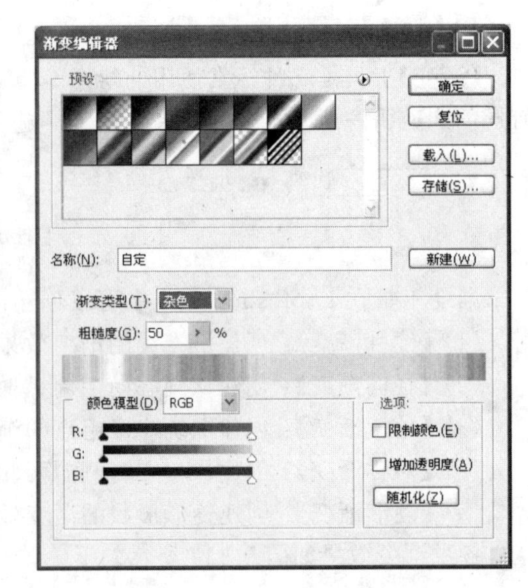

图 9.119 【杂色】渐变类型

(6) 要调整色标的位置,可以将色标拖到目标位置即可。

(7) 如果要调整色标之间的渐变的急缓程度,可以调节两色标之间的小菱形图标。

(8) 对于调整好的渐变设置可以通过【新建】按钮保存起来。

渐变编辑完成后,就可以在图像中使用渐变工具了。

2) 创建杂色渐变的方法

(1) 在【渐变类型】下拉列表中选择【杂色】选项。

(2) 在【粗糙度】文本框中输入数值或拖动三角滑块。

(3) 如果选中【限制颜色】复选框,则可以限制色彩过度饱和。

(4) 如果选中【增加透明度】复选框,则可以使杂色之间透明。

(5) 如果单击【随机化】按钮,则可以更换另外一种杂色。

(6) 调节颜色模式下方的三角滑块,可设置颜色的范围。

9.14.2 油漆桶工具

【油漆桶】工具可以在图像或选区中,对指定色差范围内的色彩区域进行色彩或图案填充。单击工具箱中的【油漆桶】工具,选项栏如图 9.120 所示。在【油漆桶】工具选项栏中,包括选择填充的是前景色或是图案、选择定义好的图案、选择着色模式、设定不透明度、设定容差值、选项用于消除边缘锯齿、设定填充方式是否连续、选择是否对所有可见层进行填充。

图 9.120 【油漆桶】工具选项栏

【油漆桶】工具是最基本也是最常用的着色工具，它可以对色彩相近的区域或选区进行前景色填充或用图案来填充。

(1)【填充】：在其下拉菜单中有两个选项，即【前景】和【图案】。如果选择【前景】选项，则填充区域就按所定义的前景色来填充。如果选择【图案】选项，这时单击图案右边的三角形按钮就可以选择一种图案，则填充区域就按所定义的图案来填充。

(2)【模式】：选择模式的下拉菜单中的不同命令，就可以得到不同的效果。

(3)【不透明度】：用来设置所填充区域的颜色或图案的不透明度。

(4)【容差】：可以定义色彩的范围。容差范围越小，可以填充的区域则越小。

(5)【消除锯齿】：可以使填充的颜色与图像中颜色过渡自然、流畅。

(6)【连续的】：选中时，在填充时仅能填充图像中与当前单击处相邻的、在容差值范围内的颜色区域；如果未选中此项，就可以填充图像中所有与当前单击处在容差值范围内的颜色区域。

(7)【所有图层】：选择该复选框，则被填充颜色或图案应用于所有图层；未选择该复选框，则只能在当前层上起作用。

9.15　吸管工具组

吸管工具组包括【吸管】工具、【颜色取样器】工具、【标尺】工具和【注释】工具，如图 9.121 所示。

1.【吸管】工具

【吸管】工具用来从其他已经存在的图形中取颜色，如图 9.122 所示。

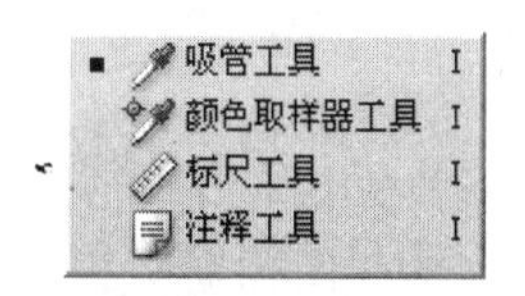

图 9.121　吸管工具组

图 9.122　【吸管】工具选项栏

2.【颜色取样器】工具

【颜色取样器】工具可以在图像中定义色彩检验点，如图 9.123 所示。用于随时获得色彩信息。

图 9.123　【颜色取样器】工具选项栏

3.【标尺】工具

【标尺】工具可以在图像中测量任意两点之间的距离，并可以用来测量角度。其具体数值在如图 9.124 所示的测量工具选项栏。利用测量工具可以进行精确的绘制。

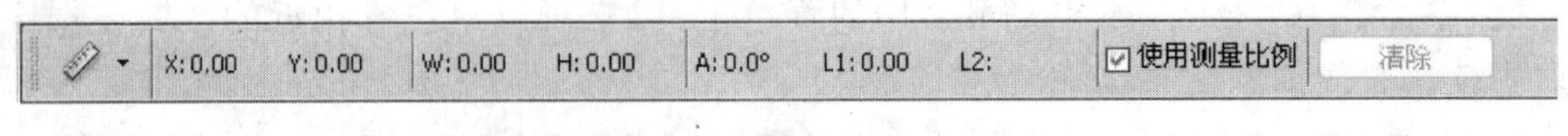

图 9.124 【标尺】工具选项栏

4.【注释】工具

【注释】工具可以输入作者的名字,注释标的颜色,清除注释输入的全部内容,显示或隐藏注释面板,如图 9.125 所示。

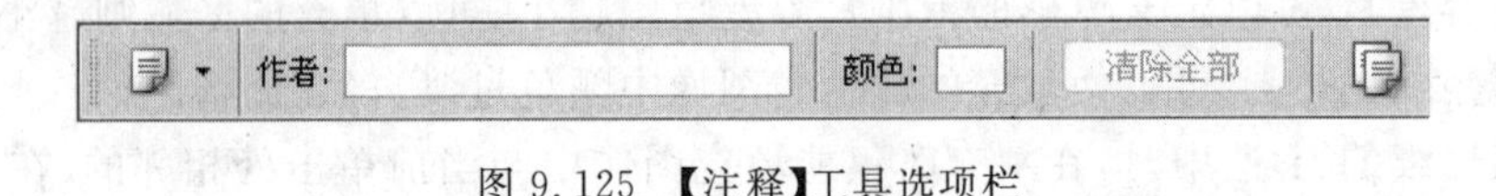

图 9.125 【注释】工具选项栏

9.16 抓手与缩放工具

1.【抓手】工具

【抓手】工具可以用来移动画布,以改变图像在窗口中的显示位置。双击【抓手】工具,将自动调整图像大小以适合屏幕的显示范围。选中【抓手】工具选项栏,如图 9.126 所示的状态。通过选项栏中的“实际像素”、“适合屏幕”、“填充屏幕”和“打印尺寸”4 个按钮,即可调整显示图像。

图 9.126 【抓手】工具选项栏

2.【缩放】工具

【缩放】工具可以放大或缩小图像以利于观察图像。缩放工具在图像窗口中显示为放大工具图标,按下【Alt】键时显示为缩小工具图标。双击缩放工具图标,可以以 100%的显示比例显示图像。选中缩放工具选项栏,如图 9.127 所示的状态。

图 9.127 【缩放】工具选项栏

9.17 绘图与图像编辑案例

9.17.1 奥运五环标志

(1) 选择【文件】|【新建】命令,弹出【新建】对话框,如图 9.128 所示。

(2) 在【名称】文本框中输入“9.17.1”，设置【宽度】和【高度】文本框的值分别为360和200，单位为像素。在【分辨率】文本框中输入72，选择【颜色模式】为RGB颜色，背景内容为白色。单击【确定】按钮，新建文档如图9.129所示。

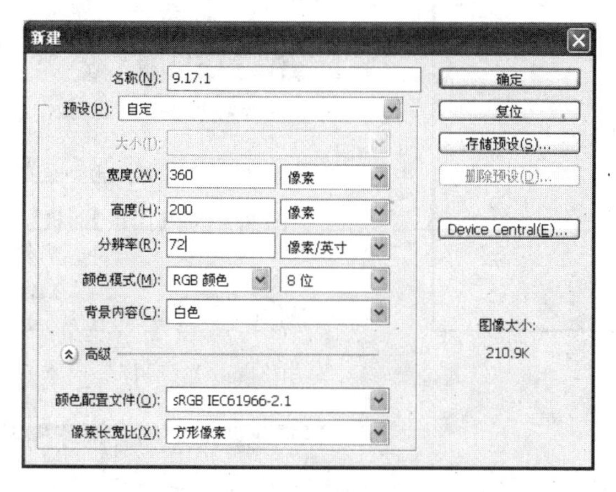

图9.128　【新建】对话框

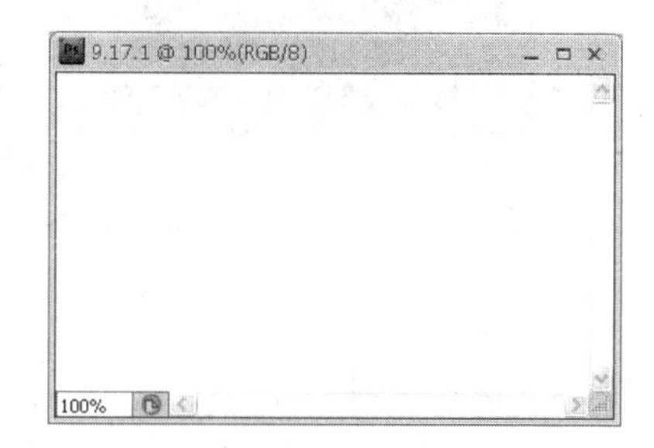

图9.129　新建的文档

(3) 设置工具箱中前景色为白色，单击工具箱中的【椭圆】工具，按【Shift】键在图像窗口中拖动鼠标到合适位置绘制一个圆形，如图9.130所示。

(4) 拖动【形状1】图层到图层面板底部的【创建新图层】按钮上，生成【形状1副本】图层，如图9.131所示。

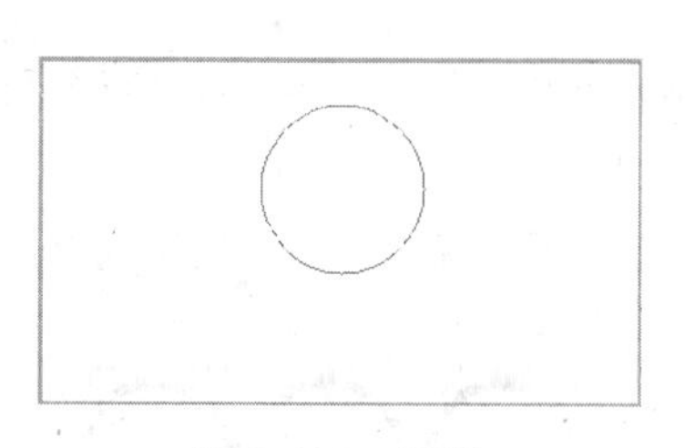

图9.130　圆形

图9.131　【图层】面板

(5) 选中【形状1】图层，在属性栏中单击【设置新图层颜色】图标颜色:，弹出【拾取实色】对话框，如图9.132所示，设置颜色为黑色，单击【确定】按钮，形状1被改为黑色。此时，【图层】面板如图9.133所示。

(6) 选中【形状1副本】图层，选择【编辑】|【自由变换路径】命令，在属性栏中设置【W】和【H】值均为86%，如图9.134所示。

(7) 按【Enter】键，完成图层形状的缩小变换，如图9.135所示。

(8) 在【图层】面板中，同时选中【形状1】和【形状副本】图层，拖动【创建新图层】按钮上，复制图层。然后单击工具箱中的【移动工具】，按下【Shift】键水平移动复制出的两个图层，结果如图9.136所示。【图层】面板如图9.137所示。

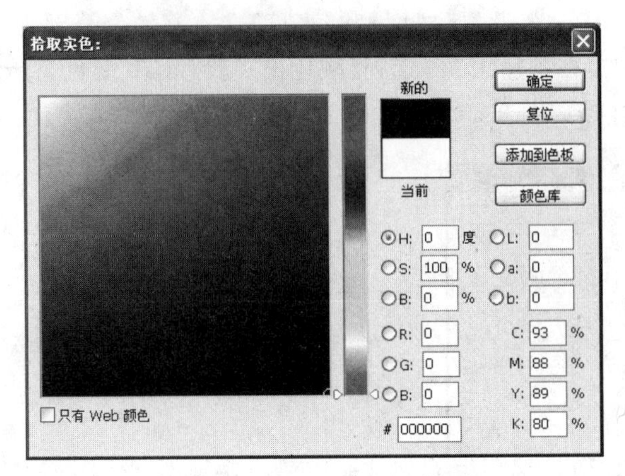

图 9.132 【拾取实色】对话框

图 9.133 【图层】面板

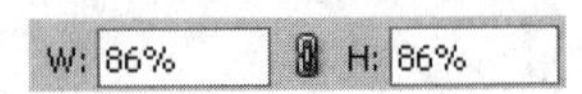

图 9.134 属性栏设置

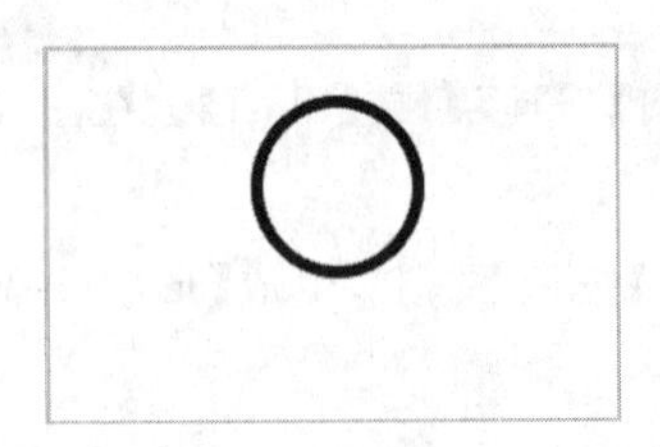

图 9.135 缩小变换结果

图 9.136 复制图层并移动

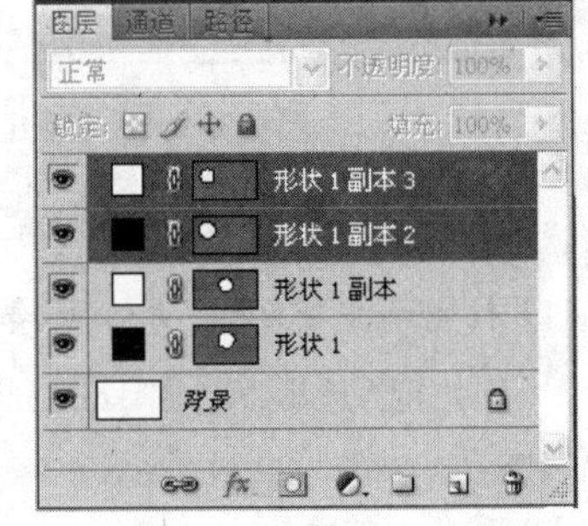

图 9.137 【图层】面板

(9) 选中复制出的【形状 1 副本 2】和【形状 1 副本 3】图层，拖动到【创建新图层】按钮上，复制图层然后进行移动，完成效果如图 9.138 所示。

(10) 同样的方法再进行两次复制并移动图层，完成后效果如图 9.139 所示。

图 9.138 复制图层

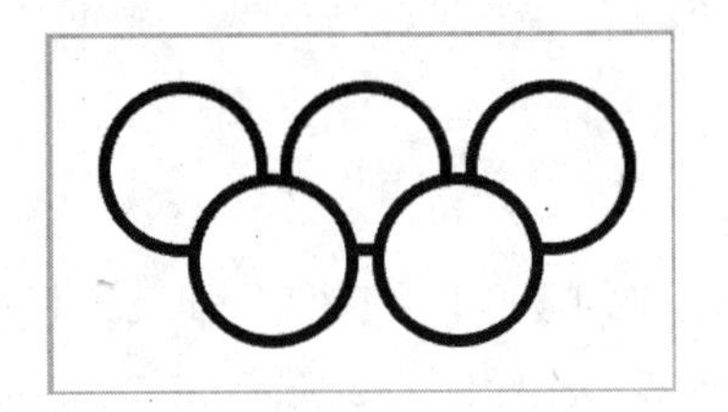

图 9.139 再复制两次

(11) 选中【形状 1】图层，选择【图层】|【栅格化】|【形状】命令，将形状 1 栅格化，【图层】面板中图层显示如图 9.140 所示。

(12) 选中【形状 1 副本】图层，按【Ctrl+Enter】键显示形状选区，如图 9.141 所示。然后再选中【形状 1】图层，按【Delete】键删除选区中内容。

(13) 选择【选择】|【取消选择】命令取消选区。选中【形状 1 副本】图层，按【Delete】键删除，制作出一个圆环。

（14）选中【形状 1 副本 2】图层，单击工具箱中的【椭圆】工具，在属性栏中的【设置新图层颜色】颜色：中设置颜色为（R：137，G：196，B：226），更改形状 3 副本的颜色，如图 9.142 所示。

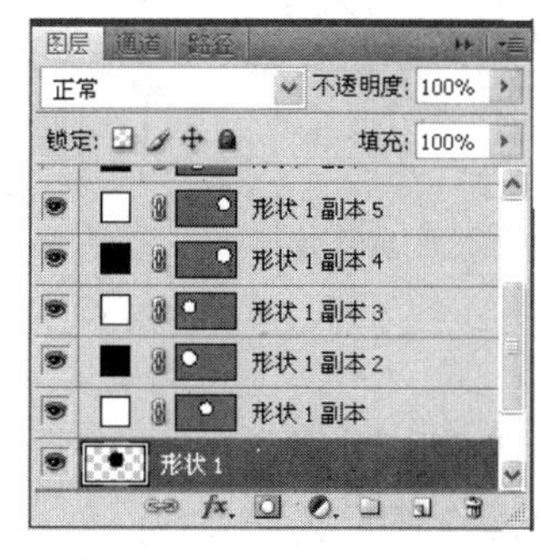

图 9.140　【形状 1】图层

图 9.141　显示选区

图 9.142　改变颜色

（15）用同样的方法完成其他圆环颜色效果，如图 9.143 所示。

（16）选中【形状 1】～【形状 1 副本 8】这五个图层，选择【图层】|【分布】|【水平居中】命令，使五环均匀分布，如图 9.144 所示。

图 9.143　更改圆环颜色效果

图 9.144　分布效果

（17）选中【形状 1】图层，单击工具箱中的【魔棒】工具，在属性栏中设置【容差】为 0，然后在图层中的黑色区域单击，如图 9.145 所示。

（18）单击工具箱中的【橡皮擦】工具，选中【形状 1 副本 6】图层，擦除形状和选区的上部相交区域；再选中【形状 1 副本 8】图层，擦除形状和选区的下部相交区域。按【Ctrl+D】组合键取消选区，擦除结果如图 9.146 所示。

图 9.145　选择选区

图 9.146　擦除选区

（19）选中【形状 1 副本 2】蓝色选区，在【形状 1 副本 6】上进行擦除，结果如图 9.147 所示。

（20）选中【形状 1 副本 4】蓝色选区，在【形状 1 副本 8】上进行擦除，完成圆环交错效果的制作。五环的最终效果如图 9.148 所示。

图 9.147　擦除相交选区

图 9.148　最终效果

9.17.2　绘制枫树

(1) 选择【文件】|【新建】命令，弹出【新建】对话框，如图 9.149 所示。

(2) 在【名称】文本框中输入“9.17.2”，设置【宽度】和【高度】值分别为 1024 和 768，单位为像素。在【分辨率】文本框中输入 300，选择【颜色模式】为 CMYK 颜色，背景内容为白色。单击【确定】按钮，新建绘图文档如图 9.150 所示。

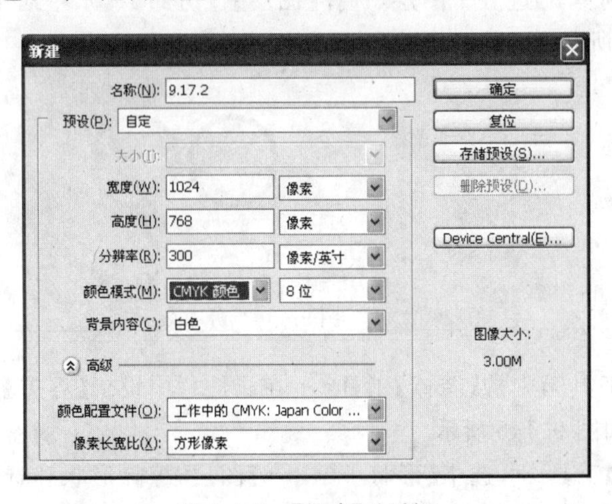

图 9.149　【新建】对话框

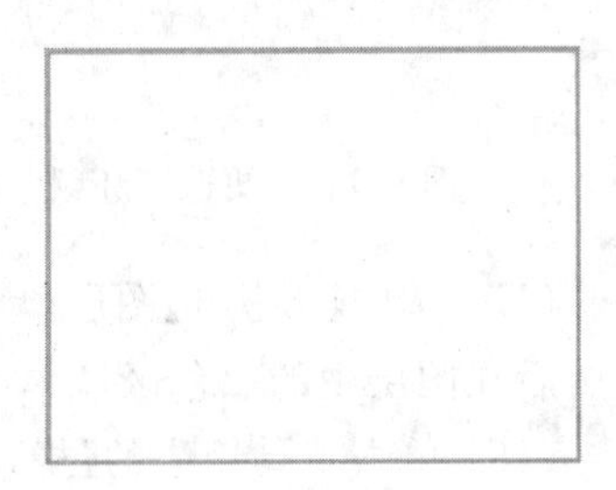

图 9.150　新建绘图文档

(3) 单击工具箱中的【设置前景色】图标，弹出【拾色器(前景色)】对话框，如图 9.151 所示，设置前景色为(R: 80，G: 146，B: 230)，设置背景色为白色，单击【确定】按钮。

(4) 单击工具箱中的【渐变】工具，在属性栏中的渐变预览框上单击，弹出【渐变编辑器】，如图 9.152 所示，在【预设】选项区域选择【前景色到背景色渐变】，单击【确定】按钮。

(5) 按下【Shift】键，在图像窗口中从上到下拖动鼠标制作出渐变背景，如图 9.153 所示。

(6) 单击【图层】面板底部的【创建新图层】按钮，创建新图层【图层 1】，单击工具箱中的【椭圆选框】工具，在图像窗口中绘制选区，如图 9.154 所示。

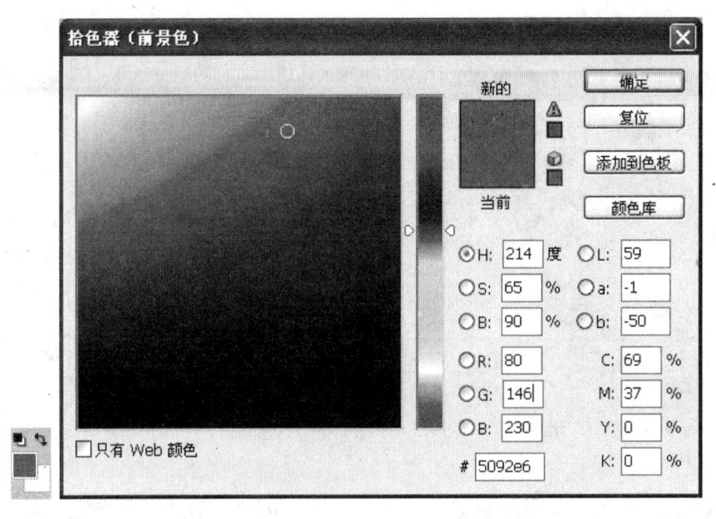

图 9.151　【拾色器(前景色)】对话框

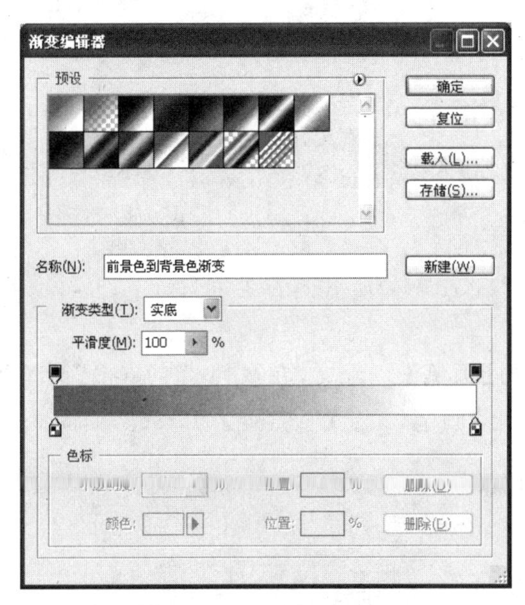

图 9.152　【渐变编辑器】对话框

图 9.153　渐变背景

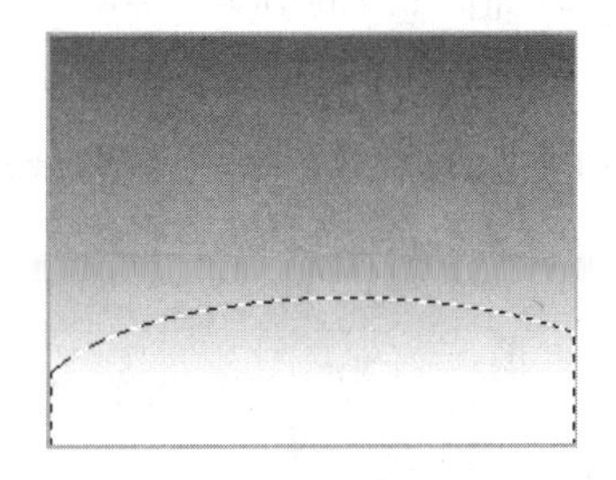

图 9.154　绘制选区

(7) 设置前景色为(R：122,G：131,B：35),单击工具箱中的【渐变】工具，从选区左上方向右下方拖动鼠标,为选区填充渐变颜色。最后按【Ctrl＋D】组合键取消选区,如图 9.155 所示。

(8) 单击工具箱中的【铅笔】工具，在属性栏中单击【画笔】后的按钮,在弹出的菜单中选择【柔角 21 像素】画笔,如图 9.156 所示。

(9) 新建【图层 2】,使用【铅笔】工具在【图层 2】上绘制树干,如图 9.157 所示。将画笔主直径改为 9,继续绘制枝干,完成效果如图 9.158 所示。

图 9.155　填充选区

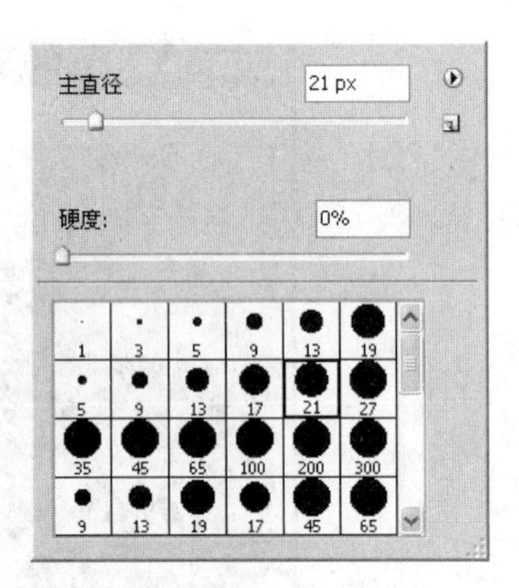

图 9.156　选择铅笔

图 9.157　绘制树干

图 9.158　枝干效果

(10) 在工具箱中设置前景色为(R: 224,G: 74,B: 40),背景色为(R: 229,G: 194,B: 42),如图 9.159 所示。

(11) 新建【图层 3】,单击工具箱中的【画笔】工具,在属性栏中单击【画笔】后的按钮,在弹出的菜单中选择【散布枫叶】画笔,设定【主直径】为 35px,如图 9.160 所示。

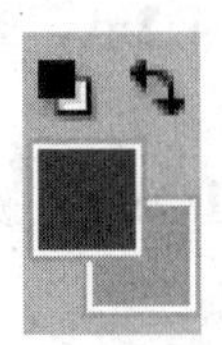

图 9.159　颜色设定

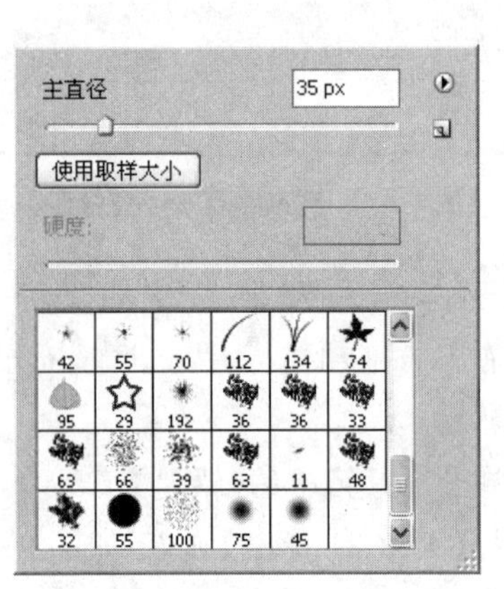

图 9.160　设定画笔

(12) 在【图层 3】上拖动鼠标,绘制散布枫叶,完成效果如图 9.161 所示。

(13) 同时选中【图层 2】和【图层 3】图层,拖动【创建新图层】按钮上,复制图层。单击工具箱中的【移动】工具,向左移动复制的图像,按【Ctrl+T】组合键,缩小图像到合适大小,按【Enter】键结束。绘制枫树完成效果如图 9.162 所示。

图 9.161 绘制散布枫叶

图 9.162 枫树最终效果

9.17.3 修改图片

(1) 选择【文件】|【打开】命令,弹出【打开】对话框,如图 9.163 所示。在对话框中选择图片,单击【打开】图片,在图像窗口中打开图片,如图 9.164 所示。

图 9.163 【打开】对话框

(2) 选择工具箱中的【裁剪】工具,在图片上拖动鼠标,选中整个图像,如图 9.165 所示。按下【Shift】键拖动右上角的控制点到一定位置,选定裁剪区域,如图 9.166 所示。

(3) 在裁剪区域中双击鼠标,完成裁剪,如图 9.167 所示。

(4) 选择工具箱中的【仿制图章】工具,按下【Alt】键的同时在图像左侧文字附近单

图 9.164 打开的图片

图 9.165 裁剪工具

图 9.166 选定裁剪区域

图 9.167 裁剪结果

击，选取仿制源。然后在文字上进行涂抹，擦除文字。为了使效果更好，可以选取多处图像作为仿制源，完成效果如图 9.168 所示。

(5) 选择工具箱中的【仿制图章】工具，在属性栏中调整画笔大小，按下【Alt】键的同时在图像中帆船上单击选取仿制源。

(6) 单击【图层】面板中的底部的【创建新图层】按钮，创建新图层【图层 1】，在【图层 1】上拖动鼠标，仿制船图像，如图 9.169 所示。

图 9.168 仿制效果

图 9.169 仿制船图像

(7) 拖动【图层 1】到【创建新图层】按钮上，复制出【图层 1 副本】图层，单击工具箱中的【移动】工具，向左上方移动【图层 1 副本】中的图像，结果如图 9.170 所示。

(8) 在【图层】面板中，设置【图层 1】的【不透明度】不透明度: 100% 为 70%，【图层 1 副本】的【不透明度】为 50%。将【图层 1 副本】图层拖动到【图层 1】下方，最终效果如图 9.171 所示。

图 9.170　复制图层

图 9.171　最终效果

9.17.4　风景

(1) 选择【文件】|【新建】命令,在弹出的【新建】对话框中设置各项参数,如图 9.172 所示。

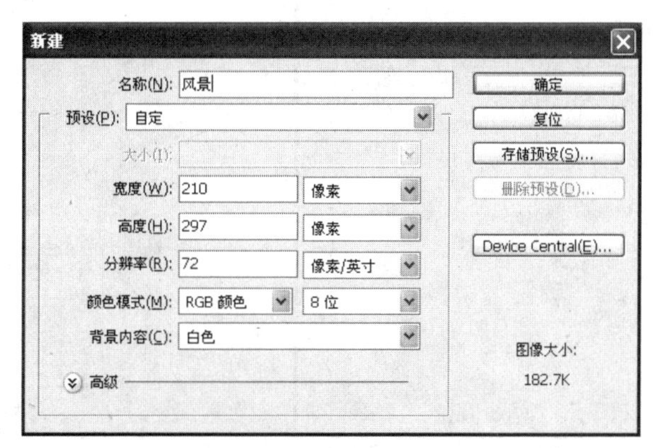

图 9.172　新建文件参数设置

(2) 单击【确定】按钮,在界面上出现新建的文件,如图 9.173 所示。

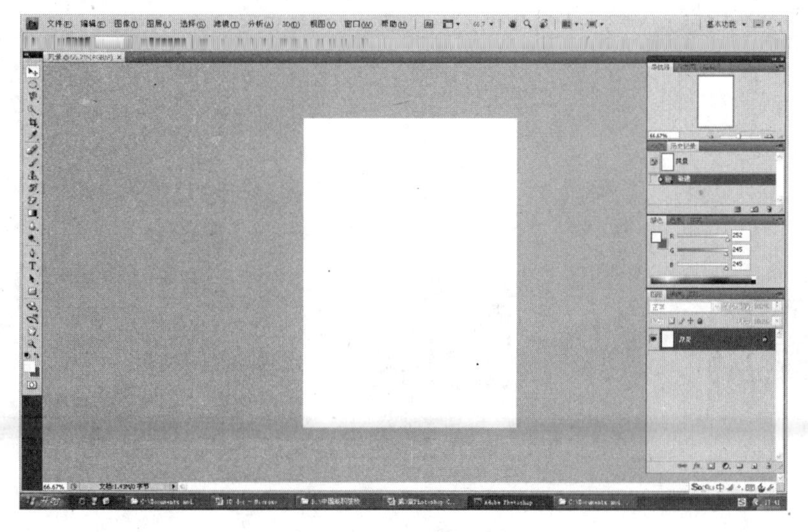

图 9.173　新建的文件

(3) 选择工具箱中的【渐变】工具，在选项栏中设置渐变类型为“线性渐变”，双击选项栏中渐变条，弹出的【渐变编辑器】对话框，选择【名称】中的【铬黄渐变】，如图 9.174 所示。

(4) 单击【确定】按钮，由上至下拖拽出渐变效果，如图 9.175 所示。

(5) 选择工具箱中的【画笔】工具，在属性栏画笔下拉列表里选择草和枫叶，如图 9.176 所示。

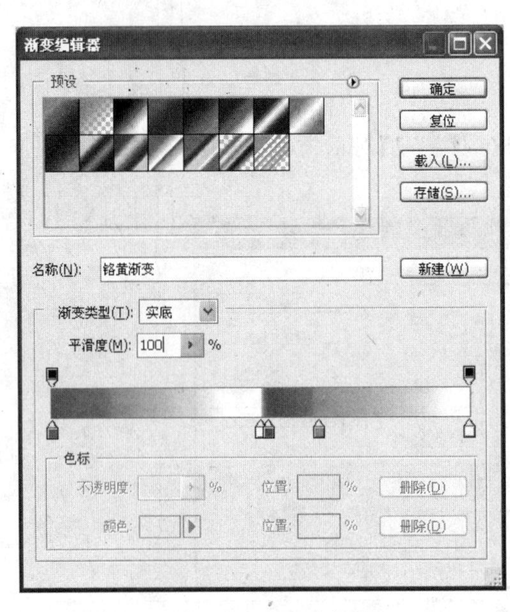

图 9.174 渐变编辑器

图 9.175 渐变效果图

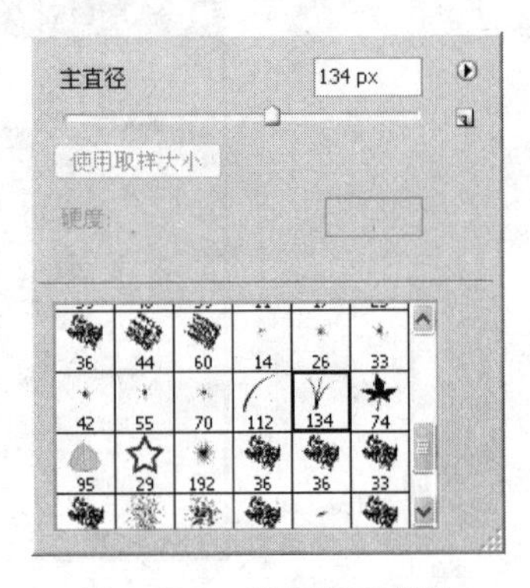

图 9.176 选择草和枫叶

(6) 设置草的颜色如图 9.177 所示。设置枫叶的颜色如图 9.178 所示。在图像中单击鼠标左键添加图案，如图 9.179 所示。

图 9.177 草的颜色

图 9.178 枫叶的颜色

图 9.179 添加图案

(7) 选择【文件】|【打开】命令，弹出【打开】对话框，如图 9.180 所示。

(8) 选择"小狗.jpg"图片，单击【打开】按钮，如图 9.181 所示。

图 9.180　【打开】对话框　　　　图 9.181　"小狗.jpg"图片

(9) 选择工具箱中的【魔术橡皮擦】工具，去除边缘背景，如图 9.182 所示。

(10) 选择工具箱中的【橡皮擦】工具，去除右下角文字，如图 9.183 所示。

图 9.182　去除边缘背景　　　　图 9.183　去除右下角文字

(11) 选择工具箱中的【移动】工具，移动到风景文件中，系统将自动生成一个"图层1"图层，如图 9.184 所示。

(12) 选择【编辑】|【自由变换】命令，进行图像的大小调整，如图 9.185 所示。

(13) 选择工具箱中的【仿制图章】工具，在属性栏中选定画笔的笔刷大小为 473px，按【Alt】键，在小狗图像上单击取样，再按住鼠标左键并拖动复制图像，完成后效果如图 9.186 所示。

图 9.184 移动图片

图 9.185 大小调整

图 9.186 最终效果

思考与练习

1. 思考题

(1) 矩形选框工具组包括什么?

(2) 添加选区如何操作?

(3) 渐变工具包括哪几种渐变类型?

2. 练习题

(1) 练习内容:使用 Photoshop CS4 软件,绘制圣诞节贺卡图像。

(2) 练习规格:尺寸(285mm×150mm)。

(3) 练习要求:使用渐变工具、新建图层、画笔工具、置入命令等,制作圣诞节贺卡图像效果,如图 9.187 所示。

图 9.187 完成圣诞节贺卡图像效果

第 10 章　图层、路径和通道应用

10.1　图　　层

计算机系统中，“选择”这个概念是相当广泛的，作为一个图像处理软件，Photoshop 将选择变成一个独立的实体，即“图层”，可以单独对图层进行处理，而不会对其他图层的图像有任何影响，层中的无图像部分是透明的。

一般来说，图层就像一层一层透明的胶片，每张胶片上的图像都是相对独立的。利用图层的操作可进行图像的合成，得到许多现实中不可能出现的效果，如图 10.1 所示。

图 10.1　图像及其【图层】面板

从图 10.1 中可看到，一个完整的图像是由各个层自上而下叠放在一起组合成的。默认情况下，最上层的图像将遮住下层同一位置的图像，而在透明区域可看到下层的图像。

每个图层上的内容都是独立的，很方便进行分层编辑，并可为图层设置不同的混合模式及不透明度。

注意：*存在多个层的图像只能被保存为 Photoshop 专用格式即 PSD 或 PDD 格式文件。*

10.1.1　图层背景的应用

选择【图层】|【新建】|【图层背景】命令，将会为当前选中图层添加背景色，并作为图层背景移动到【图层】面板的最底部，且新建的背景图层中的颜色与当前工具箱中显示的背

景色相同。

为没有背景图层的图像创建背景图层,可以按以下步骤进行操作。

(1) 打开无背景图层的图像文件,如图 10.2 所示,此时【图层】面板如图 10.3 所示。

图 10.2 图像文件

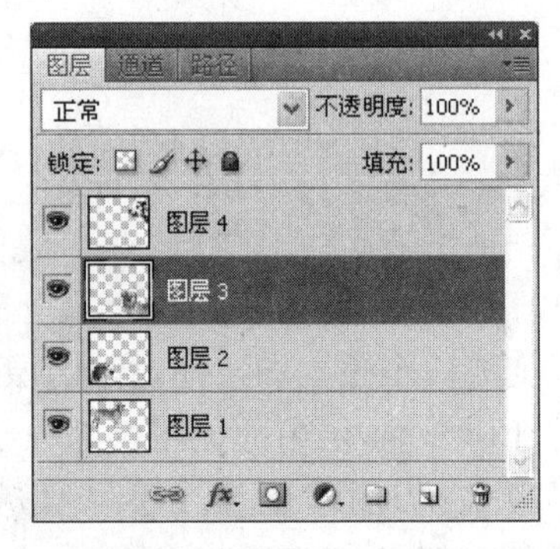

图 10.3 【图层】面板

(2) 单击工具箱中的背景色块,弹出【拾色器(背景色)】对话框,如图 10.4 所示,设置颜色为 R: 255,G: 192,B: 0。单击【确定】按钮,如图 10.5 所示。

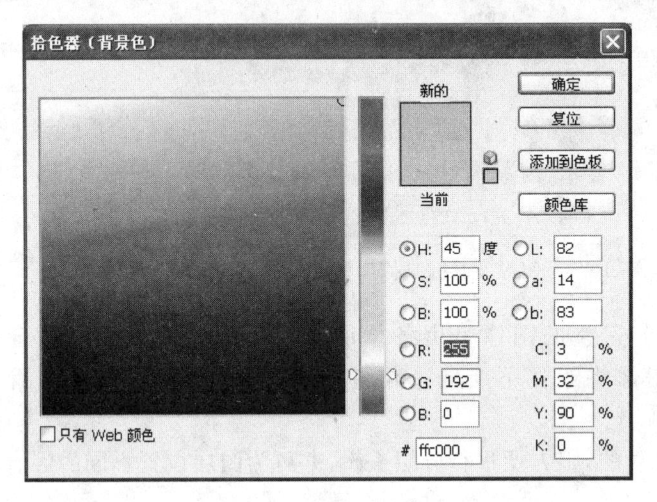

图 10.4 设定背景色

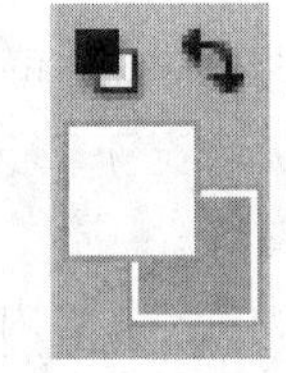

图 10.5 背景色块

(3) 选中【图层 3】,选择【图层】|【新建】|【图层背景】命令,为【图层 3】添加背景颜色,且被放在【图层】面板的最底层,作为背景图层,如图 10.6 所示。完成后效果如图 10.7 所示。

注意:如果原图中已经有了背景图层,则就不能用这个命令创建另一个背景图层。

对于背景图层,它始终是作为"背景"而存在,所以不能更改它在图层中的顺序,也就是说它始终处在图层的最底层。而且背景图层是不透明的,所以不能对它进行色彩混合模式和不透明度的设置。

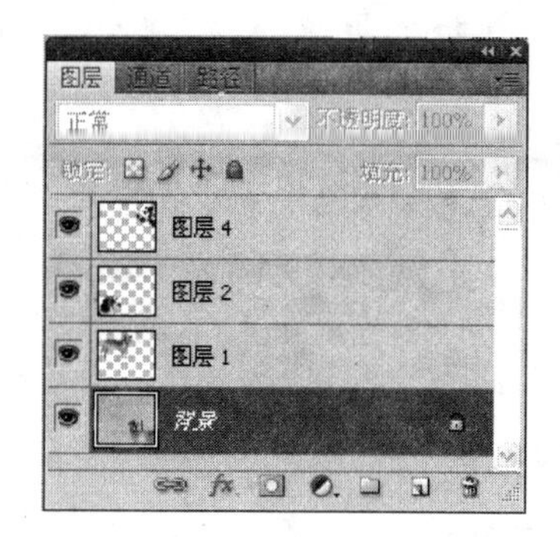

图 10.6　【图层】面板

图 10.7　创建背景图层效果

背景图层可以转换为普通层，在【图层】面板中双击【背景】图层，弹出【新建图层】对话框，选项设置为默认即可，单击【确定】按钮，如图 10.8 所示。

新建图层
名称(N): 图层 0
使用前一图层创建剪贴蒙版(P)
颜色(C): 无
模式(M): 正常　不透明度(O): 100 %
确定
取消

图 10.8　【新建图层】对话框

当图中有选区时，选择【图层】|【新建】|【通过拷贝的图层】或选择【图层】|【新建】|【通过剪切的图层】命令，则可从选区建立新图层。

若选择【通过拷贝的图层】建立图层，原图层上所选的图像仍然存在，新图层只是对选区的复制；若选取【通过剪切的图层】建立图层，原图层上图像被选部分被剪切掉了，而新图层中的内容出现在相对于原图中相同的位置上。

10.1.2　图层的作用

在 Photoshop 中打开一个图像后，在【图层】面板中可以看出，图像是由各个层组合在一起显现出来的。在最底部是背景层，向上依次是文字和图像层。在每一层中可以放置不同的图像，此层中的图像可以独立于其他层图像，在此层上的编辑或移动不会改动其他层中的图像。将所有的图层按次序叠加起来就形成了一幅完整的图像，如图 10.9 所示。

图 10.9　图层效果

10.1.3 图层控制面板

选择【窗口】|【图层】命令，打开【图层】面板，单击控制面板右上角的扩展按钮，出现【图层】面板菜单，如图10.10所示。

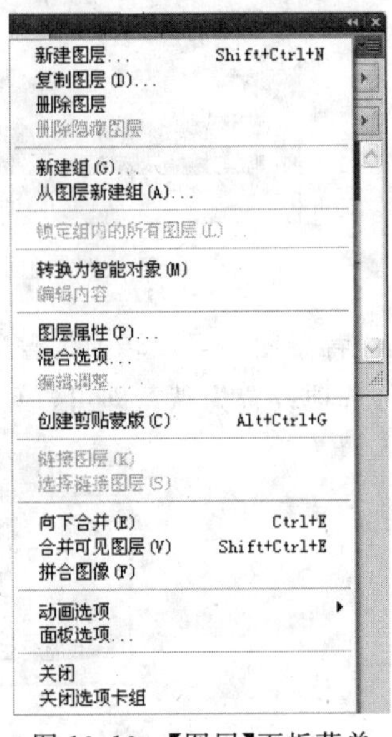

图 10.10 【图层】面板菜单

1. 层放置区

层放置区用于存放当前图像中使用到的所有层，如图10.11所示。其中深蓝条表示被选中，为当前层；左边的眼睛图标控制该层是否可见；右侧的控制图标用于控制层的链接，如果出现的是一个链接的图标，则表示该图层与当前编辑图层链接在一起，即该层为链接图层。

链接图层的作用是，当建立了一套链接关系后，如果拖到其中一个图层，则其他图层将跟随着一起移动，而且各个层之间的相对位置保持不变。先选择某图层为当前工作图层，然后在预建立的链接图层位置上单击，即可建立链接层，如再次在该位置单击即可取消链接图层。

在图层中有一个"T"字母标志，表示这个层为可编辑的文字层。文字输入后不再转换成图像，仍是可编辑的文字。当要修改时，只需在【图层】面板上选择该层，从工具箱中选择【横排文字】工具T，就可以再次进行编辑了。

在图层中还有一个层效果图标fx，表示该层在编辑时被应用过一些效果，即是在Photoshop菜单栏中选择【图层】|【图层样式】中的效果，而不是Photoshop的滤镜效果。单击层效果图标，弹出层效果菜单，如图10.12所示；选择其中任意一个选项，则弹出【图层样式】对话框，如图10.13所示，该效果有如下几种样式。

图 10.11 层放置区

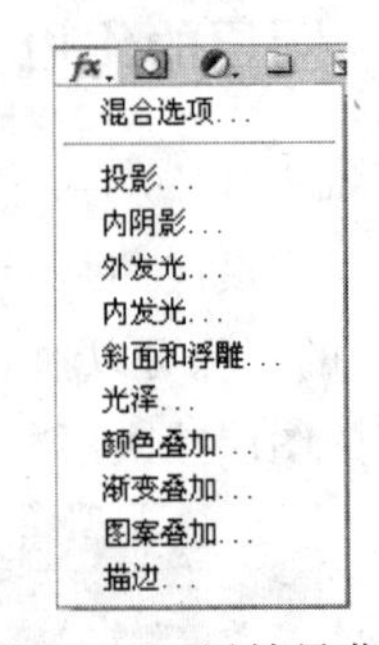

图 10.12 层效果菜单

(1)【投影】效果。在图像的后面添加一层阴影，产生阴影效果。

(2)【内阴影】效果。在图像边缘的内圈添加一层阴影，以产生凹陷的效果。

(3)【外发光】效果。在图像边缘的外圈产生一种光源效果。

(4)【内发光】效果。在图像边缘的内圈产生一种光源效果。

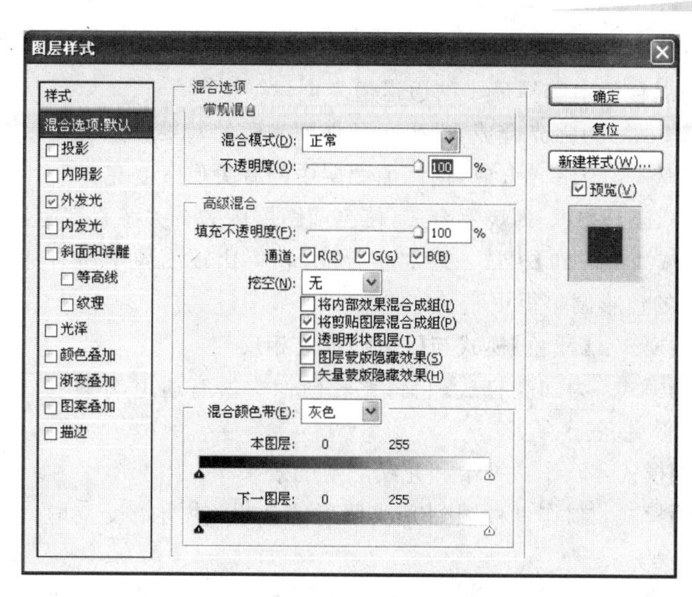

图 10.13 【图层样式】对话框

(5)【斜面和浮雕】效果。在图像上做出不同的雕刻效果。

(6)【光泽】效果。使当前图层产生一种绸缎的效果。

(7)【颜色叠加】效果。使当前图层产生一种颜色覆盖效果。

(8)【渐变叠加】效果。使当前图层产生一种渐变覆盖效果。

(9)【图案叠加】效果。在当前图层基础上产生一个新的图案覆盖效果图层。

(10)【描边】效果。对当前图层的图案描边。

2. 混合模式

在【图层】面板的上部有一个下拉列表框 正常 ,用于设定层的混合模式,如图 10.14 所示,它包含以下模式命令。

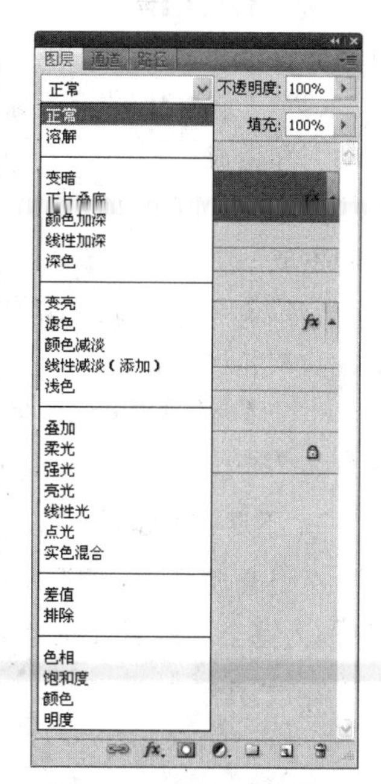

图 10.14 层的混合模式

(1)【正常】模式:调整上面图层的不透明度可以使当前图像与底层图像产生混合效果。

(2)【溶解】模式:配合调整不透明度可创建点状喷雾式的图像效果,不透明度越低,像素点越分散。

(3)【变暗】模式:形成一种光线透过两幅叠加在一起的较暗的幻灯片的效果。

(4)【正片叠底】模式:根据底层颜色将当前图层的像素进行相乘或覆盖。该模式对中间色调影响较明显,对于高亮度和暗调区域影响不大。

(5)【颜色加深】模式:根据底层的颜色,使当前图层产生变亮或变暗的效果。

(6)【线性加深】模式:产生一种柔和光照的效果。

(7)【深色】模式:比较混合色和基色的所有通道值的总

和，并显示值较小的颜色。“深色”模式不会生成第三种颜色(可以通过变暗混合获得)，因此它将从基色和混合色中选择最小的通道值来创建结束色。

(8)【变亮】模式：为强光合成，产生一种强烈光照的效果。

(9)【滤色】模式：为曝光合成，使当前图层中的有关像素变亮。

(10)【颜色减淡】模式：为烧焦合成，使当前图层中的有关像素变暗。

(11)【线性减淡(添加)】模式：为加暗合成，它将比较图像中所有通道的颜色，然后将当前图层中暗的色彩调整得更暗。

(12)【浅色】模式：【浅色】模式与【深色】模式相反。

(13)【叠加】模式：为加亮合成，它将比较图像中所有通道的颜色，然后将当前图层中亮的色彩调整得更亮。

(14)【柔光】模式：创作一种柔和光线照射的效果。

(15)【强光】模式：制作一种强烈光线照射的效果，使明暗反差增大，使当前图层中有关的像素值变亮。

(16)【亮光】模式：只对当前图层中比底层图像对应像素点亮的像素点起作用，将亮的调整得比原色调更亮。

(17)【线性光】模式：使当前图层中有关的颜色变亮。

(18)【点光】模式：只对当前图层中比底层图像对应像素点暗的像素点起作用，将暗的调整得比原色调更暗。

(19)【实色混合】模式：为颜色合成效果，它将产生一种强烈颜色对比。

(20)【差值】模式：为差异合成，使当前图层中有关的像素值变暗，它形成的效果取决于当前图层和底图层像素值的大小。

(21)【排除】模式：产生的效果与使用【差值】模式相似，但生成图像的对比度较小，且颜色较柔和。

(22)【色相】模式：图像的最终色彩将根据背景图像亮度、饱和度及当前图像的色相自动调和生成。

(23)【饱和度】模式：图像色彩将根据背景图像亮度、色相及当前图像的饱和度自动调和生成。

(24)【颜色】模式：图像的最终色相将根据背景图像的亮度及当前图像的色相、饱和度自动调和生成。

(25)【明度】模式：图像的最终色彩将根据背景图像的色相、饱和度及当前图像的亮度自动调和生成。

3. 不透明度设置

在混合模式右边是【不透明度】设置框，以百分比进行调整，百分比越小，透明度越好，100%为完全不透明，1%为完全透明。

4. 工具图标

在【图层】控制面板的最下面为工具图标，如图 10.15 所示，包括【链接图层】、【添加图层样式】、【添加图层蒙版】、【创建新的填充或调整图层】、【创建新组】、【创建新图层】和【删除图层】。

图 10.15 工具图标

使用【添加图层蒙版】工具，可以在当前图层上创建一个遮罩，每一个层上只能创建一个遮罩，在图层遮罩中，黑色代表隐藏图像，白色代表显示图像，灰色显示半透明图像。可以使用毛笔等绘图工具将遮罩进行修改，而且可以将遮罩转换成选区。由此，图层遮罩可以用于删除某些形状复杂的图像，帮助选择外形复杂的图像，创建一个遮罩渐变，形成图像渐变的效果。

使用【创建新图层】工具，可以在当前图层的上面创建一个新层。用鼠标单击该工具即可创建一个新图层。当把当前图层用鼠标拖动到该工具位置上时，就可以实现对当前图层的复制。

使用【删除图层】工具，可以用来删除不需要的层，只需将需删除的图层拖动到该工具位置即可。

5.【图层】面板菜单

单击【图层】面板右上角的按钮，弹出【图层】面板菜单，如图 10.16 所示。它主要包含以下几种命令。

(1) 新建图层。用于创建一个新图层，功能与【创建新图层】工具相同。

(2) 复制图层。用于复制当前图层。

(3) 删除图层。用于删除当前图层，功能与【删除图层】工具相同。

(4) 向下合并。用于将当前图层与下面的图层合并，如果下面的图层处于非可见状态，该项则无法使用。

(5) 合并可见图层。用于将当前所有可见图层合并，如果有图层处于非可见状态，则将其放在合并图层的上面。

(6) 面板选项。用于控制面板中缩略图的大小，如图 10.17 所示。

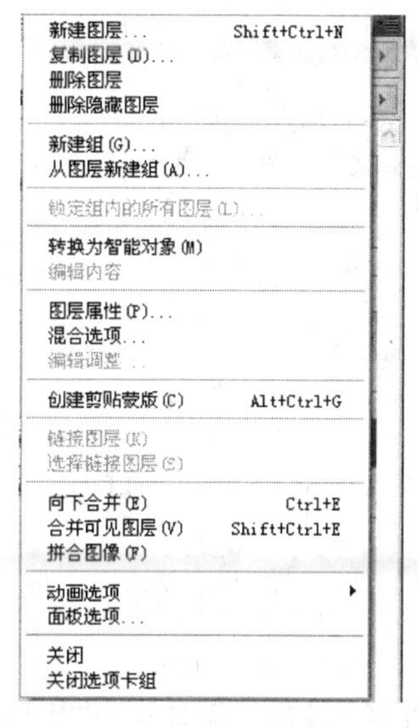

图 10.16 【图层】面板菜单

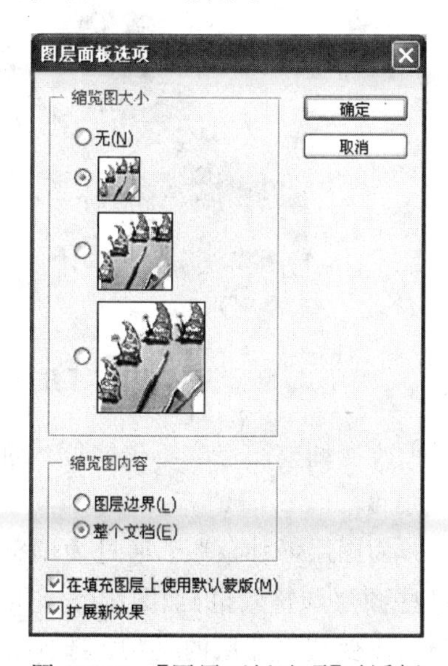

图 10.17 【图层面板选项】对话框

10.1.4 图层的应用

1. 调整图层的应用

调整图层是将图层颜色与饱和度的操作制作成一个单独的层保存起来，是能同时调整多个图层颜色的特殊图层。在使用时可随时开关该图层，也可以随时启用这些调节操作，以便于观察对比色彩修正前后的图像效果。

创建调整图层的方法是选择【图层】面板底部的【创建新的填充或调整图层】按钮，在弹出的下拉菜单中选择需要创建的调整图层的类型，或选择【图层】|【新建填充图层】或【新建调整图层】菜单下的调整图层类型；在弹出的对话框中进行适当的设置，就可建立一个调整图层。

对调整图层的编辑可以按下面的方法进行操作。

(1) 改变调整图层的混合模式：通过改变调整图层的混合模式，可得到更加丰富的图像效果。例如，一个具有【色彩平衡调整图层】的图像在【正常】模式下，效果如图 10.18 所示，而如果将混合模式改为【叠加】，则可得到如图 10.19 所示的效果。

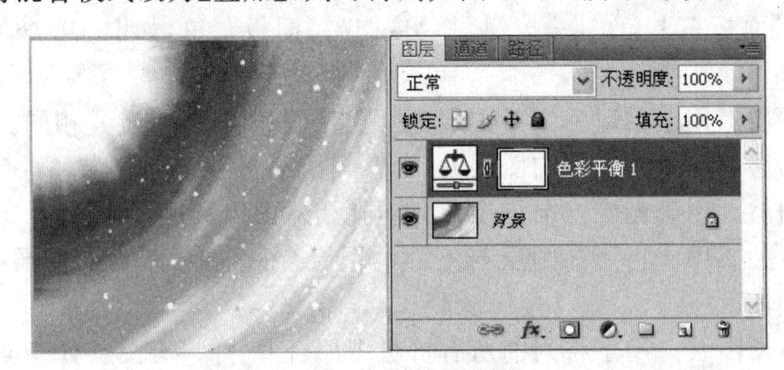

图 10.18 【正常】模式效果及对应的【图层】面板

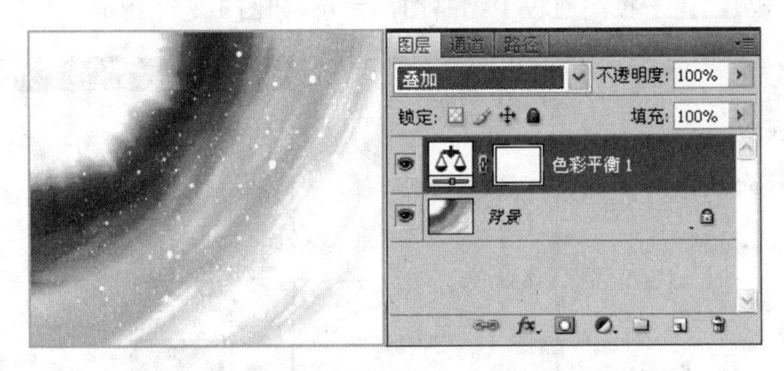

图 10.19 【叠加】模式效果及对应的【图层】面板

(2) 改变调整图层的不透明度：通过对调整图层的不透明度的调整可改变调整图层的调整强度。

(3) 为图层增加蒙版：通过为调整图层增加蒙版，再使用【橡皮擦】工具进行擦除，可屏蔽某些图层调整效果，如图 10.20 所示。

(4) 改变调整图层的类型：选择【图层】|【图层内容选项】命令下的子菜单命令，可以

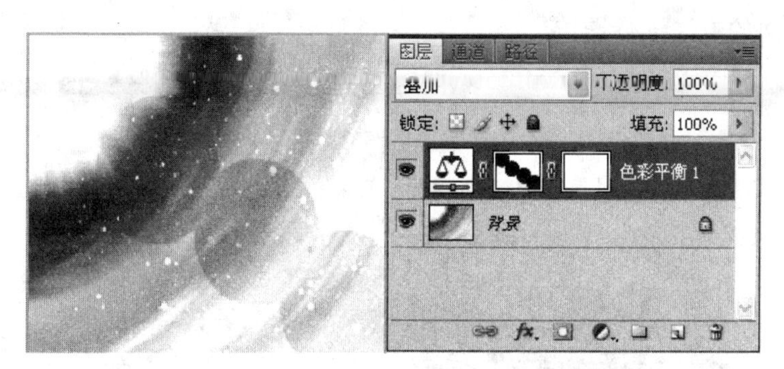

图 10.20　增加蒙版后的图像效果及其【图层】面板

将调整图层从一种类型转变为另一种类型。

(5) 改变调整图层的参数值：调整图层的参数值修改的方法是双击调整图层所在的【图层】面板的缩略图，即弹出该对话框，在对话框里可以改变其参数。

2. 渐变填充图层的应用

单击【图层】面板底部的按钮，在弹出的菜单中单击【渐变】命令，在【渐变填充】对话框中进行设置即可创建渐变填充图层。可以按以下步骤进行操作。

(1) 选择【文件】|【打开】命令，打开一幅图像，如图 10.21 所示。

图 10.21　原图及其【图层】面板

(2) 单击【图层】面板底部的【创建新的填充或调整图层】按钮，在弹出的菜单中单击【渐变叠加】命令，弹出【渐变填充】对话框，如图 10.22 所示。

(3) 在【渐变】下拉列表框中选择一种渐变模式，如“前景色到透明渐变”，设置角度为－90 度，单击【确定】按钮，完成渐变填充图层的添加，如图 10.23 所示。

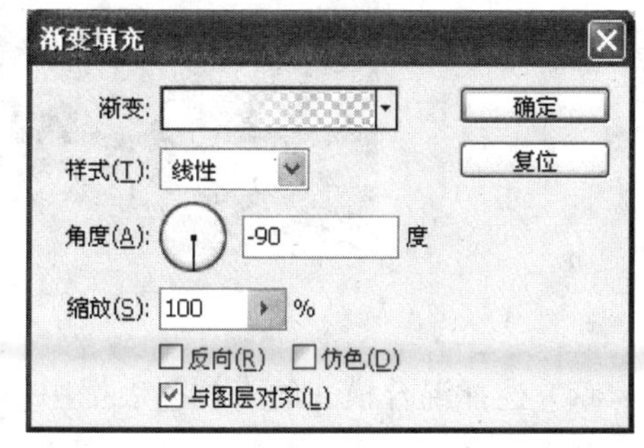

图 10.22　【渐变填充】对话框

3. 图案填充图层的应用

图案填充图层的创建方法同创建渐变填充图层相似，在选定区域内填充图案创建图层,可以按下面的方法进行操作。

图 10.23 渐变效果及其【图层】面板

(1) 选择工具箱中的【矩形选框】工具,在图形中创建矩形选框,如图 10.24 所示。

(2) 单击【图层】面板底部的【创建新的填充或调整图层】按钮,在弹出的菜单中单击【图案叠加】命令,弹出【图案填充】对话框,如图 10.25 所示。

图 10.24 创建矩形选框

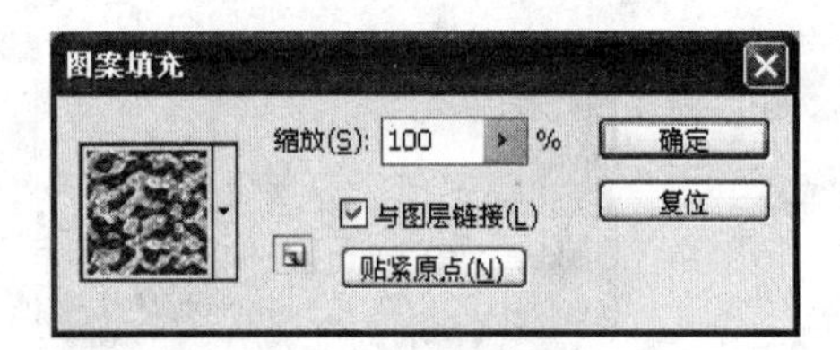

图 10.25 【图案填充】对话框

(3) 在【图案】下拉列表框选择填充图案,单击【确定】按钮即可创建图案填充图层,如图 10.26 所示。

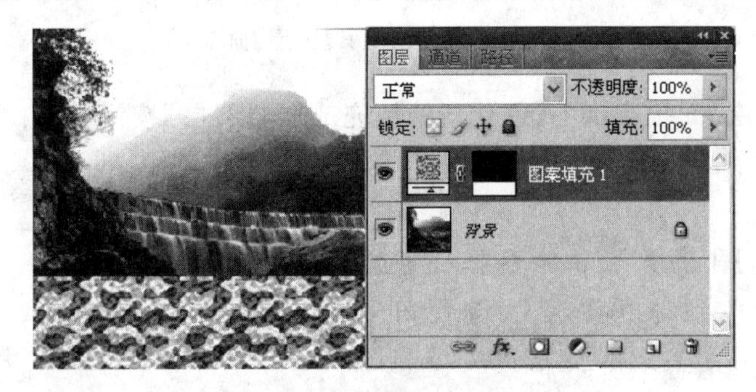

图 10.26 创建图案填充图层

(4) 选择混合模式的下拉列表框中的【柔光】选项,最终效果如图 10.27 所示。

4. 形状图层的应用

通过在图像上创建形状图层,可以在图像上创建有前景色的几何形状,从而丰富画面

图 10.27　最终效果

效果。创建形状图层可以按下面的方法进行操作。

(1) 选择工具箱中的【自定义形状】工具，在属性栏中【形状】下拉列表框中，选择任意一种几何形状，如“鸟 2”。

(2) 单击工具选项栏中的【形状图层】按钮，在图像上拖动鼠标，绘制出小鸟形状，在【图层】面板中自动生成【形状 1】图层，如图 10.28 所示。

图 10.28　绘制形状及其【图层】面板

(3) 单击属性栏中【颜色】图标颜色: ，弹出【拾取实色】对话框，如图 10.29 所示，选择黑色作为填充色。

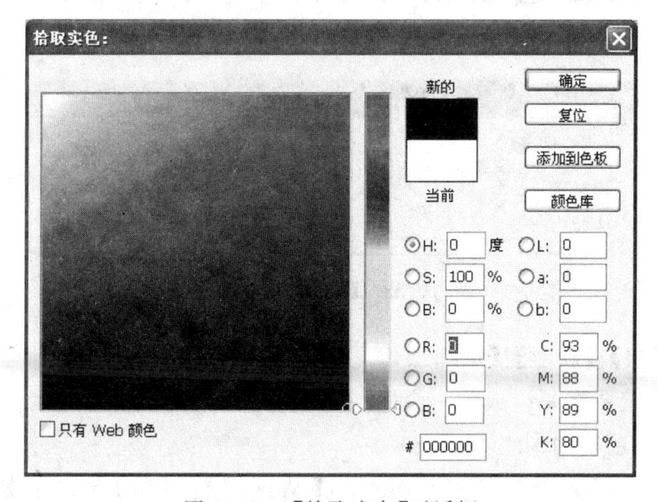

图 10.29　【拾取实色】对话框

(4) 单击【确定】按钮，绘制的形状颜色变为黑色，如图 10.30 所示。取消【形状 1】图层的选择，最终效果如图 10.31 所示。

图 10.30 改变形状颜色

图 10.31 最终效果

如果在一个形状图层上绘制多个形状，根据使用者在工具选项栏上所选择的做图模式的不同，得到的图像效果也不同。

(1)【创建新的图层形状】按钮：所绘制的形状就会出现在一个新的图层中。

(2)【添加到形状区域】按钮：所绘制的形状与原图像重叠。

(3)【从形状区域减去】按钮：被从原图像中减去。

(4)【交叉形状区域】按钮：最后的图像是所绘制的形状与原图像重叠的部分。

(5)【重叠形状区域除外】按钮：最后的图像是所绘制的形状与原图像重叠的部分以外的其他部分。

5. 图层组的应用

如果要对多个图层进行统一的控制，利用图层组就可以省去很多麻烦。可以把具有相同属性的图层放到同一个图层组，便于查找和管理。同操作单个图层一样，可以对图层组进行复制、删除，并可通过控制图层组的透明、移动、编辑、锁定等操作，实现对图层组中所有图层相关属性的控制。创建图层组有三种方法。

(1) 选择【图层】|【新建】|【组】命令，弹出【新建组】对话框，如图 10.32 所示，可以定义图层组的名称、颜色、模式和不透明度等属性。

图 10.32 【新建组】对话框

(2) 选择【图层】|【新建】|【从图层建立组】命令，会弹出【从图层新建组】对话框。但利用此命令前，一定要将要组成到一个图层组的所有图层都选中；或者在建立组之后，将需要添加到组的图层拖动到组下。

原图及其【图层】面板如图10.33所示，【从图层新建组】对话框如图10.34所示，

图 10.33　原图及其【图层】面板

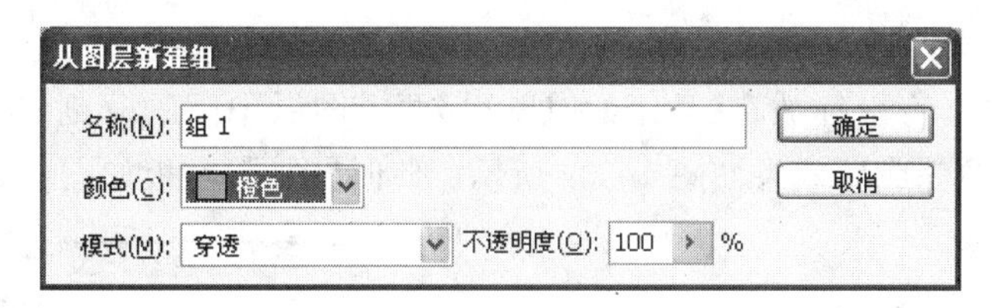

图 10.34　【从图层新建组】对话框

图 10.35 所示为新建的图层组及其【图层】面板。

(3) 单击【图层】面板右上角的扩展按钮，弹出如图 10.36 所示的命令选项。单击【新建组】或【从图层新建组】命令，其余的操作方法与步骤(1)、(2)相同。

图 10.35　新建的图层组

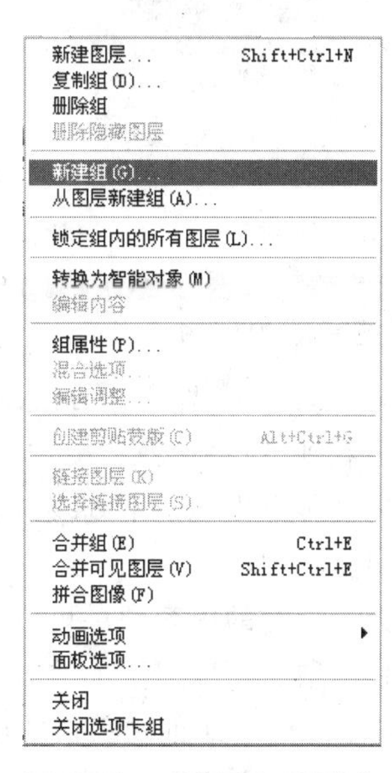

图 10.36　【图层】面板菜单

6. 剪切图层的应用

(1) 打开含有多个图层的文件，如图 10.37 所示，它的【图层】面板如图 10.38 所示。

图 10.37 打开的图像

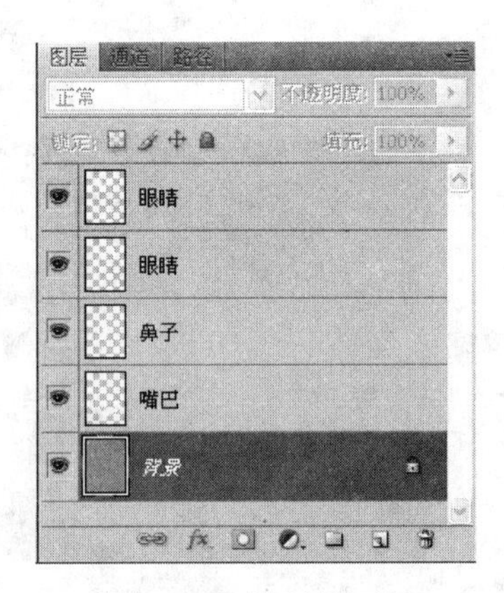

图 10.38 【图层】面板

(2) 按住 Alt 键,将光标移到【图层】面板分隔两个图层的黑线上,当光标变成两个交叉的圆形后单击即可。将鼠标放在【鼻子】和【嘴巴】两个图层中间的分割线上单击,对【鼻子】图层进行剪切,图像完成后效果如图 10.39 所示。此时【图层】面板如图 10.40 所示。

图 10.39 剪切【鼻子】图层效果

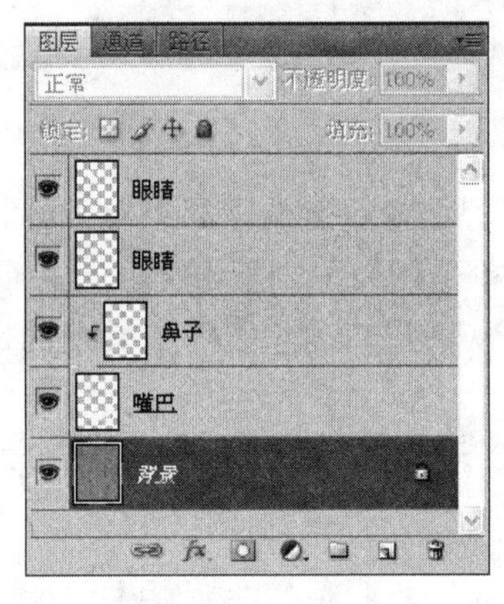

图 10.40 剪切图层后的【图层】面板

7. 图层基层的应用

在【图层】面板中,处于下方的图层被称为基层,而处于上方的图层被称为内容图层。从图中可以看到,在建立剪切编组后,【图层】面板中被编组的两个图层之间出现点状线,下方图层的名称下出现了下划线,内容图层的缩览图被缩进,并出现一个直角箭头线,这与普通图层是不同的。

由于处于上方的内容图层可以不只一个图层,因此可以根据情况创建具有多个内容图层的剪切图层。可以按下面的方法进行操作。

(1) 按上述的方法创建剪切图层。

(2) 将第二个内容图层"眼睛"拖到基层的上方,第一个内容图层【鼻子】的下方,从而为剪切图层增加第二个内容图层。

(3) 按第(2)步的方法,继续操作就可得到更多的内容图层,将另外一个【眼睛】图层增加为内容图层。此时,图像的剪切图层具有 3 个内容图层,完成后效果如图 10.41 所示，图像的【图层】面板如图 10.42 所示。

图 10.41　有 3 个内容图层的剪切图层

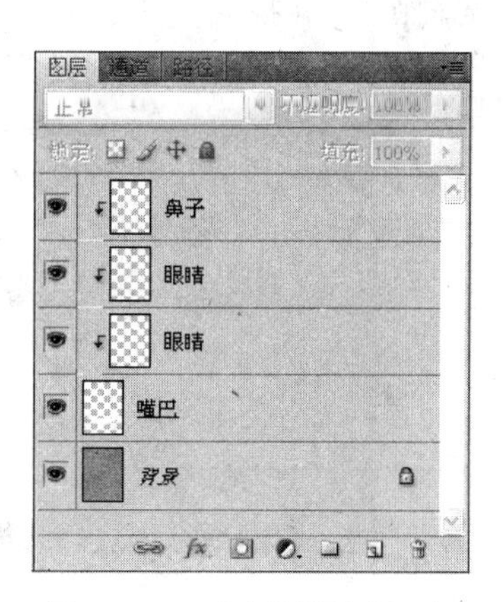

图 10.42　对应的【图层】面板

另外，分别对内容图层和基层使用不同的图层样式或混合模式可得到不同的图像效果。

如果要取消剪切图层，只需再次按住 Alt 键，然后在剪切组的两个图层之间单击就可以了。

8. 图层顺序的应用

图层在面板中的顺序将影响图像的最终效果。更改一个图层的排放顺序最简单的方法是在【图层】面板中选中该图层，直接拖动到想要放置的位置，释放鼠标即可。

另外，要把图层移动到一个特定的位置，先选取该图层，选择【图层】|【排列】命令，在子菜单中，选择所需选项，即可将图层移动到想要的位置，如图 10.43 所示。

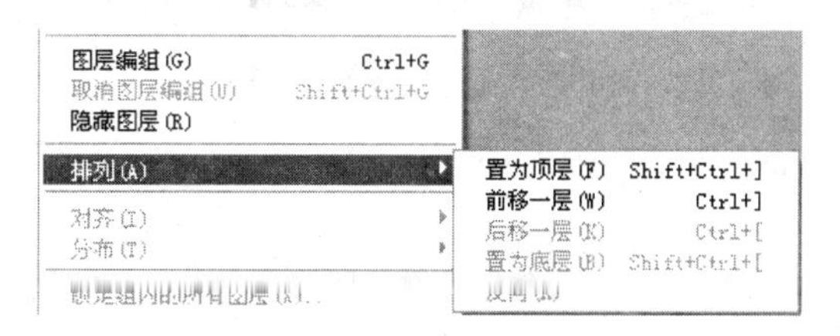

图 10.43　【排列】菜单项

(1) 置为顶层：可将当前图层移至图像最顶层。

(2) 前移一层：可将该图层向上移一层。

(3) 后移一层：可将该图层向下移一层。

(4) 置为底层：可将当前层移到最底层，但是在背景层之上，其他图层的最后。

因为背景层始终是最底层，一般情况下背景层是不能被移动的，但当把它变为普通层后，就可以了。

9. 栅格化图层的应用

用 Photoshop CS4 处理包含矢量数据(如文字图层、形状图层和矢量蒙版)和生成的数据(如填充图层)的图层时，不能使用绘画工具或滤镜。必须把这些图层的内容转换为平面的光栅图像，转换成位图图层进行处理。可以按下面的方法进行操作。

(1) 打开一个带有形状图层的图像，如图 10.44 所示。

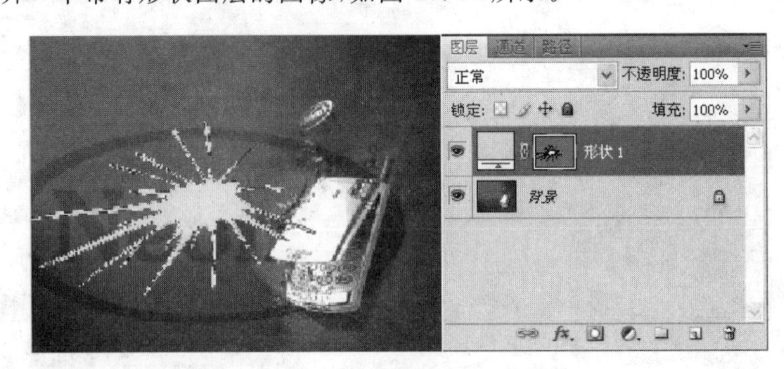

图 10.44 原图及其【图层】面板

(2) 选中【形状 1】图层，选择【图层】|【栅格化】|【形状】命令，结果如图 10.45 所示。

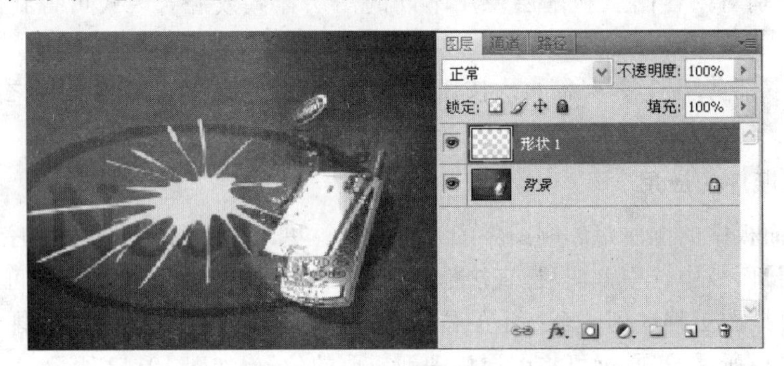

图 10.45 栅格化后的形状及其【图层】面板

使用【栅格化】命令以后，形状图层就不再有矢量特性，因此将无法使用【路径选择】工具、【直接选择】工具、【添加锚点】工具、【删除锚点】工具和【转换点】工具等进行编辑。

10.2 路　　径

使用工具箱中的钢笔、磁性钢笔或自由钢笔工具可以绘制任何线条或形状，这些线条称为路径，使用路径可以精确地绘制选区边界。与铅笔或其他绘画工具绘制的位图图形不同，路径是不包含像素的矢量对象，因此，路径与位图图像是分开的，不会打印出来，但剪贴路径除外。路径可以进行存储，或将其转换为选区边框，也可以用颜色填充或描边。

10.2.1 路径简介

路径工具是 Photoshop CS4 中的重要工具，其主要用于进行光滑图像选择区域及辅助抠图、绘制光滑线条、定义画笔等工具的绘制轨迹，输出输入路径和选择区域之间转换。路径在屏幕上表现为一些不可打印、不活动的矢量形状。路径主要使用钢笔工具创建，使用钢笔工具的同级工具进行修改。路径由定位点和连接定位点的线段(曲线)构成。每一个定位点还包含了两个句柄，用以精确调整定位点及前后线段的曲度，从而匹配想要选择的边界。

可以使用前景色描画路径，从而在图像或图层上创建一个永久的效果。但路径通常被用作选择的基础，它可以进行精确定位和调整；路径比较适用于不规则的、难以使用其他工具进行选择的区域。

建立选区的另一种方法是建立路径。当在用套索等工具建立的选区外单击时，选区的边界将会消失，所以需要有一种方法来储存选区，以备以后使用，这是路径的功能之一。当路径被储存后，可以把它们转换成选区，以便重新访问图像的某个特殊部分。可以徒手绘制也可以用选区来建立路径。

路径可能是一个点，一条直线，或者一条曲线，但通常是终点连在一起的，由数学公式描述的直线段或者曲线段。绘制路径时，看起来好像在画图，实际上是在图像上定义一块区域，除非对其勾边，否则它们在完成的图像上不会显示出来。路径上的点称为锚点。

1. 路径工具使用

Photoshop CS4 中提供了一组用于生成、编辑和设置路径的工具组，它们位于 Photoshop CS4 软件的工具箱中。

默认情况下，工具箱中的路径工具组图标呈现为【钢笔】工具和【路径选择】工具。使用鼠标左键单击图标保持两秒钟，系统将会弹出隐藏的工具组，如图 10.46 所示。按照功能可将它们分成五大类。

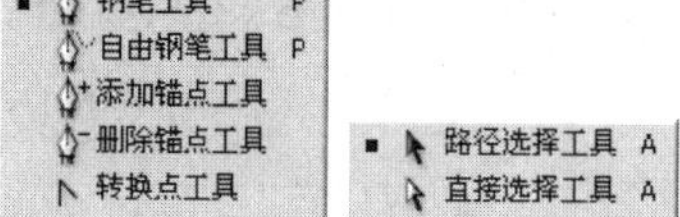

图 10.46　路径工具组

(1) 锚点定义工具：用于曲线组的节点定义及初步规划，包括【钢笔】工具和【自由钢笔】工具。

(2) 锚点增删工具：用于根据实际需要增删曲线节点，包括【添加锚点】工具和【删除锚点】工具。

(3) 锚点转换工具：主要的路径编辑工具，此工具可以改变点与线的关系，即【转换点】工具。

(4) 锚点调整工具：用于调节曲线节点的位置与调节曲线的曲率，即【直接选择】工具。

(5) 路径选择工具：用于选择已经绘制完成的路径，即【路径选择】工具。

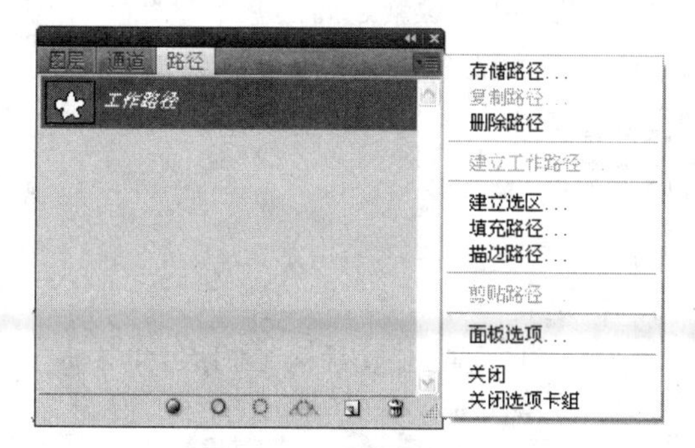

图 10.47　【路径】面板

2. 路径面板

路径作为平面图像处理中的一个要素，显得非常重要，所以和【图层】面板一样，在Photoshop CS4中也提供了一个专门的控制面板。【路径】面板主要由系统按钮区、路径控制面板标签区、路径列表区、路径工具图标区、路径控制菜单区所构成，如图 10.47 所示。

单击【路径】面板的扩展按钮，弹出

如下菜单命令。

(1)【存储路径】：用于保存当前路径。

(2)【删除路径】：用于删除一个路径层。

(3)【建立工作路径】：将选择区域转换为路径。

(4)【建立选区】：将当前被选中的路径转换成需要处理图像时用以定义处理范围的选择区域。

(5)【填充路径】：将当前的路径内部完全填充为前景色。

(6)【描边路径】：使用前景色沿路径的外轮廓进行边界勾勒。

10.2.2 路径的建立

1. 使用【自由钢笔】工具

利用【自由钢笔】工具绘制任意形状的路径，还可以紧接着以前绘制的路径的端点继续绘制新的路径。单击图像窗口，确定路径的起点，按住鼠标左键不放并拖动即可绘制路径，释放鼠标左键即可结束路径的绘制。

结合【自由钢笔】工具选项栏，如图 10.48 所示，下面介绍各种选项的意义。

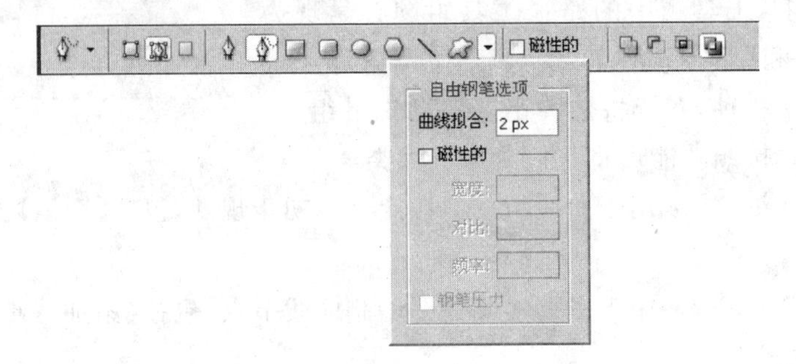

图 10.48 【自由钢笔】工具选项栏

(1) 曲线拟合：该选项可控制路径的弯曲程度，取值范围在 0.5～10.0 像素，取值越小，所生成路径节点越多，得到的路径也越平滑，路径也就越符合物体的边缘。

(2) 磁性的：选中此选项后，当在图像窗口中绘制物体的路径时，就可以自动跟踪物体的边缘，就好像【自由钢笔】工具带有"磁性"了一样。

① 宽度：设置与边的距离以区分路径，取值为 1～256 像素之间的一个整数。

② 对比：设置边缘对比度以区分路径，取值范围为 1%～100%。

③ 频率：设置锚点添加到路径中的密度，取值为 5～40 之间的整数。

(3) 钢笔压力：使用绘图板压力以更改钢笔宽度。

2. 使用【钢笔】工具

通过【钢笔】工具建立路径，可以按下面的方法进行操作。

(1) 在单击工具箱中的【钢笔】工具画直线时，只需单击放置两个拐点，单击时，按住 Shift 键使直线呈 45°倍数的角度。

(2) 再单击一次，设置路径的轮廓。继续单击设置不同种类的锚点。

(3) 用【钢笔】工具的光标移到起始点，在光标的旁边出现一个小圆圈，单击该锚点，形成封闭的路径。

(4) 路径建立完成后，从【路径】面板菜单下选择【存储路径】选项，输入路径名存储。但在建立新选区之前，必须存储工作路径，否则新的路径将和原来的路径成为一个整体。

注意：锚点有三种类型，用途各不相同。

转折线：直接用鼠标单击任意两点，拐点连接两条直线。

弯曲线：单击鼠标拖动手柄生成圆滑曲线，用一段光滑圆弧连接两段曲线，它有两个相反方向的控制手柄。

角度线：单击鼠标拖动手柄生成圆滑曲线后按住 Alt 键不放，继续拖动手柄，可改变控制手柄的角度。三种类型线分别如图 10.49 所示。

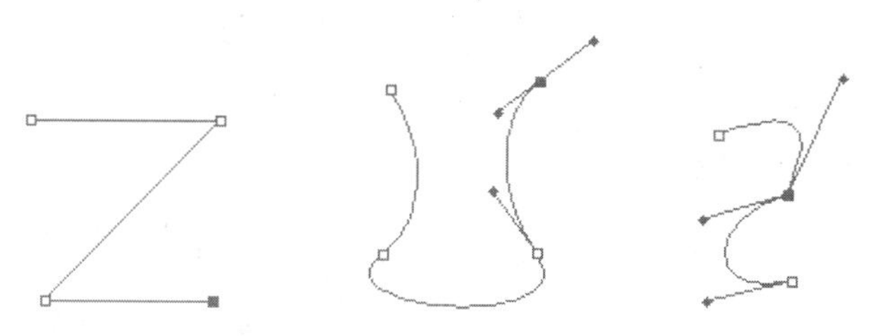

图 10.49 转折线、弯曲线和角度线

10.2.3 路径的编辑

建立路径后，就可以对它进行编辑，直到达到满意的效果为止。编辑路径的方法有以下几种。

1. 调整已有的曲线

用【直接选择】工具编辑曲线。移动曲线的控制手柄，改变它的角度，把它移近或远离定位点，如图 10.50 所示，两个控制手柄的每一点长度不必相等。如果控制手柄不见了，可在锚点上单击来激活。

2. 移动路径上的锚点

用【直接选择】工具选择一个或更多的锚点，移动锚点时会改变其两侧的曲线形状，把它们拖到一个新的位置，如图 10.51 所示。按住 Shift 键可以一次选择更多的锚点。

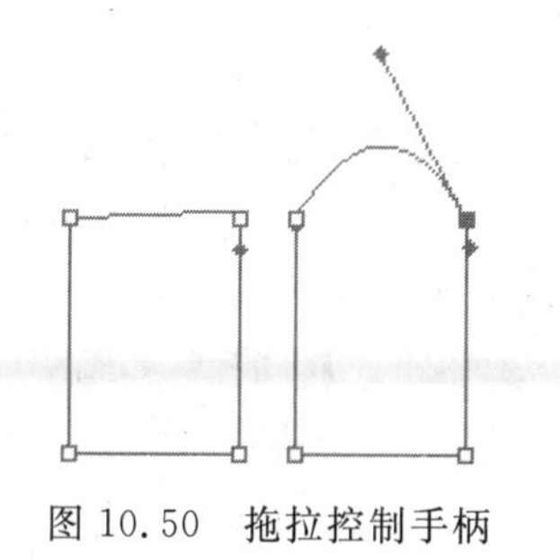

图 10.50 拖拉控制手柄

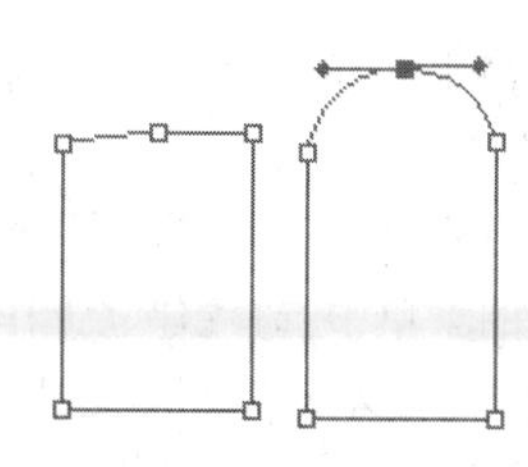

图 10.51 移动锚点

3. 向路径中添加锚点

选择【添加锚点】工具,在想添加锚点的地方单击或拖动。单击产生一个锚点,而单击拖动则产生另一个锚点,如图10.52所示。

4. 删除不必要的锚点

选择【删除锚点】工具,在想要删除的锚点上单击。利用工具删除锚点的同时,也改变了曲线的形状,如图10.53所示。

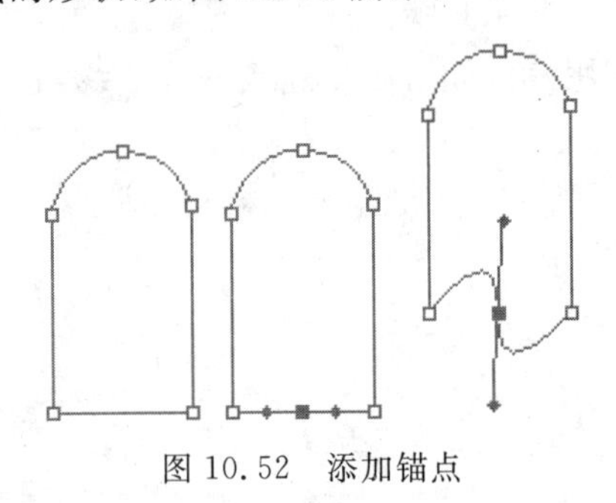

图10.52 添加锚点

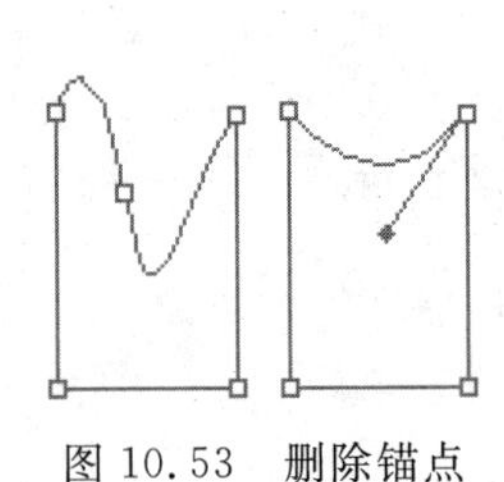

图10.53 删除锚点

5. 删除线段

使用【直接选择】工具,在两点间的线段上单击,按Delete键删除线段。按住Shift键,再单击选择,可以选择多个线段,然后进行删除,如图10.54所示。

6. 移动、复制路径

选择工具箱中的【直接选择】工具或【路径选择】工具,在路径上单击,按下Alt键拖动鼠标移动路径,即可实现复制路径的过程,如图10.55所示。

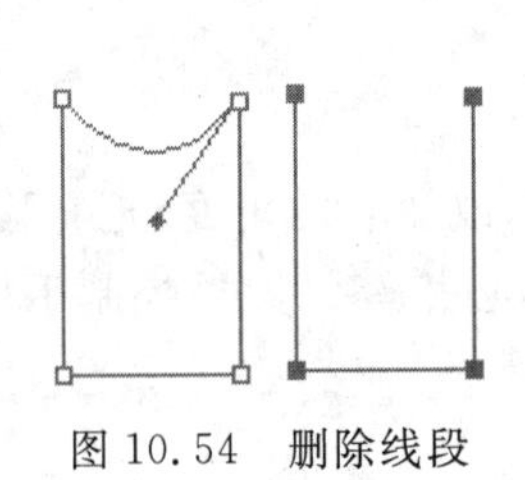

图10.54 删除线段

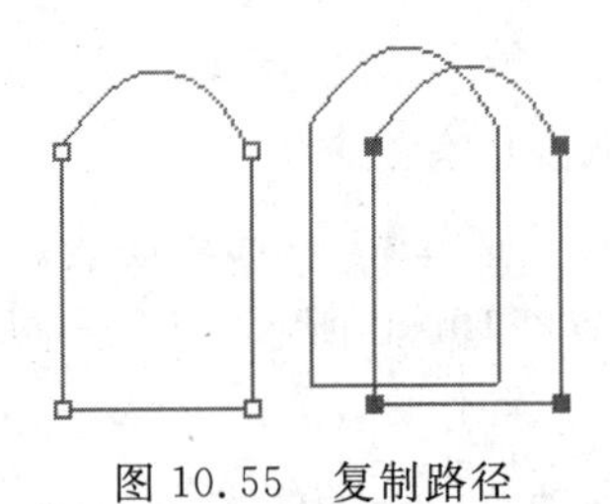

图10.55 复制路径

10.2.4 路径的应用

1. 将选区转换成路径

建立复杂路径的最快方法是将选区转换成路径。将选区转换成路径,可以按下面的方法进行操作。

(1) 建立选区后,单击【路径】面板的扩展按钮,弹出命令菜单,如图10.56所示。在【路径】面板的菜单中选择【建立工作路径】选项,弹出【建立工作路径】对话框,如图10.57所示。

(2) 输入【容差】的数值,这将决定轮廓路径的精确程度,设定的数值越大,越可用较少的点使路径更圆滑,但细节易丢失。

(3) 单击【确定】按钮,建立路径。

(4) 单击【路径】面板的扩展按钮，弹出命令菜单，在【路径】面板的菜单中选择【存储路径】命令，弹出【存储路径】对话框，输入路径名称，如图 10.58 所示。

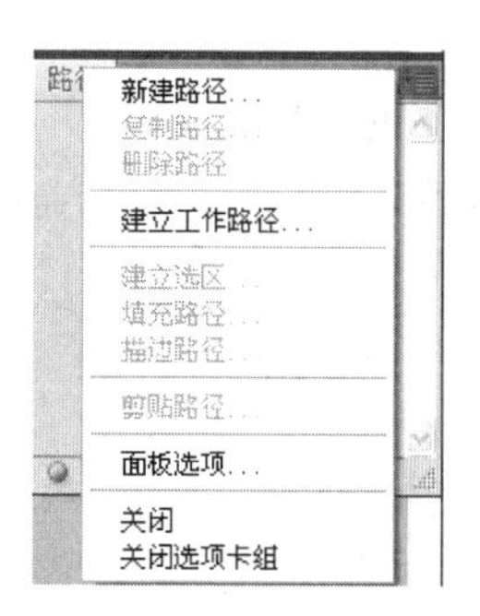

图 10.56　【路径】面板菜单

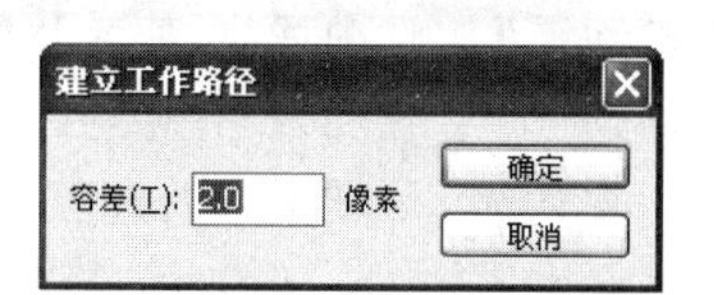

图 10.57　【建立工作路径】对话框

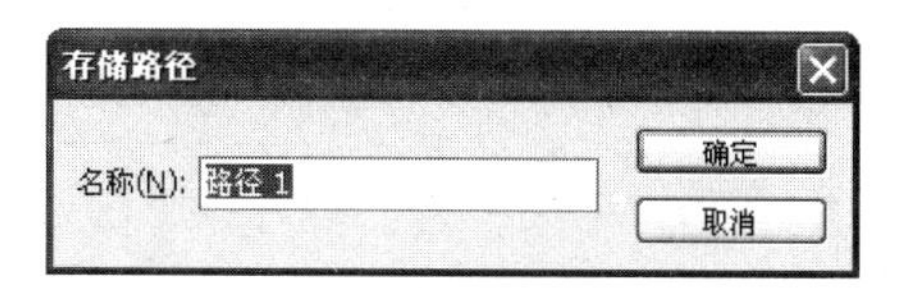

图 10.58　【存储路径】对话框

2. 填充路径

在【路径】面板菜单中选择【填充路径】命令，可以用颜色、图案或快照填充路径，也可以选择混合模式输入不透明度的百分比，还可以选择保留透明、羽化等。设置完成后，单击【确定】按钮，完成路径填充。

3. 描边路径

【路径】面板菜单中选择【描边路径】命令，与给选区勾边一样，给路径勾边使用当前的前景色和刷子形状，可以选择【铅笔】、【画笔】、【橡皮擦】、【仿制图章】、【涂抹】等工具选项，如图 10.59 所示。

4. 将路径转化为选区

这和将选区转换为路径正好相反。在此只说明一下【建立选区】对话框，如图 10.60 所示。

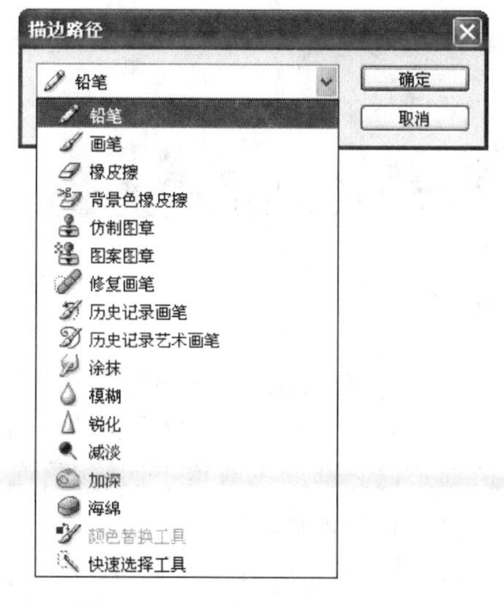

图 10.59　【描边路径】对话框

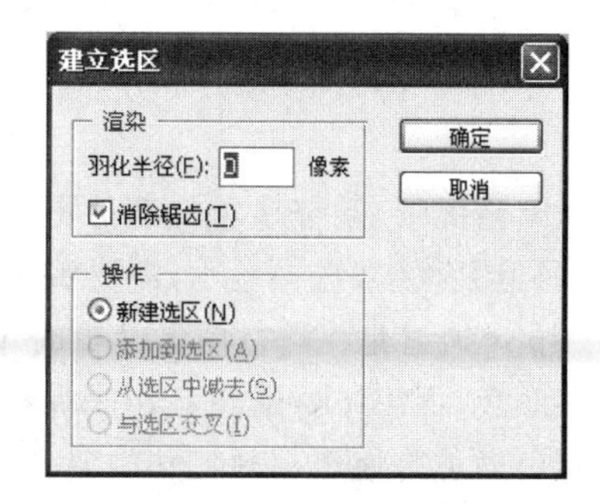

图 10.60　【建立选区】对话框

图 10.60 中各参数意义如下。

(1) 羽化半径：控制羽化边缘的程度，取值范围为 0.0～250.0。

(2) 消除锯齿：选中后，可使转化后的选区边缘圆滑。

(3) 新建选区：在图像中由路径创建一个新的选区。

(4) 添加到选区：转换后的选区与当前选区相加为最终的选区。

(5) 从选区中减去：原有的选区减去当前的生成的选区，成为一个新的选区。

(6) 与选区交叉：原有选区与当前生成选区的相交部分构成一个新的选区。

10.3 通　　道

10.3.1 通道简介

一个通道层同一个图像层之间最根本的区别在于，图层的各个像素点的属性是以红、绿、蓝三原色的数值来表示的，而通道层中的像素颜色是由一组原色的亮度值组成的。

通道最初是用来储存一个图像文件中的选择内容及其他信息，大家极为熟悉的透明 GIF 图像，实际上就包含了一个通道，用以告诉应用程序浏览器有些部分需要透明，而有些部分需要显示出来。

举个例子，从图像中勾画出了一些极不规则的选择区域，保存后，这些选择即将消失。这时，就可以利用通道，将选择储存成为一个个独立的通道层。需要哪些选择时，就可以方便地从通道将其调入。这个功能，在特技效果的照片上色实例中得到了充分应用。另外，通道的另一个主要功能是用于同图像层进行计算合成，从而生成许多不可思议的特效，这一功能主要应用于特效文字的制作中。

图像都是由各种不同的原色所组成。比如，一幅 RGB 模式的图像是由红色、绿色和蓝色三种原色混合而成，而记录这些原色信息的对象就是通道。如图 10.61 所示的四幅图像，就是各个通道的图像显示效果。

RGB 混合通道

R 通道

G 通道

B 通道

图 10.61　通道

通常情况下，系统显示的都是图像的 RGB 主通道。要想显示其他通道的图像，可以利用【通道】面板来选择显示，需要编辑的话，还可以对此通道的图像进行编辑。

Alpha 通道是在进行图像编辑时单独创建的通道。它和颜色通道不同，颜色通道用来保存颜色，而 Alpha 通道是用来保存选区的，将选区存储为灰度图像。

专色通道是使用一种特殊的混合油墨代替或附加到图像颜色(如 CMYK)油墨中，想要对印刷物加上如金色、银色等专色，这种专色在输出时要占用一个通道，该通道在打印时，将被单独打印输出。

Alpha通道其实是一些与图像文件同时存储的蒙版，即用来生成和存储选区的。当图像中有选区时，在选区内的图像是活动的、可以改变的，而选区外的则像用蒙版保护起来一样，对它不能做任何修改。

单击一个Alpha通道的眼睛图标就可以显示该通道，如果此时还有另一个通道可见，则该通道表现为单色半透明状态(默认设置是红色，不透明度50%)。如果该通道是唯一可见的通道，则表现为不透明的灰阶图像，如图10.62所示。

图10.62　Alpha通道

10.3.2　通道的作用

通道是Photoshop中的主要元素之一，在Photoshop中使用通道来存储图像的色彩信息和选区。它有两种类型，即彩色通道和Alpha通道。彩色通道存放图像的彩色信息，Alpha通道可以存储和修改选区。

1. 用通道修改图像

彩色图像是由几个彩色通道结合而成的。当对彩色图像做处理时，可以直接影响到彩色通道，色彩模式与此直接相关。例如，通过R、G、B三个通道建立一种RGB混合通道，这就定义了RGB模式的图像，不同原色能在各自的通道中独立编辑，这样就可以利用通道对图像进行复杂精细的修改。

2. 用通道制作选区

当对图像进行特殊处理或颜色校正时，通常先要制作选区，在选区内进行细致的编辑加工。Alpha通道可以用来存储这些选区，可以通过对Alpha通道进行绘制、剪切、粘贴或其他数学运算来对选区进行编辑。

10.3.3　通道控制面板

在【通道】面板中可以对通道进行各种处理，如建立、复制或删除，在Photoshop CS4菜单中选择【窗口】|【通道】命令，可调出【通道】面板。在该控制面板中，复合通道在第一位，下面是各个颜色通道。每个通道最左边一栏内如果出现眼睛图标则表示通道可见，眼睛图标的右边是通道内容图标和通道名。通道栏为蓝色是目标通道。在控制面板底部有

4 个快捷按钮，从左向右分别是调出选区、存储选区、建立新通道和删除通道（垃圾桶），如图 10.63 所示。

1. 通道放置区

通道与【图层】面板相似，通道放置区用于存放当前图像中存在的所有通道。如果选中的是 RGB 通道或 CMYK 通道，如图 10.64 所示，则通道放置区中的所有通道都处于选中状态；如果选中的是其中一个通道，则此时该通道处于选中状态，单击其他通道可以进行切换；如果此时已经选定了一个通道，则可以按住 Shift 键，并单击其他通道，这样可以同时选中多个通道。

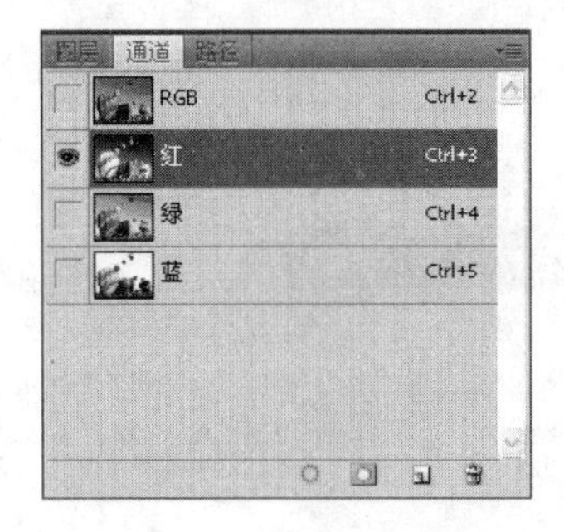

图 10.63 【通道】面板

图 10.64　通道放置区

2. 通道控制面板工具

在【通道】面板的底部有 4 个工具图标，依次为：【将通道作为选区载入】、【将选区存储为通道】、【创建新通道】和【删除当前通道】。

(1) 将通道作为选区载入：用于将通道中的选区调出。

(2) 将选区存储为通道：用于将选区存入通道中，供后面调出来制作一些特殊效果。

(3) 创建新通道：用于创建或复制一个新通道，此时新建的通道即 Alpha 通道。单击该工具图标即可创建一个新 Alpha 通道；当用鼠标选中某一个通道后，将其拖动到该工具上就完成了对该通道的复制。

(4) 删除当前通道：用于删除一个图像中的通道。只需将要删除的通道用鼠标拖动至该工具上即可。

3. 通道面板菜单

单击【通道】面板右上角的扩展按钮，弹出下拉菜单，如图 10.65 所示。菜单选项有“新建通道”、“复制通道”、“删除通道”、“分离通道”、“合并通道”和“面板选项”。

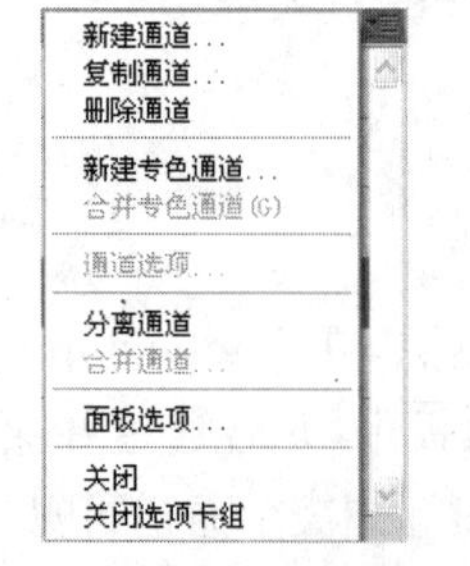

图 10.65 【通道】面板菜单

(1) 新建通道：用于创建一个新的通道，所创建的通道为 Alpha 通道，如图 10.66 所示。

(2) 复制通道：复制当前通道。

(3) 删除通道：删除当前选中的通道，如果当前选中的是多个通道，则该命令无法使用。

(4) 面板选项：用于设定【通道】控制面板中缩略图的大小，

单击该命令后弹出【通道面板选项】对话框，如图 10.67 所示。

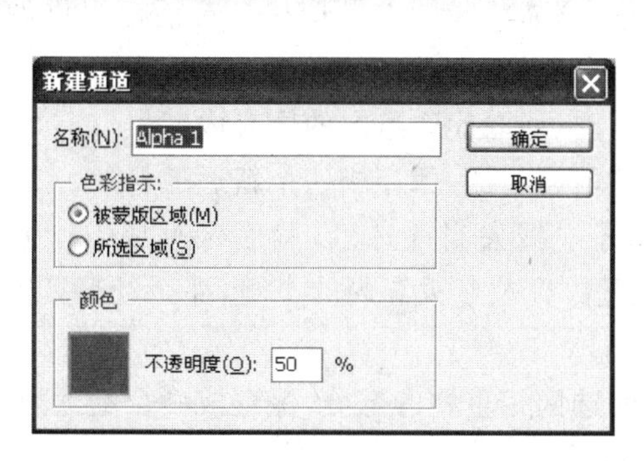

图 10.66　【新建通道】对话框

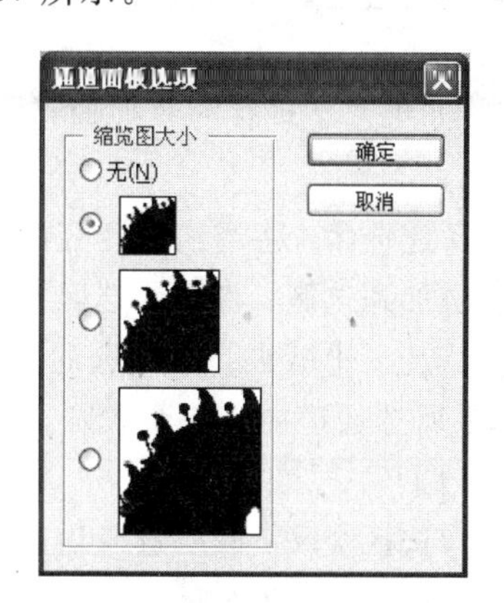

图 10.67　【通道面板选项】对话框

(5) 分离通道：将每个通道分离成它们各自独立的 8 位灰度图像。

(6) 合并通道：将分离的通道重新合并起来。

10.3.4　通道和选区的相互关系

用【选框】、【套索】和【魔棒】工具都可以制作选区。选区有一个边框，它可以转化为一个 Alpha 通道，这样可以修改通道内的图像，也就是修改选区。用通道来编辑选区是非常方便的。可以使用绘画工具，可以剪切和粘贴，可以在不同通道之间做叠加、相剪或相交处理。

1. 载入选区

做好选区后，可以使用【载入选区】命令将选区存储成 Alpha 通道。可以按下面的方法进行操作。

(1) 在图像文件中做一个选区。

(2) 选择【选择】|【载入选区】命令，弹出【载入选区】对话框，对话框分两部分，即存储位置和运算方法，如图 10.68 所示。

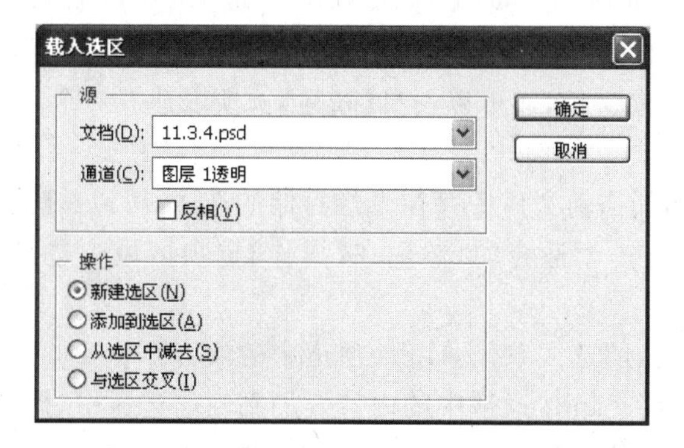

图 10.68　【载入选区】对话框

(3) 在【文档】中可以指定选区的存储位置。从其下拉列表框中可以选择其他文件(默认设置为当前文件)，但必须是和当前文件大小相同。

(4) 从【通道】下拉列表框中选择一项，如果选了默认设置【新建选区】，将建立一个新的通道。

(5) 如果选了现存的其他通道，则要在【操作】选项区域中做选择。对话框提供如下4种选择。

① 新建选区：将当前选区存储在所选通道内，即取代通道内的原有内容。

② 添加到选区：将当前选区与所选通道的内容相加，保存成一个新通道。

③ 从选区中减去：从所选通道表示的选区中减去当前选区，然后保存成一个新通道。如果所选通道内是一个大圆，而当前选区是一个位于大圆内的小圆，那么经运算得到的是一个圆环。

④ 与选区交叉：取所选通道的内容与当前选区相重叠的部分，保存成一个新通道。

(6) 单击【确定】按钮，这样就建立了一个新通道。

2. 存储选区

将选区存储成通道，就可以反复使用它。也可以将通道转化成选区。存储选区，可以按下面的方法进行操作。

(1) 选择【选择】|【存储选区】命令，弹出【存储选区】对话框，如图 10.69 所示。

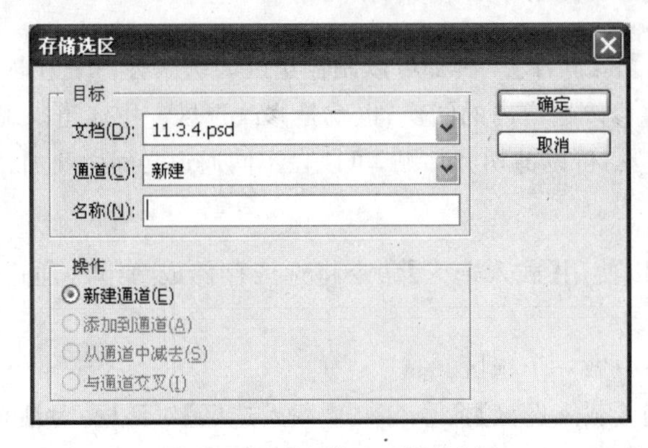

图 10.69 【存储选区】对话框

(2) 在【文档】下拉列表框中列出当前文件以及其他已打开的且与当前文件大小相同的文件，默认设置是当前文件，还可以选择【新建】选项以建立一个新的与当前文件大小相同的文件。

(3) 选定文档后，如当前文件中存在已经存储的选区，可以从【通道】下拉列表框中列出的 Alpha 通道中选定一个适合的，然后在【操作】选项区域中选择合适的选项，包括以下四种。

① 新建通道：用当前选区取代 Alpha 通道中的内容。

② 添加到通道：将 Alpha 通道中的内容叠加到当前选区中，得到一个更大的选区。

③ 从通道中减去：从当前选区中减去 Alpha 通道表示的选区。

④ 与通道交叉：取当前选区与 Alpha 通道内容相重叠的部分作为新选区。

(4) 如果在当前文件中没有已经存储的选区，就可以结束该对话框的操作，新建通道。

(5) 单击【确定】按钮,这样就存储了一个新选区。

注意:调出选区另一个比较简便的办法是使用【将通道作为选区载入】按钮。在【通道】面板上有一个【将通道作为选区载入】按钮,激活适合的【通道】,单击该按钮即可。

10.3.5 通道的应用

1. 创建新通道

(1) 单击【通道】面板右上角的扩展按钮,将弹出【通道】面板菜单,在其中选择【新建通道】命令;或者按住 Alt 键不放,单击【通道】面板中的【创建新通道】按钮,可以打开【新建通道】对话框,如图 10.70 所示。

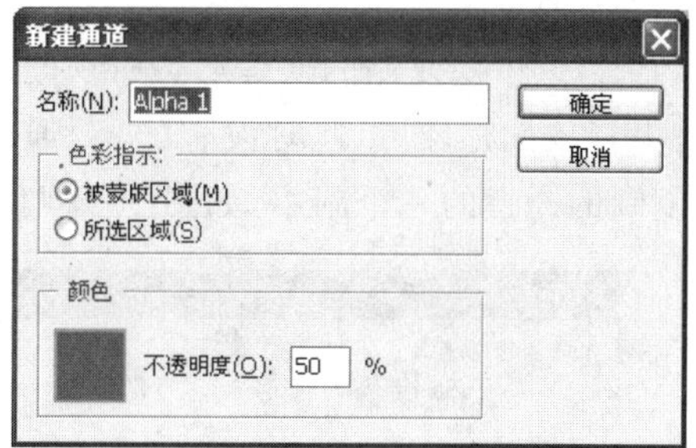

图 10.70 【新建通道】对话框

直接单击【通道】面板底部的【创建新通道】按钮,也可以按系统默认值创建一个新的 Alpha 通道,但不会出现【新建通道】对话框。

(2) 在【新建通道】对话框中,在【名称】文本框中输入新通道的名称,系统默认的名称为“Alpha1”。

(3) 可以通过选择【色彩指示】选项区域中的两个单选按钮,来决定新建通道的颜色显示方式。【被蒙版区域】表示新建通道中有颜色的区域为被遮蔽的区域,没有颜色的区域为选择区。【所选区域】与【被蒙版区域】的意义相反。

(4) 可以通过设置【颜色】选项区域的两个参数,来设置蒙版的颜色和不透明度。单击颜色方块,弹出【选择通道颜色】对话框,如图 10.71 所示。从中选择蒙版的颜色。【不透明度】表示蒙版阻挡光线的程度,其取值范围为 0~100 的整数。

(5) 设置好各项参数后,单击【确定】按钮。此时,在【通道】面板底部会出现一个 8 位的灰度通道,且该通道自动设为当前通道,其他通道自动隐藏(不显示眼睛图标),如图 10.72 所示。

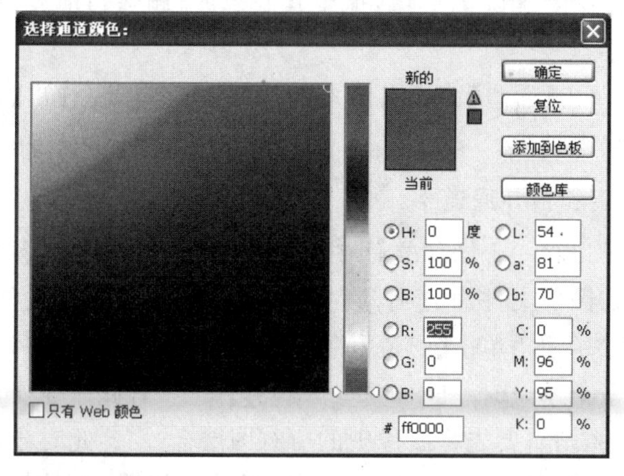

图 10.71 【选择通道颜色】对话框

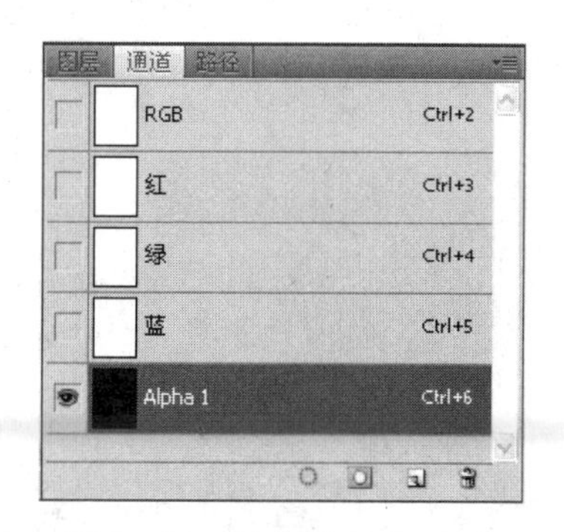

图 10.72 新建的 Alpha 通道

2. 复制和删除通道

在处理图像的过程中，常常需要对通道进行复制和删除操作。复制通道可以按下面的方法进行操作。

(1) 在【通道】面板中选中某通道，单击面板右上角的扩展按钮，将弹出通道子菜单，选择其中的【复制通道】命令，弹出【复制通道】对话框，如图10.73所示。

在【复制通道】对话框中，在【为】文本框中输入新通道的名称。【文档】下拉列表框用来选择存放复制的通道的文件，也可新建一个文件用来存放复制的通道，若选择【新建】项，则要在【名称】文本框中输入一个文件名。如果选中【反相】复选框，则复制后通道的颜色将与原颜色相反。

(2) 选中要复制的通道后，用鼠标直接拖动到【通道】面板底部的【创建新通道】按钮上释放鼠标即可，此时没有【复制通道】对话框出现。直接在图像各通道的下面出现刚复制的通道的一个副本，如图10.74所示。

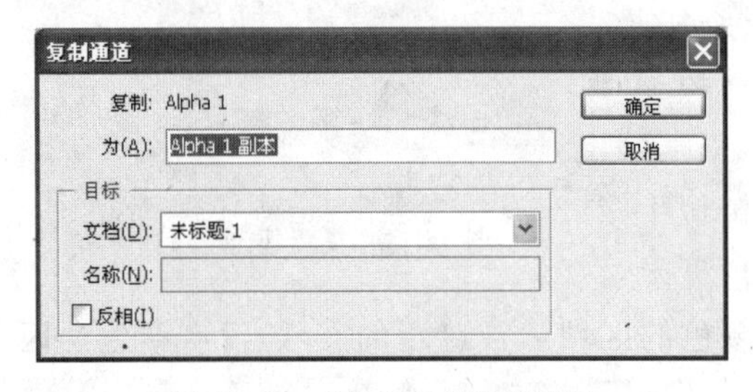

图10.73 【复制通道】对话框

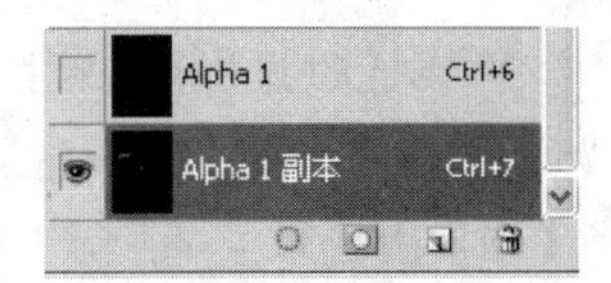

图10.74 复制的通道

(3) 在图像之间复制通道，打开目的图像后，将要复制的通道用鼠标拖进目的图像的窗口即可。

删除通道可以按下面的方法进行操作。

(1) 在【通道】面板中用鼠标单击选中要删除的通道，直接单击其底部的【删除当前通道】按钮，然后根据系统提示确认即可。

(2) 在【通道】面板中用鼠标单击选中要删除的通道，拖至其底部的【删除当前通道】按钮上释放即可。

(3) 在【通道】面板中选中某通道，单击【通道】面板右上角的扩展按钮，将弹出【通道】面板菜单，选择其中的【删除通道】命令即可。

3. 分离和合并通道

图10.75 原图

用户可以将一个图像文件中的各个通道分离开来，各自成为独立的图像文件而分别保存起来。打开一幅图像文件，如图10.75所示。单击【通道】面板右上角的扩展按钮，将弹出通道子菜单，选择其中的【分离通道】命令(若此命令变灰而无法使用，则需要先将图像中的所有图层合并)。此时分离后的几个文件都自动地以单独的窗口显示在屏幕上，且都为灰度图像。文件名自动地在原文件名的后面加上各通道的名称缩写，原图像以及分离出来的各个通道的图像如图 10.76～图 10.78 所示。

图 10.76 R 通道图像

图 10.77 G 通道图像

图 10.78 B 通道图像

分离出来的各个通道图像在进行编辑修改完成以后，可以还把它们合并成一幅图像。若将 Alpha 通道一起合并，那么合并而成的图像不再拥有颜色信息，而是一幅灰度图像。可以按以下步骤进行操作。

(1) 在屏幕窗口中展示将要被合并的各个通道图像。

(2) 单击【通道】面板右上角的扩展按钮，将弹出【通道】面板菜单，选择其中的【合并通道】命令，弹出【合并通道】对话框，如图 10.79 所示。

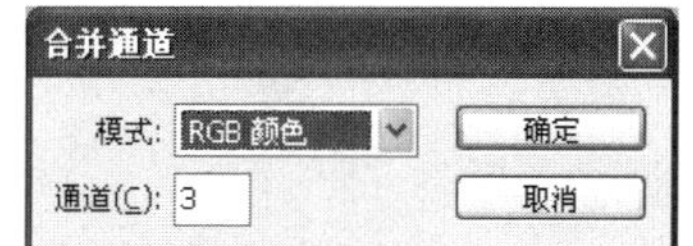

图 10.79 【合并通道】对话框

(3) 在【模式】下拉列表框中选择颜色模式(包括 RGB 颜色、CMYK 颜色、Lab 颜色以及多通道等多种颜色模式)，在【通道】文本框中输入要合并的通道数目。

(4) 单击【确定】按钮后，弹出【合并 RGB 通道】对话框，如图 10.80 所示。

(5) 在上面的【合并 RGB 通道】对话框中，可以选择各个通道的文件名称，选择好后单击【确定】按钮。

4. 创建专色通道

要创建专色通道，单击【通道】面板右上角的扩展按钮，将弹出【通道】面板菜单，选择其中的【新建专色通道】命令，即可打开【新建专色通道】对话框，如图 10.81 所示。

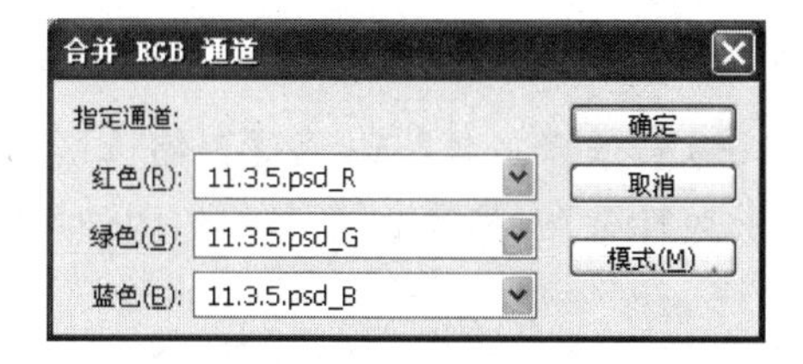

图 10.80 【合并 RGB 通道】对话框

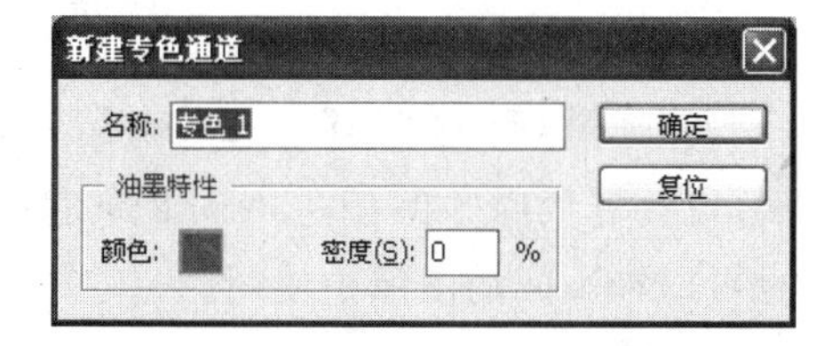

图 10.81 【新建专色通道】对话框

在图 10.81 中，【名称】文本框用来设置通道的名称。【颜色】和【密度】选项用来设置专色通道的颜色和浓度。其中，【密度】的设置只是在屏幕上模拟打印效果，对实际的打印输出并无影响。

若在新建专色通道之前图像中已经有了选区，如图 10.82 所示，则在新建专色通道之后，将在选区内填充专色通道的颜色，并取消选区的虚线框，如图 10.83 所示。此时，在【通道】面板中出现新建的专色通道，如图 10.84 所示。

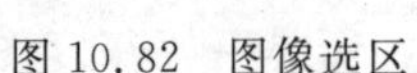

图 10.82 图像选区

图 10.83 选区内填充专色通道颜色

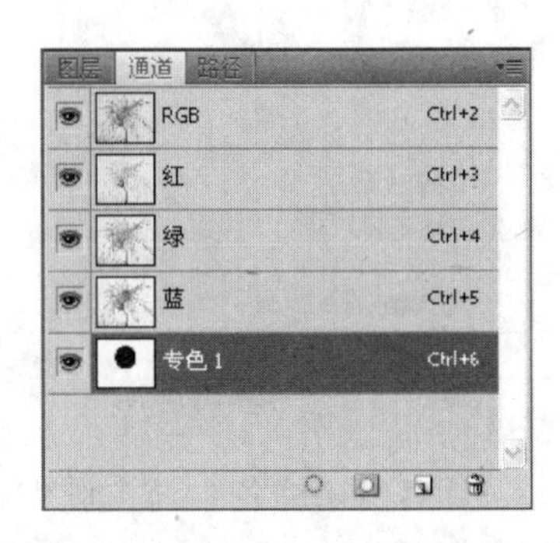

图 10.84 新建的专色通道

专色通道可以直接合并到原色通道之中，此时【通道】面板中此专色通道消失。选中要合并的专色通道，单击【通道】面板右上角的扩展按钮，将弹出【通道】面板菜单，选择其中的【合并专色通道】命令即可，完成后效果如图 10.85 所示。合并专色通道后的面板如图 10.86 所示。

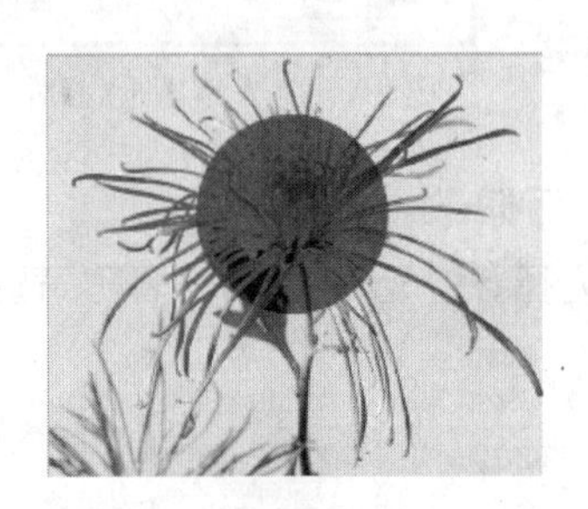

图 10.85 合并专色通道效果

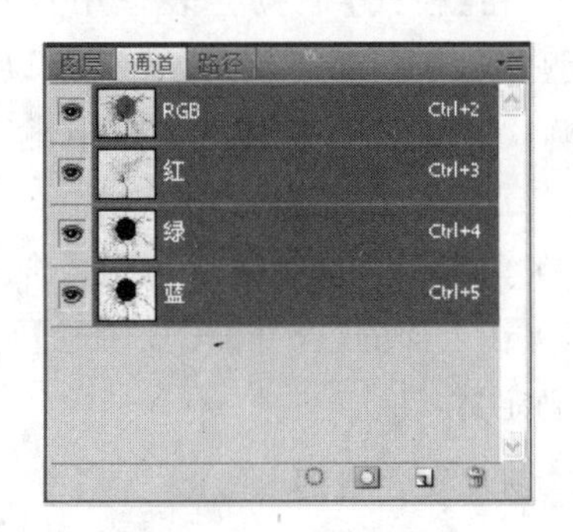

图 10.86 合并专色通道

10.4 蒙 版

利用【通道】面板上的【将选区存储为通道】按钮，或者选择【选择】|【存储选区】命令都可以创建蒙版并保存在 Alpha 通道中，作为永久性蒙版，既可以在相同的图像中使用，也可以在不同的图像中使用。

10.4.1 蒙版简介

蒙版是一种半透明的模板，保护图像上被屏蔽的区域，以不被编辑处理，而未被屏蔽的区域可以用来进行编辑操作，这与选区的功能相同。蒙版与选区之间可以相互转换，但它们之间有所区别。

在图像中，只能看到选区的虚线框形状，而看不到经过羽化的边缘效果；而蒙版和通道一样，以灰色图像出现在【通道】面板中，可以利用多种绘图工具对其进行编辑操作，然后将其转化为选区应用到图像中去。

可以创建三种类型的蒙版：永久性蒙版（创建选区后，利用【通道】面板底部的【将选区存储为通道】按钮或者选择【选择】|【存储选区】命令都可以创建一个永久性的蒙版，这种蒙版保存在 Alpha 通道中）、快速蒙版（利用工具箱中的【以快速蒙版模式编辑】按钮创建）和蒙版图层。

10.4.2　快速蒙版

当需要将选区变为蒙版来进行编辑操作时，可以利用工具箱中的【以快速蒙版模式编辑】按钮，快速地将一个选区转化为蒙版，然后对此蒙版进行编辑，最后将其转化为选区。可以按下面的方法进行操作。

(1) 打开一幅图像，选择工具箱中的【椭圆选框】工具，在属性栏中单击【添加到选区】按钮，在图像中制作椭圆选区，如图 10.87 所示。

图 10.87　制作椭圆选区

(2) 选择工具箱中的【以快速蒙版模式编辑】按钮，进入快速蒙版编辑模式，如图 10.88 所示。【通道】面板中多出一个【快速蒙版】通道。

(3) 单击【通道】面板右上角的扩展按钮，将弹出【通道】面板菜单，选择【快速蒙版选项】命令，打开【快速蒙版选项】对话框，如图 10.89 所示，单击【确定】按钮。

图 10.88　快速蒙版编辑模式

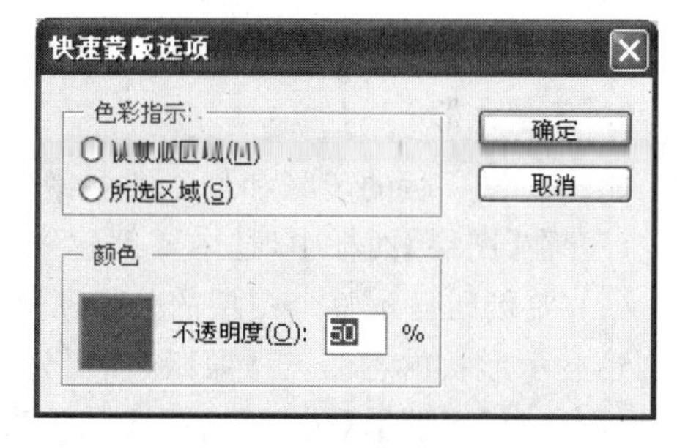

图 10.89　【快速蒙版选项】对话框

(4) 单击【橡皮擦】工具编辑蒙版，擦除部分蒙版覆盖的区域，使其转换为选区范围内的区域，如图 10.90 所示。

(5) 单击【以标准模式编辑】按钮，就可转化为需要的选区，如图 10.91 所示。

注意：【被蒙版区域】单选按钮表示在图像窗口中被蒙版【颜色】遮盖的区域，为不需要的区域。【所选区域】单选按钮表示在图像窗口中所选的区域。

图 10.90 编辑蒙版

图 10.91 转化为选区

10.4.3 蒙版图层

蒙版图层有两种类型：图层蒙版（图层蒙版是位图图像，由绘画或选择工具创建）和矢量蒙版（矢量蒙版与分辨率无关，由钢笔或形状工具创建）。在【图层】面板中，图层蒙版和矢量蒙版都在图层缩览图右边以附加缩览图的方式显示。图层蒙版缩览图代表添加图层蒙版时创建的灰度通道；矢量蒙版缩览图代表从图层内容中剪下来的路径。

1. 图层蒙版

图层蒙版结合了图层与蒙版的功能，使用它可以遮蔽整个图层或图层组，或者只遮蔽其中的所选部分。也可以编辑图层蒙版，向蒙版区域中添加内容或从中减去内容。创建图层蒙版，可以按下面的方法进行操作。

(1) 在【图层】面板中，选择要添加蒙版的图层或图层组。

(2) 若图像中无选区，单击【图层】面板底部的【添加图层蒙版】按钮，或选择【图层】|【图层蒙版】|【显示全部】命令，可创建显示整个图层的蒙版；若图像中有选区，单击【图层】面板底部的【添加图层蒙版】按钮，或选择【图层】|【图层蒙版】|【显示选区】命令，可创建显示选区的蒙版。

2. 矢量蒙版

创建矢量蒙版的步骤和创建图层蒙版基本相似，可以按下面的方法进行操作。

(1) 在【图层】面板中，选中要创建蒙版的图层。

(2) 要创建显示整个图层的矢量蒙版，选择【图层】|【矢量蒙版】|【显示全部】命令；若要创建显示形状内容的矢量蒙版，就要先选择一条路径或使用形状或钢笔工具绘制工作路径，再选择【图层】|【矢量蒙版】|【当前路径】命令即可。

3. 编辑蒙版图层

如果编辑【图层蒙版】，则单击选中【图层】面板中的图层蒙版缩览图，使之成为当前状态，然后选择相应编辑或绘画工具进行修改编辑。如果编辑矢量蒙版，可单击选中【图层】面板中的矢量蒙版缩览图或【路径】面板中的缩览图，使之成为当前状态，然后使用形状和钢笔工具更改形状。

4. 取消和恢复图层与蒙版之间的链接

在默认情况下，图层或图层组与其蒙版是链接着的，在它们的缩览图之间有链接图标🔗。当移动图层或其蒙版时，该图层及其蒙版会在图像中一起移动。单击该链接图标🔗可以取消它们之间的链接，这样可以单独移动它们。重新单击缩览图之间的链接图标处，又可以恢复图层和蒙版之间的链接。

5. 应用或删除图层蒙版

(1) 单击选中【图层】面板中的图层蒙版缩览图。

(2) 右击图层蒙版缩览图，弹出图层蒙版快捷菜单，从中选择【应用图层蒙版】命令，就可将图层蒙版永久应用到图层上。或者单击【图层】面板底部的【删除图层】按钮🗑，再在弹出的对话框中，单击【应用】按钮表示应用蒙版，单击【取消】按钮表示删除图层蒙版并且不应用蒙版，类似地可以删除矢量蒙版。

6. 将矢量蒙版转换为图层蒙版

(1) 选择要转换的矢量蒙版所在的图层。

(2) 选择【图层】|【栅格化】|【矢量蒙版】命令，或者右击矢量蒙版缩览图，从弹出的矢量蒙版快捷菜单中选择【栅格化矢量蒙版】命令。一旦栅格化了矢量蒙版，就无法再将它改回矢量对象。

7. 停用或启用蒙版

利用【图层】或弹出式快捷菜单中的【停用(或启用)图层蒙版】或【停用(或启用)矢量蒙版】命令即可以实现蒙版的停用或启用操作。停用蒙版时，【图层】面板中的蒙版缩览图上会出现一个大红叉，并且显示出不带蒙版效果的图层内容。

8. 将图层或蒙版的边界作为选区载入

(1) 按住 Ctrl 键，同时在【图层】面板中单击图层或蒙版的缩览图，可载入选区。

(2) 按住 Ctrl+Shift 组合键，同时在【图层】面板中单击图层或蒙版的缩览图，可将图层或蒙版定义的选区添加到现有的选区中。

(3) 按住 Ctrl+Alt 组合键，同时在【图层】面板中单击图层或蒙版的缩览图，从现有选区中减去图层或蒙版定义的选区。

(4) 按住 Ctrl+Shift+Alt 组合键，同时在【图层】面板中单击图层或蒙版的缩览图，图层或蒙版定义的选区和现有的选区相交，以得到交集。

10.5　图层、路径和通道应用案例

10.5.1　图层合并效果

(1) 选择【文件】|【打开】命令，打开"背景.jpg"图片素材，如图 10.92 所示。

(2) 打开"咖啡杯.psd"文件，如图 10.93 所示。

(3) 在"咖啡杯.psd"图片文件上拖动鼠标到"背景.jpg"上，如图 10.94 所示。在背景图片文件的【图层】面板中，系统会自动生成一个【图层 1】，如图 10.95 所示。

图 10.92 背景素材

图 10.93 咖啡杯

图 10.94 拖动文件

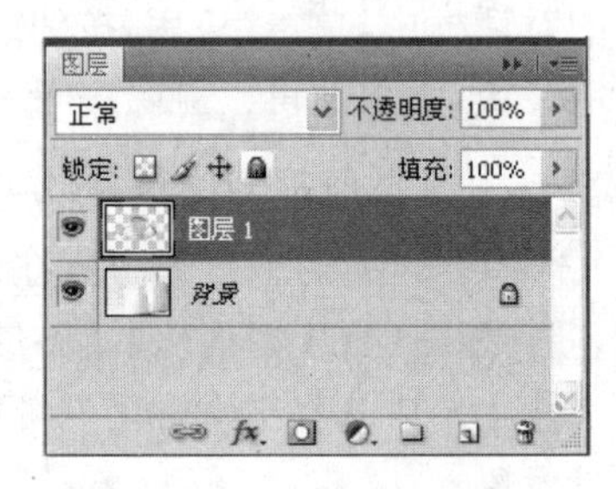

图 10.95 【图层】面板

(4) 选择【图层 1】,选择【编辑】|【自由变换】命令,在咖啡杯周围出现变换控制框,如图 10.96 所示。

(5) 按住 Shift 键的同时,向里拖动四角的任意一个控制点,等比例缩放杯子。松开 Shift 键,向左上方移动杯子至合适位置,按 Enter 键完成变换,如图 10.97 所示。

(6) 拖动【图层 1】到【图层】面板的【创建新图层】按钮 上,系统会自动生成【图层 1 副本】,然后将其拖动到【图层 1】下方,选择【滤镜】|【模糊】|【高斯模糊】命令,弹出【高斯模糊】对话框,如图 10.98 所示。

图 10.96 自由变换

图 10.97 变换结果

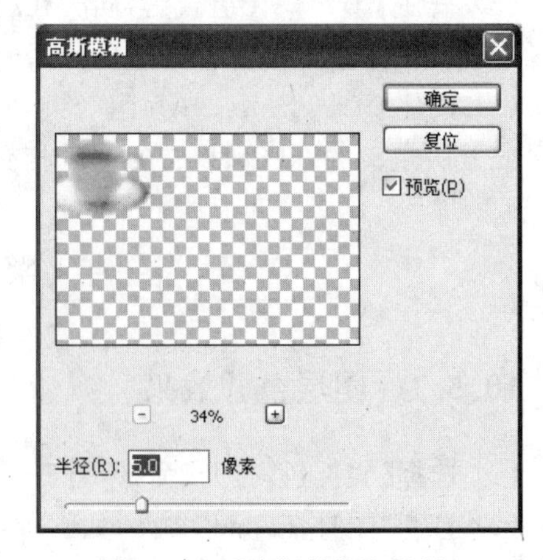

图 10.98 【高斯模糊】对话框

（7）在对话框中设置【半径】为5，单击【确定】按钮。选择工具箱中的【移动】工具，将【图层1副本】的图像向右下方移动一定距离，如图10.99所示。

图10.99　【高斯模糊】效果

（8）打开“铅笔.jpg”素材图片，如图10.100所示。选择工具箱中的【钢笔】工具，勾出铅笔轮廓，如图10.101所示。单击【路径】面板中的【将路径作为选区载入】按钮，将路径转换为选区，如图10.102所示。

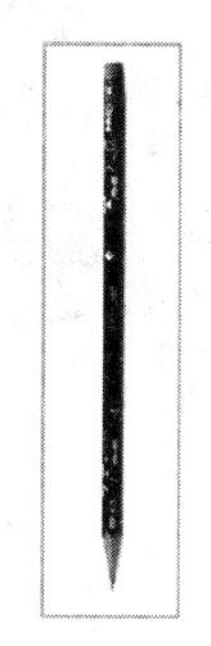

图10.100　铅笔素材

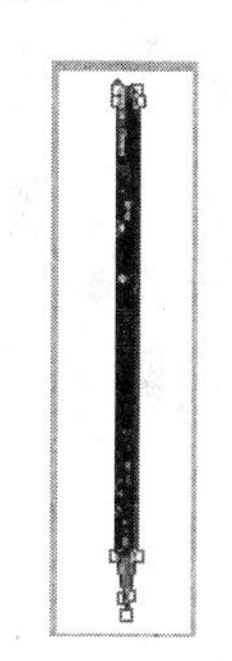

图10.101　绘制路径

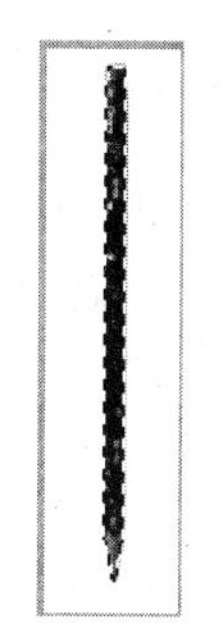

图10.102　将路径转换为选区

（9）将选区图像拖动到“背景.jpg”图像窗口中，如图10.103所示。

（10）选择【编辑】|【自由变换】命令，对铅笔进行缩小并旋转到合适的位置，完成后效果如图10.104所示。

图10.103　拖动选区

图10.104　缩小和旋转铅笔

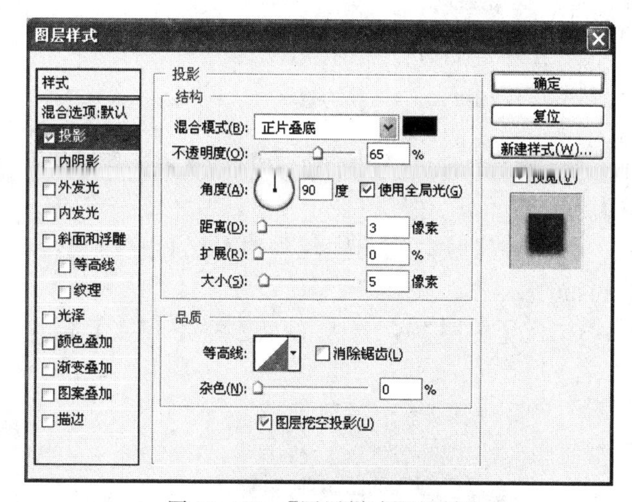

图10.105　【图层样式】对话框

（11）选中铅笔所在图层【图层2】，单击【图层】面板底部的【添加图层样式】按钮，在弹出的菜单中选择【投影】，弹出【图层样式】对话框，如图10.105所示。

（12）在该对话框中设置【不透明度】为65%，【角度】为90度，【距离】为3，单击【确定】按钮，完成后效果如图 10.106 所示。

10.5.2 绘制卡通草莓

(1) 选择【文件】|【打开】命令，打开素材图片，如图 10.107 所示。

(2) 选择工具箱中的【钢笔】工具，勾出图片中草莓轮廓路径，并使用【直接选择】工具对路径进行细节调整，如图 10.108 所示。

图 10.106 完成后效果

图 10.107 背景图片

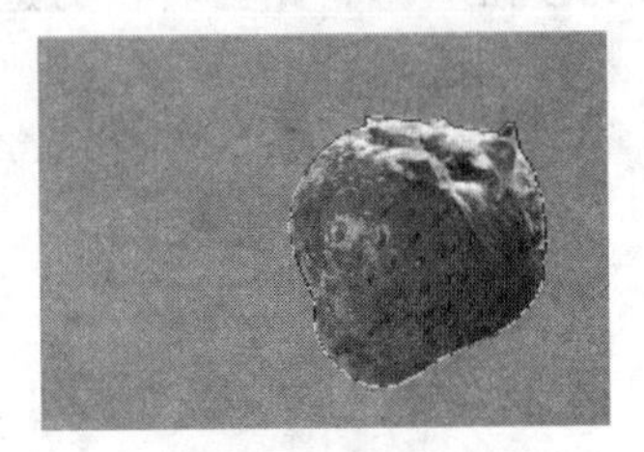
图 10.108 绘制路径

(3) 单击【路径】面板中的【将路径作为选区载入】按钮，将路径转换为选区，如图 10.109 所示。按 Ctrl+J 组合键，复制选区内容并生成新图层【图层 1】，如图 10.110 所示。

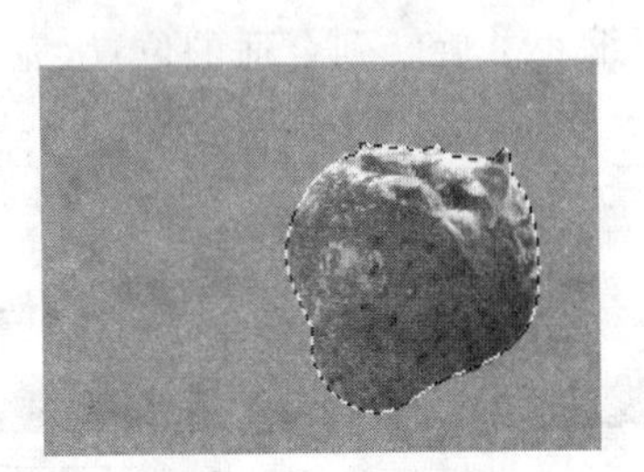
图 10.109 转换为选区

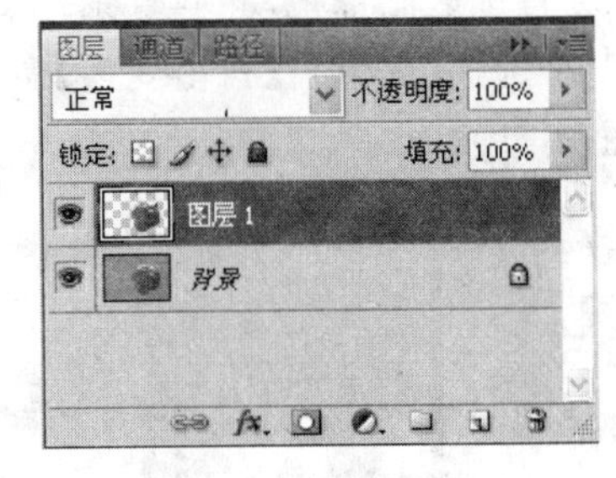

图 10.110 【图层】面板

(4) 拖动【图层 1】到【图层】面板的【创建新图层】按钮上，系统自动生成【图层 1 副本】。

(5) 选择【图层 1】，选择【编辑】|【自由变换】命令，将图层上的图像放大，效果如图 10.111 所示。

(6) 在【图层】面板中，设置【图层 1】的【不透明度】为 60%，效果如图 10.112 所示。

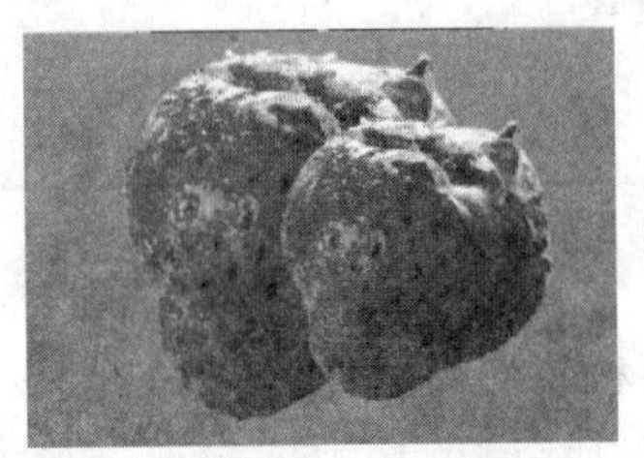
图 10.111 自由变换

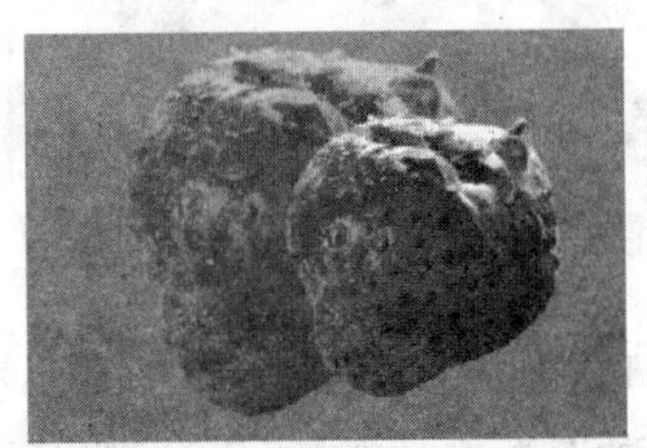
图 10.112 修改不透明度效果

(7) 单击【图层】面板的【创建新图层】按钮，新建一个图层。选择工具箱中的【钢笔】工具，在【图层 2】上绘制封闭路径，如图 10.113 所示。

(8) 选择【窗口】|【路径】命令，打开【路径】面板，如图 10.114 所示。

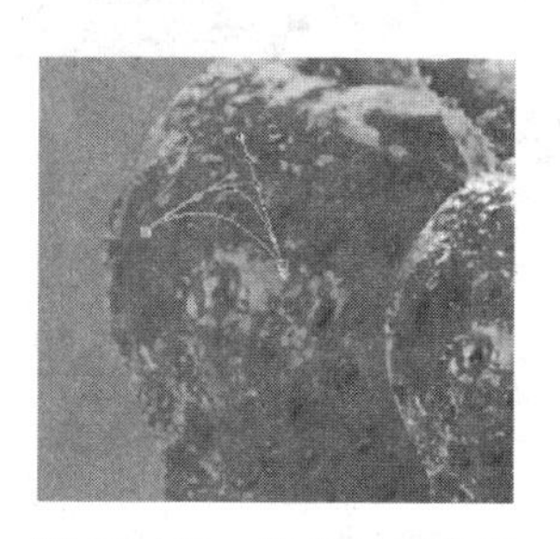

图 10.113　绘制封闭路径

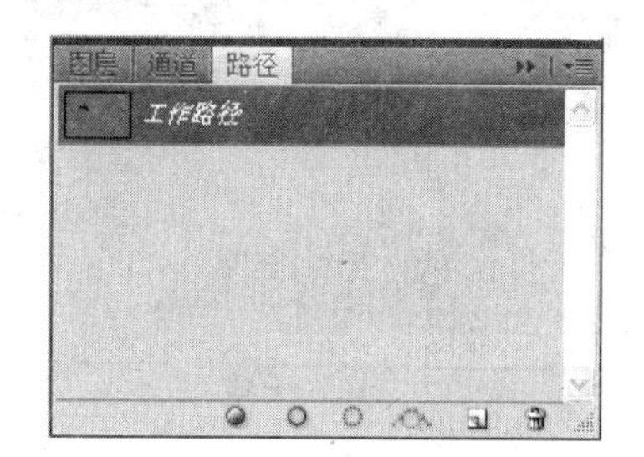

图 10.114　【路径】面板

(9) 设置背景色为绿色，单击【路径】面板右上角的扩展按钮，在弹出的菜单中选择【填充路径】选项，弹出【填充路径】对话框，如图 10.115 所示。单击【确定】按钮，完成后效果如图 10.116 所示。

(10) 拖动【图层 2】到【创建新图层】按钮，复制图层。按 Ctrl+T 组合键，对图形进行移动并旋转，完成后效果如图 10.117 所示。

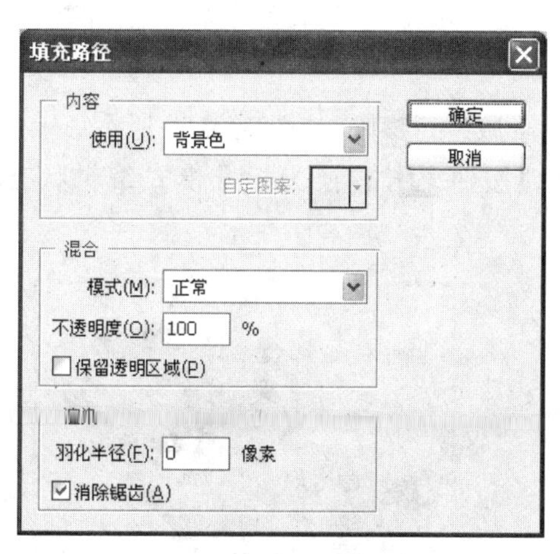

图 10.115　【填充路径】对话框

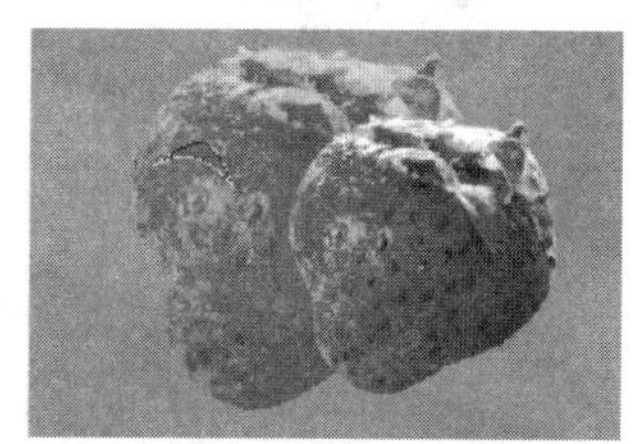

图 10.116　填充路径

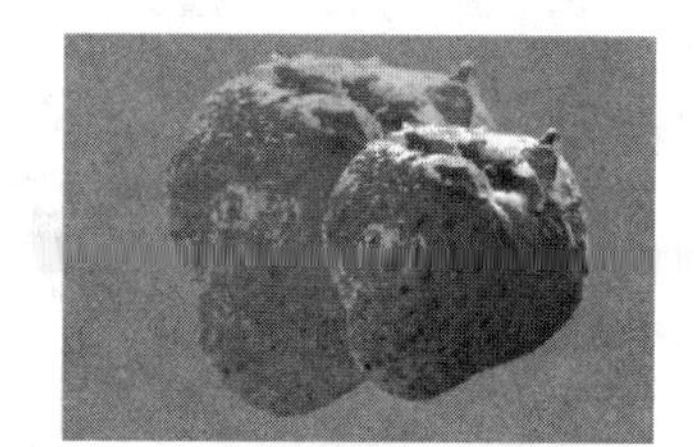

图 10.117　完成后效果

10.5.3　空中汽车效果

(1) 选择【文件】|【打开】命令，打开“天空.jpg”素材和“车.jpg”素材，如图 10.118 和图 10.119 所示。

(2) 选择工具箱中的【魔棒】工具，在“车.jpg”图像上的白色处单击选择选区，如图 10.120 所示。

(3) 单击工具箱中的【以快速蒙版模式编辑】按钮，进入快速蒙版编辑，如图 10.121 所示。

图 10.118　天空图片

图 10.119　车素材图片

图 10.120　选择选区

图 10.121　快速蒙版模式

(4) 选择工具箱中的【橡皮擦】工具，对蒙版进行擦除，如图 10.122 所示。

(5) 选择工具箱中的【以标准模式编辑】按钮，转换为标准模式编辑状态，如图 10.123 所示。

图 10.122　擦除蒙版

图 10.123　标准模式

(6) 选择【选择】|【反向】命令，将选区反选，如图 10.124 所示。

(7) 选择工具箱中的【移动】工具，将选区图像拖动到"天空.jpg"图像窗口中，如图 10.125 所示，同时【图层】面板中自动生成了【图层 1】。

(8) 选择【编辑】|【自由变换】命令，对【图层 1】中的图像进行缩小并移动位置，效果如图 10.126 所示。

(9) 单击【图层】面板底部的【添加图层样式】按钮 fx，在弹出的菜单中选择【混合

图 10.124　反选选区

图 10.125　拖动选区

选项】，弹出【图层样式】对话框。勾选【投影】选项并单击，在其选项卡中设置阴影【大小】为 1 像素，单击【确定】按钮完成后效果如图 10.127 所示。

图 10.126　自由变换效果

图 10.127　阴影效果

(10) 勾选【外发光】选项，在其选项卡中设置【发光颜色】为(R：60，G：100，B：152)，【扩展】为 25%，【大小】为 90 像素，如图 10.128 所示。

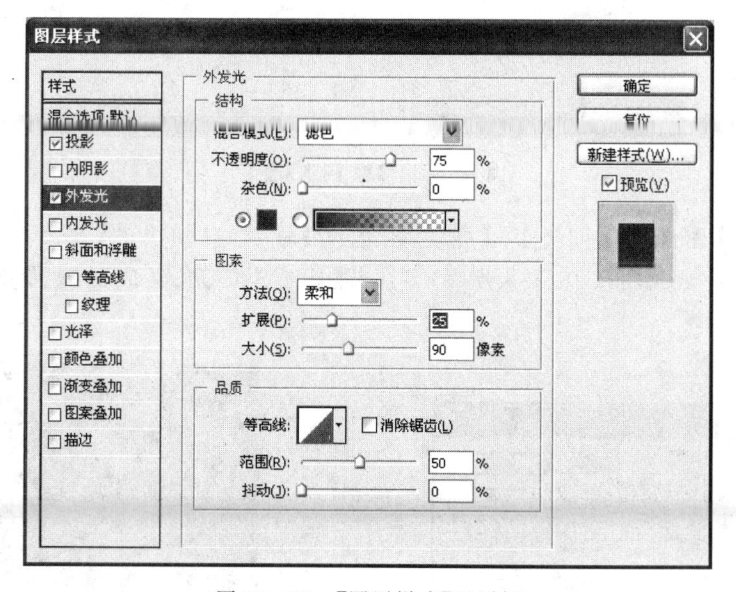

图 10.128　【图层样式】对话框

(11) 单击【确定】按钮,完成后效果如图 10.129 所示。

10.5.4 添加纹理效果

(1) 选择【文件】|【打开】命令,打开"纹理.jpg"图片,如图 10.130 所示。

图 10.129 完成后效果

图 10.130 打开"纹理.jpg"图片

(2) 选择【通道】控制面板,单击绿色通道,拖动到【创建新通道】上,复制该通道,出现【绿 副本】通道,如图 10.131 所示。

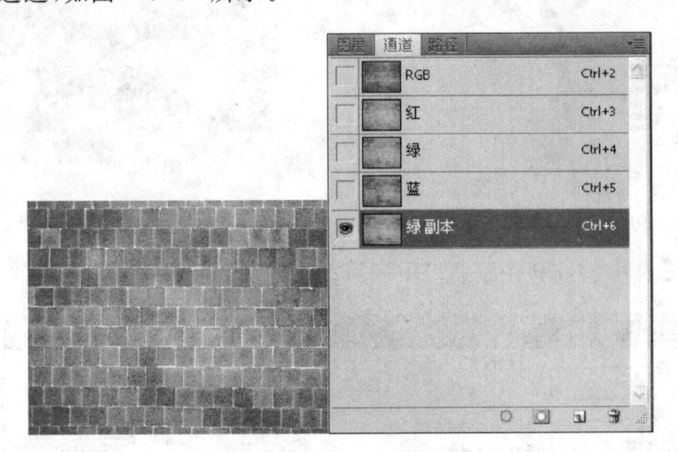

图 10.131 【绿 副本】通道

(3) 选择【图像】|【调整】|【亮度/对比度】命令,在弹出的【亮度/对比度】对话框中调整其参数,如图 10.132 所示。单击【确定】按钮,完成后效果如图 10.133 所示。

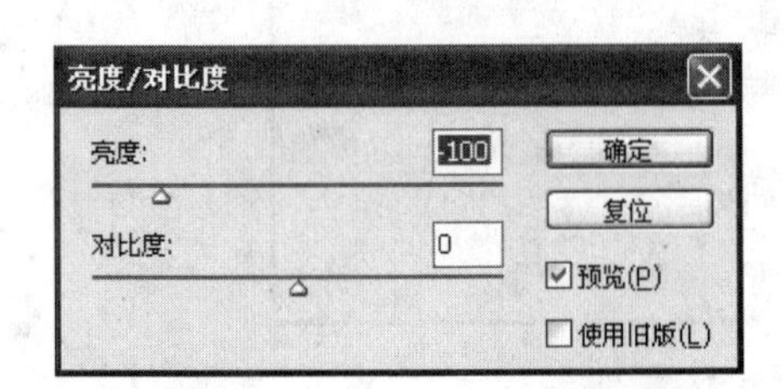

图 10.132 【亮度/对比度】对话框

图 10.133 【亮度/对比度】调整完成后效果

(4) 选择【图像】|【调整】|【色阶】命令，在弹出【色阶】对话框中调整其参数，如图 10.134 所示，单击【确定】按钮，完成后效果如图 10.135 所示。

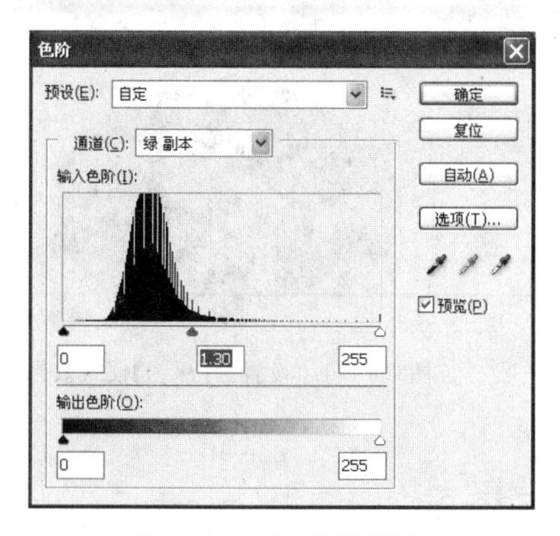

图 10.134 【色阶】对话框

图 10.135 色阶调整完成后效果

(5) 选择工具箱中的【椭圆选框】工具，用鼠标单击并拖动产生选区，如图 10.136 所示。

(6) 选择【文件】|【打开】命令，打开“龙.jpg”图片，如图 10.137 所示。

图 10.136 选区

图 10.137 打开“龙.jpg”图片

(7) 选择工具箱中的【魔术橡皮擦】工具，去除边缘背景，如图 10.138 所示。

(8) 选择工具箱中的【移动】工具，将纹理中的选区拖动到“龙”图像中，如图 10.139 所示。

图 10.138 去除背景

图 10.139 选区拖动

(9) 选择【编辑】|【自由变换】命令，进行图像的大小调整，如图 10.140 所示。

(10) 单击该图层，在【图层】控制面板中将混合模式设置为【深色】模式，如图 10.141 所示。

图 10.140　大小调整

图 10.141　设置为【深色】模式效果

思考与练习

1. 思考题

(1) 如何使用栅格化图层?

(2) 如何建立路径?

(3) 如何在【通道】面板中创建一个新的通道?

(4) 如何取消和恢复图层与蒙版之间的链接?

2. 练习题

(1) 练习内容：使用 Photoshop CS4 软件，绘制圣诞节图像。

(2) 练习规格：尺寸(120mm×92mm)。

(3) 练习要求：使用【渐变】工具、新建图层、添加蒙版、【橡皮擦】工具、【置入】命令等，制作如图 10.142 所示的雪景效果。

图 10.142　雪景效果

第 11 章　文字在图像中的应用

11.1 文　　本

大多数应用程序和旧版本的 Photoshop 无法支持文件大小超过 2GB 的文档，大型文档格式（PSB）支持宽度或高度最大为 30 万像素的文档。

11.1.1 输入文本

当选择文字工具后，可以创建两种文字形式，即点文字和段落文字。文字工具组包括【横排文字】工具、【直排文字】工具、【横排文字蒙版】工具和【直排文字蒙版】工具，如图 11.1 所示。

1. 输入点文本

要创建点文字，可以按以下步骤进行操作。

(1) 选择工具箱中的【横排文字】工具 T。

(2) 在图像上单击，进入文字输入状态，在此状态下创建的文字每行都是独立的，即文本行的长度随文本的增加而变长，但不会自动换行。

(3) 要换行时按 Enter 键，然后继续输入文字，如图 11.2 所示。

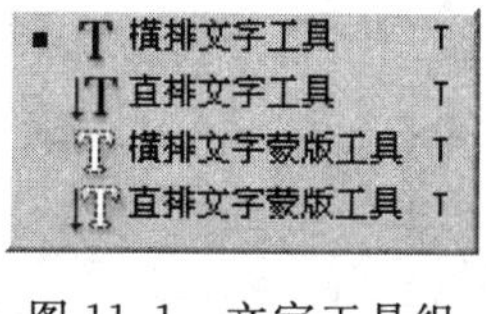

图 11.1　文字工具组

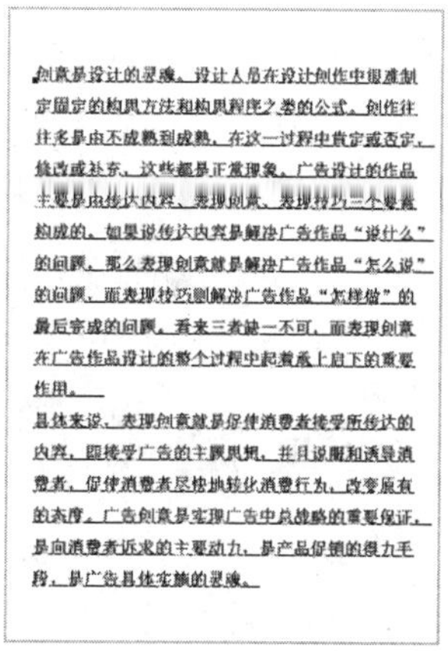

图 11.2　输入文本

2. 输入段落文本

要创建段落文本,可以按以下步骤进行操作。

(1) 选择工具箱中的【横排文字】工具T。

(2) 在页面上单击并按住左键不放,拖出一个虚线框,释放鼠标左键,如图 11.3 所示。

(3) 在虚线框中输入文字即可。它与点文字不同之处是,当输入的文字长度到达控制框的边缘,就会自动换行,如图 11.4 所示。

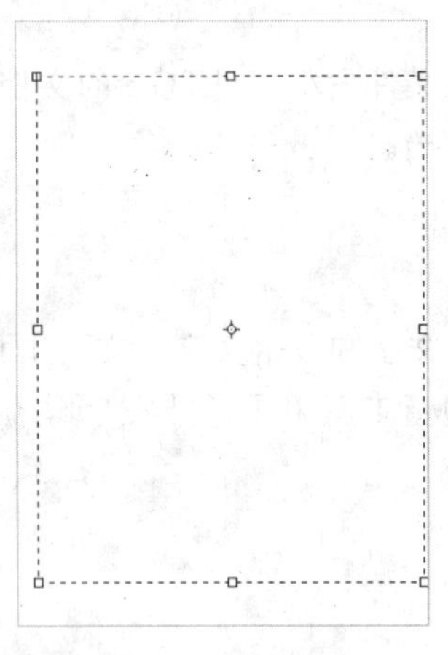

图 11.3 虚线框

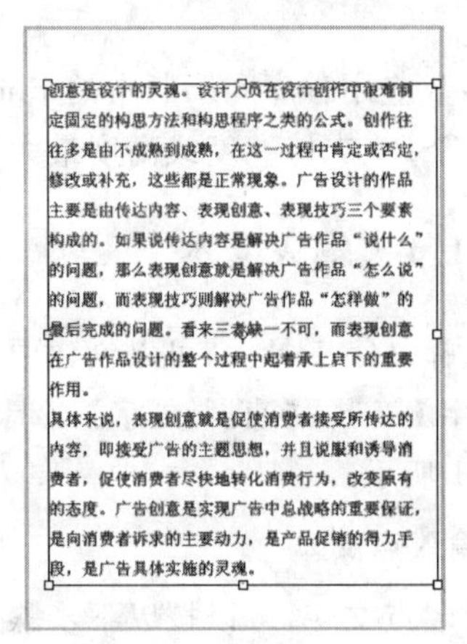

图 11.4 段落文本

11.1.2 文本的编辑

选择【文字】工具T后,在图像上单击或拖动就可进入文字输入状态,这时在工具选项栏中可以设置文字的基本属性,即字体、字号、对齐方式等。也可以在【字符】面板或【段落】面板中进行设置。

1. 字符面板

字符面板可以用来编辑文本字符。选择【窗口】|【字符】命令,弹出【字符】面板,如图 11.5 所示。在面板中,第一栏选项可以用来设定字符的字体和样式;第二栏选项用来设定字符的大小、行距、字距和单个字符所占横向空间的大小;第三栏用来设定字符垂直方向的长度、水平方向的长度和字符颜色。

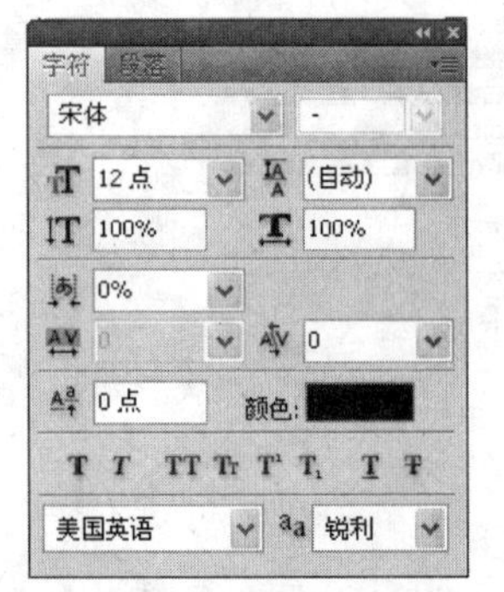

图 11.5 【字符】面板

(1)【字符】面板各命令介绍如下所述。

字体 宋体 :可以选择 Photoshop 自带的字体,也可选择自己在系统中安装的字体。

字号 12点 :可以直接输入数值或在下拉列表中选择字号大小。

设置行距 (自动) :可以直接输入数值或在下拉列表

中选择行距大小。文字行间的间距量称为行距。对于罗马文字，行距是从一行文字的基线到下一行文字的基线的距离。基线是一条不可见的直线，默认情况下，文字都位于这条线的上面。尽管用户可以在同一段落中应用一个以上的行距量，但是，文字行中的最大行距值决定该行的行距值。

文字的在垂直方向的大小 IT 100% ：可以通过输入数值来控制缩放的比例。如果垂直缩放值大于 100%，则加高文字。如果小于 100%，则使文字变得比实际的文字要矮。

字符的比例间距 0% ：可以通过输入数值来控制缩放的比例。

字符之间的字距 0 ：可以直接输入数值或在下拉列表中选择数值来设置。正数值使字符字距变大，负数值使字符字距变小，其默认值为 0。

两个字符之间的微调 0 ：通过输入数值或在下拉列表中选择数值来设定。

基线偏移 0点 ：可以通过输入数值来控制基线的偏移。默认情况下，一行中的所有文字都位于基线上方，并且与基线的距离为 0。通过修改 0点 数值，可使文字偏离基线（正值向上、负值向下）。

颜色 颜色: ：可以单击颜色块，打开【选择文本颜色】对话框，设置文本颜色。

文字格式按钮控制 T T TT Tr T¹ T₁ T T ：按钮 T 将使选中的文字转换为仿粗体；按钮 T 将使选中的文字转换为斜体；按钮 TT 将使选中的文字转换为大写；按钮 Tr 将使选中的文字转换为小写；按钮 T¹ 将使选中的文字转换为上标；按钮 T₁ 将使选中的文字转换为下标；按钮 T 将使选中的文字增加下划线；按钮 T 将使选中的文字增加删除线。

(2) 单击【字符】面板的 按钮，弹出菜单命令，如图 11.6 所示，部分命令介绍如下所述。

仿粗体：用来设置文本字符为粗体形式。

仿斜体：用来设置文本字符为斜体形式。

全部大写字母：用来设置所有字母大写。

小型大写字母：用来设置小的大写字母。

上标：为上角标命令。

下标：为下角标命令。

下划线：选中该命令，将在文字下方加一条线，它与文字长度相同。

无间断：为不间断命令。

复位字符：为恢复面板默认值命令。

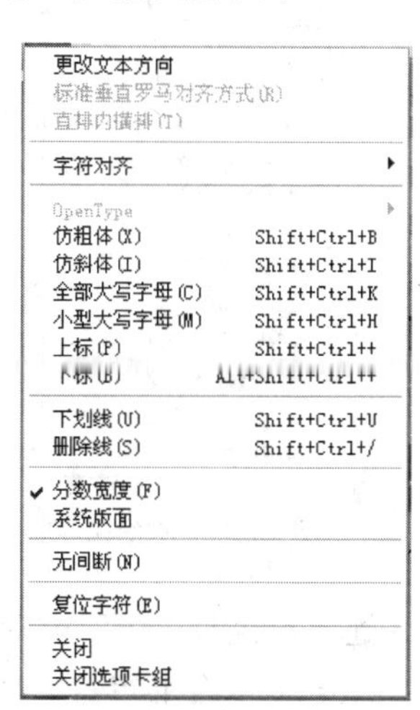

图 11.6　命令菜单

2. 段落面板

段落面板可用来编辑文本段落。选择【窗口】|【段落】命令，弹出【段落】面板，如图 11.7 所示。

(1)【段落】面板命令介绍如下所述。

选项：用来调整文本段落中每行的排列方式。

选项：用来调整段落最后一行的对齐方式。

选项：用来设置段落最后一行两端对齐。

另外，通过输入数值还可以调整段落文字的左缩进、右缩进、首行文字的左缩进、段落前的空间、段落后的空间。【连字】选项框，用来确定文字是否与连字符链接。

注意：如果当前段落为垂直文本，打开的【段落】面板如图 11.8 所示，面板上方的按钮改为垂直文本对齐按钮。

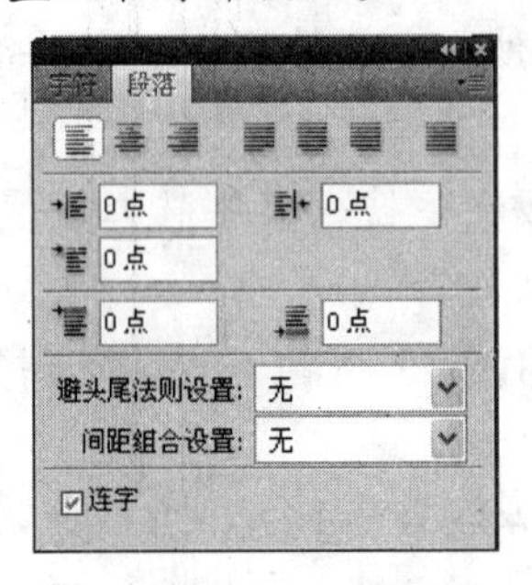

图 11.7 【段落】面板

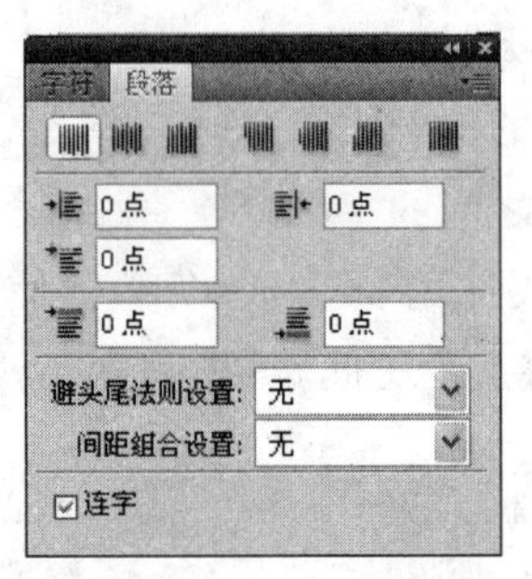

图 11.8 垂直文本【段落】面板

(2) 单击【字符】面板的 按钮，弹出菜单命令，如图 11.9 所示，部分命令介绍如下所述。

罗马式溢出标点：罗马悬挂标点。

对齐：用于调整段落中文字的样式，单击此命令后，弹出【对齐】对话框，如图 11.10 所示。

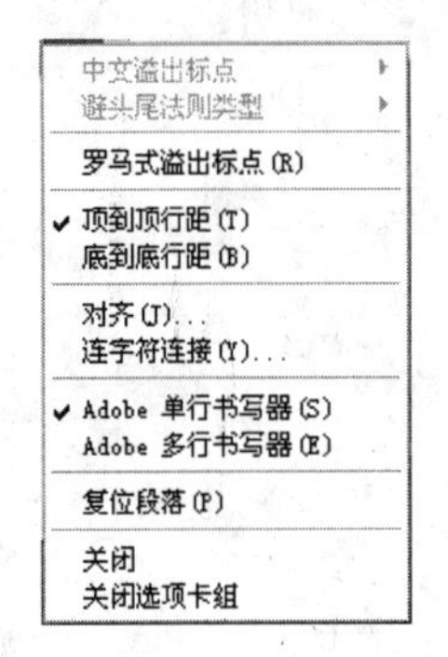

图 11.9 命令菜单

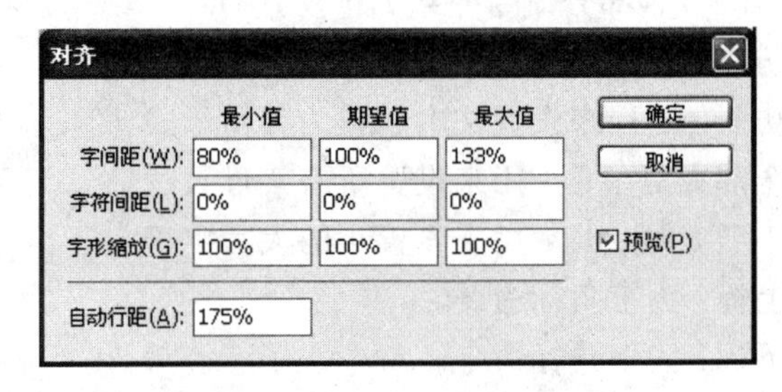

图 11.10 【对齐】对话框

连字符连接：用于设置连字符。

Adobe 单行书写器：单行编辑器。

Adobe 多行书写器：每行编辑器。

复位段落：恢复面板默认值命令。

3. 设置消除锯齿

选择工具箱中的【文字】工具 T 后，属性栏如图 11.11 所示。在【设置消除锯齿方法】下拉列表中，通过选择不同的选项，可以得到不同的文字边缘光滑的效果。

无：表示没有抗锯齿的效果。

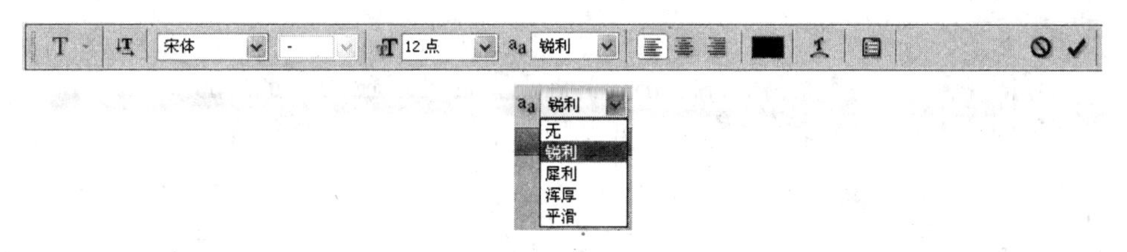

图 11.11　【文字】工具选项栏

锐利：字体被加粗。

犀利：字体的边缘轮廓清晰。

浑厚：字体被加粗。

平滑：字体边缘变得光滑。

4. 文字的变形

对文字进行变形操作，可以按以下步骤进行操作。

(1) 选中输入的文字，如图 11.12 所示。

(2) 选择【文字】工具 T 选项栏上的【创建文字变形】按钮，弹出【变形文字】对话框，如图 11.13 所示。

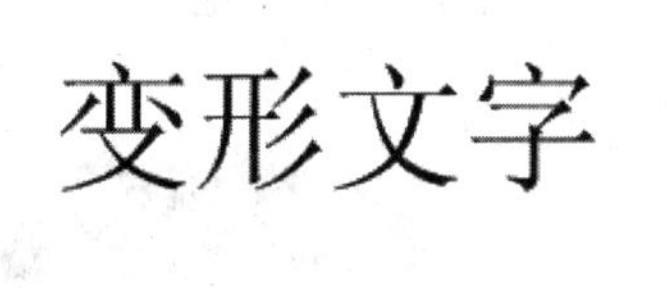

图 11.12　选中文字

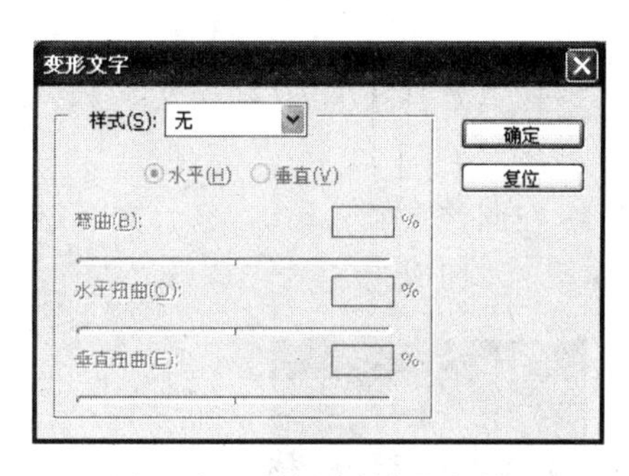

图 11.13　【变形文字】对话框

(3) 在【样式】下拉菜单中，可以选择一项变形方式，如【鱼眼】，设置弯曲值为＋60，如图 11.14 所示。

(4) 单击【确定】按钮，完成文字的变形，效果如图 11.15 所示。

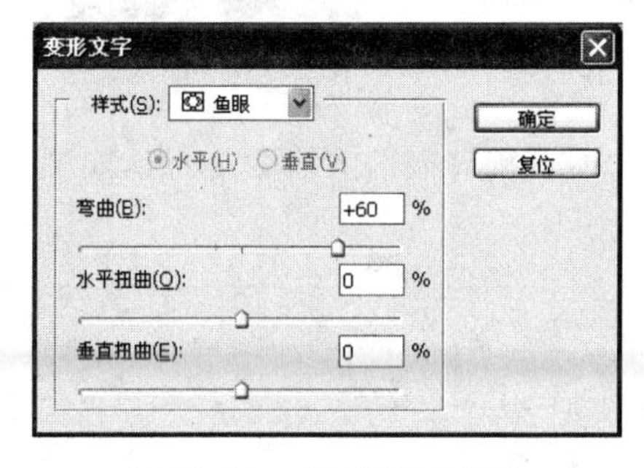

图 11.14　对话框选项设置

图 11.15　文字变形效果

5. 改变文字方向

选择【图层】|【文字】|【水平】命令，可以将垂直的文字转换为水平的文字。

选择【图层】|【文字】|【垂直】命令，可以将水平的文字转换为垂直的文字。

6. 点文字与段落文字的转换

选择【图层】|【文字】|【转换为段落文本】命令，可以将点文字转换为段落文字。如选择【图层】|【文字】|【转换为点文本】命令，可以将段落文字转换为点文字。

11.2 文字的应用

在 Photoshop 中可以应用文本注释，这种注释只有在 Photoshop 中才能看到。在 Photoshop 的图像中可以添加中文与英文文字，并且允许设置注释颜色。

11.2.1 直接输入文字

Photoshop 可在当前图像窗口中，沿水平方向自左向右录入文字，或者由垂直方向自上而下地直接输入文字，可以按以下步骤进行操作。

(1) 选择【文件】|【打开】命令，打开“添加文字素材.jpg”图片，如图 11.16 所示。

(2) 选择工具箱中的【横排文字】工具[T]，在工具箱中将前景色改为白色，如图 11.17 所示。

(3) 在图像文档上单击，输入文字“耀眼光芒”，按 Enter 键后，继续输入文字“绽放自信”，如图 11.18 所示。

图 11.16 打开的图像

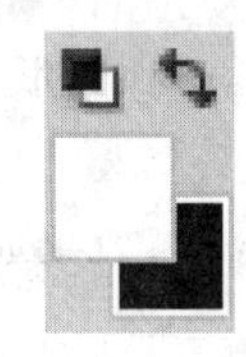

图 11.17 白色前景色

图 11.18 输入文字

(4) 在【文本】选项栏中，设置文字的字体为“经典魏碑简”、大小为 36 点，如图 11.19 所示。此时文字效果如图 11.20 所示。

图 11.19 【文本】选项栏设置

(5) 在图像窗口中单击，接着输入文字“闪亮钻饰”，再在属性栏中设置字体为“经典隶书简”。

(6) 选择工具箱中的【移动】工具，选择【编辑】|【自由变换】命令调整文字大小，按Enter键完成变换。将文字移动到合适位置，如图11.21所示。

图11.20　文字效果

图11.21　调整文字

(7) 进行文字输入时，系统会在【图层】面板中显示一个新的图层，以输入的文字作为图层名称，如图11.22所示。

(8) 按住Shift键单击其他两个图层，将三个图层都选中，如图11.23所示。

(9) 选择【图层】|【对齐】|【水平居中对齐】命令，将文字与背景图层对齐，效果如图11.24所示。

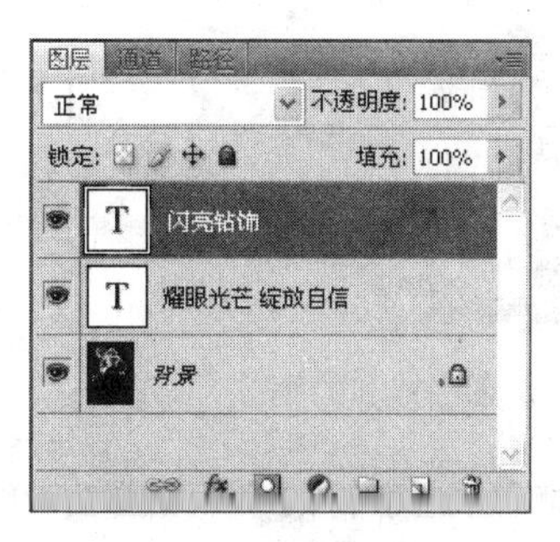

图11.22　【图层】面板

图11.23　选中图层

图11.24　文字效果

注意：上述输入文本内容的方法是一种常用的方法，适用于输入少量的文字，操作时按键盘上的Enter键即可换行书写。若要输入内容较多的段落文本，可以在输入时用鼠标单击【文本工具】拖动绘制一个矩形框，然后再在矩形框中输入文本即可。

11.2.2　设置文本的格式

在【文本】选项栏右侧，有一个【切换字符和段落面板】按钮，如图11.25所示，单击后屏幕上将弹出【字符】和【段落】面板，如图11.26所示，单击上方的选项标签可在两个面

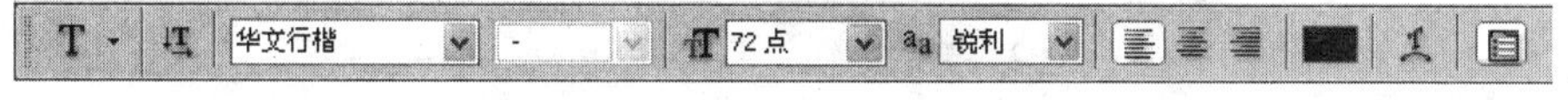

图11.25　【文本】选项栏

板间切换。可以直接设置字符属性,也就是格式化处理字符。可以按以下步骤进行操作。

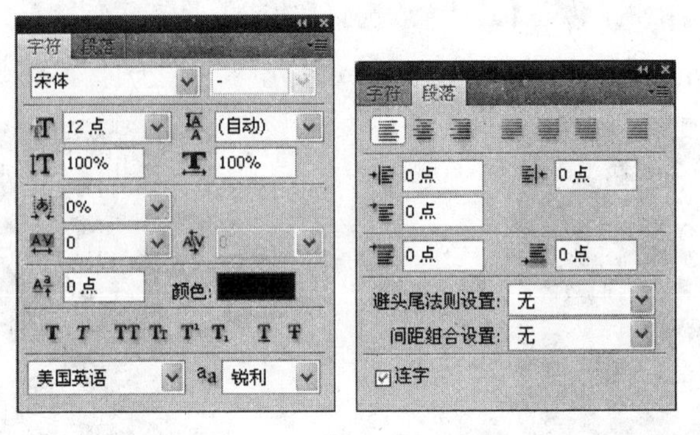

图 11.26 【字符】和【段落】面板

(1) 选择【文件】|【打开】命令,打开如图 11.27 所示的图像。

(2) 选择工具箱中的【横排文字】工具T,在图像窗口中单击,输入文字“节日到了”。在【字符】面板中修改文字字体为“华文行楷”,字体大小为 72 点,如图 11.28 所示。

图 11.27 打开图像

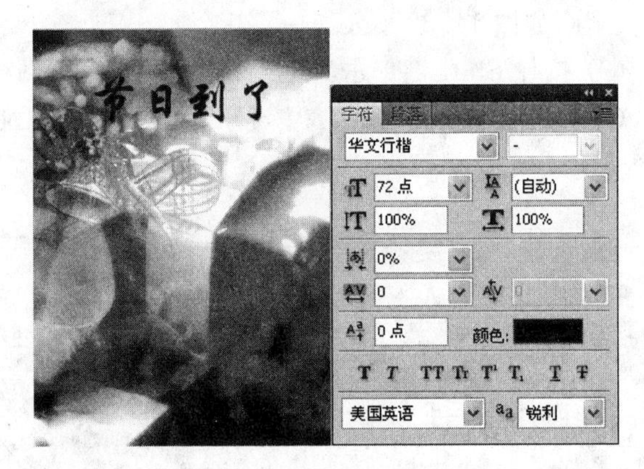

图 11.28 设置字体和大小

(3) 在图层面板中选中文字图层,在【字符】面板中调整【所选字符的字距】AV为 420,如图 11.29 所示。

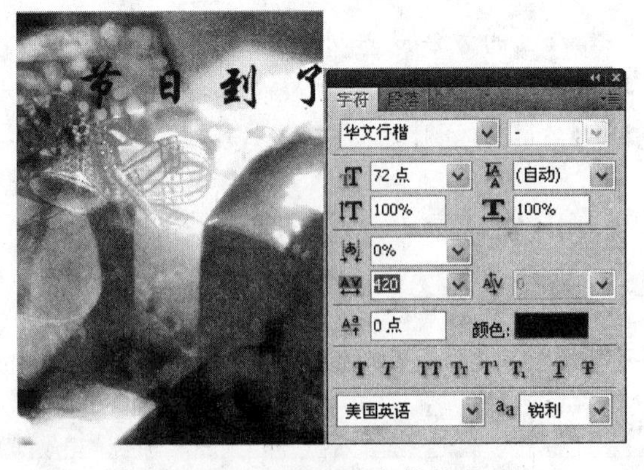

图 11.29 调整所选字符的字距

注意:【字符】面板中的所有命令均针对当前图层中的所有文字。

(4) 在【字符】面板中,设置文字【垂直缩放】IT为110%,【水平缩放】T为90%,如图11.30所示。

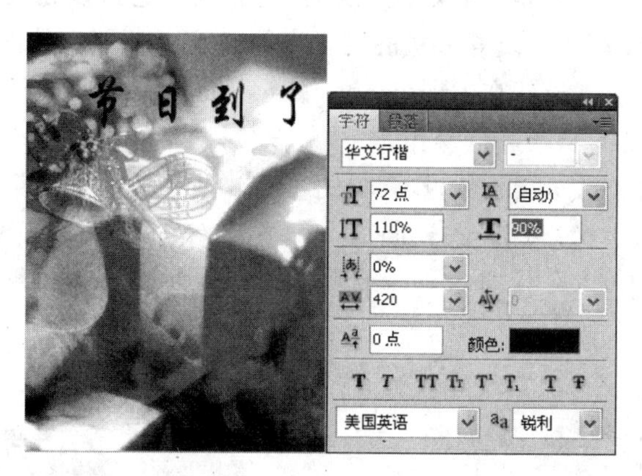

图11.30　改变缩放值

(5) 在【设置所选字符的比例间距】下拉列表框中选择30%,如图11.31所示。

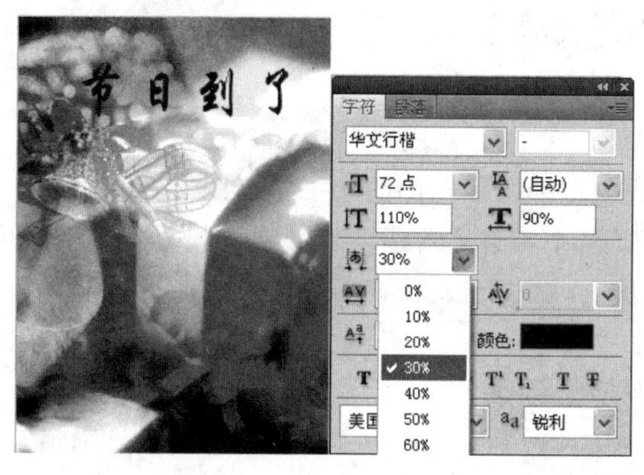

图11.31　设置比例间距

(6) 单击【字符】面板的按钮,打开命令菜单,选择【仿斜体】命令,如图11.32所示。完成后效果如图11.33所示。

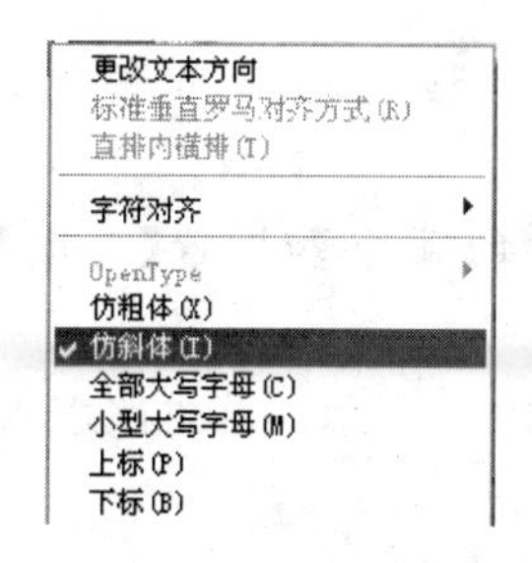

图11.32　【仿斜体】命令

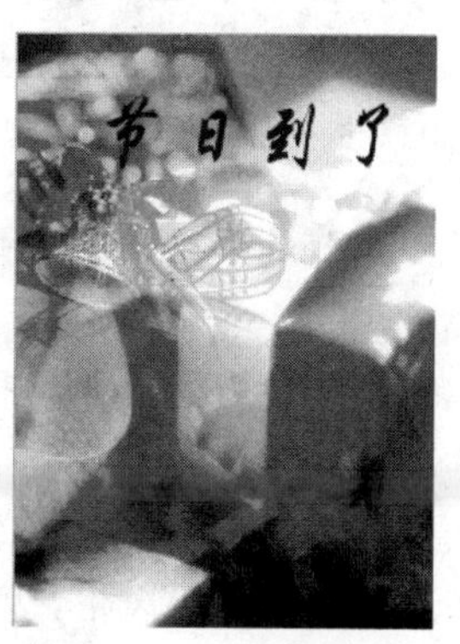

图11.33　完成后效果

11.2.3 创建文字变形效果

Photoshop 提供一个弯曲处理文字图层的功能，利用它可以创建弯曲的文本效果，这如同沿一段圆弧线，或者波浪线等形状的路径书写文字。地图上的河流、铁路线的名称标注方法就是这样操作的。虽然在 Photoshop 中还不能达到如此的精度，但对于美术创意已经足够了，可以按以下步骤进行操作。

(1) 选择【文件】|【打开】命令，打开如图 11.34 所示的图像。

(2) 选择工具箱中的【直排文字】工具[T]，在图像上单击输入文字“花语花香”，再次单击输入另外一列文字，分别设置字体为“华文彩云”和“经典行楷简”，如图 11.35 所示。

图 11.34 打开图像

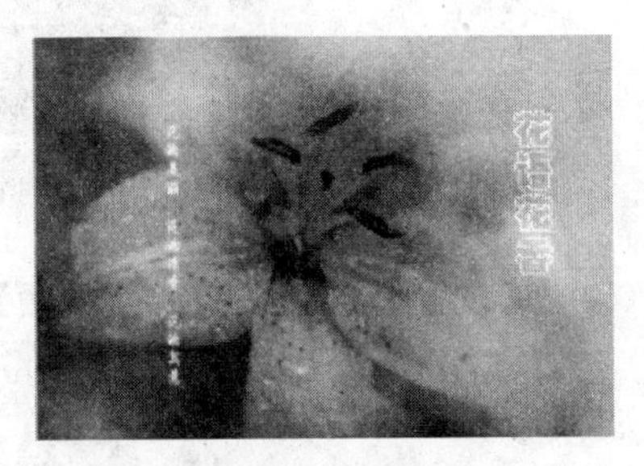

图 11.35 输入文字

(3) 在【图层】面板中选择图像左侧的文字所在图层，如图 11.36 所示。

(4) 在【文本】选项栏中单击【创建文字变形】按钮[⌂]，弹出【变形文字】对话框，如图 11.37 所示。

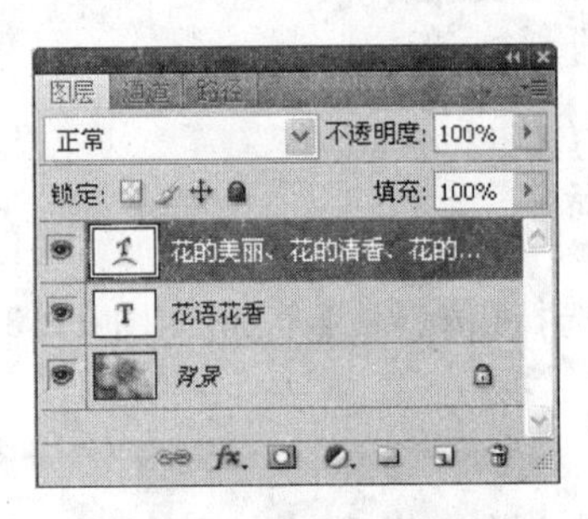

图 11.36 选择文字图层

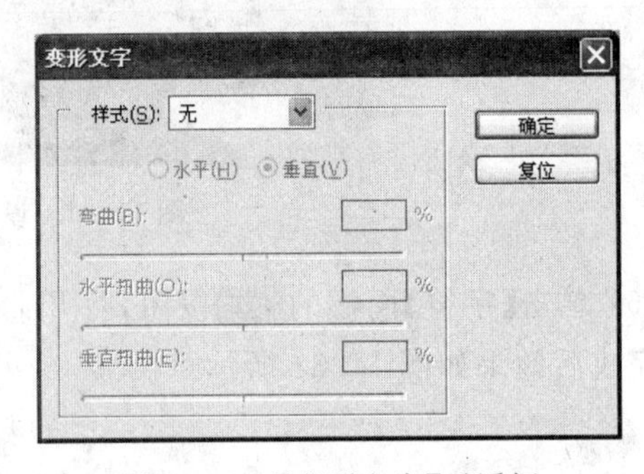

图 11.37 【变形文字】对话框

注意：Photoshop 对所要弯曲的文本字体限制得很严格，必须使用一种有轮廓属性的字体。

(5) 单击【样式】下拉列表框，在弹出的列表中选择【扇形】，设置【弯曲】值为 86，如图 11.38 所示。

(6) 单击【确定】按钮，完成文字的弯曲变形，如图 11.39 所示。若再次进入【样式】下拉菜单，还可修改弯曲的风格，达到不同的弯曲效果。

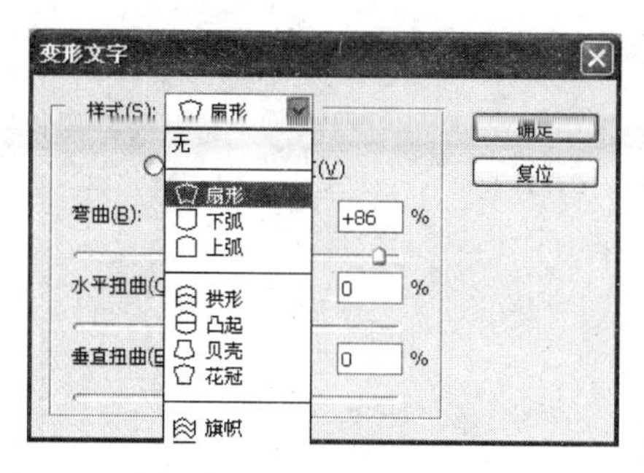

图 11.38　文字变形设置

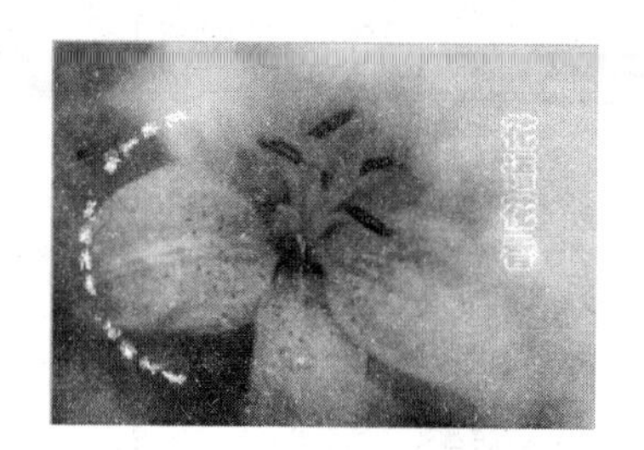

图 11.39　文字弯曲效果

11.2.4　文字效果的制作

(1) 选择【文件】|【打开】命令，打开如图 11.40 所示的图像。

(2) 选择工具箱中的【横排文字】工具T，在图像上单击，输入文字“冰爽清凉”。在属性栏中设置字体为“迷你霹雳体”，颜色为(R：89，G：194，B：221)，如图 11.41 所示。

图 11.40　打开的图像

图 11.41　输入文字

(3) 选择【窗口】|【字符】命令，打开【字符】面板，如图 11.42 所示。在该面板中调整【所选字符的间距】值为 200。效果如图 11.43 所示。

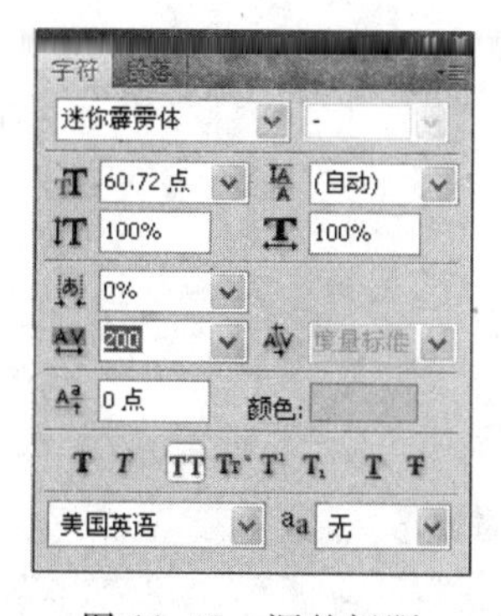

图 11.42　调整间距

图 11.43　调整文字间距效果

(4) 单击【图层】面板底部的【添加图层样式】按钮 fx，在弹出的菜单中选择【投影】选项，如图 11.44 所示。弹出【图层样式】对话框，如图 11.45 所示。

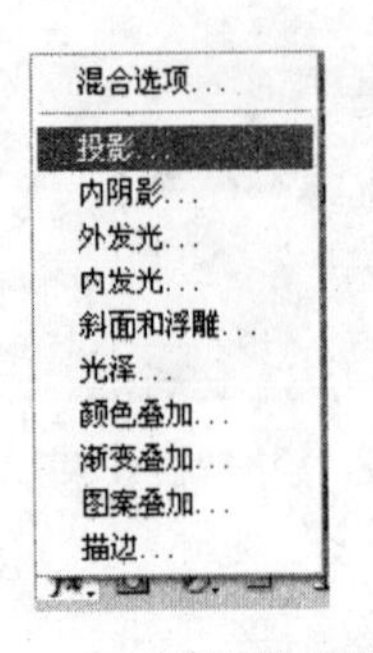

图 11.44　图层样式菜单

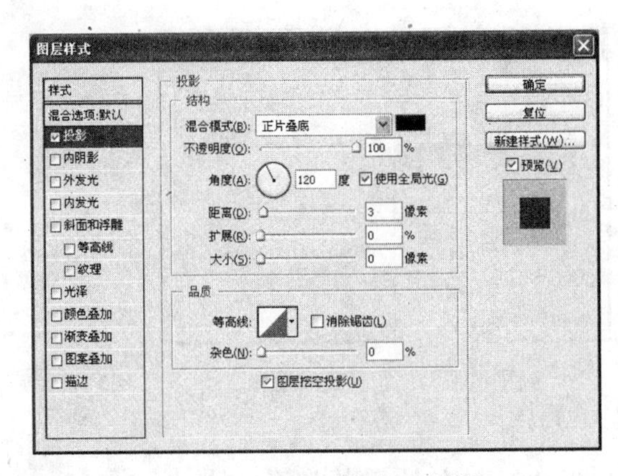

图 11.45　【图层样式】对话框

(5) 在【图层样式】对话框中,设置【不透明度】为 100%,【距离】为 3,【大小】为 0。单击【确定】按钮,完成后效果如图 11.46 所示。

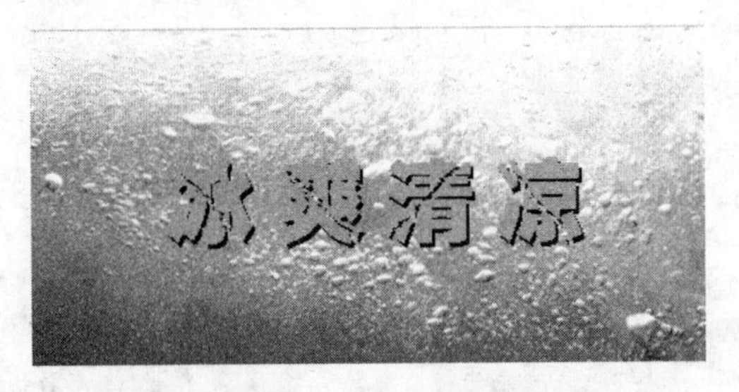

图 11.46　文字投影效果

(6) 单击【图层】面板底部的【添加图层样式】按钮 *fx*,在弹出的菜单中选择【外发光】选项,弹出【图层样式】对话框,显示【外发光】选项卡,设置【不透明度】为 100%,颜色为白色,如图 11.47 所示。文字效果如图 11.48 所示。

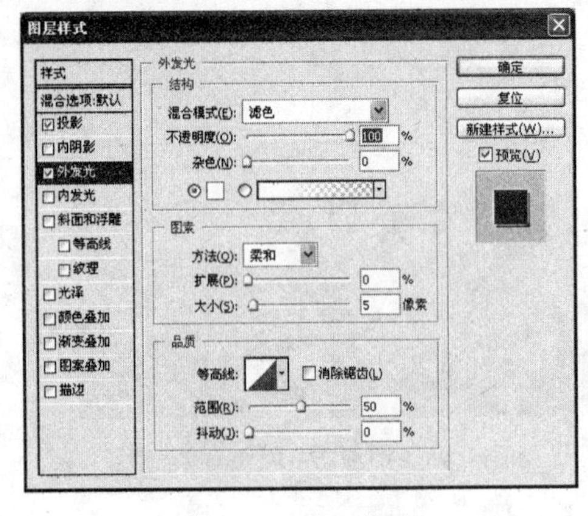

图 11.47　外发光设置

图 11.48　外发光效果

(7) 在【图层样式】对话框左侧的【样式】选项框中选择【斜面和浮雕】,切换到【斜面和浮雕】选项卡，设置【深度】为 400%，【大小】为 6，【软化】为 2，阴影颜色为(R：131，G：152，B：198)，如图 11.49 所示。

(8) 单击【确定】按钮，完成后效果如图 11.50 所示。

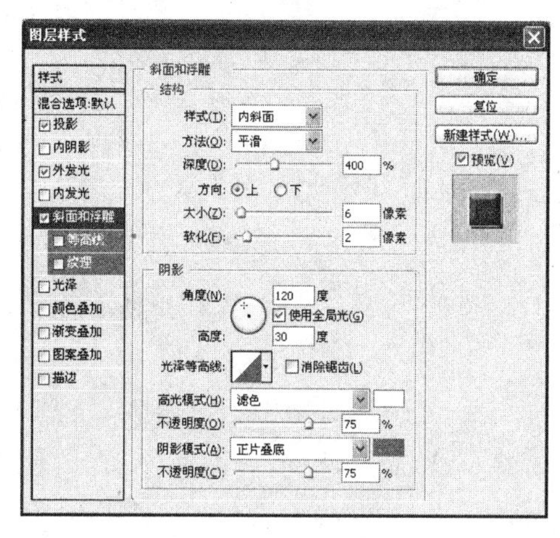

图 11.49　斜面和浮雕设置

图 11.50　最终效果

11.3　路径文字的应用

要使用路径文字功能，Photoshop CS4 首先使用钢笔工具绘制路径的方式画一条开放的路径，选择文字工具注意将光标放到路径上时光标产生了变化。

沿着用钢笔工具或形状工具创建的工作路径的边缘可以排列输入文字，移动路径或更改路径的形状，沿着路径放置的文字将会随着新的路径位置或形状而变化。

11.3.1　创建和编辑文字路径

创建和编辑文字路径，可以按以下步骤进行操作。

(1) 新建一个文档，单击工具箱中的【钢笔】工具，在图像窗口中绘制一条路径，如图 11.51 所示。

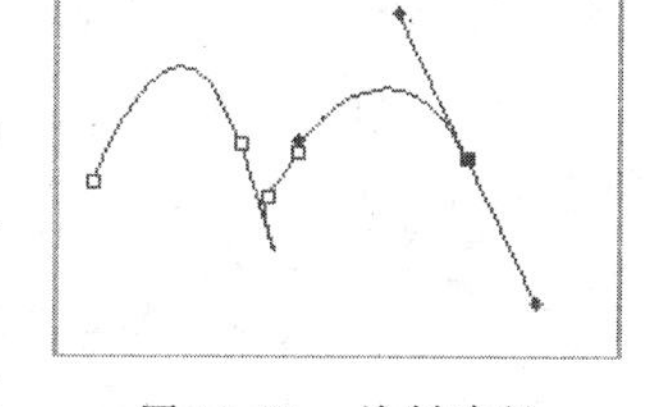

图 11.51　绘制路径

(2) 选择工具箱中的【直接选择】工具，移动各个锚点位置，并调整锚点的控制手柄，结果如图 11.52 所示。

(3) 选择工具箱中的【转换点】工具，然后在中间的锚点上单击，将锚点转换为方角，即取消该锚点的控制手柄，如图 11.53 所示。

(4) 再次使用【直接选择】工具，调整各个锚点的位置和曲度，如图 11.54 所示。

(5) 选择工具箱中的【直接选择】工具，即可拖动路径到合适位置，如图 11.55 所示。

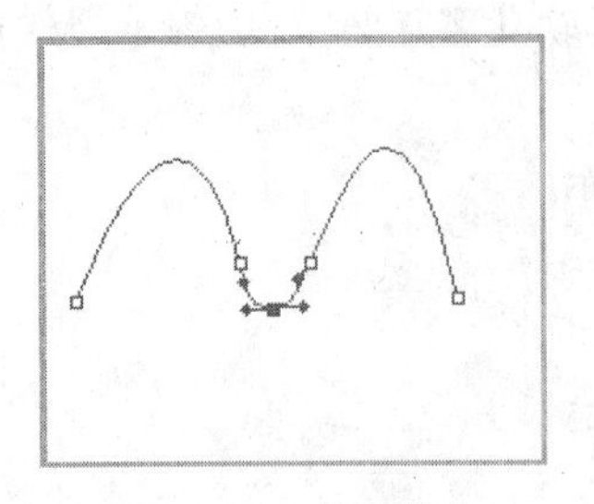

图 11.52　编辑锚点

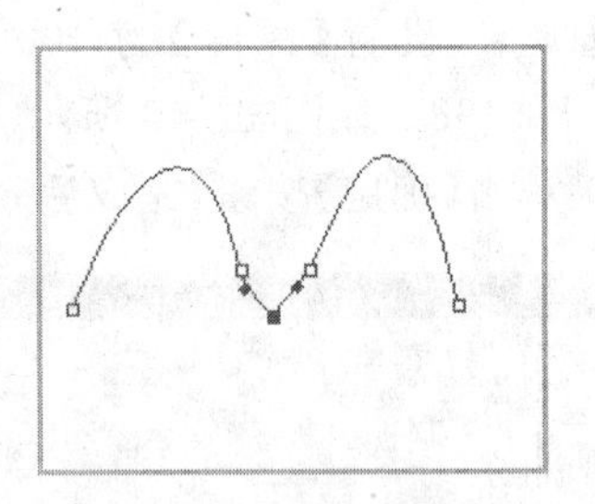

图 11.53　转换点

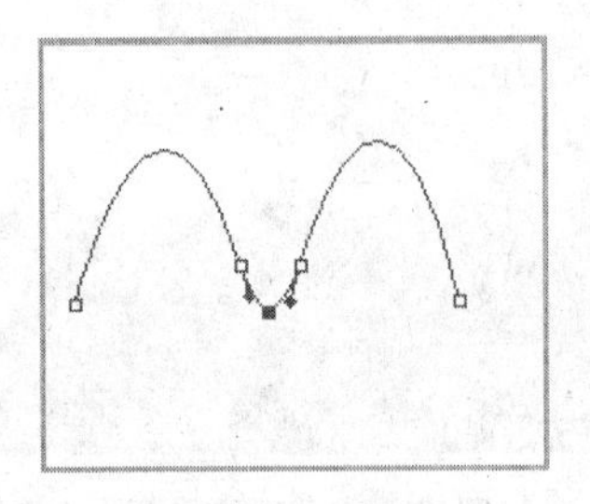

图 11.54　调整锚点

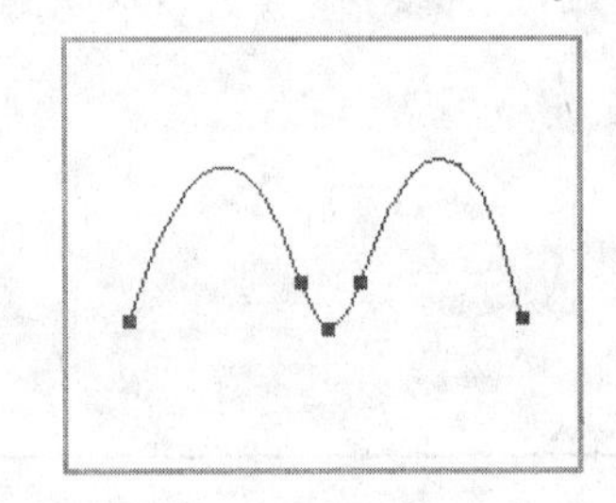

图 11.55　拖动路径

11.3.2　在路径上输入文字

要使用路径文字功能，Photoshop CS4 首先使用钢笔工具绘制路径的方式画一条开放的路径，选用文字工具应注意将光标放到路径上时光标产生的变化。可以按以下步骤进行操作。

(1) 选择工具箱中的【横排文字】工具[T]，将鼠标移动到路径上时，鼠标变为指示符，在想要输入文字的位置单击鼠标，会出现一个插入点，路径端点出现一个圆圈，如图 11.56 所示。

(2) 输入需要的文字，如"mmm……"，输入过程中文字将按照路径的走向排列，插入点到圆圈处为文字显示的范围，如图 11.57 所示。如果终点的小圆圈中显示一个"＋"，就意味着所定义的显示范围小于文字所需的最小长度。

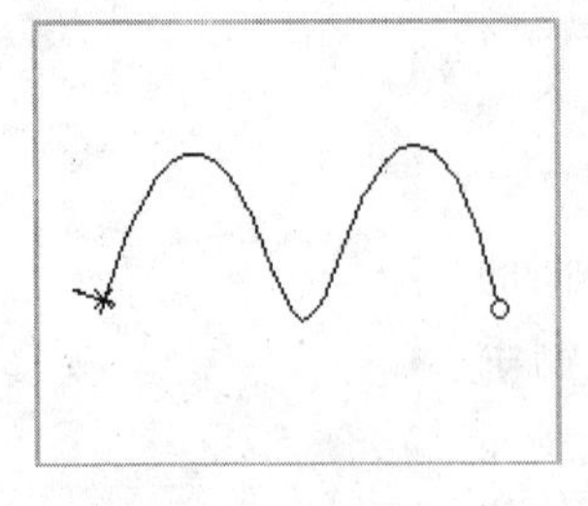

图 11.56　插入点

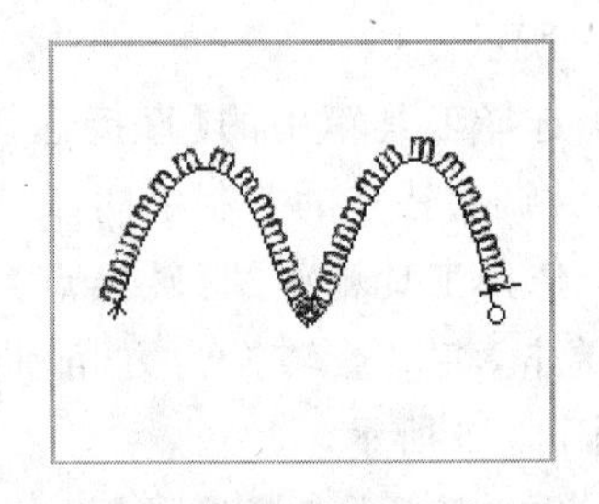

图 11.57　输入文字

(3) 可以使用普通的【移动】工具移动整段文字，或使用【路径选择】工具和【直接选择】工具移动文字的起点和终点，当鼠标移动到文字上时，会变为带箭头的型光标，单击并沿着路径拖移文字。拖移时不要跨越到路径的另一侧，否则，文字将会翻转到路径的另一侧。

(4) 选择【路径选择】工具或【移动】工具，单击路径可以拖移路径到新的位置，若利用【直接选择】工具改变路径的形状，文字会自动跟随移动。

(5) 按 Esc 键或者单击选项栏右侧的【取消所有当前编辑】按钮，可取消当前的编辑操作。

(6) 单击顶部工具栏的【解散目标路径】✓按钮，应用当前的编辑操作并且隐藏路径和起点终点标志，如图 11.58 所示。打开【路径】面板，如图 11.59 所示。

(7) 此时文字与原先绘制的路径已经没有关系了。即使现在删除最初绘制的路径，也不会改变文字的形态。同样，即使现在修改最初绘制的路径形态，也不会改变文字的排列。

注意：文字路径是无法在路径面板删除的，除非在图层面板中删除这个文字图层。除了能够将文字沿着开放的路径排列以外，还可以将文字放置到封闭的路径之内，在这里使用现成的形状绘制一个封闭路径，如图 11.60 所示。

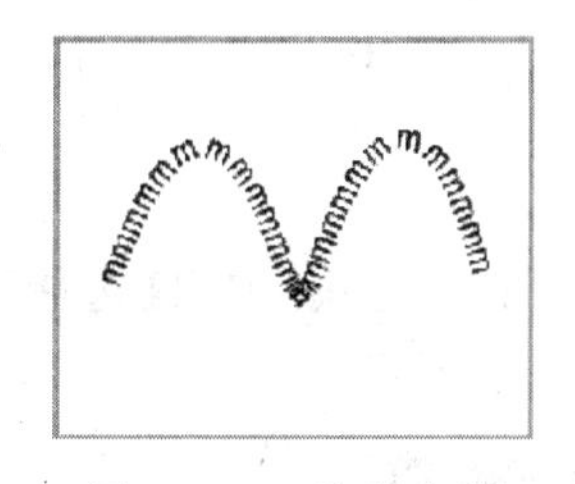

图 11.58　隐藏路径

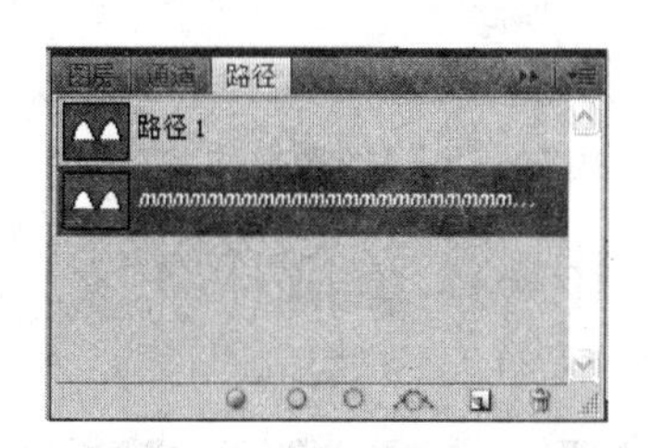

图 11.59　路径面板

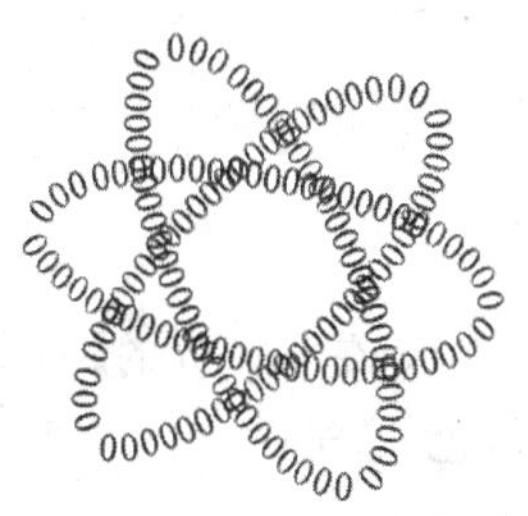

图 11.60　封闭路径文字

11.4　文字应用案例

11.4.1　制作曲线文字效果

(1) 选择【文件】|【打开】命令，打开如图 11.61 所示的图片。

(2) 选择工具箱中的【横排文本】工具T，在图像上单击，输入文字“听”，在属性栏中设置字体为“华文行楷”，大小为 72，颜色为红色，如图 11.62 所示。

图 11.61　打开的图片

图 11.62　输入文字

(3) 单击【图层】面板下方的【添加图层样式】按钮 fx ,在弹出的菜单中选择【斜面和浮雕】选项,弹出【图层样式】对话框,如图 11.63 所示。

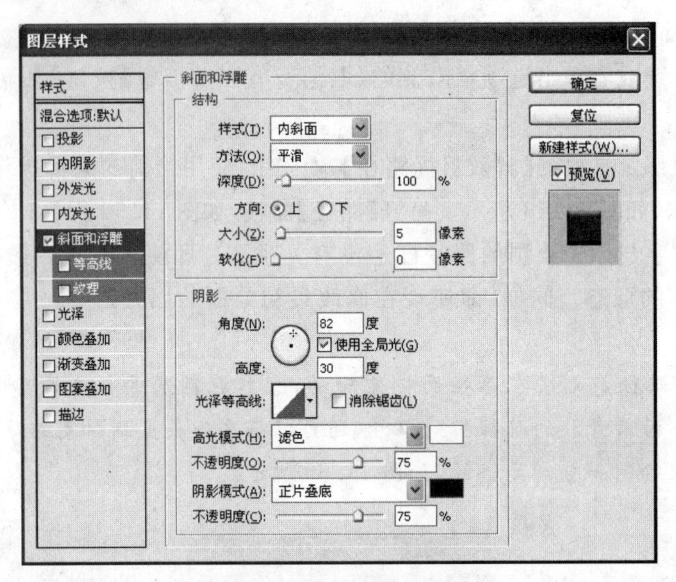

图 11.63 【图层样式】对话框

(4) 在对话框的【阴影】选项区域中,单击【阴影模式】选项后的颜色块,弹出【选择阴影颜色:】对话框,设置颜色为(R: 250,G: 136,B: 56),如图 11.64 所示。

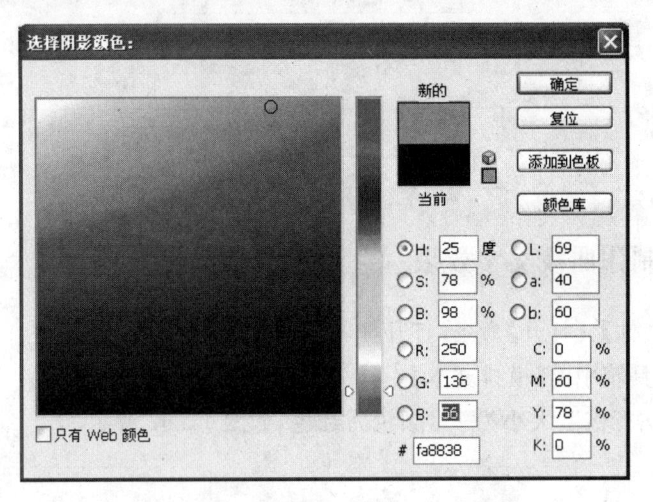

图 11.64 【选择阴影颜色:】对话框

(5) 单击【确定】按钮,完成后效果如图 11.65 所示。

(6) 选择工具箱中的【钢笔】工具,绘制路径,并使用【直接选择】工具调整路径的形状,如图 11.66 所示。

(7) 选择工具箱中的【直排文字】工具 IT ,将鼠标移动到路径上,鼠标变为指示符时,在想要输入文字的位置单击鼠标,输入文字“花开的声音”。

图 11.65　【斜面和浮雕】效果

图 11.66　绘制路径

(8) 选择【窗口】|【字符】命令，打开【字符】面板，设置文字大小为 48 点，文字在垂直方向的大小 为 120%，字符之间的字距 为 450，颜色为红色，如图 11.67 所示。路径文字效果如图 11.68 所示。

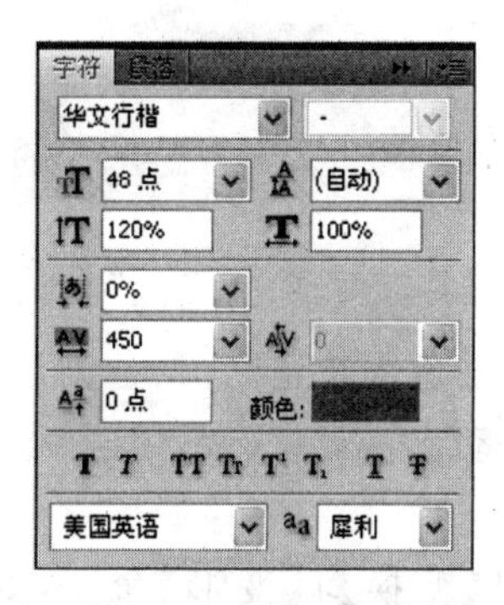

图 11.67　输入文字

图 11.68　路径文字效果

(9) 单击【图层】面板下部的【添加图层样式】按钮 ，在弹出的菜单中选择【投影】，弹出【图层样式】对话框，如图 11.69 所示，设置颜色为红色，【角度】为 90 度。

(10) 单击【确定】按钮，完成后效果如图 11.70 所示。

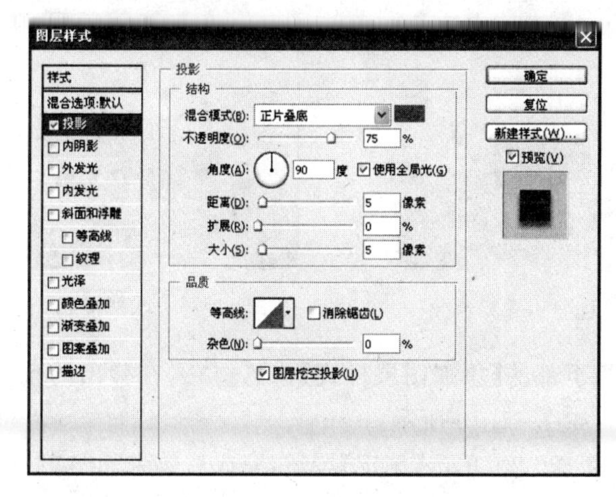

图 11.69　【图层样式】对话框

图 11.70　完成后效果

11.4.2 制作生日贺卡

(1) 选择【文件】|【打开】命令,打开如图 11.71 所示的图片。

(2) 单击【图层】面板底部的【创建新图层】按钮,创建新图层【图层 1】。

(3) 选择工具箱中的【矩形选框】工具,在图像上绘制一个矩形选框,如图 11.72 所示。

图 11.71 打开的图像

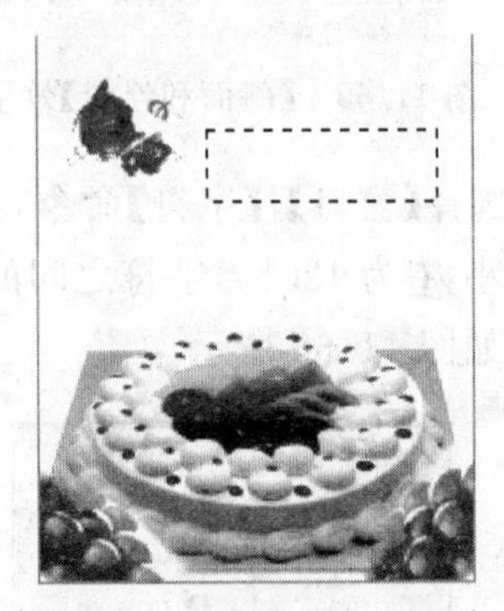

图 11.72 绘制矩形选框

(4) 选中【图层 1 副本】图层,在工具箱中设置前景色为黄色,背景色为浅黄色,单击工具箱中的【渐变】工具,在选区上从左到右拖动鼠标,为选区填充线性渐变,如图 11.73 所示。

(5) 按 Ctrl+D 组合键取消选区,选择【编辑】|【变换】|【变形】命令,如图 11.74 所示。

(6) 拖动控制手柄,改变形状,如图 11.75 所示,调整完成后按 Enter 键完成变换。

图 11.73 填充选区

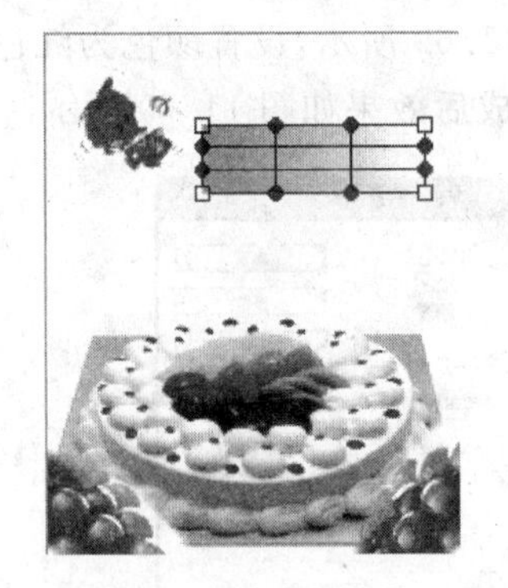

图 11.74 变形命令

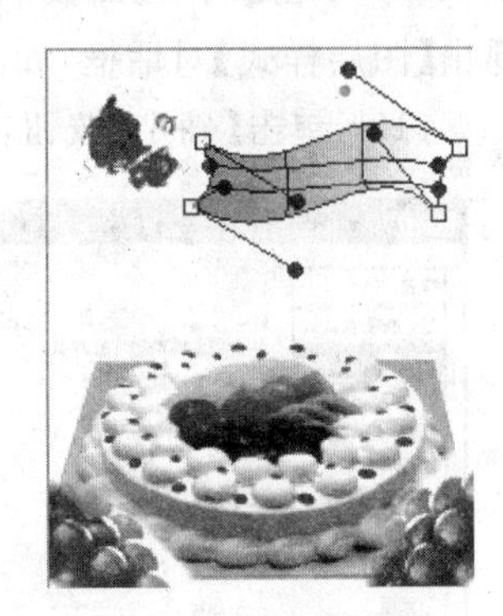

图 11.75 改变形状

(7) 选中【图层 1】,单击【图层】面板下部的【添加图层样式】按钮 *fx*,在弹出的菜单中选择【投影】,弹出【图层样式】对话框,如图 11.76 所示。

(8) 设置投影颜色为紫色,【角度】为 120 度,单击【确定】按钮,完成后效果如图 11.77 所示。

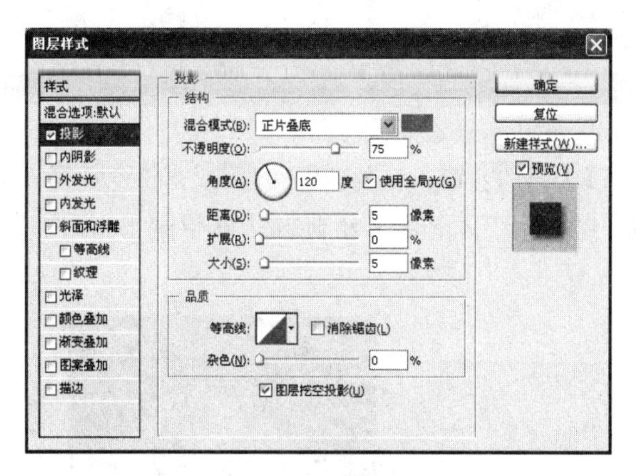

图 11.76　【图层样式】对话框

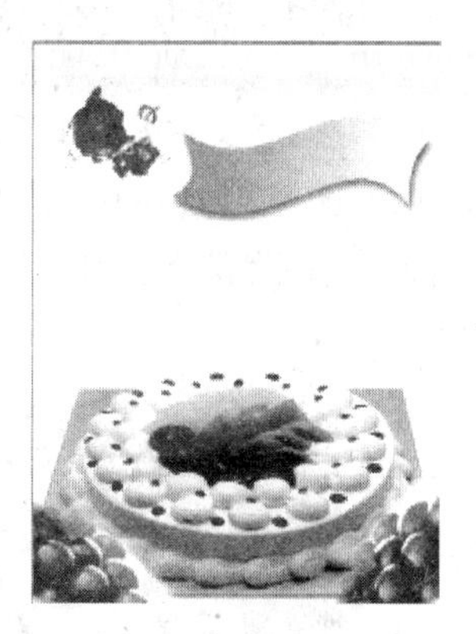

图 11.77　投影效果

(9) 选择工具箱中的【横排文字】工具T，输入文字"生日快乐"，在属性栏中设置字体为"华文新魏"，大小为 48 点，颜色为红色，如图 11.78 所示。

图 11.78　输入文字

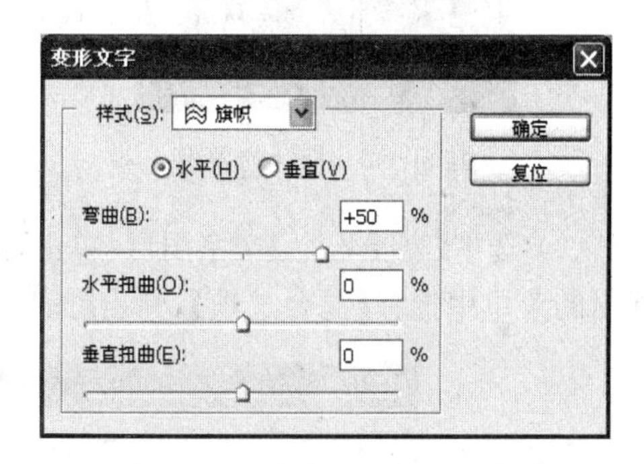

图 11.79　【变形文字】对话框

(10) 单击属性栏中的【创建文字变形】按钮，弹出【变形文字】对话框，如图 11.79 所示，在【样式】下拉列表中选择【旗帜】，单击【确定】按钮，文字效果如图 11.80 所示。

(11) 输入文字 Happy birthday，在属性栏中设置大小为 40 点，颜色为红色，完成制作，效果如图 11.81 所示。

图 11.80　变形效果

Happy birthday

图 11.81　完成效果

11.4.3　添加文字特效

(1) 选择【文件】|【打开】命令，打开如图 11.82 所示的图片。

(2) 选择工具箱中的【横排文字】工具 T，输入文字“享受人生”和“珍惜每一天”，在属性栏中设置字体为“华文行楷”，大小 40 点，颜色分别为红色和绿色，如图 11.83 所示。

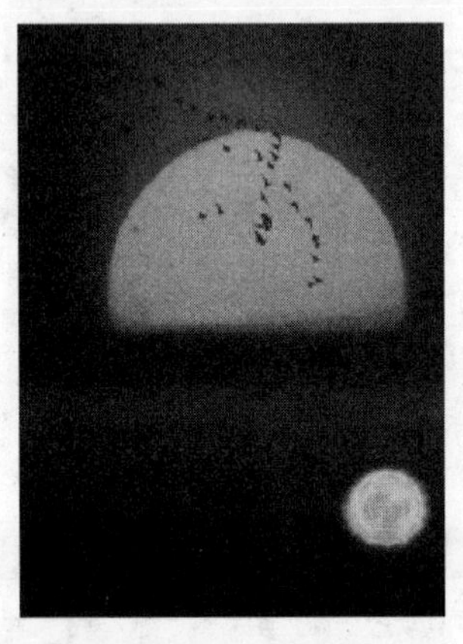

图 11.82　打开的图像

图 11.83　输入文字

(3) 选中【享受人生】文字图层，单击【图层】面板下部的【添加图层样式】按钮 fx，在弹出的菜单中选择【混合选项】，弹出【图层样式】对话框，如图 11.84 所示。

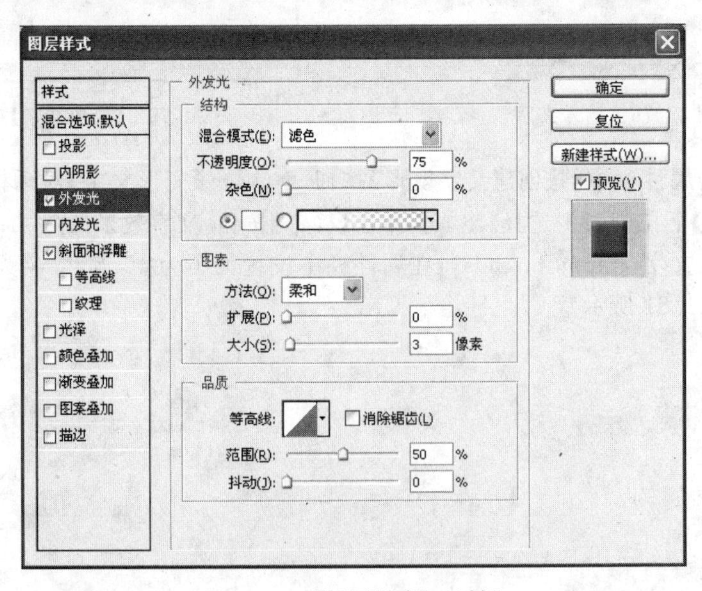

图 11.84　【图层样式】对话框

(4) 勾选【外发光】和【斜面和浮雕】选项，在【外发光】选项中设置发光颜色为白色，【大小】为 3，【斜面和浮雕】效果保持默认值，单击【确定】按钮，文字效果如图 11.85 所示。

(5) 选中另外一个文字图层，按照步骤(3)～(4)操作，最终效果如图 11.86 所示。

图 11.85　文字效果

图 11.86　最终效果

11.4.4　足球效果

(1) 选择【文件】|【新建】命令，弹出【新建】对话框，设置如图 11.87 所示。

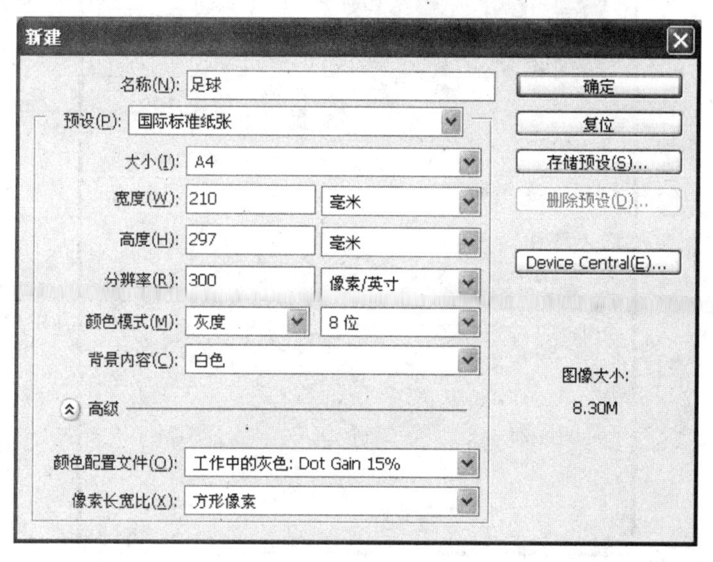

图 11.87　【新建】对话框

(2) 单击【确定】按钮，完成后效果如图 11.88 所示。

(3) 选择工具箱中的【渐变】工具，在选项栏中设置渐变类型为【线性渐变】，双击选项栏中渐变条，弹出【渐变编辑器】对话框，选择【预设】中的【橙，黄，橙渐变】，如图 11.89 所示。

图 11.88 新建文档

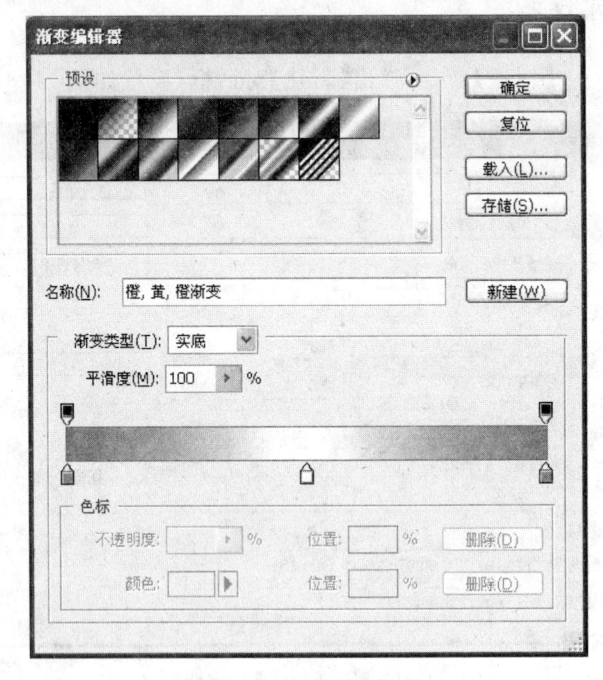

图 11.89 渐变编辑器

(4) 单击【确定】按钮,由上至下拖曳出渐变效果,如图 11.90 所示。

(5) 选择【文件】|【打开】命令,弹出【打开】对话框,如图 11.91 所示。

(6) 选择"人物.jpg"图片,单击【打开】按钮,如图 11.92 所示。

图 11.90　渐变效果

图 11.91　【打开】对话框

图 11.92　打开"人物.jpg"图片

(7) 选择工具箱中的【魔术橡皮擦】工具，去除人物边缘背景，如图 11.93 所示。

(8) 使用移动工具将"人物.jpg"图片拖动到"足球.psd"中，如图 11.94 所示。

(9) 选择【编辑】|【自由变换】命令，进行人物图像的大小调整，如图 11.95 所示。

(10) 选择【文件】|【打开】命令，打开"足球.jpg"图片，如图 11.96 所示。此时，图层面板中将出现【图层 1】。

(11) 选择工具箱中的【魔术橡皮擦】工具，去除足球边缘背景，如图 11.97 所示。

(12) 将"足球.jpg"图片拖动到"足球.psd"中，图层面板中将出现【图层 2】。选择【编辑】|【自由变换】命令，调整足球图像大小到合适的位置，如图 11.98 所示。

图 11.93　去除人物边缘背景

图 11.94　拖动人物图片

图 11.95　人物图像的大小调整

图 11.96　打开“足球.jpg”图片

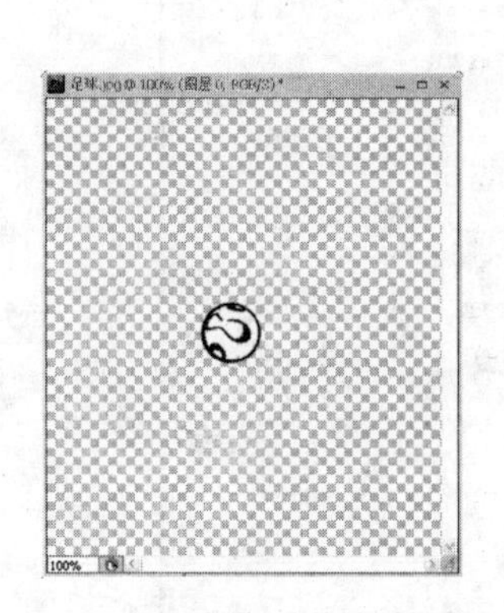

图 11.97　去除足球边缘背景

图 11.98　调整足球图像的大小

(13) 选择工具箱中的【横排文字】工具T，输入文字“绝对弧线”，选择【窗口】|【字符】命令，弹出【字符】面板，设置参数如图 11.99 所示。输入“绝对弧线”效果如图 11.100 所示。

图 11.99　设置文字参数

图 11.100　输入文字

(14) 选中“绝对弧线”文字层，选择【图层】|【图层样式】|【外发光】命令，弹出【图层样式】对话框，设置如图 11.101 所示。单击【确定】按钮，外发光效果如图 11.102 所示。

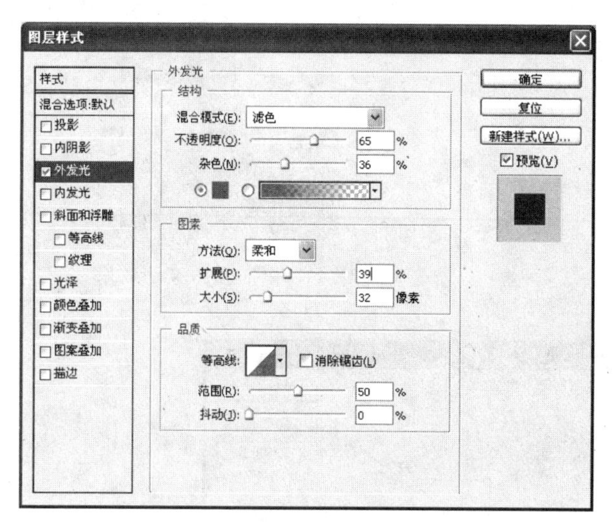

图 11.101　【图层样式】对话框

图 11.102　外发光效果

(15) 在【文本】选项栏中单击【创建文字变形】按钮，弹出【变形文字】对话框，在【样式】下拉列表中选择【下弧】，如图 11.103 所示。单击【确定】按钮，下弧效果如图 11.104 所示。

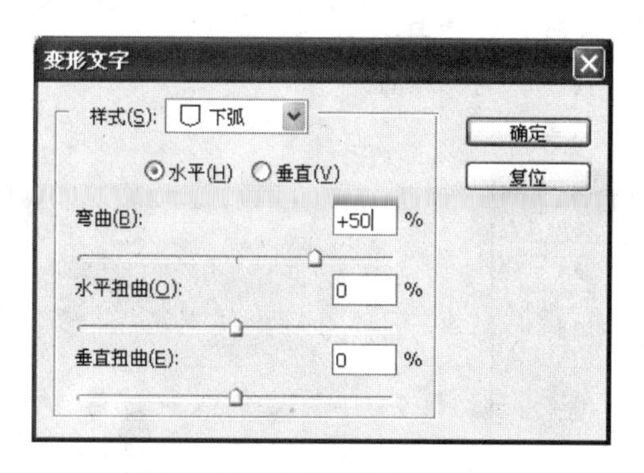

图 11.103　【变形文字】对话框

图 11.104　下弧效果

(16) 选择工具箱中的【直排文字】工具，输入文字“足球世界”，选择【窗口】|【字符】命令，弹出【字符】面板，设置参数如图 11.105 所示。输入“足球世界”效果如图 11.106 所示。

(17) 选择“足球世界”文字图层，单击【图层】面板下部的【添加图层样式】按钮 *fx*，在弹出的【图层样式】对话框中，勾选【斜面和浮雕】选项，设置如图 11.107 所示。勾选【外发光】选项，设置如图 11.108 所示。完成后效果如图 11.109 所示。

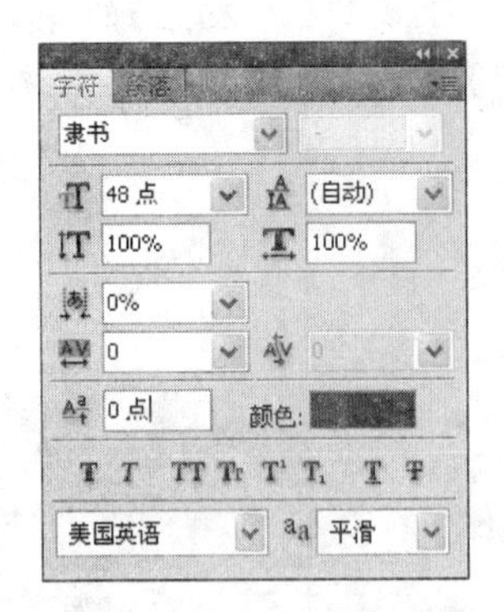

图 11.105　设置文字参数

图 11.106　输入文字效果

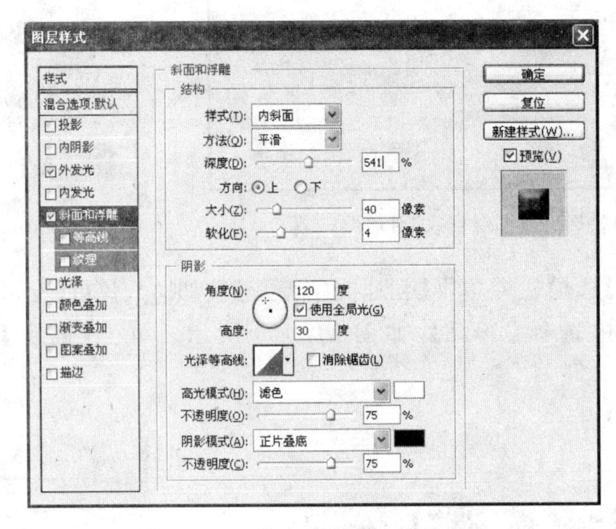

图 11.107　文字的斜面和浮雕设置

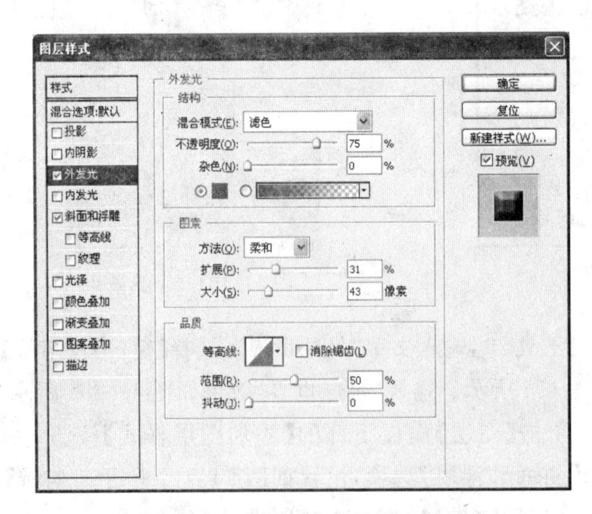

图 11.108　设置文字外发光效果

图 11.109　最终效果

思考与练习

1. 思考题

(1) 如何设置文本的格式?

(2) 文字的变形如何操作?

(3) 路径文字如何操作?

2. 练习题

(1) 练习内容:使用 Photoshop CS4 软件,制作文字效果。

(2) 练习要求:使用文字工具、图层样式等制作文字特效,完成后效果如图 11.110 所示。

图 11.110　完成文字效果

第12章　数码图像处理方法

12.1　滤镜在数码图像中的应用

数码摄影以其独特的魅力与品位，征服了许多人。但是，只有数码相机拍摄的相片还不够，还需要能够处理这些相片的图形处理软件。Adobe公司的Photoshop CS软件，可以说是数码处理的必需工具。

目前，Adobe公司的Photoshop CS4，它的一些基本功能很容易学习，但要深层掌握就不是很容易了，这些适用于大多数数码处理工作者。

12.1.1　风格化滤镜制作图像轮廓

风格化滤镜用来创建印象派和其他画派作品的效果。风格化滤镜组包括9种不同风格的滤镜，子菜单如图12.1所示。利用Photoshop CS4中自带的滤镜组可以制作出很多效果，利用图12.2所示图片，对比使用不同滤镜的效果分析如表12.1所示。

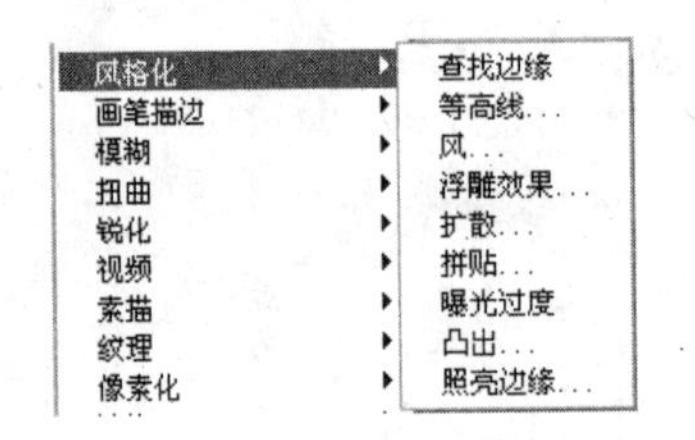

图12.1　【风格化】滤镜子菜单

图12.2　原始图片

12.1.2　画笔描边滤镜制作图像线条

画笔描边滤镜提供了产生各种绘画效果的另一种方法，其中有些滤镜通过为图像增加颗粒、画斑、杂色、边缘细节或纹理使图像产生各种各样的绘画效果。画笔描边滤镜组包括成角的线条、墨水轮廓、喷溅、喷色描边、强化的边缘、深色线条、烟灰墨和阴影线8种

表 12.1 【风格化】滤镜组各命令分析

滤镜名称	滤镜说明	对话框解释	图例
查找边缘	【查找边缘】滤镜用来查找图像中有明显区别的颜色边缘并加以强调，如图 12.3 所示		 图 12.3 【查找边缘】效果
等高线	【等高线】滤镜用来寻找颜色过渡边缘，并围绕边缘勾画出较细、较浅的线条，如图 12.4 所示	【色阶】表示控制寻找边缘的色阶值，可拖动滑块来控制，也可以直接在文本框中输入数值。【较低】表示搜寻颜色值低于事实上色阶的边缘，【较高】表示搜寻颜色值高于事实上色阶的边缘。在预览窗中可预览等高线效果，为调整数值提供参考。勾选【预览】选项还可以在图像窗口中预览效果	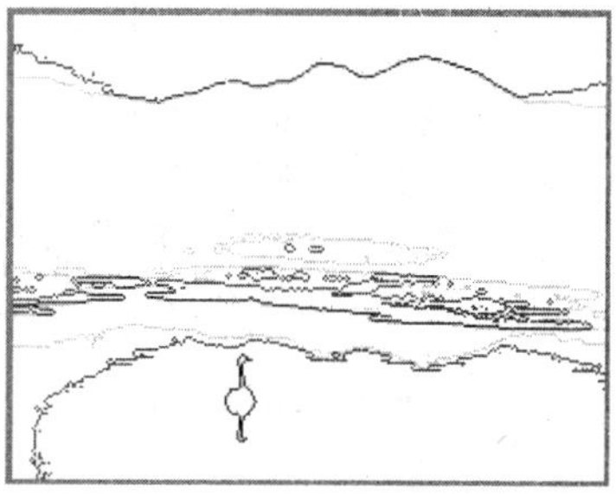 图 12.4 【等高线】效果
风	【风】滤镜用来为图像中增加一些水平的细线，以模拟风的效果，如图 12.5 所示	【方法】选项区域控制风的类型，【风】表示普通的风，【大风】表示较大的风，【飓风】表示危害很大的风。【方向】选项区域控制风的方向，【从右】表示风向从右到左，【从左】表示风向从左到右	 图 12.5 【风】效果
浮雕效果	【浮雕效果】滤镜用来模拟凸凹不平的雕刻效果，如图 12.6 所示	【角度】表示控制光线方向，【高度】表示控制凸凹程度。【数量】表示控制浮雕图像的颜色状况，该值越大图像保留的颜色越多；该值为零时，图像将变为单一的灰色	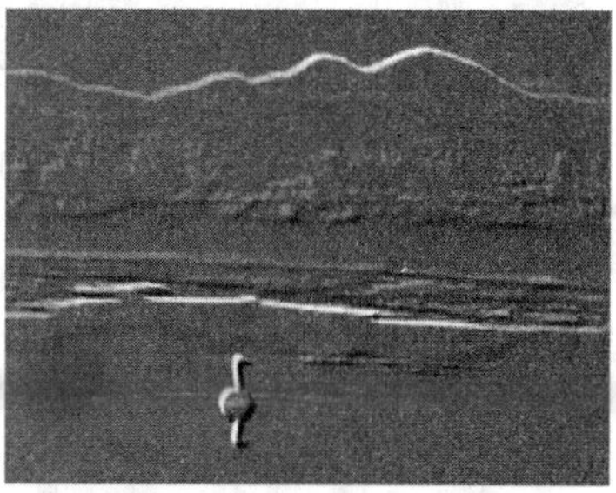 图 12.6 【浮雕效果】效果

续表

滤镜名称	滤镜说明	对话框解释	图例
扩散	【扩散】滤镜用来表现搅乱并扩散图像中的像素，使图像产生透过磨砂玻璃的效果，如图 12.7 所示	【模式】选项区域用来选择扩散方式。【正常】表示对所有像素都进行随机扩散，【变暗优先】表示将颜色较浅的像素向颜色较深的区域扩散，【变亮优先】表示将颜色较深的像素向颜色较浅的区域扩散	图 12.7 【扩散】效果
拼贴	【拼贴】滤镜将图像分割成许多方形的小贴块，每一个小方块都有些侧移，如图 12.8 所示	【拼贴数】表示图像每纵列中最小的拼贴数目，【最大位移】表示每个拼贴最大的侧移距离	图 12.8 【拼贴】效果
曝光过度	【曝光过度】滤镜用来表示产生图像正片与负片相互混合的效果。在摄影技术中，通过在冲洗过程中增加光亮来达到类似效果，如图 12.9 所示		图 12.9 【曝光过度】效果
凸出	【凸出】滤镜根据对话框中的设置，将图像转化成一系列凸出的三维立方体或锥体，从而产生立体背景效果，如图 12.10 所示	【类型】表示提供两种选择模式：【块】和【金字塔】。【大小】表示两种凸出的最大高度，【深度】表示控制凸出的最大高度，【随机】表示是否给予凸出单位随机的高度，【基于色阶】表示是否根据图像的色阶分配单位的高度。【立方体正面】表示使区域内的平均颜色填充立方体表面。【蒙版不完整块】表示是否遮盖在图像边缘处不完整的凸出单位	图 12.10 【凸出】效果

续表

滤镜名称	滤 镜 说 明	对话框解释	图　　例
照亮边缘	【照亮边缘】滤镜用来查找图像中的颜色边缘并用强化其过渡对比的方法使其产生发光的效果颜色反向，如图 12.11 所示	【边缘宽度】表示控制发光边缘的宽度，【边缘亮度】表示控制边缘发光的亮度，【平滑度】表示控制边缘的平滑程度	图 12.11　【照亮边缘】效果

不同的滤镜，子菜单如图 12.12 所示。利用图 12.13 所示图片，对比使用不同滤镜的效果，不同滤镜的分析见表 12.2。

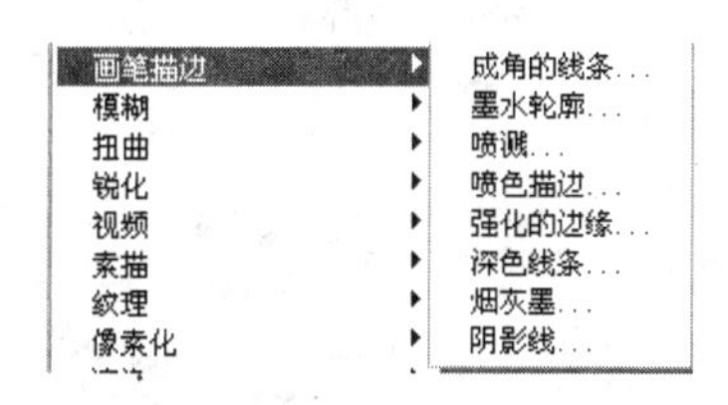

图 12.12　【画笔描边】滤镜菜单

图 12.13　原始图片

表 12.2　【画笔描边】滤镜内容的分析

滤镜名称	滤 镜 说 明	对话框解释	图　　例
成角的线条	【成角的线条】滤镜是以对角线的方向的线条描绘图像。图像中的光亮区域与图像中的阴暗区域分别用方向相反的两种线条描绘，如图 12.14 所示	【方向平衡】表示控制倾斜方向，该值为 0 时的线条角度方向与该值为 100 时完全相反，且为单一对角线方向，当该值为 50 时，两对角方向的线条参半。【描边长度】表示画笔线条的长度，【锐化程度】表示控制线条的清晰程度	图 12.14　【成角的线条】效果
墨水轮廓	【墨水轮廓】滤镜用圆滑的细线重新描绘图像的细节，使图像产生钢笔油墨化的风格，如图 12.15 所示	【描边长度】表示控制线条长度。【深色强度】表示控制阴暗区域的强度，该值越大图像越暗，线条越明显。【光照强度】表示控制明亮区域的强度，该值越大图像越亮，线条越不明显	图 12.15　【墨水轮廓】效果

续表

滤镜名称	滤镜说明	对话框解释	图例
喷溅	【喷溅】滤镜是模仿喷枪的效果，如图12.16所示	【喷色半径】表示控制喷枪的喷射口径，该值越小，喷枪的效果越明显，图像变形越大。【平滑度】表示控制图像的边缘光滑程度，该值越小，喷枪的效果越接近颗粒效果	图 12.16 【喷溅】效果
喷色描边	【喷色描边】滤镜是按照一定角度喷颜料，重绘图像，如图 12.17 所示	【描边长度】表示控制线条长度，【喷色半径】表示控制喷射颜料的剧烈程度，【描边方向】表示控制线条的喷射方向	图 12.17 【喷色描边】效果
强化的边缘	【强化的边缘】滤镜用来强化图像的边缘。当边缘亮度控制被设置较高值时，强化效果与白色粉笔相似；当亮度控制被设置为较低值时，强化效果与黑色油墨相似，如图 12.18 所示	【边缘宽度】表示控制边缘深浅的宽度，【边缘亮度】表示控制边缘的亮度。【平滑度】表示控制图像边缘的平滑程度。数值越小对比越清晰，反之越模糊	图 12.18 【强化的边缘】效果
深色线条	【深色线条】滤镜用短而密的线条绘制图像中的深色区域，并用长的白色线条描绘图像的浅色区域，如图 12.19 所示	【平衡】表示控制笔触的方向，当该值为最低值 0 或最高值 10 时的笔触方向均为单一对角方向，且两者方向完全相反；当该值处于中间数值时，两个对角方向的线条都会出现。【黑色强度】表示控制黑线的强度，【白色强度】表示控制白线的强度	图 12.19 【深色线条】效果
烟灰墨	【烟灰墨】滤镜用来绘制一种特殊效果的图像，模拟用包含黑色的墨水的画笔在宣纸上绘画的效果，如图 12.20 所示	【描边宽度】表示控制线条的宽度，【描边压力】表示控制笔触压力，【对比度】表示控制图像的对比度	图 12.20 【烟灰墨】效果

续表

滤镜名称	滤镜说明	对话框解释	图例
阴影线	【阴影线】滤镜在保持图像细节和特点的前提下,将图像中颜色边界加以强化和纹理化,并且模拟铅笔交叉线的效果,如图 12.21 所示	【描边长度】表示控制线条长度。【锐化程度】表示控制交叉线的清晰程度。【强度】表示控制交叉线的强度和数量	图 12.21 【阴影线】效果

12.1.3 模糊滤镜制作图像模糊效果

模糊滤镜通过模糊图像的一部分来强调图片中的主题。模糊图片中不平滑的边缘,使图像中的各个颜色看起来过渡得更为柔和。在其子菜单中包括 11 种模糊效果,如图 12.22 所示。这一组滤镜通过降低图片的对比度来柔化图像,利用图 12.23 所示图片,对比使用不同滤镜的效果,不同滤镜的分析见表 12.3。

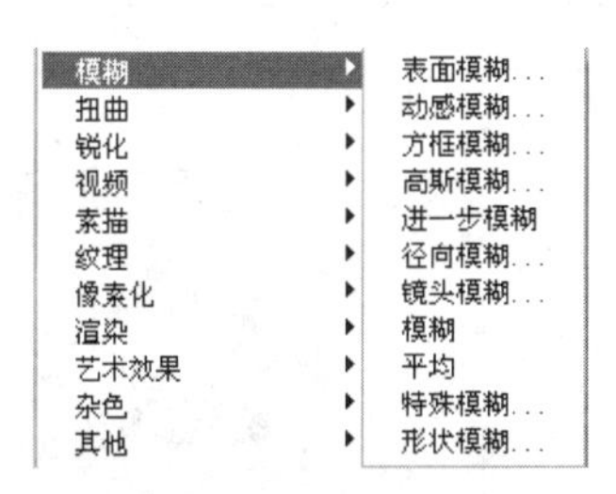

图 12.22 【模糊】滤镜菜单

图 12.23 原始图片

表 12.3 【模糊】滤镜内容的分析

滤镜名称	滤镜说明	对话框解释	图例
表面模糊	【表面模糊】滤镜用来表示图像表面效果,如图 12.24所示	【半径】表示控制表面模糊数值,【阈值】表示从低限到高限的范围	图 12.24 【表面模糊】效果
动感模糊	【动感模糊】滤镜用过长的曝光时间给快速运动的物体拍照,如图 12.25所示	【角度】表示控制动感模糊的方向,【距离】表示控制模糊的强度	图 12.25 【动感模糊】效果

续表

滤镜名称	滤镜说明	对话框解释	图例
方框模糊	【方框模糊】滤镜用来表示图像方框模糊效果，如图12.26所示	【半径】表示控制方框模糊的数值	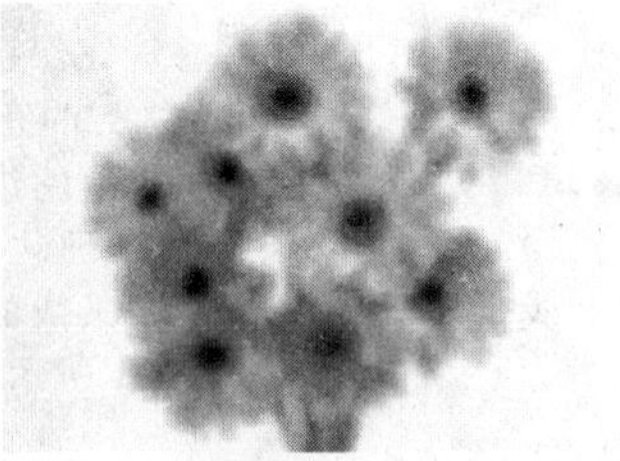 图12.26 【方框模糊】效果
高斯模糊	【高斯模糊】滤镜可以通过控制模糊半径的数值快速对选区进行模糊处理，产生轻微柔化图像边缘的雾化效果，如图12.27所示	【半径】用来控制模糊的数值	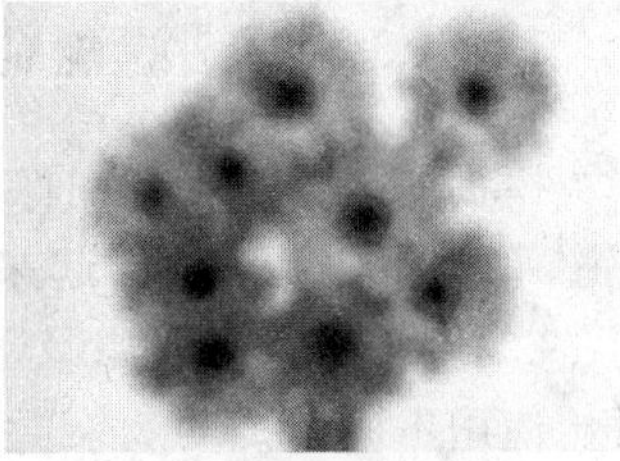 图12.27 【高斯模糊】效果
进一步模糊	【进一步模糊】滤镜用来表示产生的模糊效果是【模糊】滤镜的3～4倍，如图12.28所示	连续使用此滤镜2次	 图12.28 【进一步模糊】效果
径向模糊	【径向模糊】滤镜是模拟前后移动相机或旋转相机产生的模糊效果，如图12.29所示	【旋转】表示沿同心弧线模糊，即旋转模糊；【缩放】表示沿半径模糊，即放大或缩小图像。【数量】表示旋转的角度或缩放值	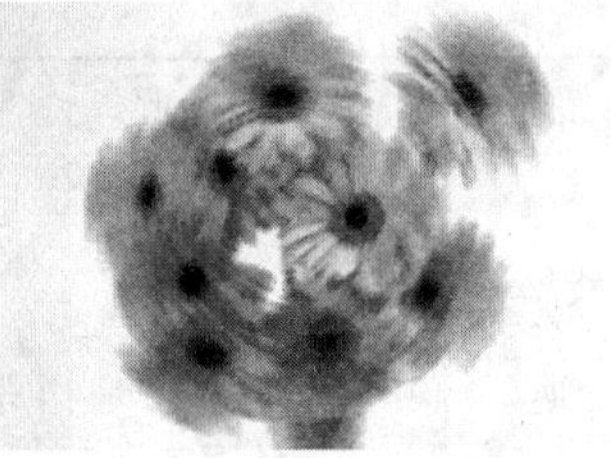 图12.29 【径向模糊】效果
镜头模糊	【镜头模糊】滤镜是使用深度映射来确定像素在图像中的位置，如图12.30所示	【深度映射】表示设置源选项。【模糊焦距】滑块以设置位于焦点内的像素的深度。【反相】用作深度映射来源的选区或Alpha通道。从“形状”弹出式菜单中选取光圈。【叶片弯度】表示对光圈边缘进行平滑处理；【旋转】表示旋转光圈。“镜面高光”选项下【亮度】表示高光的亮度。【阈值】表示亮度截止点。【杂色】表示向图像中添加杂色，可选择“平均分布”或“高斯分布”	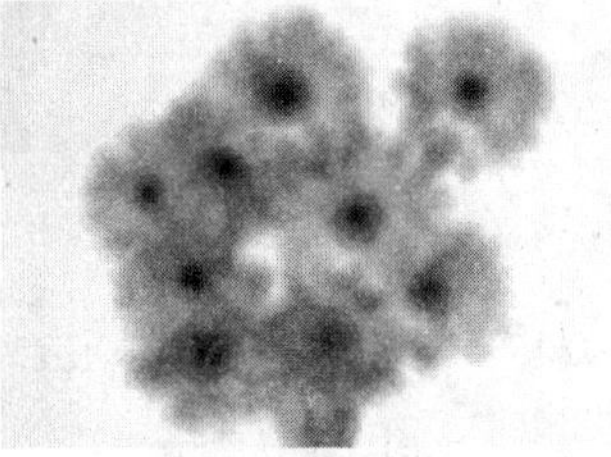 图12.30 【镜头模糊】效果

续表

滤镜名称	滤镜说明	对话框解释	图　例
模糊	【模糊】滤镜是使图像轻微模糊，减少图片中的杂色。模糊滤镜的效果不是很明显，如图12.31所示	连续使用此滤镜2次	 图12.31　【模糊】效果
平均	【平均】滤镜是添加反相的偏色效果，从而将色偏中和，还原本色，如图12.32所示		图12.32　【平均】效果
特殊模糊	【特殊模糊】滤镜对图像进行更为精确而且可控制的模糊处理，可以减少图像中的褶皱模糊或除去图像中多余的边缘，如图12.33所示	【半径】表示控制滤镜搜索不同像素进行处理的范围，【阈值】表示控制像素被处理前后的变化差别，低于这个差值的像素都将被模糊。【品质】用来选择质量，【模式】提供3种不同的模糊模式	 图12.33　【特殊模糊】效果
形状模糊	【形状模糊】滤镜可以转换成其他形状，得到不同的布纹效果，如图12.34所示	【半径】表示设置模糊的数值	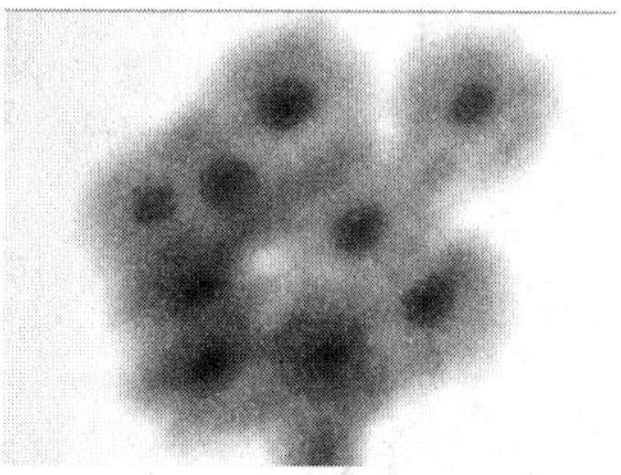 图12.34　【形状模糊】效果

12.1.4　扭曲滤镜制作图像变形效果

扭曲滤镜对图像进行扭曲和变形，产生奇妙的效果。某些滤镜变形很大，完全失去了原来图像的特点；某些滤镜作用在图像上，可以产生诸如玻璃、海浪和涟漪等效果。这组滤镜是很有价值的一组滤镜，用它们创造出充满想象力的作品。扭曲滤镜组一共包括 13 种不同的扭曲效果，子菜单如图 12.35 所示。利用图 12.36 所示图片，对比使用不同滤镜的效果，不同滤镜的分析见表 12.4。

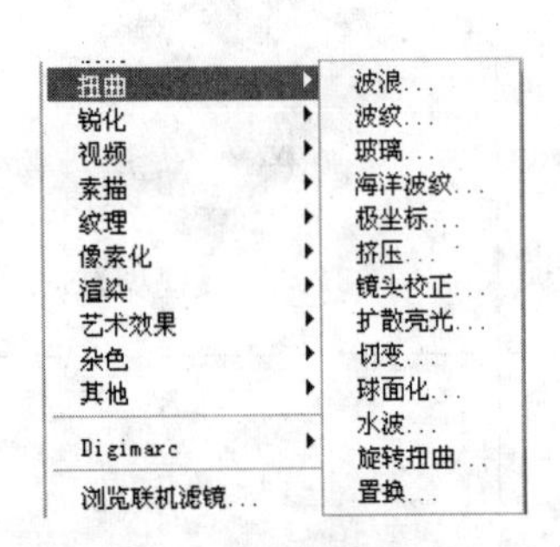

图 12.35 【扭曲】滤镜菜单

图 12.36 原始图片

表 12.4 【扭曲】滤镜内容的分析

滤镜名称	滤 镜 说 明	对话框解释	图 例
波浪	【波浪】滤镜可以全面控制和产生更强烈的波纹效果，如图 12.37 所示	【生成器数】表示控制产生波浪的数量，【波长】表示控制波长大小要分别设定最大值和最小值，【波幅】表示控制振幅的大小，要分别设定最大值和最小值，【比例】表示放缩比例。【类型】表示提供三种波形选择方式，分别是正弦形、三角形和方形。【随机化】按钮表示随机改变波的形状	图 12.37 【波浪】效果
波纹	【波纹】滤镜产生起伏的图案，就像水面的波纹，如图 12.38 所示	【数量】表示控制波纹的起伏变化数量，【大小】表示选择波纹的大小效果	图 12.38 【波纹】效果

续表

滤镜名称	滤镜说明	对话框解释	图例
玻璃	【玻璃】滤镜产生的效果像是在图像上方盖上了一层玻璃，如图 12.39所示	【扭曲度】表示控制图像的扭曲变化程度，【平滑度】表示控制图像的平滑程度，【纹理】表示玻璃纹理选择，【反向】用于将明暗区域交换	 图 12.39 【玻璃】效果
海洋波纹	【海洋波纹】滤镜为图像表面增加随机间隔的波纹，使图像看起来像在水面之下，如图 12.40 所示	包括【波纹大小】和【波纹幅度】两个选项	 图 12.40 【海洋波纹】效果
极坐标	【极坐标】滤镜使图像按照某种坐标算法(从平面坐标转换成极坐标，从极坐标转换成平面坐标)产生强烈变形，如图 12.41 所示	包括【平面坐标到极坐标】和【极坐标到平面坐标】两个单选项	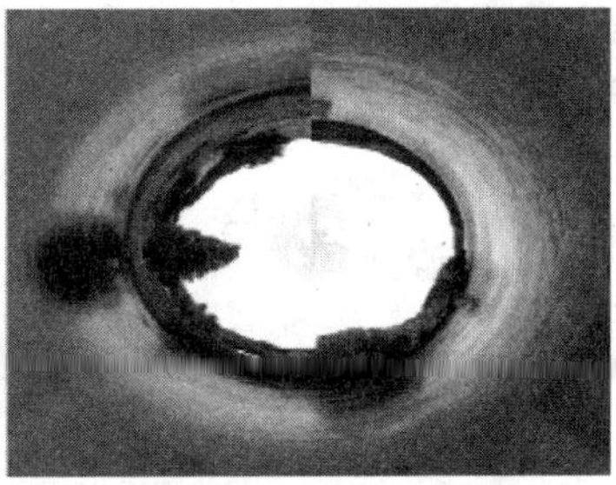 图 12.41 【极坐标】效果
挤压	【挤压】滤镜是向内或向外挤压图像，如图 12.42 所示	【数量】控制向内或向外挤压的程度，该值为负时向外挤压，该值为正时向内挤压	 图 12.42 【挤压】效果

续表

滤镜名称	滤镜说明	对话框解释	图例
镜头校正	【镜头校正】滤镜是通过右侧的选项来矫正照片，如图12.43所示	【移去扭曲】滑块可以对照片的变形进行校正。【色差】设置图像边缘的一圈色边。【晕影】是模拟光源照射入镜头的折射光效果。【变换】可以通过“垂直透视”或者“水平透视”选项，进行修整量不太大的校正	 图12.43 【镜头校正】效果
扩散亮光	【扩散亮光】滤镜对图像进行着色处理，散射图像上的高光，添加颗粒，产生发光效果，如图12.44所示	【粒度】控制颗粒数目，【发光量】控制发光强度，【清除数量】控制背景色覆盖区域的多少，该值越小覆盖的范围越大。要注意高亮区将被背景色填充，颗粒颜色与背景相同	 图12.44 【扩散亮光】效果
切变	【切变】滤镜是沿设定的曲线开头扭曲图像，如图12.45所示	通过拖动曲线来控制图像的扭曲幅度与方向，【折回】表示图像对边内容填充未定义区域。【重复边缘像素】表示按指定的方向扩展图像边缘的像素	 图12.45 【切变】效果
球面化	【球面化】滤镜产生将图像包在球面或柱面上的立体效果，如图12.46所示	【数量】表示用来控制球面化的程度，正值时向外突出，负值时向内凹陷。【模式】提供几种变形，包括正常、水平优先和垂直优先	 图12.46 【球面化】效果

续表

滤镜名称	滤 镜 说 明	对话框解释	图　　例
水波	【水波】滤镜就好像将小石子投入平静的水面产生的涟漪效果，如图12.47所示	【数量】表示控制水波纹的数量，【起伏】表示控制水波纹凸出或凹陷的程度，【样式】表示选择一种水波纹的样式	图12.47　【水波】效果
旋转扭曲	【旋转扭曲】滤镜与【水波】滤镜有些相似，如图12.48所示	【角度】表示扭曲方向的起伏变化	图12.48　【旋转扭曲】效果
置换	【置换】滤镜使一幅图像A按照图像B的纹理进行变形，最终用图像A的颜色和图像B的纹理将两幅图像组合在一起。图像B被称为置换图，该图要求为PSD格式，如图12.49所示	【水平比例】表示控制置换纹理在最终效果图中的清晰程度，该值越大，置换图的纹理越明显。【垂直比例】表示重新调整大小，使两幅图片以合适的比例置换。【拼贴】表示不改变置换图的大小，通过重复置换图（如果置换图要比原图小）来填满选区。【折回】表示用图像中对边内容填充未定义空白，【重复边缘像素】表示按指定方向扩展图像边缘像素	图12.49　【置换】效果

12.1.5　锐化滤镜调整图像

锐化滤镜组通过增加相邻像素的对比度使模糊的图像清晰，子菜单如图12.50所示。利用如图12.51所示图片讲解滤镜的使用，不同滤镜的分析见表12.5。

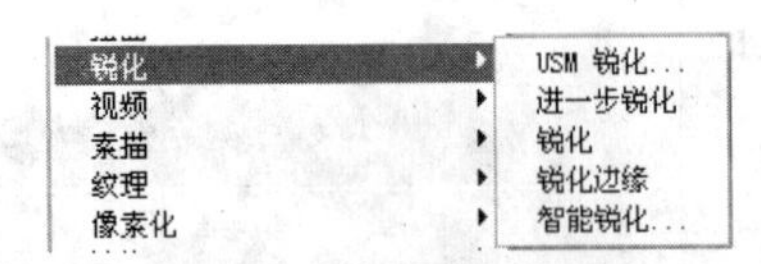

图 12.50 【锐化】滤镜菜单

图 12.51 图片

表 12.5 【锐化】滤镜内容的分析

滤镜名称	滤镜说明	对话框解释	图例
USM锐化	【USM 锐化】滤镜校正照相、扫描、重定像素或打印过程产生的模糊，查找颜色边缘，并用在每边缘处制作出的一条更亮或更暗的线条，强调边缘从而产生更清晰的效果，如图 12.52 所示	【数量】表示控制并修改滤镜强度，该值越大锐化效果越明显。【半径】表示控制滤镜分析像素变化情况的半径，该值越大在图像上增加的明暗区域的面积越大。【阈值】表示设定进行锐化所需的阈值，当像素之间的差别小于该阈值时就进行锐化处理，如果该值为零，则对整幅图片进行锐化处理	图 12.52 【USM 锐化】效果
进一步锐化	【进一步锐化】滤镜是比【锐化】滤镜应用更强的锐化效果，如图 12.53 所示	连续使用此滤镜 2 次	图 12.53 【进一步锐化】效果
锐化	【锐化】滤镜用于锐化图像的颜色边缘，使图像更加清晰，如图 12.54所示	连续使用此滤镜 2 次	图 12.54 【锐化】效果

续表

滤镜名称	滤 镜 说 明	对话框解释	图　　例
锐化边缘	【锐化边缘】滤镜用于查找颜色改变的边缘区域并进行锐化处理，使边界更为明显，如图 12.55 所示	连续使用此滤镜 6 次	图 12.55　【锐化边缘】效果
智能锐化	【智能锐化】滤镜更加精确地查找颜色改变的边缘区域，并进行锐化处理，使图像边界更为明显，如图 12.56 所示	【数量】控制锐化程度百分比。【半径】控制锐化半径参数。【移去】下拉列表中列出高斯模糊、镜头模糊和动感模糊 3 种类型模糊	图 12.56　【智能锐化】效果

12.1.6　视频滤镜制作图像

视频滤镜用来处理视频图像并将其转换成普通图像，或者将普通图像转换成视频图像。视频滤镜组包括两种滤镜，即 NTSC 颜色和逐行，子菜单如图 12.57 所示。

1. NTSC 颜色

【NTSC 颜色】滤镜将图像转换为电视可以接收的颜色。

2. 逐行

【逐行】滤镜将隔行抽条的视频图像转换为普通的图像。

选择【滤镜】|【视频】|【逐行】命令，弹出【逐行】对话框，如图 12.58 所示。其中，【消除】选项区域表示选择要消除哪一行，【奇数场】表示消除奇数行，【偶数场】表示消除偶数行。【创建新场方式】选项区域中，【复制】表示通过复制的方式，【插值】表示通过插值的方式。

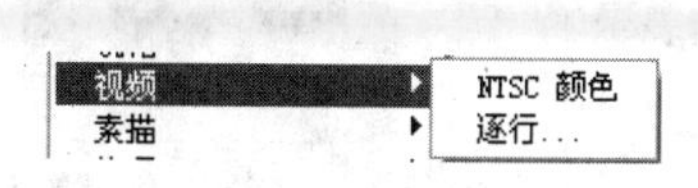

图 12.57　【视频】滤镜菜单

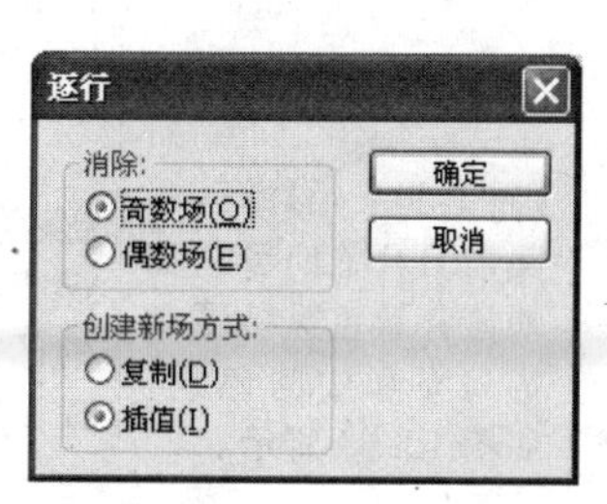

图 12.58　【逐行】对话框

12.1.7 素描滤镜制作图像

素描滤镜使用前景色和背景色重绘图像产生徒手速写或其他绘画效果。这组滤镜包括14种不同描绘效果，其子菜单如图12.59所示。在素描滤镜对话框中，均可预览图像效果，利用图12.60所示图片，对比使用不同滤镜的效果，不同滤镜的分析见表12.6。

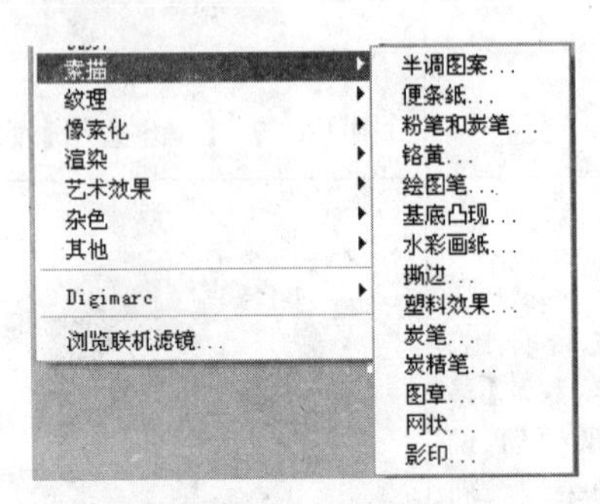

图12.59 【素描】滤镜菜单

图12.60 原始图片

表12.6 【素描】滤镜内容的分析

滤镜名称	滤镜说明	对话框解释	图例
半调图案	【半调图案】滤镜是模拟半调网的效果，并将图像转换成由前景色和背景色两种组成的图像，如图12.61所示	【大小】表示控制网纹大小，该值网纹越大越不清晰，【对比度】表示控制前景色和背景色之间的对比度，该值越大前景色和背景色之间的过渡越不明显。【图案类型】用来选择网纹类型	图12.61 【半调图案】效果
便条纸	【便条纸】滤镜模仿由两种颜色不同的粗糙的手工制作的纸张相互粘贴的效果，两种颜色由前景色和背景色确定，如图12.62所示	【图像平衡】表示调节前景色和背景色之间的平衡。该值越小背景色占的份额越大，该值越大前景色占的份额越大。【粒度】表示控制图像颗粒化程度，【凸现】表示控制图像的凸凹程度	图12.62 【便条纸】效果
粉笔和炭笔	【粉笔和炭笔】滤镜用粗糙的炭笔前景色和粉笔背景色重绘图像的高亮和中间色调，如图12.63所示	【炭笔区】表示控制炭笔的区域面积，【粉笔区】表示控制粉笔的区域面积，【描边压力】表示控制线条的压力	图12.63 【粉笔和炭笔】效果

续表

滤镜名称	滤镜说明	对话框解释	图例
铬黄	【铬黄】滤镜产生磨光的金属表面的效果，其金属表面的明暗情况与原图的明暗分布基本对应。该滤镜不受前景色和背景色的控制，如图 12.64 所示	【细节】表示维持原图细节的程度，【平滑度】表示控制图像的光滑程度	图 12.64 【铬黄】效果
绘图笔	【绘图笔】滤镜，用精细的对角方向的油墨线条前景色在背景色上重绘图像，如图 12.65所示	【描边长度】表示控制线型的长度，【明/暗平衡】表示调节前景色和背景色之间的平衡，【描边方向】表示控制线条方向	图 12.65 【绘图笔】效果
基底凸现	【基底凸现】滤镜是图像较暗的区域用前景色填充，图像较亮的区域用背景色填充，产生凹凸起伏雕刻的效果，如图 12.66 所示	【细节】表示控制滤镜作用的细腻程度，【平滑度】表示控制图像的平滑程度，【光照】表示控制光照方向	图 12.66 【基底凸现】效果
水彩画纸	【水彩画纸】滤镜是模仿在潮湿的纤维作画的效果，颜色将溢出和混合，如图 12.67 所示	【纤维长度】表示模拟纸张的纤维长度，控制扩散程度。【亮度】表示控制图像亮度。【对比度】表示控制图像对比度	图 12.67 【水彩画纸】效果
撕边	【撕边】滤镜用粗糙的颜色边缘模拟碎纸片的效果图像只包括前景色和背景色，如图 12.68所示	【图像平衡】表示调节前景色与背景色之间的平衡，【平滑度】表示控制图像的平滑程度，【对比度】表示控制前景色与背景色之间的对比度	图 12.68 【撕边】效果
塑料效果	【塑料效果】滤镜用于立体石膏复制图像，然后使用前景色和主背景色为图像上色。较暗区域上升，较亮区域下沉，如图 12.69所示	【图像平衡】表示调节前景色和背景色之间的平衡，该值越小背景占的份额越大，该值越大前景色占的份额越大。【平滑度】表示控制图像的圆滑程度，【光照】表示控制光照位置	图 12.69 【塑料效果】效果

续表

滤镜名称	滤 镜 说 明	对话框解释	图 例
炭笔	【炭笔】滤镜用前景色在纸张背景色上重绘图像,图像的主要边缘用粗线绘制,图像的中间色调用细线条描绘,如图 12.70 所示	【炭笔粗细】表示控制炭笔涂抹的厚度,【细节】表示控制绘画的细腻程度,【明/暗平衡】表示调节图像前景色和背景色之间的平衡	图 12.70 【炭笔】效果
炭精笔	【炭精笔】滤镜相当于用一支与前景色相同的粉笔绘制图像中较暗的区域,用一支与背景色相同的粉笔绘制图像中较亮的区域,如图 12.71 所示	【前景色阶】表示控制前景色的强度,【背景色阶】表示控制背景色的强度,【纹理】表示画布纹理类型,【放缩】表示纹理放缩比例,【凸现】表示控制纹理凸现程度,【光照】表示控制光线照射方向,【反相】用于设定反向效果指定线方向	图 12.71 【炭精笔】效果
图章	【图章】滤镜是模拟印章效果,印章部分为前景色,其余部分为背景色,如图 12.72 所示	【明/暗平衡】表示调节前景色和背景色之间的平衡,【平滑度】表示控制图像的平滑程度	图 12.72 【图章】效果
网状	【网状】滤镜是透过网格向背景色上扩散半固体的颜料前景色,如图 12.73所示	【浓度】表示控制网眼的密度,【前景色阶】表示控制前景色的强度,【背景色阶】表示控制背景色的强度	图 12.73 【网状】效果
影印	【影印】滤镜是以前景色和背景色模拟影印图像的效果,如图 12.74 所示	【细节】表示控制维持细节的程度,【暗度】表示控制前景色的强度	图 12.74 【影印】效果

12.1.8 纹理滤镜制作图像背景

用纹理滤镜创建某种特殊的纹理或材质效果。该组滤镜提供 6 种不同的纹理,子菜单如图 12.75 所示。利用图 12.76 所示图片,对选区内图像添加滤镜对比效果,不同滤镜的分析见表 12.7。

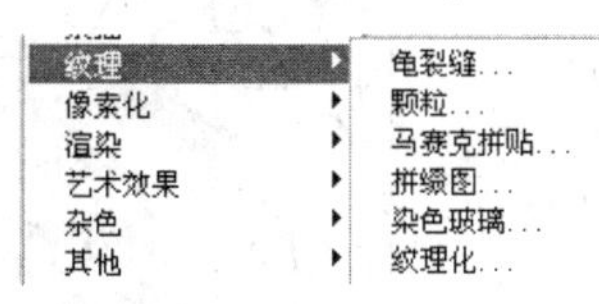

图 12.75　【纹理】滤镜菜单

图 12.76　原始图片

表 12.7　【纹理】滤镜内容的分析

滤镜名称	滤 镜 说 明	对话框解释	图　　例
龟裂缝	【龟裂缝】滤镜是模仿在粗糙的石膏表面绘画的效果，图像上形成许多纹理。此滤镜为图像创建另一种浮雕效果，如图 12.77 所示	【裂缝间距】表示控制裂纹的尺寸，【裂缝深度】表示控制裂纹的深度，【裂缝亮度】表示控制裂纹的亮度	图 12.77　【龟裂缝】效果
颗粒	【颗粒】滤镜是通过模仿颗粒效果为图像增加纹理，如图 12.78 所示	【强度】表示控制颗粒的密度，【对比度】表示控制图像的对比度，【颗粒类型】表示设定颗粒的类型，可以选择常规、柔和、喷洒、结块、强反差、扩大、点刻、水平、垂直和斑点等类型的颗粒效果	图 12.78　【颗粒】效果
马赛克拼贴	【马赛克拼贴】滤镜是分割图像成若干形状随机的小块，并在小块之间增加深色的缝隙，如图 12.79 所示	【拼贴大小】表示控制马赛克的大小，【缝隙宽度】表示控制马赛克之间缝隙的宽度，【加亮缝隙】表示控制缝隙的亮度	图 12.79　【马赛克拼贴】效果
拼缀图	【拼缀图】滤镜将图像分为若干个小方块，将每个方块用该区域最亮的颜色填充，并为方块之间增加深色的缝隙。可模拟瓷砖的效果，如图 12.80 所示	【方形大小】表示控制方块的大小，【凸现】表示控制凸出高度	图 12.80　【拼缀图】效果

续表

滤镜名称	滤 镜 说 明	对话框解释	图 例
染色玻璃	【染色玻璃】滤镜完全模拟杂色玻璃的效果，图像中许多细节将丢失。相邻单元格之间空间用前景色填充，如图 12.81 所示	【单元格大小】表示控制每一个单元格的大小比例，【边框粗细】表示控制边界宽度，【光照强度】表示控制光照强度	图 12.81 【染色玻璃】效果
纹理化	【纹理化】滤镜在图像上应用纹理效果，如图 12.82 所示	【纹理】下拉列表用于选择画布纹理类型，【放缩】表示纹理放缩比例，【凸现】表示控制纹理凸现程度，【光照】下拉列表用于选择光线照射方向，【反相】表示设定反向效果	图 12.82 【纹理化】效果

12.1.9 像素化滤镜制作图像

像素化滤镜组将图像分块，使图像看起来由许多单元格组成。像素化滤镜包括 7 种滤镜效果，子菜单如图 12.83 所示。利用图 12.84 所示图片，对比使用不同滤镜的效果，不同滤镜的分析见表 12.8。

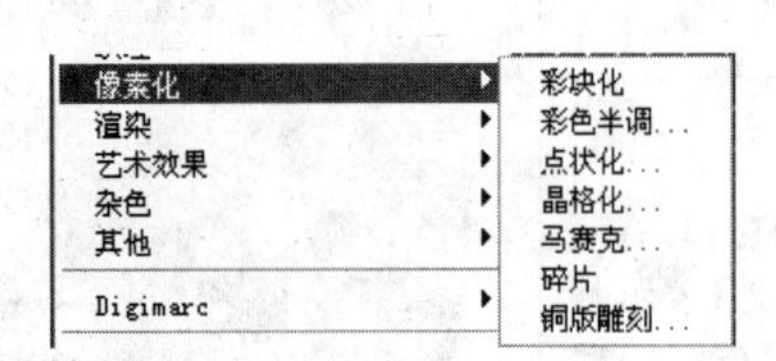

图 12.83 【像素化】滤镜菜单

图 12.84 原始图片

表 12.8 【像素化】滤镜内容的分析

滤镜名称	滤 镜 说 明	对话框解释	图 例
彩块化	【彩块化】滤镜将色素分组并转换成颜色相近的像素块，使图像具有手工绘制的感觉，或使图像与抽象画相似，如图 12.85 所示		图 12.85 【彩块化】效果

续表

滤镜名称	滤镜说明	对话框解释	图　例
彩色半调	【彩色半调】滤镜使模拟图像的每一个通道上都使用扩大的半色调网屏效果，即将每一个通道划分为矩形栅格，然后将像素添加到每一个栅格，并用圆形替换矩形，模仿调色点，如图12.86所示	【最大半径】文本框用于表示控制风格的大小，【网角】用于控制每个通道的屏蔽角度，【默认】按钮用于恢复默认设置	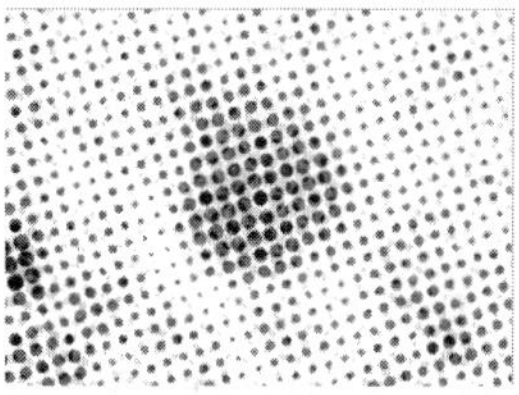 图12.86　【彩色半调】效果
点状化	【点状化】滤镜将图像分解为随机的点，产生点画效果，如图12.87所示	【单元格大小】用于控制单元格面积的大小，可拖动滑块来控制，也可以直接在文本框中输入数值	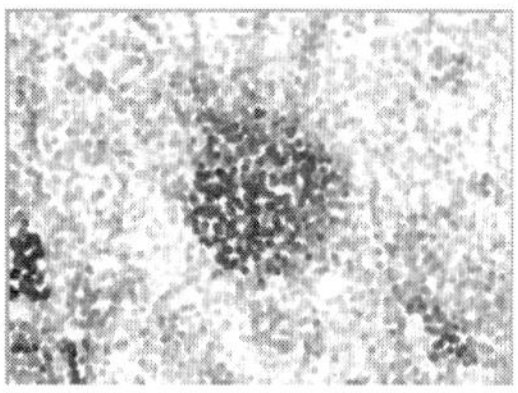 图12.87　【点状化】效果
晶格化	【晶格化】滤镜将像素结块为单一颜色的多边形栅格，如图12.88所示	【单元格大小】用于设置晶格的大小	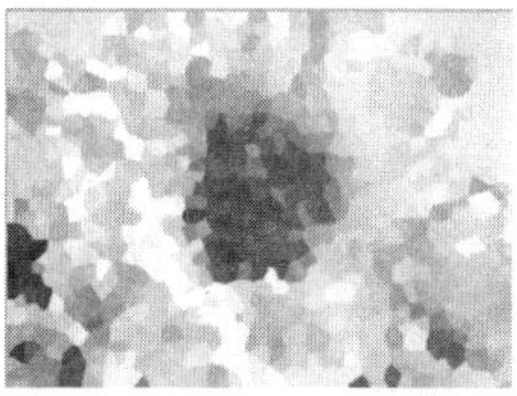 图12.88　【晶格化】效果
马赛克	【马赛克】滤镜将像素分组并转换成颜色单一的方块，产生马赛克效果，如图12.89所示	【单元格大小】用于设置方块的大小，可拖动滑块来控制，也可以直接在文本框中输入数值	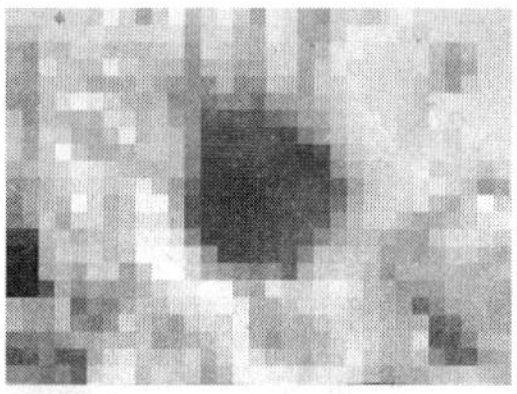 图12.89　【马赛克】效果
碎片	【碎片】滤镜将像素复制几次，再将它们平移产生一种不聚集的效果，如图12.90所示		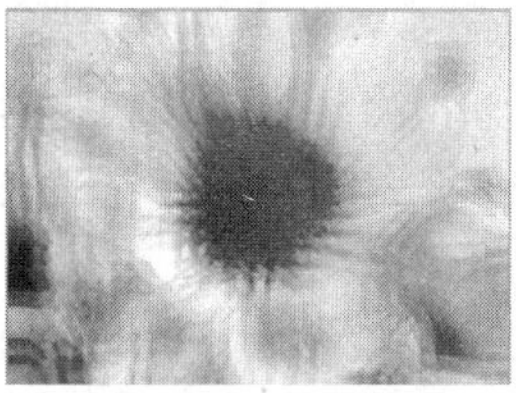 图12.90　【碎片】效果
铜版雕刻	【铜版雕刻】滤镜用电、线条或笔画重新生成图像，同时图像的颜色将变饱和，如图12.91所示	【类型】下拉列表用于选择雕刻的类型	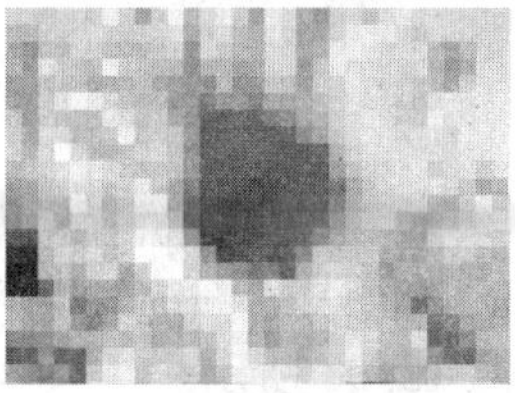 图12.91　【铜版雕刻】效果

12.1.10 渲染滤镜制作图像

渲染滤镜对图像产生照明、云彩以及特殊的纹理效果，渲染滤镜组包括 6 种滤镜效果，子菜单如图 12.92 所示。

图 12.92 【渲染】滤镜菜单

1. 3D Transform(三维转换)

【3D Transform】滤镜是将平面图像粘贴于立方体、球体和圆柱体上(类似于三维程序中的贴图)，产生空间立体效果。该滤镜适合于重新定位图像或产生奇特的立体效果。可以按以下步骤进行操作。

(1) 选择【滤镜】|【渲染】|【3D Transform】命令，弹出【3D Transform】对话框，如图 12.93 所示。

图 12.93 【3D Transform】对话框

(2) 选择球形图标建立一个球体框架，根据需要创建一个球体框架，如图 12.94 所示。

图 12.94 创建球体框架

(3) 单击 trackball tool 按钮，在右侧面板中设置相应的参数并调整到合适的角度，如图 12.95 所示。

(4) 单击【确定】按钮，完成后效果如图 12.96 所示。

图 12.95　设置球体角度效果

图 12.96　完成后效果

2. 分层云彩

【分层云彩】滤镜使用前景色和背景色之间变化的随机值产生云彩的效果，并且将图像颜色反向使其与云彩混合。如果连续使用这个滤镜多次可以达到大理石的效果。

新建空白文档，修改前景色为黑色，背景色为白色，选择【滤镜】|【渲染】|【分层云彩】命令，效果如图 12.97 所示。

3. 光照效果

【光照效果】滤镜是在图像上制作各种光照效果，只能用于 RGB 文件。这是一个比较复杂的滤镜，但是用这个滤镜可以创造出许多奇妙的灯光纹理效果。可以按以下步骤进行操作。

(1) 选择【滤镜】|【渲染】|【光照效果】命令，弹出【光照效果】对话框，如图 12.98 所示。

图 12.97　【分层云彩】效果

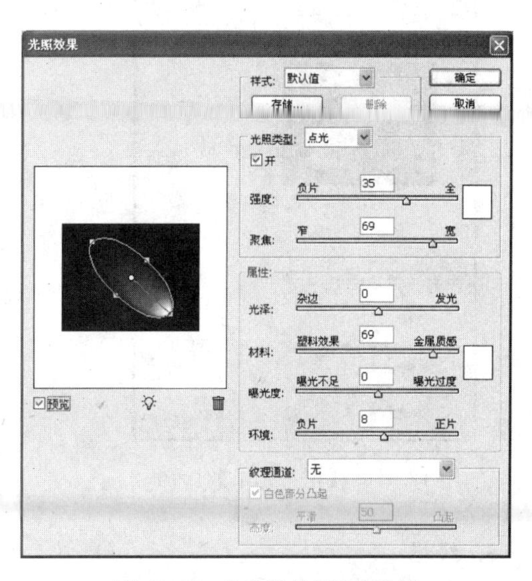

图 12.98　【光照效果】对话框

(2) 其中,【光照类型】用来选择一种光源类型,包括平行光、全光源和点光。【开】表示开关光源,【强度】表示控制光源强度。【光泽】表示确定图像的反光程度,可以从粗糙变化到发光。【曝光度】表示控制光线射到图像上以后图像反射光线的性质,反射照射光线的颜色或反射图像原有的颜色。【环境】表示控制光线与图像中的环境光混合的效果,"负片"表示照射光线的效果较强,"正片"表示环境光线的作用较强。【纹理通道】表示从通道中选择一种作为图像的纹理。该通道可以是红、绿、蓝三个通道中的一种或者是 Alpha 通道。【白色部分凸起】表示选择该选项,将较亮区域设为凸出纹理。不选该选项,将较暗区域设为凸出纹理。【高度】表示设置纹理的高度从平滑变化到凸起。

(3) 在对话框的预览窗口中拖动控制点,然后单击【确定】按钮,效果如图 12.99 所示。

图 12.99 光照效果

4. 镜头光晕

【镜头光晕】滤镜是模拟亮光照在相机镜头所产生的光晕效果。可以按以下步骤进行操作。

(1) 选择【滤镜】|【渲染】|【镜头光晕】命令,弹出【镜头光晕】对话框,如图 12.100 所示。

(2) 其中,【光晕中心】用十字光标显示光晕中心的位置。【亮度】用于控制光线的亮度。【镜头类型】用于指明光晕镜头的类型。设置【亮度】值为 130。

(3) 单击【确定】按钮,完成后效果如图 12.101 所示。

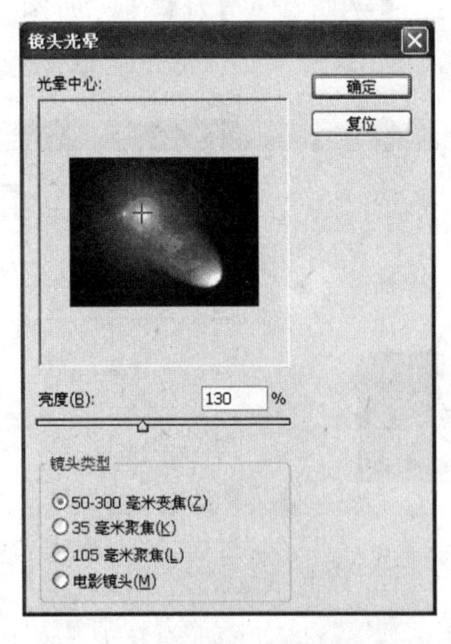

图 12.100 【镜头光晕】对话框

图 12.101 【镜头光晕】效果

5. 纤维

【纤维】滤镜用于制作纤维效果。

修改前景色为蓝色，背景色为白色，选择【滤镜】|【渲染】|【纤维】命令，弹出【纤维】对话框，如图 12.102 所示，可预览纤维效果。

6. 云彩

【云彩】滤镜根据设定的前景色和背景色之间的随机像素值将图像转换成柔和的云彩效果。

选择【滤镜】|【渲染】|【云彩】命令，效果如图 12.103 所示。

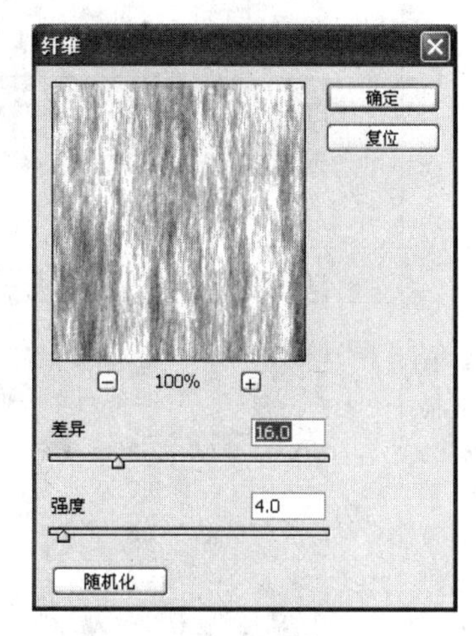

图 12.102　【纤维】对话框

图 12.103　【云彩】效果

12.1.11　艺术效果滤镜制作图像

本节通过案例讲解艺术效果滤镜处理图像使用方法，使读者了解艺术效果滤镜的综合应用技巧，通过案例作品演示，掌握艺术效果滤镜处理图像的使用技巧。

艺术效果滤镜组包括 15 种不同的滤镜，子菜单如图 12.104 所示，应用这些滤镜可以产生传统绘画、自然媒体及其他不同风格的艺术效果。本节利用图 12.105 所示图片，对比使用不同滤镜的效果，不同滤镜的分析见表 12.9。

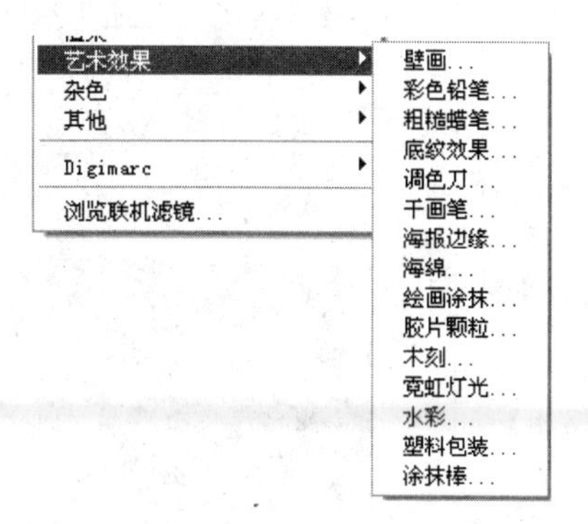

图 12.104　【艺术效果】滤镜菜单

图 12.105　原始图片

表 12.9 【艺术效果】滤镜内容的分析

滤镜名称	滤镜说明	对话框解释	图例
壁画	【壁画】滤镜是相近的颜色以单一的颜色代替,并加上粗糙的颜色边缘,产生粗糙的壁画效果,如图 12.106 所示	【画笔大小】表示画笔尺寸大小,【画笔细节】表示控制画笔的细腻程度,【纹理】表示控制在过渡区域产生纹理的清晰程度	 图 12.106 【壁画】效果
彩色铅笔	【彩色铅笔】滤镜用各种颜色的铅笔在单一颜色的背景上沿某一特定的方向勾画图像。重要的边缘使用粗糙的画笔勾勒,单一颜色区域将被背景色代替,如图 12.107 所示	【铅笔宽度】表示铅笔笔画宽度,【描边压力】表示控制描绘时的用笔压力,【纸张亮度】表示画纸的亮度。画纸的颜色是工具箱中设置的背景色。亮度设置得越大,画纸越接近背景色	 图 12.107 【彩色铅笔】效果
粗糙蜡笔	【粗糙蜡笔】滤镜用彩色蜡笔在布满纹理的背景上描绘,如图 12.108所示	【描边长度】表示控制画笔的线条长度,【描边细节】表示控制线条细腻程度,【纹理】表示画布纹理类型,【缩放】表示纹理放缩比例,【凸现】表示控制纹理凸现程度,【光照】表示控制光线照射方向,【反相】表示设定反向效果	 图 12.108 【粗糙蜡笔】效果
底纹效果	【底纹效果】滤镜使图片产生纹理效果,如图 12.109 所示	【画笔大小】表示控制画笔宽度,【纹理覆盖】表示纹理扩张范围,【纹理】表示画布纹理类型,【缩放】表示纹理放缩比例,【光照方向】表示控制光线照射方向,【反相】表示设定方向效果	 图 12.109 【底纹效果】效果

续表

滤镜名称	滤镜说明	对话框解释	图例
调色刀	【调色刀】滤镜好像用刀子刮去图像的细节，产生画布效果，如图12.110所示	【描边大小】表示控制图像相互混合的程度，数值越大，图像越模糊。【描边细节】表示控制互相混合的颜色的近似程度，该值越大，颜色相近的范围越大，颜色混合得越明显。【软化度】表示控制不同颜色边界线的柔和程度	图12.110　【调色刀】效果
干画笔	【干画笔】滤镜减少图像的颜色来简化图像的细节，使图像呈现出介于油画和水彩画之间的效果，如图12.111所示	【画笔大小】表示画笔尺寸大小，【画笔细节】表示控制画笔的细腻程度，【纹理】表示控制颜色过渡区域纹理的清晰程度	图12.111　【干画笔】效果
海报边缘	【海报边缘】滤镜减少图像的颜色，查找图像的边缘并在上面加上黑色的轮廓，如图12.112所示	【边缘厚度】表示控制描边的宽度，【边缘强度】表示控制描边的强度，【海报化】表示控制图像海报化的渲染程度	图12.112　【海报边缘】效果
海绵	【海绵】滤镜模拟直接用海绵绘画的效果，如图12.113所示	【画笔大小】表示控制画笔大小面积，【清晰度】表示颜料散开的反差大小，【平滑度】表示控制颜料散开的平滑程度	图12.113　【海绵】效果

续表

滤镜名称	滤 镜 说 明	对话框解释	图 例
绘画涂抹	【绘画涂抹】滤镜在画布上进行涂抹，产生模糊的效果，如图 12.114所示	【画笔大小】表示画笔尺寸大小，【锐化程度】表示控制图像边界的锐化程度，【画笔类型】表示涂抹工具的类型	图 12.114 【绘画涂抹】效果
胶片颗粒	【胶片颗粒】滤镜是胶片颗粒在图像的暗色调和中间色调均匀调整的颗粒，使图像更饱和更平衡，如图 12.115所示	【颗粒】表示控制颗粒的大小，【高光区域】表示控制高亮区的范围，【强度】表示控制图像的明暗程度	图 12.115 【胶片颗粒】效果
木刻	【木刻】滤镜减少图像原有的颜色，类似的颜色用同一种代替，使图像看起来像由粗糙的几层颜色组成。对于人物应用该滤镜会产生类似卡通人物的效果，如图 12.116所示	【色阶数】表示颜色层次，该值越大，颜色层次越丰富。【边缘简化度】表示各种颜色边界的简化程度，该值越小，图像越接近原图。【边逼真度】表示图像轮廓的逼真程度	图 12.116 【木刻】效果
霓虹灯光	【霓虹灯光】滤镜为图像添加类似霓虹灯一样的发光效果，如图 12.117所示	【发光大小】表示发光范围，【发光亮度】表示发光强度，【发光颜色】表示发光的颜色	图 12.117 【霓虹灯光】效果

续表

滤镜名称	滤镜说明	对话框解释	图　例
水彩	【水彩】滤镜能产生水彩风格的图像，简化图像的细节，改变图像边界的色调，饱和图像的颜色，如图 12.118所示	【画笔细节】表示控制绘画时的细腻程度，【暗调深度】表示控制阴影区的表现强度，【纹理】表示控制不同颜色交界处的过渡情况	图 12.118　【水彩】效果
塑料包装	【塑料包装】滤镜给图像添加塑料包装，强调表面细节，如图 12.119所示	【高光强度】表示控制塑料包装高亮反光区的亮度，【细节】表示控制塑料包装边缘细节，【平滑度】表示控制塑料包装边缘的平滑程度	图 12.119　【塑料包装】效果
涂抹棒	【涂抹棒】滤镜是较暗的区域将被短而密的黑线涂抹，如图 12.120所示	【描边长度】表示控制画笔的线条长度，【高光区域】表示控制高亮区域的涂抹强度，【强度】表示控制涂抹强度	图 12.120　【涂抹棒】效果

12.1.12　杂色滤镜制作图像

应用杂色滤镜，可以为图像增加或减少噪点。增加噪点可以消除图像在混合时出现的色带，或者用以将图像的某一部分更好地融合于其周围的背景中；减少图像中不必要的杂色以提高图像的质量。这一组滤镜是由 5 个不同的滤镜组成，子菜单如图 12.121所示。

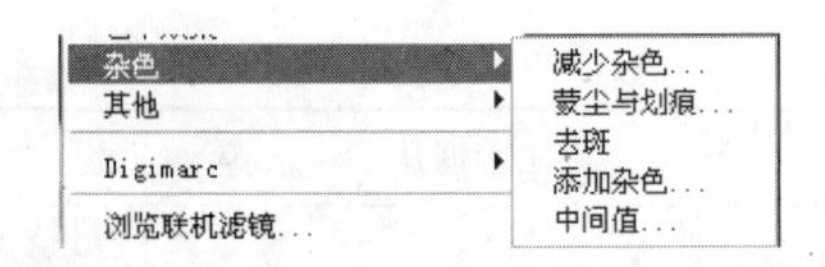

图 12.121 【杂色】滤镜菜单

1. 蒙尘与划痕

【蒙尘与划痕】滤镜可以搜索图像中的小缺陷，然后将其融入周围的图像中，在清晰度的图像和隐藏的缺陷之间达到平衡。其对话框中，【半径】表示控制所要清除尘污或划痕的区域范围，但该值越大图像越模糊，【阈值】表示图像在消除器噪点后过渡模糊。

2. 添加杂色

【添加杂色】滤镜在图像上应用随机像素，模仿高速胶片上捕捉动画的效果。可以用来消除色带或使过度修饰的区域看起来更加真实。其对话框中，【数量】表示控制噪点的数量，【分布】表示控制噪点的生产方式，【平均分布】随机产生的噪点，【高斯分布】根据高斯钟摆曲线产生噪点，其效果要比前者明显。

3. 中间值

【中间值】滤镜调整图像模糊变化程度，半径数值越大图像就越模糊。

12.1.13 其他滤镜制作图像

其他滤镜中收集了不适合与其他滤镜分在同一组中的 5 种滤镜子菜单，如图 12.122 所示，本节利用图 12.123 所示图片，对比使用不同滤镜的效果，不同滤镜的分析见表 12.10。

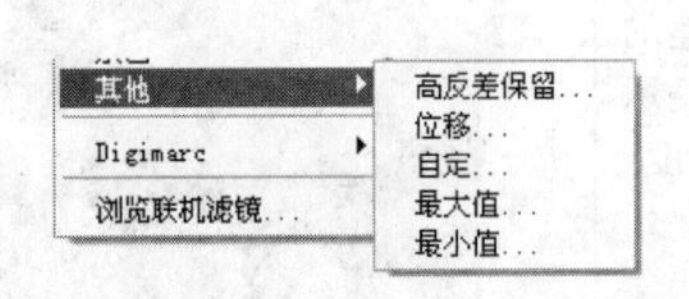

图 12.122 【其他】滤镜菜单

图 12.123 原始图片

表 12.10 【其他】滤镜内容的分析

滤镜名称	滤 镜 说 明	对话框解释	图 例
高反差保留	【高反差保留】滤镜抑制图像中亮度逐渐增加的区域，保留图像中颜色变化最快部分，如图 12.124所示	【半径】表示控制滤镜分析像素之间颜色过渡情况的区域半径	图 12.124 【高反差保留】效果

续表

滤镜名称	滤镜说明	对话框解释	图例
位移	【位移】滤镜根据设定的数值，在水平方向和竖直方向平移图像，如图 12.125所示	【水平】表示控制图像在水平方向移动的距离，【垂直】表示控制图像在竖直方向移动的距离。【未定义区域】提供填充定义区域的三种方式，【设置为透明】表示用背景色填充，【重复边缘像素】表示是按一定方向重复边缘像素，【折回】表示是用对边的内容填充空白区域	 图 12.125　【位移】效果
自定	【自定】滤镜允许用户自定滤镜。可以制作出具有锐化、模糊和浮雕效果的滤镜。建议最好使用软件本身提供的滤镜。自定一种颜色面板，用于填充对象，如图 12.126所示		 图 12.126　【自定】效果
最大值	【最大值】滤镜扩大亮区，缩小暗区。在指定的半径内，滤镜像素中的亮度最大值并用该像素替换其他像素。这种滤镜常用来修饰蒙版中的白色区域将向黑色区域扩张，如图 12.127所示	【半径】表示控制滤镜分析像素之间颜色过渡情况的区域半径	 图 12.127　【最大值】效果
最小值	【最小值】滤镜缩小亮区，扩大暗区。在指定的半径内，滤镜像素中的亮度最小值，并用该像素替换其他像素。这种滤镜常用来修饰蒙版中的黑色区域向白色区域扩张，如图 12.128所示	【半径】表示控制滤镜像素之间颜色过渡情况的区域	 图 12.128　【最小值】效果

12.2 数码图像处理基础

12.2.1 基本概念

1. 色调

色调就是各种图像色彩模式下图形原色的明暗度。色调的调整也就是明暗度的调整,色调值的范围为0～255。

2. 色相

色相就是色彩的颜色。对色相的调整就是调整图像中颜色的变化。每一种颜色代表一种色相。

3. 饱和度

饱和度就是图像颜色的彩度。调整饱和度就是调整图像的彩度。

4. 对比度

对比度是指不同颜色的差异。对比度越大,两种颜色之间的相差越大。

12.2.2 图像色调调节

1. 亮度/对比度

【亮度/对比度】命令用来调整图像的亮度和对比度的关系。可以按以下步骤进行操作。

图 12.129 打开的图像

(1) 选择【文件】|【打开】命令,选择一个图像文件并打开,如图12.129所示。

(2) 选择【图像】|【调整】|【亮度/对比度】命令,弹出【亮度/对比度】对话框,如图12.130所示。

(3) 在文本框中输入数值或拖移滑块可以调整亮度和对比度。向左拖移降低亮度和对比度;向右拖移则增加亮度和对比度。滑块右侧的文本框中显示亮度或对比度的值,范围为-100～100。

(4) 完成调整后,单击【确定】按钮,完成后效果如图12.131所示。

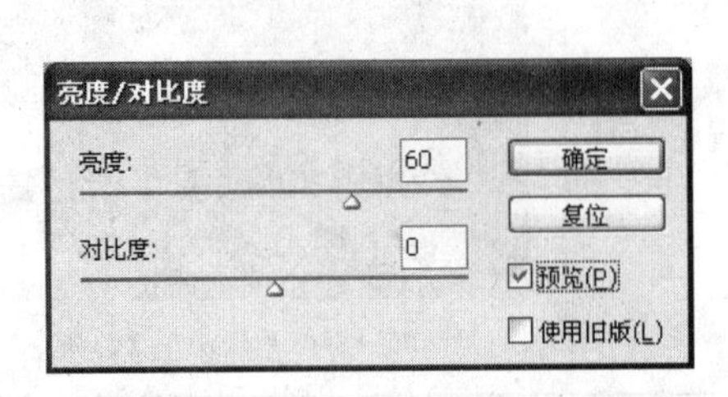

图 12.130 【亮度/对比度】对话框

图 12.131 调整【亮度】后的效果

2. 色阶

【色阶】命令用来调整图像文件中输出和输入的色阶多少，以达到调整图像亮度的目的。

（1）打开图像文件，选择【图像】|【调整】|【色阶】命令，弹出【色阶】对话框，如图12.132所示。

（2）对于多通道图像，从【通道】下拉列表中选择要调整的通道，如图12.133所示。

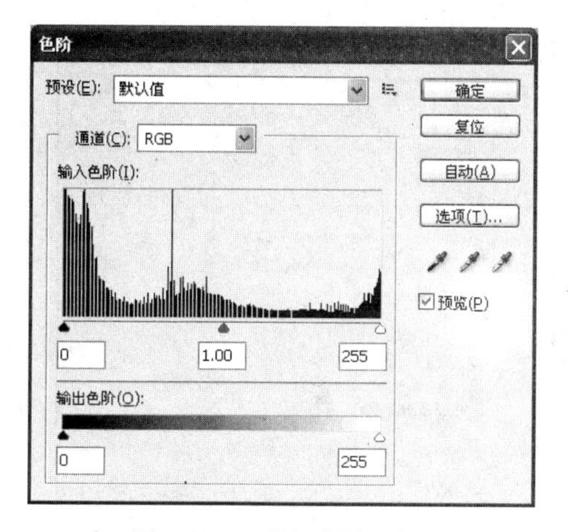

图12.132　【色阶】对话框

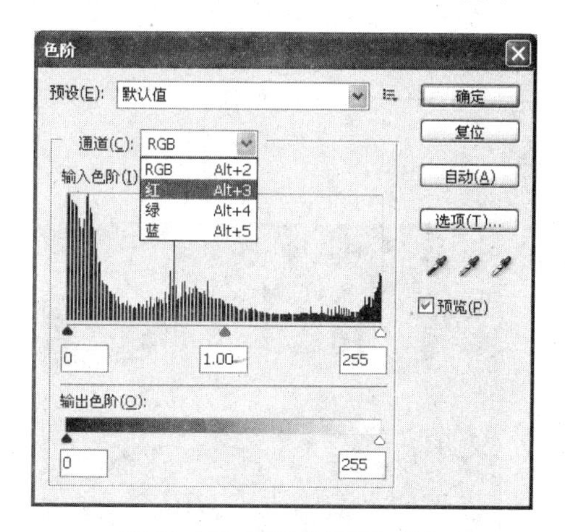

图12.133　【通道】下拉列表

（3）如果在使用色阶命令之前，在【通道】面板中选择了某个通道，如图12.134所示。在【色阶】对话框的【通道】列表中只显示选中的通道，即色阶只对该通道有作用，如图12.135所示。

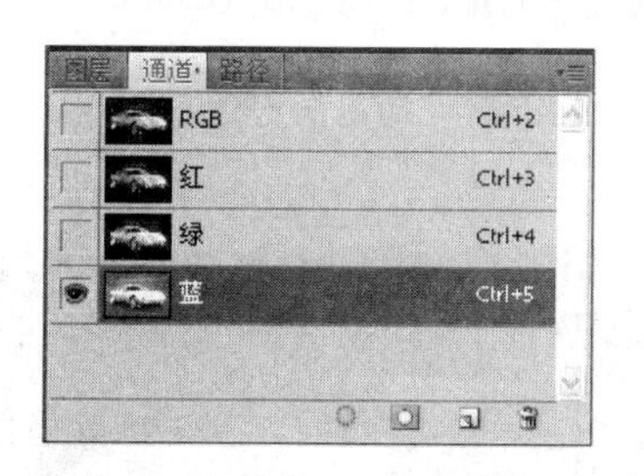

图12.134　选择单色/蓝通道

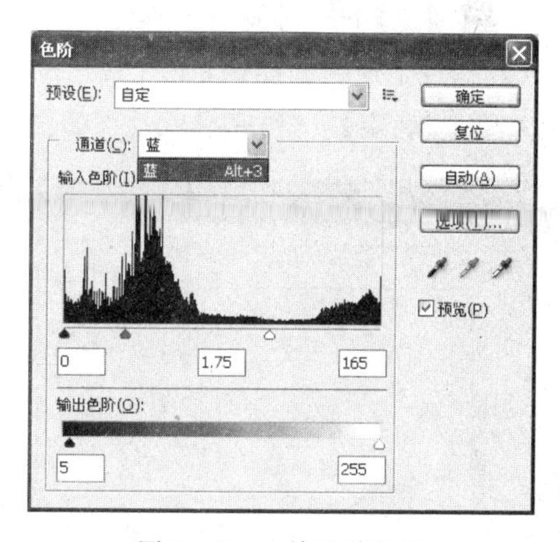

图12.135　单通道色阶

（4）【输入色阶】选项：拖移左边的黑色滑块可以增加图像的暗部色调，范围为0～253；拖移中间的灰色滑块可以调整图像的中间色调的位置，范围为0.10～9.99。拖移右边的白色滑块可以增加图像的亮部色调，其范围为2～255。也可以直接在文本框中输入数值。

(5) 完成调整后,单击【确定】按钮,完成后效果如图 12.136 所示。

3. 曲线

【曲线】命令以曲线的形式调整图像文件的亮度值,可以对色调进行精确调节。可以按以下步骤进行操作。

(1) 打开图像,选择【图像】|【调整】|【曲线】命令,弹出【曲线】对话框,如图 12.137 所示。

图 12.136 调整【色阶】后的效果

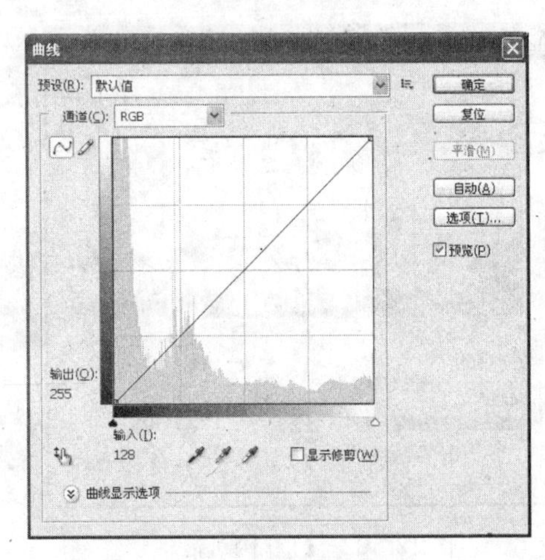

图 12.137 【曲线】对话框

注意:图形的水平轴【输入色阶】表示像素原来的亮度值;垂直轴【输出色阶】表示新的亮度值。默认情况下,所有通道的【输入】和【输出】值相同。

(2) 在【通道】下拉列表中选择要调整的通道,对该通道进行编辑,然后选择【RGB】选项,可以看到各个通道的曲线,如图 12.138 所示。

(3) 单击【确定】按钮,完成后效果如图 12.139 所示。

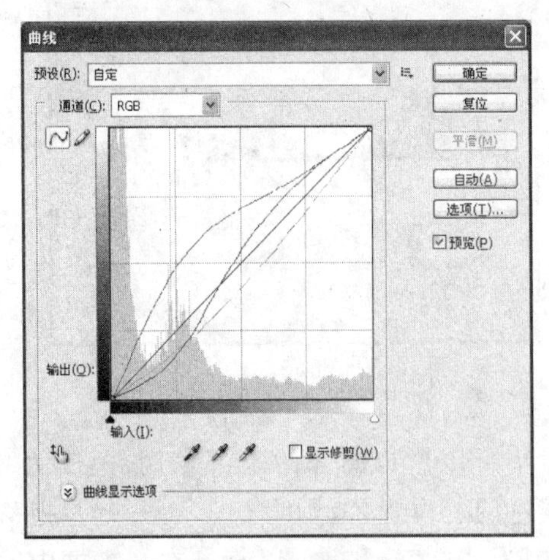

图 12.138 调整各个通道

图 12.139 调整【曲线】后的效果

4. 反相

【反相】命令将图像中的像素颜色转换为其互补色,得到一种类似胶片底片的效果。选择【图像】|【调整】|【反相】命令,完成后效果如图 12.140所示。

图 12.140 【反相】效果

5. 色调分离

【色调分离】命令可以把将相近的颜色融合为一种色调。可以按以下步骤进行操作。

(1) 选择【图像】|【调整】|【色调分离】命令,弹出【色调分离】对话框,如图 12.141 所示。

(2) 在【色阶】文本框中输入数值,或者拖动滑块来改变数值。

(3) 单击【确定】按钮,效果如图 12.142 所示。

图 12.141 【色调分离】对话框

图 12.142 调整【色调分离】后的效果

6. 阈值

【阈值】命令可以将图像中的各个像素转换成高对比度的黑色和白色。可以按以下步骤进行操作。

(1) 选择【图像】|【调整】|【阈值】命令,弹出【阈值】对话框,如图 12.143 所示。

(2) 在【阈值色阶】文本框中输入数值,或者拖动滑块来改变数值。

(3) 单击【确定】按钮,效果如图 12.144 所示。

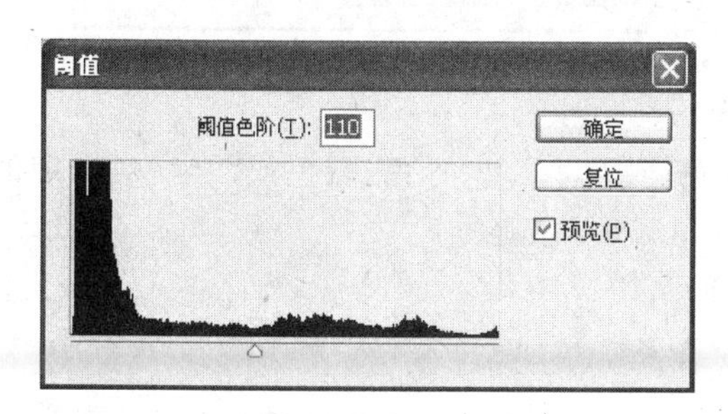

图 12.143 【阈值】对话框

图 12.144 调整【阈值】后的效果

7. 色调均化

【色调均化】命令可以重新分布图像中像素的亮度值，以便更均匀地呈现所有亮度级范围。使用此命令时，Photoshop 会查找图像中的最亮值和最暗值，使最暗值表示为黑色，最亮值表示为白色，并同时对亮度进行色调均化，即在整个灰度中均匀分布中间像素。

选择【图像】|【调整】|【色调均化】命令，完成后效果如图 12.145 所示。

图 12.145 【色调均化】效果

12.2.3 图像色彩调整

1. 色相/饱和度

【色相/饱和度】命令可以调整图像中单种颜色的色相、饱和度和明度。调整【色相】可以改变颜色，调整【饱和度】可以改变颜色的纯度，调整【明度】可以改变颜色的明暗度。可以按以下步骤进行操作。

(1) 打开图像文件，如图 12.146 所示。

(2) 选择【图像】|【调整】|【色相/饱和度】命令，弹出【色相/饱和度】对话框，如图 12.147 所示。

图 12.146 原图

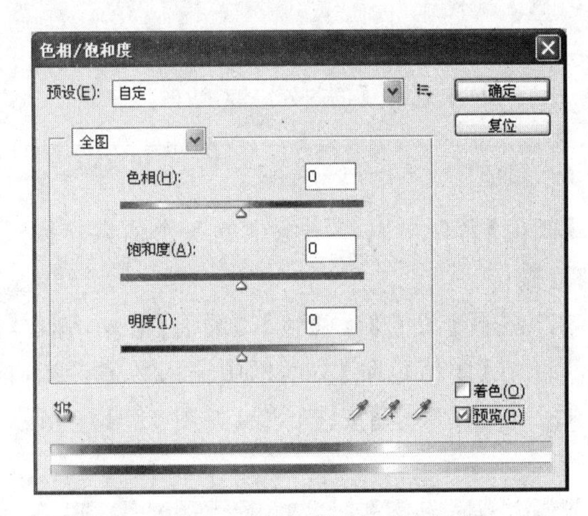

图 12.147 【色相/饱和度】对话框

(3) 可以在【全图】下拉列表中选择红褐色、黄色、绿色、青色、蓝色或洋红，对选定的颜色进行调整。如对黄色进行调整，如图 12.148 所示。

(4) 单击【确定】按钮，效果如图 12.149 所示。

2. 色彩平衡

【色彩平衡】命令可以在彩色图像中改变混合颜色，主要用于处理偏色图片。可以按以下步骤进行操作。

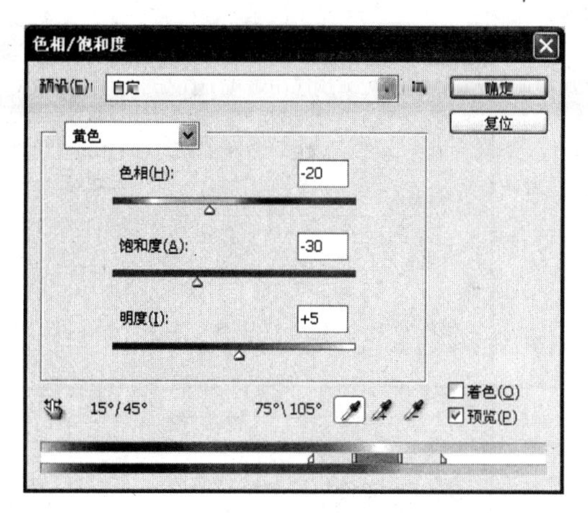

图 12.148　选择颜色

图 12.149　调整黄色后的效果

(1) 选择【图像】|【调整】|【色彩平衡】命令，弹出【色彩平衡】对话框，如图 12.150 所示。

(2) 在【色彩平衡】选项区域中，拖动颜色条上的三角形滑块，或者直接在文本框中输入数值，可改变图像颜色，数值范围从－100～＋100。在【色调平衡】选项区域中，【阴影】、【中间调】和【高光】单选项表示要重点进行更改的色调范围。选择【保持明度】选项防止在更改颜色时更改图像的明度。

(3) 单击【确定】按钮，完成后效果如图 12.151 所示。

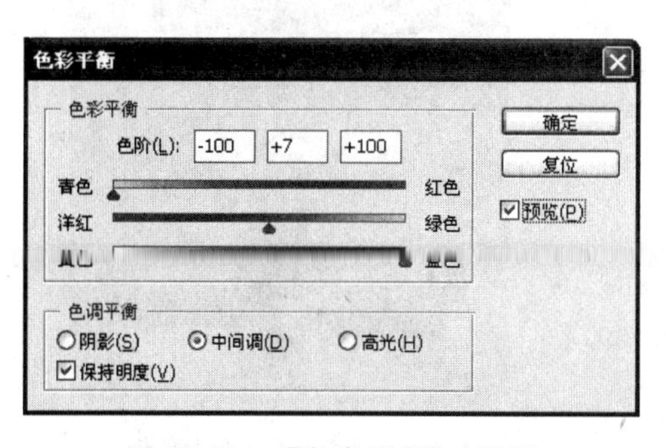

图 12.150　【色彩平衡】对话框

图 12.151　调整【色彩平衡】后的效果

3. 可选颜色

【可选颜色】命令用来校正不平衡问题和调整颜色。可以按以下步骤进行操作。

(1) 选择【图像】|【调整】|【可选颜色】命令，弹出【可选颜色】对话框，如图 12.152 所示。

(2) 在【颜色】下拉列表中选择要调整的颜色，然后调整各滑块到一定数值，以增加或减少所选颜色中的成分，如图 12.153 所示。

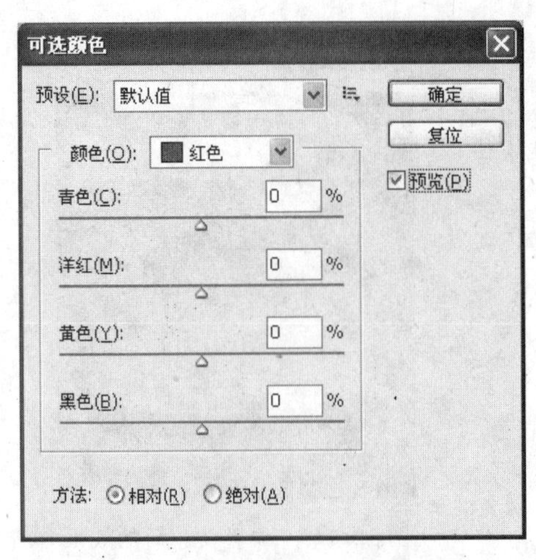

图 12.152　【可选颜色】对话框

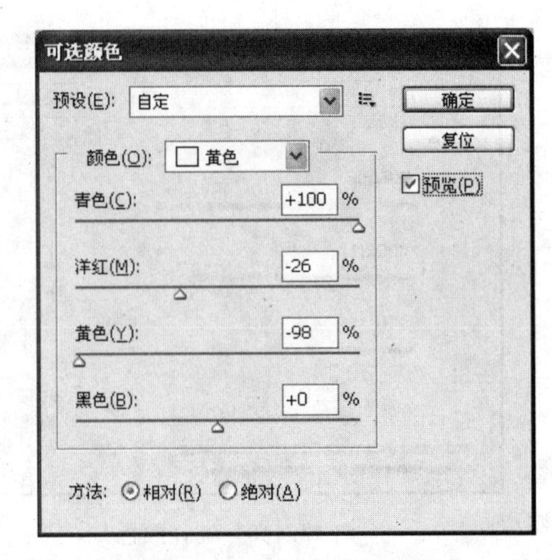

图 12.153　调整选定颜色

(3) 单击【确定】按钮，完成后效果如图 10.154 所示。

4. 去色

【去色】命令可以去除图像的饱和色彩，将图像中所有颜色的饱和度变为 0，将其转换为相同颜色模式的灰度图像。

选择【图像】|【调整】|【去色】命令，完成后效果如图 12.155 所示。

图 12.154　调整后的效果

图 12.155　【去色】效果

5. 替换颜色

【替换颜色】命令可以在图像中选定颜色，然后调整它的色相、饱和度和明度。可以按以下步骤进行操作。

(1) 选择【图像】|【调整】|【替换颜色】命令，弹出【替换颜色】对话框，如图 12.156 所示。

(2) 单击【颜色】图标，弹出【选择目标颜色:】对话框，如图 12.157 所示，设置要被替换的颜色，单击【确定】按钮。

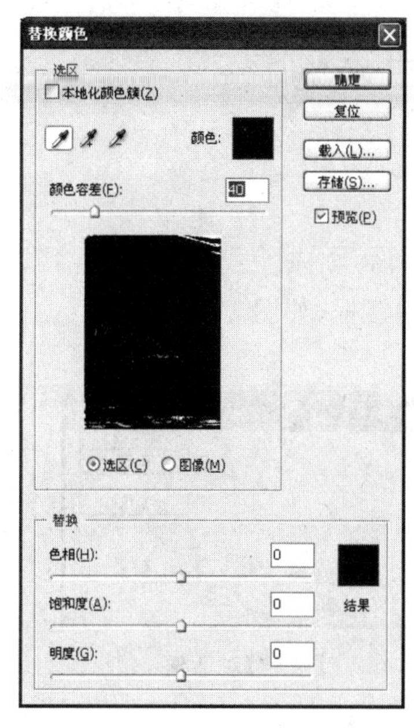

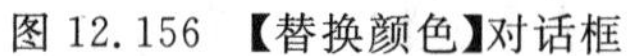

图 12.156　【替换颜色】对话框

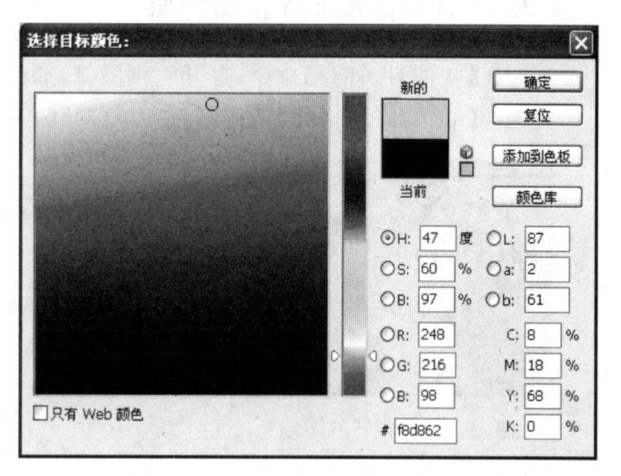

图 12.157　【选择目标颜色:】对话框

(3) 单击【结果】图标,在弹出的【选择目标颜色】对话框中设置替换颜色,或者在【替换颜色】对话框中的【替换】选项区域中调整滑块数值,如图 12.158 所示。

(4) 单击【确定】按钮,完成后效果如图 12.159 所示。

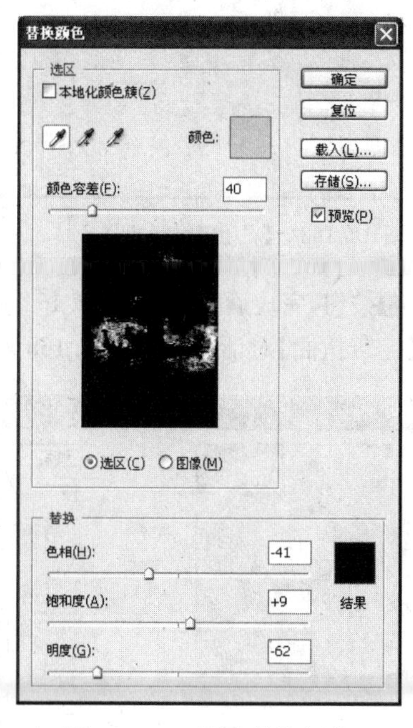

图 12.158　调整替换颜色

图 12.159　【替换颜色】效果

12.3 数码图像处理应用案例

12.3.1 使用滤镜制作抽象图像

(1) 选择【文件】|【打开】命令，打开一幅图像，如图 12.160 所示。

(2) 选择【滤镜】|【风格化】|【拼贴】命令，弹出【拼贴】对话框，如图 12.161 所示。

图 12.160 打开的图像

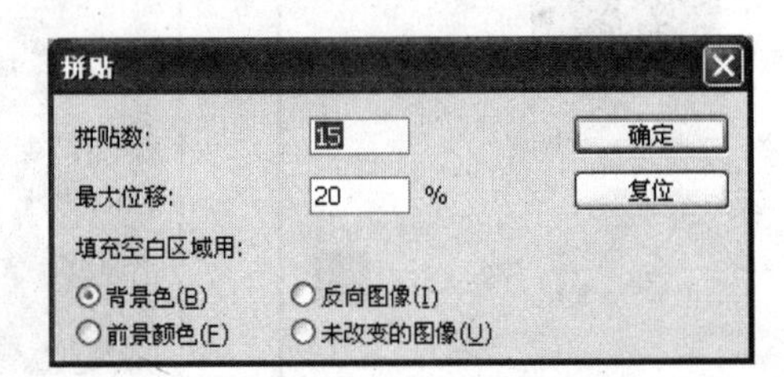

图 12.161 【拼贴】对话框

(3) 设置【拼贴数】为 15，【最大位移】为 20%。单击【确定】按钮，完成后效果如图 12.162 所示。

(4) 选择【滤镜】|【风格化】|【凸出】命令，弹出【凸出】对话框，如图 12.163 所示。

图 12.162 【拼贴】效果

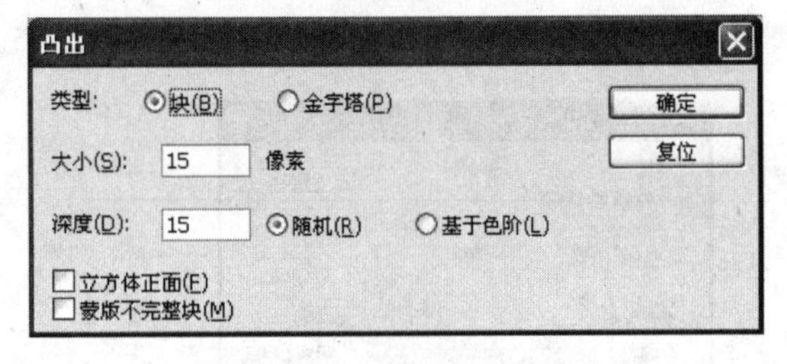

图 12.163 【凸出】对话框

(5) 设置【大小】为 15 像素，【深度】为 15，单击【确定】按钮，完成后效果如图 12.164 所示。

(6) 选择【滤镜】|【扭曲】|【旋转扭曲】命令，弹出【旋转扭曲】对话框，如图 12.165 所示。

图 12.164 【凸出】效果

图 12.165 【旋转扭曲】对话框

(7) 设置【角度】为320度，单击【确定】按钮，完成后效果如图12.166所示。

(8) 在工具箱中设置前景色为(R: 248，G: 135，B: 0)，背景色为白色，如图12.167所示。

图12.166　【旋转扭曲】效果

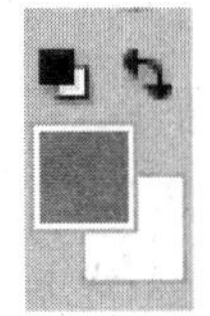

图12.167　设置前景色

(9) 选择【图像】|【调整】|【渐变映射】命令，弹出【渐变映射】对话框，如图12.168所示，使用默认的【前景色到背景色渐变】。

(10) 单击【确定】按钮，图像最终效果如图12.169所示。

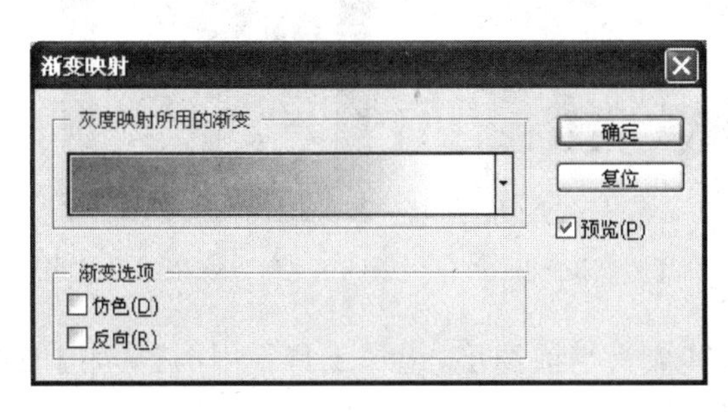

图12.168　【渐变映射】对话框

图12.169　最终效果

12.3.2　撕裂效果

(1) 选择【文件】|【打开】命令，打开素材图片，如图12.170所示。

(2) 双击【图层】面板中的【背景】图层，弹出【新建图层】对话框，如图12.171所示。单击【确定】按钮，将背景图层转换为普通图层。

图12.170　打开的图片

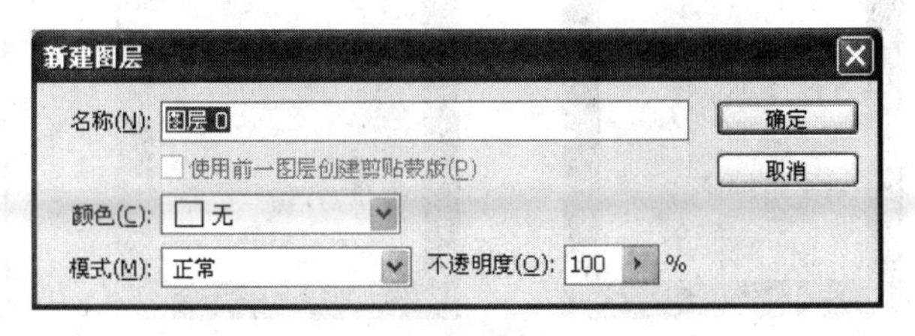

图12.171　【新建图层】对话框

(3) 选择【图像】|【画布大小】命令，弹出【画布大小】对话框，如图 12.172 所示。在对话框中勾选【相对】选项并设置宽度和高度为 2。单击【确定】按钮，完成后效果如图 12.173 所示。

(4) 单击【图层】面板底部的【创建新图层】按钮，新建【图层 1】，将其拖动到【图层 0】下面，如图 12.174 所示。

(5) 按 D 键恢复默认前景色和背景色设置，前景色为黑色，背景色为白色，按 Alt＋Delete 组合键，将【图层 1】填充为白色，如图 12.175 所示。

图 12.172 【画布大小】对话框

图 12.173 设置画布效果

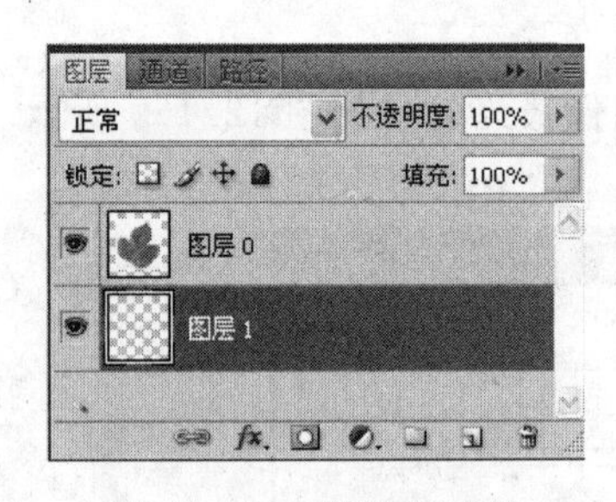

图 12.174 【图层】面板

图 12.175 填充图层效果

(6) 在【图层】面板中单击【图层 0】使其成为当前图层，选择工具箱中的【套索】工具，在图片中建立一个需要撕裂的选区，如图 12.176 所示。

(7) 选择工具箱中的【以快速蒙版模式编辑】按钮，进行蒙版编辑模式，如图 12.177 所示。

(8) 选择【滤镜】|【像素化】|【晶格化】命令，弹出【晶格化】对话框，如图 12.178 所示，

图 12.176 创建选区

图 12.177 快速蒙版模式

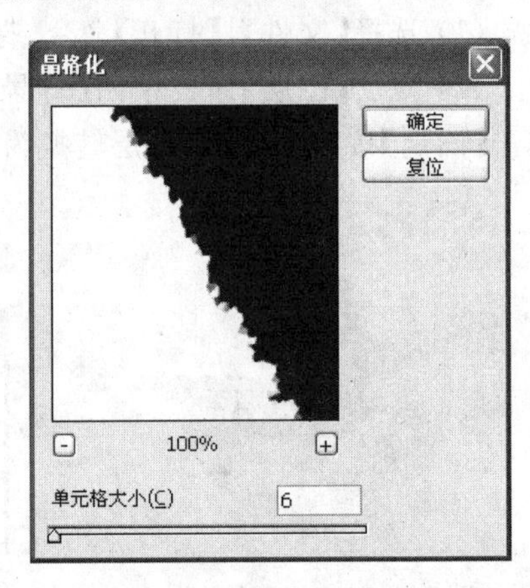

图 12.178 【晶格化】对话框

设置【单元格大小】为6,单击【确定】按钮,完成后效果如图12.179所示。

(9) 选择工具箱中的【以标准模式编辑】按钮,恢复到选区状态,按Ctrl+T组合键,将其选区进行旋转并移动到合适位置,如图12.180所示。

(10) 按Enter键完成变换,按Ctrl+D组合键取消选区,完成后效果如图12.181所示。

图12.179 【晶格化】效果

图12.180 旋转并移动选区

图12.181 取消选区效果

(11) 单击【图层】面板底部的【添加图层样式】按钮,在弹出的菜单中选择【外发光】选项,弹出【图层样式】对话框,如图12.182所示。

(12) 设置【颜色】为绿色,【大小】为2,其他选项保持默认值,单击【确定】按钮,完成撕裂效果的制作。完成后效果如图12.183所示。

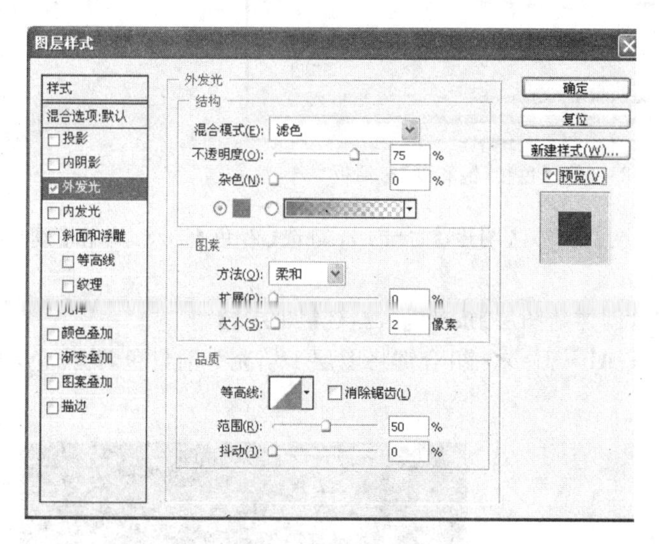

图12.182 【图层样式】对话框

图12.183 完成后效果

12.3.3 老照片效果

(1) 选择【文件】|【打开】命令,打开一幅图片,如图12.184所示。

(2) 选择【图像】|【调整】|【去色】命令,完成后效果如图12.185所示。

图 12.184 打开的图像

图 12.185 去色

(3) 选择【图像】|【调整】|【色相/饱和度】命令，弹出【色相/饱和度】对话框，如图 12.186 所示。

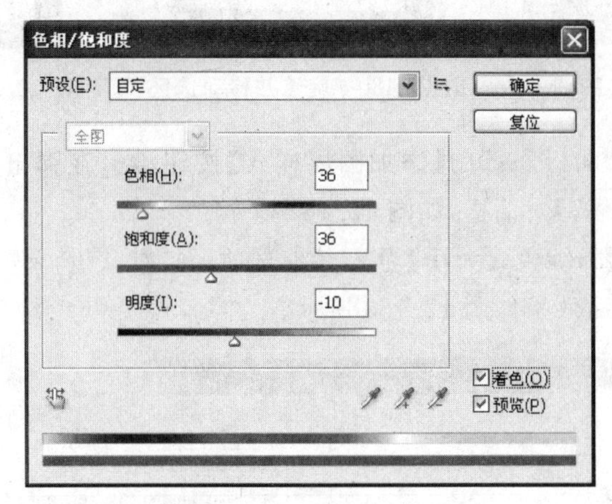

图 12.186 【色相/饱和度】对话框

(4) 设置【色相】为 36,【饱和度】为 36,【明度】为－10,勾选【着色】选项,单击【确定】按钮,完成后效果如图 12.187 所示。

(5) 单击【图层】面板底部的【创建新图层】按钮，新建【图层 1】。

(6) 按 D 键恢复颜色预设,按 Alt＋Delete 组合键将图层 1 填充为前景色,为黑色,如图 12.188 所示。

图 12.187 调整【色相/饱和度】效果

图 12.188 填充图层

(7) 选择【滤镜】|【渲染】|【纤维】命令，弹出【纤维】对话框，如图 12.189 所示。

(8) 设置【差异】为 10，【强度】为 20，单击【确定】按钮，完成后效果如图 12.190 所示。

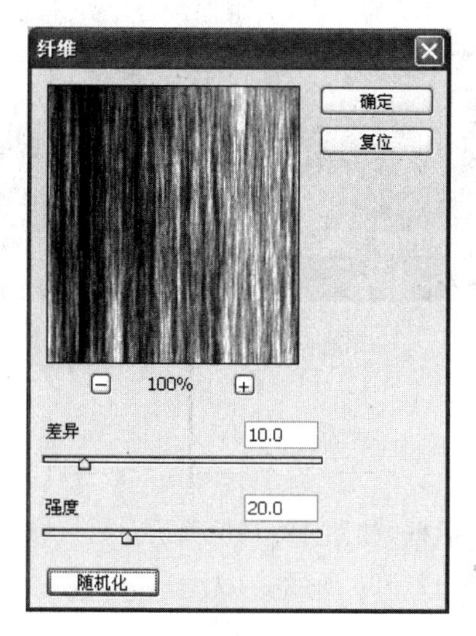

图 12.189　【纤维】对话框

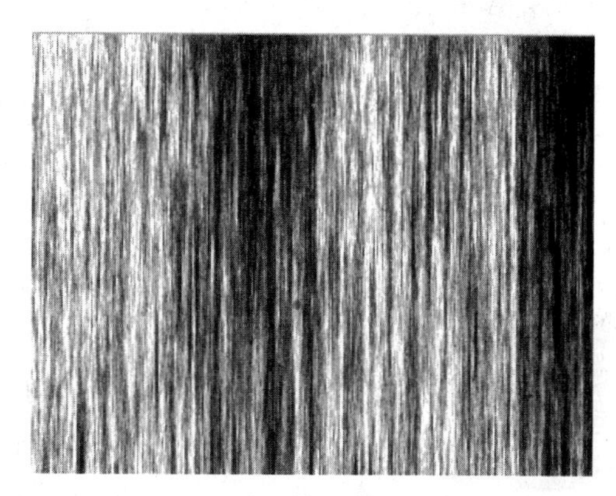

图 12.190　【纤维】效果

(9) 在【图层】面板中，设置【图层 1】的混合模式为【柔光】，不透明度为 35%，如图 12.191 所示。图层混合效果如图 12.192 所示。

图 12.191　【图层】面板

图 12.192　图层混合效果

(10) 单击【图层】面板底部的【创建新图层】按钮，新建【图层 2】，设置前景色为(R：180，G：146，B：98)，背景色为白色。

(11) 选中【图层 2】为当前图层，选择【滤镜】|【渲染】|【云彩】命令，为【图层 2】制作云彩效果，如图 12.193 所示。

(12) 在【图层】面板中，设置【图层 2】的混合模式为【线性加深】，【不透明度】为 25%，完成老照片效果的制作，如图 12.194 所示。

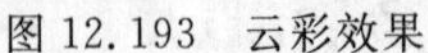

图 12.193 云彩效果

图 12.194 完成后效果

12.3.4 添加滤镜效果

(1) 选择【文件】|【打开】命令,弹出【打开】对话框,如图 12.195 所示。

(2) 选择“海.jpg”图片,单击【打开】按钮,如图 12.196 所示。

图 12.195 【打开】对话框

图 12.196 打开“海.jpg”图片

(3) 选择【滤镜】|【风格化】|【风】命令,弹出【风】对话框,设置如图 12.197 所示。单击【确定】按钮,风效果如图 12.198 所示。

(4) 添加波纹效果,选择【滤镜】|【扭曲】|【波纹】命令,弹出【波纹】对话框,设置如图 12.199 所示。单击【确定】按钮,波纹效果如图 12.200 所示。

(5) 选择【滤镜】|【艺术效果】|【水彩】命令,弹出【水彩】对话框,设置如图 12.201 所示。单击【确定】按钮,完成后效果如图 12.202 所示。

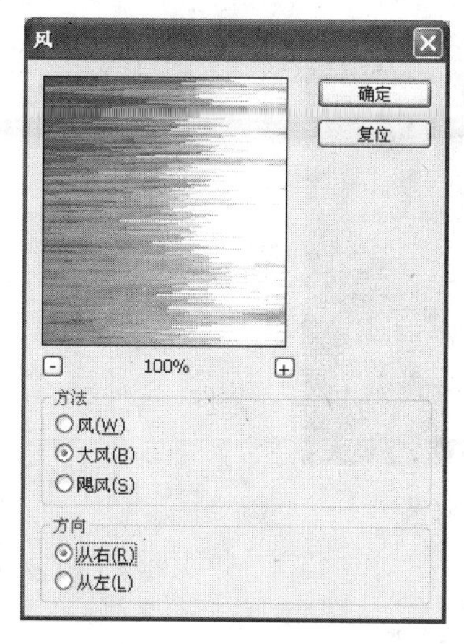

图 12.197　【风】对话框

图 12.198　风效果

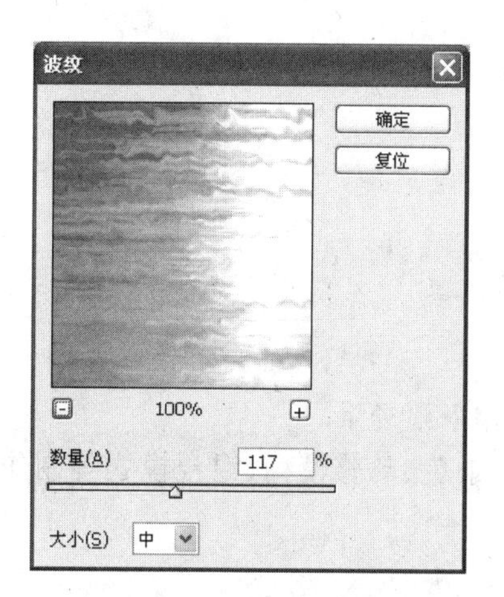

图 12.199　【波纹】对话框

图 12.200　波纹效果

图 12.201　【水彩】对话框

图 12.202 水彩效果

思考与练习

1. 思考题

(1)“纹理”菜单中包括几种滤镜?

(2)“风格化”菜单中包括几种滤镜?

(3)如何将图像进行高斯模糊处理?

(4)如何制作云彩效果?

2. 练习题

(1)练习内容:使用 Photoshop CS4 软件,制作下雨场景。

(2)练习要求:使用打开命令、新建图层、添加杂色、动感模糊、混合模式等制作下雨场景,完成后效果如图 12.203 所示。

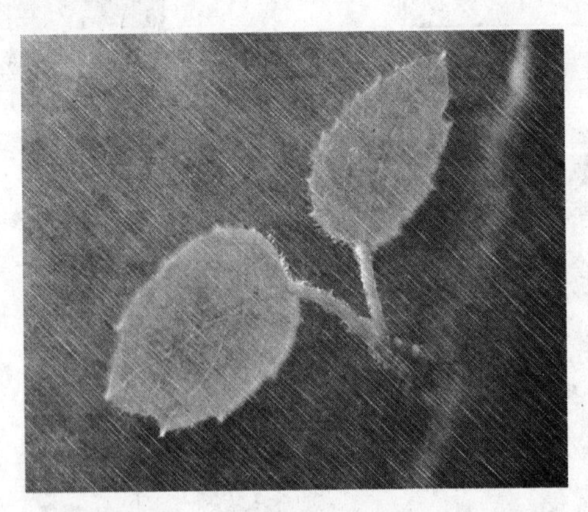

图 12.203 下雨效果

第 13 章　图形与图像设计综合应用

13.1　宣传册设计的应用

宣传册广告是视觉形象化广告中的一种，它同时也是市场营销活动中的重要组成部分。

13.1.1　商品宣传册

常见的“传单、明信片、贺年卡、企业介绍卡、请柬、贺卡、入场券、节目单、菜单等”都属于宣传册的范围，如图 13.1 所示宣传册。

图 13.1　宣传册

(1) 构思是决定宣传册设计成败的关键。好的构思应该以实现推销为目的，以引导消费者为意图，使其能够完整读完宣传册上的全部文字。同时，还要体现现代的设计意识以及与主题思想相配套的色彩。构思的具体内容可以包括产品名称、形象、商标标志等。

(2) 在进行商标设计时，除注重商品信息传播外，还应考虑到商标的注目效果。因为，只有注目效果越好的商标，才越能吸引消费者。

(3) 在宣传册设计中，应该注意保留空白，因为留白可以很好地增强视觉效果。

1. 宣传册设计构思

(1) 构思要巧妙

“形象生动,耐人寻味”的才是成功的设计,宣传册也不例外。若想达到这一点,良好的构思是必不可少的。

(2) 文字构思要合理

因为宣传册设计侧重于文字,所以设计时,对于字型字体的选择就要合理适当,而不是随意拿来一个字体就用。不能随意将字放在画面上。

(3) 色彩构思要和谐统一

色彩的变化不宜过多。此外,编排设计还要注意内页色相和封面色彩相互呼应,从而给人一种韵律美。

2. 宣传册广告内页设计要求

(1) 风格要统一

宣传册的内页编排设计理念要不断更新,因此要注意设计风格与封面的统一。因为只有统一风格,才能有助于审美质量的提高。

(2) 编排要合理

一个合理的内页编排,应该是将说明文字、图片等元素进行合理的布局,从而突出所要表现主题的艺术氛围。

(3) 要吸引注意力

色彩,对于吸引消费者注意力,能够起到重要作用。主色调柔和的内页,衬托广告目的的图片以及强烈的色彩,都会影响到人们对于图片和说明文字的阅读。同时,色彩能够帮助读者产生联想,并了解广告的内容。同时,还可以让消费者获得一种艺术的享受。

13.1.2 宣传册封面设计

(1) 打开 Photoshop CS4 软件,选择【文件】|【打开】命令,在弹出的【打开】对话框中,选择“素材 1.jpg”素材图片,单击【打开】按钮,如图 13.2 所示。

图 13.2 打开的素材图片

(2) 选择工具箱中的【仿制印章】工具,按下 Alt 键选取仿制源,然后单击鼠标覆盖图片中的文字,如图 13.3 所示。

图 13.3　使用仿制印章工具擦除文字

(3) 选择工具箱中的【裁剪】工具，在图片中拖动出裁剪区域，按 Enter 键进行裁剪。选择【图像】|【模式】|【CMYK 颜色】命令，将图像模式改为 CMYK 颜色，如图 13.4 所示。

图 13.4　裁剪图像

(4) 选择【图像】|【调整】|【曲线】命令，弹出【曲线】对话框，对曲线进行调整，如图 13.5 所示。

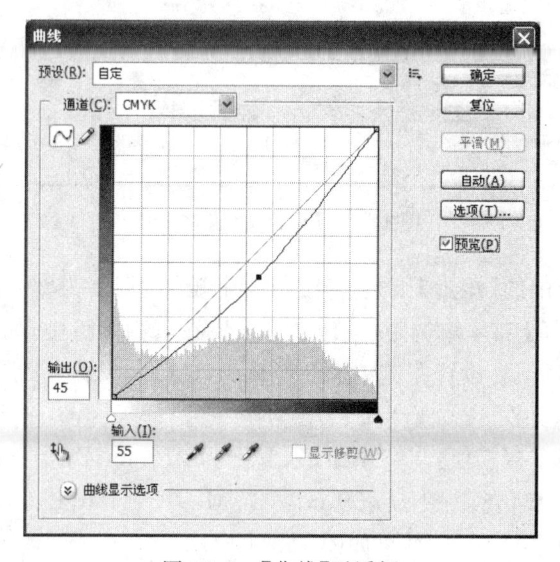

图 13.5　【曲线】对话框

(5) 单击【确定】按钮,调整后的图像如图13.6所示。选择【文件】|【存储为】命令,在弹出的【存储为】对话框中,将图片另存为“别墅.jpg”。

图13.6 调整曲线效果

(6)打开Illustrator CS4软件,按Ctrl+N组合键,弹出【新建文档】对话框,如图13.7所示。设置【名称】为“宣传册封面”,大小为A3,【取向】为横向,在【栅格效果】下拉列表中选择【屏幕(72ppi)】,单击【确定】按钮。

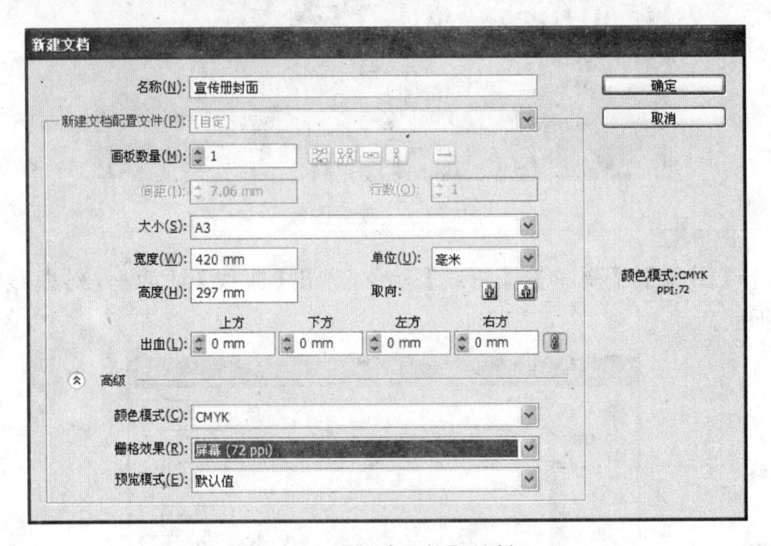

图13.7 【新建文档】对话框

(7) 选择工具箱中的【矩形】工具绘制两个矩形,宽度为210mm,高度为297mm。使用工具箱中的【选择】工具调整位置,并排放置在页面画板中,如图13.8所示。

(8) 在【颜色】面板中,设置左侧矩形的颜色为(C: 37,M: 0,Y: 80,K: 0),右侧矩形为白色,均无描边色,如图13.9所示。

(9) 使用【矩形】工具绘制一个矩形,宽度为210mm,高度为30mm。在【渐变】面板中,设置其为【线性】渐变,渐变颜色从(C: 37,M: 0,Y: 80,K: 0)到白色,如图13.10所示。与右边的矩形居中对齐,结果如图13.11所示。

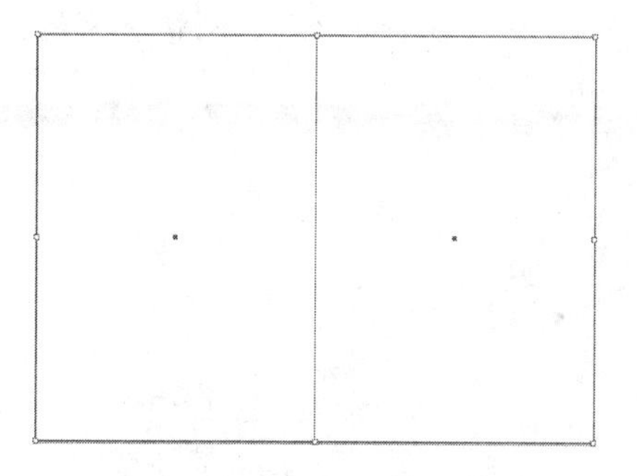

图 13.8　绘制的两个矩形

图 13.9　填充颜色

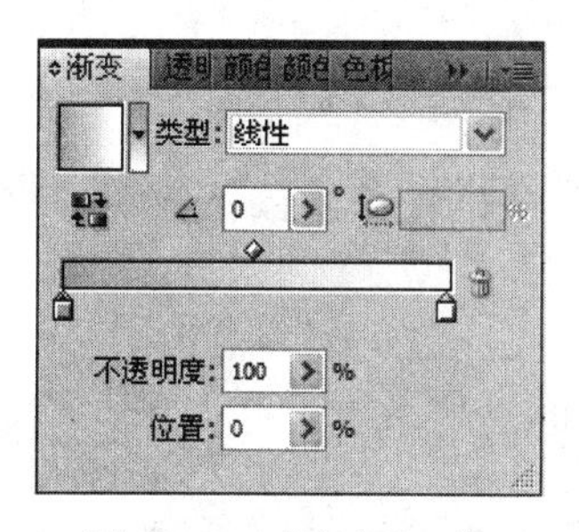

图 13.10　【渐变】面板

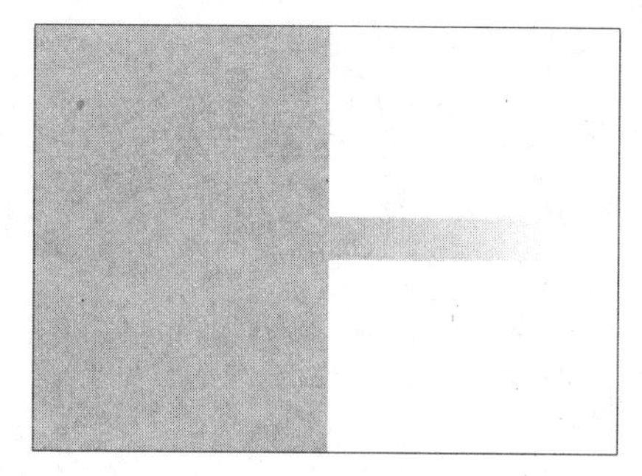

图 13.11　渐变矩形

(10) 选择【文件】|【置入】命令，在弹出的【置入】对话框中，选择“别墅.jpg”文件并单击【置入】按钮，将图片置入 Illustrator CS4 中。

(11) 选择【窗口】|【变换】命令，弹出【变换】面板，如图 13.12 所示，单击【约束宽度和高度比例】按钮，然后设置宽度为 210mm。

(12) 使用【选择】工具将置入的图片移动到画板右下角，和矩形居中底对齐，按 Ctrl+[组合键后移一层，如图 13.13 所示。

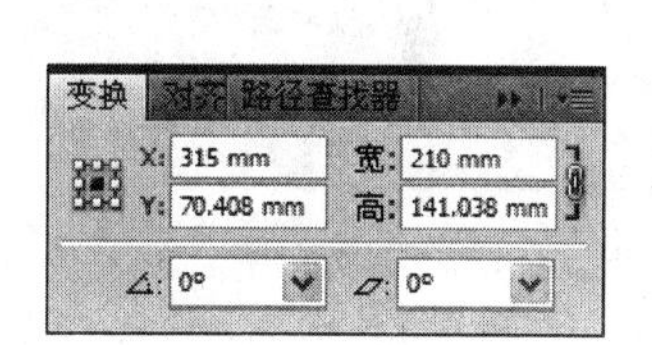

图 13.12　【变换】面板

图 13.13　移动位置

(13) 选择【文件】|【置入】命令，置入“文字.psd”文件，如图 13.14 所示。

(14) 选择工具箱中的【文字】工具，在页面中输入文字“景色怡人，让您尽享清新与宁静”，设置字体为华文新魏，颜色为(C：40，M：100，Y：100，K：20)。调整文字的大小和位置，如图 13.15 所示。

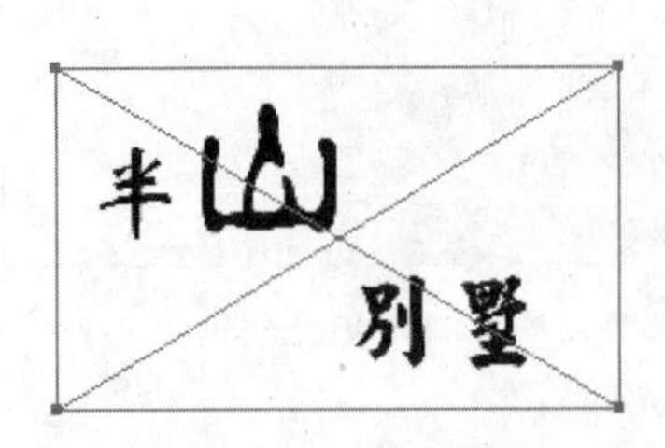

图 13.14　置入的文字

图 13.15　输入文字

(15) 选择工具箱中的【椭圆】工具，绘制一个椭圆，如图 13.16 所示。

(16) 选择工具箱中的【晶格化】工具，在椭圆上不同位置单击鼠标数次，改变椭圆形状，如图 13.17 所示。

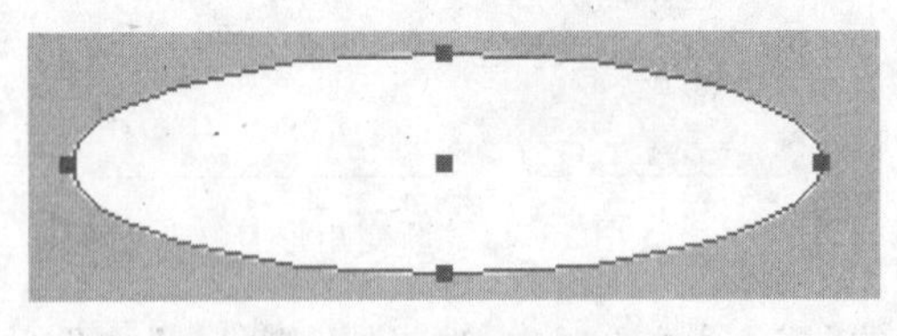

图 13.16　绘制的椭圆

图 13.17　晶格化效果

(17) 选择工具箱中的【旋转扭曲】工具，为晶格化后的椭圆添加扭曲效果，如图 13.18 所示。

(18) 选择工具箱中的【文字】工具，在页面中输入两段文字，分别设置颜色为(C：40，M：100，Y：100，K：20)和白色，如图 13.19 所示。

图 13.18　旋转扭曲效果

图 13.19　输入文字

(19) 选择工具箱中的【光晕】工具，在页面中拖动鼠标绘制光晕，如图 13.20 所示。

(20) 使用【选择】工具将光晕移动到页面画板右侧的图形上，保存为“宣传册封面.ai”，完成宣传册封面设计。最终效果如图 13.21 所示。

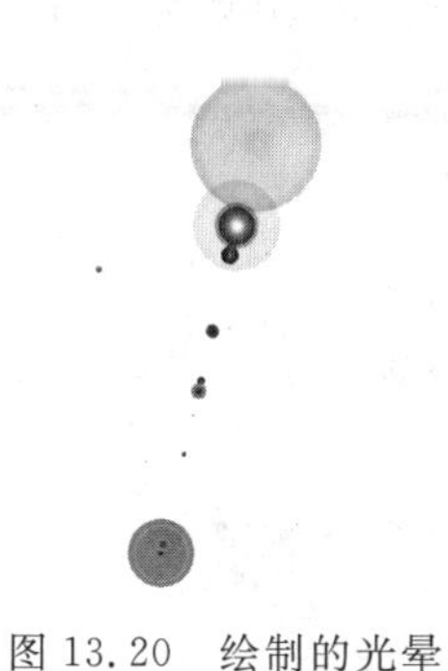

图 13.20　绘制的光晕

图 13.21　完成后效果

13.2　路牌广告设计的应用

路牌广告最为常见的户外广告形式，因为地处繁华路段，所以广告效应很强，如图 13.22 所示。在进行路牌广告设计时，需要注意以下方面。

图 13.22　路牌广告

13.2.1　路牌广告设计构思

1. 视觉冲击力

在设计路牌广告时，要强调“视觉冲击力”。当然，这要根据路牌所处的具体环境而定。可以说，强烈的视觉冲击力是路牌广告设计的灵魂。因为只有具备了强烈的视觉冲击力，才能让人们在短时间内产生瞬间的视觉刺激。因此，在设计路牌广告时，图形是最重要的，因为它最具吸引力。

2. 醒目，简洁

路牌广告的受众是移动的人流，只有画面简洁醒目、文字精练，才能在一瞬间对人们产生吸引力。因此，路牌广告应该以图为主，以文字为辅。

3. 计划合理

和其他广告形式一样，要想设计出成功的路牌广告，同样需要根据广告目标制定一个合理的计划作为指导。按照先后顺序，计划包括“市场调查、分析、预测、制定广告图形、色彩、对象和营销战略”等内容。

13.2.2 公益路牌广告

(1) 打开 Photoshop CS4 软件，选择【文件】|【新建】命令，弹出【新建】对话框，如图 13.23 所示。

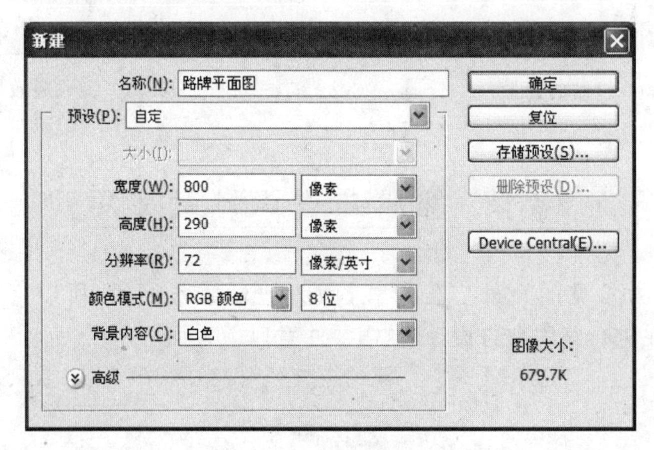

图 13.23 【新建】对话框

(2) 在对话框中，设置【名称】为“路牌平面图”，【宽度】为 800 像素，【高度】为 290 像素，分辨率为 72。单击【确定】按钮，新建的文件如图 13.24 所示。

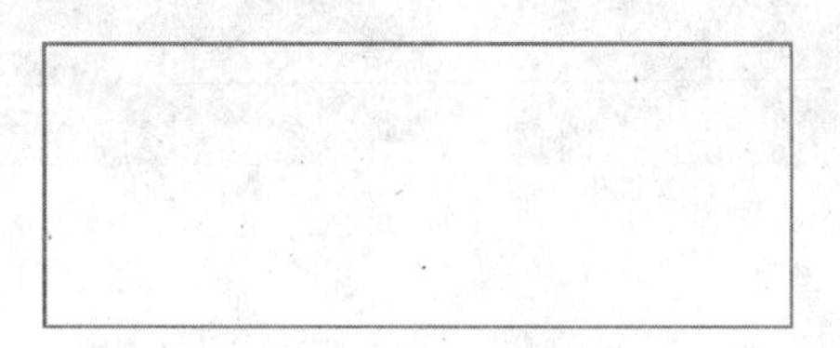

图 13.24 新建的文件

(3) 选择【文件】|【打开】命令，在弹出的【打开】对话框中，选择“绿荫.jpg”和“手.jpg”素材文件，单击【打开】按钮，打开两幅图片，分别如图 13.25 和图 13.26 所示。

图 13.25 “绿荫”素材

图 13.26 “手”素材

(4) 选择工具箱中的【移动】工具，将“绿荫.jpg”文件拖动到“路牌平面图.psd”图像窗口中并调整到合适的位置，如图13.27所示。

图13.27　拖动“绿荫”素材

(5) 用同样的方法将“手.jpg”文件拖动到“路牌平面图.psd”图像窗口中，如图13.28所示。

图13.28　拖动“手”素材

(6) 按Ctrl+T组合键，再按Shift键对图像进行等比缩小变换，选择【编辑】|【变换】|【水平翻转】命令，如图13.29所示。

图13.29　水平翻转图像

(7) 单击【图层】面板底部的【创建新图层】按钮，创建新图层“图层3”，如图13.30所示。

(8) 选择工具箱中的【矩形选框】工具，在两幅图像的交界处绘制一个选框，如图13.31所示。

图13.30　【图层】面板

图13.31　绘制选框

(9) 在工具箱中设置前景色为绿色，选择工具箱中的【渐变】工具，再单击属性栏中的，弹出【渐变编辑器】对话框，如图 13.32 所示。

(10) 在对话框中单击【前景色到透明渐变】，单击【确定】按钮，在矩形选框上从左至右拖动鼠标，填充渐变效果如图 13.33 所示。

(11) 按 Ctrl+D 组合键取消选区，在【图层】面板中拖动【图层 3】到【创建新图层】按钮上，复制出【图层 3 副本】。选择【编辑】|【变换】|【水平翻转】命令，将图像水平翻转，然后使用【移动】工具向右移动至两幅图像的交界左侧，如图 13.34 所示。

图 13.33 填充渐变

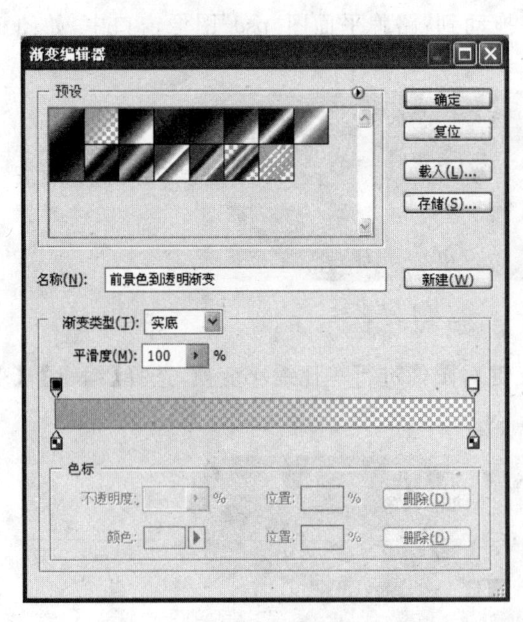

图 13.32 【渐变编辑器】对话框

图 13.34 复制渐变图层

(12) 单击【图层】面板底部的【创建新图层】按钮，创建新图层【图层 4】。选择工具箱中的【画笔】工具，在属性栏中单击，在弹出的面板中选择【柔角 35 像素】画笔，在【模式】下拉列表中选择【溶解】，如图 13.35 所示。

(13) 在工具箱中设置前景色为白色，在两幅图像交界处绘制一条直线，如图 13.36 所示。

(14) 选择工具箱中的【横排文字】工具，输入广告语“明天的绿荫，需要您今天的关心”，在属性栏中设置字体为华文行楷，大小为 60 点，文字颜色为(R：0，G：160，B：46)，如图 13.37 所示。

(15) 单击【图层】面板底部的【添加图层样式】按钮，在弹出的菜单中选择【描边】，弹出【图层样式】对话框，如图 13.38 所示。

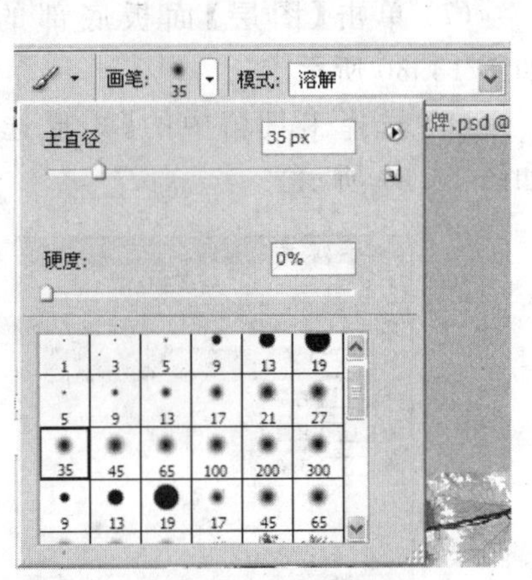

图 13.35 设置画笔

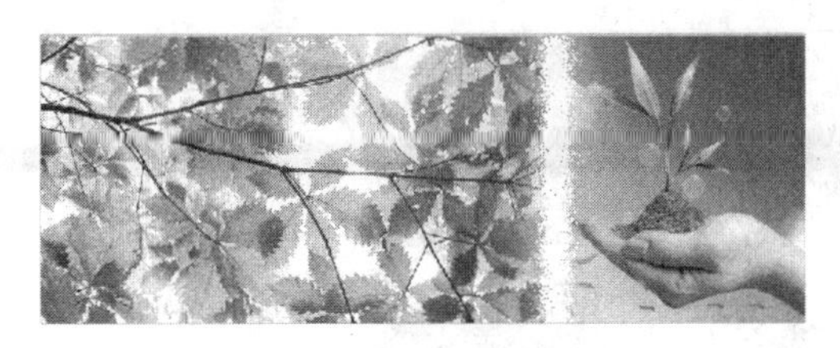

图 13.36　画笔绘制直线

图 13.37　输入广告语

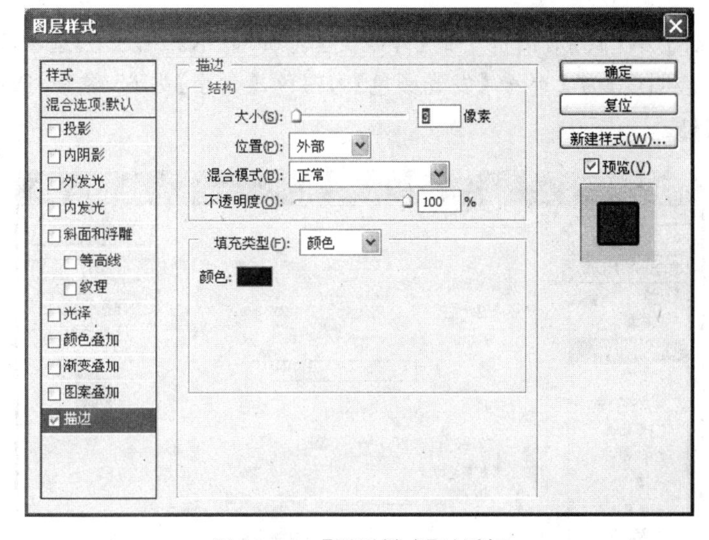

图 13.38　【图层样式】对话框

(16) 在对话框中单击【颜色】图标，弹出【选取描边颜色：】对话框，如图 13.39 所示。设置颜色为白色，单击【确定】按钮。

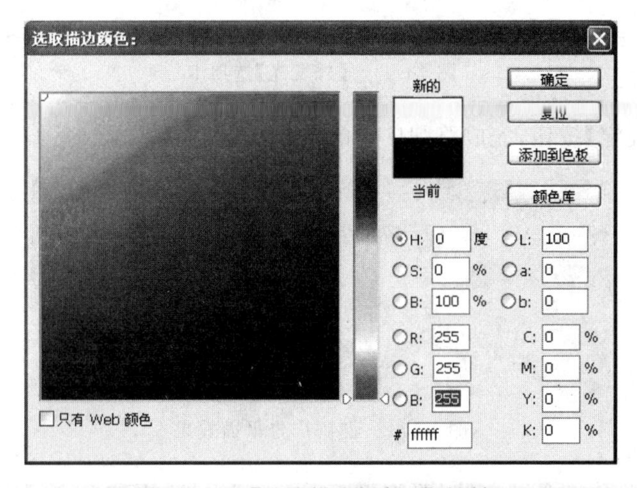

图 13.39　【选取描边颜色：】对话框

(17) 勾选【图层样式】对话框中的【预览】复选框，可观察到此时文字效果如图 13.40 所示。

图 13.40 描边效果

(18) 勾选【图层样式】对话框中的【外发光】选项，显示【外发光】选项卡，如图 13.41 所示。设置【不透明度】为 100%，【发光颜色】为白色，【大小】为 65 像素，选择【等高线】样式为【环形-双】。

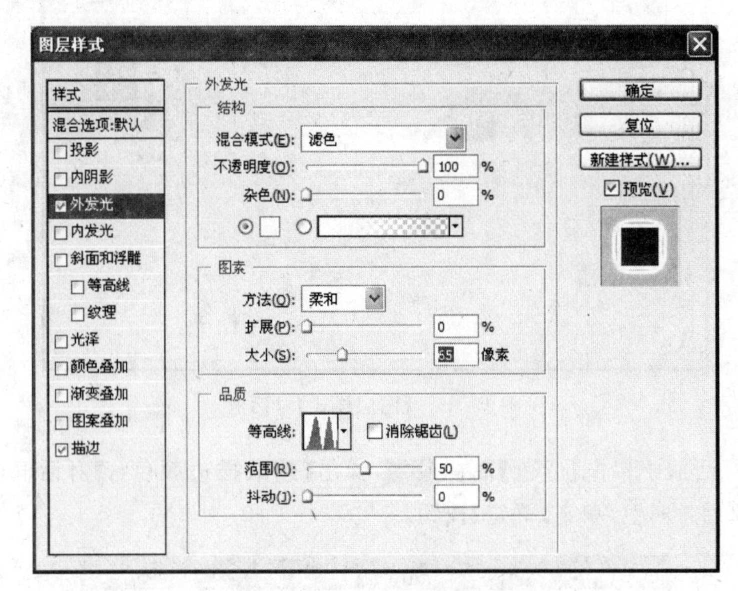

图 13.41 【外发光】选项卡

(19) 单击【确定】按钮，完成路牌广告的平面制作，效果如图 13.42 所示。

图 13.42 路牌广告平面效果

(20) 按 Ctrl+S 组合键存储“路牌平面图.psd”文件，再按 Shift+Ctrl+S 组合键将文件另存为“路牌平面图.jpg”。

(21) 按 Ctrl+O 组合键，在弹出的【打开】对话框中，选择“路牌.jpg”素材文件，单击

【打开】按钮打开文件，如图 13.43 所示。

(22) 打开“路牌平面图.jpg”文件，使用【移动】工具将其拖动到“路牌.jpg”图像窗口中，并按 Ctrl+T 组合键缩小到合适大小，如图 13.44 所示。

(23) 选择【编辑】|【变换】|【扭曲】命令，拖动周围的控制点，使其符合路牌透视效果，按 Enter 键完成扭曲，将文件存储为“路牌立体图.psd”。完成后效果如图 13.45 所示。

图 13.43　路牌素材

图 13.44　自由变换

图 13.45　完成后效果

13.3　灯箱广告设计的应用

利用灯光，将灯箱片、写真软片等材料照亮，形成一个面或者多个面的灯光广告，这就是灯箱广告。它造型美观，画面简洁，视觉冲击力很强。通常情况下，灯箱广告是应用于人流量大，视觉宽广的环境，如图 13.46 所示。灯箱广告设计要求如下。

图 13.46　灯箱广告

13.3.1　灯箱广告设计要求

1. 创意新颖

灯箱广告设计的关键之处在于能让人们长时间停留在灯箱前，并看清楚它所宣传的内容。要想达到这一点，丰富的想象力是必不可少的，如图 13.47 所示。因为只有丰富的想象力，才能产生新颖的创意。

2. 排版构图要简明

若想产生良好的视觉冲击力，灯箱广告的画面排版就要简明。因为如果图形和文字过密，从远处就不容易看清楚内容。

在构图方面，应充分利用视觉中心的效果，加强画面平衡感。

3. 文字字体要简单

文字是指灯箱广告的文案部分。对于字体的使用，尽量简单，笔画粗细均匀的字体有利于阅读。如果有英文字，尽量使用大小写混合的方式排列，从远处较容易看懂。对于标题字，应以“简短精炼，便于记忆”为宜，如图 13.48 所示。

图 13.47　丰富的想象力

图 13.48　文字字体要简单

4. 色彩使用反差较大的颜色

色彩的运用，直接关系着设计的成败，而色彩，也是构成灯箱广告重要的因素。一个成功的灯箱广告设计，不在于颜色是用得多少，而在于颜色是用得是否恰当。

13.3.2　灯箱广告

(1) 打开 Illustrator CS4 软件，按 Ctrl＋N 组合键，弹出【新建文档】对话框，如图 13.49 所示。设置【名称】为背景，在【大小】下拉列表中选择 A4，选择【栅格效果】为“屏幕(72ppi)”，单击【确定】按钮。

(2) 选择工具箱中的【矩形】工具，绘制一个与页面大小相同的矩形，在【颜色】面板中设置填充色为(C：6，M：24，Y：70，K：0)，描边色为无，如图 13.50 所示。

(3) 选择工具箱中的【网格】工具，在矩形上不同位置单击，为矩形创建网格，然后选择不同网格点设置不同的颜色，如图 13.51 所示。

(4) 选择工具箱中的【椭圆】工具，按 Shift 键的同时拖动鼠标，绘制一个圆，设置其描边色为无。在【渐变】面板中，将其填充为白色到绿色的径向渐变，如图 13.52 所示。

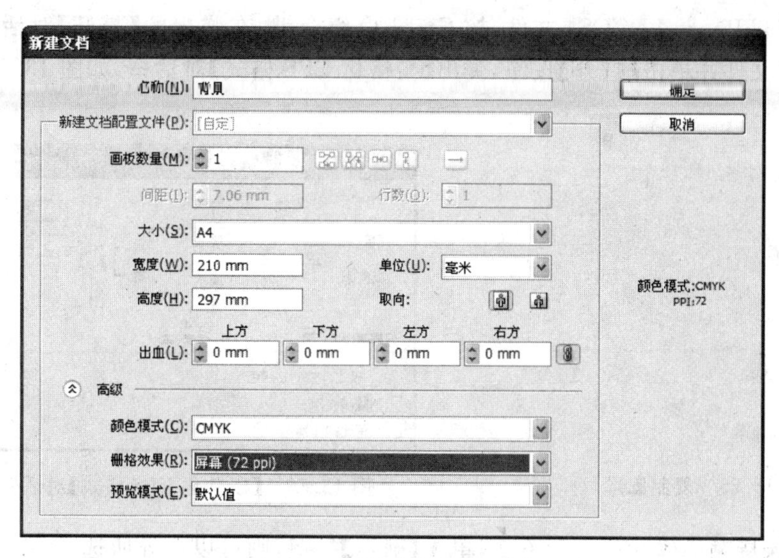

图 13.49　【新建文档】对话框

图 13.50　绘制的矩形

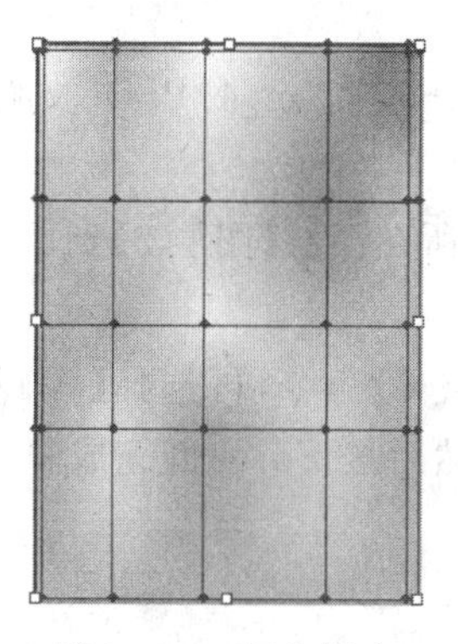

图 13.51　网格渐变

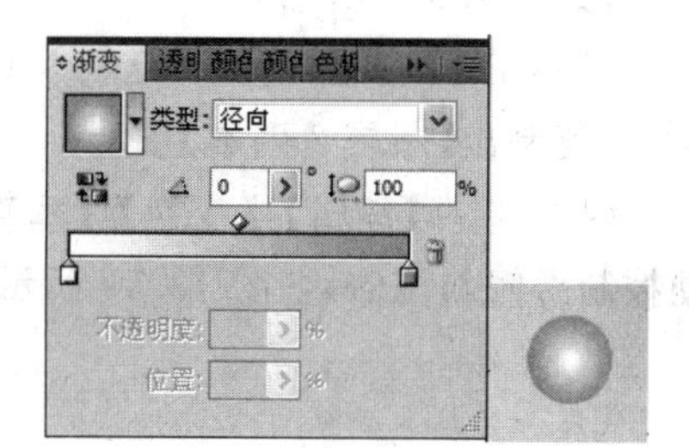

图 13.52　【渐变】对话框

(5) 选择工具箱中的【选择】工具，选中圆形。选择【效果】|【风格化】|【羽化】命令，弹出【羽化】对话框，如图 13.53 所示。

(6) 在对话框中，设置【羽化半径】为 3mm，单击【确定】按钮，效果如图 13.54 所示。

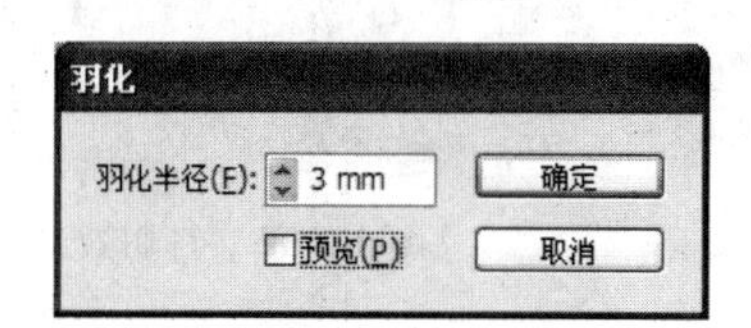

图 13.53　【羽化】对话框

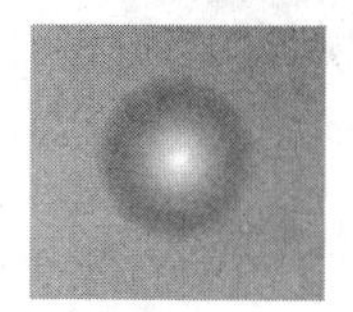

13.54　羽化效果

(7) 按 Alt 键，拖动羽化后的圆形，复制出若干个圆，在【渐变】面板中改变其颜色，使用【选择】工具移动位置，使复制出的圆形随意分布在矩形上，如图 13.55 所示。

(8) 按 Ctrl+S 组合键保存 AI 文件，按 Shift+Ctrl+S 组合键，在弹出的【存储为】对话框中，将文件另存为“背景.eps”。

(9) 打开 Photoshop CS4 文件,按 Ctrl+O 组合键,在弹出的【打开】对话框中,选择"背景.eps"文件并单击【打开】按钮,弹出【栅格化 EPS 格式】对话框,如图 13.56 所示。

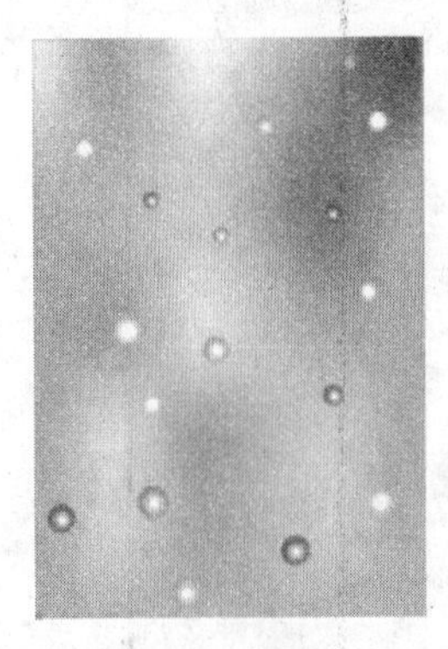
图 13.55 复制圆形

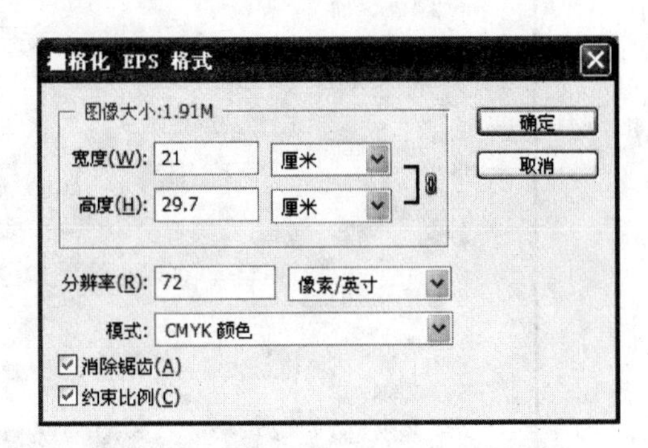

图 13.56 【栅格化 EPS 格式】对话框

(10) 保持对话框选项设置不变,单击【确定】按钮,则可以打开所选的.eps 文件。

(11) 打开"mp4.PSD"素材文件,选择【图像】|【模式】|【CMYK】命令,将图像转换为 CMYK 颜色模式,如图 13.57 所示。

(12) 选择工具箱中的【移动】工具,将"mp4.PSD"文件拖动到"背景.eps"图像窗口中,如图 13.58 所示。

(13) 在【图层】面板中,拖动 MP4 所在图层【图层 2】到面板底部的【创建新图层】按钮上,复制出【图层 2 副本】图层。

(14) 选择【编辑】|【变换】|【垂直翻转】命令,再选择【编辑】|【变换】|【斜切】命令,拖动控制点倾斜图像,如图 13.59 所示,然后按 Enter 键完成斜切变换。

图 13.57 素材文件

图 13.58 拖动图像

图 13.59 斜切效果

(15) 按 Ctrl+T 组合键,按下 Shift 键的同时拖动控制框等比缩小图像,并向下方移动图像,完成后效果如图 13.60 所示。

(16) 在【图层】面板中,设置【图层 2 副本】的不透明度为 35%,制作倒影效果,如图 13.61 所示。

(17) 单击【图层】面板中的【创建新图层】按钮,新建【图层 3】。然后选择工具箱中的【钢笔】工具,绘制一条路径,如图 13.62 所示。

图 13.60 自由变换

图 13.61 倒影效果

图 13.62 绘制路径

(18) 在工具箱中设置前景色为白色，打开【路径】面板，单击右上角的按钮，弹出的菜单如图 13.63 所示。选择【描边路径】选项，弹出【描边路径】对话框，如图 13.64 所示。

(19) 单击【确定】按钮，按 Enter 键，路径显示一条白色曲线，如图 13.65 所示。

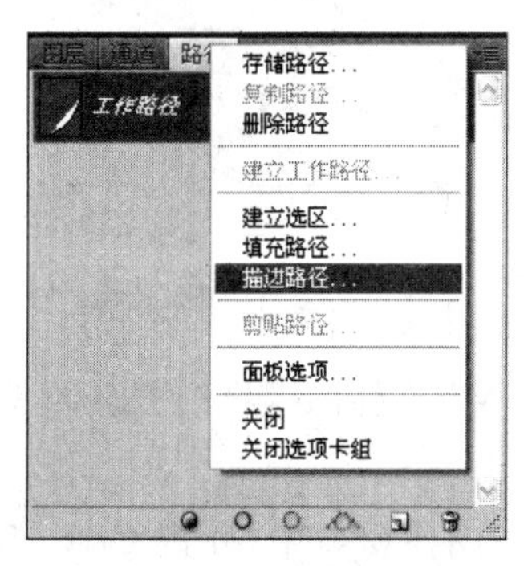

图 13.63 路径面板菜单

图 13.64 【描边路径】对话框

图 13.65 描边路径效果

(20) 单击【图层】面板底部的【添加图层样式】按钮，在弹出的菜单中选择【外发光】，弹出【图层样式】对话框，如图 13.66 所示。

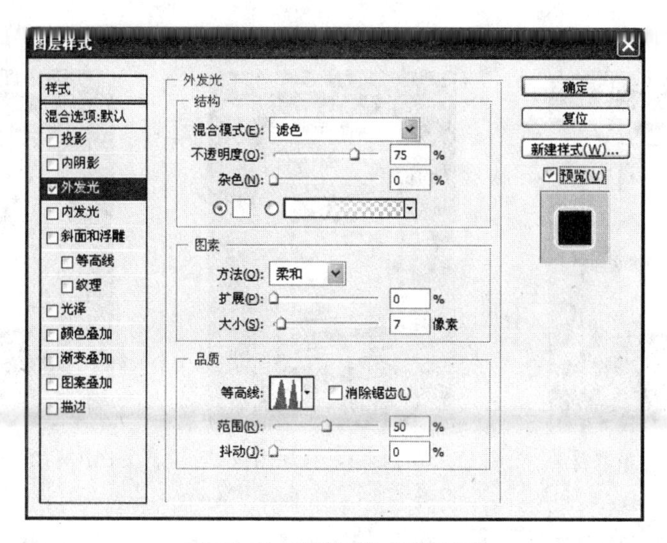

图 13.66 【图层样式】对话框

(21) 在对话框中,设置【颜色】为白色,【大小】为 7 像素,选择【等高线】样式为【环形-双】。单击【确定】按钮,曲线效果如图 13.67 所示。

(22) 拖动【图层 3】到面板底部的【创建新图层】按钮上两次,复制两个曲线副本,按 Ctrl+T 组合键旋转并移动位置,结果如图 13.68 所示。

(23) 选择工具箱中的【文字】工具T,输入文字,并设置字体、大小和颜色。完成灯箱平面图的制作,保存文件为“平面效果.psd”,然后再另存为一个“平面效果.jpg”文件,如图 13.69 所示。

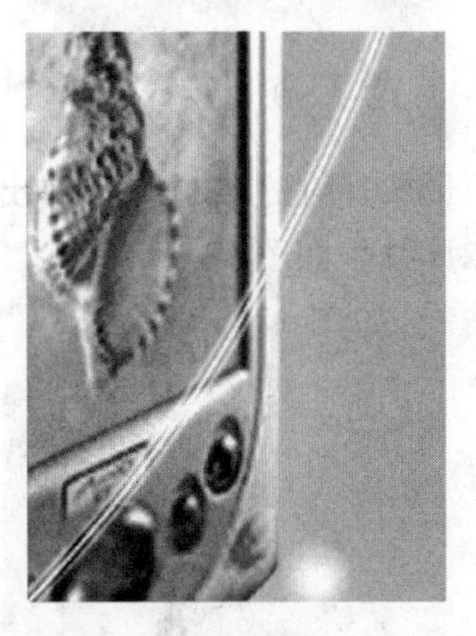

图 13.67 外发光效果

图 13.68 复制图层并变换

图 13.69 平面效果图

(24) 打开“灯箱.jpg”素材图片,选择【图像】|【模式】|【CMYK】命令,将图像转换为 CMYK 颜色模式,如图 13.70 所示。

(25) 使用【移动】工具将平面效果图拖动到“灯箱.jpg”图像窗口中,并按 Ctrl+T 组合键缩小到合适大小,如图 13.71 所示。

(26) 选择【编辑】|【变换】|【扭曲】命令,拖动周围的控制点,使其符合路牌透视效果,然后按 Enter 键完成扭曲,将文件存储为“灯箱立体图.psd”。最终效果如图 13.72所示。

图 13.70 灯箱素材

图 13.71 拖动图像

图 13.72 灯箱立体效果

13.4　霓虹灯广告设计的应用

有一种户外广告，白天，它是路牌，到了晚上，就变得鲜艳夺目，为城市增添亮丽的风景。这就是霓虹灯广告，如图 13.73 所示。和其他广告形式一样，霓虹灯的首要作用也是宣传产品。其次，它还有点缀城市的作用。霓虹灯广告集光、色和电于一体。甚至在国外，一些先进的户外广告还采用了声、光、色、味等技术，使广告更加吸引人。

图 13.73　霓虹灯广告

霓虹灯广告大幅的信息，是它视觉冲击力的保障。由于形势变化多样，因此可以给人带来美的感受，而这也是它可以吸引人们眼球的重要原因。影像霓虹灯广告外部造型的因素包括广告内容和外部环境，特别要考虑其自身形状和建筑物的情况。

13.4.1　霓虹灯广告设计要求

霓虹灯的构思范围大致有以下几个方面。

1. 变化与统一

好的霓虹灯设计，既要有丰富的内容，也要有统一的风格。简单说就是“在变化中求统一，在统一中求变化。”在一个霓虹灯设计作品当中，每个组成部分都不相同，如果组成成分过多，只强调“变化”，则会显得杂乱涣散。而如果只强调“统一”，又会显得单调死板。因此，只有将“变化和统一”协调起来，相互包含，才能让户外广告既能显得丰富多彩，又不失统一协调。

2. 比例与设计

所谓的比例，是指产品整体与局部或各个局部之间的尺度比例关系。任何一个好的设计，都必须有适当而正确的比例。

3. 和谐与条理

所谓和谐，指的是相邻形体、面或色彩之间，采用变化的形式把两者联系起来。同时，它也是产生造型效果的重要因素。

13.4.2 霓虹灯广告

(1) 打开 Photoshop CS4 软件，按 Ctrl+N 组合键打开【新建】对话框，如图 13.74 所示，设置【宽度】和【高度】均为 210 毫米，分辨率为 72，然后单击【确定】按钮新建文档。

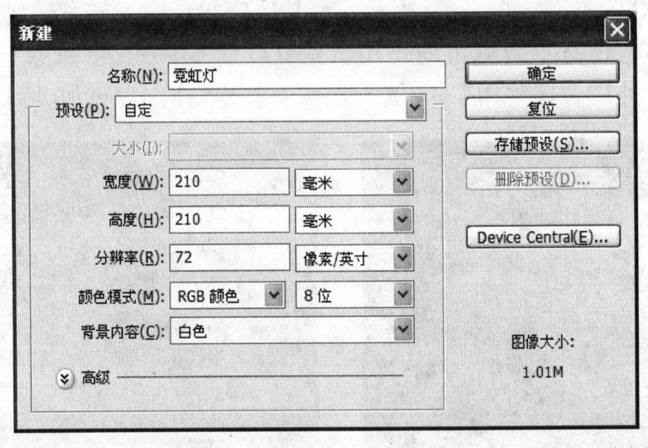

图 13.74 【新建】对话框

(2) 按 D 键恢复默认前景色和背景色，再按 Ctrl+Delete 键，将新建文档填充为背景色黑色，如图 13.75 所示。

(3) 选择工具箱中的【钢笔】工具，绘制封闭路径，在路径面板菜单中选择【存储路径】，分别存储为路径 1、路径 2、路径 3 和路径 4，如图 13.76 所示。

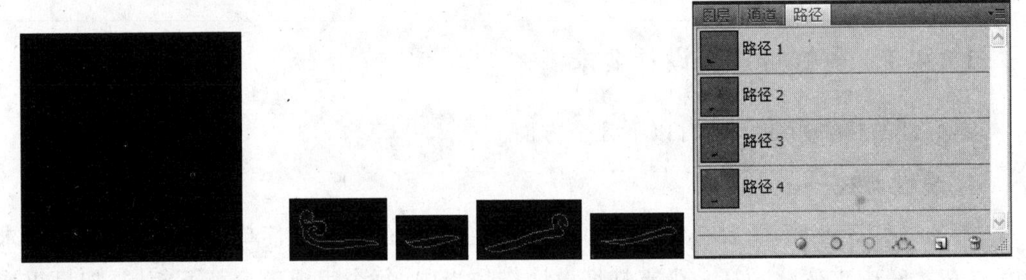

图 13.75 新建文档　　图 13.76 绘制的路径

(4) 单击【图层】面板底部的【创建新图层】按钮，新建【图层 1】。设置前景色为蓝色(R：6，G：20，B：255)，按 Ctrl 键单击【路径】面板中的路径图层，将路径转换为选区，然后按 Alt+Delete 组合键将选区填充为蓝色。依次对四个路径进行此操作，结果如图 13.77 所示。

图 13.77 填充路径结果

(5) 在【图层】面板中选择【图层 1】，单击【图层】面板底部的【添加图层样式】按钮，在弹出的菜单中选择【描边】，弹出【图层样式】对话框，设置【大小】为 2，【颜色】为(R：15，G：170，B：238)，如图 13.78 所示。

(6) 勾选对话框中的【外发光】选项并单击，打开外

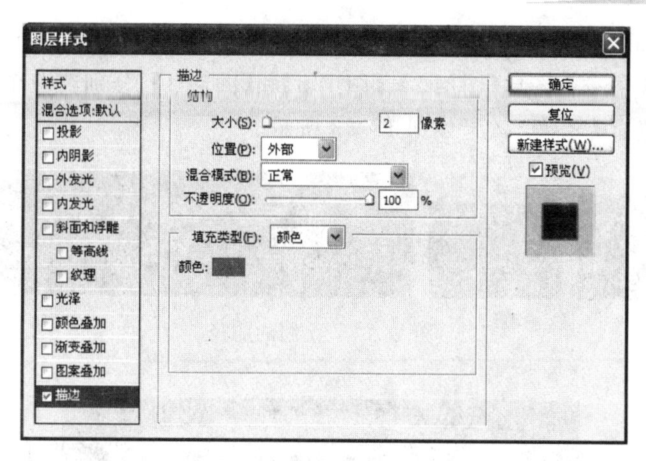

图 13.78　【描边】选项卡

发光选项卡，如图 13.79 所示，设置【颜色】为(R：15,G：170,B：238)，【扩展】为 2%，【大小】为 15。单击【确定】按钮，效果如图 13.80 所示。

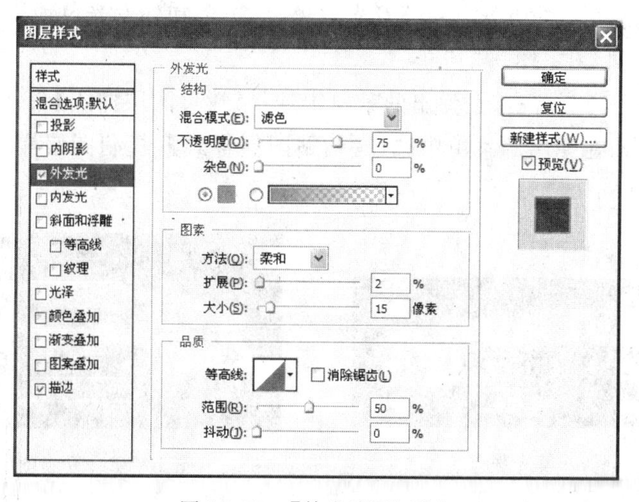

图 13.79　【外发光】选项卡

(7) 在【图层】面板中，拖动【图层 1】到【创建新图层】按钮上，复制图样。然后选择【编辑】|【变换】|【水平翻转】命令，将图样水平翻转，再使用【移动工具】将图样水平向右移动一定距离，如图 13.81 所示。

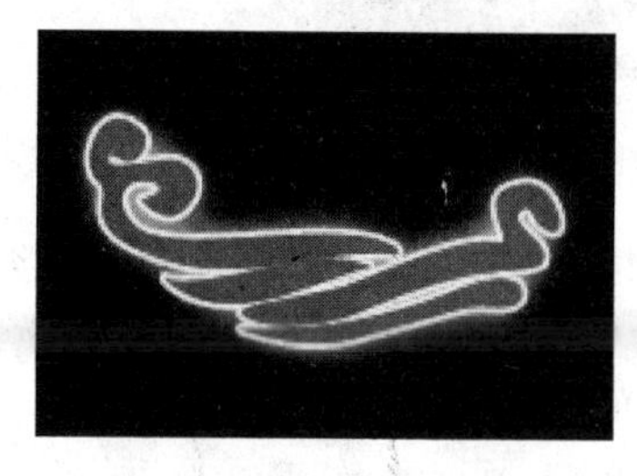

图 13.80　发光效果

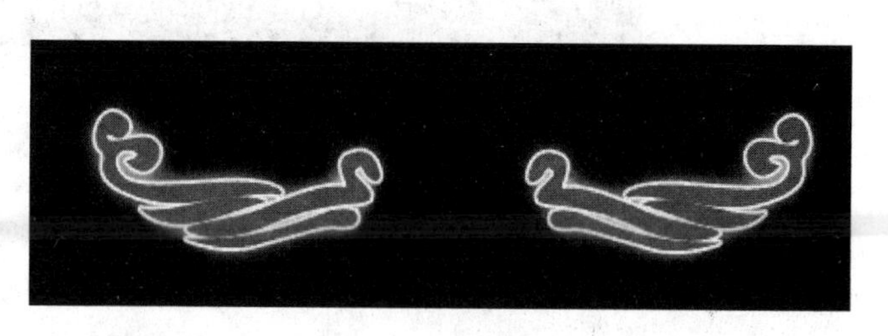

图 13.81　水平翻转

(8) 用同样的方法，使用【钢笔】工具绘制三个封闭路径并分别进行存储，如图 13.82 所示。新建三个图层【图层 2】、【图层 3】和【图层 4】，分别在三个图层上将路径转换为选区，然后填充为红色，效果如图 13.83 所示。

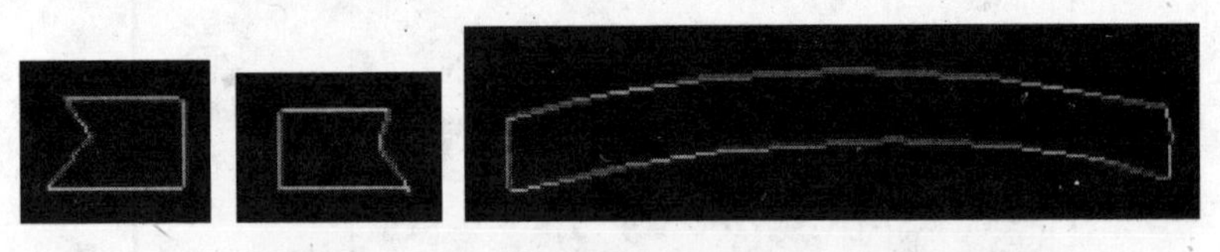

图 13.82 绘制的路径

图 13.83 填充路径

(9) 选中【图层 3】，添加描边和外发光效果，描边色和外发光色均为(R：255，G：177，B：10)，完成后效果如图 13.84 所示。

(10) 在【图层 3】上右击，在弹出的菜单中选择【拷贝图层样式】命令，然后在【图层 2】和【图层 4】上右击，在弹出的菜单中选择【粘贴图层样式】，复制图层样式效果如图 13.85 所示。

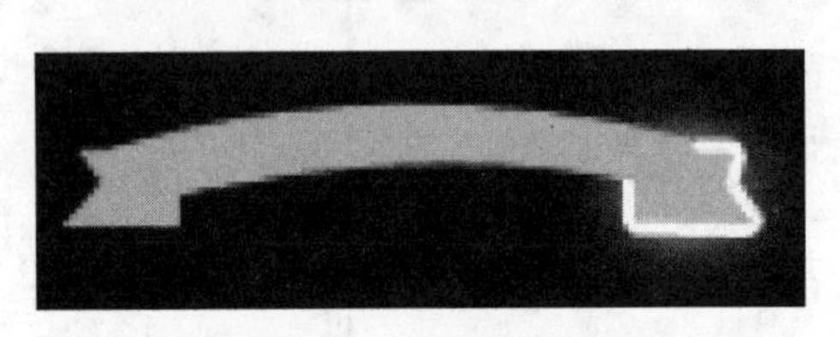

图 13.84 外发光效果

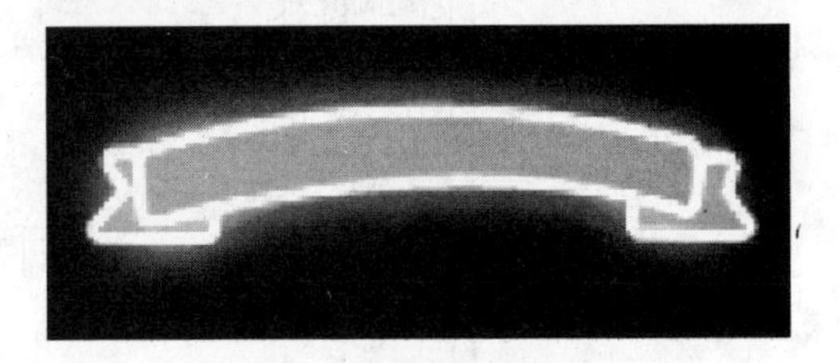

图 13.85 复制图层样式效果

(11) 选择工具箱中的【移动】工具，移动图形位置，如图 13.86 所示。

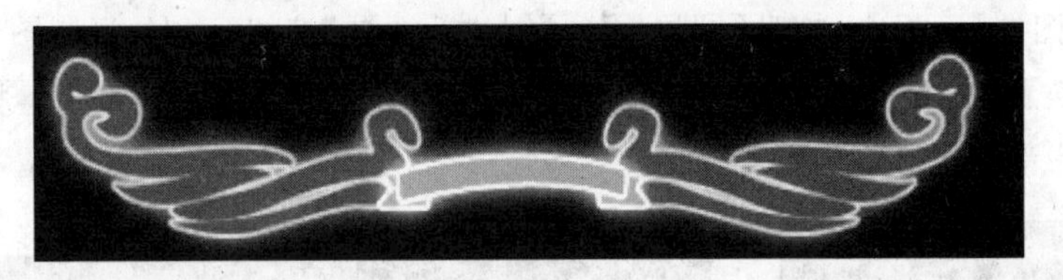

图 13.86 移动位置

(12) 使用【钢笔】工具绘制路径，如图 13.87 所示。新建图层，转换为选区后填充蓝色，添加描边和外发光图层样式，然后复制图层并水平翻转图形，向右移动一定的距离，如图 13.88 所示。

(13) 选择工具箱中的【矩形选框】工具，绘制一个矩形，如图 13.89 所示。

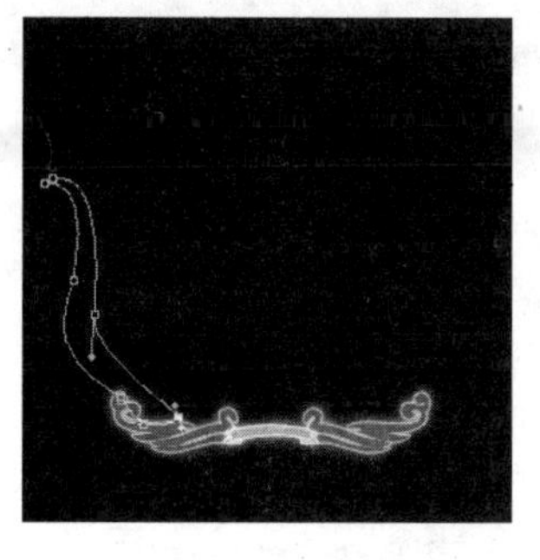

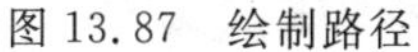

图 13.87　绘制路径

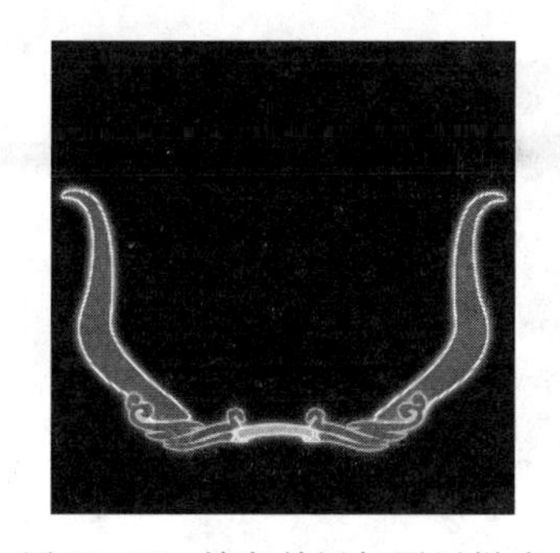

图 13.88　填色并添加图层样式

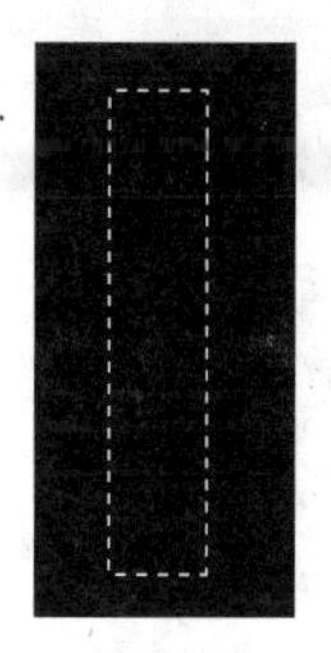

图 13.89　绘制矩形选框

(14) 选择工具箱中的【画笔】工具，然后单击属性栏中的【切换画笔面板】按钮，打开【画笔】设置面板，如图 13.90 所示，选择【尖角 19】画笔样式，设置【直径】为 6px，【间距】为 160%。

(15) 新建图层，在新图层中将矩形填充为(R：150，G：205，B：5)，如图 13.91 所示。

(16) 设置前景色为白色，打开【路径】面板，单击底部的【从选区生成工作路径】，将选区转换为路径。单击右上角的按钮，在弹出的菜单中选择【描边路径】选项，弹出【描边路径】对话框，如图 13.92 所示。在对话框中选择【画笔】，单击【确定】按钮，完成描边效果如图 13.93 所示。

(17) 使用图层样式为其添加外发光和内发光效果，如图 13.94 所示。

(18) 将图层复制若干次，依次进行旋转，然后进行排列，如图 13.95 所示。

(19) 用同样的方法，使用【矩形选框】工具，绘制一个矩形，填充为红色，添加外发光和内发光效果，如图 13.96 所示。

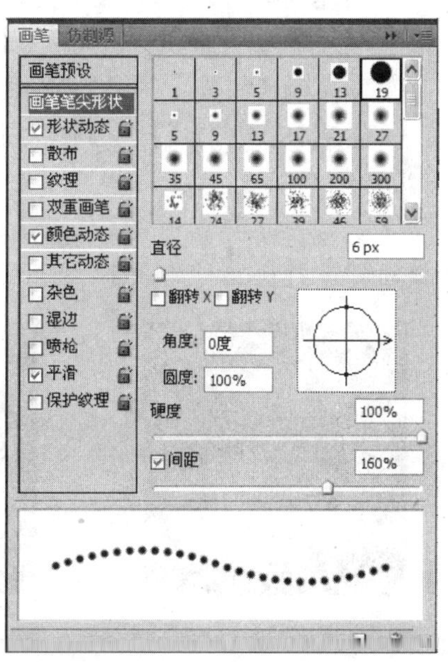

图 13.90　画笔样式设置

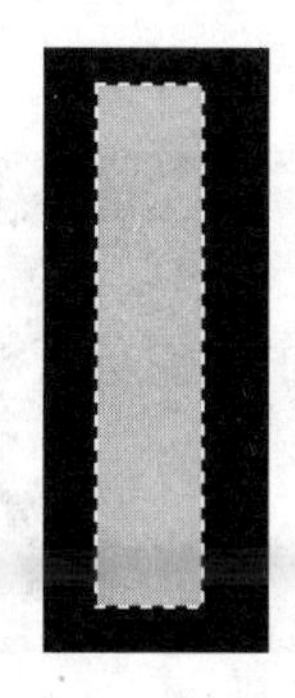

图 13.91　填充选区

图 13.92　【描边路径】对话框

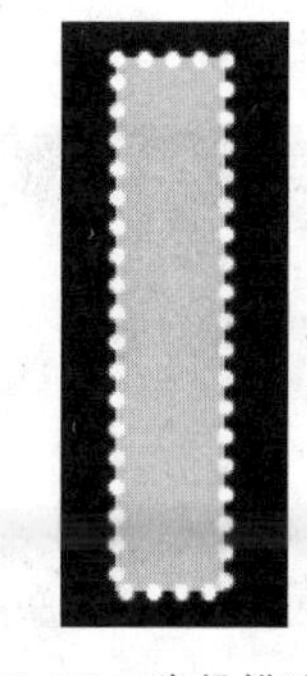

图 13.93　路径描边效果

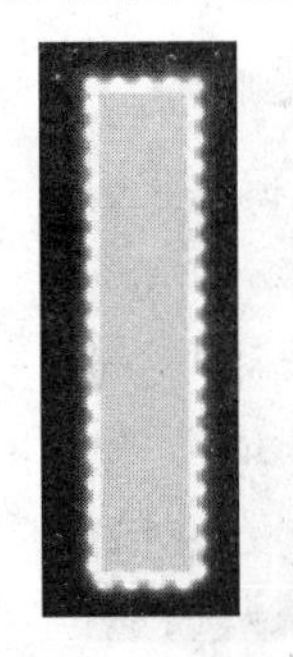

图 13.94 发光效果

图 13.95 复制图层

图 13.96 发光矩形

(20) 选择【编辑】|【变换】|【扭曲】命令,对矩形进行扭曲,如图 13.97 所示。

图 13.97 扭曲矩形

(21) 用同样的方法,作出另外三个矩形,分别为蓝色、绿色和紫色,然后调整大小及前后顺序,如图 13.98 所示。

(22) 复制出另外一侧,移动图层顺序,如图 13.99 所示。

(23) 选择【文件】|【打开】命令,打开"星.eps"素材文件,如图 13.100 所示。

(24) 选择工具箱中的【移动】工具,将打开的星形素材拖动到霓虹灯文件中,按 Ctrl+T 组合键进行自由变换,如图 13.101 所示。

图 13.98 制作另外三个

图 13.99 调整图层顺序

图 13.100 星形素材

(25) 为星形所在图层添加外发光和内发光效果,如图 13.102 所示。

(26) 选择工具箱中的【横排文字】工具 T,输入文字"星光娱乐城",设置颜色为蓝色,添加白色描边效果。完成后效果如图 13.103 所示。

图 13.101 拖动图层

图 13.102 发光效果

图 13.103 完成后效果

13.5 报纸广告设计的应用

由于我国经济发展很快,受到国外企业的关注。再加上各地为了引资开出的各种优惠政策,境外投资热也会升温。报纸广告分布地区不平衡。随着中央加大对西部的开发与投入,西部地区的经济及广告均有不同程度的上升,但与东部相比差距仍然很大,这一点在短时间内不会有大的变化。城市间不平衡,不同报纸之间的不平衡差距继续拉大。全国性报纸(中央报、行业报);省、自治区报纸;直辖市、省会市报纸(机关报、都市报、晚报);地市报纸。这些不平衡,导致了竞争的加剧,竞争是可以的,但不要恶性竞争、不平等竞争。

13.5.1 报纸广告的特点

报纸是现阶段广告的常用媒体,其优点主要有时效性强、反应及时;覆盖面广,遍及社会各阶层,读者稳定。本例简单分析一下报纸广告的优点。

1. 报纸时效性强和销售速度快

广告随着报纸每天与消费者见面,从而使信息传递迅速。消费者可依据每天得到的广告信息迅速作出判断和行为选择,能适合于时间性强的新产品广告和快件广告。例如展销、展览、劳务、庆祝、航运、通知等。

2. 报纸发行量大、阅读者多

无论什么报纸都有一批可观的读者,有的读者群所读的报纸不是一种。而且读者的层面又相当广泛,这就为广告开拓了广阔的读者天地,使信息传播渠道畅通,空间辽阔。所以报纸上既可刊登生产类的广告,也可刊登生活类的广告;既可刊登医药类广告,又可以刊登艺术类广告等。可用黑白广告,也可套红色印刷和彩色印刷,内容形式是很丰富的。

3. 同一种内容信息的连续性强

正因为报纸每日发行,具有连续性,广告采用不断完善的形象与读者见面这一点,可发挥重复性和渐变性既能调动其好奇心,又会吸引读者加深印象。

4. 根据情况采用图形和文字

运用黑白效果进行设计,无疑会相对方便且经济。根据报纸广告的特点,发挥广告艺术的表现性,做到针对性强、形象突出和有利于仔细欣赏和阅读,如图13.104所示。

5. 报纸广告引起读者的关注

突出性选择报纸头版刊登在读者关心的栏目,利用定位设计的原理、强调主体形象的商标、标志,标题和图形的面积对比和明度对比,运用大的标题,甚至可采用套红的手法加强主体图形的生动形象,如图13.105所示。

图 13.104 黑白效果设计

图 13.105 定位设计形象

13.5.2 报纸广告设计要求

报纸广告是刊登在报纸上的平面静态广告视觉传达。其特征是由报纸的基本性质和报纸广告的制作技术条件所决定的。参考到报纸广告的性质、印刷,以及报纸传达对象的阅读习惯,报纸广告往往更多地注意文稿。报纸广告刊登首先由广告主委托广告公司设计文稿,然后送到报社制版印刷。报纸广告设计视觉传达有以下几个要点。

1. 版面设计灵活多样

广告画面的尺度变化较大。报纸广告的面积的计算方法,依据报纸版面的规格而有所不同,中外报纸的版面有横排和竖排两大类型,因此广告版面和尺寸有其特定的计算方法,如图 13.106 所示。

图 13.106 报纸版面设计

2. 要考虑到广告效果问题

以文字为信息传递的主要方式的广告,利用空白的优势,以面积对比、疏密对比的手法产生视觉传达效果,设计师本身必须具有独特的方法。

3. 要考虑到消费者

以为消费者服务为职能,细致入微地替消费者着想,设计精良的报纸广告,让人们看到它,注意到了它,感到它有吸引力,于是看完了它的内容,对其宣传的商品产生购买欲,决定了购买意志,最终购买了商品。

4. 版式纸组成版面设计

版式纸就是由每一个长方形便是一个模块,每个模块内是一篇或一组稿件。这种版式正像包豪斯学派所强调的那样,人是设计的出发点,如图 13.107 所示。

图 13.107 广告形式形象生动

5. 报纸设计要强调变化

今天头条是横的，明天头条就是竖的，报纸每天的设计风格乃至设计形式都一致，不追求变化，同一天的版式设计也都大致相同，然而，随着报纸版面的不断增加，读者读报的时间相对减少，大多数人读报时所感兴趣的不再是版面的变化，而是尽可能快地从版面上得到自己所需要的信息。报纸设计在方便读者阅读方面应改变传统的旧版式。

6. 新颖的版面

以异乎寻常的版式设计来报道异乎寻常的重大新闻。这样的效果对于那些天天变花样，动不动就通栏标题、整版图片的报纸来说是难以达到的。版面设计需要读者去欣赏品尝，而版面无须每天变化，是因为把版面当作一种载体，一种形式，它必须服从功能。这个功能就是尽可能简单、方便、舒适地让读者阅读新闻。过于变化的版面设计会转移读者的注意力，进而影响对新闻的阅读理解。

7. 报纸策划

报纸编辑策划的一部分，是报纸编辑确定报纸的编辑方针、设计报纸的整体规模和内部结构及其各个局部的一系列工作。

8. 形象表达要准确

报纸广告是否用生动、形象的比喻或者载体表达概念是否准确。这一点在一篇报纸广告中尤其重要，决定了产品传播范围和记忆度。在信息量巨大的报纸中，诉求生动化是区别其他产品、增加产品宣传尖锐度的有力武器，往往凝聚了设计者的心血，这是所有报纸广告的精髓。

9. 以销售为中心

报纸广告设计，必须围绕着“销售”这一核心目的，采用多种元素充分体现、促成广告目的。报纸广告中需要具备的多项要素包括广告标题、功效、送货和咨询热线、销售热点、专家建议、包装盒和价格、各种证书荣誉、适应症、促销信息等。

10. 报纸的软文广告

简单地说，软文广告是使用软文的版面刊登产品的硬广告，在实战中，“软文硬做”的运用是很广的。是广告发展多样化的一种表现。在广告费用有限，或者需要出奇制胜，丰富广告方式时首选的方法。

13.5.3 报纸广告创意

报纸广告设计的创意，最终目标与广告目的具有广泛的一致性，要使其达到这个目标，还必须有创意的物化过程及手法，将意念化的创意付诸现实，使创意理念变成具有现实价值。因此，报纸广告设计的创意，有自身的规律，从创意方法上讲，可以从以下几个方面概述。

1. 报纸广告设计创意寓意深刻

有灵性的设计师能平中见奇，简洁的意象、通俗的语言和风格，使此广告独具新意，与众不同的处理而成为不可多得的表现形式，这就是设计师创意思维的结晶，由此种创意所设计的报纸广告能收到妙不可言的艺术效果。广告其主标题是人人都能想到或想过的事情，但人人都没能把它说出来。使其广告贴近读者，贴近生活。如图 13.108 所示，作品以独特的角度，选择日常生活中人人都熟悉的不能再熟悉的形象比喻，在这里真是平中见奇，新颖独特，更显得妙笔生辉。

2. 报纸广告设计创意以情感人

随着社会的发展，读者群的文化水平和审美能力不断地提高。许多设计师都已深深地体会到，报纸广告设计创意的情感能力，流通领域和消费群体逐渐从理性的世界走向感性销售的时代。报纸广告创意也开始从研究读者心理、社会文化来进行创造事件和情感。

广告作品含蓄深刻、耐人寻味，引起广大读者的感情共鸣，影响远远超越画面本身的含义，让其自然地去接受事物，产生情感到认识信息。这就是以情感人的创意，如图 13.109 所示。

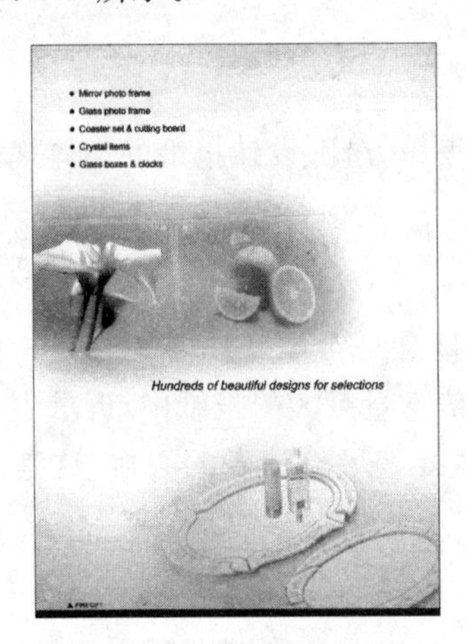

图 13.108 创意寓意深刻

图 13.109 以情感人的创意

3. 报纸广告设计创意简明扼要

广告要创造出产品的销售力，最为直接的方式就是简明扼要以理服人。这种创意手法多注重于立意上，在表现手法上多采用最具表现力的手法以造成报纸广告设计上突出鲜明的视觉印象，让读者过目不忘。

因此，这类报纸广告创意就是设计师用精炼、概括、明确有力的艺术语言，在极富夸张的形式中去创造艺术感染力，如图 13.110 所示。

4. 报纸广告设计创意与审美

在报纸广告设计体系中，同一个广告可以由表达主题和内容确定后，选择什么样的图形、文字来表现，就要考虑到它们可能在读者心中引起的情感效应和审美效应等，如图 13.111 所示。

5. 报纸广告设计创意视觉冲击力

怎样才能制作出富有视觉冲击力，能引起消费者的兴趣的广告，是每个设计师需要思

图 13.110　艺术感染力的广告

图 13.111　广告设计创意与审美

考的问题，只有消费者对广告感兴趣，才会阅读，才能了解产品的功效，产生购买的欲望，拉动销售，让广告的发布产生明显的经济效益，如图 13.112 所示。

图 13.112　视觉冲击力的广告

在报纸广告日益激增的社会生活中，读者的审美要求是丰富多样和不断发展的，所以，报纸广告在设计和创意时，应具备审美主题的真情美意，以优美的形象和意境去吸引和感染读者，使读者产生审美情趣，符合读者接受广告信息的目标要求和审美要求。

6. 报纸广告设计创意的黑白灰

现阶段的黑白报纸广告的缺点，都在一个误区中打转，即整个版面上只有黑白两种颜色在组合使用，没有很好的应用“灰”这种颜色。

了解艺术的人都知道，黑色给人以重的感觉，白色给人以轻的感觉，黑白两种颜色组合使用给人印象就是醒目、简洁明了对比鲜明。

同时单单的黑白两种颜色，没有过渡成分，并不能使黑白报纸广告醒目，只能引起阅读者的视觉疲劳，容易产生对报纸广告的厌恶情绪，即使有购买需求也会从其他的渠道了解产品信息。这样一来，报纸广告投放就变得毫无意义，白白浪费大量的资金。

7. 报纸广告设计创意的反向思维

从事报纸广告的设计师经过美学基础教育，在设计报纸广告时，运用“反向思维”设计，考虑同类报纸广告的情况，单独看醒目、有冲击力的广告，在厚厚的报纸中只能被淹没，因为所有的广告都太相似了，设计没有特点的广告是不能从厚厚的报纸中跳出来的。要想与其他广告明显区别开，就只能勇于突破思维定式，抛弃主观的定向思维，多用逆向思维来思考问题，大胆突破，根据产品来研究消费者的心态，努力创新。

报纸广告创意是一门文化性与艺术性融合的设计。作为广告设计师，只有不断地学习积累，不断探索实践，才能使自己具有较高的立足点。

13.5.4　滴眼液广告

(1) 打开 Photoshop CS4 软件，打开“景色.jpg”素材图片，如图 13.113 所示。

(2) 选择工具箱中的【钢笔】工具，绘制一个眼睛形状的封闭路径，如图 13.114 所示。

图 13.113 素材图片

图 13.114 绘制路径

(3) 打开【路径】面板，按 Ctrl 键单击工作路径，将路径转换为选区，如图 13.115 所示。

(4) 在【图层】面板中双击【背景】图层，将其转换为普通图层“图层 0”。

(5) 选择【选择】|【修改】|【羽化】命令，弹出【羽化选区】对话框，如图 13.116 所示。

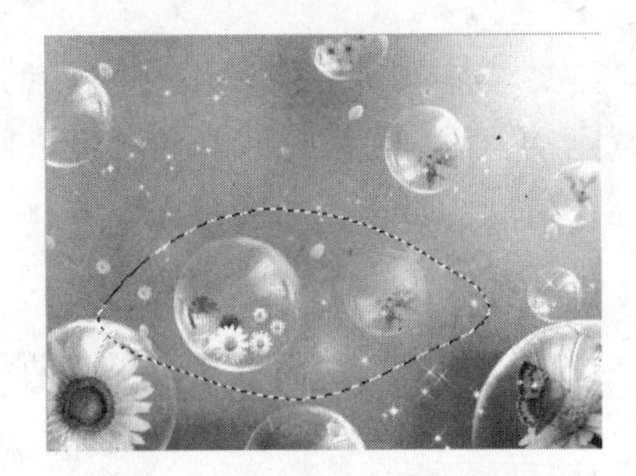

图 13.115 路径转换为选区

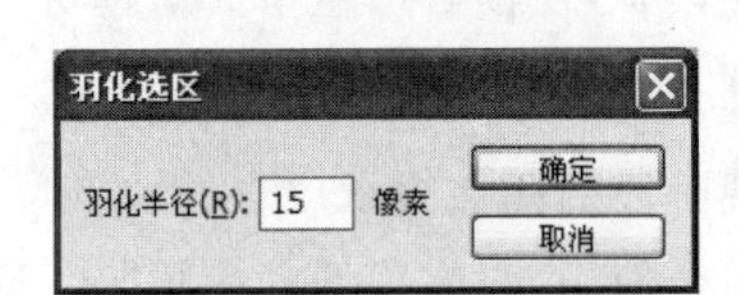

图 13.116 【羽化选区】对话框

(6) 设置【羽化半径】为 15 像素，单击【确定】按钮。按 Shift+Ctrl+I 组合键，将选区反选，如图 13.117 所示。

(7) 按 Delete 键删除选区中的内容，按 Ctrl+D 组合键取消选区，如图 13.118 所示。

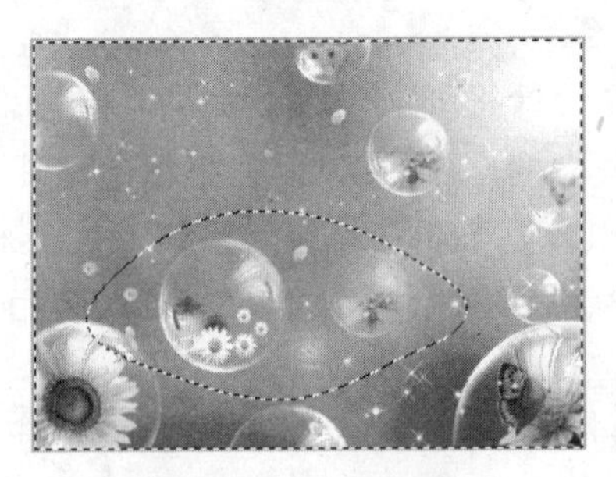

图 13.117 反选选区

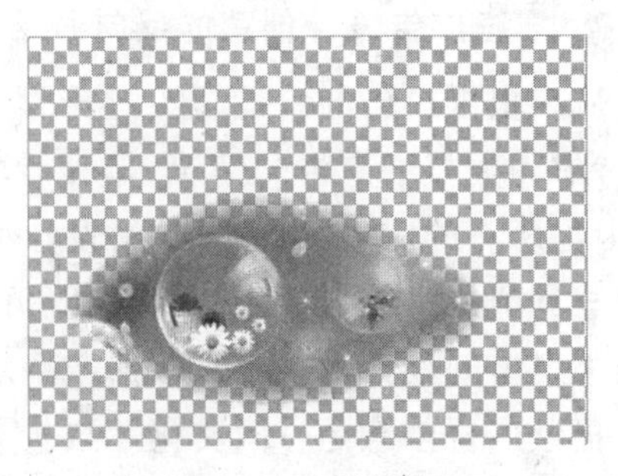

图 13.118 删除选区

(8) 选择【图像】|【模式】|【CMYK 颜色】命令，将图像转换为 CMYK 颜色模式，然后按 Ctrl+S 组合键将图像存储为“景色. psd”。

(9) 打开 Illustrator CS4 软件，按 Ctrl+N 组合键，新建一个大小为 A4 的横向文档。

(10) 选择工具箱中的【矩形】工具，绘制一个和页面大小相同的矩形，填充为(C：60，M：0，Y：100，K：0)，和页面居中对齐，如图 13.119 所示。

(11) 选择工具箱中的【钢笔】工具，绘制两个不规则图形，设置填充为白色，无描边色，如图 13.120 所示。

图 13.119　填充矩形

图 13.120　不规则图形

(12) 使用【钢笔】工具，绘制两个不规则图形，再使用【直接选择】工具调整锚点，构成眼睛形状，填充为白色，无描边色，如图 13.121 所示。

(13) 选择【窗口】|【画笔库】|【艺术效果】|【艺术效果_粉笔炭笔铅笔】命令，打开【艺术效果_粉笔炭笔铅笔】面板，如图 13.122 所示。

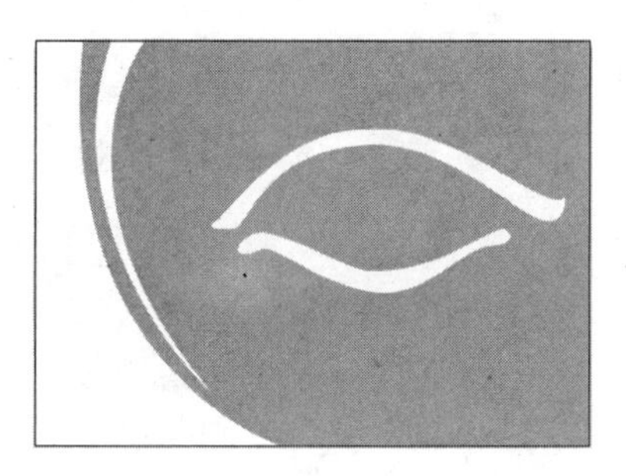

图 13.121　眼睛形状

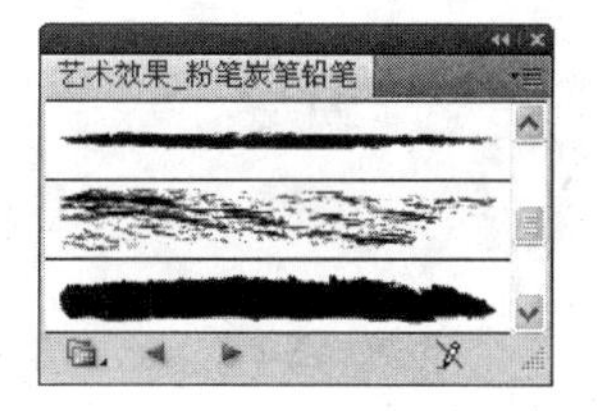

图 13.122　【艺术效果_粉笔炭笔铅笔】面板

(14) 选择工具箱中的【画笔】工具，然后单击面板中的【炭笔_锥形】画笔，用此画笔绘制眼睫毛，如图 13.123 所示。

(15) 选择工具箱中的【选择】工具，选中前面绘制的组成眼睛的路径图形，单击面板中的【炭笔】画笔样式，虚化路径，结果如图 13.124 所示。

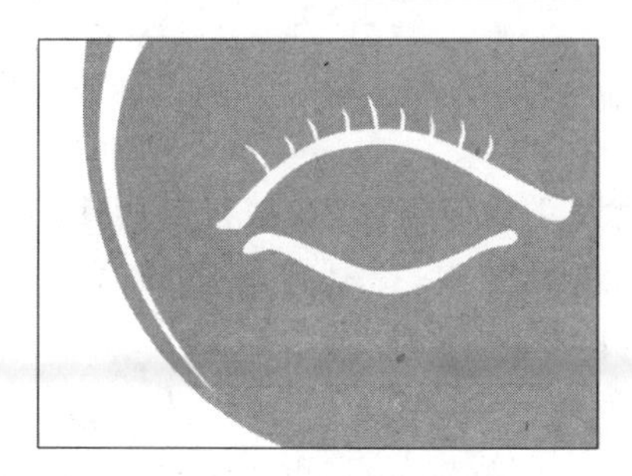

图 13.123　绘制眼睫毛

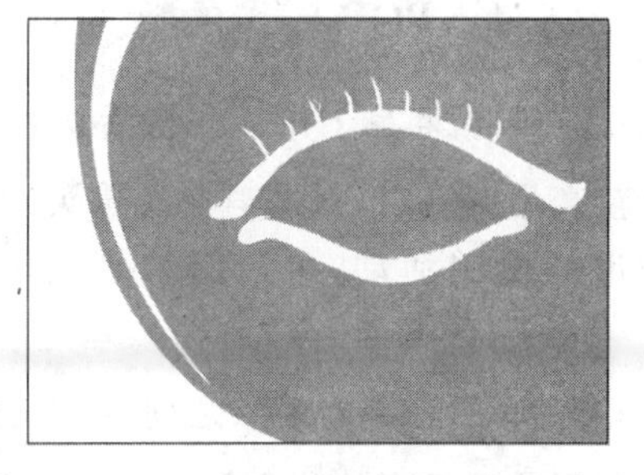

图 13.124　修改画笔样式

(16) 选择【文件】|【置入】命令,选择“景色.psd”文件置入,如图 13.125 所示。

(17) 按 Shift+Ctrl+[组合键将图像置于最后层,再按 Ctrl+]组合键将图像上移一层,调整大小后,如图 13.126 所示。

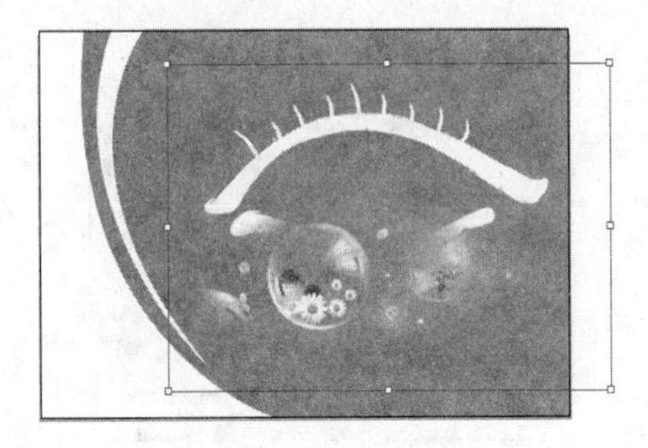

图 13.125 置入图像

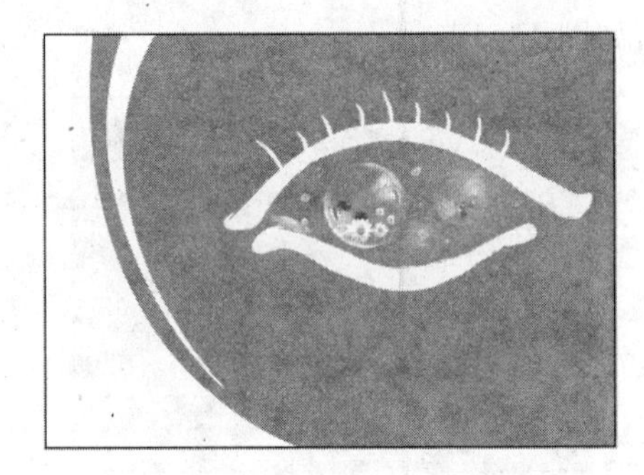

图 13.126 调整排列顺序

(18) 选择工具箱中的【矩形】工具,绘制一个和页面同宽的矩形,填充为白色,无描边色,和页面底对齐,如图 13.127 所示。

(19) 选择工具箱中的【文字】工具 T,输入产品文字信息,设置合适的字体、大小和颜色,完成滴眼液报纸广告的制作。保存文件,完成后的效果如图 13.128 所示。

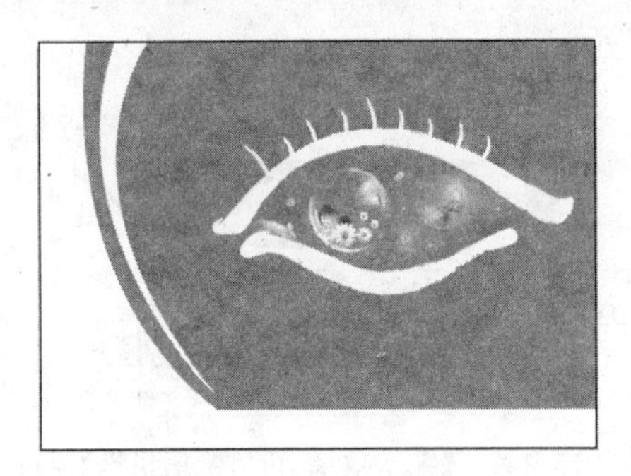

图 13.127 绘制矩形

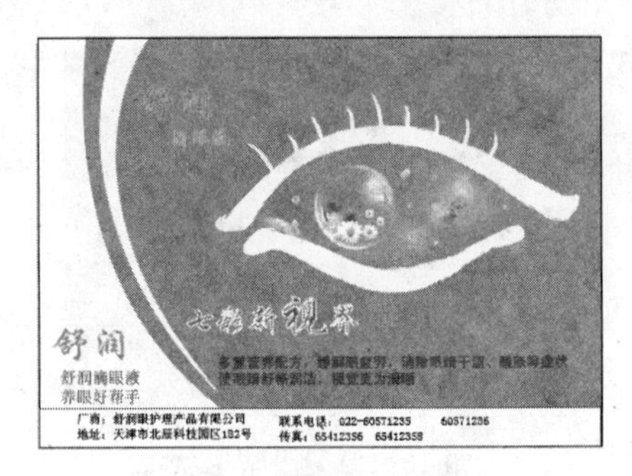

图 13.128 完成后的效果

13.6 POP 广告设计的应用

13.6.1 POP 广告的特点

1. 告知新商品上市和广告活动的信息

新产品销售时,促进消费者购买冲动配合其他大众宣传媒体,在销售场所使用 POP 广告进行促销活动,可以吸引消费者视线,刺激购买欲望,提高零售店的营业额,如图 13.129 所示。

2. 使消费者和零售店之间连成良好的互动关系

利用节日推出特价商品的 POP 广告。迅速的在商店直接做出广告,采用一定的形式使产品与消费者直接见面,广告媒体更及时更直观。

图 13.129 刺激购买欲望

3. 使消费者对零售店的信用留下了深刻印象而唤起购买的意识

对于众多消费者来说，POP 广告正是唤起这种潜在意识较为有力的形式和手段。运用现场展示，既补充了其他广告媒体的不足，又能吸引消费者对产品的关注。强化其购买意志，引发其购买行动。

4. 代替店员说明商品使用方法与功能

POP 广告是无声的售货员。POP 广告经常使用的环境是超市，而超市中是自选购买方式，在超市中，当消费者面对诸多商品而无从下手时，POP 广告使商品和有关信息直接与消费者见面，消费者依个人意志迅速做出选择，既简化了程序，又起到吸引消费者促成其购买决心的作用。

5. 通过其他媒体无法表现的，利于 POP 广告使企业形象得到树立与提高

POP 广告的现场展示与宣传，消费者可通过产品及生产商提供的各项承诺服务做出严格的比较和认定。一方面密切了产销关系，同时也有利于在消费者心中树立起自身形象。POP 广告是扩大产品和企业知名度的有效手段。

6. 吸引消费者对商品的注意，能使消费者产生自由选择商品的轻松气氛

利用 POP 广告强烈的色彩、优美的造型、美丽的图案、多样突出的造型、幽默丰富的姿态、准确而生动的广告语言，可以创造强烈的销售气氛，吸引消费者的视线，促成其购买冲动。

13.6.2 POP 按广告媒体分类

（1）店面 POP——置于店头的 POP 广告，如看板、海报、店招、立场招牌、海报、大木偶站式广告牌、实物大样本、高空气球、橱窗展示、广告伞、指示性标志等，如图 13.130 所示。

（2）悬挂 POP——悬挂在超市卖场空中的气球、吊牌、吊旗、包装空盒、装饰物称为悬挂 POP，悬挂 POP 的主要功能是创造卖场的活泼、热烈的销售气氛。微风拂动，造成各种动感，从各个角度都能直接促使注意。

（3）橱窗 POP——橱窗装饰、贴纸、海报等。

图 13.130 店面 POP

(4) 层面 POP——立体陈列、篮子、立竿、架子、大木偶等。

(5) 陈列架 POP 广告——附在商品陈列架上的小型 POP,如展示卡、DM、标价卡、广告牌、货架卡等。

(6) 招贴 POP——招贴 POP 类似于传递商品信息的海报,招贴 POP 要注意区别主次信息,严格控制信息量,建立起视觉上的秩序。

(7) 标志 POP——标志 POP 就是商场或商品位置指示牌,它的功能主要是向顾客传达购物方向的流程和位置的信息。

(8) 包装 POP——包装 POP 是指商品的包装具有促销和企业形象宣传的功能,如附赠品包装,礼品包装,若干小单元的整体包装。

(9) 灯箱 POP——超级市场中的灯箱 POP 一般较多地稳定在陈列架的端侧或壁式陈列架上面,主要功能是起到指定商品的陈列位置和工厂专卖柜的作用。

(10) 卖场指引 POP——在何处销售什么商品,可在头顶上方设置予以指示用的符号。

(11) 商品说明 POP——表示尺寸和符号的关系,展示材质、构造、用途或使用方法等,可用图表加以说明,增加用途使用方法。

(12) 服务表示 POP——服务客人的方针或座右铭,以条例或标语方式简洁表示,不超过三行。

(13) 价格标签 POP——表明商品的名称、价格。

(14) 探出式 POP——以探出的形式安装在货架隔板、通路上的广告。

(15) 弹簧式 POP——弹簧式广告牌。

(16) 手册支架 POP——有关商品的、关联情报的小册子用支架。

(17) 促销笼车 POP——销售关联小商品用的小笼车。

13.6.3 POP 广告设计

(1) 打开 Illustrator CS4 软件,按 Ctrl+N 组合键,新建一个 A4 大小的横向文档。

(2) 选择工具箱中的【矩形】工具,绘制四个矩形。结合使用【倾斜】工具和【直接选择】工具对矩形进行倾斜变形,然后使用【选择】工具移动矩形位置进行排列,制作出长方体立体效果,如图 13.131 所示。

(3) 同样使用【矩形】工具，再绘制四个矩形，倾斜后放置在刚才的立方体上方，如图 13.132 所示。

(4) 选择工具箱中的【矩形】工具，绘制四个矩形，调整排列顺序，如图 13.133 所示。

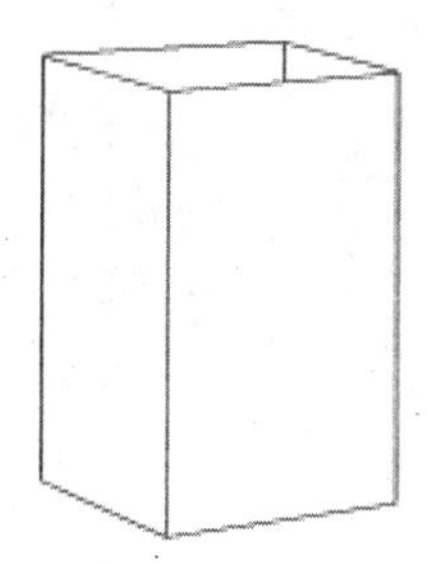

图 13.131　矩形组成的立方体

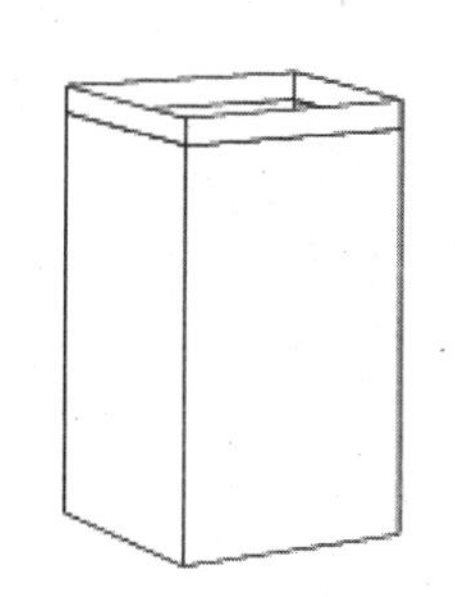

图 13.132　绘制矩形

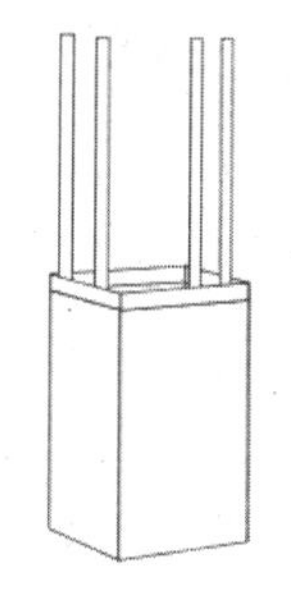

图 13.133　绘制矩形

(5) 选择工具箱中的【选择】工具，选中中间的四个矩形，如图 13.134 所示。

(6) 按住 Alt 键向上拖动鼠标绘制点，到一定位置后松开鼠标，复制出一组矩形。再重复此操作 3 次，共复制出四组矩形，如图 13.135 所示。

(7) 调整图形排列先后顺序，完成后效果如图 13.136 所示。

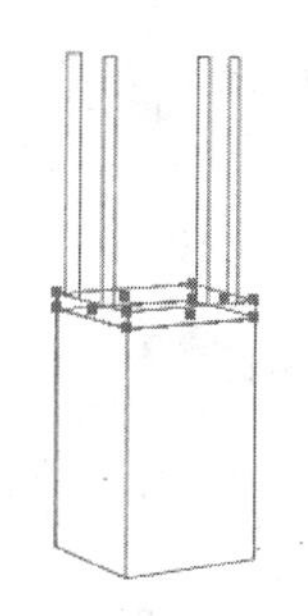

图 13.134　选择矩形

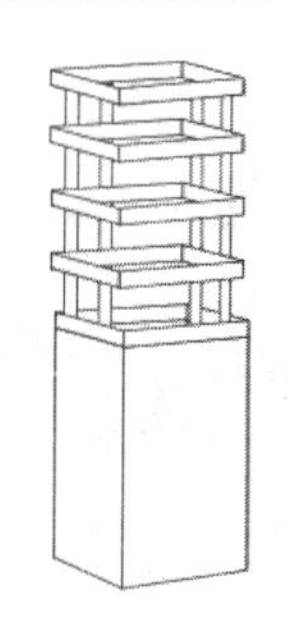

图 13.135　复制矩形

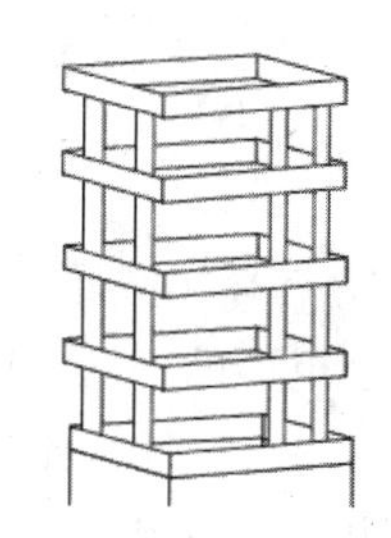

图 13.136　调整先后顺序

(8) 选择工具箱中的【钢笔】工具，绘制三个封闭图形，组成展架的顶部，如图 13.137 所示。

(9) 使用【选择】工具调整图形位置，完成 POP 展架立体图的制作，如图 13.138所示。

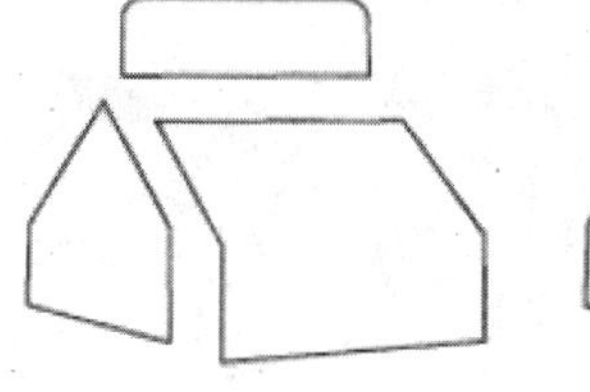

图 13.137　绘制图形

(10) 选择【窗口】|【颜色】命令，打开【颜色】面板，为立体图填充颜色，主体为橙色，如图 13.139 所示。

(11) 选择【文件】|【置入】命令，置入“包装.jpg”和“包装袋.psd”素材文件，分别如图 13.140 和图 13.141 所示。

(12) 使用【选择】工具将“包装.jpg”素材移动到下方的矩形上，缩放到合适大小后选择工具箱中的【倾斜】工具，将图形进行倾斜，如图 13.142 所示。

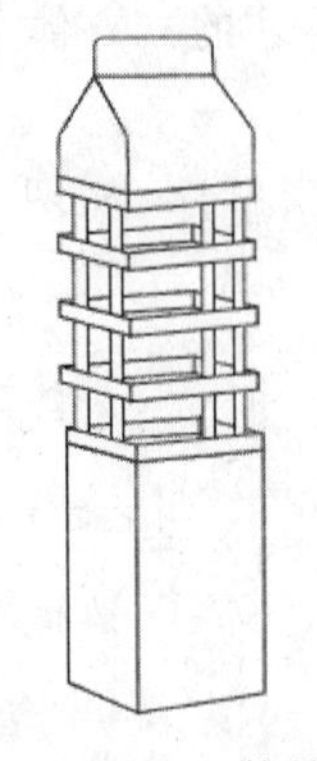

图 13.138　立体效果

图 13.139　填充颜色

图 13.140　“包装.jpg”素材

图 13.141　“包装袋.psd”素材

图 13.142　倾斜图像

(13) 选择工具箱中的【变形】工具，向下拖动图像右下角没有与矩形吻合的地方，使其符合矩形的形状，如图 13.143 所示。

(14) 复制图像，使用同样的方法，将其与侧面的矩形相吻合，如图 13.144 所示。继续制作出顶部效果，如图 13.145 所示。

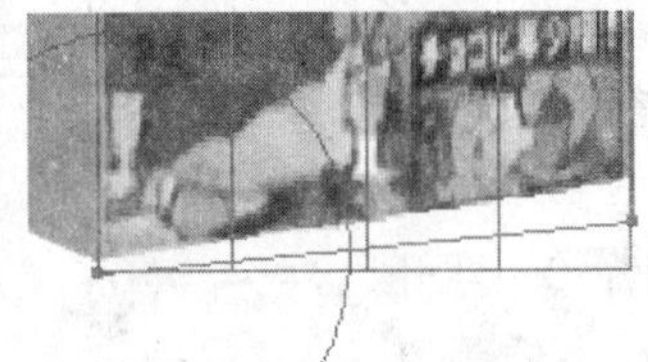

图 13.143　变形工具

图 13.144　侧面效果

(15) 将置入的“包装袋.psd”图像进行复制后排列，然后按 Ctrl＋G 组合键进行编组，调整编组图像的顺序，如图 13.146 所示。

(16) 按住 Alt 键向下拖动编组图像，复制出三组，完成 POP 效果图的制作，完成后效果如图 13.147 所示。

图 13.145　顶部效果

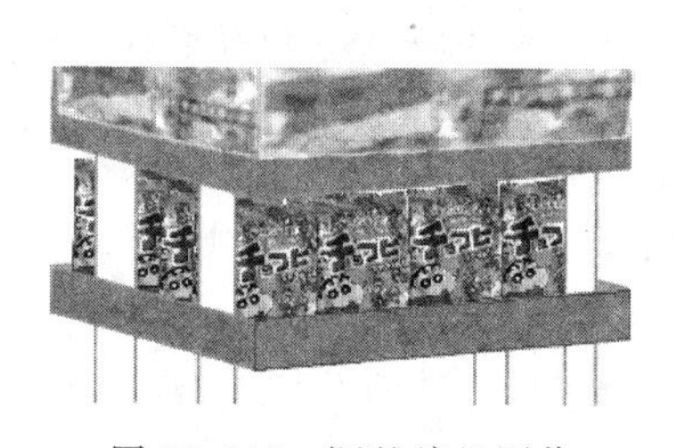

图 13.146　调整编组图像

图 13.147　完成后效果

思考与练习

1. 思考题

(1) 简述宣传册设计构思。

(2) 简述路牌设计构思。

(3) 简述灯箱设计要求。

(4) 简述霓虹灯路牌设计要求。

(5) 简述报纸广告的特点。

2. 练习题

(1) 练习内容：使用 Illustrator CS4 和 Photoshop CS4 软件，制作宣传册设计、路牌广告设计、灯箱广告设计、报纸广告设计。

(2) 练习要求。

① 宣传册设计要求：创意要新颖、文字构思要合理、色彩构思要和谐统一。

② 路牌广告设计要求：视觉冲击力要强烈、画面要醒目、简洁，大方，要制作出路牌外部展示效果。

③ 灯箱广告设计要求：创意要新颖独特、排版构图要简明、文字要合理安排，要制作出灯箱展示效果。

④ 报纸广告设计要求：版面设计要灵活多样，以产品销售为核心目的，要采用多种形式充分体现，注意版面设计颜色要和谐统一。

参 考 文 献

[1] 高文胜. 平面广告设计. 北京：清华大学出版社，2005.

[2] (美)Adobe 公司. Adobe Illustrator CS4 中文版经典教程. 张海燕译. 北京：人民邮电出版社，2009.

[3] (美)Adobe 公司. Adobe Photoshop CS3 中文版经典教程. 张海燕译. 北京：人民邮电出版社，2009.